内 容 提 要

本书是海伦教授四十五年服装设计与教学实践的结晶，全书分为上下两册。本书为下册，包含四篇。

第一篇介绍了以躯干紧身衣基本样板为基础，而形成的无腰缝式连衣裙和无吊带胸衣的样板设计与制作。还解析了服装内部支撑结构的样板设计与制作，以及斜裙的样板设计与制作。

第二篇介绍了男式女衬衫和女衬衫的基本样板在侧肋省变化位置和省道数量时各部位的协调分配原则。介绍了上衣和外套的翻领设计。对直筒形和喇叭形的披肩运用省道和无褶的方法控制其兜帽的舒适度与宽松度也作了说明。在第7章里，还介绍了拷贝复制成衣样板的方法。

第三篇介绍了四种裤型及其基本样板，用最新的方法对紧身套装和运动或舞蹈紧身服的基本样板作了介绍。另外，还介绍了四种未加改变的游泳衣基本样板，以及从中衍生的一些新款的样板设计。

第四篇介绍了三至六码，7～14岁的童装（男孩和女孩）样板设计与制作的方式和方法。

本书适合服装院校师生和服装设计师、服装纸样师使用。

原文书名　Patternmaking for Fashion Design, Fourth Edition
原作者名　Helen Joseph-Armstrong
©Pearson Education, Inc., 2006
Authorized translation from the English language edition, entitled PATTERNMAKING FOR FASHION DESIGN (PAPER),4th Edition, 0131112112 by ARMSTRONG, HELEN JOSEPH, published by Pearson Education, Inc, publishing as Prentice Hall, Copyright ©2006 Pearson Education, Inc.
All rights reserved. No part of this book may be reproduced or transmitted in any form or by any means, electronic or mechanical, including photocopying, recording or by any information storage retrieval system, without permission from Pearson Education, Inc.
CHINESE SIMPLIFIED language edition published by PEARSON EDUCATION ASIA LTD. and CHINA TEXTILE & APPAREL PRESS Copyright ©2011.

本书中文简体版经Pearson Education, Inc.授权，由中国纺织出版社独家出版发行。本书内容未经出版者书面许可，不得以任何方式或任何手段复制、转载或刊登。
著作权合同登记号：图字：01-2007-1710

图书在版编目（CIP）数据

美国时装样板设计与制作教程．下／（美）海伦·约瑟夫-阿姆斯特朗著；裘海索译．—北京：中国纺织出版社，2011.7
（国际服装丛书）
ISBN 978-7-5064-6402-4

Ⅰ.①美… Ⅱ.①海…②裘… Ⅲ.①服装量裁 Ⅳ.①TS941.631

中国版本图书馆CIP数据核字（2010）第075693号

策划编辑：刘　磊　金　昊　　责任编辑：魏　萌　　版权编辑：徐屹然
责任校对：余静雯　　　　　　　责任设计：李　歆　　责任印制：陈　涛

中国纺织出版社出版发行
地址：北京东直门南大街6号　邮政编码：100027
邮购电话：010 64168110　传真：010 64168231
http://www.c-textilep.com
E-mail:faxing@c-textilep.com
北京画中画印刷有限公司印刷　各地新华书店经销
2011年7月第1版第1次印刷
开本：889×1194　1/16　印张：26.75
字数：372千字　定价：59.80元

凡购本书，如有缺页、倒页、脱页，由本社图书营销中心调换

序 Preface

随着越来越多的国家进入WTO，全世界经济都会因此而获益。贸易的发展创造了更多的工作机会，同时也提高了人们生活的水平。就时装行业而言，产品需求的增加是一件好事。热爱时装似乎是全世界人民最具共性的爱好。而这一切都有赖于设计师、时装造型师、时装绘画师以及有技术的样板设计者、服装商、商务助理、生产工人、买手和精通电脑样板设计等人才的出现。销售和购买视窗演示系统、批发和零售营销以及培养面料设计师、面料技师等都是有待探索和发展的领域。通过小批量生产来推广自己的设计是一种比较普遍的做法，情况好的话，它会越做越大。这也是我的学生在从事设计工作时所做的一种最普遍的选择。

世界越来越小，不同文化背景的人会由此产生更多的互动影响。这种互动会带来更多的创意，设计师们会将其他地域的文化融入自己的作品并重新演绎，我们在美国就是如此。

我不知道在如此频繁的互动影响下，还有多少国家能保持自身民族的特性。当一种文化完全失去了它自身特色的时候，那将是令人伤感的。

裘海索教授翻译了拙作《美国时装样板设计与制作教程》，我谨在此对她辛勤的工作表示衷心地感谢。我为裘教授承担了该书的编撰与翻译工作感到非常高兴，而且，我的书被翻译为中文版是本人最大的荣幸。愿所有在时装设计中使用样板设计的人都能在阅读该书时有所收获，从而能以更大的信心投入工作中去。

海伦·约瑟夫－阿姆斯特朗
美国洛杉矶技术贸易学院时装设计教授

2008年10月

译者序 Preface by Translator

时装衬托了人体的美态，承载着人们心中的期盼。时装是一个社会政治、经济和科学发展水平的表征，是人类精神文化的投射物。时装从设计方案到成为现实，会经历一个过程：它需要采用精湛的技术将款式设计效果图变成精确的剪裁样板，需要在衣料上进行剪裁并缝制成衣，最后在特定的时间、地点、场合，人们因某种目的享用它，穿戴漂亮得体，方可说完成了设计。在此过程中，将款式设计效果图转换成制衣所需的平面裁剪样板纸，便是时装行业内一项专门而重要的技术。这种技术在设计师和样板师之间，有着起承转合的作用。对于设计师而言，它是重要的服装造型语言，认识、理解并掌握服装样板结构设计的原理及制作方法，会大大增强设计师服装造型的能力，同时它也是设计师开拓设计思维的一大要素。而对于样板师来说，掌握了这项技术，无疑是获得了强有力的技术力量，能帮助他们迅速、准确地解析设计师提出的新款式、获得精确的裁剪样板，顺利地完成他们工作的全部内容。由此可见，尽管在时装行业，设计师和样板师为实现同一个目标而各司其职，然而有关时装样板的结构设计与制作的技术却是两者都需具备的工作技能。

《美国时装样板设计与制作教程》正是这样一本供时装设计师与样板师阅读与交流的专业参考书，一本对服装专业学生来说值得认真学习的好教材，也是服装设计爱好者和喜爱自制服装的业余爱好者手中的自学手册，同时也是一本赏心悦目的工具书。该书作者是美国著名的服装设计师、洛杉矶贸易技术学院时装中心的服装设计教授海伦（HELEN JOSEPH-ARMSTRONG）。她曾获得美国针织服装设计的金奖。她在四十多年的服装设计与教学实践中积累了丰富而宝贵的经验，并将此融入本书的案例中。她以敏锐的目光发现了有关服装样板的结构设计与制作过程中需要解决的根本问题，提出了一整套新概念，且有序地表达了它所涉及的三项基本原理：一、省道的处理；二、加放量；三、轮廓线和轮廓基准线样板的运用。本书以图文并茂的形式，阐述了运用一个原理或同时运用几个原理对服装样板进行设计和制作的方法，还提供了极富启发性的实践练习题。

该书是我所阅读过的同类书中最令我喜欢的书之一，因此我希望中国的时装设计爱好者和学生能有机会阅读此书，能从中学习和借鉴海伦教授丰富而宝贵的实践经验，将其纳入自己的经验体系，增强自己在服装设计和样板制作方面的能力。我曾在该书发行三版时欲推荐给中国读者，然而因其不久就出四版书了，出版社又选择了新的版本，故此我又对书中的新案例做了更换，这也是海伦老师非常乐意看到的事。本书所涉及的内容也代表了美国服装样板设计和制作的特色。因此，本书若能起到增进东西方服饰文化的交流，起到"洋为中用"的作用，乃是人生一件快乐的事。为适应国人的阅读习惯，我在书中将英寸都换成了公制长度单位，因此出现了些带有小数点的数据，这也会引起阅读的不方便，特此说明。

在本书出版之际，我谨在此向所有帮助我实现这一愿望的人们表示衷心地感谢！特别要感谢作为英国特许纺织学院的资深会士及英国特许市务师的中国香港吴承志先生，因为他不仅在美国帮助我找到了该书的作者和出版商，架起了我与海伦教授之间友谊的桥梁，还在百忙之中对我的翻译工作进行了指导。感谢吴厚林老师在一些专业问题上所给予的帮助！同时，对在整个工作过程中，始终给予我无微不至关怀和支持的家人表示深深的敬意和感激！

倘若翻译有不尽如人意之处，欢迎读者批评指正。愿我们的衣着更美丽、得体，生活更美满！

2009年10月

译者介绍 Translator Introduction

裘海索　中国美术学院教授

1982年毕业于浙江美术学院（现称中国美术学院）染织美术设计专业并留校任教至今。为中国美术学院自己培养的首任服装设计教师和服装教研室主任。其长期从事服装和染织专业的基础和专业设计的教学工作，创开和任教过的课程有《时装画》、《服装设计》、《服装造型工艺基础》、《民族风格服装设计》、《针织服装设计》、《高级女装设计》、《形式语言》以及《服饰基础》、《成衣设计》、《高级时装设计》、《图案》、《印花设计》、《白描花卉》、《工笔花卉》、《专业技法》、《手绘工艺》、《针织工艺》、《筛网印》、《刺绣》、《服装毕业设计》、《染织毕业设计》等二十余门。

1997年被学院派往澳大利亚现代设计艺术学院、悉尼理工学院和皇家设计学院进行校际交流。曾参加联合国教科文组织主办的"中、老、泰、越苗族/蒙古族服饰制作传统技艺传承国际研习班"。多次赴中国香港和欧洲作艺术交流和考察。

任全国服装设计与工程本科专业教学指导委员会委员，浙江省民盟第9届文化委员，第11届浙江省民盟省委委员，杭州西湖区政协委员，浙江省民间美术家协会主席。

服装设计作品《春天的故事》和《寻凤·行凤·循凤》分别荣获第九届和十届全国美术作品展览艺术设计类金奖；三次获得全国真皮标志杯皮革服装设计大赛一等奖；获得23项国家专利局颁发的设计外观专利和2项设计新型专利。曾担任CCTV新年晚会首席服装设计师、浙江大学和同济大学百年校庆大型文艺晚会的服装主设计、中国国际佛教论坛开幕式大型歌舞剧《和平颂》服装主设计。多件染织与服装设计作品被中国丝绸博物馆收藏。

前言 Introduction

《美国时装样板设计与制作教程》为特定目标而编写：

- 提供综合性的服装样板设计与制作教材。
- 实例说明清晰，附有易于理解的样板制作技术资料和新颖的时装效果图，以便充分激发专业技术人员和初学设计者的创造力。
- 为服装制作的专业样板师和设计人员提供实用的参考素材。
- 满足样板师和设计师对服装原型基础样板的需求。
- 提供多种说明，以便富有想象力的学员在课后继续研究。

我们相信，本书有助于实现以上的各种目标。

因篇幅较大，中国纺织出版社将本书分为上、下两册出版，前四篇（第1～第17章）为上册，后四篇（第1～第19章）为下册。

第4版的补充概要

在本套书（上、下册）中，采用红颜色作为主要的标题色，并用它来强调一些工艺要点，效果图已全部更新，使个例具有时尚感。书中的实例包含了丰富的创意点子，可以激发初学设计者的想象力，而它对于那些有着超前意识和冒险精神的人来说，也提供了许多可以思考的空间。如为了降低牛仔裤腰围线的位置，书中就列举了三种方法：有时尚牛仔裤款式，有在打褶裥的裤子样板原图中配置口袋、腰带和裤襻造型时的结构处理等。在最后部分的裤子系列中有关于对舒适度和样板纸修改方法的阐述。

涉及缝纫指导的内容有打褶裥的裤子（附排板图）及其腰带、口袋和拉链的制作；有牛仔裤的口袋、腰头和前暗门襟的制作；有连袖服装腋下三角形插布的介绍。在上衣构造方面，书中示范了包括面料的准备、内衬、胸衬、控制牵条以及肩垫等内容。

在下册第10部分的针织服装中，补充了罗纹镶边的内容。读者在阅读该书之后就会发现，这里有很多内容在第3版中均未涉及。一些老的、过时的方法和设计理念在第4版中被删除，增补了一些新的知识和方法。

本套书（上、下册）共分为八篇，均为安排合适的内容而设置。简介如下：

（上）第一篇（第1～第3章）介绍了本书各篇将要涉及的基本内容以及服装样板制作前应仔细研究的问题。本篇着重阐述了测量上衣、裙子和袖子尺寸的方法，原型样板制作的方法和有关样板制作的基本工具。

（上）第二篇（第4～第9章）是该书的基础篇章，它向初学服装平面裁剪的学生讲授了有关样板制作的基本原则（省道操作、加放量、廓型线和轮廓基准线）。这些基本原则是从原型变化中发展而来的有关服装样板制作的技术和样板设计的技巧。本篇还介绍了采用剪切展开技术和旋转移动技术制作女士紧身衣样板的内容。一旦人们掌握了这些技术，即可以运用到所有的服装设计和样板制作上。还从实例中证明了样板制作的操作过程应按顺序进行，因为省掉其中任何一个过程都有可能导致样板制作变得复杂化。

（上）第三篇（第10～第15章）介绍了领子、高领口、兜帽、裙子以及袖子的组合等。在裙子篇，介绍了值得探讨的、合身的、单省道工作样板。本篇中关于圆裙和瀑布状悬垂褶裙的图表有助于加快人们对这些裙子的样板设计与制作的理解，参考这些图表可以获得许多有关的尺寸数据。

（上）第四篇（第16、第17章）介绍了纽扣和纽孔位置以及领口贴边、开衩和口袋等，它们是结合衬衫款式进行说明的。有关衬衫贴边的运用和制作指导见下册第4部分的内容。

（下）第一篇（第1～第3章）介绍了以躯干紧身衣基本样板为基础，而形成的无腰缝式连衣裙和无吊带胸衣的样板设计与制作。还解析了服装内部支撑结构的样板设计与制作以及斜裁裙子的样板设计与制作。

（下）第二篇（第4～第7章）介绍了男式女衬衫和女衬衫的基本样板在侧缝省变更位置和省道数量不同时各部位的协调分配原则。介绍了配合上衣和外套的创新翻领设计。对直筒形和喇叭形的披肩运用省道和无褶的方法控制其兜帽的舒适度与宽松度也作了说明。在下册第7章里，还介绍了拷贝复制成衣样板的方法。

（下）第三篇（第8～第12章）介绍了4种裤型及其基本样板的绘制，用最新的方法对紧身套装和运动或舞蹈紧身服的基本样板作了介绍。另外，还介绍了4种未加改变的游泳衣基本样板以及从中衍生的一些新款的样板设计。

（下）第四篇（第13～第19章）介绍了7～14岁的童装（男孩和女孩）样板设计与制作的方式和方法。

在本书的最后提供：
- 二分之一原型样板
- 四分之一原型样板

注意：书中的这些样板可以剪下来使用，附到纸板或塑料板上用于样板制作。
- 公制换算表
- 测量图表
- 个人测量图表
- 儿童测量记录图表
- 成本核算表
- 样板记录卡
- 递增标尺（基于0.3cm）
- 法兰西曲线尺（如果这个工具买不到，可以将书中的图附到纸板或塑料板上自制此工具）
- 索引

书中的范例都是作者以往的成功设计作品，同时增加了多年在教学实践中所获得的经验和新观念。这是一本综合性的有参考价值的工具书，但它对未来的时装潮流则未作考虑。

本书中的错误在所难免，但愿轻微的疏漏不会造成读者的误解。作者明白，服装的制板方法不会只限于一种，所以非常欢迎读者提出自己宝贵的意见和阐述自己的观点，敬请与作者联络。

致谢 Acknowledgments

作者很感谢那些用他们的时间为这本《美国时装样板设计与制作教程》做出无私奉献及使该书变得更具可读性的各位人士。

特别致谢：

- 凯思琳·哈耿所做的时装效果图和封面给此次的修订版增加了不少光彩。
- 斯维妮·洛塔为原版书付出了很多努力。
- 文森特·詹姆斯·麦芝绘制了高质量的样板图。
- 北卡罗洲大学的胡森·佩顿博士，每当我需要帮助时总会付出她宝贵的时间和给出明确的意见。
- 布朗拉德·茵佳教授、布兰德妮求何·玛丽教授、哈塔西塔·于机金·海茵教授、德巴斯卡耶·菲娜教授、井·阿德里安妮教授、凯特·莎萌教授、芬安度·泰西教授，还有我们洛杉矶贸易技术学院时装中心的首席教师安德森·卡陇教授，都以自己的方式对这本书的出版提供了许多帮助。

感谢莎费儿·克莱尔的录入工作。

- 瑞·杰妮允许我修改她的弹性针织服装样板。
- 丽宁格·迈克运用她的专长建立推档规则尺寸表。
- 著名的时装设计师和样板师芬格曼·杰克对上衣的基本样板及其内部结构的展开提出了卓见。
- 卡塔林娜泳装公司的赛缪尔·斯查里特专门花时间来回答我有关泳装和针织服装的问题。
- 感谢克丽弗利·凯的鼓励和友好的帮助，使我能稳步前进。
- 特别感谢洛杉矶贸易技术学院时装中心的一位朋友——弗凯尔利工业用品公司的弗凯尔利及他给予的巨大帮助。
- 海岸马克公司的格拉斯·纽瑞特在选择上衣内衬方面与我分享了她的经验和见解。
- 感谢多年来在样板世界的探索中和我一样兴奋和激动的学生们。

我希望借此机会感谢参与后期制作的电脑公司以及相关人士，如图卡特奇公司的莎仁·雷蒙和卡巴拉·索尼亚，维勒尼公司的玛提尼·穆勒尔，弗洛伊德比格无纺布业（原称迈克），格比尔公司的丽宁格·迈克以及勒可特公司的克皮连德·蒂姆等。

我还想感谢后期的编辑，肯特洲大学的卡里克·米拉尼尔，佛罗里达大学的威尔克·拉维瑞塔以及俄克拉何马洲立大学的莫尔顿·瑞克特·戴安妮等。

我还要特别感谢为这本书付出大量的时间和精力的布什·艾米莉。

最后，感谢培生出版社将这本《美国时装样板设计与制作教程》出色地呈现给读者。

本书常用术语 TERMS

标记术语 Landmark Terms

下列标记术语代表人体模型的不同部位，以便于我们从一个标记点向另一个标记点测量尺寸。在图中人体模型前、后面的数字，即为标记术语中基准点和基准线的代号。

① 颈前点 Center front neck
　 颈后点 Center back neck
② 前腰围中点 Center front waist
　 后腰围中点 Center back waist
③ 胸高点 Bust points
④ 乳峰间距 Center front bust level (between bust point)
⑤ 前公主线 Side front (princess)
　 后公主线 Side back (princess)
⑥ 前袖窿中点（在金属螺钉的水平线上）
　 Mid-armhole front (at level with plate screw)
　 后袖窿中点（在金属螺钉的水平线上）
　 Mid-armhole back (at level with plate screw)
⑦ 肩端点 Shoulder tip
⑧ 肩颈点（侧颈点）
　 Shoulder at neck (shoulder/neck)
⑨ 袖窿弧线 Armhole ridge or roll line
⑩ 金属螺钉 Plate screw
⑪ 袖窿金属片 Armhole plate

术语缩写 Symbol Key

- CF=前中心线 Center front
- CB=后中心线 Center back
- BP=胸高点 Bust point
- SS=侧缝线 Side seam
- SW=侧腰点 Side waist
- SH=肩线 Shoulder
- HBL=水平平行线 Horizontal balance line
- SH～TIP=肩端点 Shoulder tip

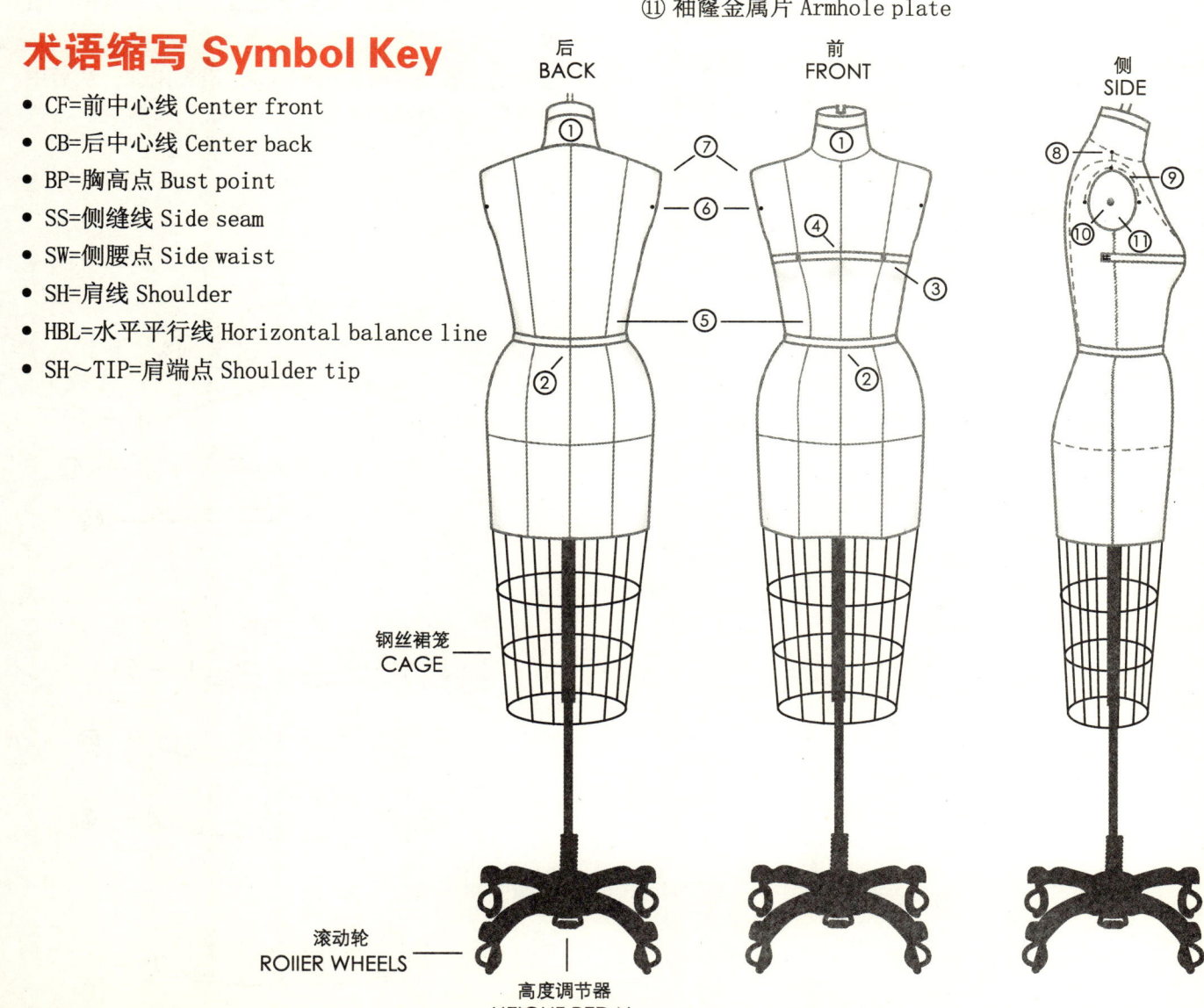

钢丝裙笼 CAGE
滚动轮 ROllER WHEELS
高度调节器 HEIGHF PEDAL

测量宽度
Horizontal Measurements

前面 Front

- 肩宽（Across shoulder）⑭：从颈前点量至肩端点。
- 胸宽（Across chest）⑮：从前中心线量至前袖窿中点上方2.5cm处（用大头针做标记）。
- 四分之一胸围（Bust arc）⑰：从前中心线通过胸高点量至袖窿下5.1cm侧缝处的长度。
- 半乳峰间距（Bust span）⑩：将软尺横向量至两胸高点上，取其距离一半的长度。
- 四分之一腰围（Waist arc）⑲：从前腰围中点量至侧腰点的长度。
- 省位（Dart placement）⑳：从前中心线量至前公主线处。
- 四分之一腹围（Abdomen arc）㉒：位于腰围线下7.6cm，从前中心线量至侧缝线间的长度（我国一般称"中臀围"）。
- 四分之一臀围（Hip arc）㉓：沿臀围线，从前中心线量至侧缝线的长度。

后面 Back

- 二分之一后颈围（Back neck）⑫：从颈后点量至肩颈点间的距离，可参阅尺寸表。
- 肩宽（Across shoulder）⑭：从颈后点量至肩端点的长度。
- 背宽（Across back）⑯：从后中心线量至后袖窿中点上方2.5cm。
- 四分之一胸围（Back arc）⑱：从后中心线量至袖窿深点下方的长度。
- 四分之一腰围（Waist arc）⑲：从后腰围中点量至侧腰点的长度。
- 省位（Dart placement）⑳：从后中心线量至后公主线处。
- 四分之一腹围（Abdomen arc）㉒：位于腰围线以下7.6cm，从后中心线量至侧缝线的长度（我国一般称"中臀围"）。
- 四分之一臀围（Hip arc）㉓：沿臀围线，从后中心线量至侧缝线的长度。

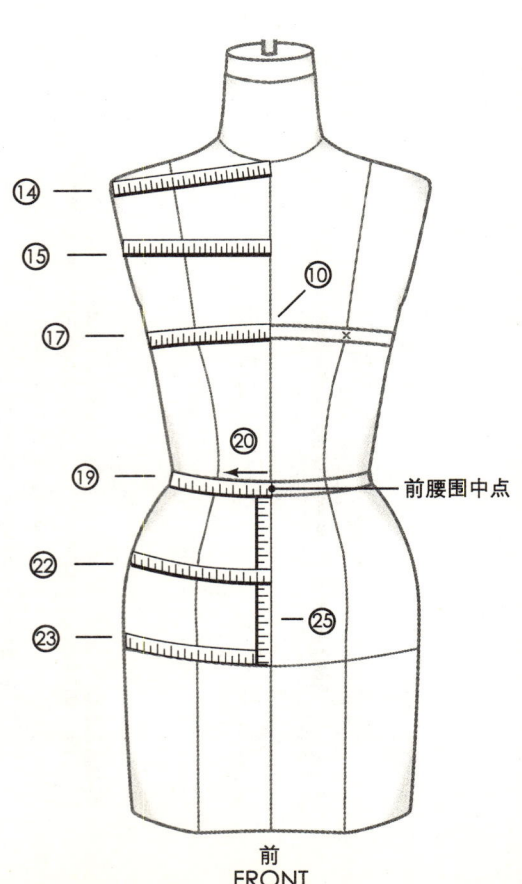

前 FRONT

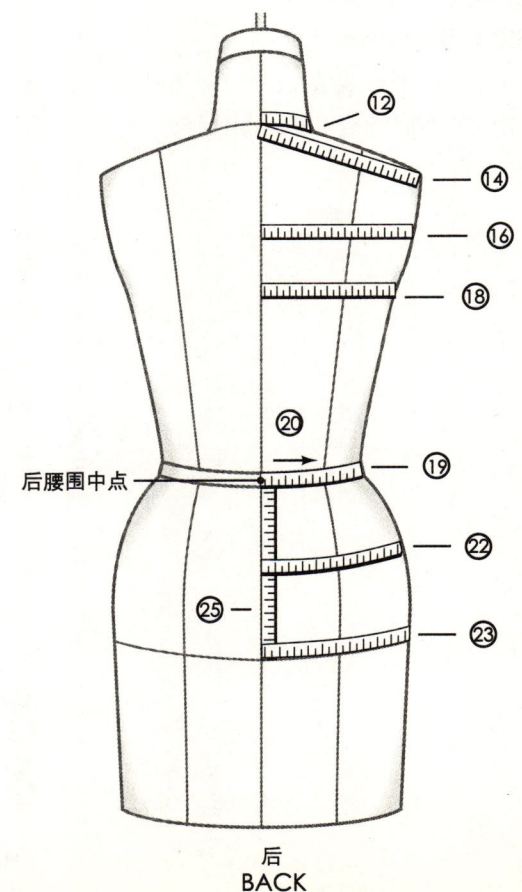

后 BACK

测量长度
Vertical Measurements

- 侧缝长（Side length）⑪：从袖窿深点标记处开始沿侧缝线量至侧腰点的长度。
- 肩斜长（Shoulder length）⑬：从肩端点量至肩颈点的长度，在人体模型的侧面测量。
- 前腰臀长（Hip depth）㉕：从前腰围中点向下量至前臀围线中点的长度。
- 后腰臀长（Hip depth）㉕：从后腰围中点向下量至后臀围线中点的长度。
- 侧腰臀长（Side hip depth）㉖：从侧腰点向下量至臀围线的长度，在人体模特的侧面测量。（我国的《服装工业常用标准汇编》（第四版）称为"腰至臀长"，见标准194页。）
- 胸乳半径（Bust radius）⑨：从胸高点量至乳下线。

前面和后面 Front and Back

- 腰节长（Center length）⑤：分别从颈前点、颈后点量至腰围中点的长度（跃过胸桥）。
- 肩颈至腰长（Full length）⑥：平行于中心线、从肩颈点量至腰围线的长度。
- 肩端至腰斜长（Shoulder slope）⑦：从腰围中点量至肩端点的长度。通常用以确定腰部纽扣位置。
- 胸高（Bust depth）⑨：从肩端点量至胸高点。

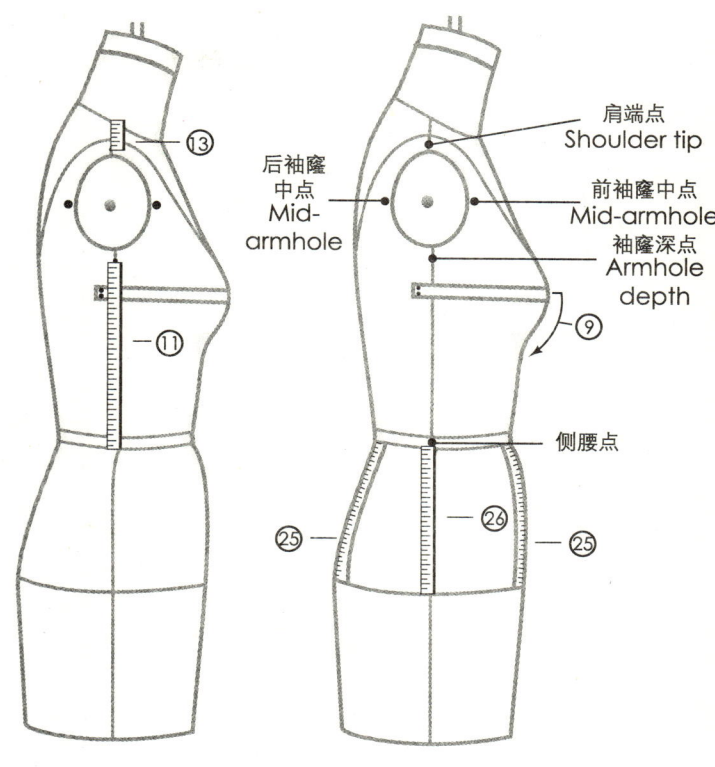

测量吊带 Strap Measurements

- 前吊带（Strap front）⑧：把软尺的金属头置于肩颈点处，测量从肩颈点量至袖窿金属片下方的大头针标记点的长度。用同样的方法，再测量肩颈点到袖窿弧线的长度。测量时，软尺会稍穿过袖窿金属片。

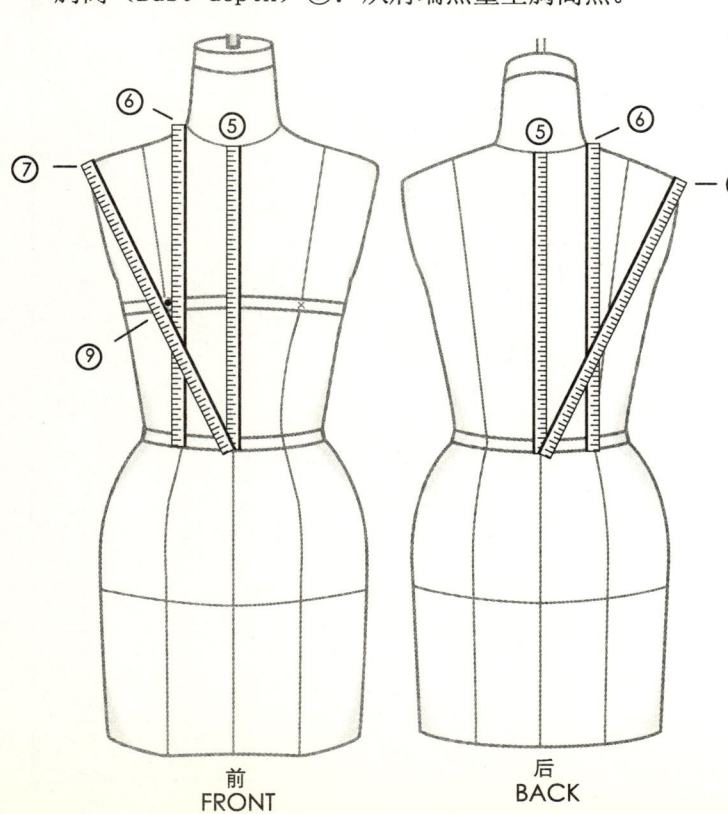

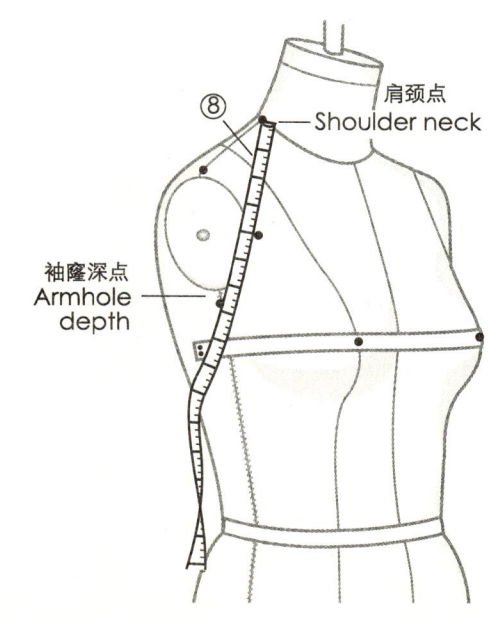

服装号型尺寸规格表 Standard Measurement Chart

围度尺寸不包括放松量，单位为 cm。

	档差 Grade	2.5	2.5		3.8	3.8	3.8	5.1
	号型 Size	6	8	10	12	14	16	18
围度尺寸	(1) 胸围 Chest	86.3	88.9	91.5	95.3	99.1	102.9	108.0
	(2) 腰围 Waist	61.0	63.5	66.0	69.9	73.7	77.5	82.6
	(3) 腹围 Abdomen	82.6	85.1	87.6	91.4	95.3	99.1	104.1
	(4) 臀围 Hip	90.2	92.7	95.3	99.1	102.9	106.7	111.8
躯干上部（上半身）UPPER TORSO (bodice)	(5) 腰节长 Center length							
	前 Front	36.8	37.5	38.1	38.7	39.4	40.0	40.6
	后 Back	42.5	43.2	43.8	44.5	45.1	45.7	46.4
	(6) 肩颈至腰长 Full length							
	前 Front	43.2	44.1	45.1	46.0	47.0	48.0	48.9
	后 Back	43.8	44.8	45.7	46.7	47.6	48.6	49.5
	(7) 肩端至腰斜长 Shoulder slope							
	前 Front	41.9	43.0	43.8	45.2	46.4	47.5	48.6
	后 Back	41.3	42.4	43.5	44.6	45.7	46.8	48.0
	(8) 吊带 Strap							
	前 Front	24.1	24.8	25.4	26.4	27.3	28.3	29.5
	(9) 胸高点 Bust depth	22.9	23.2	23.5	23.8	24.1	24.4	25.4
	胸乳半径 Bust radius	7.0	7.3	7.6	7.9	8.3	8.6	9.5
	(10) 半乳峰间距 Bust span	8.9	9.2	9.5	9.8	10.2	10.5	10.8
	(11) 侧缝长 Side length	21.0	21.3	21.6	21.9	22.2	22.2	22.9
	(12) 后颈围/2 Back neck	7.0	7.3	7.6	7.9	8.3	8.3	8.9
	(13) 肩斜长 Shoulder length	13.0	13.2	13.3	13.7	14.0	14.3	14.8
	(14) 肩宽 Across shoulder							
	前 Front	18.4	18.7	19.1	19.5	20.0	20.5	21.1
	后 Back	18.7	19.1	19.4	19.8	20.3	20.8	21.4
	(15) 胸宽 Across chest	15.2	15.9	16.2	16.7	17.1	17.6	18.3
	(16) 背宽 Across back	17.1	17.5	17.8	18.3	18.7	19.2	28.9
	胸围/4 Chest arc							
	(17) 前 Bust arc	23.5	24.1	24.8	25.7	26.7	27.6	27.0
	(18) 后 Back arc	21.6	22.2	22.9	23.8	24.8	25.7	
	(19) 腰围/4 Waist arc							
	前 Front	15.9	16.5	17.1	18.1	19.1	20.0	21.3
	后 Back	14.6	15.2	15.9	16.8	17.8	18.7	20.0
	(20) 省位 Dart placement	7.6	7.9	8.3	8.6	8.9	9.2	9.5
	(21) 可除掉省量 Not needed	7.6	7.9	8.3	8.6	8.9	9.2	9.5
下半身（裙/裤）LOWER TORSO (skirt/pant)	(22) 腹围/4 Abdominal arc							
	前 Front	21.0	21.6	22.2	23.2	24.1	25.1	26.4
	后 Back	19.1	19.7	20.3	21.3	22.2	23.2	24.4
	(23) 臀围/4 Hip arc							
	前 Front	21.6	22.2	22.9	23.5	24.1	25.7	27.0
	后 Back	22.9	23.5	24.1	25.1	26.0	27.0	28.3
	(24) 上档深 Crotch depth（请参见第157页）	24.1	24.8	25.4	26.0	26.7	27.3	28.0
	(25) 腰臀长 Hip depth							
	前 Center front	21.0	21.6	22.2	22.9	23.5	24.1	24.8
	后 Center back	21.6	22.2	22.9	23.5	24.1	24.8	25.4
	(26) 侧腰臀长 Side hip depth	22.2	22.9	23.5	24.1	24.8	25.4	26.0
	躯干围 Trunk length	152.4	155.0	157.5	161.3	165.1	169.0	170.0
	(27) 侧腰踝长 Waist to ankle（以下请参见第156页）	94.0	95.3	96.5	97.8	99.0	100.3	101.6
	腿外侧长 Waist to knee	99.1	100.3	101.6	102.9	104.1	105.4	106.7
	侧腰膝长 Waist to floor	56.5	57.5	28.4	59.4	60.3	61.3	62.2
	(28) 前后档长 Crotch length	62.2	64.1	66.0	67.9	69.9	71.8	73.7
	(29) 腿根围 Upper thigh	49.5	51.4	53.3	55.9	61.0	61.0	64.1
	大腿围 Mid-thigh	43.2	44.5	45.7	47.6	50.0	51.4	54.0
	(30) 膝围 Knee	33.0	34.3	35.6	36.8	38.1	39.3	40.6
	(31) 小腿围 Calf	27.9	29.2	30.5	31.8	33.0	34.3	35.6
	(32) 踝围 Ankle	23.8	24.8	25.4	26.0	26.7	27.3	28.0

目录摘要

第一篇

- 第1章 无腰缝线连衣裙（基于躯干紧身衣基本样板）
  Dresses Without Waistline Seams (Based on Torso Foundation) 1
- 第2章 无吊带胸衣与内部结构
  Strapless Foundation and Interconstruction 23
- 第3章 斜裁裙装的样板制作 Patternmaking for Bias-Cut Dresses 41

第二篇

- 第4章 衬衫 Shirts 55
- 第5章 短上衣和外套 Jackets and Coats 73
- 第6章 斗篷与兜帽 Capes and Hoods 127
- 第7章 读懂设计 修正拷贝 Knock-Off Copying Ready-Made Designs 139

第三篇

- 第8章 裤子 Pants 151
- 第9章 针织服装的拉伸和收缩因素
  Knits-Stretch and Shrinkage Factors 217
- 第10章 针织上衣基础 Knit Top Foundations 223
- 第11章 弹力舞蹈服和运动服 Activewear for Dance and Exercise 231
- 第12章 游泳衣 Swimwear 253

第四篇

- 第13章 童装引言 Introduction to Childrenswear 285
- 第14章 制作原型样板 Drafting the Basic Pattern Set 291
- 第15章 领，袖，裙 Collars, Sleeves, and Skirts 303
- 第16章 连衣裙和无袖宽松衫 Dresses and Jumpers 315
- 第17章 上衣 Tops 327
- 第18章 裤子和连衣裤 Pants and Jumpsuits 353
- 第19章 紧身连衣裤，连体衣，紧身衣和游泳衣
  Bodysuits, Leotards, Maillots, and Swimwear 375

附录 Appendix 385
二分之一原型样板 Half Pattern 394
四分之一原型样板 Quarter Pattern 400
参考书目 Bibliographic Credits 405
索引 Index 406

目录

第一篇

第1章 无腰缝线连衣裙
Dresses Without Waistline Seams

躯干紧身衣的基本样板 TORSO FOUNDATION 2
连衣裙的种类 DRESS CATEGORIES 7
三种基本连衣裙的基本样板 THE THREE BASIC DRESS FOUNDATIONS 7
公主线连衣裙的基本样板 PRINCESS-LINE FOUNDATION 9
拼片式连衣裙的基本样板 PANEL DRESS FOUNDATION 12
帝国线连衣裙的基本样板 EMPIRE FOUNDATION 14
帐篷式连衣裙的基本样板 TENT FOUNDATION 16
无袖宽松连衣裙 JUMPER 18
特殊样板问题 SPECIAL PATTERNMAKING PROBLEMS 19

第2章 无吊带胸衣与内部结构
Strapless Foundation and Interconstruction

概述 INTRODUCTION 24
三款无吊带胸衣的基本样板 THREE STRAPLESS FOUNDATIONS 24
无吊带公主分割线紧身胸衣的基本样板1和基本样板2 STRAPLESS PRINCESS BODICE FOUNDATIONS 1 AND 2 25
无吊带抽褶公主线紧身胸衣 PRINCESS WITH GATHERED PANELS 27
无吊带胸罩式胸衣的基本样板 BRA-TOP TORSO FOUNDATION 28
公主分割线紧身衣的基本样板 PRINCESS TORSO FOUNDATION 30
适体问题及解决办法 FITTING PROBLEMS AND SOLUTIONS 32
无吊带服装的支撑结构 CONSTRUCTION SUPPORT FOR STRAPLESS GARMENTS 34

第3章 斜裁裙装的样板制作
Patternmaking for Bias-Cut Dresses

概述 INTRODUCTION 42
斜裁面料的特征 NATURE OF BIAS-CUT FABRIC 42
斜裁裙片的样板制作 PATTERNMAKING FOR BIAS-CUT GARMENTS 42
减少面料斜拉伸的两种方法 TWO METHODS FOR REDUCING BIAS STRETCH 42
斜裁服装的面料选择 FABRIC SELECTIONS FOR BIAS-CUT GARMENTS 42
紧身衬裙式连衣裙 SLIP DRESS WITH A SLINKY SKIRT 43
前片捻转的紧身连衣裙 TWIST BODICE WITH A SLINKY SKIRT 49
整片斜裁的裙装 ALL-IN-ONE BIAS DRESSES 52
延伸设计 DESIGN VARIATIONS 54

第二篇

第4章 衬衫 Shirts

男式女衬衫和女衬衫的基本样板 SHIRT AND BLOUSE FOUNDATIONS 56
非正式衬衫和袖子的基本样板 CASUAL SHIRT AND SLEEVE FOUNDATION 68
村姑衫 PEASANT BLOUSE 71

第5章 短上衣和外套 Jackets and Coats

短上衣和外套 JACKET AND COAT FOUNDATIONS 74
短上衣和外套的袖子 THE JACKET AND COAT SLEEVES 77
领子/驳领的设计 COLLAR/LAPEL DESIGNS 82
双排扣驳领短上衣 DOUBLE-BREASTED JACKET 90

青果领的基本样板 SHAWL
　　FOUNDATION　92
时尚短上衣 STYLE JACKET　96
基本的男服风格短上衣 MANNISH JACKET
　　FOUNDATION　100
短上衣的构建 JACKET CONSTRUCTION　111
三片式短上衣的样板 PATTERNS FOR THREE
　　PANEL STYLE　112
短上衣和里子的缝允差 JACKET AND
　　LINING SEAM ALLOWANCE　115
拼内衬 APPLYING INTERFACING　116
短上衣的缝制 ASSEMBLING THE JACKET　118
鉴定短上衣的合体度 EVALUATING THE FIT
　　OF THE JACKET　126

第6章　斗篷与兜帽 Capes and Hoods
斗篷 CAPES　128
兜帽 HOODS　132

第7章　读懂设计 修正拷贝 Knock-Off Copying Ready-Made Designs
概述 INTRODUCTION　140
翻制方法 KNOCK-OFF METHODS　140
T恤的拷贝方法 T-TOPS　140
衬衫类的拷贝方法 SHIRT TYPES　141
裤子类的拷贝方法 PANT TYPES　143
短上衣的拷贝方法 JACKET COPY　146

第三篇

第8章　裤子 Pants
那分衩的管道是什么？
　　BIFURCATED—WHAT'S THAT?　152
腿与裤子的关系 THE LEG RELATIVE TO
　　THE PANT　153
裤子的专业术语 PANT TERMINOLOGY　153
裤子基本样板的分析 ANALYSIS OF THE
　　PANT FOUNDATIONS　154
裤子基本样板的概要 SUMMARY OF THE
　　PANT FOUNDATIONS　155

测量裤子样板制作需用的尺寸 MEASURING
　　FOR THE PANT DRAFT　156
裙裤——基本样板1
　　CULOTTE—FOUNDATION 1　158
西装裤——基本样板2（适用于女士和男士）
　　TROUSER—FOUNDATION 2 (FOR WOMEN AND
　　MEN)　160
便裤——基本样板3（适用于女士和男士）
　　SLACK—FOUNDATION 3 (FOR WOMEN AND
　　MEN)　164
牛仔裤——基本样板4（适用于女士和
　　男士）JEAN—FOUNDATION 4 (FOR
　　WOMEN AND MEN)　165
完成裤子样板 COMPLETING THE PANT
　　PATTERN　170
裤子设计 PANT DESIGNS　172
工装裤的基本样板 THE DUNGAREES
　　FOUNDATION　186
裤子的衍生品 PANT DERIVATIVES　201
连身裤装的基本样板 JUMPSUIT
　　FOUNDATIONS　206
裤子的适合度问题和修改方法 PANT FIT
　　PROBLEMS/CORRECTIONS　210

第9章　针织服装的拉伸和收缩因素 Knits—Stretch and Shrinkage Factors
概述 INTRODUCTION　218
拉伸和复原的系数 STRETCH AND RECOVERY
　　FACTOR　218
拉伸和复原的测定 STRETCH AND RECOVERY
　　GAUGE　219
针织面料的分类 CLASSIFICATION OF KNIT
　　FABRICS　220
拉伸的方向 DIRECTION OF STRETCH　220
与针织面料相对应的样板 ADAPTING
　　PATTERNS TO KNITS　221

第10章　针织上衣基础 Knit Top Foundations
针织面料的基本类型 TYPES OF KNIT
　　FOUNDATIONS　224
无省道针织弹力衫——样板草图1 DARTLESS
　　STRETCHY KNIT—DRAFT 1　224

无省道厚实型针织上衣——样板草图2
DARTLESS FIRM KNIT—DRAFT 2　226
超大码针织上衣——样板草图3 OVERSIZED KNIT TOP—DRAFT 3　227
露肚短袖上衣 CROP TOP WITH A MUSCLE SLEEVE　229
针织上衣 KNIT TOP　230

第11章　弹力舞蹈服和运动服
Activewear for Dance and Exercise

紧身连衣裤和低领紧身连衣裤 BODYSUITS AND LEOTARDS　232
紧身连衣裤的基本样板 THE BODYSUIT FOUNDATION　232
提高样板适合度的纠正方法 METHOD FOR CORRECTING PATTERN TO IMPROVE FIT　235
莱卡面料袖的样板草图 LYCRA SLEEVE DRAFT　236
紧身连衣裤的变化 BODYSUIT DESIGN VARIATIONS　238
低领紧身连衣裤的基本样板 LEOTARD FOUNDATION　243
提高样板适合度的纠正方法 METHOD FOR CORRECTING PATTERN TO IMPROVE FIT　246

第12章　游泳衣 Swimwear

游泳衣的类型 SWIMWEAR TYPES　254
连衣裤式游泳衣的基本样板 MAILLOT FOUNDATION　255
比基尼的基本样板 BIKINI FOUNDATION　264
比基尼下装的变化 BIKINI BOTTOM VARIATIONS　265
比基尼上装的变化 BIKINI TOP VARIATIONS　266
男童裤口式连身游泳衣的基本板样 LITTLE-BOY LEGLINE FOUNDATION　274
丰满型游泳衣的基本样板 FULL-FIGURE SWIM FOUNDATION　277

需求品及特殊信息 SUPPLIES AND SPECIAL INFORMATION　280

第四篇

第13章　童装引言
Introduction to Childrenswear

概述 INTRODUCTION　286
童装的号型分类 SIZE CATEGORIES FOR CHILDRENSWEAR　287
号型分类方法 SIZING METHODS　287
灵感的来源 SOURCES OF INSPIRATION　288

第14章　制作原型样板
Drafting the Basic Pattern Set

测量人体模型尺寸——儿童，3～6X；女孩，7～14；男孩，7～14 MEASURING THE FORM—CHILDREN, 3 TO 6X, GIRLS, 7 TO 14; AND BOYS, 7 TO 14　292
男孩和女孩的服装号型参考表 STANDARD MEASUREMENT CHART FOR BOYS AND GIRLS　295
女孩的服装号型参考表 STANDARD MEASUREMENT CHART FOR GIRLS　296
绘制原型样板 THE BASIC PATTERN SET　297
省道和等量省 DARTS AND DART EQUIVALENTS　299

第15章　领，袖，裙
Collars, Sleeves, and Skirts

领 COLLARS　304
领的设计 COLLAR DESIGNS　304
无省袖的基本样板 DARTLESS SLEEVE FOUNDATION　305
袖 SLEEVES　306
袖子的设计变化 SLEEVE DESIGN VARIATIONS　307
裙 SKIRTS　310

第16章 连衣裙和无袖宽松衫
Dresses and Jumpers

半紧身连衣裙的基础样板——号型 3~6X, 7~14 THE SHIFT FOUNDATION— 3 TO 6X AND 7 TO 14　316
帐篷式宽松裙的基本样板 TENT FOUNDATION　322
帐篷式宽松裙的变化 TENT VARIATIONS　323

第17章 上衣 Tops

无省道上衣的基本样板 DARTLESS TOP FOUNDATION　328
男式女衬衫的基本样板 BASIC SHIRT AND SLEEVE FOUNDATION　330
衬衫袖子 SHIRT SLEEVE　332
超大码衬衫及其袖子 OVERSIZED SHIRT AND SLEEVE　334
针织衫及其袖子的基本样板 KNIT FOUNDATION AND SLEEVE　336
插肩袖服装的基本样板 RAGLAN FOUNDATION　340
夹克衫的基本样板 JACKET FOUNDATION　343
外套及其袖子的基本样板 SLEEVE AND COAT FOUNDATION　348
双排纽扣厚呢上衣 NAVY PEA COAT　349

第18章 裤子和连衣裤
Pants and Jumpsuits

裤子引言 INTRODUCTION TO PANTS　354
西装裤的基本样板 TROUSER FOUNDATION　354
休闲裤的基本样板 SLACK FOUNDATION　356
牛仔裤的基本样板 JEAN FOUNDATION　357
关于腰头 WAIST OPTIONS　359
裤子的变化 PANT VARIATIONS　361
裤型衍变标记线 GUIDELINE MARKING FOR PANT DERIVATIVES　367
连衣裤的基本样板 JUMPSUIT FOUNDATION　370

第19章 紧身连衣裤，连体衣，紧身衣和游泳衣
Bodysuits, Leotards, Maillots, and Swimwear

紧身连衣裤 BODYSUIT　376
有袖紧身连衣裤 BODYSUIT WITH SLEEVES　378
背心式紧身套装 TIGHTS WITH TOP　379
贯头式连体衣 TANK-TOP LEOTARD　380
有袖连体衣 LEOTARD WITH SLEEVE　381
紧身衣的基本样板 MAILLOT FOUNDATION　382
比基尼游泳衣 BIKINI SWIMSUIT　383

附录 Appendix　385

公制换算表 METRIC CONVERSION TABLE　385
测量图表 FORM MEASUREMENT CHART　387
个人测量图表 PERSONAL MEASUREMENT CHART　388
儿童测量图表——号型3~6X和7~14 Children's Measurement Recording Chart—3 to 6x and 7 to 14　389
成本核算表 COST SHEET　390
样板记录卡 PATTERN RECORD CARD　391
递增标尺 GUIDE TO READING RULER INCREMENTS　392
法兰西曲线尺 FRENEH CURVE　393

二分之一原型样板
Half Pattern　394

四分之一原型样板
Quarter Pattern　400

参考书目
Bibliographic Credits　405

索引 Index　406

第一篇

第1章

无腰缝线连衣裙
（基于躯干紧身衣的基本样板）

Dresses Without Waistline Seams
(Based on Torso Foundation)

躯干紧身衣的基本样板 TORSO FOUNDATION 2
   躯干样板草图 Torso Draft 2
   轮廓基准线 Contour Guideline 6
连衣裙的种类 DRESS CATEGORIES 7
三种基本连衣裙的基本样板
THE THREE BASIC DRESS FOUNDATIONS 7
   针织裙设计 Knit Dress Designs 7
   衬衫式连衣裙 Shirtmaker Dresses 7
   紧身连衣裙 The Sheath (Fitted Silhouette) . . . 8
   H型连衣裙 The Box–Fitted Silhouette 8
   半紧身连衣裙
   The Shift (Semi-Fitted Silhouette) 8
公主线连衣裙的基本样板
PRINCESS-LINE FOUNDATION 9

A型公主线连衣裙 A-Line Princess 10
拼片式连衣裙的基本样板
PANEL DRESS FOUNDATION 12
帝国线连衣裙的基本样板 EMPIRE FOUNDATION . . . 14
帐篷式连衣裙的基本样板 TENT FOUNDATION . . . 16
无袖宽松连衣裙 JUMPER 18
特殊样板问题
SPECIAL PATTERNMAKING PROBLEMS 19
   横跨省域的抽褶连衣裙
   Gathers Crossing Dart Areas 19
   造型线穿过省域的连衣裙
   Stylelines Crossing Dart Areas 20
   前片为一片式的连衣裙
   Stylized One-Piece Front 21

躯干紧身衣的基本样板 Torso Foundation

躯干基本样板由上衣样板与裙子样板组合而成，但在腰部无接缝。其长度通常至臀围线（包含整个躯干部位），也可根据设计需要适当增减样板的长度。躯干基本样板的合体程度由几组双向省和侧缝省来控制。侧缝剪开至前片下摆，面料在臀围线处保持平衡。躯干基本样板是其他服装样板制作的重要基础。如男式女衬衣、无省针织外套、连衣裙和礼服（无腰缝）、夹克、大衣以及运动装（长袖高领紧身衣、游泳衣、紧身外套）等。因此，躯干样板非常重要。

这里讨论三种躯干后片基本样板的变化及裁剪方法：第一种后片加长，第二种后片加宽，第三种综合了前两种变化的特点。

躯干样板草图 Torso Draft

所需尺寸 Measurements Needed

(25) 腰臀长 CF（前）＿＿＿＿，CB（后）＿＿＿＿。

(23) 臀围/4 F（前）＿＿＿＿，B（后）＿＿＿＿。

（所需尺寸请按数字序号和英文缩写参阅文前第9页的"本书常用术语"中的"测量宽度"和"尺寸规格表"，后同）

样板设计及制作 Pattern Plot and Manipulation

图1

前片 Front

- 描出单省道原型样板。
- 在侧腰点标X。
- 在侧缝线上，袖窿弧线下6.5cm处做标记；此标记点的位置也可从过胸高点做前中心线的垂线获得。沿剪切线向胸高点剪开胸省，但不剪断。

图1

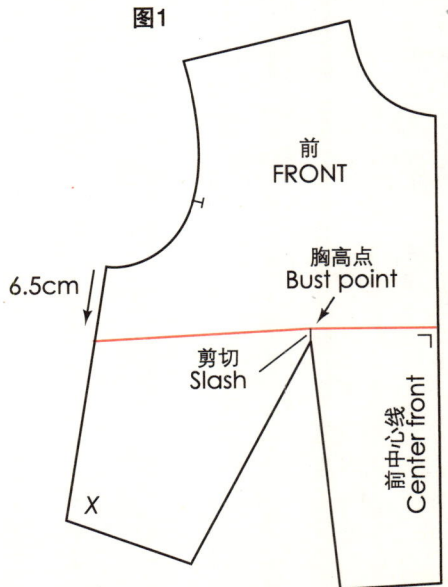
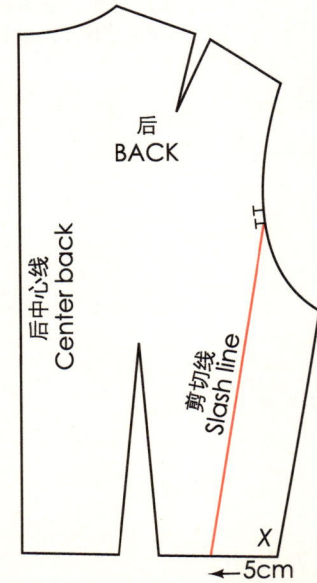

后片 Back

- 描出并剪出后片样板。
- 在侧腰点做标记（X）。
- 画剪切线，如图所示。不要剪切至上端指示处。

图2 躯干前片 Front Lower Torso

- 画一直角，并做标记点A，两条直角线分别为前中心线和臀围线。

  在臀围线上依据臀围/4长度确定B点，A～B＝前臀围/4再加1.3cm的放松量，做标记点B。

  由B点做前中心线的平行线，并在平行线上依据腰臀长尺寸确定C点，B～C＝前腰臀长，做标记点C，从C向中心线画直角线，交点为D。

- 由C点向内1.9cm处做圆点标记。

图3

- 将上衣前片置于腰围线直角线上，然后固定。
- 合并腰省，至X点交于腰围线上。X点不一定与圆点标记重合。
- 沿粗线描绘样板，虚线部分不画。
- 移开样板。

图2

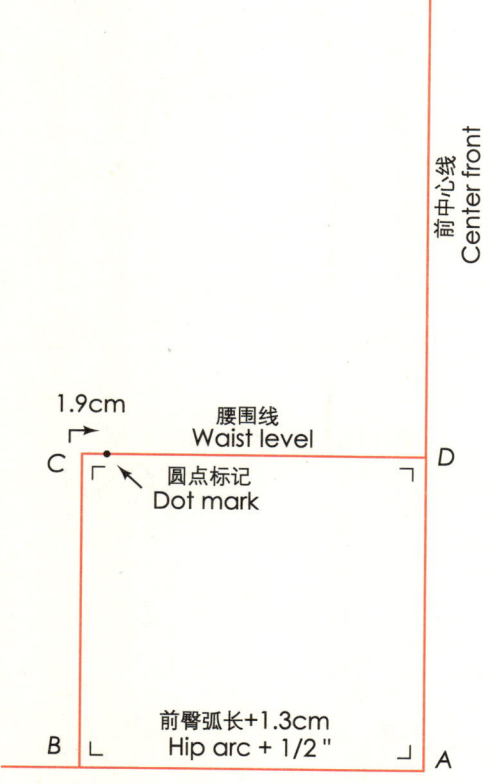

图3

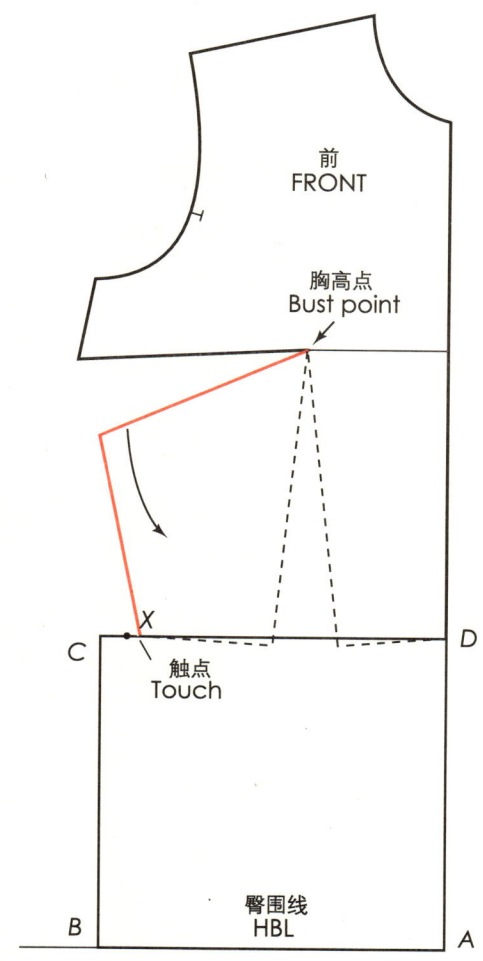

图4 躯干后片 Back Lower Torso

（制板方法与"躯干前片"相同）

- 画一直角，并做标记点A。
  A～B=后臀围/4加1.3cm的放松量，做标记点B。
  B～C=前腰腰长，从C点向后中心线画直角线，交点为D。
- 由C点向里1.9cm处做圆点标记。
  A～E=后腰腰长，做横线标记E。

第一种——后片加长
Version 1—Center Back length Is Increased
图5

将后片样板垂直放置于腰围线上，侧腰点上的X标记与腰围线相触。描下后片样板，然后移开样板。后中增加的长度即为后中腰节点与E点之间的灰色区域。

第二种——后片加宽
Version 2—Width Across the Back Is Increased
图6

- 剪开腋下省或运用旋转转移方法。
- 延长腰围线，以E点为后片的中心支点。
- 以袖窿弧线上的一点为支点进行旋转，使侧腰上的标记X点位于腰围延长线上，描出样板，不包括侧缝。移开样板。
- 在侧缝加宽1.9cm处做标记。

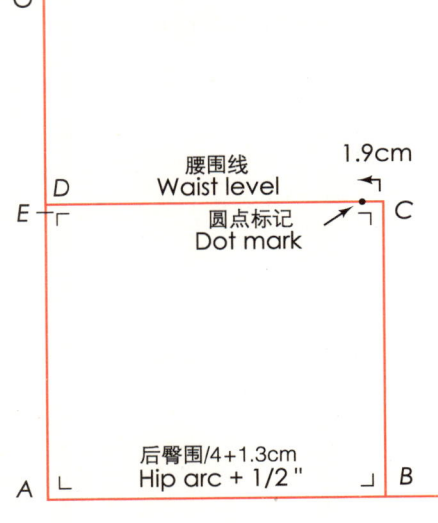

图4

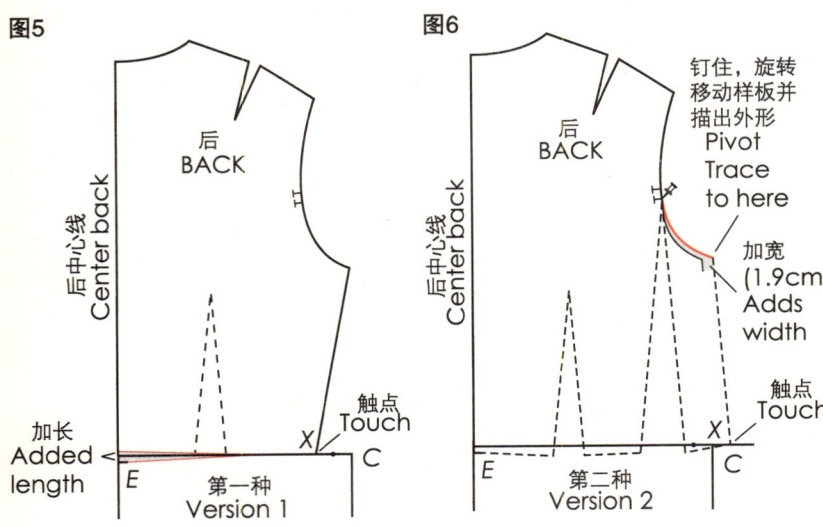

第三种——综合前两种变化
Version 3—Compromise
图7

- 以D点为后片的中心支点，圆顺袖窿弧线。
- 以袖窿弧线中的一点为圆心进行旋转，使侧腰上的标记X点位于腰围延长线上，描出样板，不包括侧缝。移开样板。

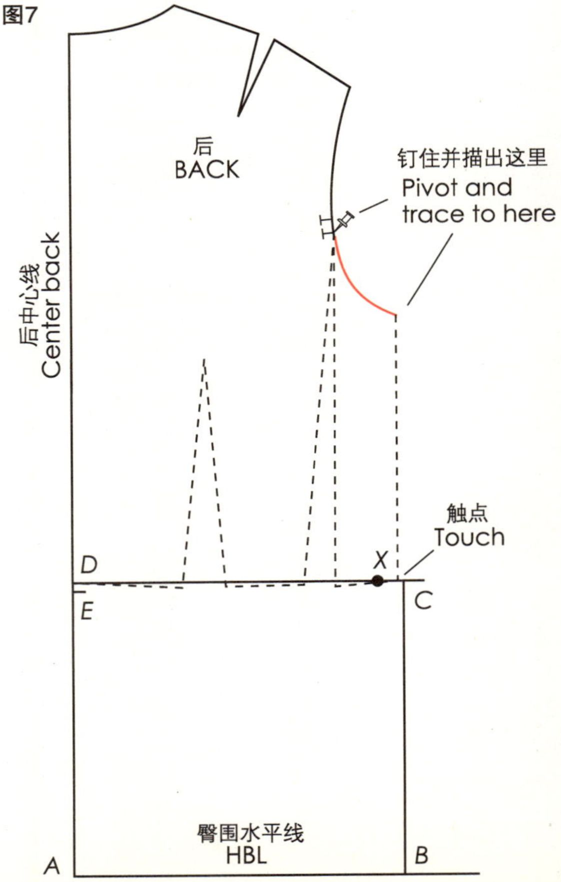

图8

侧缝省 Side Dart

- 画出至胸高点的侧缝省线。
- 将省尖从胸高点向侧缝省线移2.5cm,确定新省尖点。
- 画出新省线。
- 折叠侧缝省,以腰围线圆点标记为起点向上画侧缝线(参见上册第14页)。
- 如图所示,画出前片侧臀曲线。

前片双向省 Double-Ended Darts—Front

- 由胸高点向下画一条直角线,至腰围线下7.6cm,与腰围线的交点标记一个省位。
- 在胸围线下2.5cm处画一条水平基准线。
- 从水平基准线与胸高直角线交点起,沿水平基准线在距交点4.5cm处,作一前中线的平行线。与腰围线的交点标记另一个省位。
- 按图示中的省量,画出省线。

图9

- 画后片侧臀曲线至圆点标记处,并继续延伸至袖窿,画出后片侧缝线。

后片双向省 Double-Ended Darts—Back

- 在后片袖窿下2.5cm和腰围线下14cm处,分别作两条垂直于后片中心线的水平基准线。
- 在距后中心线8.3cm和14cm的腰线上分别标记省位。
- 过上述两标记省位作直角线,与两基准线相交。
- 按图示中的省量画出省线。

根据图示,以打孔画圈的方法标记省位。如果侧缝线的位置不正确,则适当增减侧缝省的量。在保证面料在臀围线处平直的同时,可以适当减少侧缝处和双向腰省的省量,使服装更合身。如果衣身太紧,可调整侧缝线;如果臀部紧绷,可适当缩短省道的长度。

图8　　　　　　　　　　　　图9

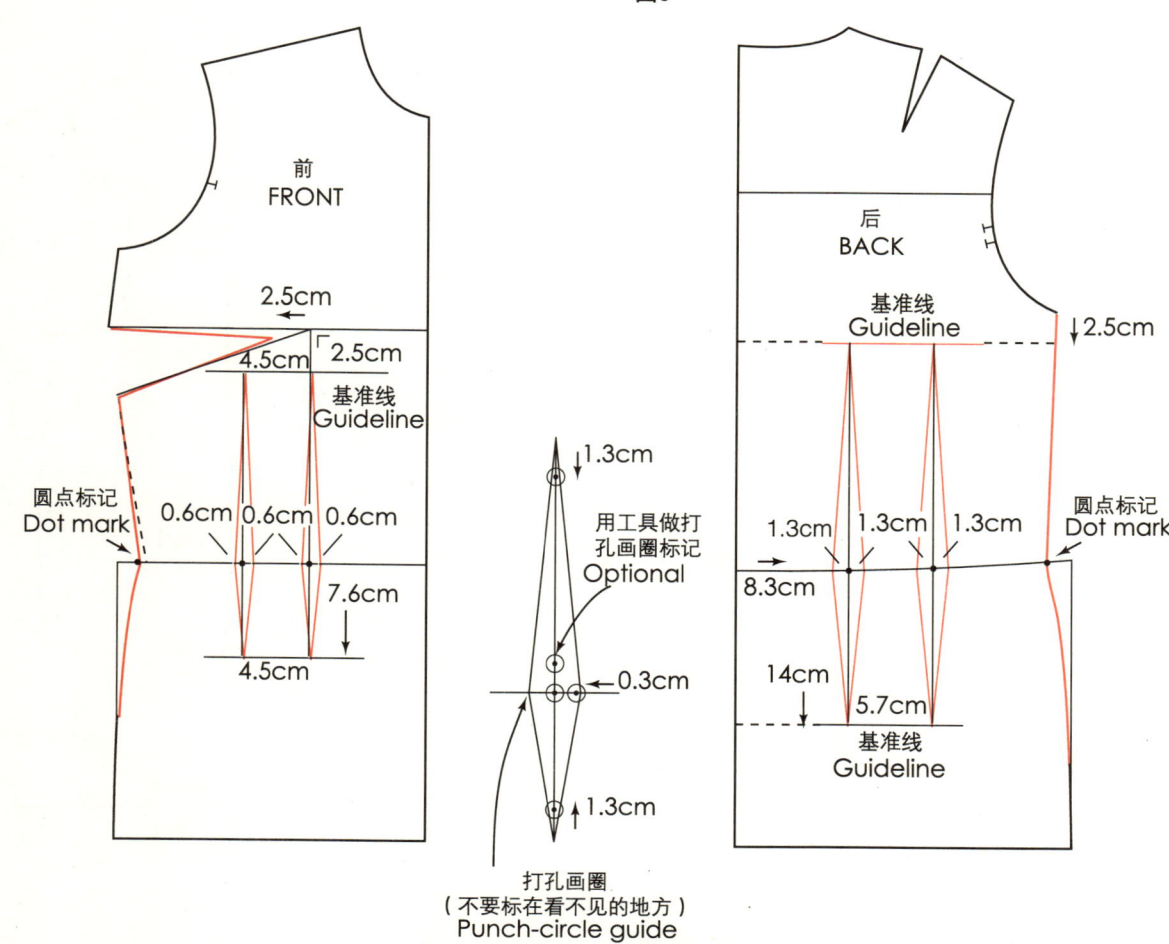

轮廓基准线 Contour Guideline

绘有轮廓基准线的基本样板,将有助于进行多种合体服装款式的样板制作。并且,它也适用于挖剪式领围线和袖窿线服装款式的样板设计。如有需要,可参见上册第9章中的轮廓基准线样板。在画轮廓基准线之前,依据乳罩垫的不同,要在B型乳罩杯垫的基本样板上适当增加(C、D、DD乳杯)或减少(A乳杯)相应的量(图11)。

图10

前片 Front

用于多种款式设计的轮廓基准线:
1. 用于挖剪式领口线的服装。
2. 用于挖剪式袖窿线的服装。
3. 用于无袖服装。
4. 用于帝国线服装。
5. 用于塑造胸谷轮廓的服装。
6. 用于无吊带服装设计(结合基准线1、2、3)。

画侧缝线,由距袖窿底1.2cm处画至腰围线。在肩线中点下0.3cm处做标记,然后与肩端点连接。

后片 Back

7. 用于无吊带和露背服装。

背宽线位于领口线至腰围线的1/4处。从省中点画直线至背宽线,再画出省线。标记侧缝处放松量和肩线处放松量的灰色区域。

增加和减少胸杯尺寸
Decreasing and Increasing Bust Cup

图11

从前中心线向省尖点和袖窿弧线等处做剪切线,增加隆起所需要的量。或根据提供的尺寸,用搭缝来减少它。

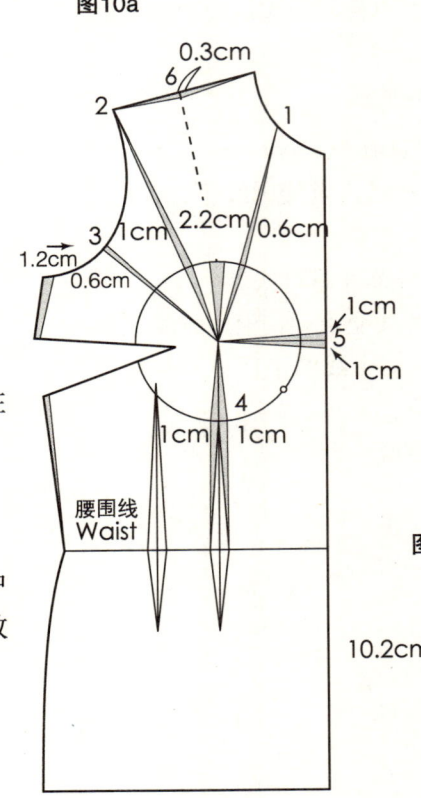

图10a

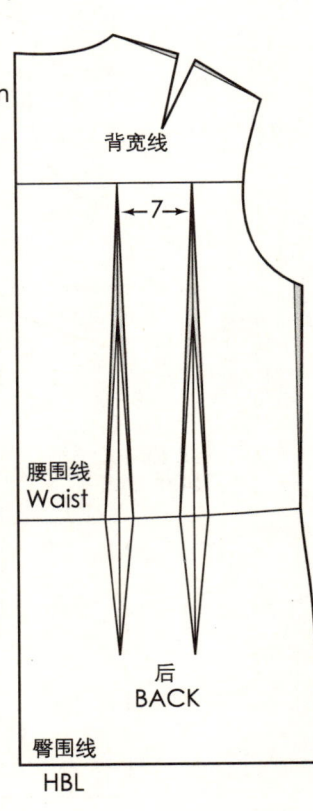

图10b

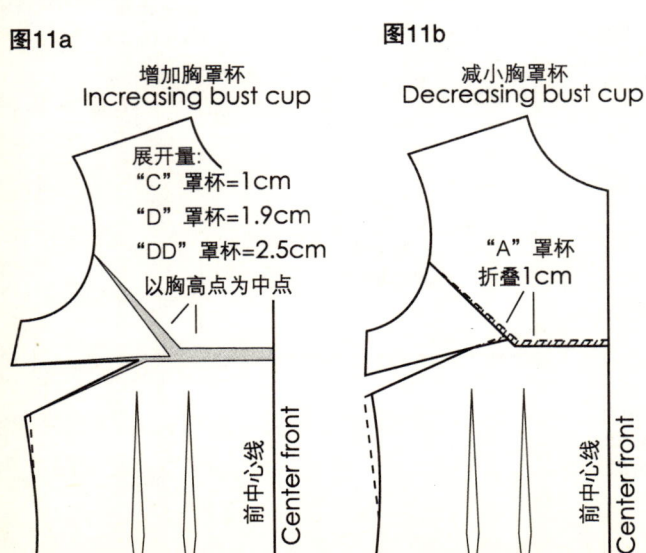

图11a 增加胸罩杯 Increasing bust cup

图11b 减小胸罩杯 Decreasing bust cup

连衣裙的种类
Dress Categories

连衣裙可分为两类：有腰缝线式连衣裙和无腰缝线式连衣裙。无腰缝线式连衣裙的样板设计和制作可基于躯干紧身衣的基本样板。这些连衣裙的基本式样有紧身式连衣裙、半紧身式连衣裙、H型及A型连衣裙、公主线连衣裙、拼片式连衣裙、帝国线连衣裙、背心式连衣裙、宽松式连衣裙和超大码连衣裙等。它们的样板制作都基于躯干紧身衣的样板。

三种基本连衣裙的基本样板
The Three Basic Dress Foundations

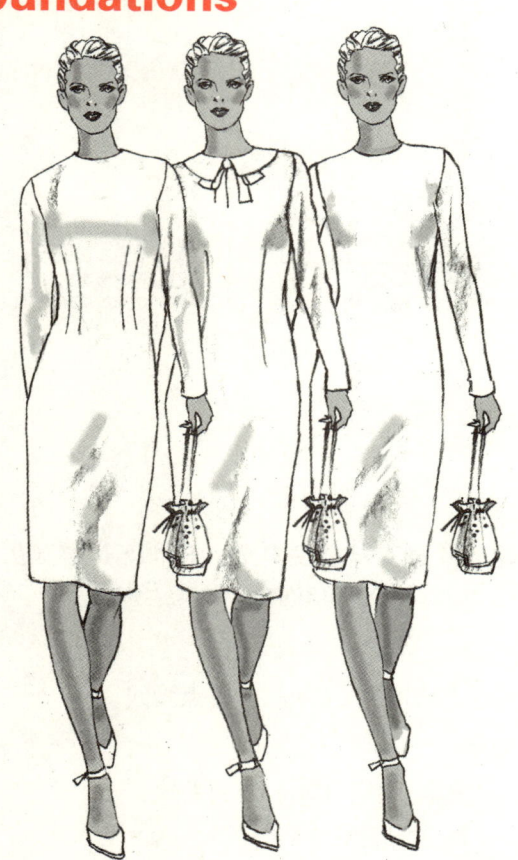

这三种基本连衣裙的样板设计与制作都基于躯干紧身衣的基本样板。可通过调整腰围线处省道的数量来控制服装的合体度。

紧身连衣裙　用一对双向腰省来获取紧身的效果。

半紧身连衣裙　用单个双向省来获取半紧身的效果。

H型连衣裙　去掉腰省，用增加侧缝省的量来取得塑胸适体的效果。

在时装杂志和其他资料中，都可以发现许多基于这些基本样板的款式设计。那些创新的内容主要是通过修改造型分割线和增减下摆的宽度（改变裙的廓型线）而产生的。通过增加领、袖、袋及其他装饰，也可以使这三种基本样板产生多种变化。

因袖子设计需要而修改后片样板
Modify Back Pattern for Sleeveless Designs

图1

保持原侧缝的长度，做一条新的侧缝线。由腰围线处引出一条线，在袖窿处向外扩出0.6cm，然后用法兰西曲线尺向肩端点画一条新的袖窿弧线。

图1

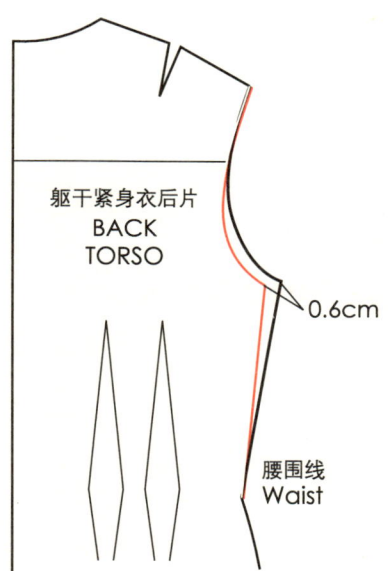

针织裙设计 Knit Dress Designs

针织服装的样板设计和制作基于无省道针织样板——样板草图1和草图2（参见第9章）。当然，其他样板也是可以使用的。不过用于针织服装设计的样板应作适当的调整，以弥补针织面料因伸缩的特性而引起的变化。

衬衫式连衣裙 Shirtmaker Dresses

在设计和制作该类连衣裙样板时，可以参阅第4章中有关"有育克、无育克和超大码的衬衣样板"内容，并在此基础上加上连衣裙所需的长度。

紧身连衣裙
The Sheath (Fitted Silhouette)

在前、后片躯干紧身衣基本样板中画出省道,供缝合用。

半紧身连衣裙
The Shift (Semi-Fitted Silhouette)

画有一个腰省,待缝合;另一个腰省未画出,作为腰围处的放松量。

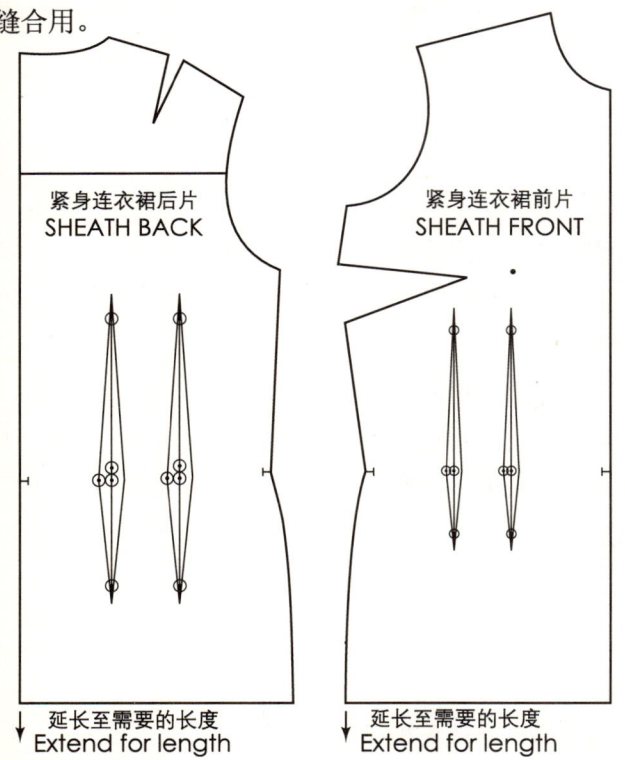

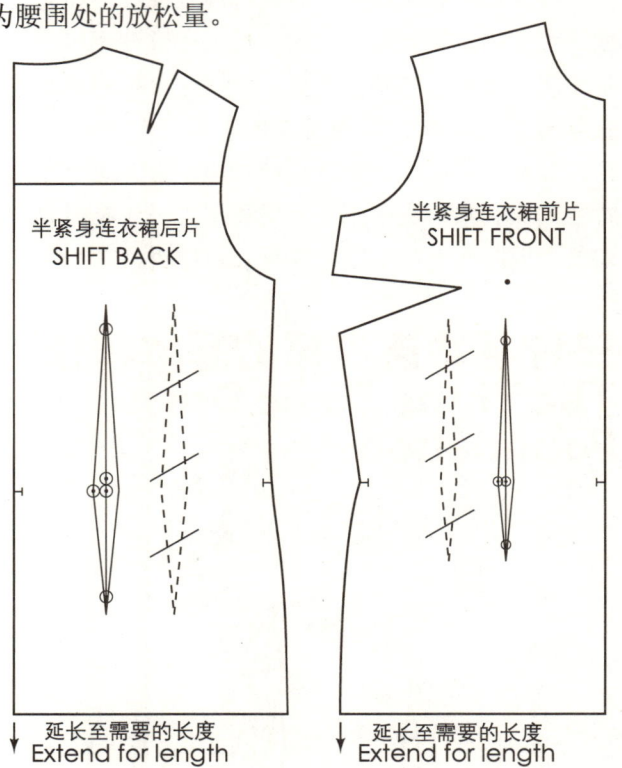

H型连衣裙
The Box-Fitted Silhouette

腰省不画,也无需缝合,留做腰围处的放松量。

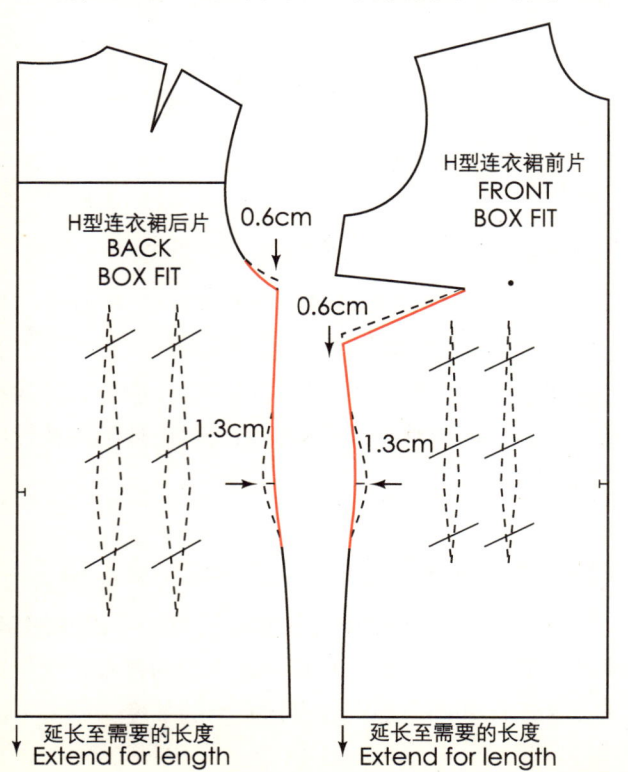

修整躯干紧身衣样板使其成为H型连衣裙样板
Modify Torso Foundation for the Box Fit

前片 Front

- 将侧缝省量增加0.6cm,向省点画线。

后片 Back

- 将后片袖窿下落0.6cm,修剪曲线。
- 在前、后片侧缝线处向外放1.3cm或更多。
- 画出新的侧缝线,部分与原侧缝线顺接(变短的侧缝线不会影响织物在臀围线处的水平状态,因为它比原侧缝线直且短,从而使服装的侧面直挺)。

公主线连衣裙的基本样板
Princess-Line Foundation

公主线连衣裙的基本样板主要适用于具有相似造型分割线的服装样板设计与制作。

样板设计及制作 Pattern Plot and Manipulation
图1、图2

- 描出前、后片躯干紧身衣样板，用高脚图钉将腰省的省位钉到下面的公主线连衣裙样板上。

后片造型线位置 Back Styleline

- 从肩省线至第一个腰省的上省尖点随着裙子的曲线画造型线，再从第一个腰省的下省尖点画平行于后中心线的造型线至臀围线。
- 把肩省尖点移到造型分割线上。

前片造型线位置 Front Styleline

- 由后片肩省位置起画造型分割线至胸高点，再从腰省的下省尖点开始画平行于前中心线的造型分割线至臀围线。
- 从胸高点向侧缝线画省的剪切线，在剪切线上距胸高点1.9cm处绘横线标记，作为基准点。
- 在造型线胸高点上下3.8～5cm处，做刀口标记。

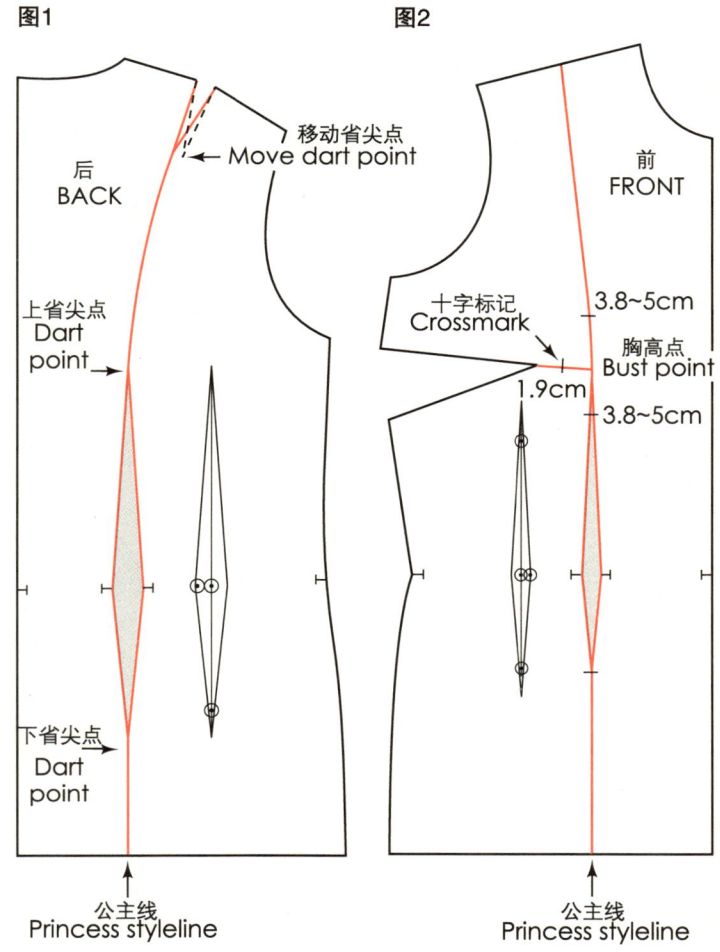

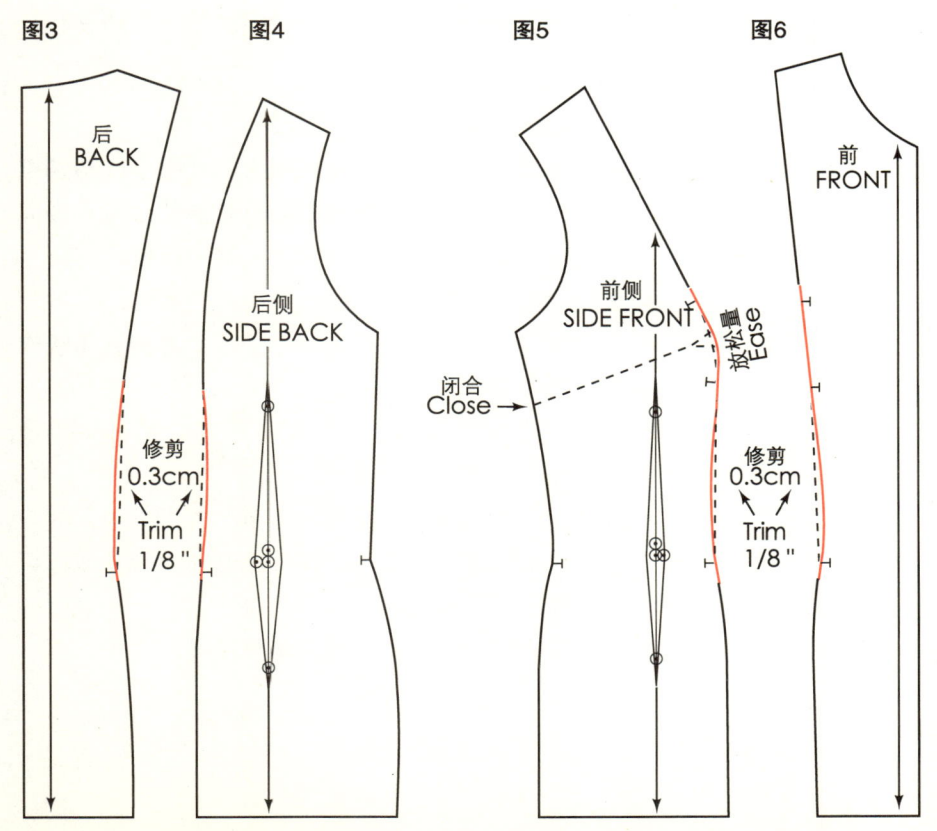

图3～图6

- 沿省线的两边剪开造型分割线。
- 前片从胸高点和省尖点剪开公主线至十字标记处，但不剪穿。
- 合并侧缝省，粘贴固定。
- 重新描出公主线轨迹。
- 圆顺公主线（虚线为原样板），做打孔画圈标记。

如图所示，完成公主线连衣裙的基本样板。本书中还列举了其他几款变化公主线的连衣裙样板，它们的制作均基于此公主线连衣裙的基本样板。

A型公主线连衣裙 A-Line Princess

设计分析 Design Analysis

设计1是一款A型紧身公主线连衣裙。其样板设计和制作基于公主线连衣裙的基本样板（参见第9页）。所有公主线式的样板设计与制作，可参见图3。设计2和设计3供读者实践练习用。

设计1
设计2
设计3

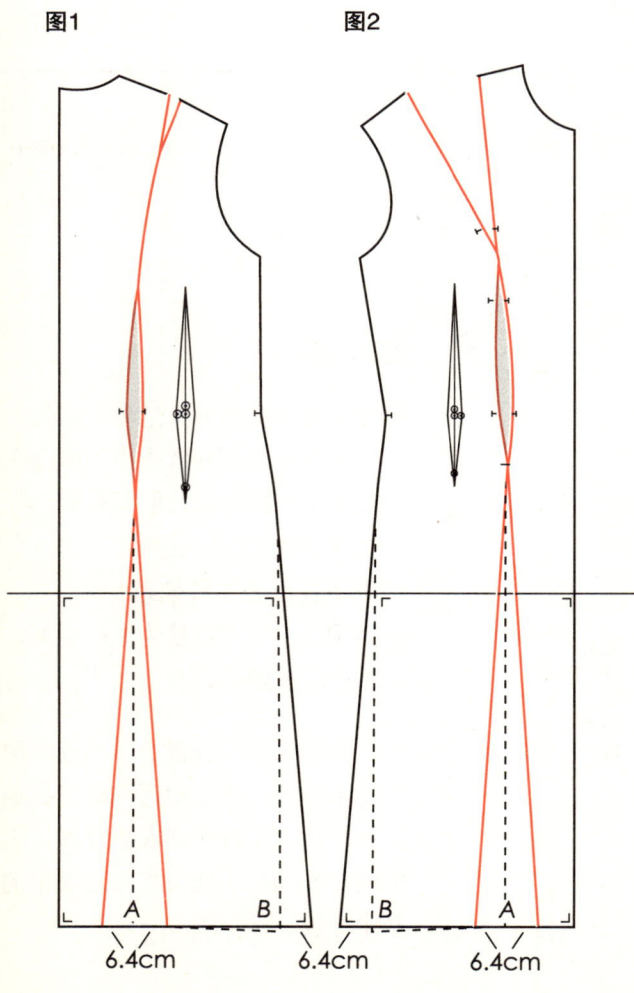

图1　图2

样板设计与制作 Pattern Plot and Manipulation

图1、图2

- 在样板纸上画一条水平基准线。
- 把裁好的后片样板置于基准线上，使臀围线与基准线重合，描出样板。用高脚图钉把省的形状和经向丝缕线转移到下面的样板纸上，移开样板。
- 重复上述步骤做前片样板。
- 从臀围线向下画直角线至所需长度，再画直角线作为裙摆线。
- 从省尖点向下画线，使之平行于前、后片中心线（虚线），做A、B标记。
- 在A点左右6.4cm（或更多的省量）处做标记，并与公主线上的省尖点相连。在B点向外6.4cm处做标记并与臀部曲线相连。
- 从下摆边线向内画直角线，调整摆线。

图3

- 从样板纸上剪下样板，重叠部分的样板沿造型线描出，分开样板。
- 画经向丝缕线，做打孔画圈的省道标记。

图3

有公主线的拓展设计样板
Option for Princess Design Pattern

- 为了增加下摆的拖曳效果，可以加大各拼片展开部分的量。

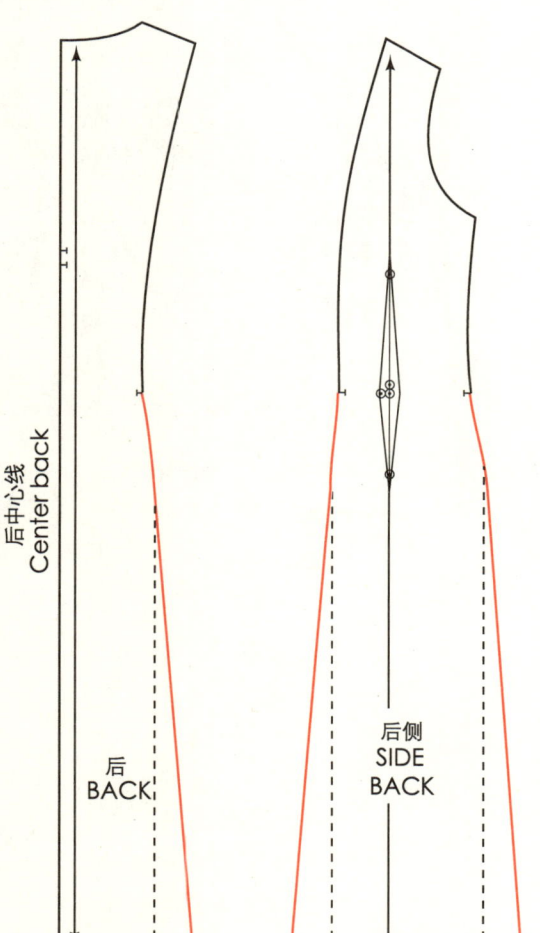

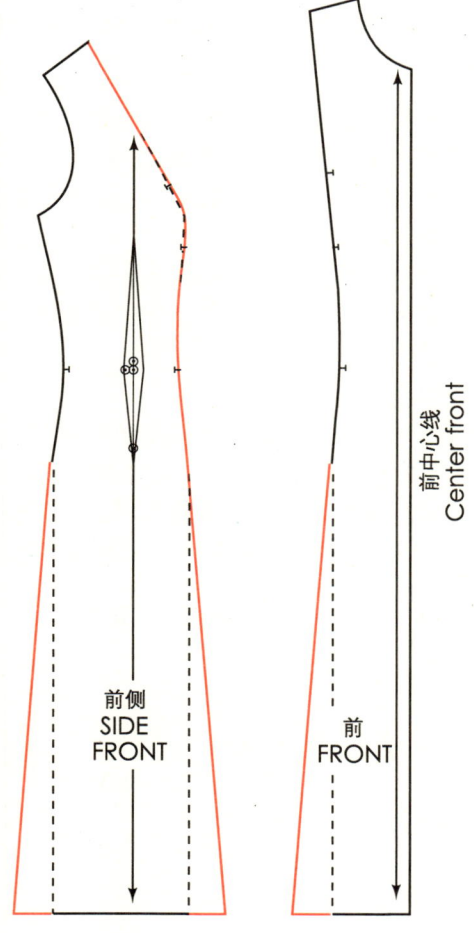

拼片式连衣裙的基本样板
Panel Dress Foundation

拼片式连衣裙基本样板的特点是无腰缝线、半紧身的。设计1和设计2的样板制作均基于此基本样板。如果设计师充分发挥想象，可以从这个基本样板中衍生出许多设计方案。

样板设计与制作 Pattern Plot and Manipulation
图1、图2
- 描出躯干紧身衣前、后片的基本样板。
- 从臀围线向上画直角线，至距袖窿1.3cm处。再从袖窿中点作一圆顺的微曲线，与造型分割线相连（虚线表示原腰省）。
- 将两个原腰省移到造型分割线上，前、后片分别以一个腰省的1.5倍为新省量，分配到腰围线处的造型分割线中。
- 画出新省线（阴影部分）。
- 前片画出一个新省道。从原侧缝省与造型线的下交点再向下2.5cm，画至侧缝省省尖点的剪切线。
- 沿造型分割线剪开，分为各拼片样板：后拼片，后侧拼片，前侧拼片和前拼片，去掉不需要的部分（省线间的阴影部分）。

设计1

设计2

图1

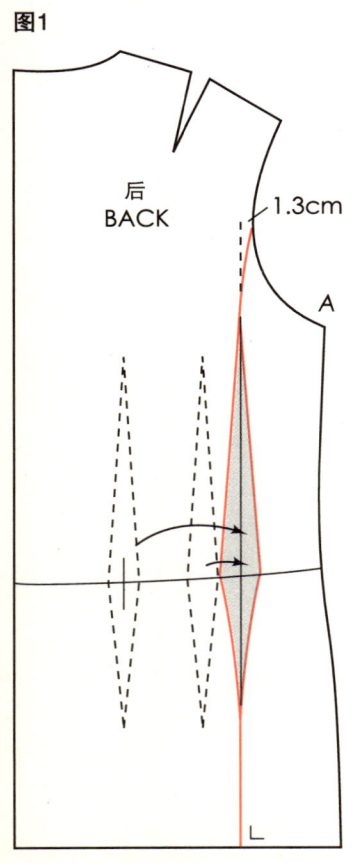

图2

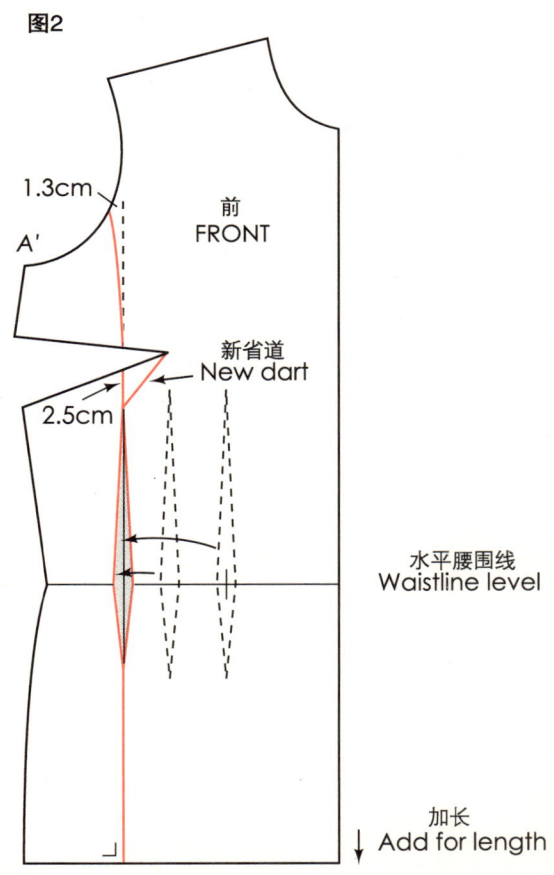

图3、图4 前、后拼片 Front and Back Panels

- 剪开新省道的剪切线,合并原省道,并粘住。
- 将后中心线外移2.5cm。
- 做经向丝缕线及刀口标记。
- 如所示画顺造型线。

图5、图6 侧拼片 Side Panels

- 合并侧缝省省线。
- 在新样板纸上画一条水平基准线和一条向上的直角线,并在图1、图2上做标记A、B和C。
- 将前、后侧拼片的臀围线置于水平基准线上,使袖窿底点A位于直角线上(拼片在臀围线上可以相连、重叠或分离。袖窿处可不在同一水平上)。描出侧拼片,拿开样板。

调整拼片 Adjust Panels

袖窿:修整袖窿,使之圆顺。

- 从腰围线向里1.3cm处做标记(如果侧臀线合适,则不按此方法调整)。

臀围线处的重叠或分离
Hips That Overlap or Have Space Between Them

- 测量重叠或空隙量,在各拼片的一侧加上或减去空隙量或重叠一半的量。
- 沿直角线向上画5cm,并做横线标记省尖点的位置。
- 画拼片的造型线,使它在腰围线上方稍向内弧,而在腰围线下方稍向外弧,在相连处用圆顺的曲线连接(虚线表示原形状)。
- 完成侧拼片(图6)。

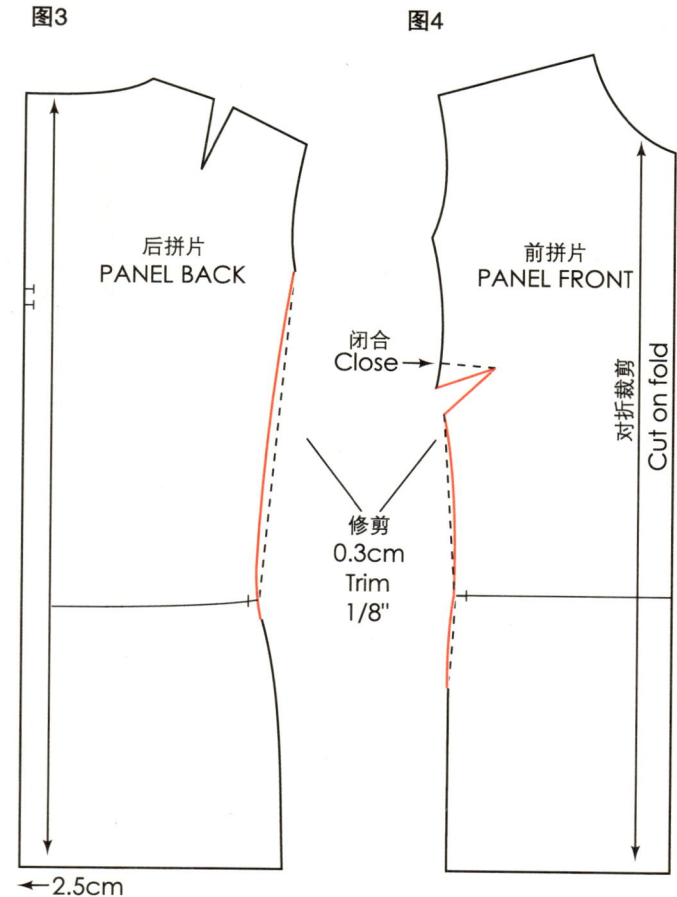

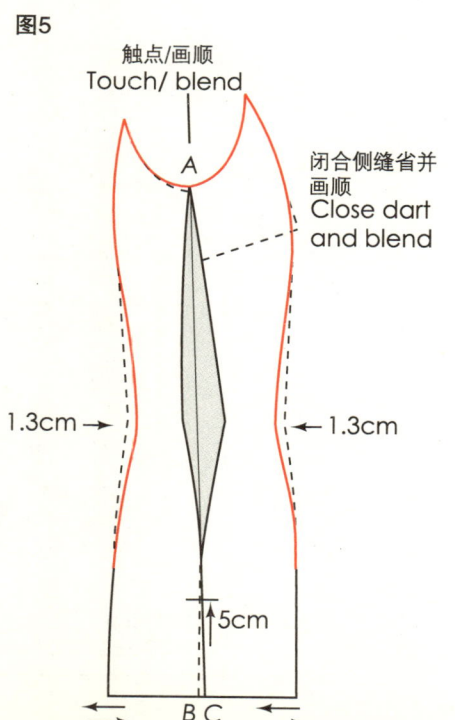

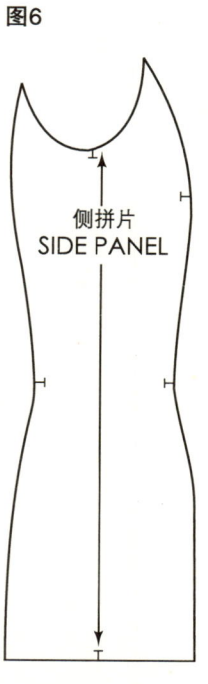

帝国线连衣裙的基本样板
Empire Foundation

帝国线连衣裙的基本样板是从躯干紧身衣的基本样板中发展而来的。它包括了所有的轮廓基准线。设计1和设计2的样板是以此为基础而产生的。

帝国线连衣裙的造型线横穿于乳房下方，并贯穿于背部（拓展设计）。造型线上方有一个省，下方有两个省，以此来塑造合体的服装。

设计1

设计2

样板设计与制作 Pattern Plot and Manipulation

图1 躯干紧身衣前片样板 Front Torso

由于该例不使用轮廓基准线样板，所以需按图示中的样板及提供的尺寸制作样板。

- 描出躯干紧身衣前片，标出胸高点、省道和乳圈（半径为7.6cm）。用高脚图钉转移基准线4（见第6页，在乳圈下），或根据提供的尺寸改动。
- 从侧缝省端点向胸高点画剪切线。

帝国线 Empire Styleline

- 画前中心线的垂直线，与乳圈线相切，并交于侧缝线上，做标记点A（如虚线所示）。
- 由A点向下1.9cm，做标记点B。
- 从B点向乳圈下方画曲线，造型线上方的第二个省量作为放松量。
- 在侧腰点做标记点C。

下半身样板 Lower Section

- 以腰围线处为省端点，将造型分割线下两个省道的各边省线向外延伸0.5cm（阴影部分）。

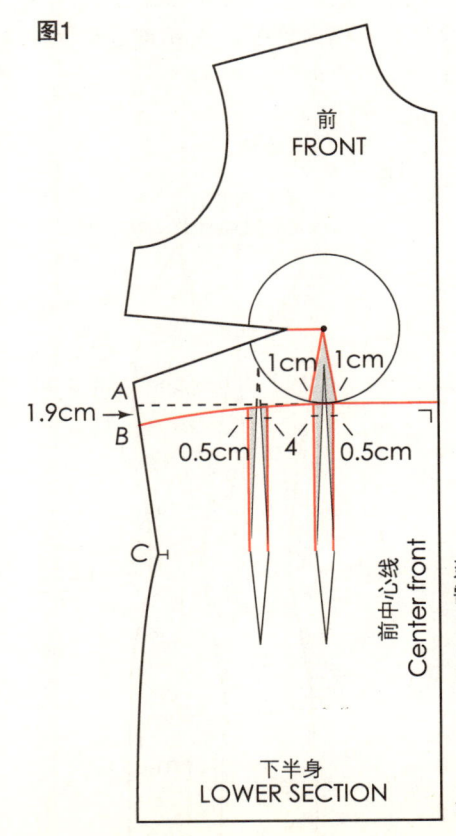

图1

图2 躯干紧身衣后片样板 Back Torso

- 描出躯干紧身衣后片，在侧腰点做标记点D。

帝国线 Empire Styleline

$D \sim E = C \sim B$（前片，见第14页），确定E点。

$F \sim G = D \sim E$ 减去1.3cm，确定G点。在此画一条很短的直角线。

- 过E点画一条弧形造型线，与G点顺接。
- 在原有的两个省道中间向上作新省道的中心线，平行于后中心线，交于背宽线。
- 在造型线上做7.6cm长的腰省。
- 画新腰省省线，使省量与两虚线省相等。

下半身样板 Lower Section

- 将造型线上每边省线向外延伸0.3cm（阴影部分）。
- 画出新省线，省线止于腰围。

图3、图4

- 沿造型线把样板剪开。

前片 Front

- 剪开至胸高点的剪切线，合并侧缝省，重新描出样板。
- 将省道延长至胸圈以下0.6cm处，将前中心线向下移0.3cm（画一条短直角线）。画圆顺帝国线（为了将省道集中在胸部下方和后片，画顺4位省两侧的造型线，如虚线所示）。

修正接缝线 Matching seams

- 修正躯干样板的上、下片。如果前片不正确（包括0.3cm放松量），可通过增减胸省（1，2，3，5，6位省）的办法调整样板。将省量尽可能调整到最接近原侧缝省的省量。如果后片不相配，可调整躯干后部上片中的侧缝尺寸，渐收至袖窿底点（用虚线表示）。
- 在袖子原型样板的基础上完成该款的袖子样板制作。

轮廓基准线 Contour Guidelines

标出所有的轮廓基准线以备用。完成样板。测试合适度。参见第7页，图1。

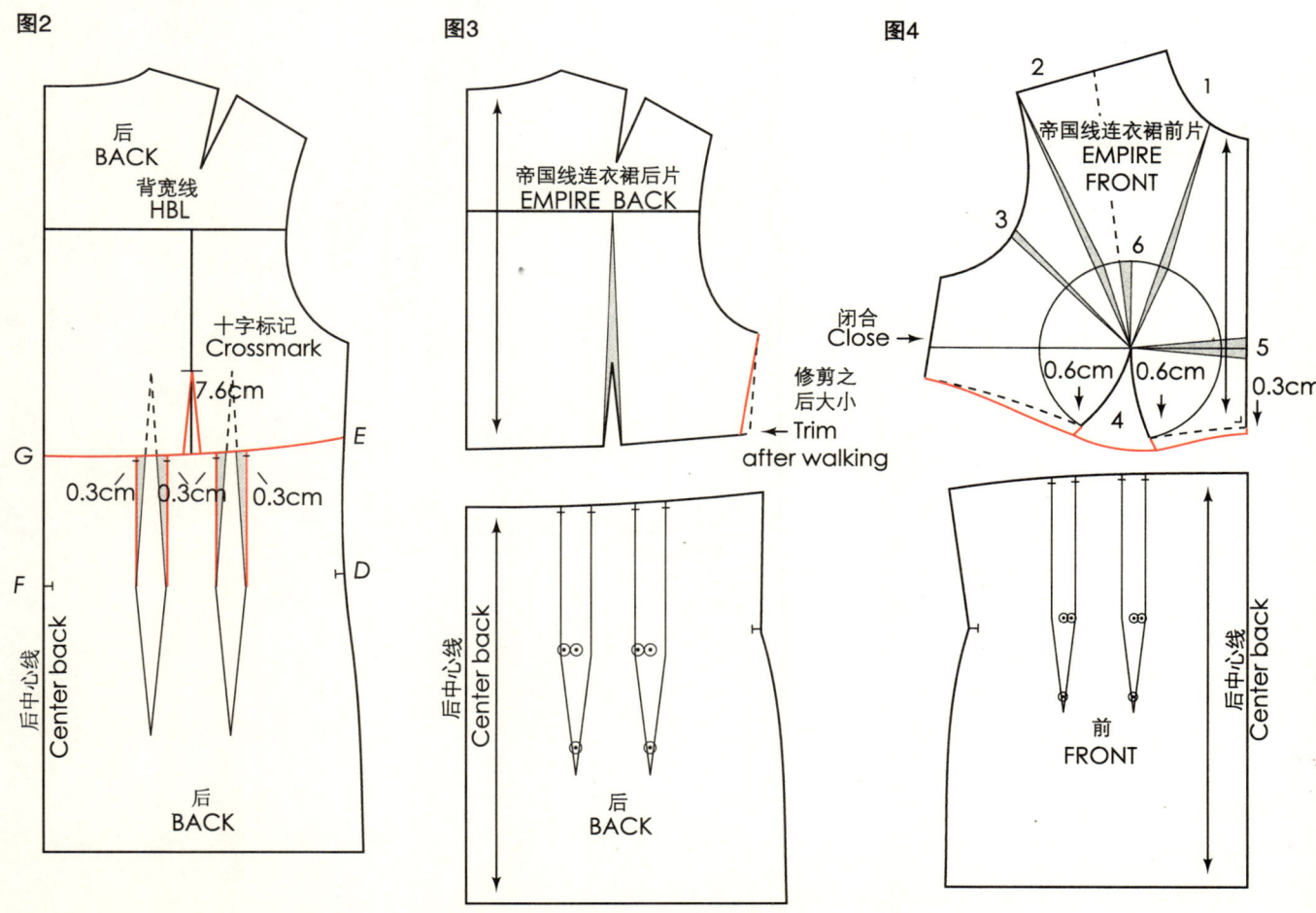

帐篷式连衣裙的基本样板
Tent Foundation

该帐篷式连衣裙的外形特征，为下摆宽大，呈波浪形。下摆波浪的多少可以由侧缝省和背肩省的省道转移为扩展褶，以及侧缝至裙摆的扩展量来控制。帐篷式连衣裙的基本样板可用于设计1，也可作为其他款式设计的基础。

样板设计与制作
Pattern Plot and Manipulation
图1、图2

- 描出躯干紧身衣样板的前、后片，省略腰部省道。
- 从臀围线垂直向下加放所需要的尺寸长度。
- 按图示画剪切线。
- 在臀围线上标注A点、B点和C点。

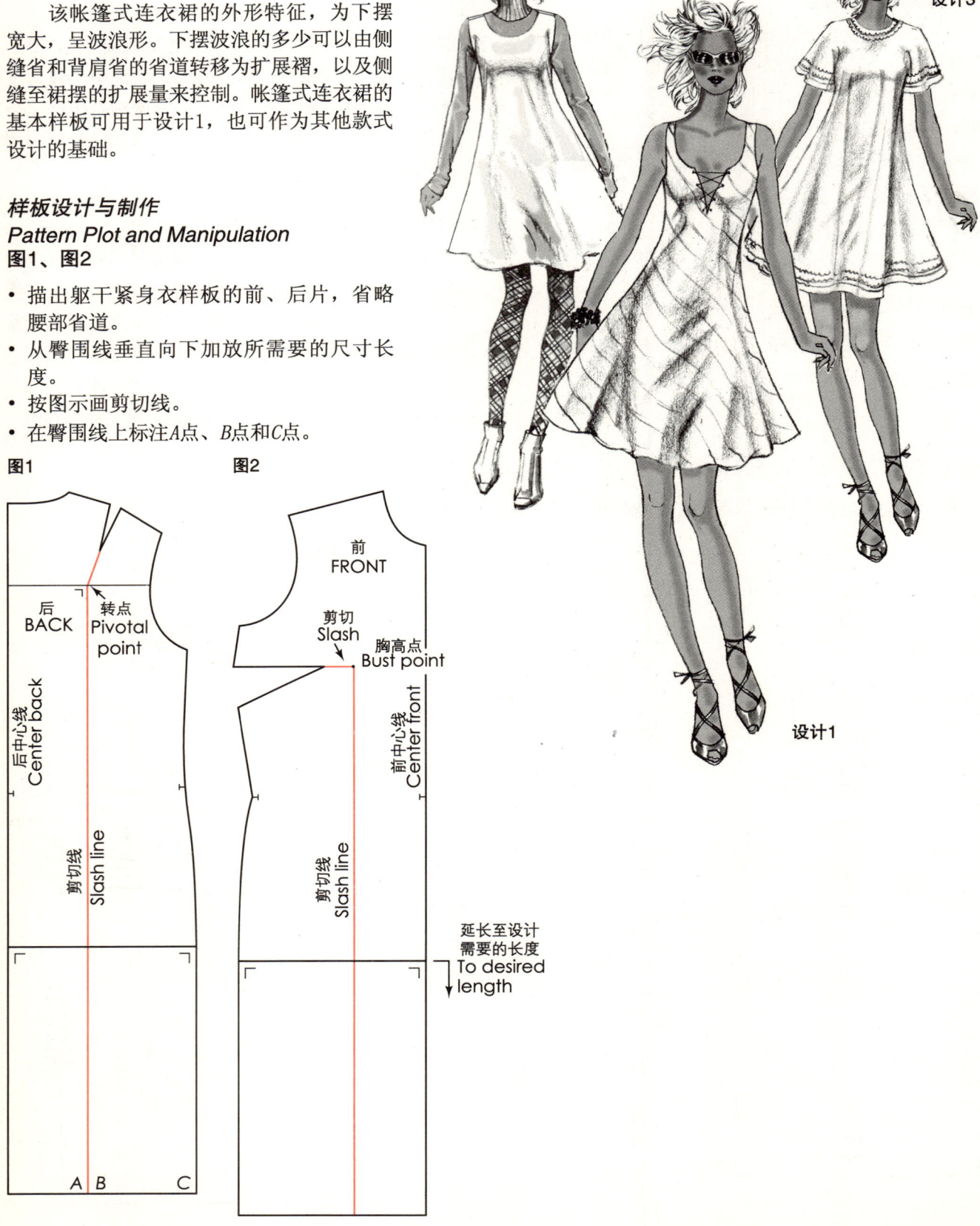

图3 后片 Back

- 从下摆处剪开切线至肩省的省尖点,但不剪穿。合并肩省。
- 放在样板纸上描出轮廓,侧缝画顺。
- C~D=A~B,做标记点D。
- 在袖窿底点与侧腰点间的中点,进1.3cm,做标记点E。
- 连接E点到D点、E点到袖窿底点,将侧缝线画圆顺。
- 在E点用曲线画顺。

图4 前片 Front

- 分别从下摆处和侧缝省的省尖剪开切线至胸高点,但不剪穿。
- 合并侧缝省。
- 在样板纸上,描出轮廓。
- F~G=(C~D)/2,做标记点G。
- 在袖窿底点与侧腰点间的中点,进1.3cm,做标记点H。
- 连线H点到G点、H点到袖窿底点,将侧缝线画圆顺。
- 圆顺下摆线。
- 在H点用曲线画顺。

调整裙摆 Equalizing Hemline

前裙摆大于后裙摆。各省道量全部扩展至裙摆。在A型裙的侧缝处增加了扩展量。从而形成了富有时尚感的A型裙。测试适合度。如果侧缝处有太紧或太松的现象,可调节E、H部位。如果裙摆太大或不够大,可以重新调整裙片的剪切展开量,之后再确定样板。

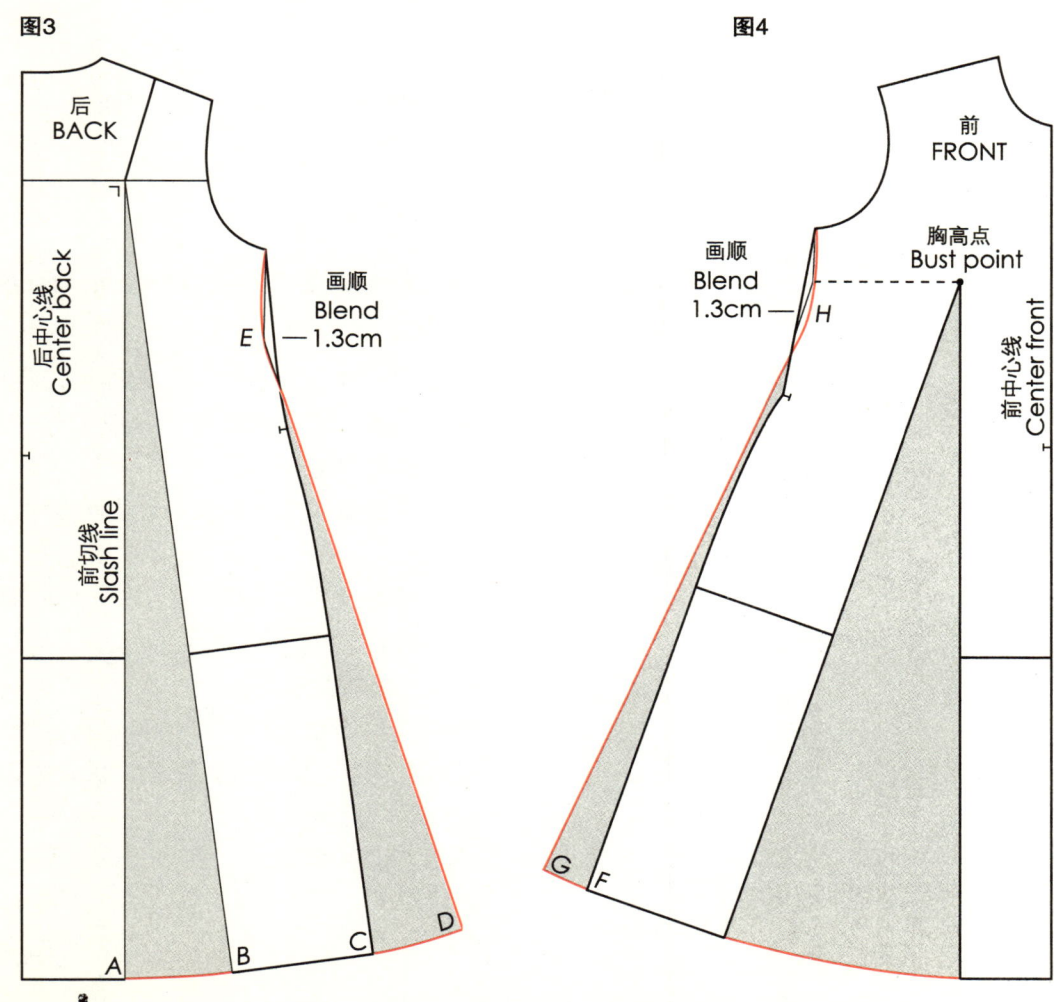

图3　　　　　　　　　　　　　　图4

无袖宽松连衣裙 Jumper

无袖宽松连衣裙是一种较宽松的服装，它常采用小圆领口或挖剪领和挖剪袖窿的式样。裙长通常超过衣服。无袖连衣裙的样板基于躯干基本样板。

设计分析 Design Analysis

设计1——A型，背心式、低腰喇叭裙。A tan top version with a torso line and flared skirt.

设计2——A型大V字领口，露肩背心裙，配皮带组合套装。款式如右图所示。A stylized version with a short skirt worn over a top and pants. Belt is a separate item. This design is illustrated.

设计1　　　　　设计2

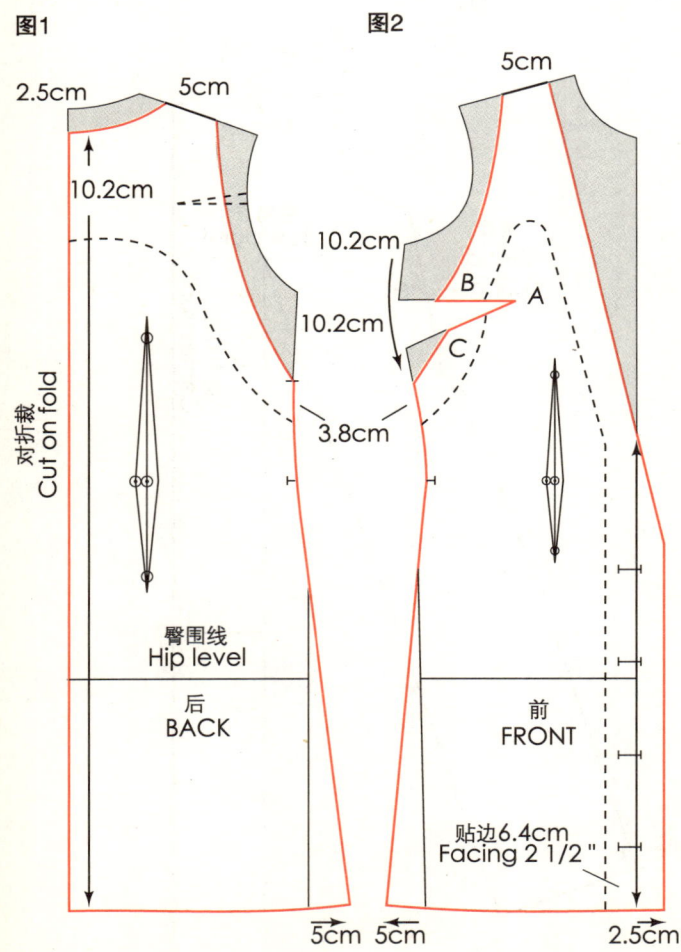

样板设计与制作 Pattern Plot and Manipulation
图1、图2

- 描出躯干紧身衣前、后片的样板，将肩省移至袖窿的中部。用高脚图钉标记躯干前、后片中的第一个腰省省位。
- 将裙片延长至所需长度，增加裙摆的扩展量，画出摆线。
- 画出袖窿及领口弧线（建议：合并侧缝省，画出造型线）。
- 前中心线处加宽2.5cm。
- 画经向丝缕线。标明纽扣和纽孔位置（参见上册第16章内容）。打孔，画圈，做省量标记。
- 画贴边（虚线）。
- 描出并剪下贴边。

特殊样板问题 Special Patternmaking Problems

下面的设计案例富有特色,创造性地将细褶纵横贯穿于样板之中。这里就如何进行这类服装的制图,以及获得样板的方式进行了说明。设计1采用了抽褶。设计2(参见第20页)采用了造型线纵向越过省域。设计3和设计4(参见第21页)的特点是前片为整片,但有造型分割线。这些例子虽然没有提供完整的样板,但相信能对读者今后制作此类款式的样板起到帮助作用。请读者自己设计这些款式的后部造型,并试着去完成它们的样板。

横跨省域的抽褶连衣裙 Gathers Crossing Dart Areas

设计1

可以拓展为类似左图但更加夸张的挖剪设计。

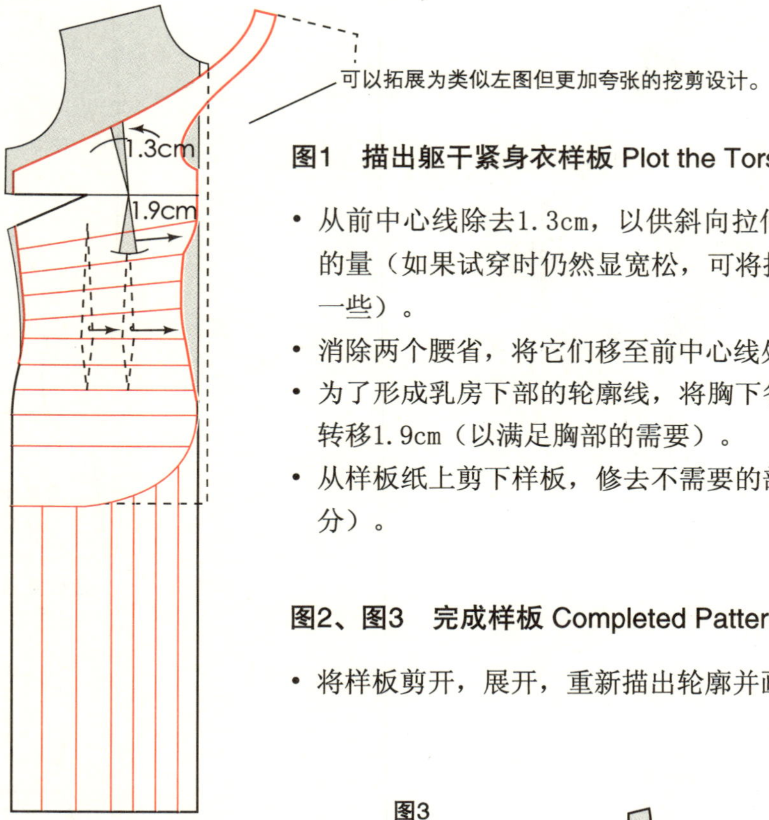

图1 描出躯干紧身衣样板 Plot the Torso Pattern

- 从前中心线除去1.3cm,以供斜向拉伸面料后延展的量(如果试穿时仍然显宽松,可将抽褶域再移进一些)。
- 消除两个腰省,将它们移至前中心线处。
- 为了形成乳房下部的轮廓线,将胸下省向前中心线转移1.9cm(以满足胸部的需要)。
- 从样板纸上剪下样板,修去不需要的部分(阴影部分)。

图2、图3 完成样板 Completed Pattern

- 将样板剪开,展开,重新描出轮廓并画顺连线。

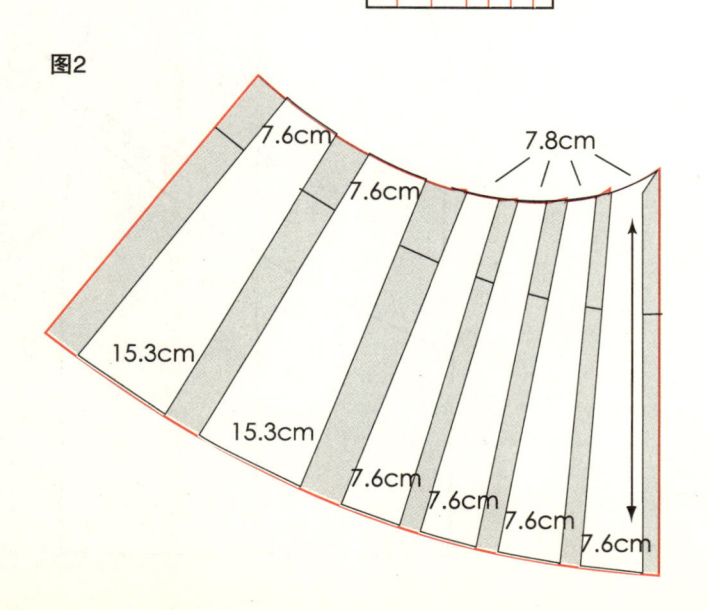

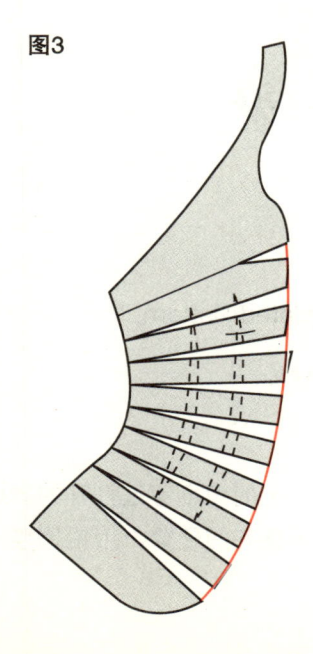

造型线穿过省域的连衣裙
Stylelines Crossing Dart Areas

图1

- 按设计说明，画出穿越省域的造型分割线。
- 在各片标明排序数字。
- 按图示增加胸部省量，以塑造服装胸部的轮廓。

设计2

图2 完成样板 Completed Pattern

- 沿造型分割线分开样板。
- 将省道合并。

注意：造型线以一定的角度穿过打开的省道。当省道合并后，会出现不整齐的现象，用铅笔描出样板后再做修整。

图1

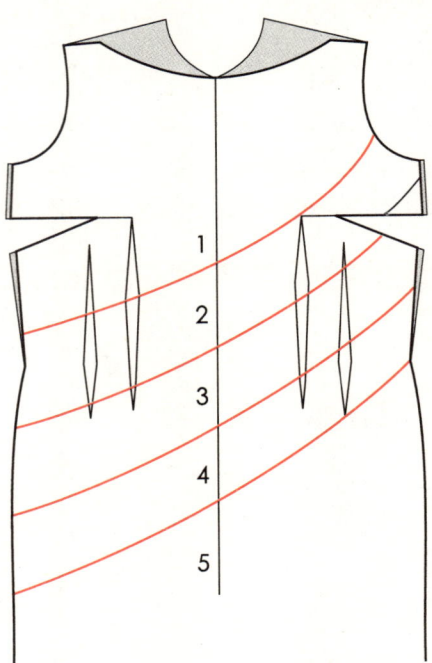

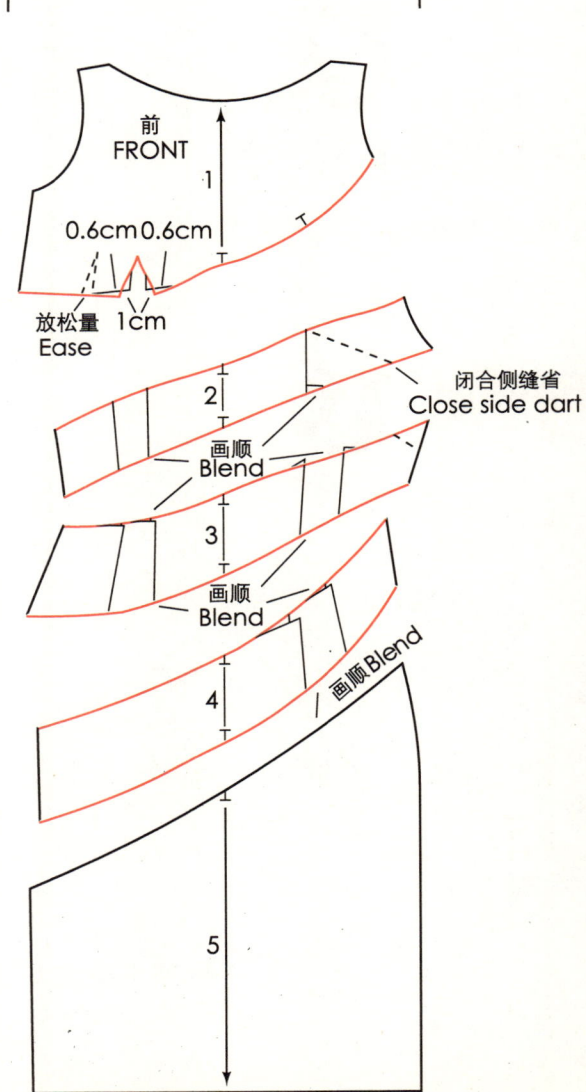

图2

前 FRONT
0.6cm 0.6cm
放松量 1cm
Ease

闭合侧缝省
Close side dart

画顺 Blend
画顺 Blend
画顺 Blend

第1章　无腰缝线连衣裙

前片为一片式的连衣裙
Stylized One-Piece Front

　　设计3和设计4为无侧缝省，单幅前片的连衣裙。在这款服装样板中，造型线止于胸高点或侧缝省尖点。在剪开造型线，合并侧缝省之后，展开样板，进而在造型线之间的空间内完成服装细节的设计（如设计3中喇叭形裙摆部分和设计4的褶裥裙摆部分）。

　　如果侧缝线处有省道，则难以进行上述设计。设计4为读者的实践练习题。请按这种设计概念进行其他款式的样板设计。

设计3　设计4

图1

- 画造型分割线至胸高点。
- 画出其他所有造型分割线（按设计需要重新设定腰省位置）。

图2　完成样板

- 合并侧缝省，完成样板的其余部分。

　　注意：在需要的位置留出缝份（0.6~1.3cm）。

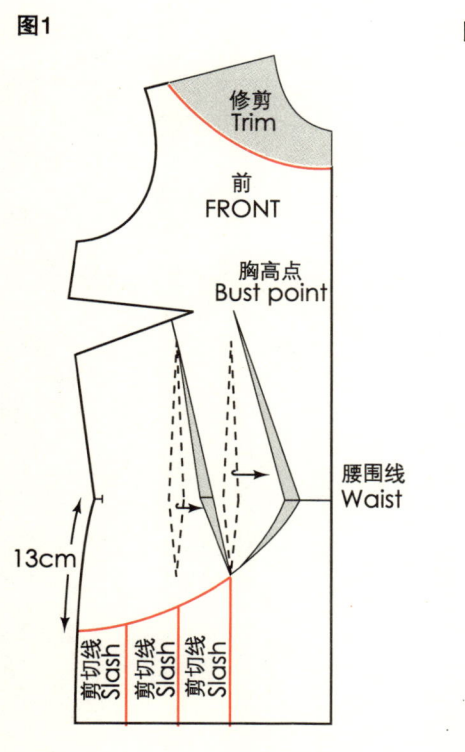

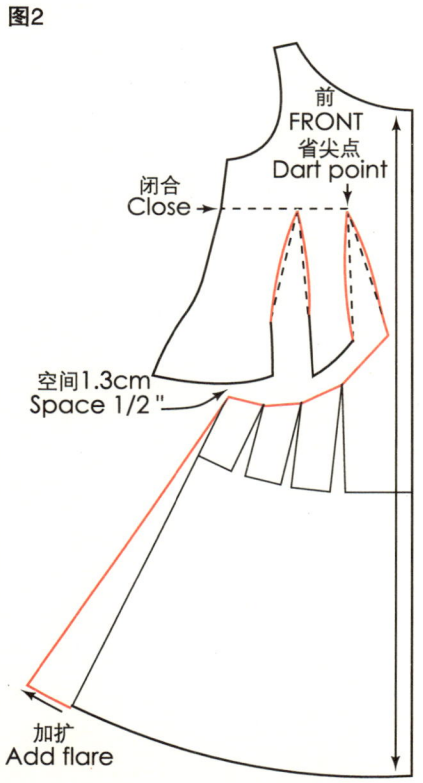

图1

修剪 Trim
前 FRONT
胸高点 Bust point
腰围线 Waist
13cm
剪切线 Slash
剪切线 Slash
剪切线 Slash

图2

前 FRONT
省尖点 Dart point
闭合 Close
空间1.3cm Space 1/2"
加扩 Add flare

第2章

无吊带胸衣与内部结构
Strapless Foundation and Interconstruction

概述 INTRODUCTION 24	公主分割线紧身衣的基本样板 PRINCESS TORSO FOUNDATION 30
三款无吊带胸衣的基本样板 THREE STRAPLESS FOUNDATIONS 24	适体问题及解决办法 FITTING PROBLEMS AND SOLUTIONS 32
无吊带公主分割线紧身胸衣的基本样板1和 基本样板2 STRAPLESS PRINCESS BODICE FOUNDATIONS 1 AND 2 25	无吊带服装的支撑结构 CONSTRUCTION SUPPORT FOR STRAPLESS GARMENTS 34
无吊带抽褶公主线紧身胸衣 PRINCESS WITH GATHERED PANELS 27	服装内撑结构——轻与重 Interconstruction— Light and Heavy Weight 35
无吊带胸罩式胸衣的基本样板 BRA-TOP TORSO FOUNDATION 28	鱼骨衬的类型 Types of Boning 35
	为下层支撑准备样板 Preparing Patterns for the Undersupport 36

概述 Introduction

在日装、晚装、礼服裙、长外套、组合套装、戏装和舞蹈装等服装的设计中，常采用无吊带的服装形式。这类设计通常需要用内撑物把上衣部分支撑在一个固定的位置上。内撑物的结构简单到复杂皆有（可谓第二件衣服）。内撑物的多少取决于设计所需面料的重量、层数和附加装饰物（比如小珠饰等）的份量等。多种不同类型内撑结构的例子随后将在本章中讨论、示范。

这里主要例举了三种无吊带胸衣的基本样板，读者可以此为基础进行练习。并希望能从中衍生出其他设计方案。

三款无吊带胸衣的基本样板 Three Strapless Foundations

设计无吊带胸衣需要利用标准的轮廓线样板。如果打板员还没有做好标准轮廓线样板，请参阅上册第9章相关内容。每款设计都提供了造型需要的尺寸，打板员如果掌握了设计原理，就可以将这种方法运用到各种设计造型中去。无吊带胸衣的设计总是利用多种分割线来造型的，这里阐述的是最流行的基本样板。无吊带胸衣可以连接裙子。

公主分割线紧身胸衣 Princess bodice——绘出胸部上、下及前胸之间的轮廓线。如果胸部是以平桥形连接的，则略去双乳间轮廓的描绘。

公主分割线紧身内衣 Princess torso——绘出胸部上、下及胸部之间的轮廓。

帝国分割线胸罩式紧身内衣 Bra-top empire——绘出胸部上、下及胸部之间的轮廓。

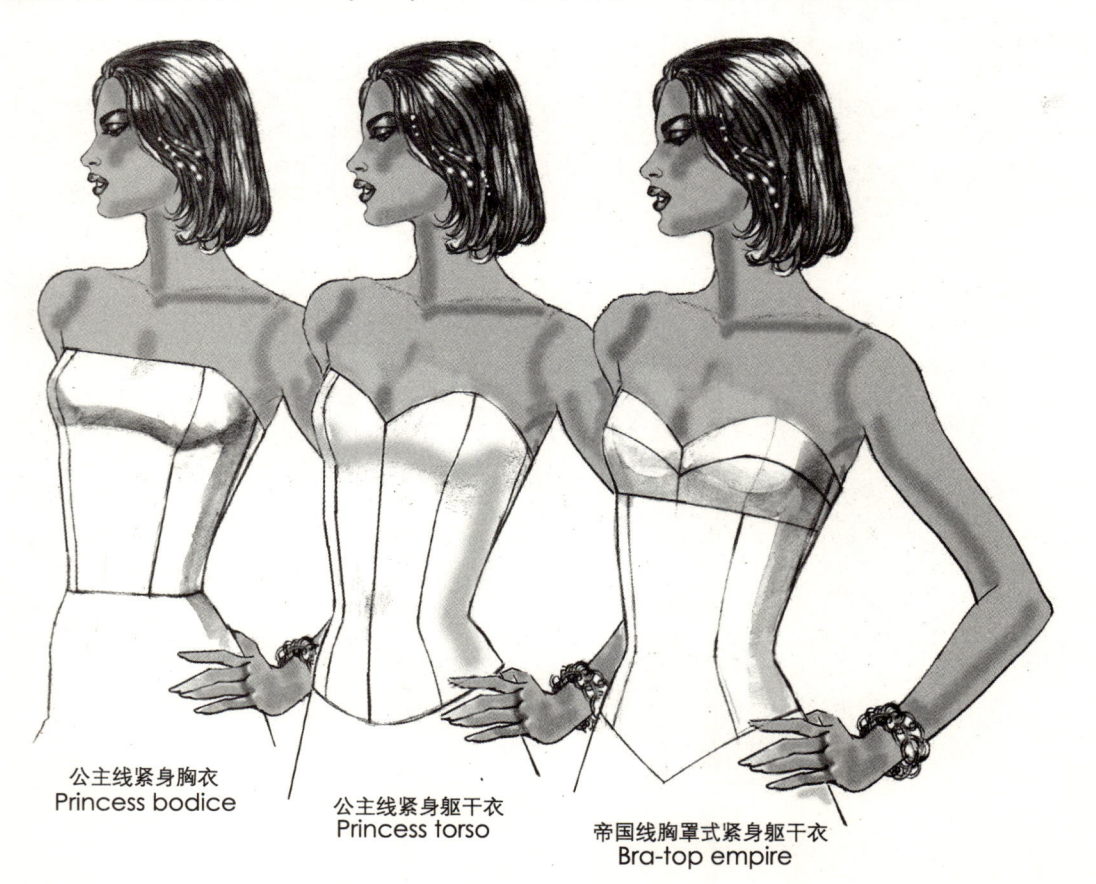

公主线紧身胸衣
Princess bodice

公主线紧身躯干衣
Princess torso

帝国线胸罩式紧身躯干衣
Bra-top empire

无吊带公主分割线紧身胸衣的基本样板1和基本样板2
Strapless Princess Bodice Foundations 1 and 2

基本样板1——画出胸部上、下及双乳间的样板轮廓线。后背无吊带，且开口更低。

基本样板2——前胸以平桥形连接，中心线处无缝。描绘出胸部上、下及双乳之间的样板轮廓线。后背无吊带，且开口更低。

基本样板1 Foundation 1

图1

如果不用轮廓基准线样板，则必须按所示样板和尺寸制图。

- 描出轮廓基准线4（半紧身——每条省线向内收进0.5cm）、基准线5和基准线6以及胸高点上、下各7.6cm处的乳圈线。
- 如图所示，画出无吊带胸衣的造型分割线。
- 在胸高点上、下各5.1cm处做刀口标记。
- 从样板上剪下无吊带公主分割线胸衣的前片样板。

图2

- 描出后片样板，以及从后背中心线到背宽线的基准线7。
- 如图所示，画后背无吊带胸衣的造型分割线。
- 从样板纸上剪下无吊带胸衣的后片样板。

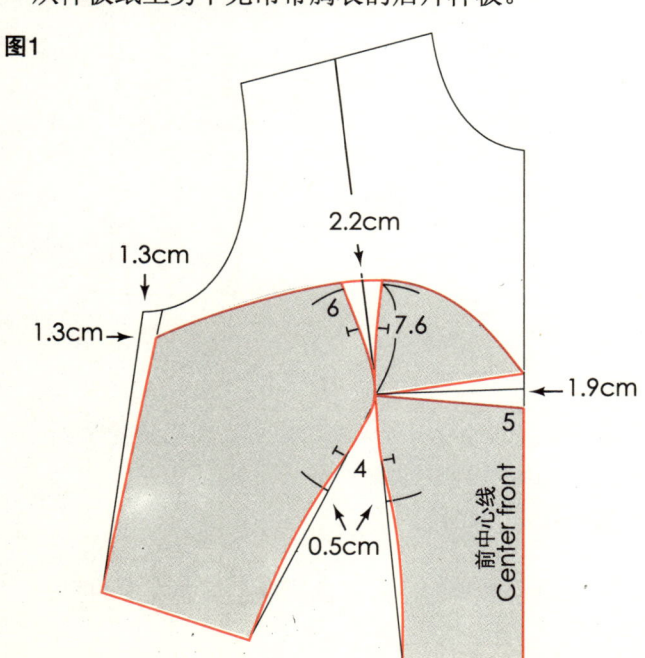

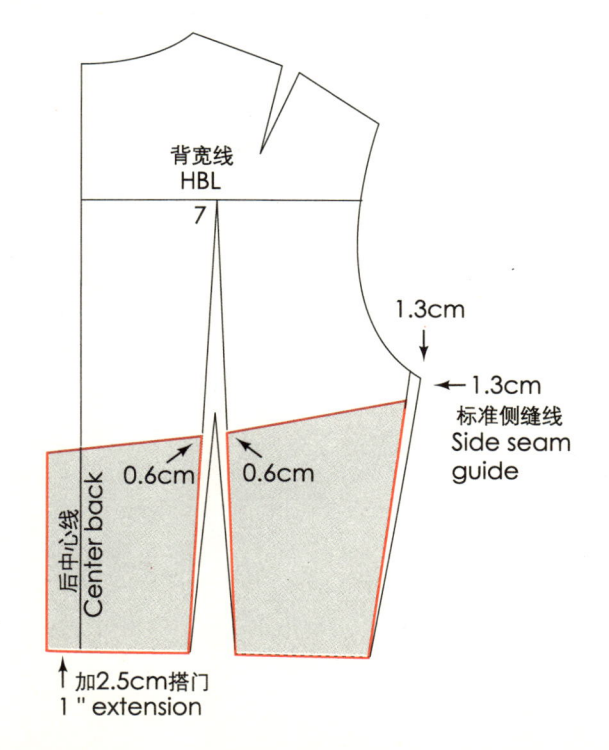

胸衣1　　胸衣2

图1

图2

图3
- 合并前中心线上的省道，描出样板。
- 在胸高点两侧各0.6cm处做标记（留出鱼骨空间），在胸部区域画顺曲线。
- 画出经向丝缕线。

图3

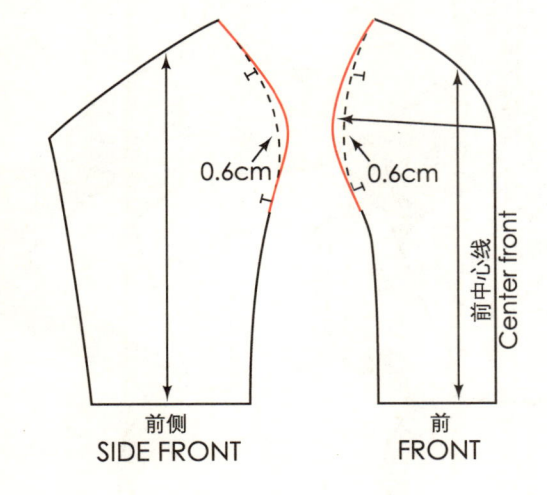

图4
- 合并后片省，描出样板。
- 画出丝缕线。
- 完成样板，测试适合度。
- 服装内撑结构问题将在第35页说明。

图4

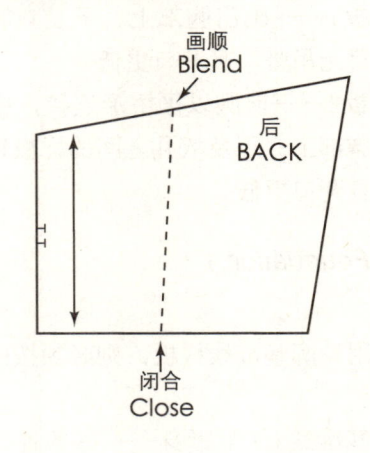

基本样板2 Foundation 2

图5
如果不用轮廓基准样板，则可以按此样板和所给的尺寸制图。
- 描出前片样板，在胸高点上、下各7.6cm处画乳圈线。
- 转移轮廓基准线4（半紧身——从每个省线向里收进0.5cm）和基准线6。
- 画无吊带造型分割线（从中心点画直角线）。
- 在胸高点上、下各5.1cm处做刀口标记。
- 从样板纸上剪下公主分割线样板。

图5

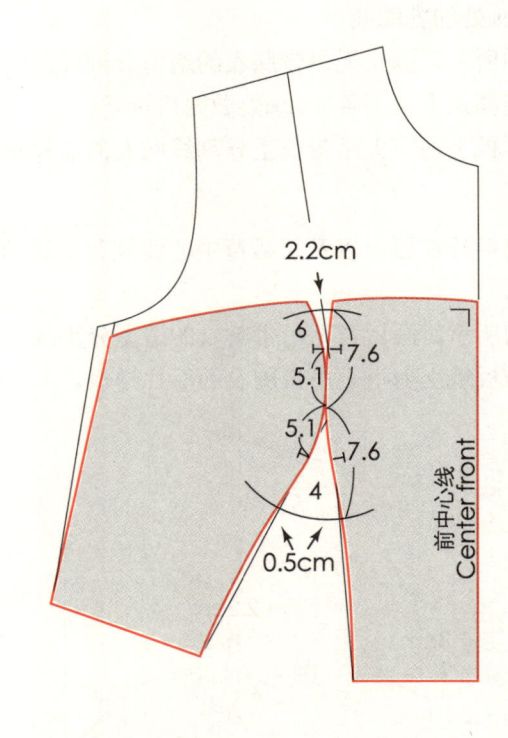

图6

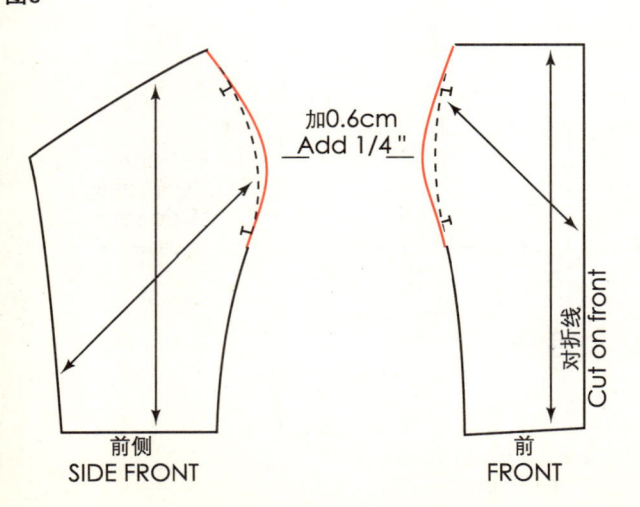

图6
- 在胸高点两侧各0.6cm处做标记，留出鱼骨空间。
- 在胸部区域画顺曲线。
- 画出经向丝缕线。

无吊带胸衣的后片样板请参见第25页中的图2。

无吊带抽褶公主线紧身胸衣
Princess with Gathered Panels

设计分析：设计1 Design Analysis: Design 1

　　在该款无吊带公主分割线胸衣的前片中设计了有角度的抽褶造型，抽褶的角度与前胸处的廓型线一致，增加了服装的丰满感。这款样板在设计中运用了原理#3，塑造出了合体的服装轮廓。使用无吊带公主分割线样板进行设计的方法，可参见第25页、第26页。该款式的后片是否用抽褶，读者可自定。

图2

- 在样板上画一条纵向基准线。
- 按分割线将样板各部分剪开。
- 分开各片，间隔2.5cm（间隔量可据设计效果而定），固定。
- 用纵向基准线校对斜线。
- 描出样板外形轮廓，在各裁片的角上做标记。
- 基准线与经向丝缕线一致。如果采用斜裁，画出斜裁的丝缕基准线，并将公主缝线修剪掉0.3cm。

　　根据设计需要，按相同步骤设计抽褶胸衣的后片样板（在此未作图示）。缝纫时先将抽褶的前、后片缝合在一起，然后再与衬里相缝。衬里也需先将前、后片缝合好。

　　细吊带长为2.5cm×91.4cm。

样板设计与制作 Pattern Plot and Manipulation

　　如果需要内撑物，请参阅第35页。

图1

- 描出3份无吊带公主分割线胸衣样板的前片和后片，并在样板上标明经向丝缕标记线。其中一个样板作为基本样板，另一个供样板结构设计时分割及展开用，还有一个作为衬里样板用。画经向丝缕线。
- 画斜向分割线，要求完全符合设计效果。给各片标号。

图1

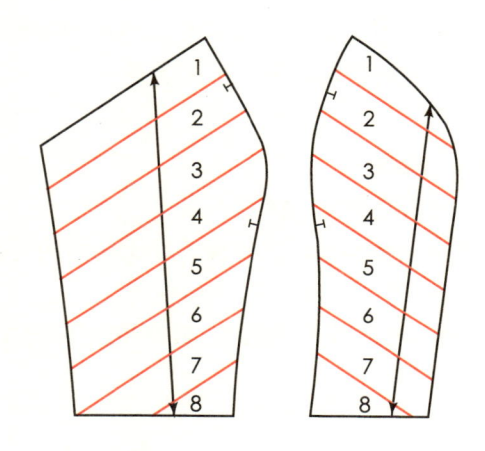

图2

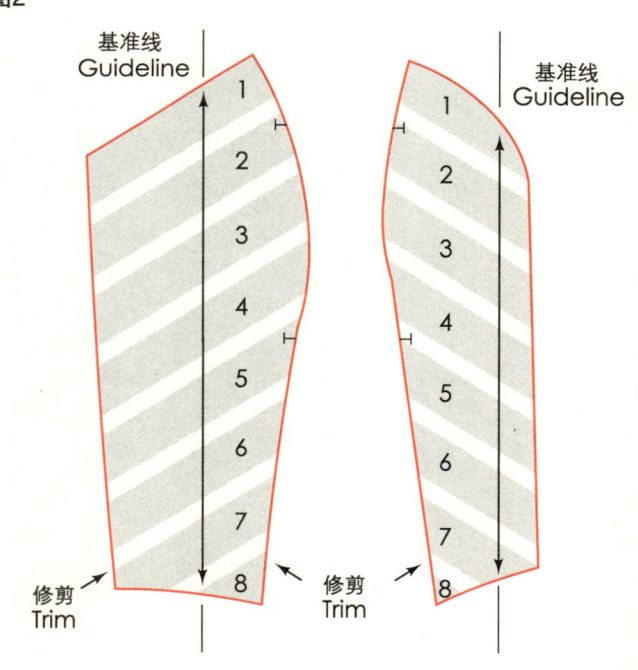

无吊带胸罩式胸衣的基本样板
Bra-Top Torso Foundation

图1

如果不使用轮廓基准线样板，则按照样板所给的尺寸制图。

- 描出前、后片紧身衣样板，在胸高点上、下各7.6cm处画乳圈线。
- 转移前片轮廓基准线4～6，连接轮廓线。
- 在侧缝1.3cm处做标记，绘出胸罩造型线。
- 如图所示或根据设计画出紧身衣的造型分割线。
- 将第二个腰省量转入第一个腰省量中。

图2 后片 Back

- 在两个背省之间画一条线。
- 将两背省量合并为新背省量。在无吊带的背线处标出1cm的省量。
- 连接省线，形成公主分割线，裁剪并分开样板。

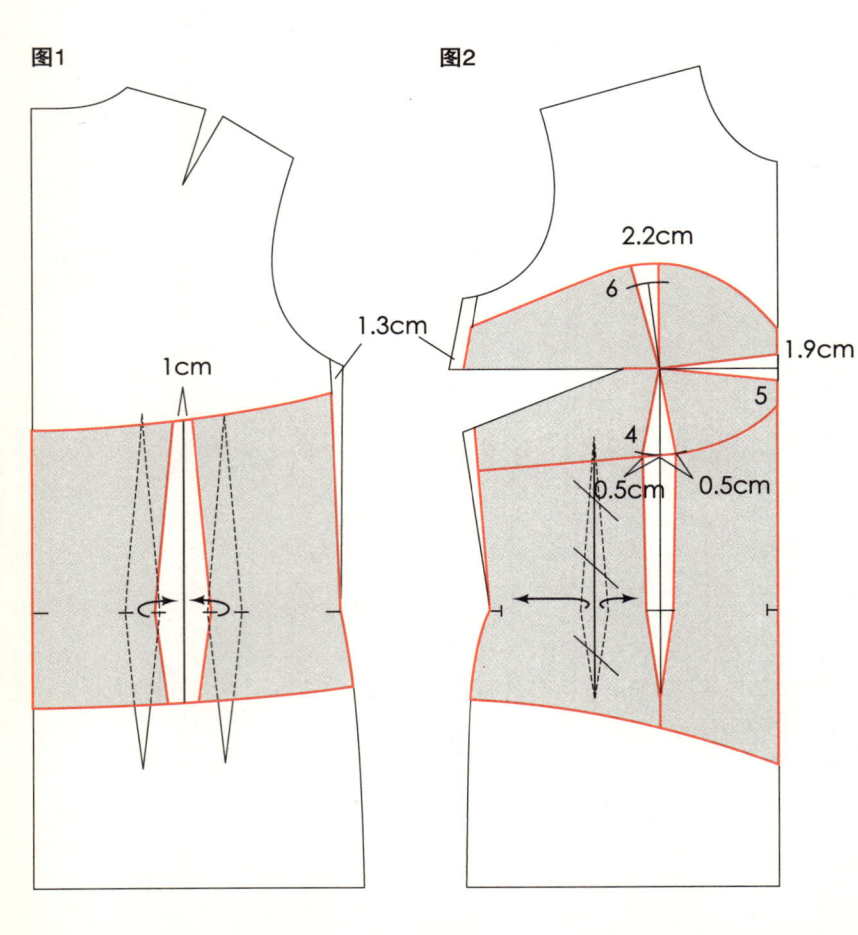

内撑结构见第35页。

图3 罩杯 Bra-Top
- 从样板纸上剪下罩杯样板。

图3

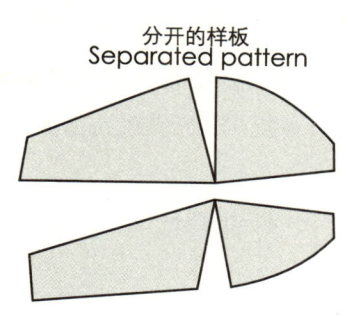

分开的样板
Separated pattern

图4
- 合并罩杯上、下部分的省道。
- 分别描出罩杯上、下部分的轮廓。
- 将胸高点处增加0.6cm（为乳房的隆起和内撑提供空间），然后用曲线将前中心线至侧缝线画顺。修整、画顺罩杯底边的曲线。
- 按图示做刀口标记。

图4

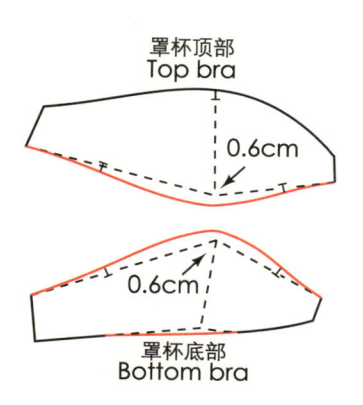

罩杯顶部
Top bra

0.6cm

0.6cm

罩杯底部
Bottom bra

图5 公主线拼片 Princess Panels
- 调整腰围线上、下公主线的差异。
- 从腰围线向下画微曲线。

图5

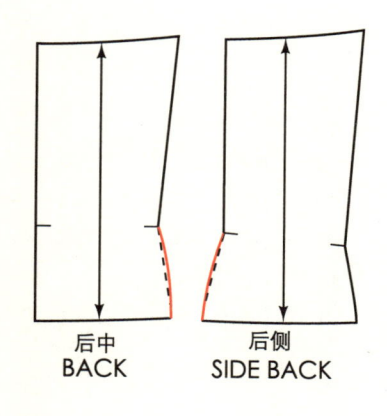

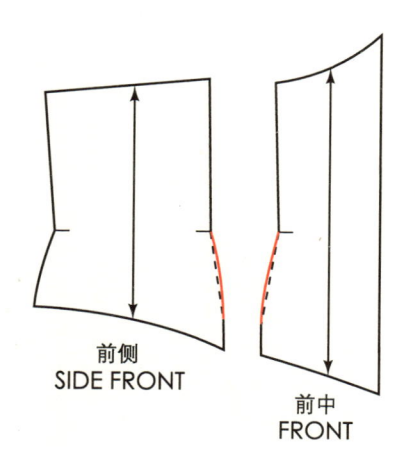

后中 BACK

后侧 SIDE BACK

前侧 SIDE FRONT

前中 FRONT

公主分割线紧身衣的基本样板 Princess Torso Foundation

公主分割线躯干部位紧身衣的基本样板常用来制作各种不同类型的服装内撑结构的样板。这里讨论了胸部区域的合体问题,并提出了一些解决方法,参见第32页,第33页。躯干部位紧身衣的造型分割线可以设计多种形象。

图1

如果不用轮廓基准线样板,则可以按此样板和所给的尺寸制图。

前片 Front

- 描出躯干部位的紧身衣前片的基本样板,在胸高点上、下各7.6cm处画乳圈线。
- 转移基准线4、基准线5、基准线6,并互相连接。
- 侧缝线处剪去余量(1.3cm)。
- 将第二个腰省量转移到第一个腰省中。
- 从样板纸上剪下样板,分开拼片。

图2

后片 Back

- 在两个背省中间画一条线。
- 将两个背省量并入新省中,在无吊带胸衣的轮廓线上标出1cm的省量。
- 连接省线,形成公主分割线。侧缝处剪去1.3cm余量。
- 裁剪、分开样板。

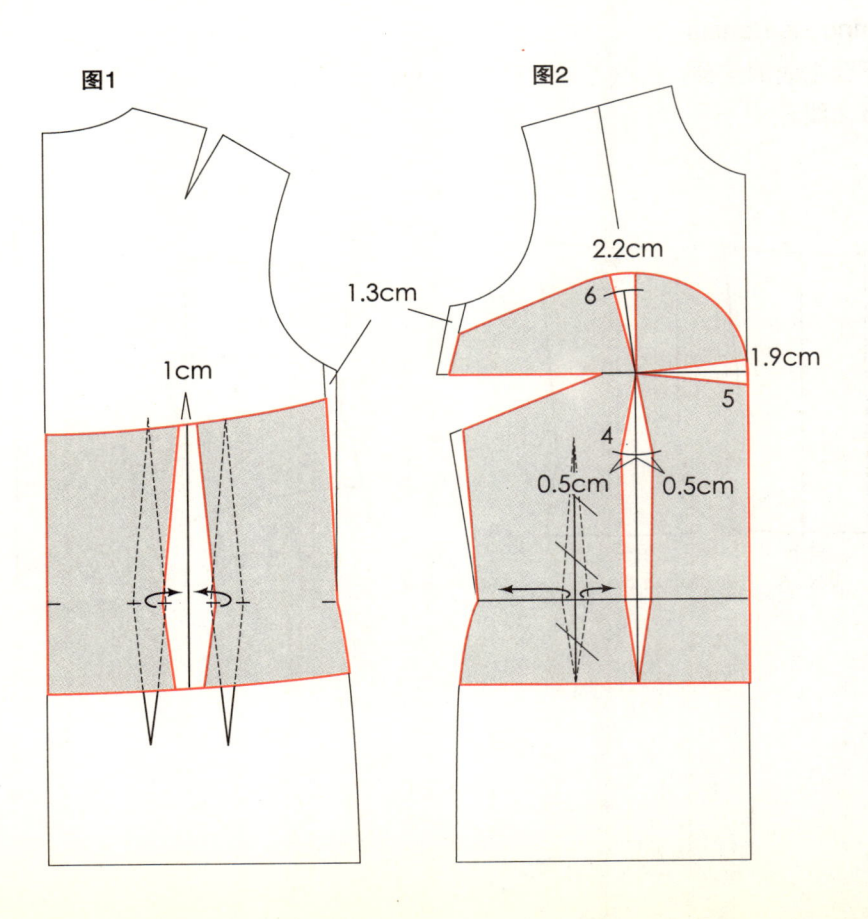

图3

- 从胸高点到胁省尖点画剪切线。
- 合并胁省，在胸高点上、下各做一个刀口标记。
- 闭合前中心省，做刀口标记。

图3

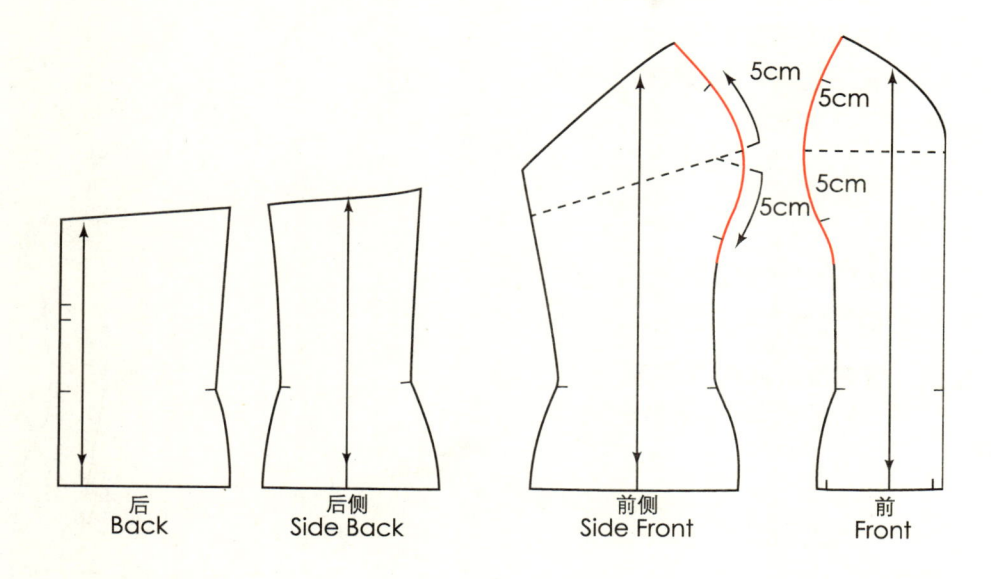

后 Back　　后侧 Side Back　　前侧 Side Front　　前 Front

5cm　5cm　5cm　5cm

完成纸样 Completing the Patterns

- 剪下样板，加缝份（未包括裙子部分），测试适合度。

  有关内撑结构的信息参见第35页内容。

适体问题及解决办法 Fitting Problems and Solutions

样板员在制作服装胸部轮廓的造型时，常会遇到特别棘手的不合体的问题。合体的样板结构使服装的乳杯与胸部恰好吻合，不会出现绷紧拉扯感，也不会使服装胸部的前中心线部位向下滑落。胸部尺码不合适或放量不足是造成不合体问题的原因。

合体尺寸 Good Fit
图1
- 若乳杯与胸部恰好吻合，就不会出现绷紧拉扯感，也不会发生服装的前中心线部位从胸部滑落的现象。

胸部区域有绷紧拉扯感，或在双乳间向下滑落 Stress Around the Bust Area or a Falling Away Between the Busts
图2
- 拆开胸部缝合线，在其中心线处加放松量，测量加量后的开口尺寸，修改样板。

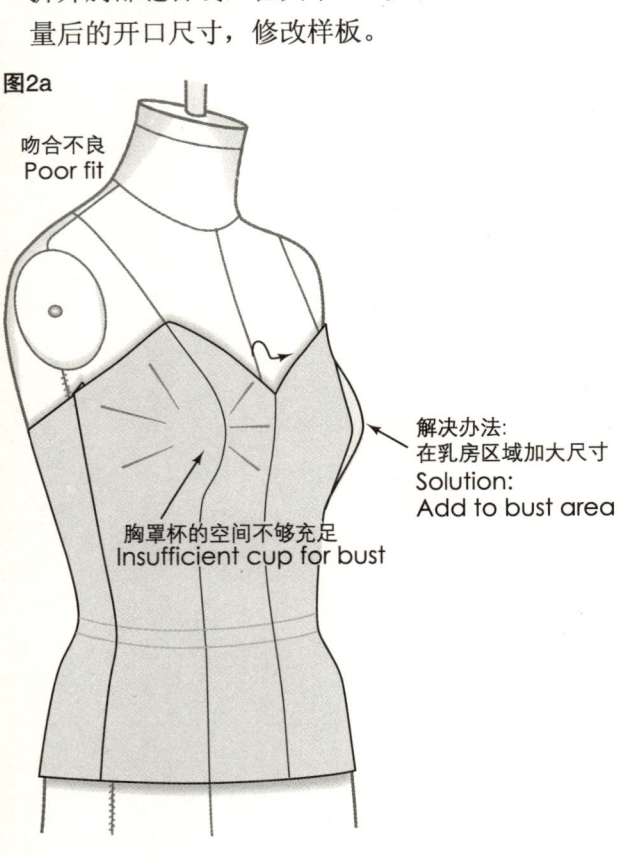

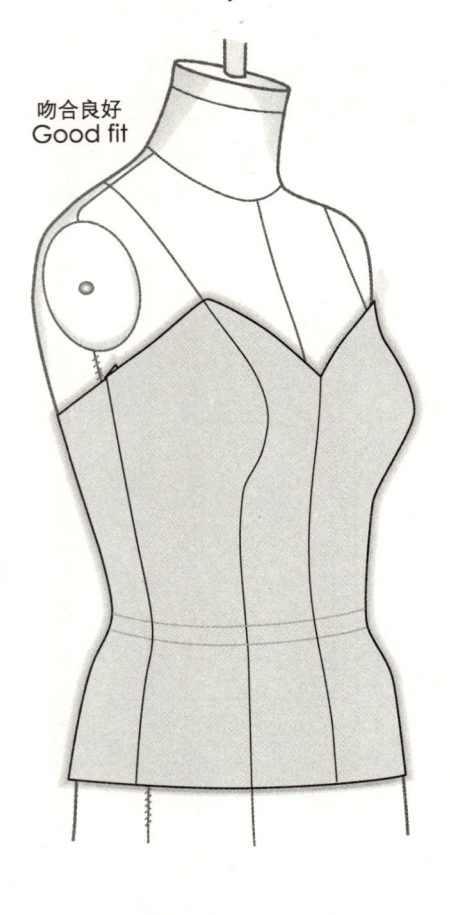

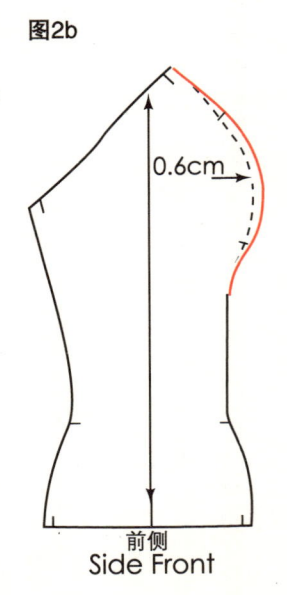

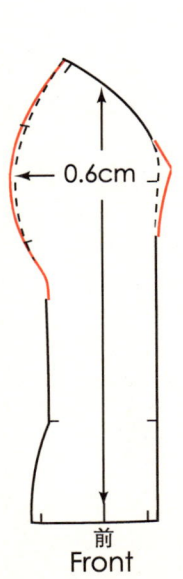

图2a

吻合不良 Poor fit

胸罩杯的空间不够充足 Insufficient cup for bust

解决办法：在乳房区域加大尺寸
Solution: Add to bust area

图1

吻合良好 Good fit

图2b

0.6cm

前侧 Side Front

前 Front

第2章　无吊带胸衣与内部结构　33

胸罩大小 Bust Too Large for the Bust Cup
图3

拆开胸罩部位的缝合线，从胸高点向侧缝线、前中心线作剪切线，测量开口尺寸，修改样板。

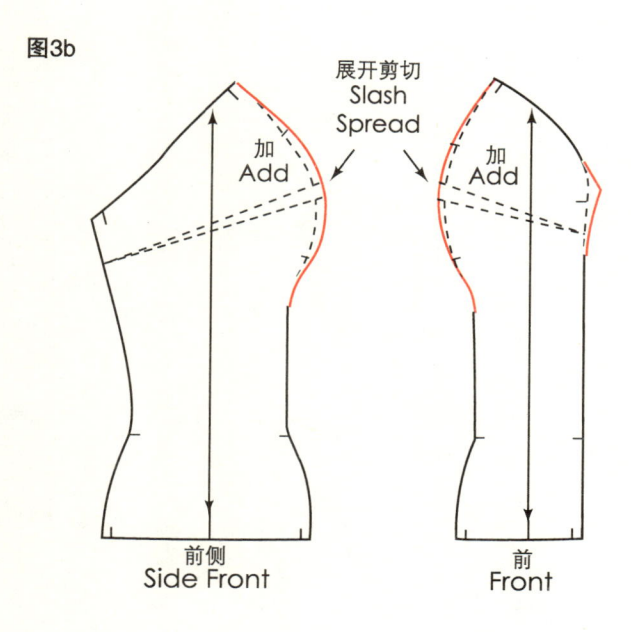

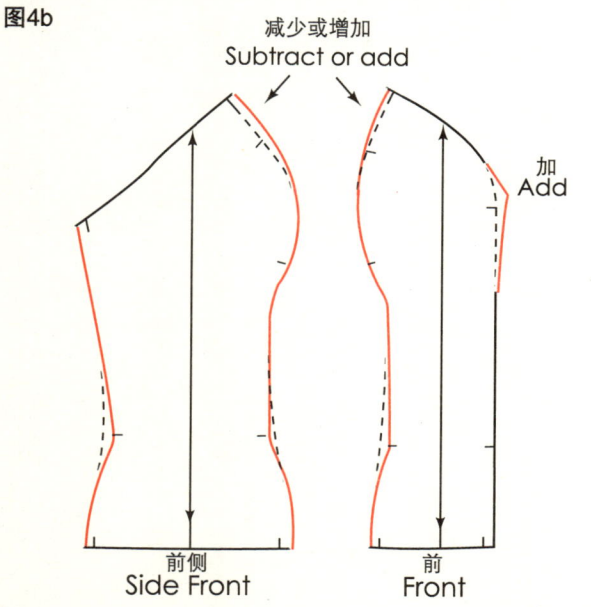

图3a

图3b

展开剪切 Slash Spread

加 Add

加 Add

前侧 Side Front

前 Front

绷紧 Strain

腰部或胸部区域过紧或过松 Tight Around the Waist and/or the Bust Area
图4

过松——沿公主分割线用高脚图钉拉出余量，测量尺寸，修改样板。过紧——沿公主分割线拆开缝合线，加量，测量开口尺寸（图4a），修改样板（图4b）。

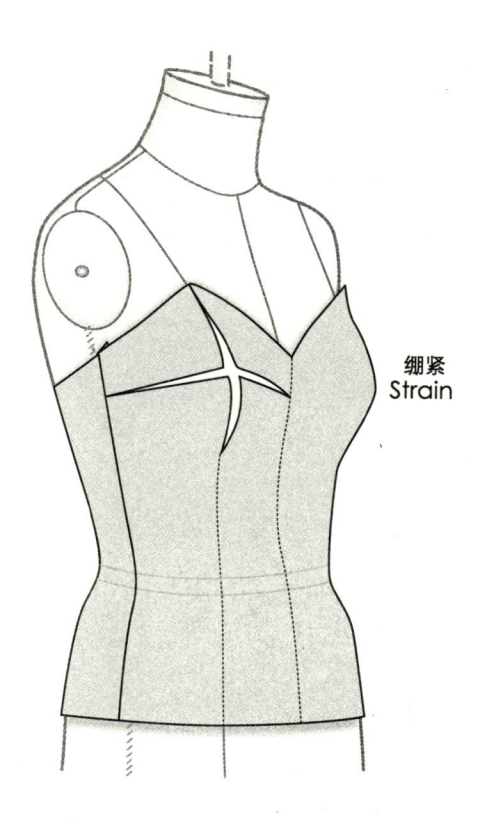

图4a

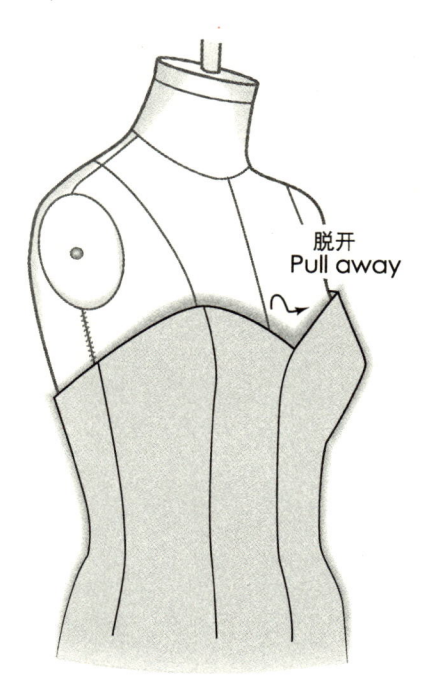

脱开 Pull away

图4b

减少或增加 Subtract or add

加 Add

前侧 Side Front

前 Front

其他信息 Additional Information

如果需要在无吊带胸衣基本样板中增加内撑结构，请参阅第35页。有内撑结构的无吊带上衣需在人体模特上进行适体试验，检验其是否合身，过松的部分可用大头针别到侧缝线或后中心线上。

无吊带服装的支撑结构
Construction Support for Strapless Garments

无吊带服装的基本样板是设计有内撑结构服装样板的基础。

当无吊带上衣设计中有沉重的饰珠镶缀，或用了多层面料（悬垂、抽褶或是褶裥）使衣服分量加重时就需要用内撑物来固定及托起无吊带的紧身上衣。

服装内撑结构——轻与重 Interconstruction—Light and Heavy Weight

对于那些被归类为晚装的，5点以后穿着的正装和传统戏剧服装、舞蹈服装，以及历史剧服装的设计都需要对其安全性和舒适度作细心考虑，通常要进行服装内撑结构的设计。服装内撑结构的类型和使用量的多少取决于设计的需要和其成本投入的多少。

轻薄型服装的内撑结构
Light-Weight Interconstruction

这种方式主要用在外表看起来柔软或面料很轻薄的那类服装设计中。它需要采用鱼骨、贴边和衬里等。最简单的服装内撑塑造是采用衬布（无胶衬）或黏合衬。

下层支撑材料 Supplies

- 织物：棉网、薄纱、做底层的轻薄棉布。
- 鱼骨：鱼骨可任意选择。
- 里子：人造丝混纺织物、中国绸缎、其他丝绸。
- 黏合衬或衬布。
- 其他：斜纹牵条。

厚重型服装内撑结构
Heavy-Weight Interconstruction

建议这种制作方式常用于无吊带、重珠饰、覆盖多层织料的服装或特制化妆舞会服饰，在传统服饰上（也常被采用）。

下层支撑材料 Supplies

- 基础支撑物——服装内结构中的底布织物：中粗帆布、府绸、斜纹布、重磅缎子、经过缩水处理的亚麻布和重磅缎纹莱卡以及无弹性的其他坚固面料。
- 下层衬里——用于遮盖服装中的鱼骨和下层支撑物的织物：毛呢、混纺毛呢（毛含量不少于50%），棉质法兰绒或麻纱。
- 里子——覆盖所有缝份毛边的织物：人造丝，中国丝绸或设计所选用的面料。
- 罩杯垫——使胸部具有一个固定形状的材料：厚实的纤维絮片，2~3块厚实面料（粗帆布或比利时亚麻）。

其他方面 Other Items

- 罗纹缎带或斜纹布条（宽0.6cm）用于固定无吊带连衣裙等。或宽罗缎带或松紧带（宽1.9~2.5cm），用于固定服装的腰部。

鱼骨衬的类型 Types of Boning

鱼骨衬是一种轻型的骨骼型支撑物，其作用是支撑服装。它有坚固且表面隆起的条子，或网状的薄塑料片和柔韧线带型塑料鱼骨衬之分。在使用时，有配穿带管（在鱼骨的外面包衬布）和直接使用两种方法。鱼骨衬的长度应该距服装边缘的缝线0.6~1.3cm。根据支撑需要，鱼骨衬可直接缝在缝份上或两缝份间隙中。为了保护衣服，可将鱼骨衬插进穿带管（穿带管在鱼骨端部如图示扣折），缝于指定部位。

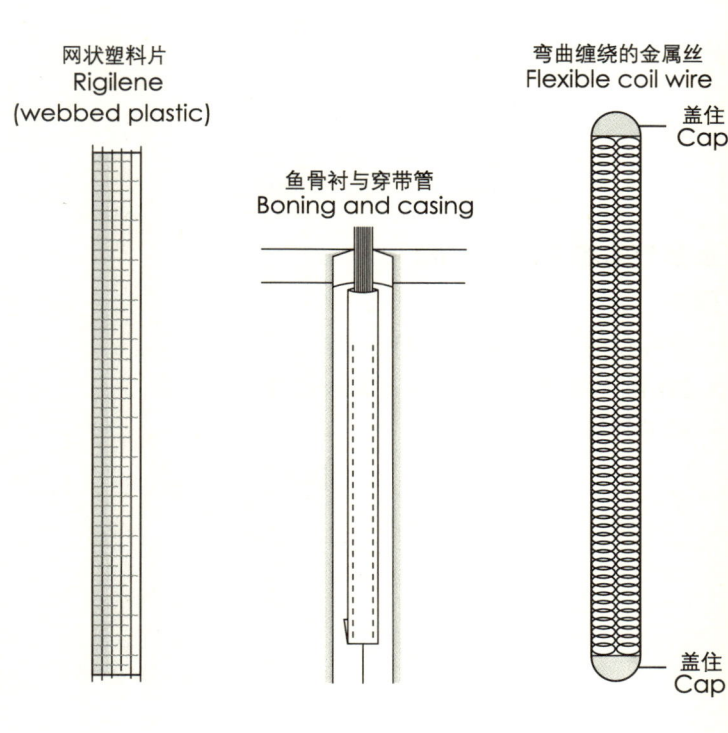

网状塑料片
Rigilene
(webbed plastic)

鱼骨衬与穿带管
Boning and casing

弯曲缠绕的金属丝
Flexible coil wire

盖住
Cap

盖住
Cap

为下层支撑准备样板 Preparing Patterns for the Undersupport

公主线紧身躯干样板是制作下列服装样板的基础。书中所介绍的例子可以用于扩展其他基本样板或设计新款式样板。公主线紧身躯干基本样板的制作可参见第30页。

里子及下层衬里的样板
Lining and Underlining Patterns

描出两套紧身衣的样板,将每套样板的上端增加1.9cm,以备校正适合度时使用。

图1 第一套样板 First Copy

根据需要,将第一张样板作为里子样板。

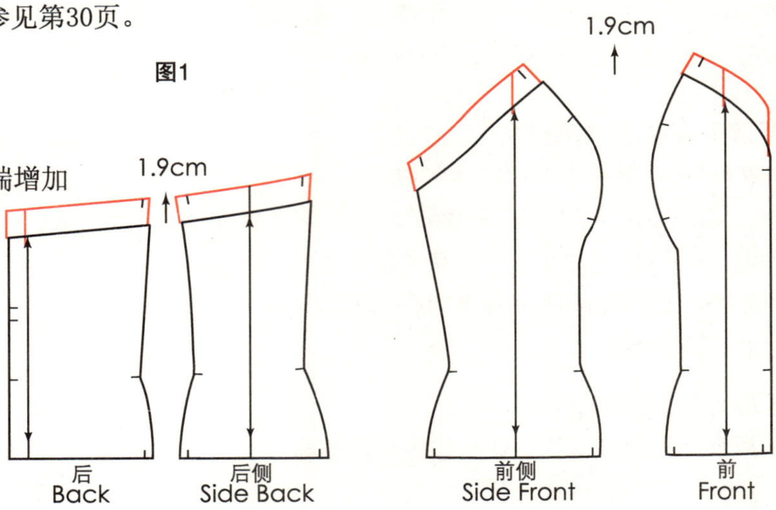

图2

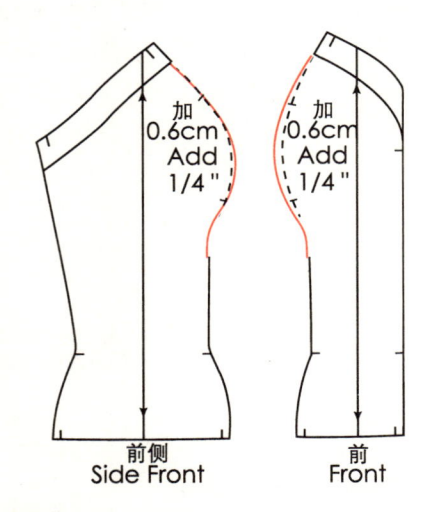

图2 第二套样板 Second Copy

- 将胸部隆起部位的裁片两边各加0.6cm,为设计鱼骨衬或乳罩杯垫留出空间;作为服装下层衬里的样板;成为发展其他服装样板设计与制作的基础。
- 裁剪所选面料。
- 放出缝份。

翻到第38页见图8。如果不需要设计罩杯垫,见图11。

加垫型胸罩 Padded Bra

图3

- 将样板的上半部分置于样板纸上。
- 描出前片胸部区域及后片样板5cm部分(阴影部分)。
- 剪下样板。

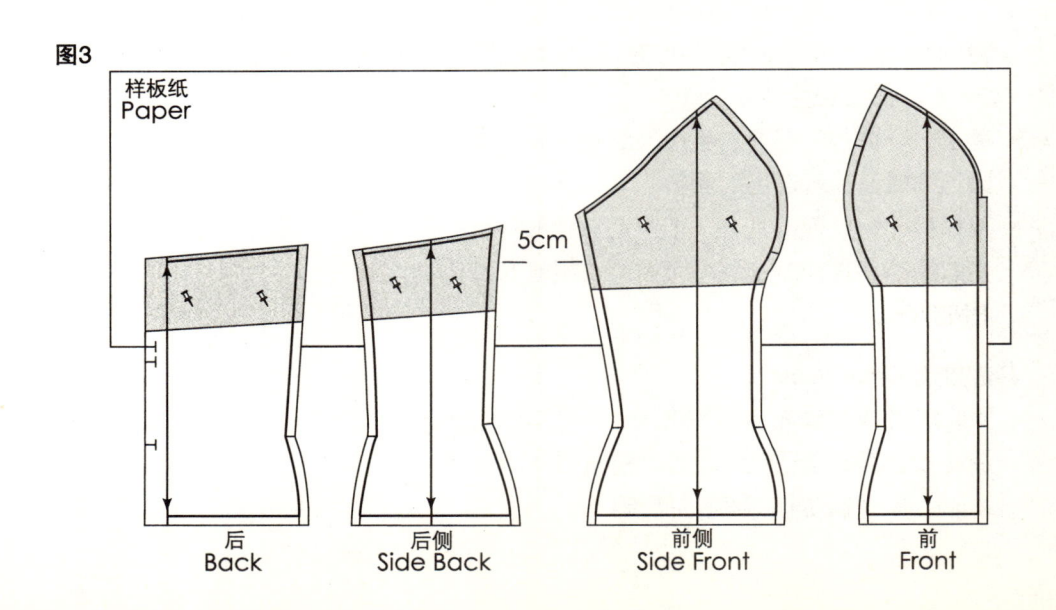

胸罩杯 Bra Cups

图4

做刀口标记，修整缝份（除非样板无缝份）。

图4

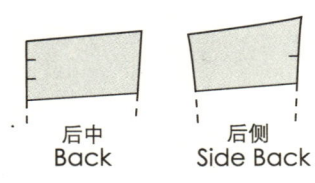

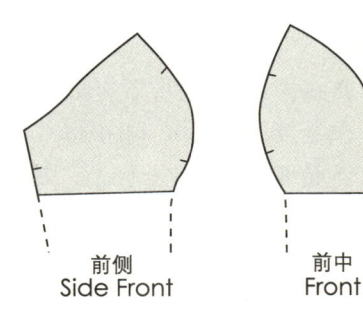

后中 Back　后侧 Side Back　前侧 Side Front　前中 Front

准备胸罩衬垫
Preparing the Padding for the Bra Cup

图5

- 选择衬垫的材料。
- 将面料裁成22.8cm×50.8cm。
- 在面料正面，以0.6cm为间距，缉垂直线迹。
- 将胸罩样板置于面料上，描出样板，并裁剪。
- 做刀口标记，但不要裁开。

图5

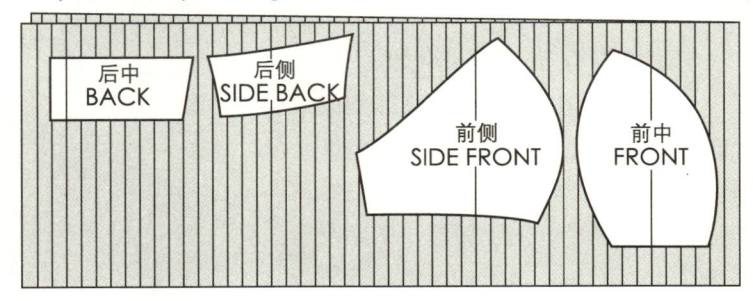

衬垫料压缉明线
Top stitched padding

后中 BACK　后侧 SIDE BACK　前侧 SIDE FRONT　前中 FRONT

连接胸罩各片 Joining Bra Padding

图6

- 手工拼缝或用缝纫机锯齿型针脚缝合。

图6

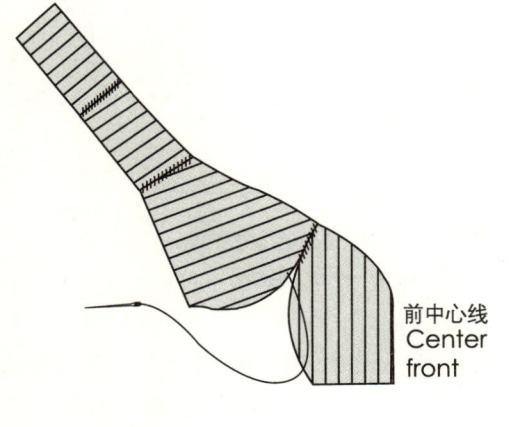

前中心线 Center front

图7

- 将胸罩衬垫覆在服装相应的位置上，距上边缘2.5cm，并用大头针固定。
- 沿外缘缝合，将罩杯垫固定在服装里面。

图7

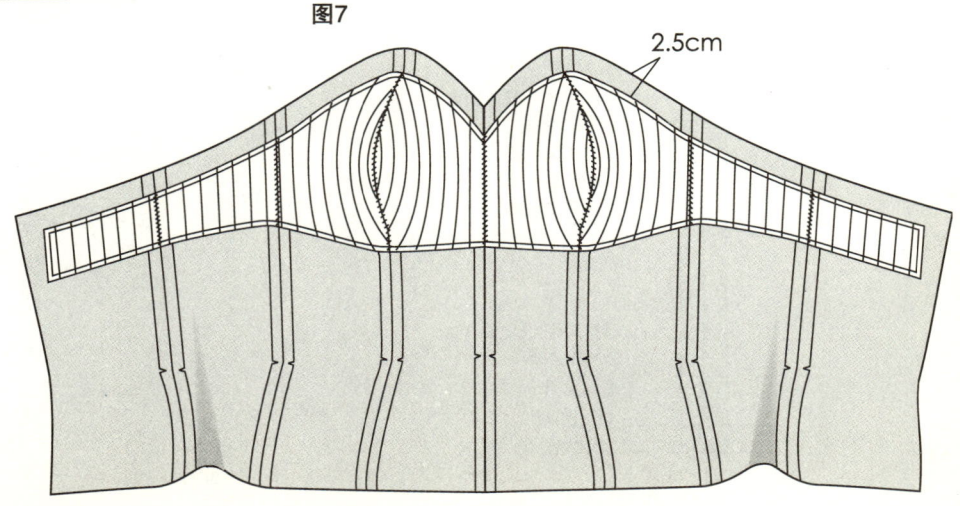

2.5cm

附加鱼骨套管 Attaching the Cased Boning

图8

- 将每根鱼骨套剪成与需支撑缝一致的长度，不包括缝份的长度（图8a）。
- 将鱼骨稍稍拉出骨套，或者将骨套的头向里推，把鱼骨的两头减掉0.6cm。
- 骨套的上端距边缘缝线0.6cm。
- 将鱼骨推到另一头，然后将骨套端扣折。
- 将套子两端缝好，下端离底缝线0.6cm（里子面向上缝纫，图8c）。
  - 另一个方法见图10。
  - 图9为装鱼骨的无吊带女式内衣举例。

图8a 剪出所需长度 Cut to length

图8b 修剪0.6cm Trim 1/4"　修剪0.6cm Trim 1/4"

图8c 0.6cm 1/4" 折叠回针 Fold over　折叠回针 Fold over 0.6cm 1/4"

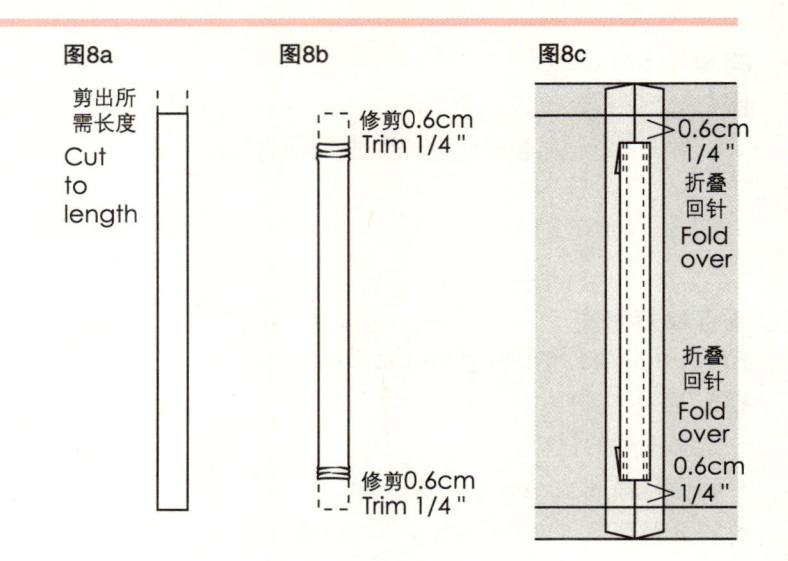

图9

图注解释了不一样的两边。

鱼骨被缝在从服装的顶部到腰部的每个缝份上。左边：鱼骨被缝在侧腰及侧胸的缝份上以及沿公主线缝在胸罩衬垫上（用于带珠子的紧身内衣上）。右边：鱼骨的一部分安置在胸罩衬垫下面，如图所示。

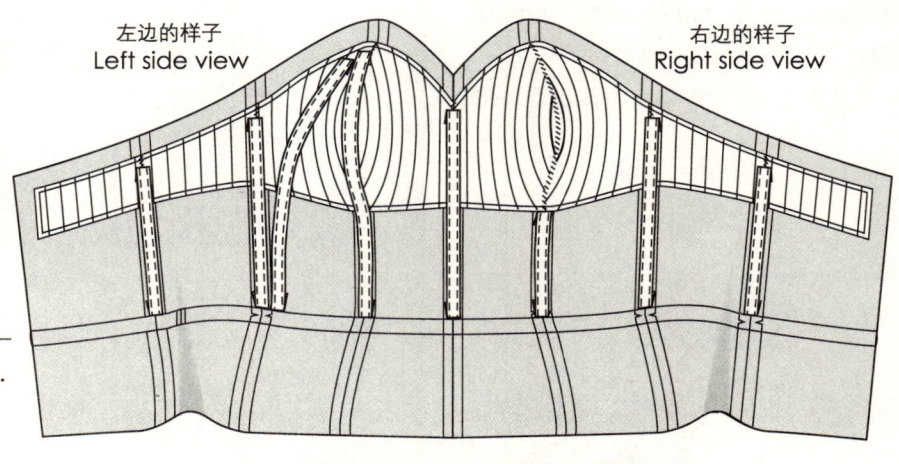

做腰带请参见39页图14
For waist cincher see page 431, fig. 14.

图9 左边的样子 Left side view　右边的样子 Right side view

骨套的缝份 Seams Used as Casings

图10

- 将鱼骨剪得比缝份短1.3cm。
- 缝合一侧缝份，鱼骨穿入其中，至完成线以下0.6cm。
- 将鱼骨从底部的开口向上推，鱼骨的端头推入底部后缝合。

图10 封口向下0.6cm处缉缝线 0.6cm Ends 1/4" below stitchline　封口向上0.6cm处缉缝线 Ends 1/4" above stitchline　鱼骨 Boning

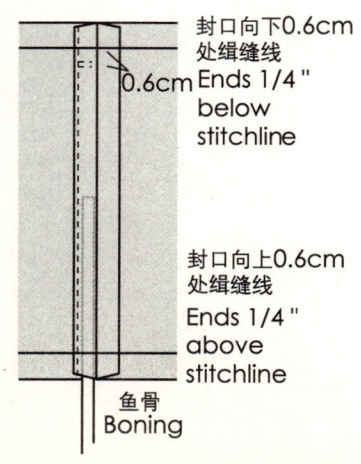

无套鱼骨——英国Rigilene鱼骨 Uncased Boning—Rigilene

图11

英国Rigilene鱼骨可以用锯齿型针法缝在缝份上。反面朝向缝份，所以不用做骨套，除非有特殊需要。

图11 里子 Lining　衬里布(内部) Interlining (inside)

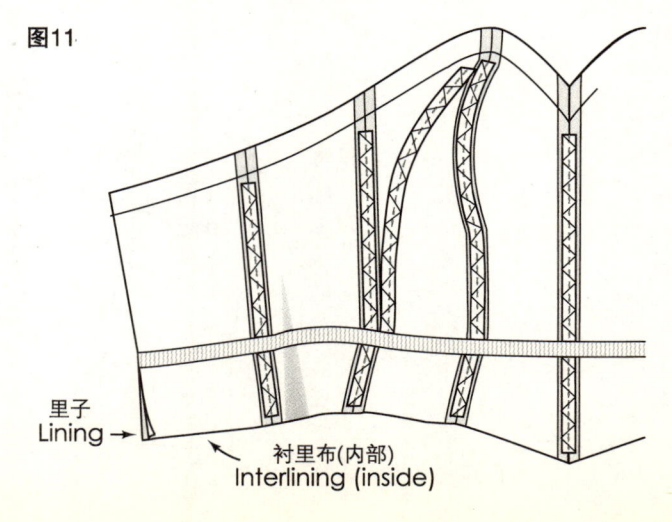

合内衬衣 Attaching the Constructed Undergarment

图12

将已制作完成的有内撑结构的内衬衣与做好的服装面子相缝合,一般有两种做法,即有里子或无里子。如果有里子,其做法是将设计的服装面子置于内层撑物和里子之间,覆盖缝头、鱼骨衬以及有罩杯垫的胸罩,合服装的多层部件,在接近无吊带胸衣的边缝线0.3cm处将三者缝合。如果所设计的服装中有珠饰或叠层,缝合线须高于0.3cm,即需要将服装上端的廓型线抬高一些。

当缝份、鱼骨衬和有罩杯垫的胸罩有衬覆盖时,则不需要做里子。在这种情况下,有内撑结构的内衬衣,可当里子用。该类型结构的服装需要设计一个有粘衬的毛面向内的下层衬里。如果选择的是轻薄的内撑结构,则不需要采用下层衬里。

图12

下层支撑结构 Constructed Undersupport

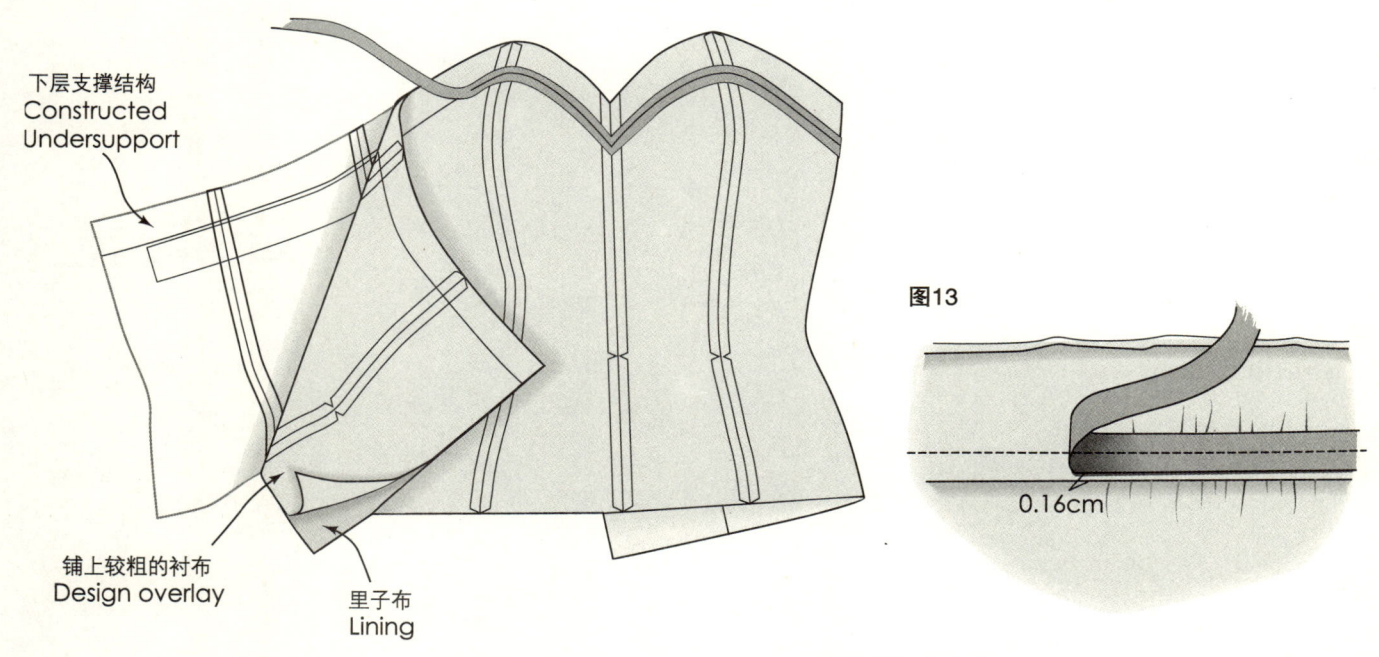

铺上较粗的衬布 Design overlay

里子布 Lining

控制放松量 Controlling Ease

图13

- 将斜纹布或罗纹缎带缝在无吊带胸衣的缝迹线之上0.16cm处,由后中心线向侧缝线方向缝制。
- 在侧缝到公主线和前中心线之间分别留0.3cm的放松量。
- 在另一侧亦如此,缝合无吊带胸衣。
- 修剪无吊带胸衣,缝份为0.6cm,再翻到正面压缝。

固定腰围带 Securing the Waistline

图14

根据样板中的腰围尺寸,剪取罗纹缎带或松紧带(1.3～1.9cm宽),选下列两种方法中的一种用于服装:

图13

0.16cm

1. 腰围尺寸减去2.5cm,居中,成比例地缝在腰围线处,至拉链缝线止。

2. 将两头折叠,居中缝上钩扣,成比例地缝在腰围线上,罗纹缎带或松紧带穿过离襻钩最近的衬里拼缝处的开口位置。

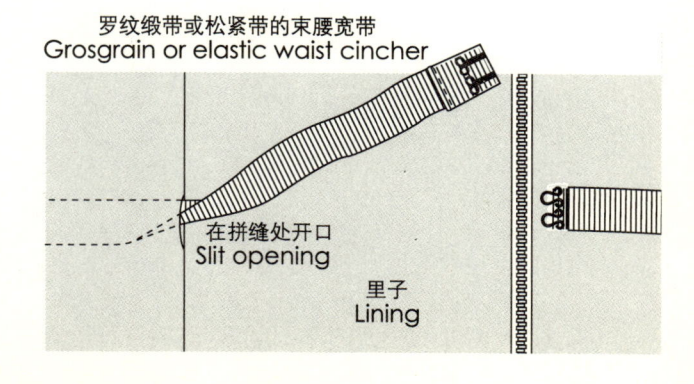

图14

罗纹缎带或松紧带的束腰宽带 Grosgrain or elastic waist cincher

在拼缝处开口 Slit opening

里子 Lining

第3章
斜裁裙装的样板制作
Patternmaking for Bias-Cut Dresses

概述 INTRODUCTION.................... 42	紧身衬裙式连衣裙
斜裁面料的特征 NATURE OF BIAS-CUT FABRIC.... 42	SLIP DRESS WITH A SLINKY SKIRT............ 43
斜裁裙片的样板制作	前片捻转的紧身连衣裙
PATTERNMAKING FOR BIAS-CUT GARMENTS....... 42	TWIST BODICE WITH A SLINKY SKIRT......... 49
减少面料斜拉伸的两种方法	整片斜裁的裙装 ALL-IN-ONE BIAS DRESSES..... 52
TWO METHODS FOR REDUCING BIAS STRETCH...... 42	延伸设计 DESIGN VARIATIONS................ 54
斜裁服装的面料选择	
FABRIC SELECTIONS FOR BIAS-CUT GARMENTS.... 42	

概述 Introduction

在斜裁服装出现之前，流行服装通常用束带将其固定在身上以显腰身。后来，被称为"欧几里得时尚"的法国时装大师马德琳·维奥内（1876—1975），设计了斜裁服装，从而使服装能自然地体现人体曲线了。由于斜裁裙装在臀部处垂下，形成了喇叭状裙摆，其美感就在于当人走动时下摆所呈现的优美摆动状态。维奥内的设计引起了女性服装穿着方式的革新，一时间，腰带被摒弃了。

斜裁服装作为一种经典流传至今，并依然影响着当今的服装设计。为了再现维奥内风格的精髓，在设计中，设计师应该考虑将平面裁剪和立体剪裁相结合的设计体系。

斜裁面料的特征 Nature of Bias-Cut Fabric

1. 当斜裁面料长度被拉伸时，其宽度减小。
2. 因织物的组织而形成规则与不规则纹理的面料，从正斜滚条的中心可做双向拉伸。
3. 具有不规则组织变化的面料不能像规则的那样被缠得很紧，并且悬垂时很容易翘斜。
4. 不规则纹理与规则纹理的斜裁衣片在相交之处，一边会显长。
5. 斜裁面料一旦被拉伸后，便不能完全恢复原状。

斜裁面料的上述特性是样板员必须了解的。所有斜裁服装都需要经过试穿检验，以修正由于斜裁拉伸引起的余量。本书在第12章有关于该问题的讨论内容。

斜裁裙片的样板制作 Patternmaking for Bias-Cut Garments

本章要讨论的是全部或部分斜裁样板设计的问题。

基本样板用于斜裁服装的剪裁是不可靠的。但是，它为制作斜裁服装的样板提供了帮助。斜裁的服装应先剪出裁片，然后用缝纫机大针距假缝，或用大头针将它固定在人体模型上，拼合并悬挂过夜。在试穿其是否符合人体曲线的过程中，服装斜裁部分会因为受到拉伸，而改变原来的状态。因此，需在原样板上做标记并修正出现差异之处。经过校正后的新样板会比原样板小且还会短一些，已消除了斜裁面料因拉伸而造成的余量。当最后一次试穿修整结束后，斜裁服装应呈现自然垂顺并与体型相适应的优雅效果。设计1与设计2是斜裁裙子的基本款式。这里分别介绍了两种用来处理斜裁面料和进行样板调整的方法。

减少面料斜拉伸的两种方法 Two Methods for Reducing Bias Stretch

方法1——按设计的样板剪裁服装，然后将其自然悬垂拉伸，确定样板修正量。这种方法及裁剪程序见本章"紧身衬裙式连衣裙"中的相关内容。

方法2——首先考虑面料的拉伸度，并在设计样板形成前，先调整好基本样板。其方法见本章"整片斜裁的裙子"中的相关内容。

斜裁服装的面料选择 Fabric Selections for Bias-Cut Garments

轻薄型面料 Light-Weight Fabrics

比如蚕丝绸面料和人造丝面料中常用的织物：

绉纱织物 Silk

平皱织物 Rayon blends

双皱织物 Chiffon

中厚型面料 Medium-Weight Fabrics

缎背皱 Satin-back crepe

查米尤斯皱缎 Charmeuse

重磅乔其纱 Georgette

以下设计也可采用富有弹性的针织面料。

第3章　斜裁裙装的样板制作　43

紧身衬裙式连衣裙
Slip Dress with a Slinky Skirt

设计1既是这种喇叭状裙摆斜裁裙的原型。斜裁裁片需粗缝后自然垂伸（建议：厚重的织物面料可用大头针固定到下摆，使裙摆有最大限度的拉伸）。

设计分析——设计1 Design Analysis—Design 1

此款连衣裙设计为吊带式长裙。胸罩下面抽褶，且内部用公主线胸罩做支撑。在45°的正斜面料上裁剪帝国造型线连衣裙。以紧身躯干基本样板为基础，进行样板制作。

样板设计与制作 Pattern Plot and Manipulation

图1

如果不用轮廓基准线样板为基础制作此款样板，则可按照下列板图及所提供的尺寸进行制作（参见上册第9章）。

- 描出前、后片躯干样板。
- 转移轮廓基准线4~7（后片）。
- 在胸部上、下画乳圈线（7.6cm）。
- 描出前、后片轮廓基准线。
- 在乳圈线外0.5cm处画公主线胸罩。
- 将各条线横贯至后片。

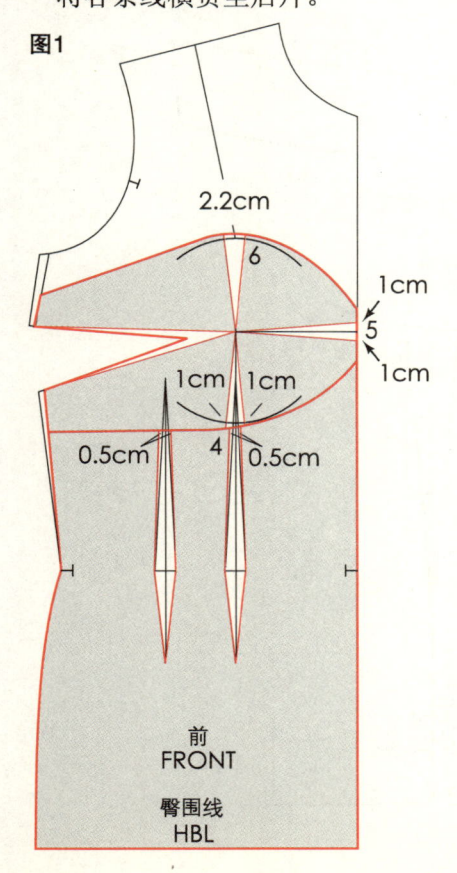

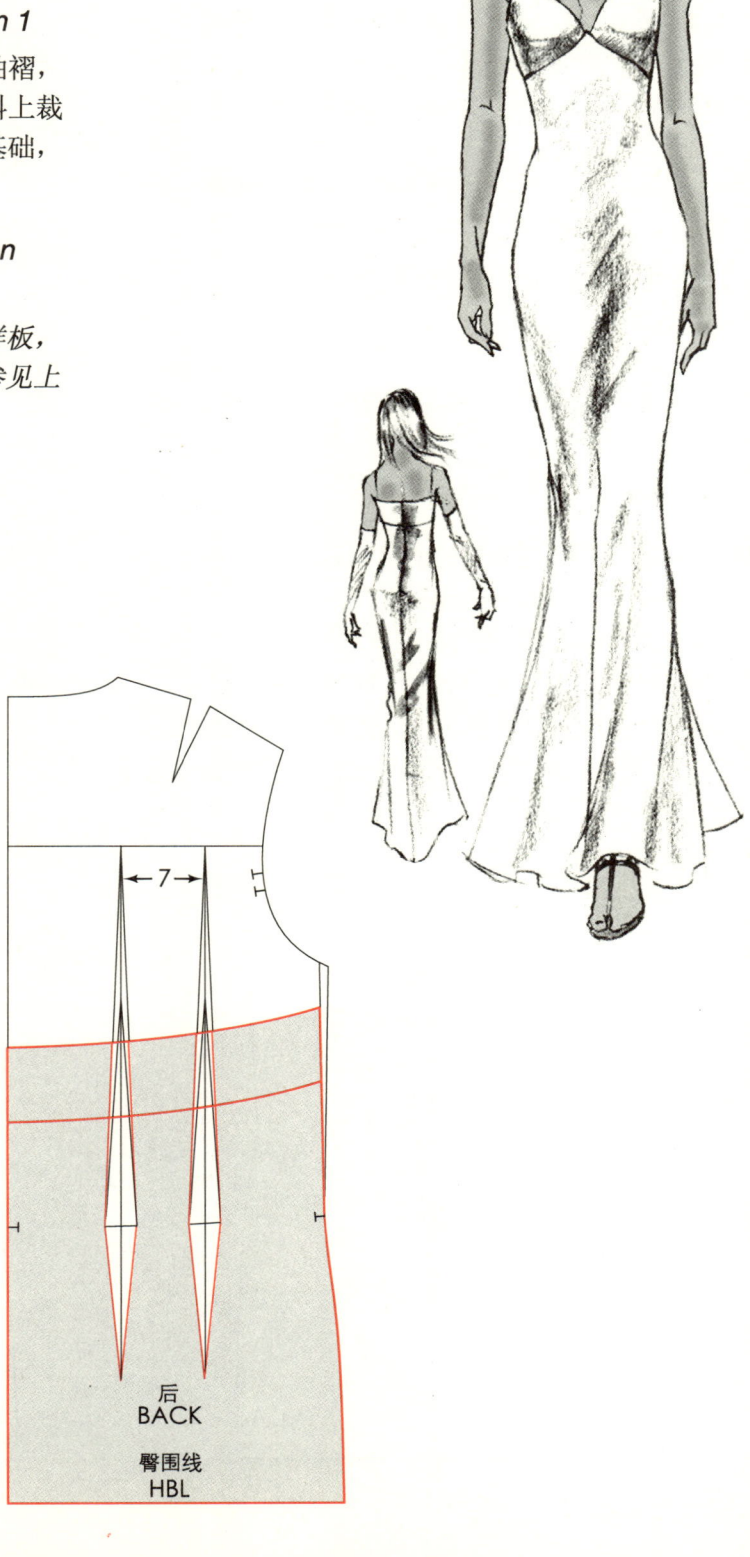

图1

设计1

图2　胸罩内撑 Bra-Top Support
- 以胸高点为界，将胸罩上、下部分分开。
- 拷贝两片。
- 用此样板为基础绘制图3和图4。

图3　抽褶的上半胸罩 Gathered Bra-Top
- 合并胸部下方的所有省道，描出样板轮廓。
- 将省线延伸到乳圈线以下0.6cm处。
- 用弧线顺接胸下部造型线，做刀口标记。

图4　公主线胸罩内撑 Princess Undersupport
- 合并胁省和中心省，再描出样板轮廓。
- 在胸高点增加0.3cm，然后用曲线画顺。

图5　无吊带上衣后片 Back Strapless Band
- 合并省线并调整好。

图6　帝国造型线连衣裙的前片和后片　Front and Back Empire Skirts
- 测量前、后片各省道的省量。
- 将各省道量合在一起，再加2.5cm，做标记。
- 在两个省道之间作基准线，至腰围下17cm或略长。
- 将前、后片基准线作为省道中线，分别取腰省总量的1/2，做标记。
- 将标记与省尖点相连。

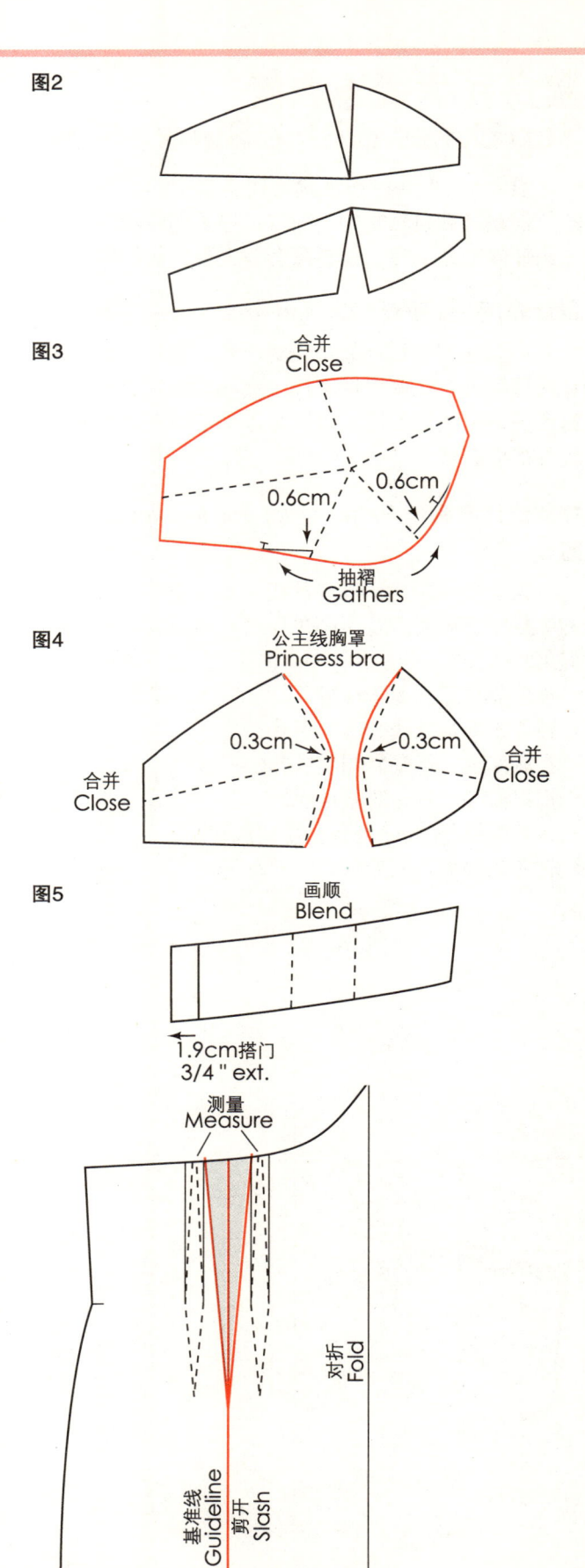

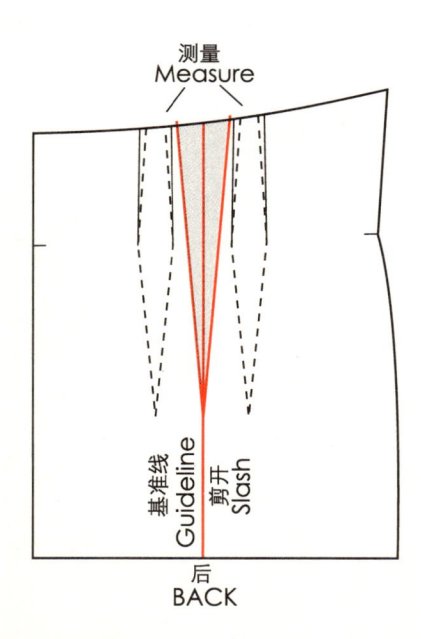

图7 紧身衬裙的前片与后片
Front and Back Slinky Skirt

- 从腰围线向下和臀围线向上,剪开切线至省尖点。
- 合并各省道,描出样板,将前片描在对折的样板纸上。C~D=2×A~B,做标记。
- 画外侧缝线,从裙摆最宽处画线至D点,并向腰部延伸(裙摆与臀围线平行)。

图7a

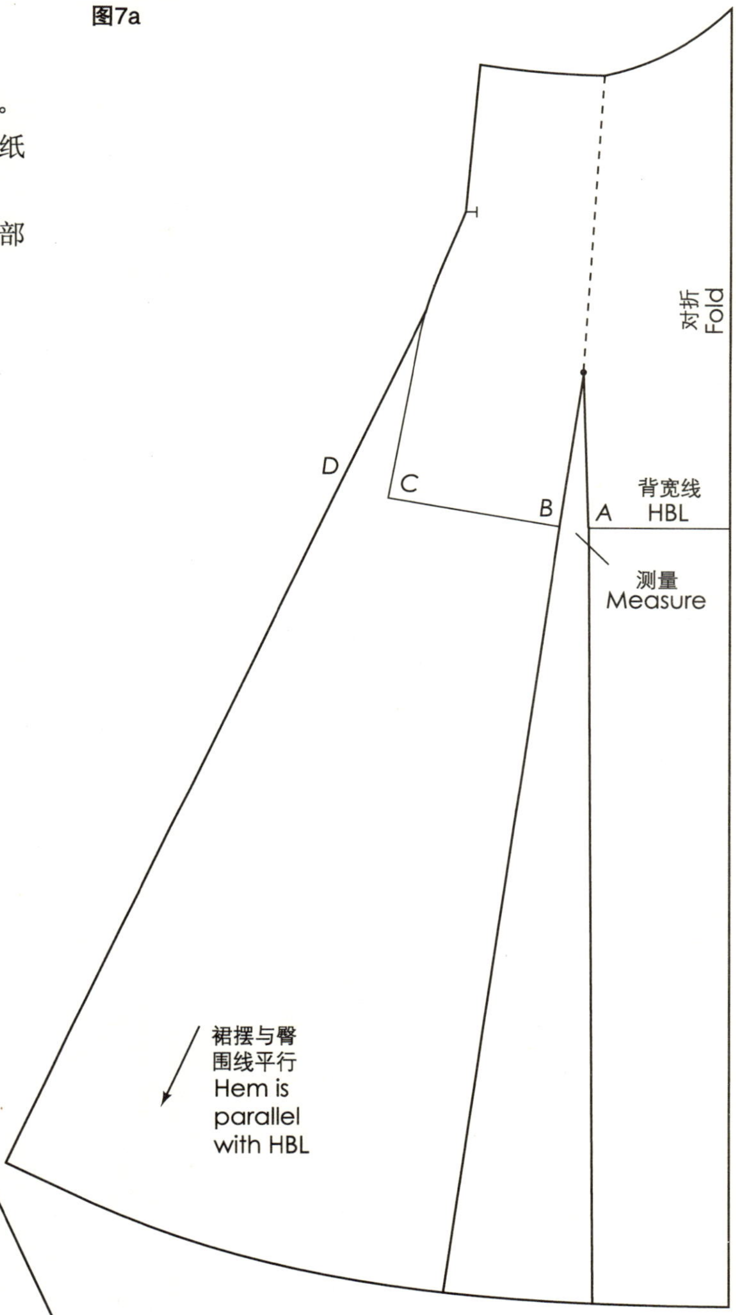

对折 Fold

背宽线 HBL

测量 Measure

裙摆与臀围线平行
Hem is parallel with HBL

图7b

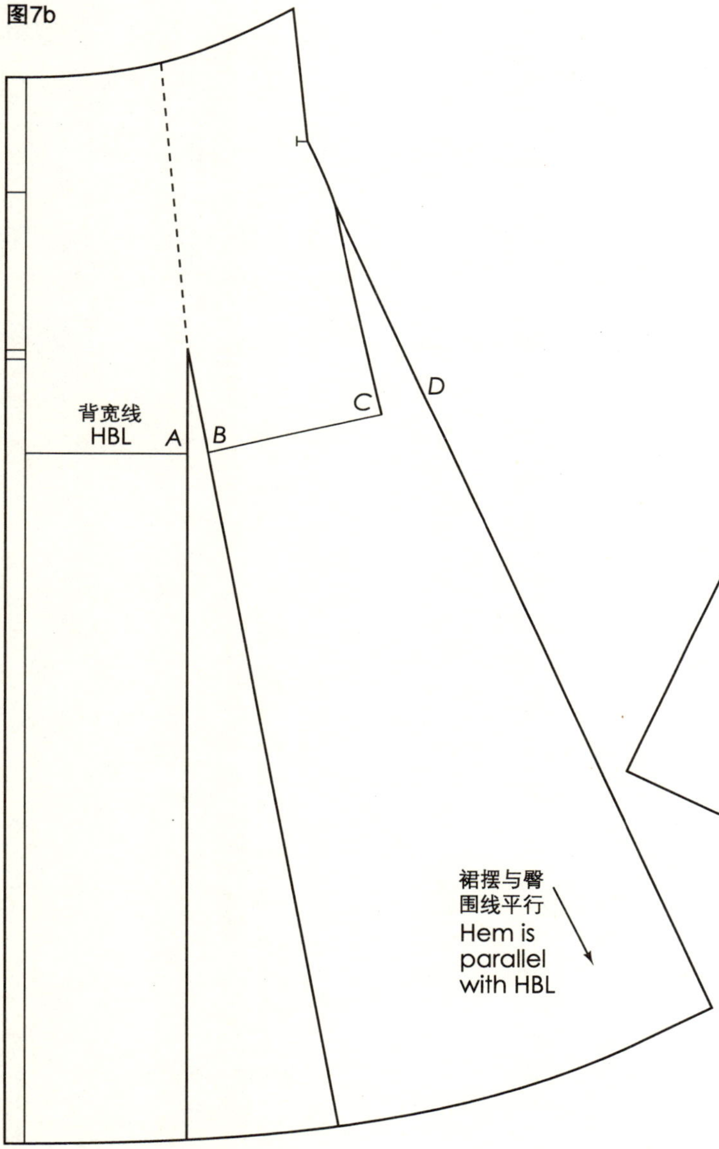

背宽线 HBL

裙摆与臀围线平行
Hem is parallel with HBL

经向丝缕线的定位 Grainline Placement

斜裁裙的经向丝缕线可依样板边缘的一条边线裁剪。如图所示,当沿一个方向裁剪时,这种定位可使斜丝缕与侧缝平行。假如你是沿着与经向丝缕线相反的方向裁剪后片,则前片或后片的某一个边缝将与另一条边缝错位(造成拼缝垂度不一致)。胸罩式上装面料用直丝缕裁剪。

准备裁剪 Preparing for Cutting

图8　样板 Patterns for First Fitting

在帝国造型线连衣裙样板前、后片画45°的经向丝缕线，在胸罩上画垂直经向丝缕线。此次在胸罩样板上加了缝份。

铺放薄纸、面料做初次裁剪 Lay of Tissue and Fabric for First Cut

整理好面料以备裁剪。首先把薄纸铺在裁剪桌上，再把面料铺放在薄纸上面，最后把裁剪样板放在面料上。这三层都要用大头针沿边际别好，以保证各层在裁剪的过程中不被移位（见图示，目的是为了看到由于斜裁而导致的伸缩量）。裁剪样板。并在裙子前片画中心基准线。

图8

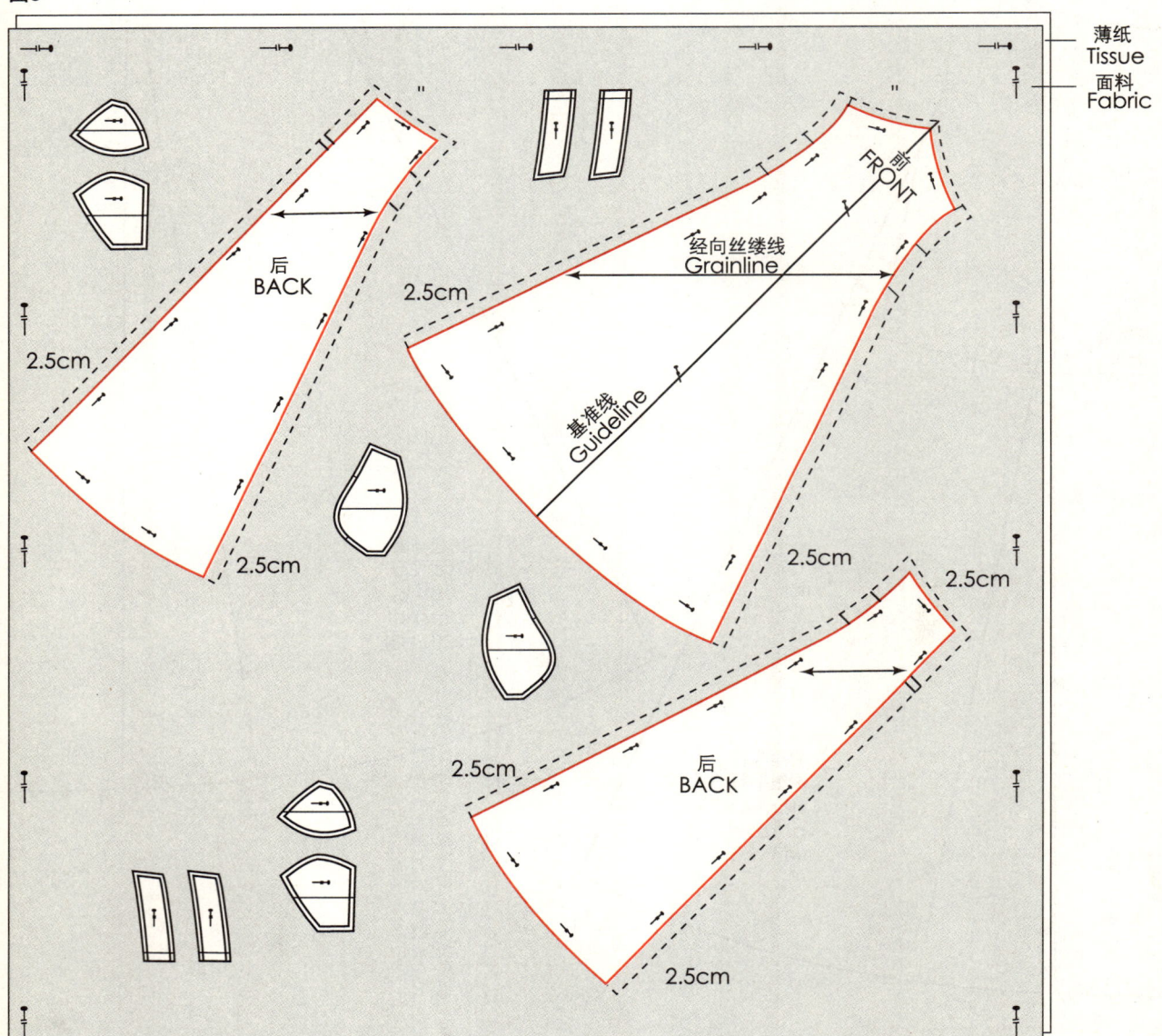

第3章 斜裁裙装的样板制作 47

图9

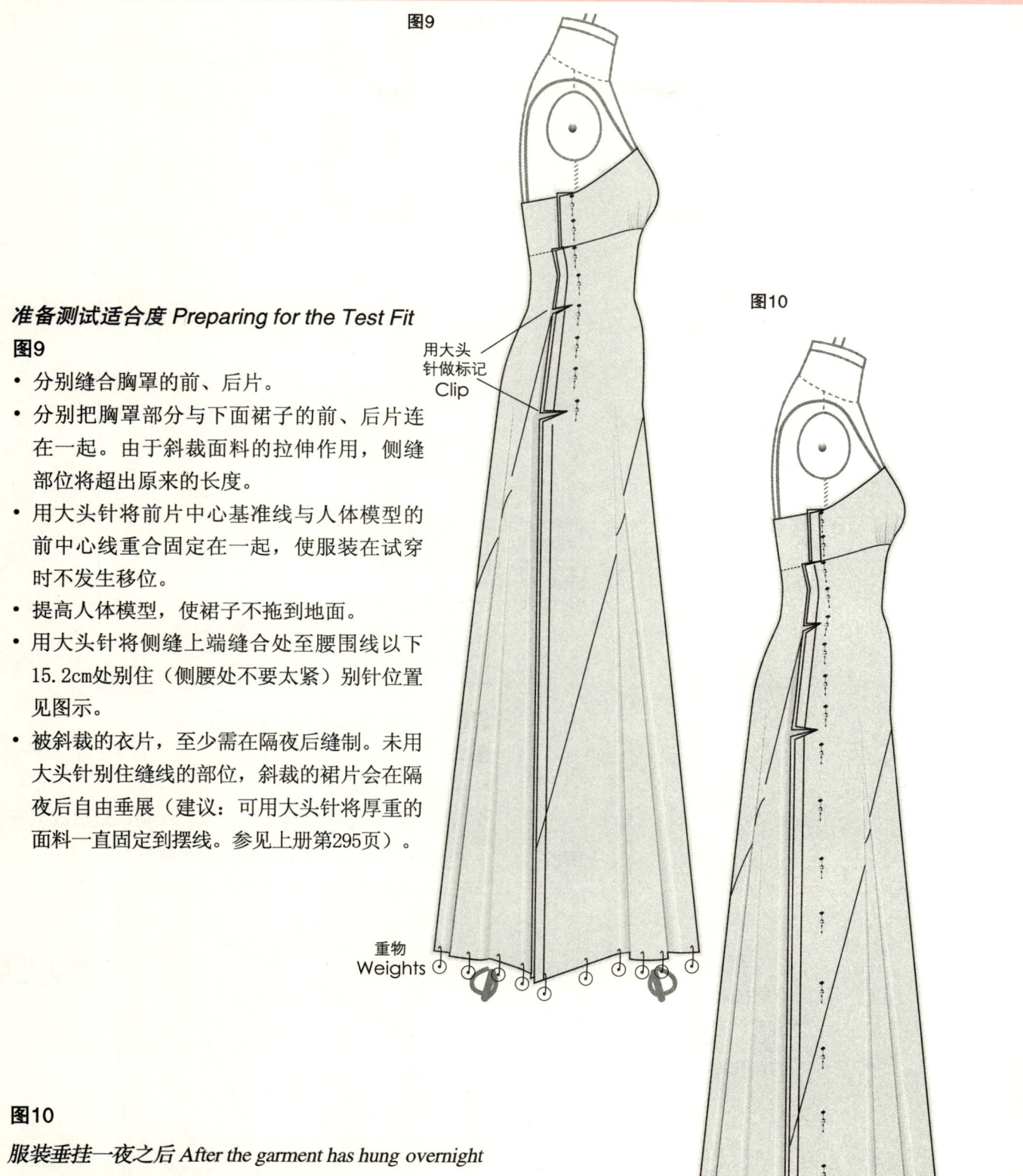

准备测试适合度 *Preparing for the Test Fit*

图9

- 分别缝合胸罩的前、后片。
- 分别把胸罩部分与下面裙子的前、后片连在一起。由于斜裁面料的拉伸作用,侧缝部位将超出原来的长度。
- 用大头针将前片中心基准线与人体模型的前中心线重合固定在一起,使服装在试穿时不发生移位。
- 提高人体模型,使裙子不拖到地面。
- 用大头针将侧缝上端缝合处至腰围线以下15.2cm处别住(侧腰处不要太紧)别针位置见图示。
- 被斜裁的衣片,至少需在隔夜后缝制。未用大头针别住缝线的部位,斜裁的裙片会在隔夜后自由垂展(建议:可用大头针将厚重的面料一直固定到摆线。参见上册第295页)。

用大头针做标记 Clip

图10

重物 Weights

图10

服装垂挂一夜之后 *After the garment has hung overnight*

- 将服装调整,别住、标出新的缝线。
- 底边线用大头针做标记,使其与地面平行。
- 将样衣从人体模型上移开。
- 理顺胸罩与裙子的关系。
- 取下侧缝别针,调整新的造型线。

用针别出裙摆线 Pin mark hemline

垂褶裙 Adjusted Side Seam

图11
- 测量原始侧缝线至已调整好的用来指示因斜裁垂展后线条之间的距离。
- 用大头针或划粉标出新的侧缝线和下摆线。
- 裙子后片用同样的方法制作。
- 目的是为了看到服装由于斜剪而导致的伸缩量。

图12
- 将纸对折,画出斜置的经向丝缕线。
- 将裙料的一面置于纸上,对齐丝缕线和中心线,固定好。
- 描出新的侧缝和裙摆线。
- 在纸上画上铅笔线,移开裙料,加1.3cm的缝份。
- 从样板纸上剪下样板。

图11

测量拉伸长度 Measure stretch
等量标出 Mark equal amount
原样板 Original pattern
划粉线 Chalk line
调整后的缝线 Adjusted seam
前 FRONT
测量并用大头针标出裙摆线 Measure and pin mark hemline
矫正的裙底边线 Adjusted hemline

图12

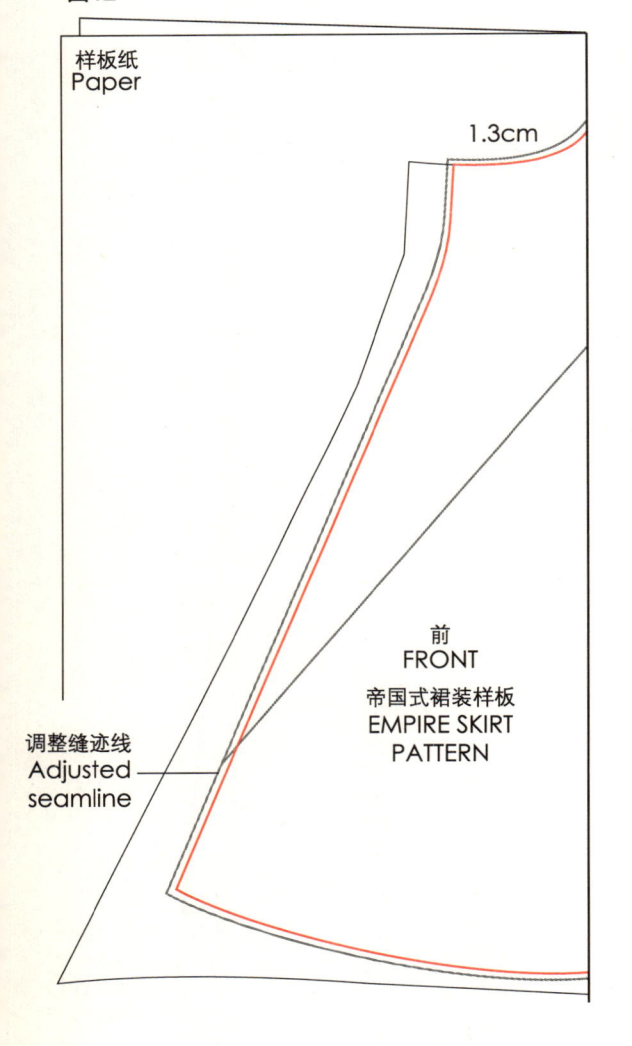

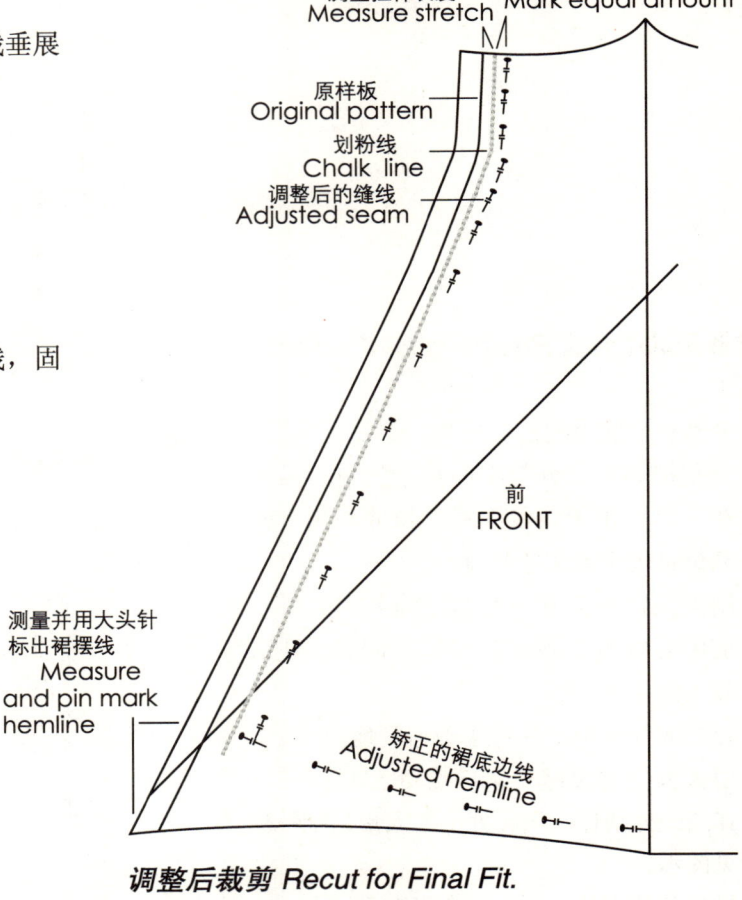

样板纸 Paper
1.3cm
前 FRONT
帝国式裙装样板 EMPIRE SKIRT PATTERN
调整缝迹线 Adjusted seamline

调整后裁剪 Recut for Final Fit.

图13
- 在标记纸上描出样式。
- 如图所示,先放上薄纸,再放上织物,最后放上有标记的样板纸。将下面两层一起裁剪。

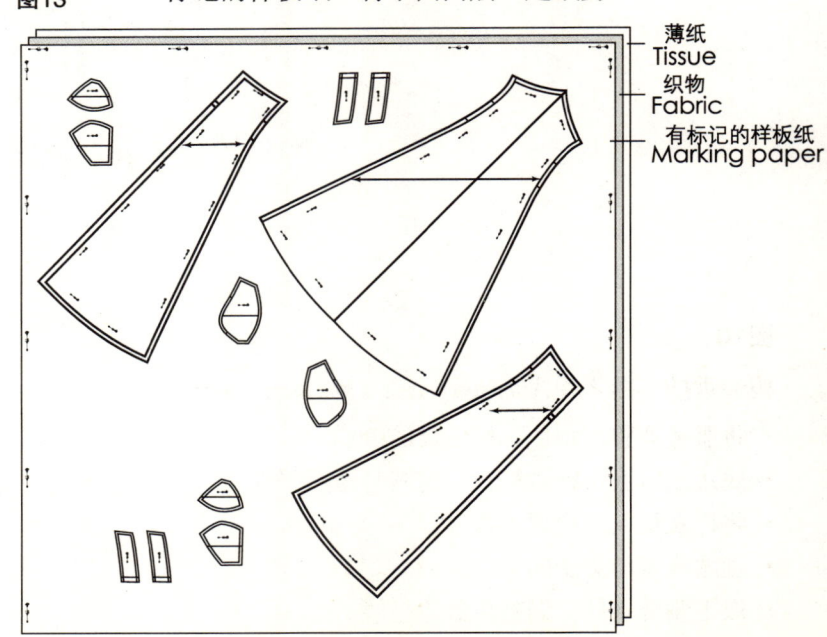

图13

薄纸 Tissue
织物 Fabric
有标记的样板纸 Marking paper

前片捻转的紧身连衣裙 Twist Bodice with a Slinky Skirt

该款贴身连衣裙与维奥内斜裁设计关系密切。它露背，敞胸。若采用垂荡褶领，也能取得相当好的效果。

设计分析 Design Analysis

贴身的紧身胸衣是采用45°正斜面料裁制成的。在胸围线处捻转了衣片，在贴身阔摆裙和紧身上衣之间有敞开的三角形。此结构使胸衣片的捻转更加自由。参见第51页图8a，进行斜丝缕裙子的样板设计。

样板设计与制作 Pattern Plot and Manipulation

图1、图2

前片 Front

- 从前中心线画直角线至胸高点，再根据设计要求在样板上画出造型线。

后片 Back

- 在后腰中心向上5cm处做标记X，再根据设计要求在样板上画出造型线。
- 完成连衣裙，参见第44页图6和第45页。

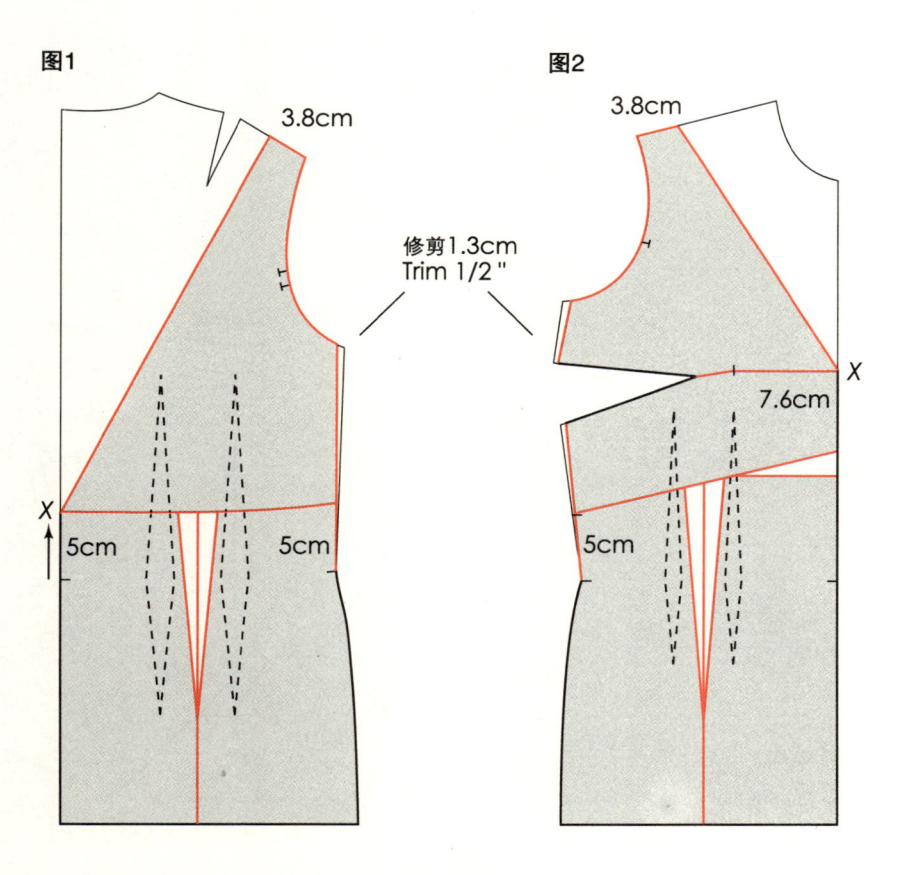

图3 加捻 Twist

- 剪开切线至胸高点，合并胁省。
- 修整侧边放松量，描出样板。
- 作前中心线的垂线至肩部。
- 折叠裁剪前片，画正斜线。
- 裁剪面料，测试适合度。

图3

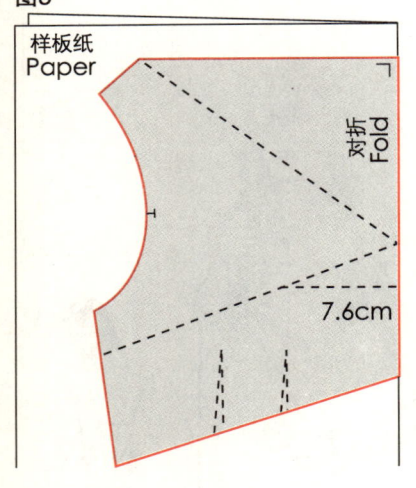

样板纸 Paper
对折 Fold
7.6cm

图4 帝国分割线上装后片 Back Empire Top

- 向后中移动省位，止于后片斜线标记处。
- 裁剪样板，修整边线和肩部的放松量。
- 画一条与V形领线平行的经向丝缕标记线。

图4

修剪 Trim

图5

图5

- 在右肩扭转一侧前片，用大头针在肩线和侧缝线（胁线处）将其固定。
- 在面料上折叠褶裥由下往上，让面料折顺，使右侧的面料钉附到人体模特的肩线和侧缝线（胁线）处。

图6

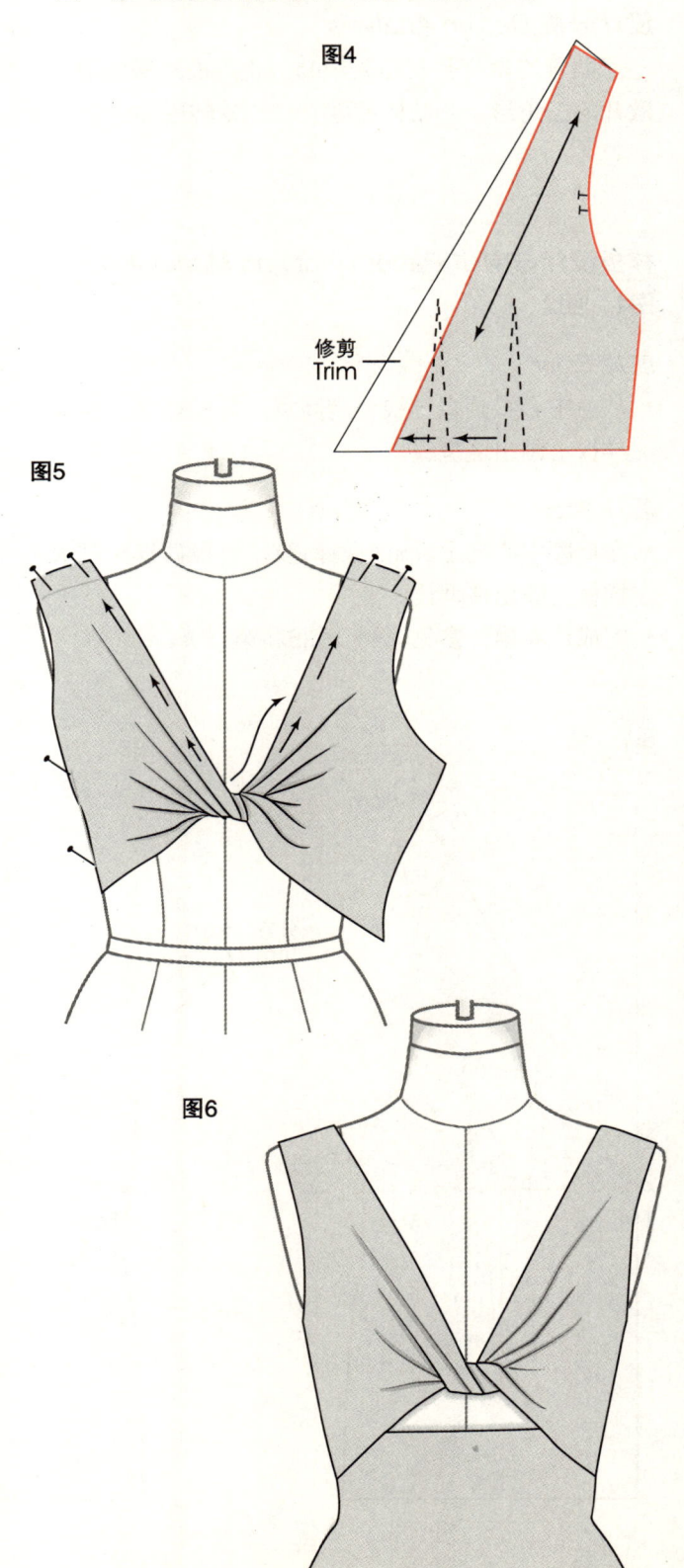

图6

- 将裙子悬挂一夜，调整样板后，将扭转的部位用大头针或线缝住，作最后试穿。检查整体合适度，在必要的地方作调整。

　　将裙悬挂过夜（参见上册第295页），调整样片。用珠针别上，粗缝或缝合裙子，使其扭转，缝合，作最终的试装。

图7

如图所示完成样板，需扭转处的衣片缝份窄，可锁边，也可缝制成似儿童面包圈一般的卷边。

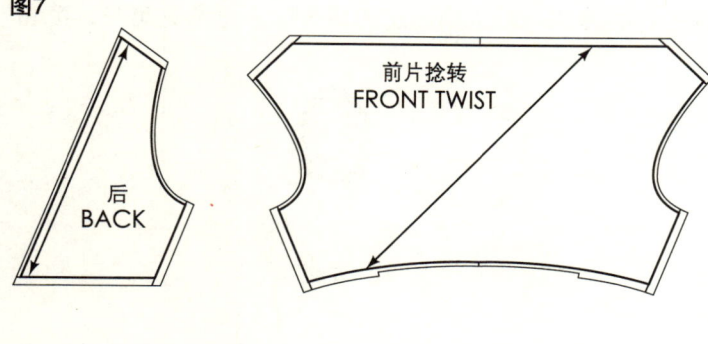

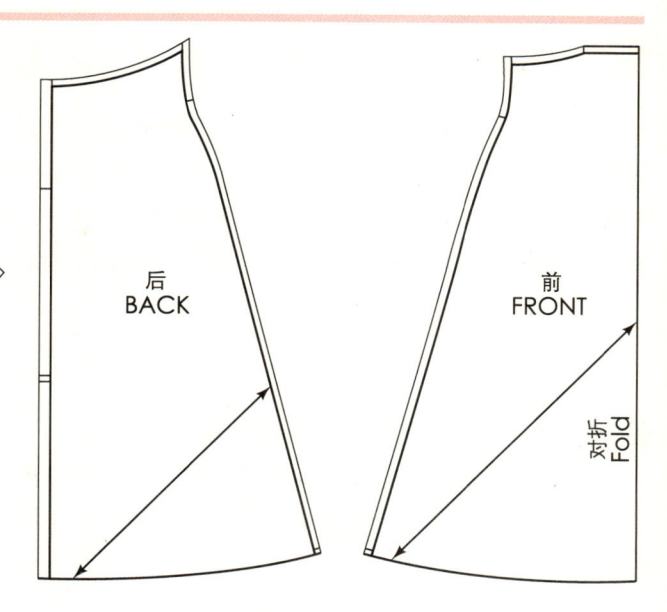

图7

后 BACK
前片捻转 FRONT TWIST
后 BACK
前 FRONT
对折 Fold

附加信息 Additional Information

图8

在款式设计时，尽可能少用斜裁边缝，造型边线应沿着直丝缕线和横丝缕线放置，这样便于缝纫。

沿交叉的直丝缕线或横丝缕线裁剪的造型线，可以通过拼接缝份，使其纹理互为延伸至左右片，或在侧缝延伸到前、后片。使得纹理、纹样连在一起，整体完整。裁开各个部分。

部分边缝合：缝合前、后侧边缝，使它们合拢。为了更贴身，在侧腰处设省道（图8b）。

注：那些设计为斜裁的长款需要用宽幅织物。

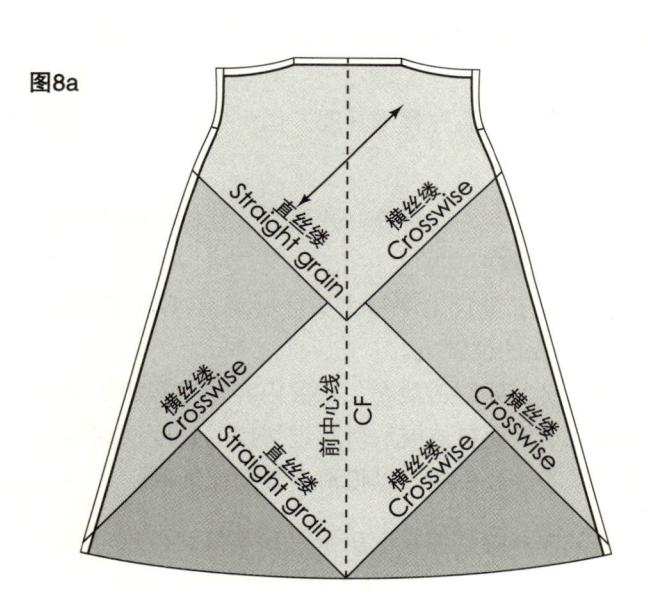

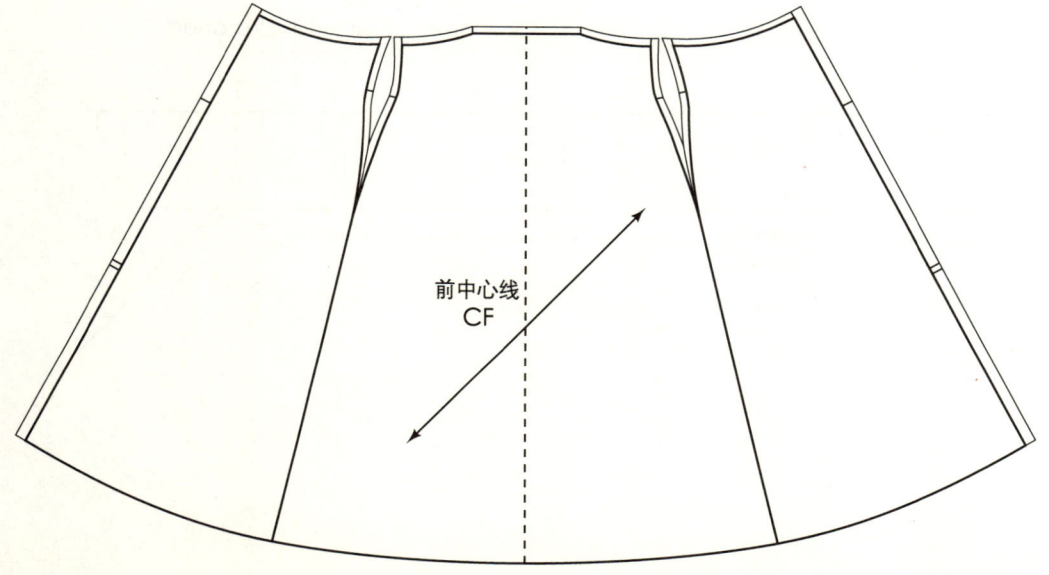

图8a

直丝缕 Straight grain
横丝缕 Crosswise
横丝缕 Crosswise
前中心线 CF
横丝缕 Crosswise
直丝缕 Straight grain
横丝缕 Crosswise

图8b

前中心线 CF

整片斜裁的裙装 All-in-One Bias Dresses

斜裁服装的第二种方法，为图中所示的整片斜裁式连衣裙（当然，这种方法适用于任何一款斜裁设计）。这种方法和设计1之间的差别在于：它首先确定斜裁的伸展度，然后在样板完成前对样板进行修改。但并不意味着如此设计就能完全合体。服装必须悬挂一夜并检查所有的缝线，以达到理想的适合度。可参见第47、第48页。第49页是有关面料处理、裁剪和样板修整的方法。

设计分析——设计 Design Analysis

该款在前后中心缝线处加入了扩展量，使斜裁的裙子呈喇叭状，肩线处有抽褶，领口呈V字形。羊腿袖设计请参见上册第14章。

斜裁伸展度的确定 Determining the Bias Stretch

图1

测量所需：后片臀围（23）例：前片与后片样板需22.8cm。

- 将面料按正斜方向折叠，并用大头针标出臀围尺寸（从A点到B点）。
- 把面料置于量尺上，将大头针标记点（A）固定在向下2.5cm的位置上。
- 横贯量尺，展开斜裁布。相关内容参见第26章附加信息。记录面料伸展后所超过臀围的长度，这部分要从中心线处去掉，以抵消斜裁的伸展量。

斜裁面料的延伸量取决于织物本身的自然力量。

图1

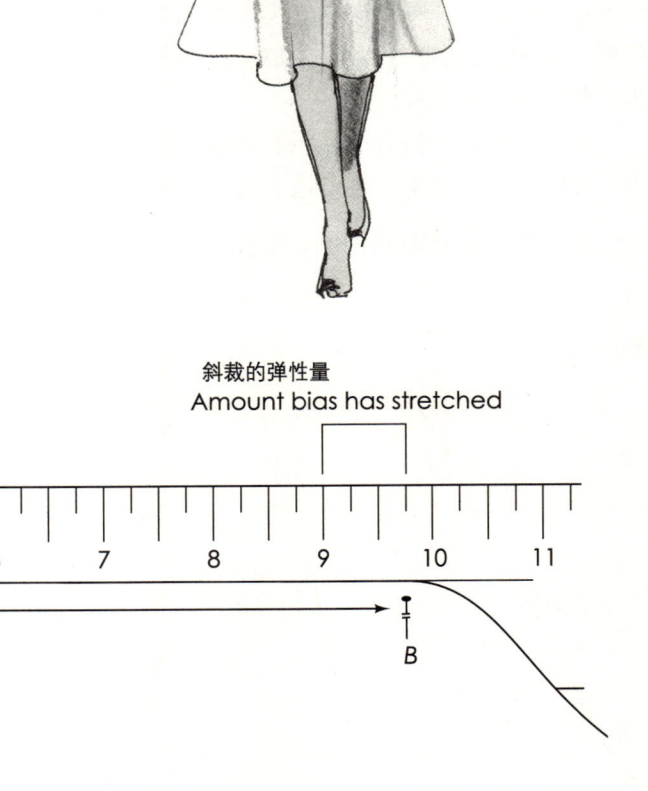

样板设计与制作 Pattern Plot and Manipulation

图2

- 描出躯干样板，移动剪开的胁省，打开省道2.5cm。
- 在高于胸围线2.5cm以上画V形领口线，至距肩省2.5cm处。
- 画后片领口线，消除存留的肩省量，修整肩线。
- 在前、后片中心线处画间距与斜裁伸展量相等的平行线（图中虚线）。
- 如图所示，在已调整过的中心线上画顺内凹的前、后片的中线（图中未做表示）。

扩展裙摆线 Adding Flare

- 延长裙子至理想的长度。
- 在距前、后片中心线和边缘以下17.8cm处画喇叭形裙摆，自腰围往下成一定角度。从下摆侧缝向外加12.7cm。
- 给样板加上2.5cm的缝份。

有关面料的准备、裁剪、悬垂及修整的过程可参见第46页、第47页。有关面料处理、裁剪和样板修整的方法可参见第48页。

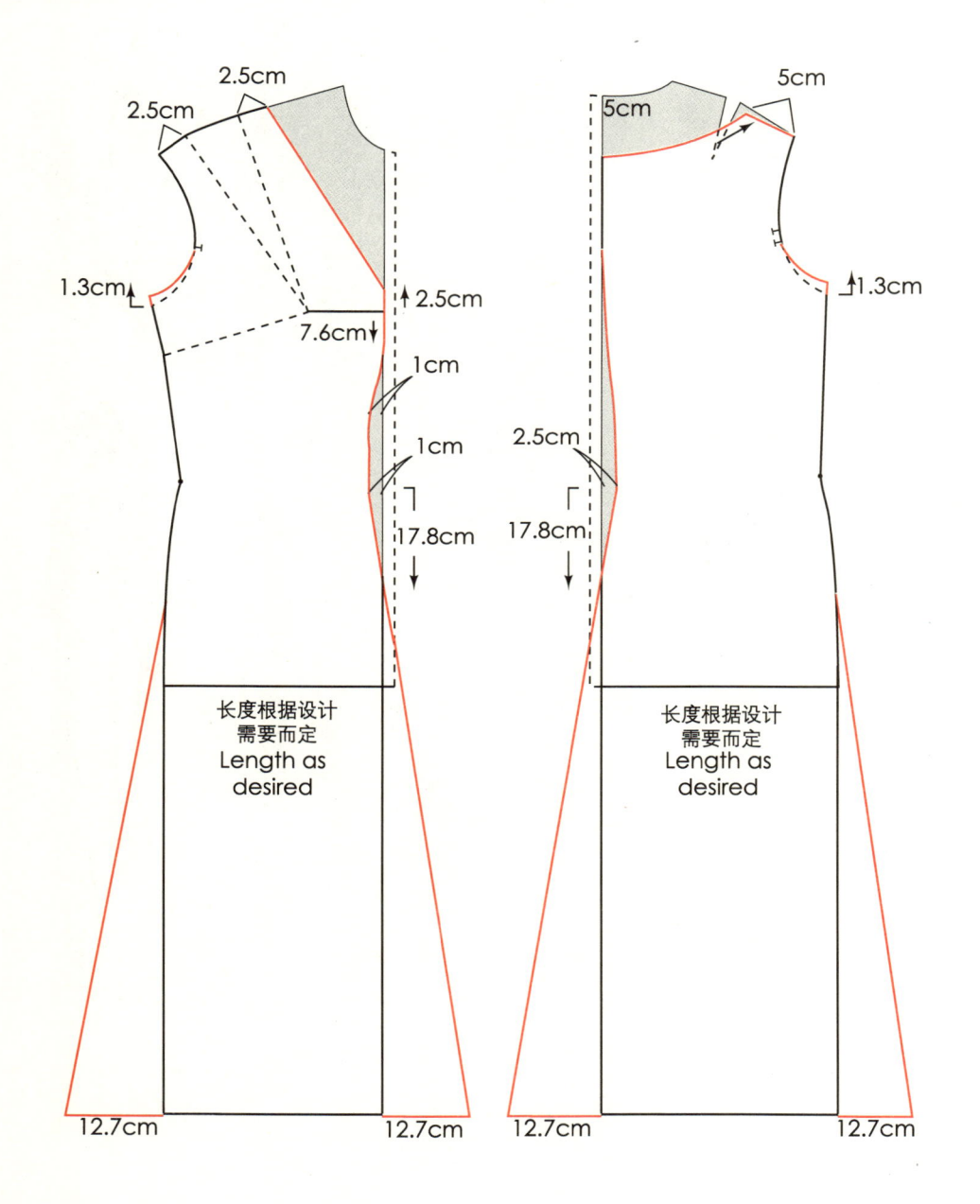

图2

长度根据设计需要而定
Length as desired

延伸设计 Design Variations

　　这里提供几款设计效果图,供读者实践练习。期待能给读者带来设计灵感。

第二篇

第4章

衬衫 Shirts

男式女衬衫和女衬衫的基本样板
SHIRT AND BLOUSE FOUNDATIONS 56
    三种男式女衬衫和女衬衫的基本样板
    Three Shirt and Blouse Foundations 57
    基本的男式女衬衫和女衬衫的样板草图
    Basic Shirt and Blouse Draft 58
    衬衫袖原型 Basic Shirt Sleeve Foundation . . . 59
    育克衬衫 Yoke Shirt 60
    袖口的选择 Sleeve Hemline Options 62
    扣合的选择 Closure Options 63

    单片袖衩 One-Piece Sleeve Placket 64
    衬衫门襟贴边和翻折贴边的变化
    Shirt Facing and Band Variations 65
    暗纽扣和暗纽孔
    Hidden Button/Buttonhole Closure 67

非正式衬衫和袖子的基本样板
CASUAL SHIRT AND SLEEVE FOUNDATION 68
    非正式衬衫的样板草图 Casual Shirt Draft 68
    超大码衬衫 Oversizing the Shirt 70

村姑衫 PEASANT BLOUSE 71

男式女衬衫和女衬衫的基本样板 Shirt and Blouse Foundations

　　尽管男式女衬衫和女衬衫的设计不同,但两者都与裙子和裤子搭配穿着。男式女衬衫线条简明且男性化,女衬衫则因塑造了符合人体曲线的服装轮廓型而富有女人味。但它们之间仍有很多相似之处。比如,男式女衬衫和女衬衫的袖窿均可以不同深度置于衣片中,并可以把部分或全部的省量转移至袖窿,使袖窿变得更加宽松。对于扩大较多的袖窿而言,袖子的基本样板就需要作相应的改变。

　　男式女衬衫和女衬衫的基本样板均基于有腰省、侧缝省的紧身上衣前片样板与原型后片样板,或是紧身躯干基本样板。在基础样板上,通过对造型分割线、育克、开花裥、增加放松量、领子、口袋、挖剪领口线和连接裤子以及各种不同衣袖的设计(特别是女衬衫),可以产生许多造型各异的衬衫样板。

　　如果,延长男式女衬衫和女衬衫基本样板的长度,便可获得连衣裙了。

三种男式女衬衫和女衬衫的基本样板 Three Shirt and Blouse Foundations

　　每一种衬衫基本样板都有自己的特点。它们之间的差别主要表现在以下几个方面：男式女衬衫和女衬衫大身部位的放松量、袖窿的深度和放宽量，以及对衬衫原型袖的修改——袖子更肥、袖山更低和腋下长度更长（便于抬举）等。

男式女衬衫或女衬衫的基本款
Basic Shirt or Blouse Foundation

　　袖窿深度略低以及袖肥略大于紧身躯干衣的基本样板。

轻便无省式男式女衬衫或女衬衫的基本款
Casual Dartless Shirt or Blouse Foundation

　　袖窿深度和袖子的整个放松量要比原型衬衫样板大许多。

大号无省男式女衬衫或女衬衫基本款
Oversized Dartless Shirt or Blouse

　　袖窿深度和放松量特别夸张。

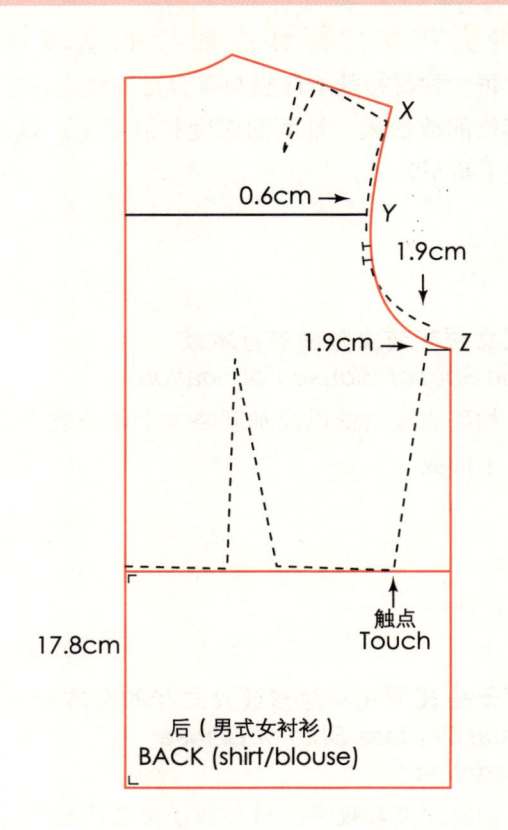

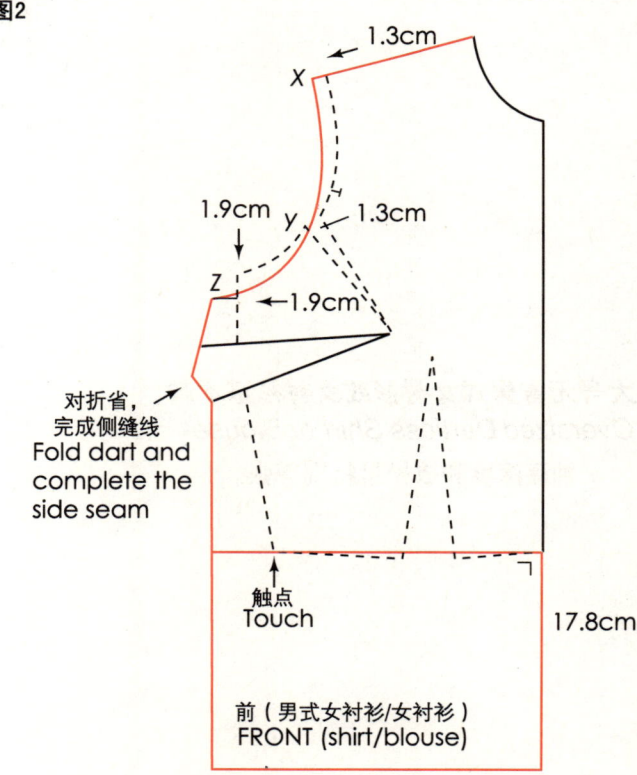

基本的男式女衬衫和女衬衫的样板草图
Basic Shirt and Blouse Draft

基本的男式女衬衫和女衬衫的样板草图拥有共同的特征：袖窿增大，侧缝线外移；其样板制作可基于带双省道的前、后片原型样板（参见上册第85、第86页），或以紧身躯干样板为基础（参见第18章）；袖子样板是在原型样板的基础上调整至与袖窿相适应后而产生的。

作为设计的基础，胁省量（任何一种省道）可以转移到衣片的任何一个位置，变化为其他的省道、造型分割线或褶等形式。当这些基本样板用于连衣裙设计时，可将衣长延长至所需长度。

后片草图 The Back Draft
图1
- 描出后片样式或紧身躯干样板。
- 画出肩线，越过肩省，标记X。
- 从袖窿中点向外取0.6cm，做标记Y。
- 从袖窿处向下、向外分别取1.9cm，做标记Z。过Z点作侧缝线平行于后中心线。
- 如图画腰围线。
- 后中心线向下延长17.8cm。作后中心线的垂直线与侧缝相交。
- 画顺袖窿弧线（过Y点）。
- 从样板纸上剪下样板。写上标识性文字"男式女衬衫后片/女衬衫后片"。

前片草图 The Front Draft
图2
- 描出前片原型样板或紧身躯干样板，从袖窿Y省转移1.3cm的省量到侧缝省。
- 肩线延长1.3cm，标记X。
- 袖窿处分别向下、向外取1.9cm并做标记Z。
- 将前中心线向下延长17.8cm。如图所示画出腰围线。
- 合并胁省，画出侧缝线。参见上册第14页中的范例。
- 将前、后衣片侧缝长度调整一致，若有需要可以调整省道量。
- 画出袖窿弧线（过Y点）。
- 从样板纸上剪下样板。写明标识性文字"男式女衬衫前片/女衬衫前片"。

衬衫袖原型 Basic Shirt Sleeve Foundation

男式女衬衫和女衬衫的袖子 Shirt and Blouse Sleeve

该袖子样板的绘制以原型袖或无省袖的样板为基础。它增大了袖肥、降低了袖山高度，被调整至与衣服袖窿相匹配的尺寸。袖口和袖扣的选择，请参照第62、第63页。

图1 衬衫袖原型 Basic Shirt Sleeve

- 描出原型袖样板（虚线为原型袖样板）。
- 将袖肥两侧各延长1.9cm。
- 袖山高点向下1.3cm处做标记。
- 按照标记用曲线尺重画袖山弧线。袖山弧线的吃势量要比袖窿弧线的尺寸长1.3cm。还可以用增加或缩短袖肥来调整适合度。

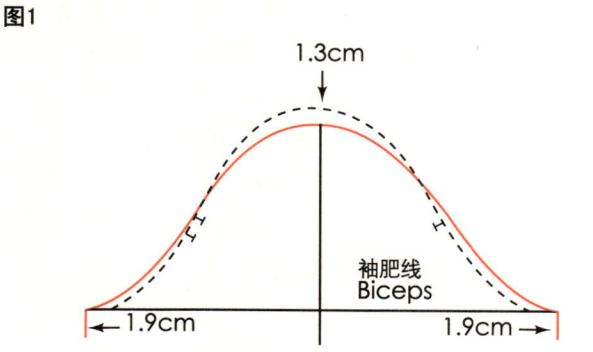

图1

图2

自经向丝缕线顺袖子右侧画直角线，再往左画直角线至后侧袖口（无肘省袖子）。

A～B=袖肥/2 −2.5cm，做标记，并画出新的袖口线。

A～C=A～B。

C～D=5cm，过D点画一条B～C的平行线，标记点E。

袖口线造型 Hemline Shape

E～F=E至经向丝缕线1/2处，做标记。

F～G=从F点垂直向下1.9cm。

G～H=6.4cm，做横线标记（剪开衩口便于进入），如图所示。从G～D画袖口线，如图所示。

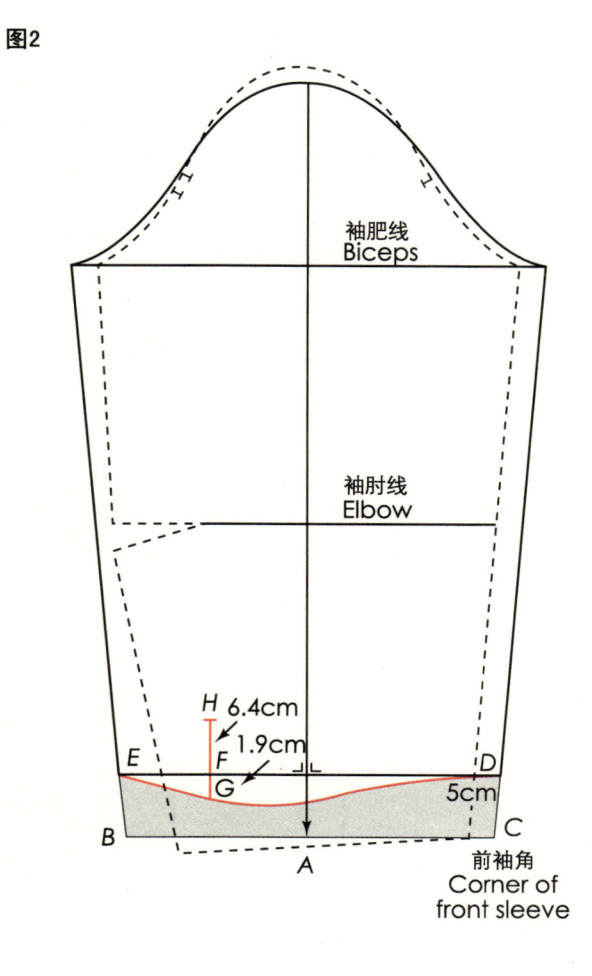

图2

育克衬衫 Yoke Shirt

设计分析 Design Analysis

衬衫育克的样板设计基于男式女衬衫的基本样板。若不清楚，参见第58页中的内容。后片中的育克向前片延伸2.5cm，并将其连为一片，即形成衬衫的育克样板。它与基本衬衫袖、翻领或有领座的衬衫领样板一起组成了一套完整的衬衫样板。有关领子的样板草图请参见上册第178、第179页中的有关内容。口袋样板请参见上册第383、第384页上的有关内容。

衬衫背部的育克造型可进行多种变化，在此提供了一些示范。以图1为例作详细介绍。

育克衬衫的草图 Yoke Shirt Draft

图1
- 描出衬衫前片的基本样板，将胁省转移到肩线中部。
- 在衬衫前片描出2.5cm，完成育克造型线。
- 如图1a所示，做刀口标记。

育克设计例举 Yoke Design Choices

- 从后中心线至袖窿中点画直角线（为基本的育克线），如图1a所示。
- 画出设计所需的Z形育克线（1b）。
- 设计一条柔和的背育克曲线（1c）。

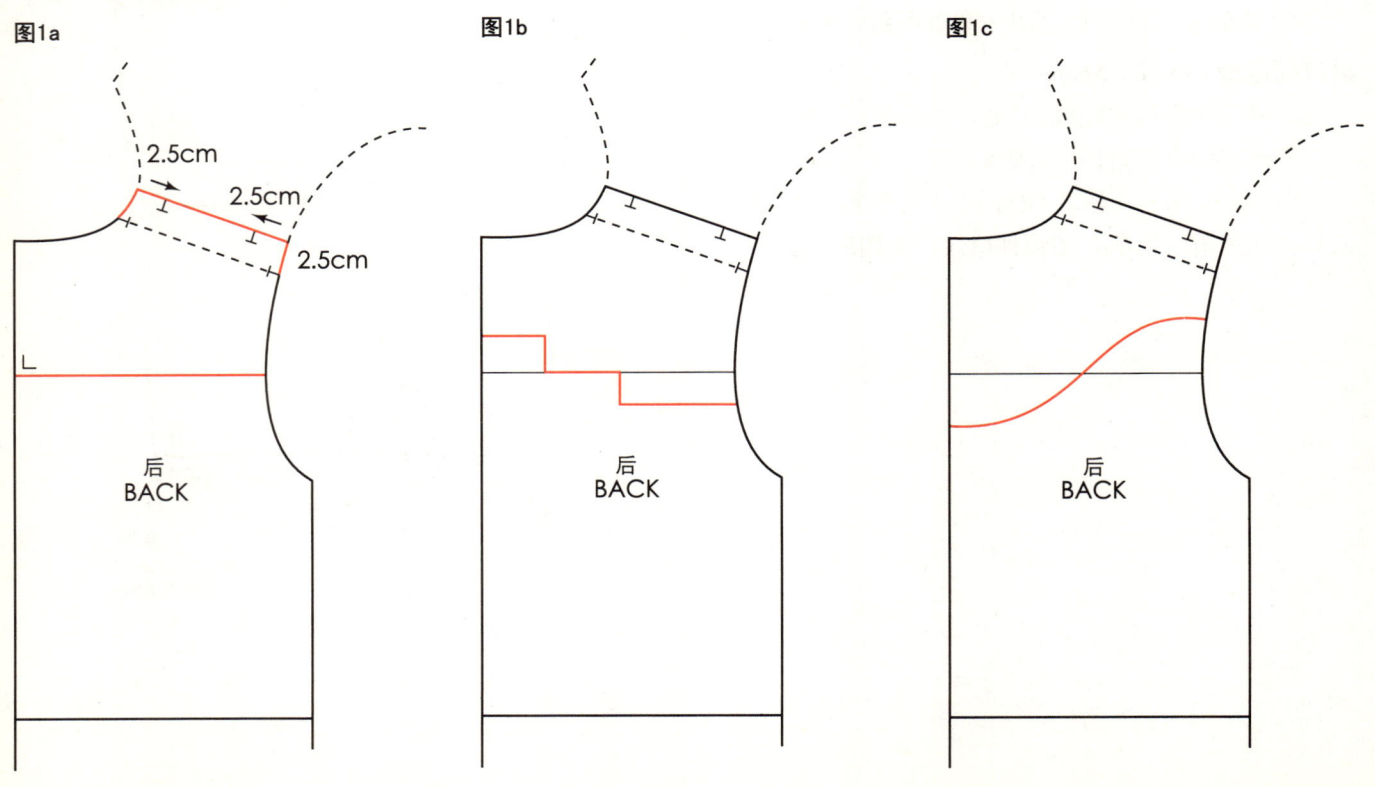

图1a　　　　　　　　图1b　　　　　　　　图1c

后 BACK　　　　　　后 BACK　　　　　　后 BACK

图2 育克和后片样板 Yoke and Back Patterns

- 从样板纸上剪下育克样板。
- 画侧缝线和底摆弧线。

图2

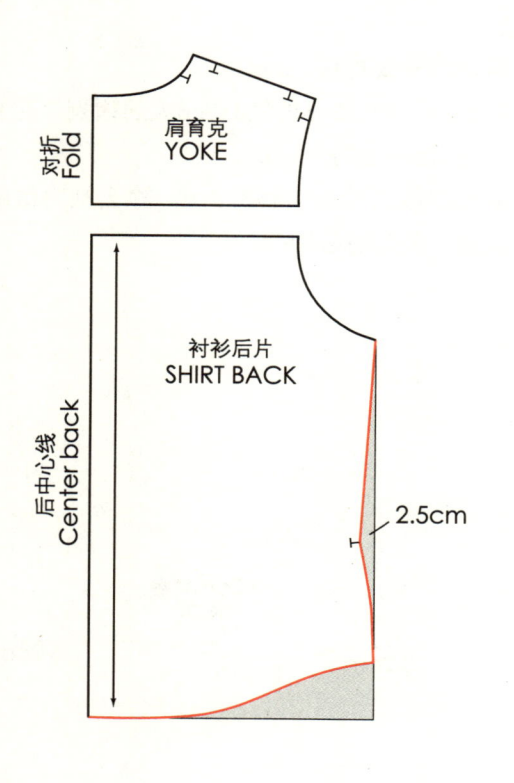

图3

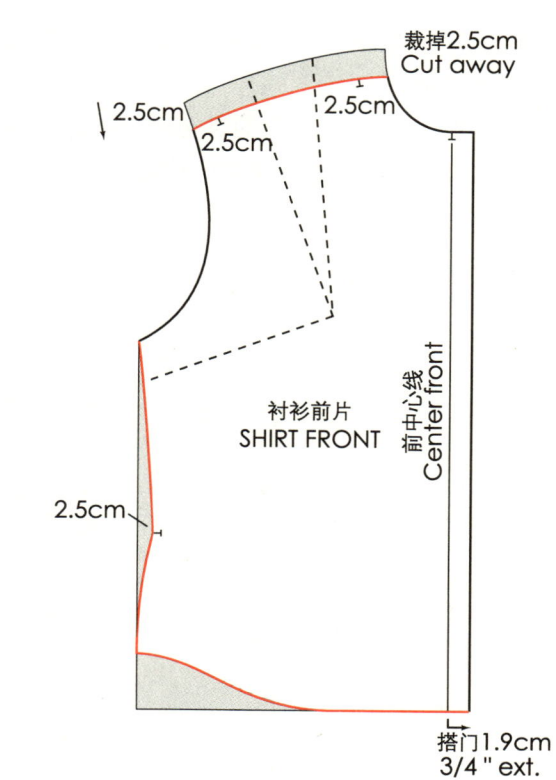

- 描出衬衫前片的基本样板，将胁省转移到肩线中部。肩线向下修剪2.5cm。
- 在前中心线上加1.9cm，作为搭门。
- 画侧缝线和底摆弧线。

图3

完成样板 Completing the Patterns

样板可做成净线样板或毛样板。如果需要，可做适合度测试并进行校正。

图4

- 加缝份。
- 做刀口标记。
- 标注衬衫前、后片。
- 标注经向丝缕线。

图4a

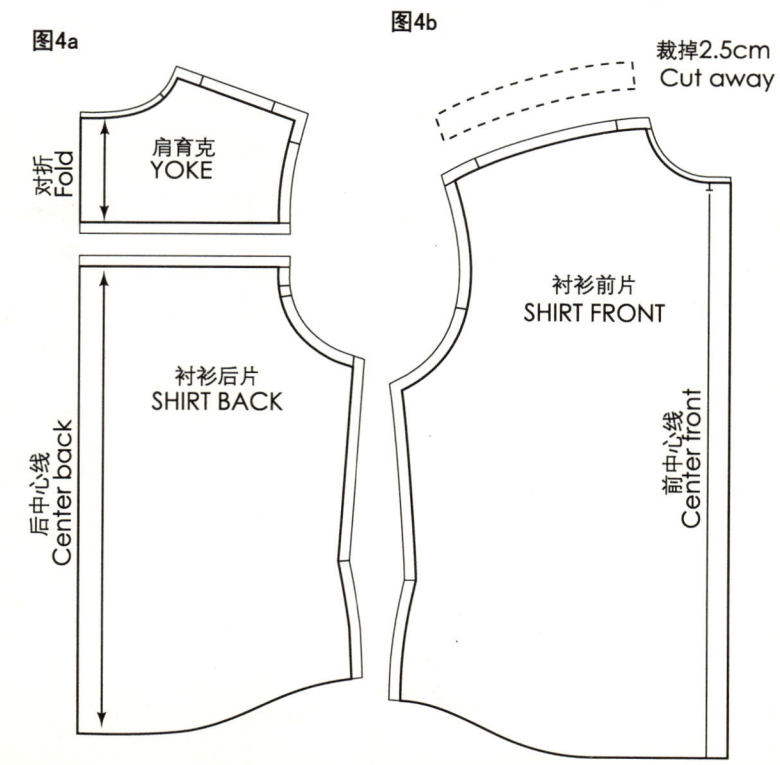

图4b

袖口的选择 Sleeve Hemline Options

从袖口线量出掌围尺寸。选择喜欢的款式,从袖口处至袖肘线对余量进行平均修整。

选择1:双褶裥 Option 1: Two Pleats
图1
- 在袖衩口右侧2.5cm处,做两个3.2cm大的褶裥,其间隔为1.9cm。
- 从臂内袖缝线去掉多余的部分(虚线),留下0.6cm的放松量,画一条曲线与肘线顺接。

图1

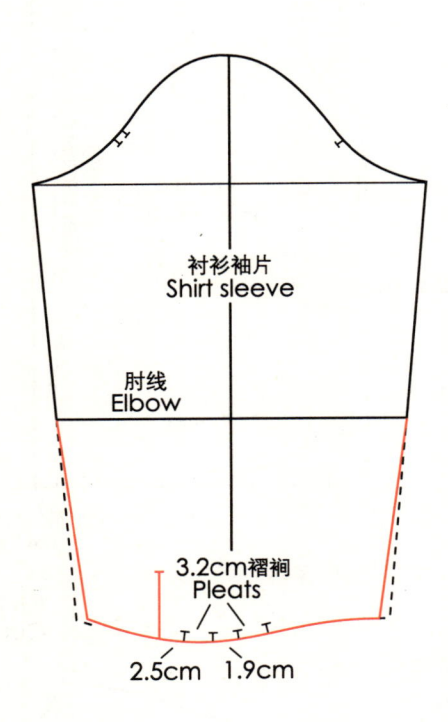

选择2:单褶裥 Option 2: One Pleat
图2
- 将袖口开衩右移1.3cm。
- 在衩口右侧1.9cm处做3.2cm大的褶裥,在袖口开衩左侧留0.6cm的放松量。
- 从袖口线两端向内移3.2cm,除去袖内侧缝线处的余量,并与肘线顺接。

图2

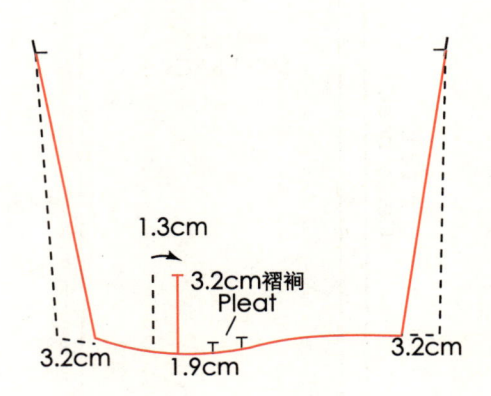

选择3:碎褶 Option 3: Gathers
图3
- 从袖口线向内3.8cm处,对碎褶位置做刀口标记。

图3

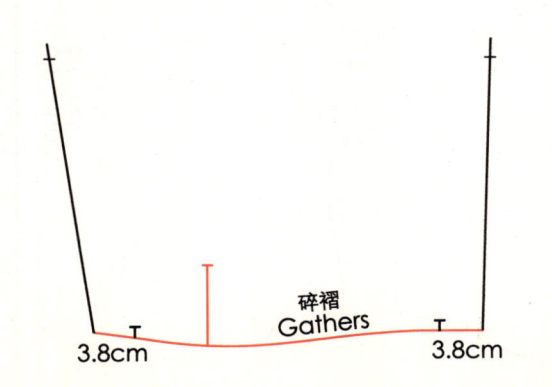

选择4:无褶 Option 4: Plain
图4
- 留1.3cm的放松量,在腕部袖口线处除去余量,再作一条微曲线与肘部顺接。衩口右移1.9cm。

图4

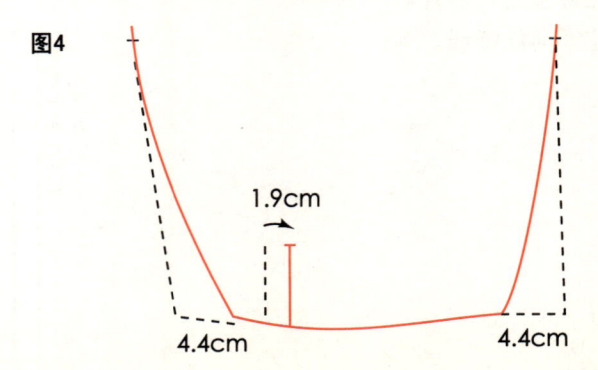

扣合的选择 Closure Options

细条形袖衩口 Banded Slit Opening

图1

　　裁一条3.8～5.1cm宽、2倍剪切线长的双折边（图1a）。

- 参照图示，把双折边，缝在袖子的衩口上（图1b）。

图1a

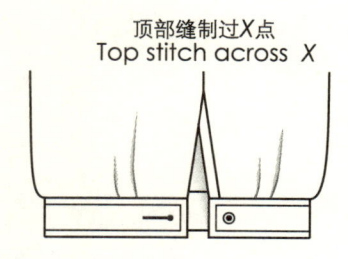

顶部缝制过X点
Top stitch across X

图1b

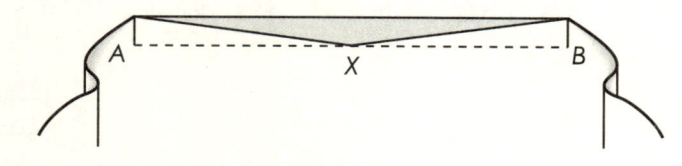

缝制后侧衩口 Stitch-Back Slit

图2

- 折叠开衩（毛缝、锁边或翻折缝），并缉明线。

图2

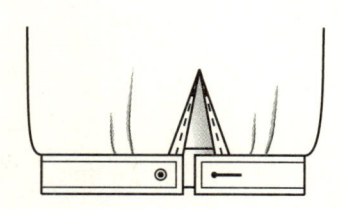

用松紧带控制 Elastic Control

图3

- 将袖子加长5cm，作为穿松紧带之后增加的蓬松量。
- 松紧带比手掌围短5cm，松紧带宽度根据设计需要进行选择。

图3

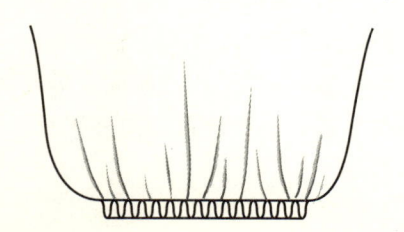

缝份向下开衩 Underseam Opening

图4

- 袖衩位于袖口线，开衩处缝份折叠着缝，用明线缉缝。

图4

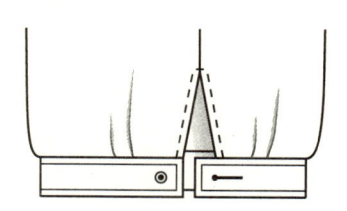

空克夫 Spaced Opening

图5

- 袖口留有一段空克夫。袖口在扣合时，空克夫处袖口量被折叠。

图5

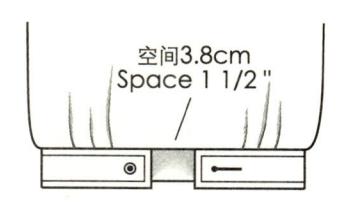

空间3.8cm
Space 1 1/2"

衬衫袖克夫 Shirt Sleeve Cuff

图6

- 从对折线向上5cm作一条与对折线平行的直线，其长度等于手掌围长，加2.5cm搭门（图6a）。
- 如图6b所示，完成袖克夫。

图6a

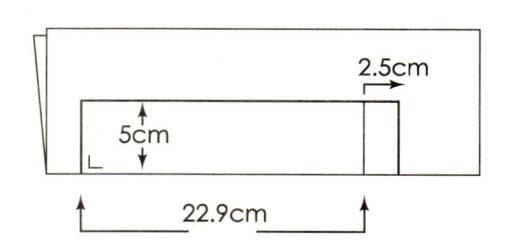

2.5cm
5cm
22.9cm

图6b

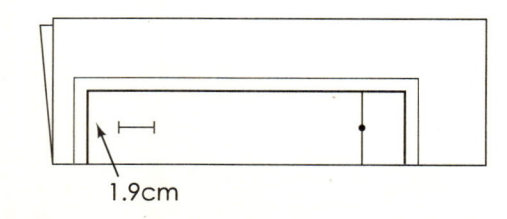

1.9cm

单片袖衩 One-Piece Sleeve Placket

图1　衩口样板 Placket Pattern

- 如图所示，画出衩口样板图。

图1

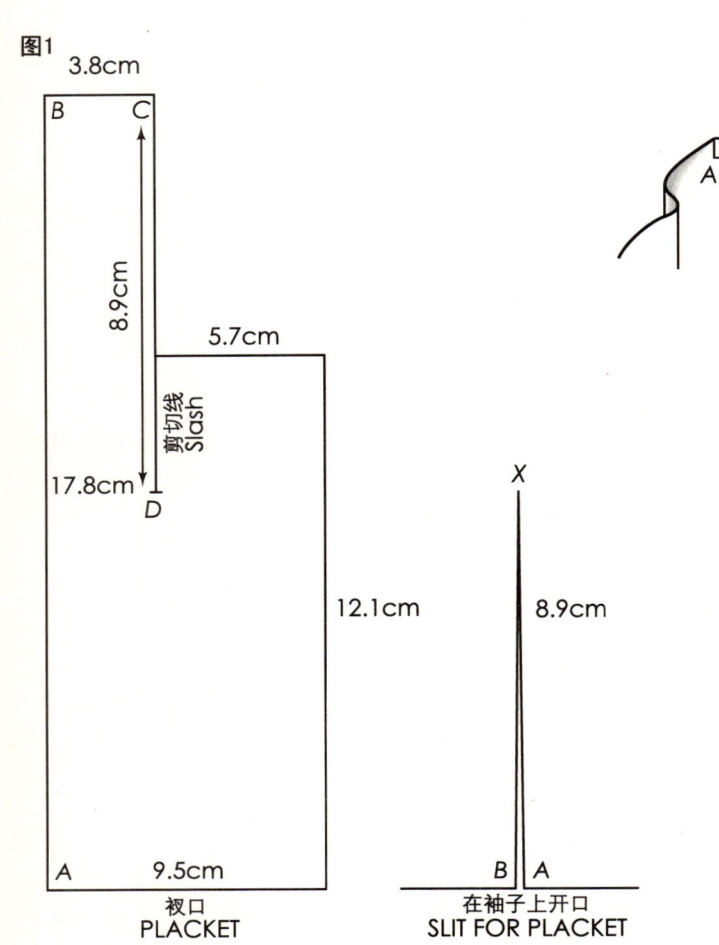

衩口 PLACKET

在袖子上开口 SLIT FOR PLACKET

图2　正面——缝纫指南 Right Side—Stitching Guide

- 将袖子衩口置于衩口折条上面，折条正面朝上，从A点至B点。
- 拼缝处平直，缝份为0.6cm。X点在缝线处。

图2

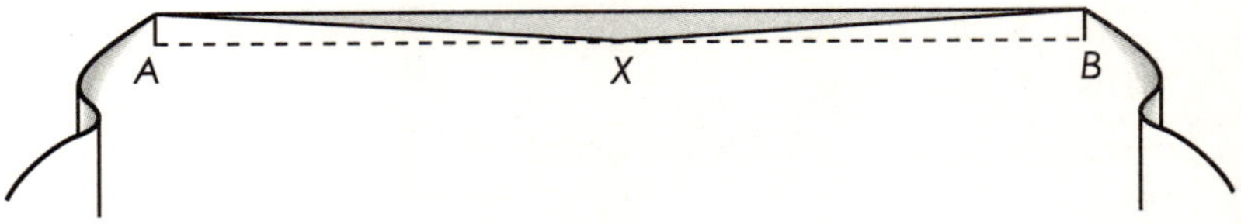

图3

- 要求无断线缝，将衩口折条翻折至服装的正面。并将其边缘向下翻折0.6cm至C。然后在正面，从B点至D点缝纫。

图3

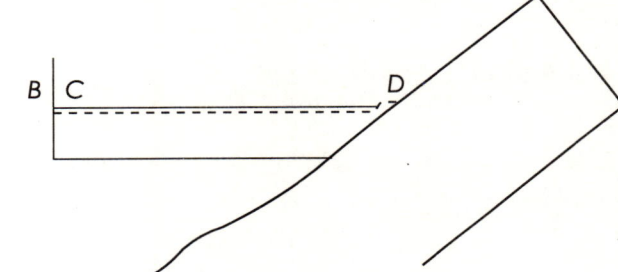

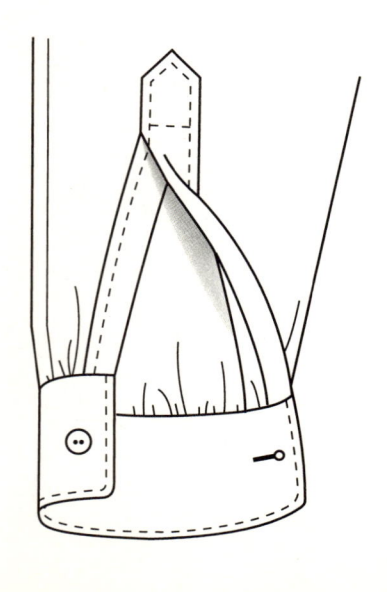

图4

- 将上部较宽的衩口折条放在袖口的内侧，缝份为0.6cm。在折条上用针扎X点（D点之上）的标记，袖子内侧朝上做直线缝纫。然后将折边翻折0.6cm转向袖子正面，翻折缝份，缉明线。折边顶部为三角形。完成袖衩缝制。
- 缝纫左袖衩口，与上述方法相同。但要从衣袖和衩口的B点开始缝，从而使衩口向外张开。

衬衫门襟贴边和翻折贴边的变化
Shirt Facing and Band Variations

这里介绍5种门襟贴边变化的例子。在图1中包含了2款造型。可以选择其中一款做贴边变化的练习。图4和图5介绍了有贴边的折边式门襟。这里所提供的贴边宽度是非常实用的。

造型1：曲线型翻折门襟贴边
Type 1: Shaped Fold-Back Facing
图1

- 在肩线上的贴边线宽6.3cm，其余部分距中心线7.6cm，做标记。画出贴边的内缘线，与领口弧线平行，继续往下画与前中心线平行（虚线）。
- 沿中心线折叠样板，用点线轮描出贴边轮廓。
- 在前片中心线上部领口处和下部底摆处，做刀口标记。
- 展开样板，用铅笔画出领口线和肩线。

造型2：直线型翻折贴边门襟
Type 2: Straight Fold-Back Facing

- 沿中心线折叠样板，用点线轮描出领口线。在前中心线上部领口处和下部底摆处，做刀口标记。展开样板，并用铅笔画线。
- 贴边的内边缘线须与中心线平行。折叠的贴边至肩线上（点划线）。此类型贴边常借布边剪裁。

造型3：附加式贴边门襟
Type 3: Attached Facing
图2

- 画衬衫肩线、领口线、搭门和衣摆，再根据尺寸要求完成贴边。

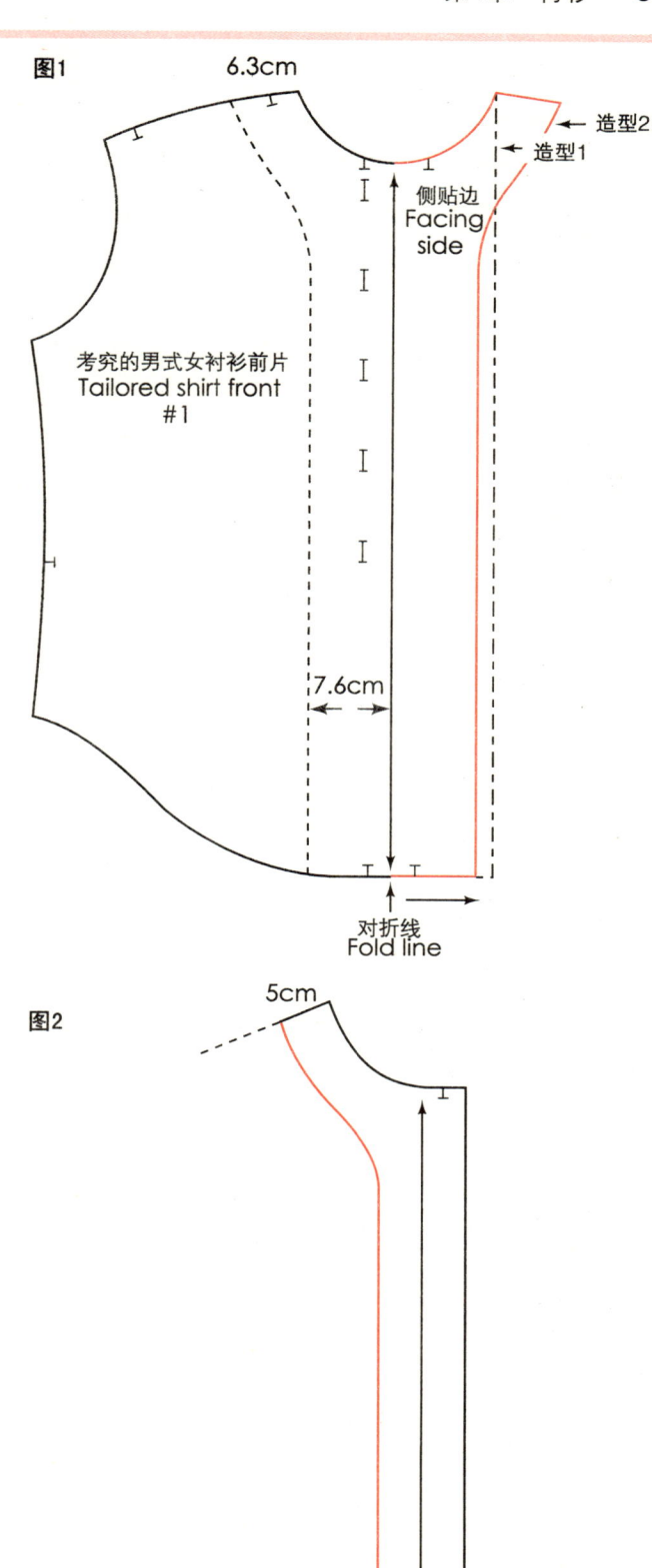

造型4：贴边式门襟
Type 4: Self-Faced Band

图3　绘制门襟样板 Trace Band
- 前中心线刀口标记两侧的搭门宽度相等（例如：范围尺寸宽1.9cm，搭门宽3.8cm）。
- 在领口线与底摆线之间，画3.8cm宽的搭门（虚线部分不画）。
- 在前中心线上、下端做刀口标记。
- 移开样板。
- 从上至下画连接线，完成搭门。

图4　完成门襟贴边 Completed Band
- 画经向丝缕线，标出垂直纽孔的位置。
- 加0.6cm缝份，内缘边处留1.3cm，以备向下折叠。

图5　缝纫指南 Stitching Guide
- 缝制搭门时，将贴边的正面放在衬衫的反面，按设定尺寸从前片中心线至领口标记处缝纫。将贴边翻至衬衫正面，向内折1.3cm的缝份。在衬衫贴边上缉0.6cm明线。
- 从领面领口线的刀口标记处开始缝纫，领里在缝份处折叠，缉明线（未作图示）。

造型5：另加贴边的附加门襟
Type 5: Set-in Band with Attached Facing

图6　贴边 Facing
- 参见图2，描出贴边样板，或缩短贴边宽度（虚线），使其与附加门襟（粗实线）的宽度相等。

图3　画门襟 TRACE BAND
前中心线 Center front
1.9cm

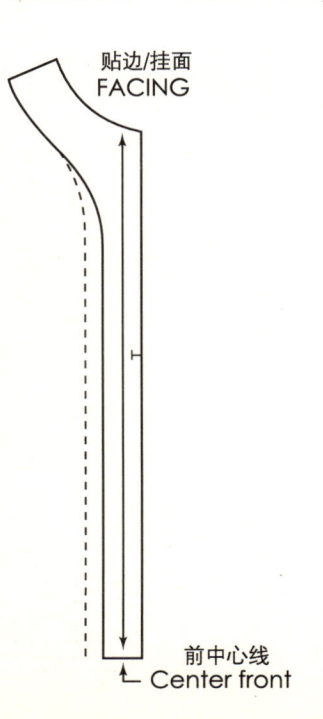

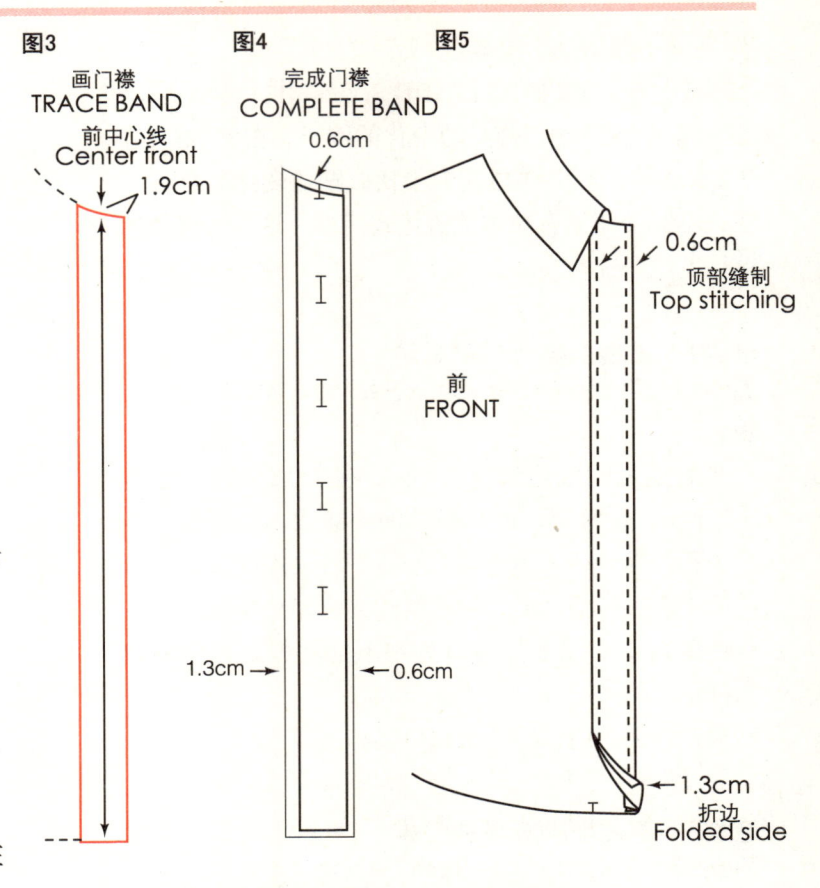

图4　完成门襟 COMPLETE BAND
0.6cm
前 FRONT
1.3cm　0.6cm

图5
0.6cm
顶部缝制 Top stitching
1.3cm
折边 Folded side

图7　门襟与衣片 Band and Garment
- 从前中心线向内量出搭门宽的距离。
- 画一条与搭门平行的线。
- 将样板沿此线分开。
- 描出样板，加缝份。

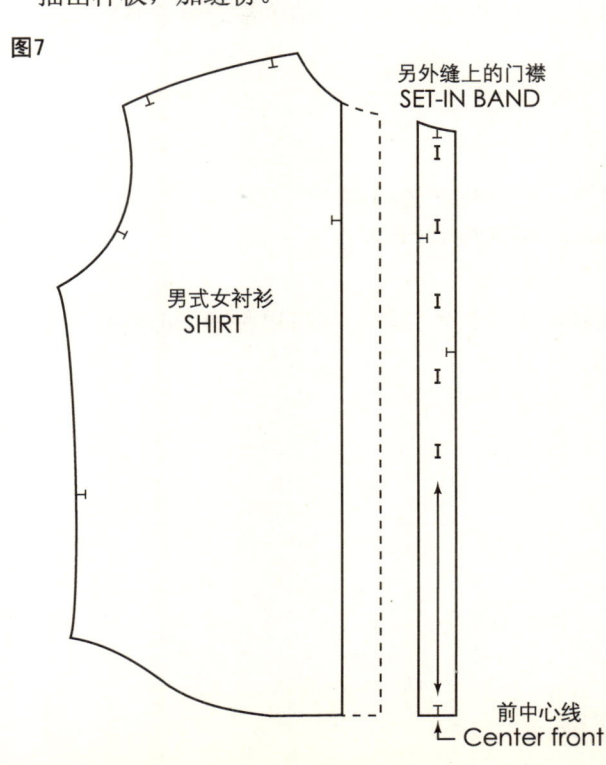

图6
贴边/挂面 FACING
前中心线 Center front

图7
男式女衬衫 SHIRT
另外缝上的门襟 SET-IN BAND
前中心线 Center front

暗纽扣和暗纽孔
Hidden Button/Buttonhole Closure

图1

以上述样板为基础发展下列样板。

- 描出衬衫前片样板。
- 加1.9cm作为搭门，画A线。
  - A～B=3.8cm，做标记。
  - B～C=3.2cm，做标记。
  - C～D=3.2cm，做标记。
- 从各标记点画与前中心线平行的直线。
- 在D线处加1.3cm缝份。
- 按标记线折叠褶裥并画出领口弧线。
- 从样板纸上剪下样板。

图2 缝纫指南 How to Stitch

- 将C线向A线方向折叠，覆于B线，即形成锁纽孔的暗门襟。

图3

- 沿A线折叠，使C～A在衣片反面（B线、D线重合），由领口弧线沿B线向下缝至下摆。

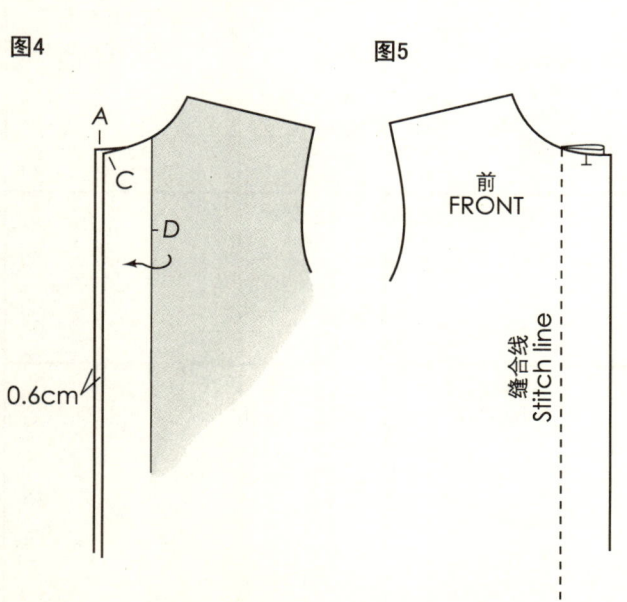

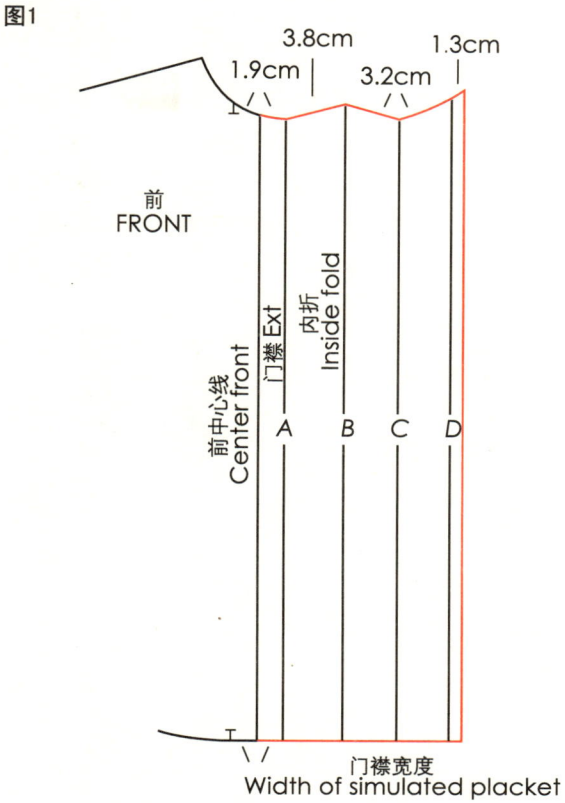

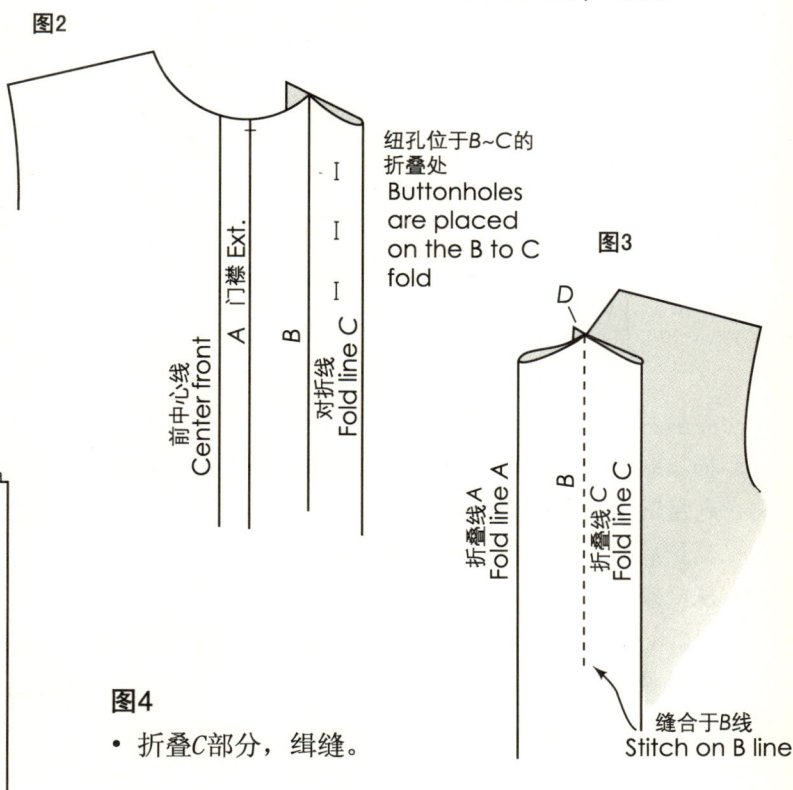

图4

- 折叠C部分，缉缝。

图5 正视图 Front View

- C线置于A线向内0.6cm处。
- 这种风格的闭合方式最适合与有领座的领子相配。

非正式衬衫和袖子的基本样板 Casual Shirt and Sleeve Foundation

非正式衬衫的基本样板适合发展较宽松的服装。在样板中，肩省和胁省量被转移到袖窿中，使袖窿弧增大。而且，它的袖窿比一般衬衫样板的袖窿要低且宽。如图所示，非正式衬衫样板的制作，可基于有前腰省和胁省的紧身躯干样板。也可以女衬衫样板为基本样板。如将其加长，还可以发展成为非正式（休闲）裙装的基本样板。非正式衬衫的袖子是由第59页中的基本衬衫袖修改而成的。底摆线和袖口样式，请参见第62、第63页中的相关内容。领子的原型和带领座的领子样板，请见上册第10章中的相关内容。

非正式衬衫的样板草图
Casual Shirt Draft

图1

衬衫后片 Back Shirt

- 描出后片原型样板。
- 跨过肩省画一条无肩省的直线至肩端点X。
- 从袖窿中点向外扩0.6cm，标记（Y）。
- 袖窿向下量3.8cm并标记点记。
- 过标记点向后中心线画直角线，从标记点向外量2.5cm并做标记（Z）。
- 如图画腰围线。

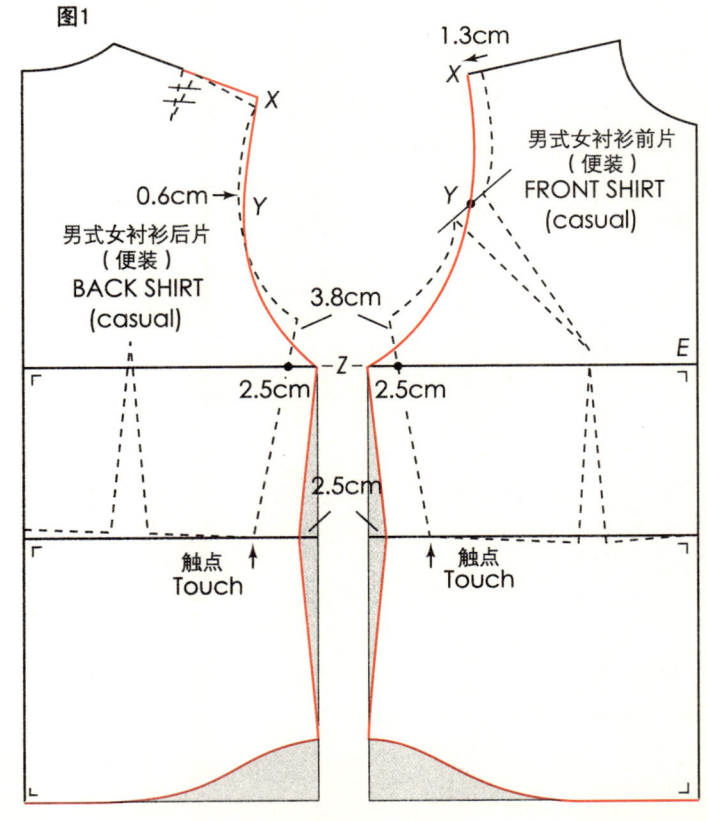

衬衫前片 Front Shirt

- 描出躯干前片样板，将胁省量转至袖窿中，在省纳入量的中部做标记（Y）。
- 延长肩线，使之与后片肩线相等（X）。
- 从袖窿向下量取3.8cm并标记点记。
- 过标记点向前中心线作垂线并在超过标记点2.5cm处，做标记（Z）。

前片与后片 Back and Front

- 将前后中心线分别延长17.8～22.8cm。
- 如图画出底边辅助线和侧缝辅助线。
- 在腰围线的侧缝线处收进2.5cm并做标记。
- 画顺侧缝线及弧形底摆线。按图示画出袖窿弧线（过X、Y和Z点）。

图2 调整领口线和袖窿弧线
Adjusting Necklines and Armholes

- 沿领口线修整0.16cm。
- 测量前片和后片袖窿弧线的大小,如果两者有差异,可在肩线处修整一致。
- 记下前片袖窿弧线的尺寸。
- 标出袖窿刀口标记。如要加肩垫,则不必变动肩线。

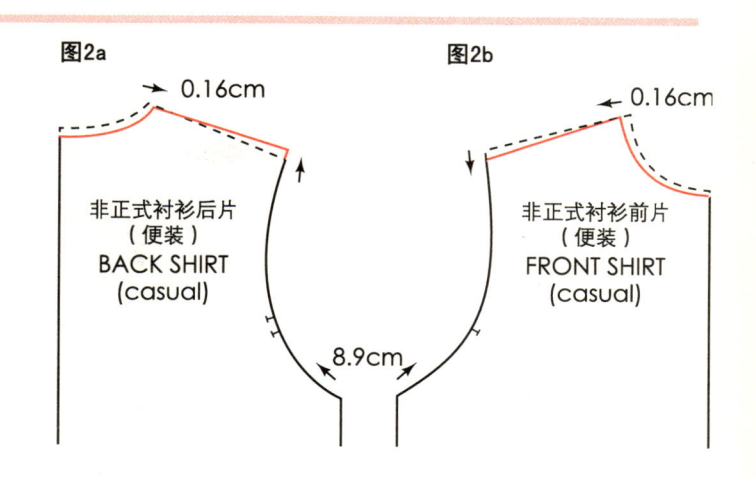

图2a — 非正式衬衫后片(便装) BACK SHIRT (casual), 0.16cm, 8.9cm

图2b — 非正式衬衫前片(便装) FRONT SHIRT (casual), 0.16cm

图3

- 描出衬衫袖样板,做标记A点和B点。
- 在中心线处对折。
- 从袖肥线D向上取3.8cm做标记,然后作直角线横穿样板纸。从A点画线,与新袖肥线相交,A~E与前袖窿弧尺寸相等,标记点E。
- 画出袖口线。

图3 — 样板纸 Paper,袖肥 Biceps,向上测量3.8cm Measure up 1 1/2"

图4

- 将A~E线分成4等份。
- 上1/4点外凸0.6cm,下1/4点内凹0.3cm。将袖山画圆顺,做衣袖的刀口标记。
- 袖山弧线尺寸应比袖窿弧线(前片和后片之和)大1.3cm,否则,需在E处增加或减少袖窿的尺寸。
- 做刀口标记,参见图2。

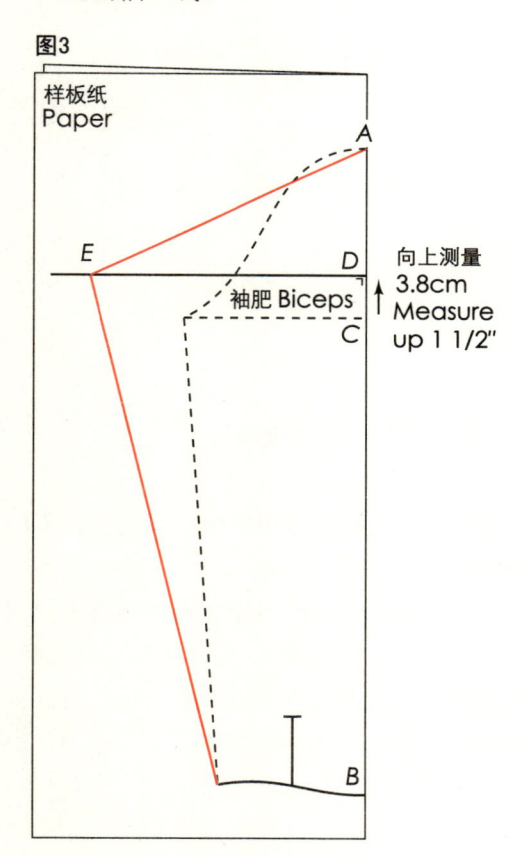

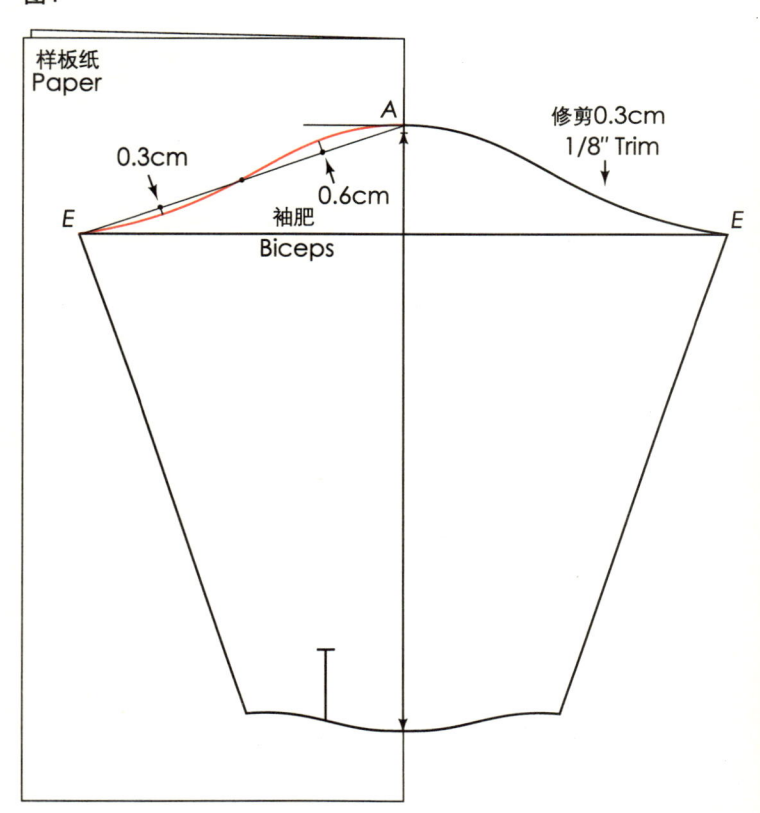

图4 — 样板纸 Paper,袖肥 Biceps,0.3cm,0.6cm,修剪0.3cm 1/8" Trim

超大码衬衫 Oversizing the Shirt

该款式可以从常用的衬衫中发展而来。任何一种衬衫都可以通过下面的方法将尺寸放大。根据款式或适合度的需要，也可以进一步进行收腰或其他造型上的变化。

图5

衣片样板变化 Front/Back Modification

- 描出前后片样板。
- 从肩中部至衣摆，将样板剪开。
- 分开样板，放出需要的宽度（A~B），重新描绘样板。
- 如有需要，降低袖窿。
- 量取前后袖窿尺寸，加在一起，除以二，记录下来。
- 做刀口标记，见图2。

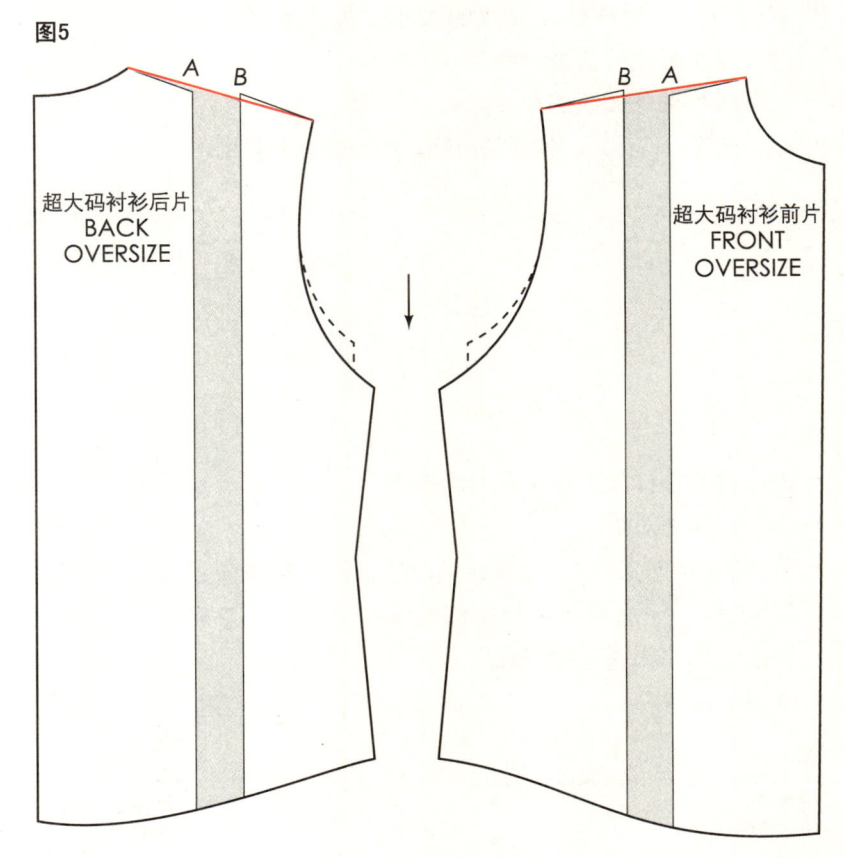

图6

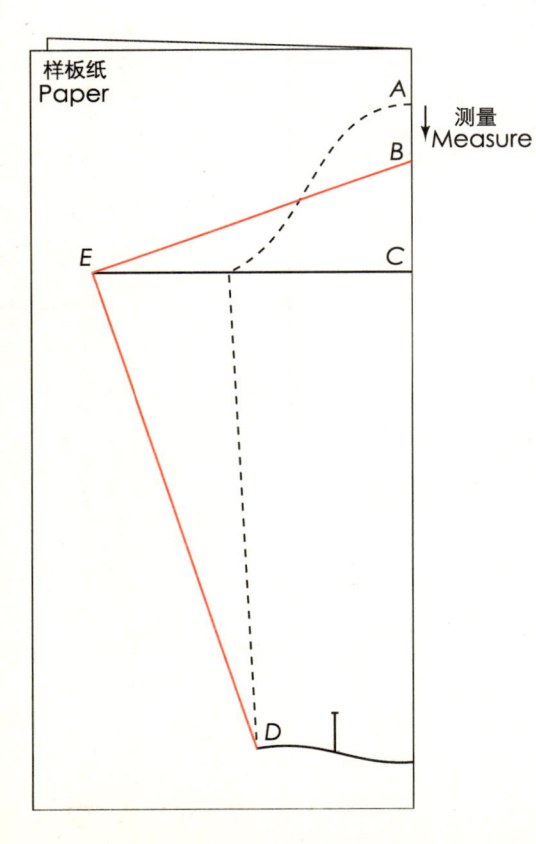

袖子样板变化 Sleeve Modification

图6

- 在折叠的袖子样板纸上画经向丝缕线。如果设计需要，可以增加袖子的长度。
- 降低袖子的袖山由点A至点B，至超大码衬衫所需要的尺寸。
- 按照袖窿尺寸画出B~E线。
- 根据第69页图4的方法，完成袖子样板。

第4章 衬衫　71

村姑衫 Peasant Blouse

在西方，村姑衫是一种传统的服装样式。其民俗根源却可以追溯到世界的各个角落。

设计分析 Design Analysis

在领口有碎褶，袖口可以装一条细带或松紧带。穿村姑衫时，如果领口用了松紧带，那么在穿的时候，只要将衣服从头部往下一套便可搭在肩上了。如设计2所示。

村姑衫的样板设计基于男式女衬衫样板或女衬衫样板，参见第58页的相关内容。

样板设计与制作 Pattern Plot and Manipulation

图1、图2
- 描出前、后片衬衫基本样板。
- 在袖窿的刀口标记处开始画插肩袖的造型线，标记X。
- 前片中由省尖点到领口线和侧腰点画剪切线。
- 后片中由侧腰点到领口线画剪切线。
- 画领口线。
- 标出衣片长度。

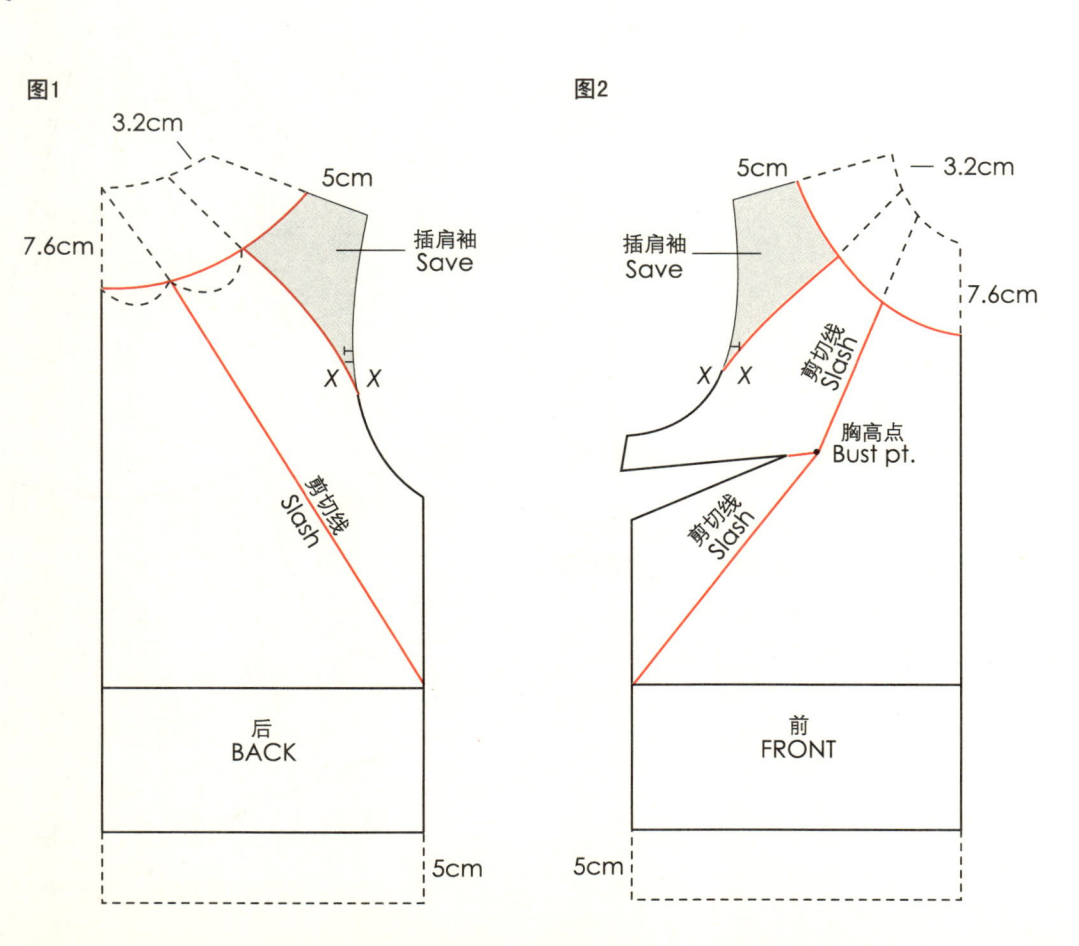

设计2

设计1

图3、图4

- 裁剪领口线，并分开插肩线。
- 成为插肩袖的裁片基础。

前片 Front

- 剪开从领口线至省尖点到侧腰点的剪切线。
  拼合原省道，将省量转移至打开的剪切线内，并有更大的扩展。

后片 Back

- 剪开从领口线至侧腰点的切线。在领口线处打开的量小于前片2.5cm。

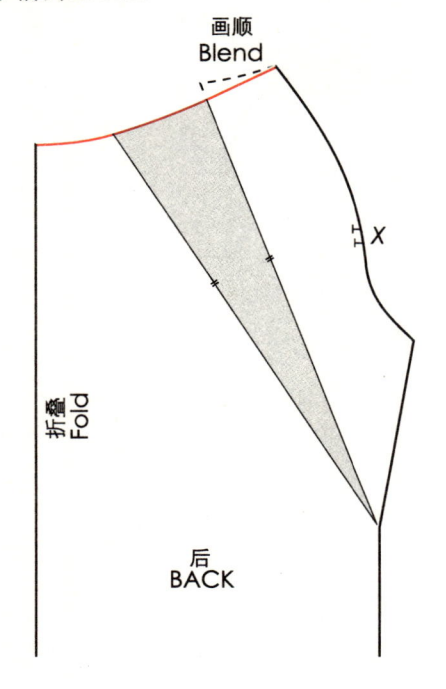

图5 袖子 Sleeve

- 描出轮廓，在低于袖肥线7.6cm处做标记。
- 沿袖中线剪开袖片样板，并打开。
- 将插肩袖的肩线相接在一起，然后描出样板。

图6

- 在袖子前后片袖窿处做刀口标记X，在距肩线0.6cm处做袖山标记，描出样板，标注A、B、C。
- 画剪切线，剪开并扩展，展开量等于(B～C)/2。
- 画袖口线。
- 从样板纸上剪下样板。

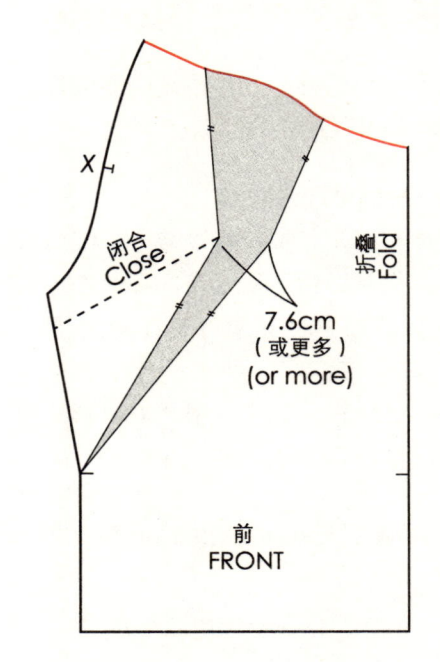

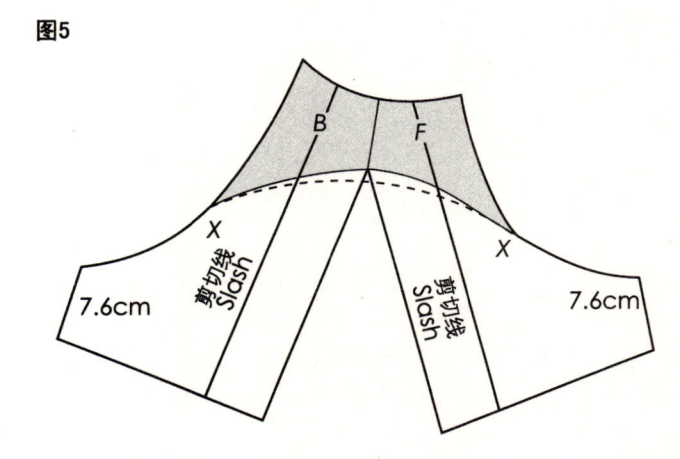

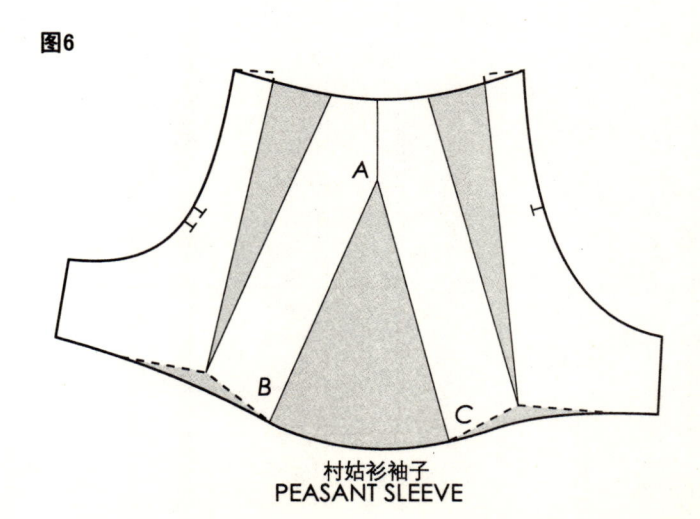

第5章

短上衣和外套
Jackets and Coats

短上衣和外套
JACKET AND COAT FOUNDATIONS 74
   两种基本的短上衣
   Two Jacket Foundations. 74
   短上衣和外套的术语
   Jacket and Coat Terms 74
   内部结构——术语和定义
   Inner Support—Terms and Definitions . . . 75
   短上衣和外套的基本样板
   Basic Jacket and Coat Foundations 76

短上衣和外套的袖子
THE JACKET AND COAT SLEEVES 77
   袖山吃势 Cap Ease 77
   短上衣袖子的放码
   Grading the Jacket/Coat Sleeves. 78
   两片式西装袖 Tailored Two-Piece Sleeve . . . 80

领子/驳领的设计 COLLAR/LAPEL DESIGNS . . . 82
   基本的西装领/驳领 Basic Notch Collar/Lapel. . 82
   低翻折驳领 Low-Notch Lapel 86
   宽横开驳领 Potrait Collar and Lapel 88

双排扣驳领短上衣
DOUBLE-BREASTED JACKET 90

设计变化 DESIGN VARIATIONS 91

青果领的基本样板 SHAWL FOUNDATION 92
   青果领的变化 Shawl Collar Variations 93
   宽翻折青果领 Wide Shawl Collars 94
   与衣片样板分开的青果领领里和挂面 Shawl
      Collar with Separated Undercollar and Facing . . 95

时尚短上衣 STYLE JACKET 96

基本的男服风格短上衣
MANNISH JACKET FOUNDATION. 100

男服风格短上衣的样板草图
Mannish Jacket Draft 100
   一片式男服风格的袖子
   One-Piece Mannish Sleeve 101
   两片式袖子 Two-Piece Mannish Sleeve . . . 103
   男服风格短上衣的领子和驳头造型
   Collar and Lapel Styles for the Mannish
      Jacket. 105
   转移省道至领口线
   Transferring Dart to Neckline. 108
   基本的一片式男服风格短上衣
   One-Piece Mannish Jacket Foundation . . . 108
   围裹式短上衣 The Wrap-Around Style . . . 109
   三片式短上衣 The Three Panel Style 110

短上衣的构建 JACKET CONSTRUCTION 111
   面料准备 Preparing Fabric 111
   用料估算 Estimating Yardage 111
   需提供的材料 Supplies Needed 111

三片式短上衣的样板
PATTERNS FOR THREE PANEL STYLE 112
   准备里子样板 Preparing Lining Patterns 113
   标记贴边/挂面位置
   Marking Interface Locations. 114

短上衣和里子的缝允差
JACKET AND LINING SEAM ALLOWANCE. 115
   颜色代码 Color Codes. 115
   样板信息 Pattern Information. 115

拼内衬 APPLYING INTERFACING 116

短上衣的缝制 ASSEMBLING THE JACKET . . . 118

鉴定短上衣的合体度
EVALUATING THE FIT OF THE JACKET 126

短上衣和外套 Jacket and Coat Foundations

短上衣和外套样板的尺寸要比原型尺寸大些，以满足里布、衬、肩垫等服装内部结构层次增加所带来的厚度变化以及内容功能的需要。服装的内部结构非常重要，它可以使服装的设计形态保持稳定。影响内衬结构的因素主要有：短上衣的款式（柔软效果的西装或传统剪裁式的西装）、面料的特性（厚薄、组织结构、质地和花色）、质量档次和售价。关于适合的材料、搭配组合和缝制短上衣的更多信息可以参见第111页。

两种基本的短上衣 Two Jacket Foundations

该章介绍了两种基本的短上衣：基本款短上衣（参见第76页）和男服风格的短上衣（参见第100页）。

两种短上衣的基本样板都适合发展变化为连袖、插肩、落肩和其他袖型结构的服装（参见第15章）。公主线、袖窿公主线、嵌料式和帝国式等分割造型线都适合运用到短上衣和外套的设计中（参见第16章）。

短上衣和外套的术语 Jacket and Coat Terms

短上衣和裙子常被成套地设计在一起。当短上衣被分开来单独设计时，通常会在造型上作调整。

翻驳线 Roll line 驳领外翻的折线。

翻驳点 Breakpoint 驳领翻折的端点。

翻领深 Depth 颈前点到翻领重叠点之间的距离。

领座 Collar stand 翻领内层部分的高度。

驳头 Lapel 短上衣或外套的一部分，它在前胸翻折，形成衣领的下部分。在它的上面可加上领子。

领豁口 Notch 领角和驳角形成的夹角空间。

领串口 Gorge 领子和驳头的接缝处。

翻驳领 Revere(s) 门襟驳头外翻的翻领。

青果领 Shawl 驳头和领子连为一体的领型。

内部结构——术语和定义
Inner Support—Terms and Definitions

1. 衬里 Underlining——衬于面料反面的色彩明亮一些的衬料。选择一种轻型纺织面料——大开幅平纹细布并可以添加支撑材料，如热熔黏合衬等。

衬里的样板产生于短上衣的样板中。

2. 贴边衬里 Interfacing——贴边部位的衬里。它的功能是使服装的细节部分成形和定型，如领子、袖克夫、袋盖、驳领和腰带等。贴边衬里分为有纺衬料和无纺衬料、黏合衬料和不黏合衬料。它可防止面料拉伸，保持服装结构并易于柔软面料的缝纫。一般有纺衬料的样板需要留缝份，而黏合衬料则不需要。

贴边衬里的样板产生于短上衣样板的相应贴边部位。

3. 内衬 Interlining——在衬里和里子之间。内衬是独立缝在里子内的单独的一层。

内衬样板产生于里子样板。

4. 里子 Lining——是覆盖在服装内部的最外一层面料。

它的样板产生于短上衣的样板。

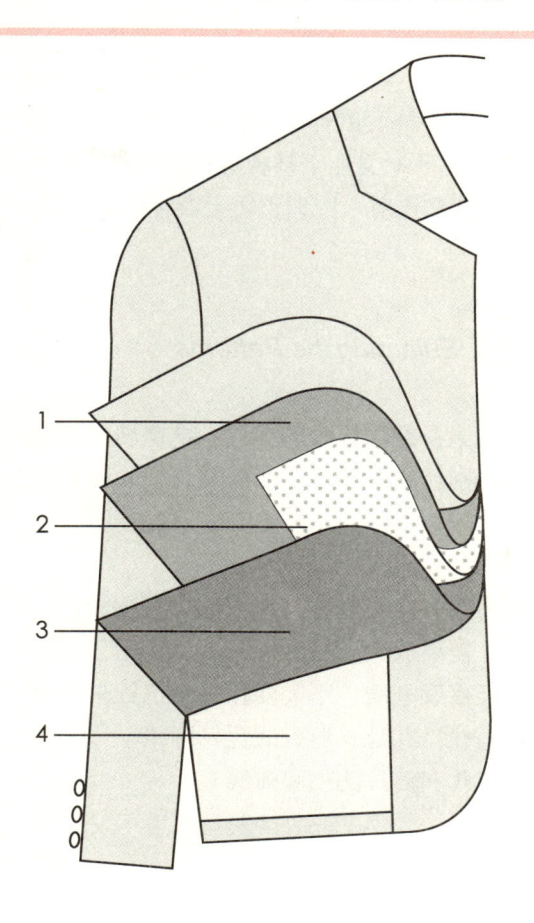

另附内部结构材料表 Additional Inner Support Fabrics

在你的材料库中，找出下列内部结构质地的材料并要求取得样品。把样品与下表对照，研究每种材料的用途并做记录。

材料品种小样：毛衬布 Hymo	材料品种小样：无光上浆衬里布 Wigum
用途 Use：	用途 Use：
材料品种小样：马海毛 Horse Hair	材料品种小样：麦尔登呢 Melton
用途 Use：	用途 Use：
材料品种小样：法式松紧带 French Elastic	材料品种小样：亚麻布 Belgium Linen
用途 Use：	用途 Use：

短上衣和外套的基本样板 Basic Jacket and Coat Foundations

短上衣和外套的样板制作基于躯干紧身衣的基本样板（第2页）。当模特的胸部大于或小于B罩杯时，请参考第6页中对于紧身躯干样板进行的调整。短上衣样板在肩部放宽了0.6cm。当面对具体的款式，如需要将肩部加宽或者肩垫加厚时，应调整短上衣样板的肩线，但里子样板不需要调整。请参考第126页内容。

加大样板 Enlarging the Patterns

图1

描出紧身躯干样板的前片，从侧胁省调整出部分省量，分别转移到领口（或肩斜长线）和袖窿处。

图2、图3

- 根据箭头方向和尺寸，加大前、后片领口（外套样板尺寸需要放大一倍）。
- 重新连接廓型线，不需要在每个位置做标记。
- 校正肩线，并延长肩省线至轮廓线。
- 画出前片和后片的袖窿弧线。

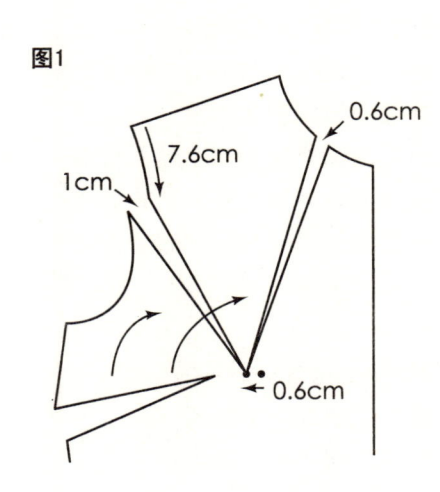

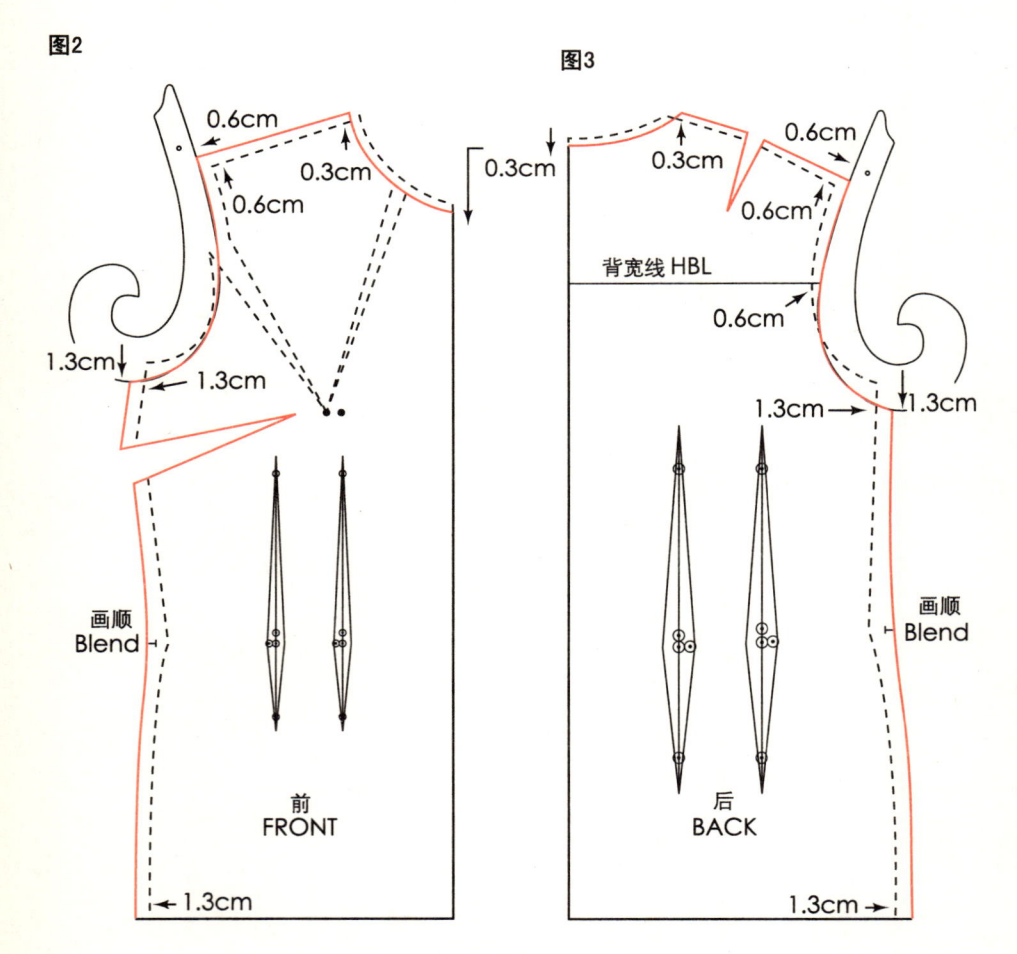

肩省 Shoulder Dart

如要去掉肩省，请参见上册第80、第81页中有关省道转移的方法。

测量袖窿 Measure the Armholes

将前、后片的袖窿弧长相加，并记录，作为确定袖山放松量时的依据。

短上衣和外套的袖子 The Jacket and Coat Sleeves

　　一片式或两片式短上衣和外套袖子的样板制作，以袖子原型样板为基础。制作外套袖子时需要将其尺寸放大一倍。

　　袖子的放松量可参照两种方法：剪切分离和推档放码（参见第78页）。

剪切分离方法 Slash and Spread Method

图1　准备袖子样板和样板纸　Sleeve and Paper Preparation

- 描出原型袖子的样板。
- 将袖肥线分成四等份。
- 标记X点、Y点。
- 过各标记点画垂线，为袖子的基准线（如果过X点的纵向基准线偏出了袖口后侧，则需要修正后侧至袖口线的基准线）（图1b）。
- 在袖山过X基准线作垂线，并标记Z。

图纸基准线 Paper Guidelines：

- 在样板纸中间画一纵向直线为中心线。
- 从样板纸顶端向下20.8cm处画中心线的垂线（袖肥线）。

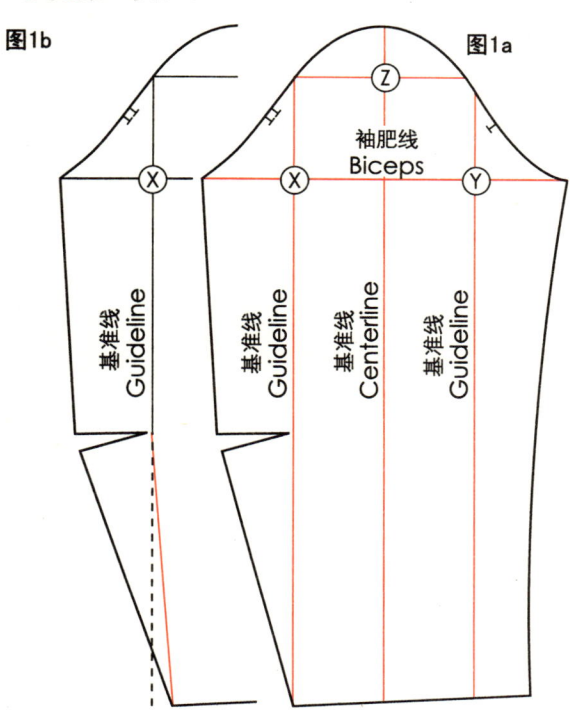

图2　分离袖子部分 Spreading the Sleeve Parts

- 根据袖子样板中的基准线进行剪切。
- 将各分割的样板放置在样板纸上，使中心线和袖肥线与样板纸上的基准线重合。
- 根据所提供的尺寸将各部分分离（各样板间相互平行），并固定在样板纸上。
- 描顺袖管、袖山和袖口线，并剪下它们，再重新清晰地拷贝一张样板。

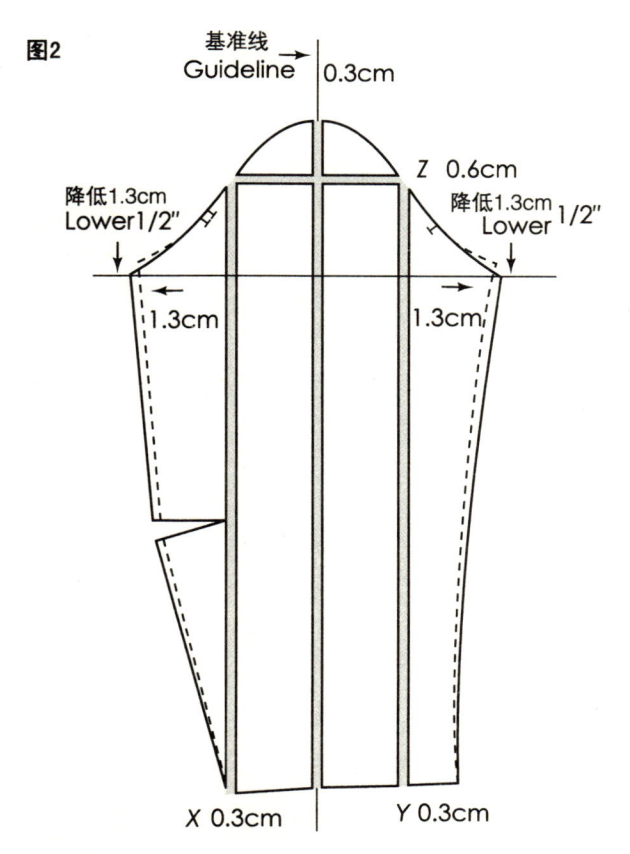

袖山吃势 Cap Ease

　　用测得的袖山尺寸减去袖窿尺寸。如果差值小于3cm或者大于4.4cm，则需要调整袖山。在上册书的第53～59页中有相关的说明。第82页中有关于领子和驳头的选择内容。

短上衣袖子的放码
Grading the Jacket/Coat Sleeves

放码术语 Grade Terminology:

这些术语与放码所处的位置有关，当然，其方向是以样板纸基准线为基准的。

向外　向上推移（↑）
向内　向下推移（↓）
向上　向右推移（→）
向下　向左推移（←）

袖山弧长减去袖窿弧长的尺寸为吃势量，在3cm到4.4cm。要增加或者减少放码量，可调节第②，③，⑦和⑧步骤。要减少放码量，参考上册中的第55～59页内容。

图1　袖子样板草图绘制准备
Preparing the Sleeve Draft

- 画一条62.5cm长的纵向基准线。
- 袖山顶向下20cm处作一条垂线。
- 以纵向基准线与经向丝缕基准线与袖肥线对齐放置袖子的样板草图。
- 描画袖口边线，并在袖口线两端向外加放0.6cm（⑤与⑩之处）。

图2　后侧袖子的放码 Back Sleeve Grade

按箭头所指方向移动袖子样板，需按图示的顺序和所提供的尺寸进行移动。随着样板的推移，袖山就可以画出来了。外套样板可据该尺寸放大一倍。

在样板的每一步移动过程中，经向丝缕线和袖肥线必须与基准线保持平行。将袖子后侧放码做到步骤4。将样板移回基准线，校正袖肥线和经向丝缕线。

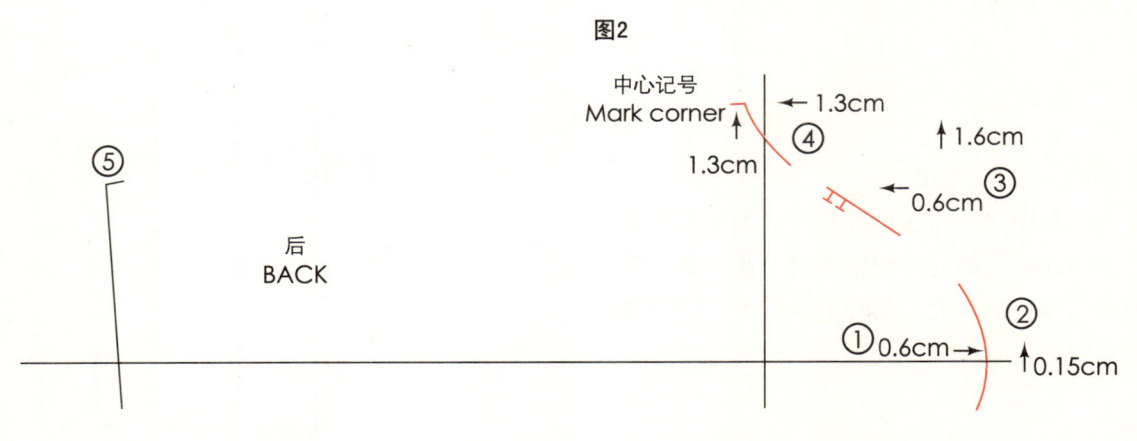

图3

前侧袖子放码 Front Sleeve Grade

- 在样板的每一步移动过程中，经向丝缕线和袖肥线必须与基准线保持平行。
- 从⑥开始至⑨止。

图3

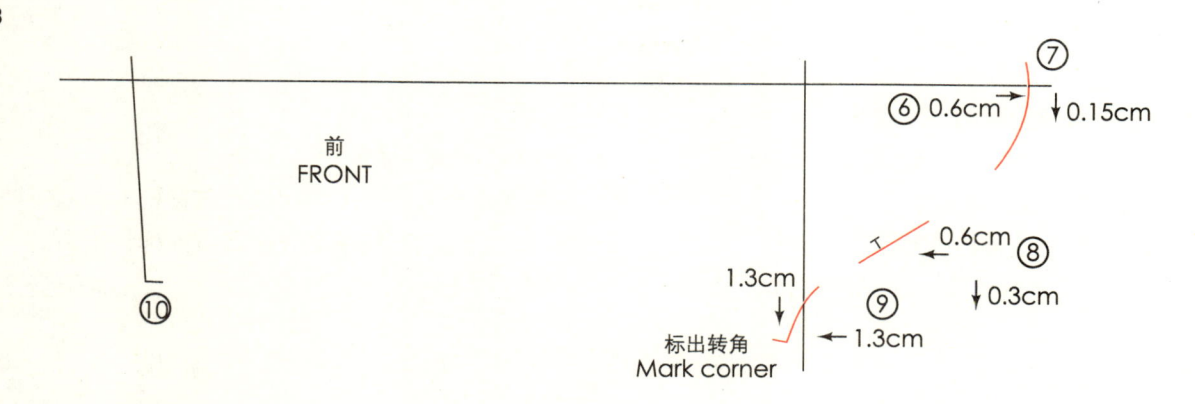

图4

袖子后侧缝线 Back Underseam

- 袖子的后侧缝线置于④、⑤之间。绘制袖子的后侧缝线。

袖子前侧缝线 Front Underseam

- 袖子的前侧缝线置于⑨、⑩之间。绘出袖子的前侧缝线。

袖山弧线 Cap Line

- 连接袖山放码线，形成袖山弧线。
- 完成袖子放码样板。

图4

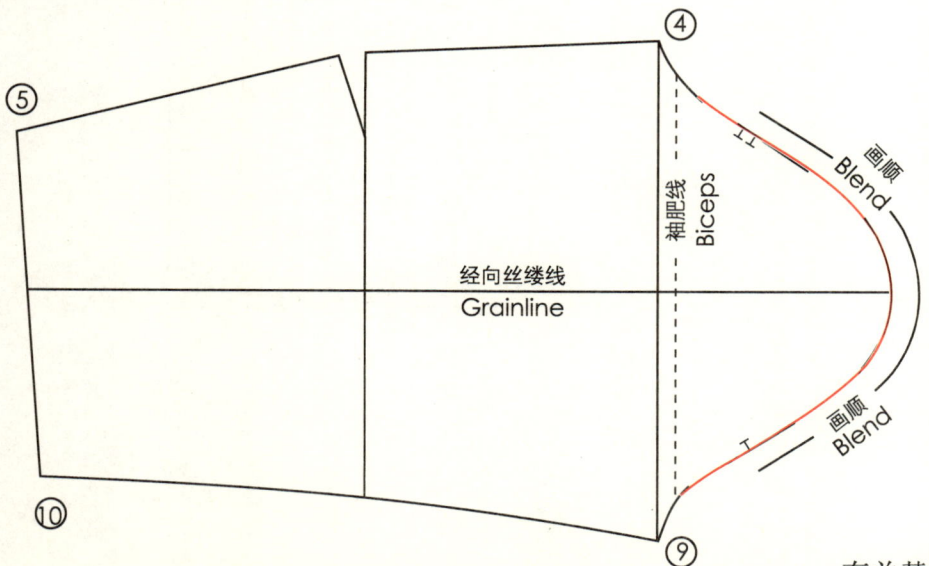

有关基本的短上衣的领子和驳头的样板草图请参见第82页。

两片式西装袖 Tailored Two-Piece Sleeve

两片袖子的大小袖片在样板草图上是绘在一起的。在完成样板草图的基础上，将小袖片描在另一张样板纸上，并从原袖子样板上剪下大袖片样板。

两片式西装袖的样板制作以短上衣袖子样板为基础。袖子小袖片部分尺寸的大小，可随款式设计的需要而进行变化。

图1

- 描出并剪下短上衣或外套的袖子样板。
- 在袖肥线上对折袖子的前、后侧部分，使袖肥处的大拐角在经向丝缕线处相对接。
- 画前、后侧下半部分的袖山弧线。
- 在袖肥线上，离经向丝缕线3.2cm处标记点，并垂直向上延伸至袖山弧线（虚线）。
- 在对折线上做标记X和X'。
- 根据图示折叠内侧袖子。

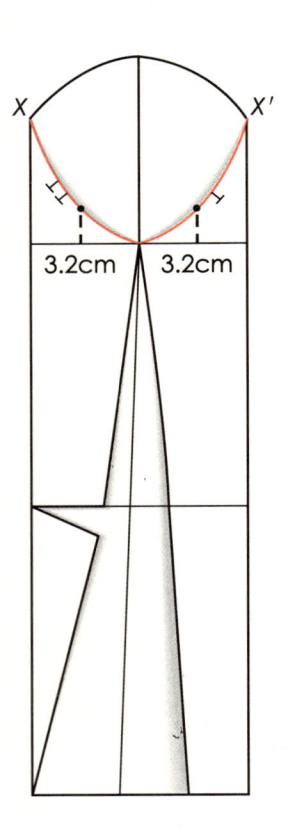

图2

- 如图所示，标记点记Y、Y'和Z'。
- 将袖口线分成4等份。
- 在两侧四分之一点上分别做点并标记X_2和X_2'。
- 将前、后侧袖肘线中点分别做点并标记X_1和X_1'。
- 如图连接各标记点。

图2

图1

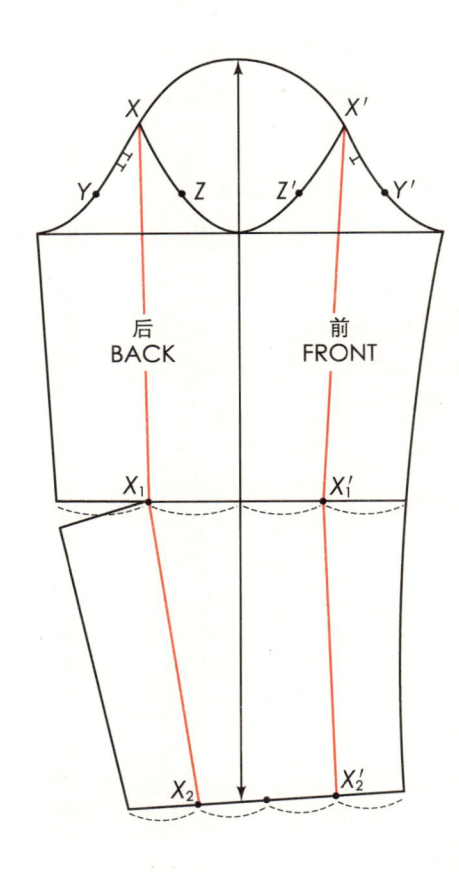

图3 大袖片样板（阴影区域） Uppersleeve(Shaded Area)

介绍左、右袖片的拼接。

在袖肘线上，$X_1 \sim Y_1 = X_1' \sim Y_1' = 2.5$cm。

在袖口线上，$X_2 \sim Y_2 = X_2' \sim Y_2' = 1.9$cm。

- 在袖肘省边线3.8cm处分别做标记Y。
- 直线连接Y点。

图3

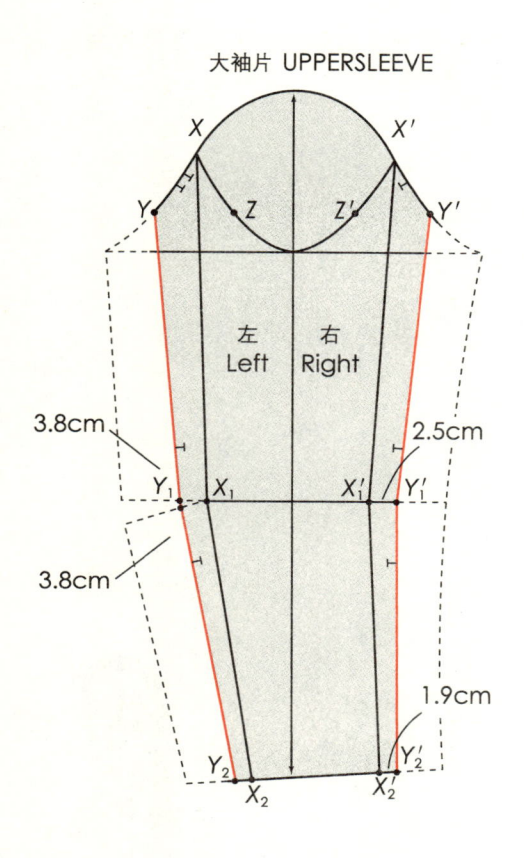

图4 小袖片样板（阴影区域） Undersleeve(Shaded Area)

介绍左、右袖片的拼接。

在袖肘线上，$X_1 \sim Z_1 = X_1' \sim Z_1' = 2.5$cm。

在袖摆线上，$X_2 \sim Y_2 = X_2' \sim Y_2' = 1.9$cm。

- 过Z点画连接线。
- 在袖肘线上自Y点向上及下3.8cm做刀口标记Z并直线连接Z点。
- 将样板纸置于袖子样板下，描出小袖片。

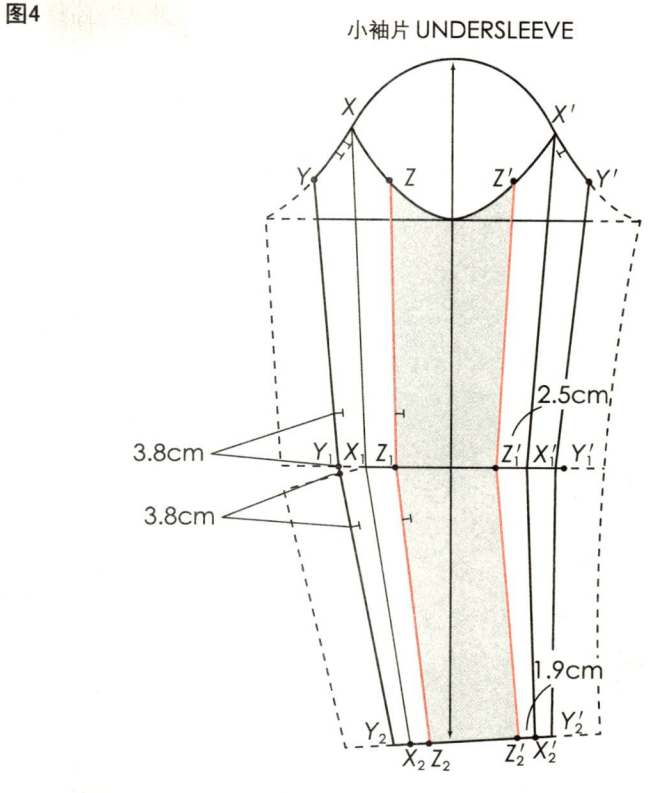

图5 最终的袖子样板轮廓 Finalizing Sleeve Shape

- 移去袖子样板，画顺小袖片中外凸和内凹的弧线。
- 在袖口线上，调整前、后侧缝线的长度，剪裁大袖片样板。

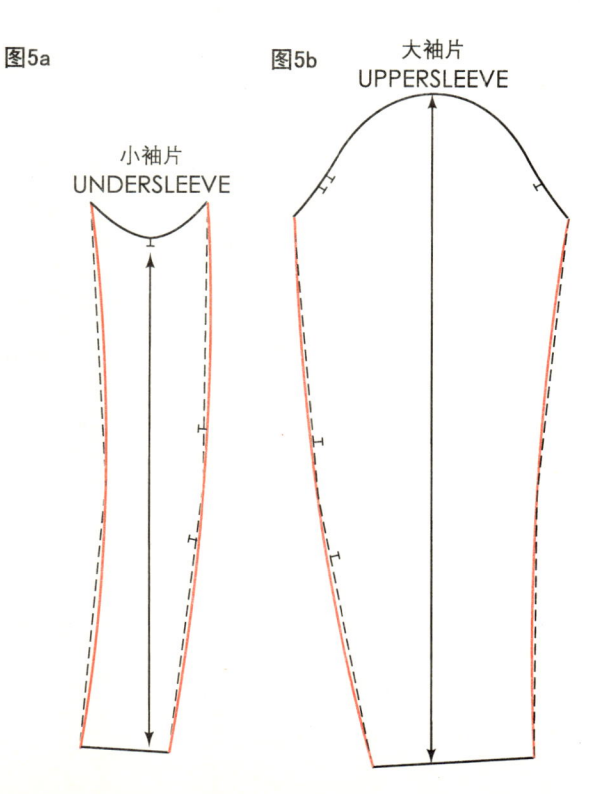

图5a 图5b

领子/驳领的设计 Collar/Lapel Designs

三种领子和驳领的造型 Three Standard Collar and Lapel Styles

1. 基本的驳领 Basic notch ——沿领口线绘画驳领造型。
2. 低翻的驳领 Low-notch ——驳头翻折低于领口线。
3. 肖像领 Portrait ——领子横开较大,远离肩颈点。

翻驳领中的领子和驳领的造型（普通驳领、低翻驳领、肖像领型西装领）可以根据短上衣和外套的设计要求做出多种变化。在设计新的领型时,先用线绘出设计草图（如下列线描效果图）。

完整的短上衣样板草图请参见第96～99页中的内容。通过案例,介绍了以短上衣和外套样板为基础可展开的其他样式的设计。

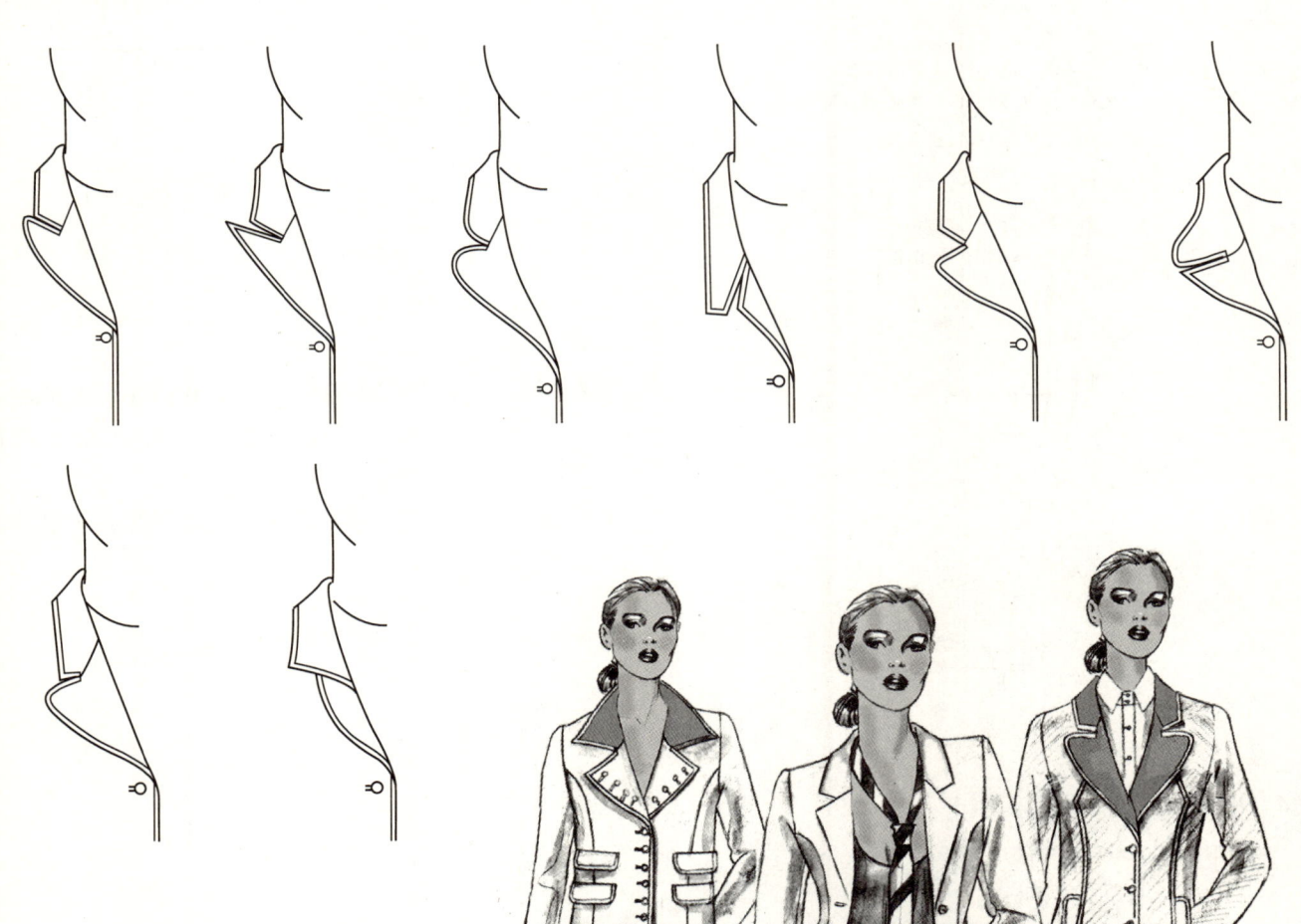

基本的西装领/驳领
Basic Notch Collar/Lapel

设计分析 Design Analysis

基本的驳领,驳口平行于领口线。在画好基本的驳领后,可根据款式设计的需要,做出新的驳领造型。

所需尺寸 Measurement Needed

颈后点至肩颈点。

样板设计与制作 Pattern Plot and Manipulation

图1
- 描出短上衣前、后片样板（后片未作图示）。
- 在肩颈点处标注A。
- 在前中心线领口深位置上标注B（例：胸围线以上2.5cm，驳头在此交叠）。
- 搭门：距前片中心线2.5cm处画一平行于前中心线的直线（搭门宽度与纽扣直径相等）。
- A～C=2.5cm（领座）。由点C过点B至门襟止口画直线（翻驳线），门襟止口处标记点D（翻驳点）。

图2
- 沿翻驳线折叠样板纸，描出领口线以及A～C。展开样板纸。

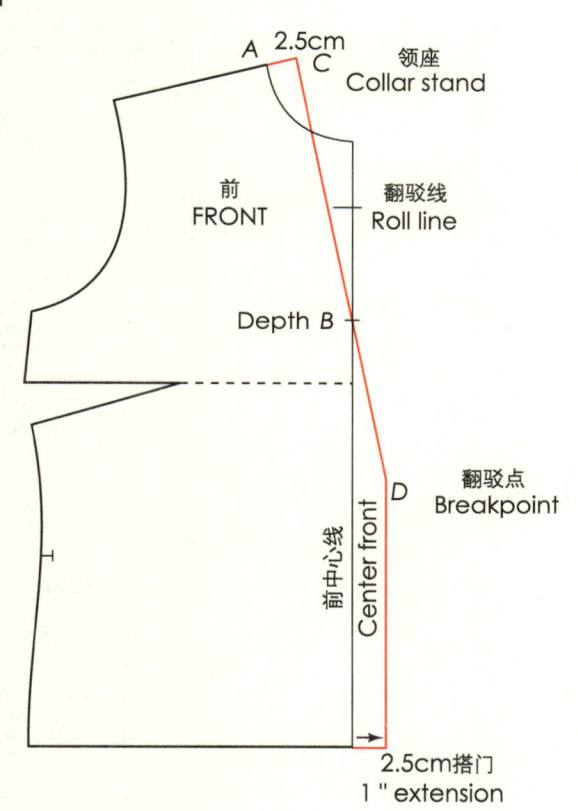

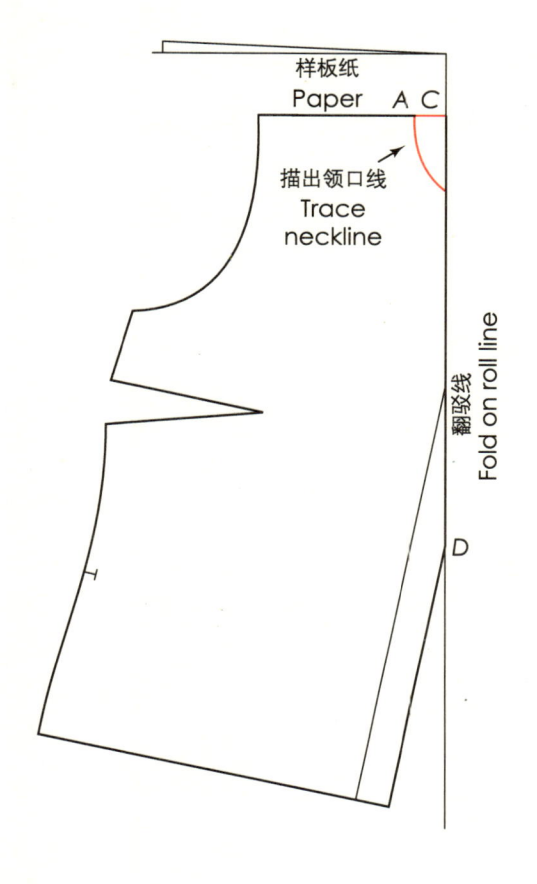

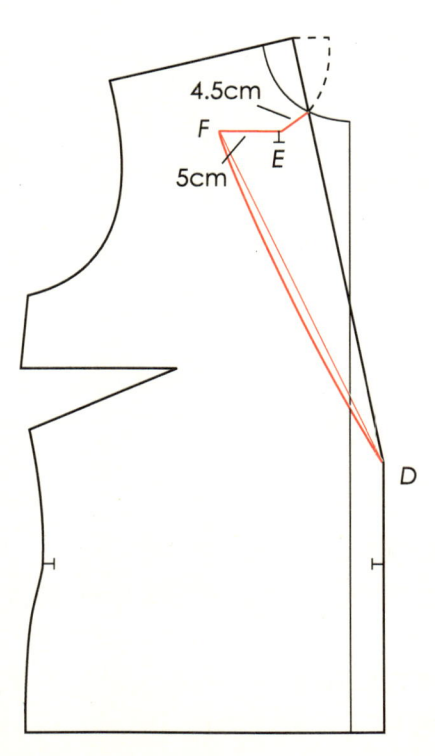

图3 驳头制板 Lapel Development
- 沿领口线（虚线）向衣片内延长4.5cm，标记为E，并做刀口标记。
  E～F=5cm（把直角尺一边平齐前片中心线后画线）。
- 直线连接F～D，中部向外微凸重新画顺弧线。

图4

- 沿翻驳线折叠样板纸，描出驳头轮廓线（阴影部分）。
- 在E点和D点分别做剪口标记（领豁口位置）；展开样板纸，用铅笔描出驳头样板。

图5a　领子制板 Collar Development

$A \sim G = 0.6 cm$，做标记。

$G \sim I =$ 后领口弧长 $+ 0.3 cm$。根据规定的尺寸定位，并与G点重合，尺子与领口线顺接（控制领子样板的角度），画直线。

$G \sim J = (G \sim I)/2$，做标记。

$I \sim K = 1.3 cm$。

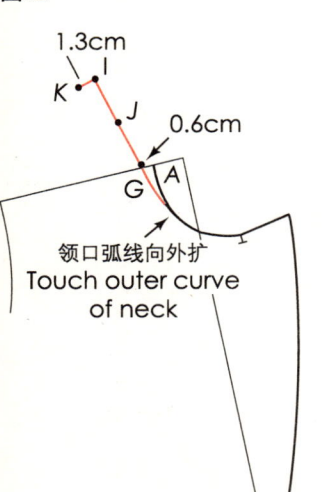

图5b

- 连接 $J \sim K$。

$K \sim L = K \sim J$ 的垂线，长7cm。再作L的直角。

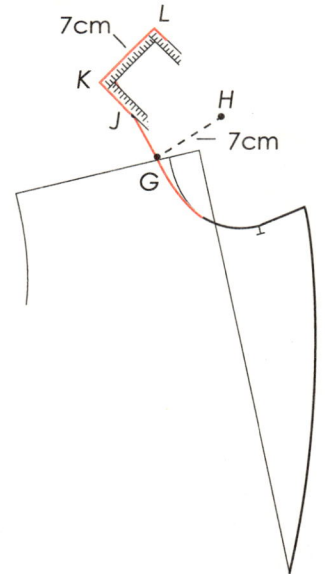

$G \sim H =$ 领子宽度（虚线为 $G \sim J$ 的垂线，长7cm）。

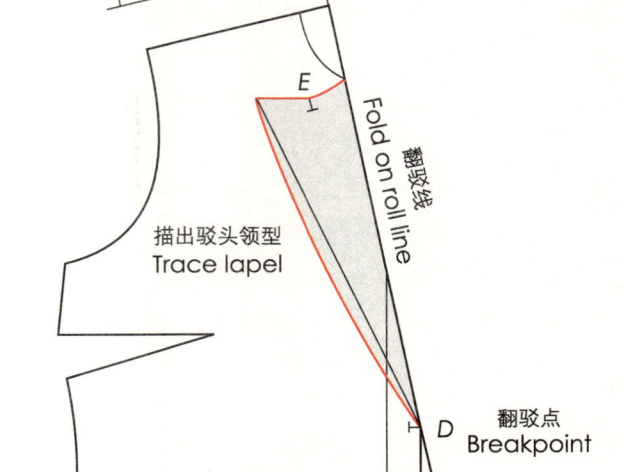

图5c

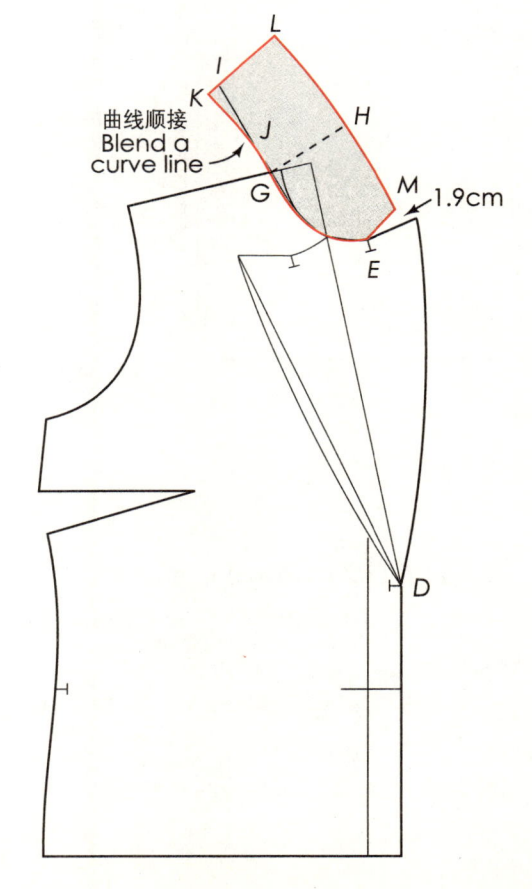

- 画顺弧线 $\overset{\frown}{KJG}$，为领底弧线。
- 从L点过H点画一条与后领底弧线平行的领子外口造型线。

$E \sim M = 3.2 cm$，驳口1.9cm，完成短上衣领子样板结构绘制。

第5章 短上衣和外套

图6
- 在领子草图下面放置样板纸，描出领子样板。标记G（位于肩颈点处）。画翻折线，从后领中心线上2.5cm到驳领翻折线，顺接弧线（虚线表示领的翻折线）。

图7 完成领子 Completed Collar
- 移出样板纸，用铅笔描好领子样板。

图6

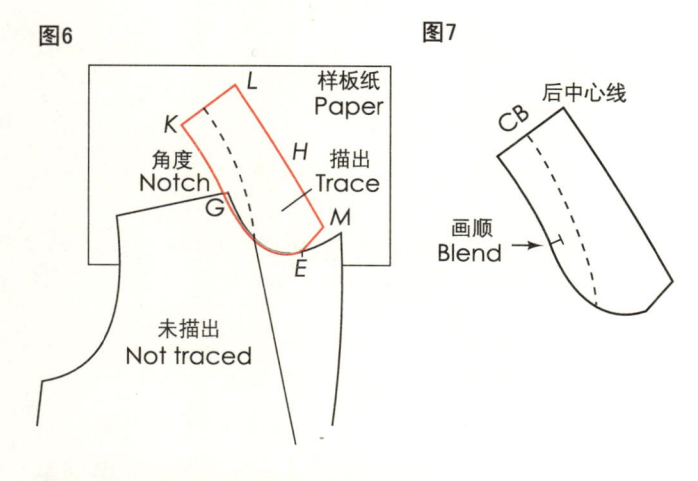

图7

图8
- 沿领口线（E~A）剪出短上衣部分样板（虚线表示领子在样板草图上的位置）。

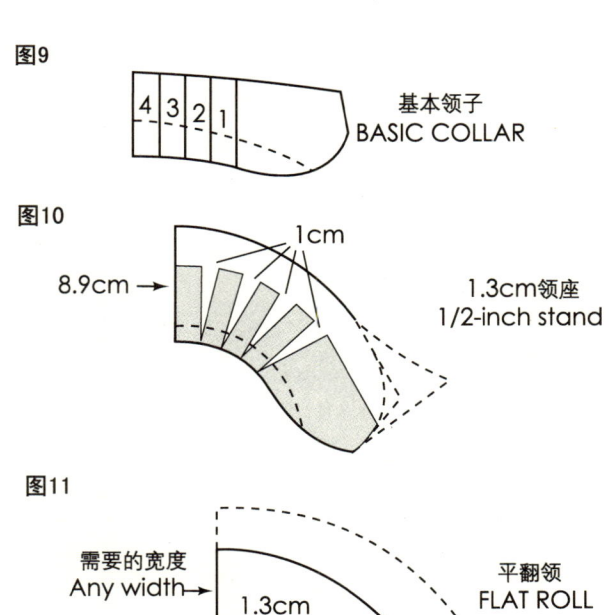

图8

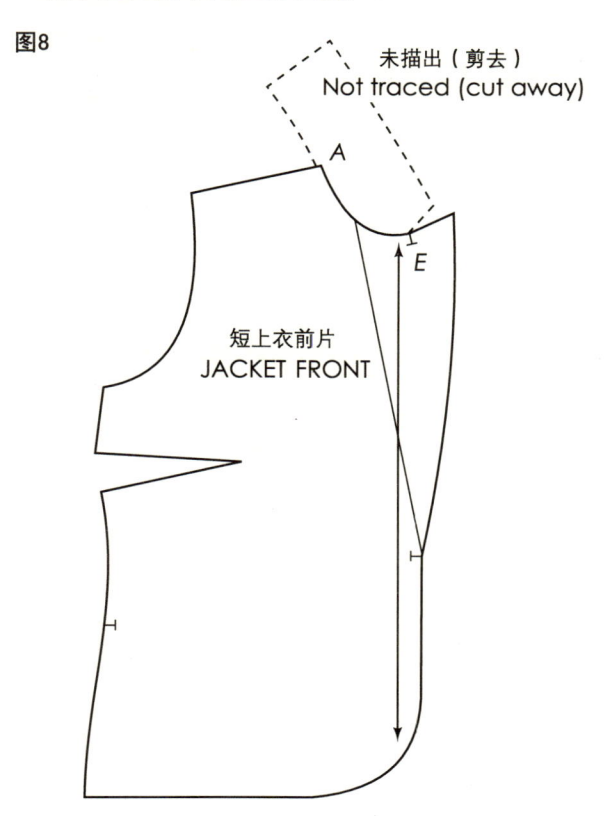

领子的变化 Collar Modifications

如果需要变化领座的高低和领面的宽窄，可按图示操作。虚线表示领子的设计变化。

注意：对于蓬松的厚型织物而言，样板中的剪切展开量需适度增加。领子在缝制前应做试样，先看看领子是否合适。领座部分的设计参见第98页图8。

图9
- 为改变领子的造型，先将领后部分成四等份。
- 分别剪开领子中的切线，但不剪穿。然后，展开样板。

图10 1.3cm领座（部分翻折）
1/2-inch Stand（Partial Roll）
展开量=1cm。

领宽=8.9cm（如设计造型需要）。

描好轮廓线并从样板纸上剪下样板。

图11 0.3cm领座（平摊领）
1/8-inch Stand（Flat Roll）
展开量=1.3cm。

领宽=领子的宽度，廓型可根据设计需要来定。

描出样板并从样板纸上剪下样板。

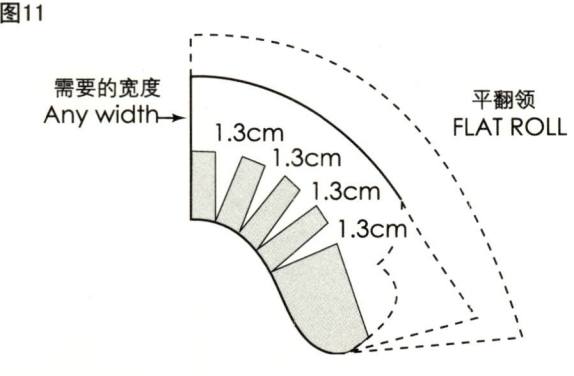

低翻折驳领 Low-Notch Lapel

设计分析 Design Analysis

在设计低翻折驳领时，要考虑前中心线处翻领深的位置。如果驳领前中心线的翻领深太接近颈窝点，会使驳领变短而不协调。

所需尺寸 Measurement Needed

从颈后点到肩颈点，加0.3cm（补足厚型面料和领内撑材料因增厚所需要的量）。

样板设计与制作 Pattern Plot and Manipulation

图1
- 描出前、后片短上衣样板.（后片未作图示）。
- 在肩颈点标A，在前中心标上B（例：驳领在胸围线位置重叠）。
- 搭门：距前片中心线2.5cm处画一平行线，止于B处（搭门的宽度应与纽扣直径相等）。
- A～C=2.5cm（领座），由C点过B点至搭门画线（驳口线），标点D（驳点）。

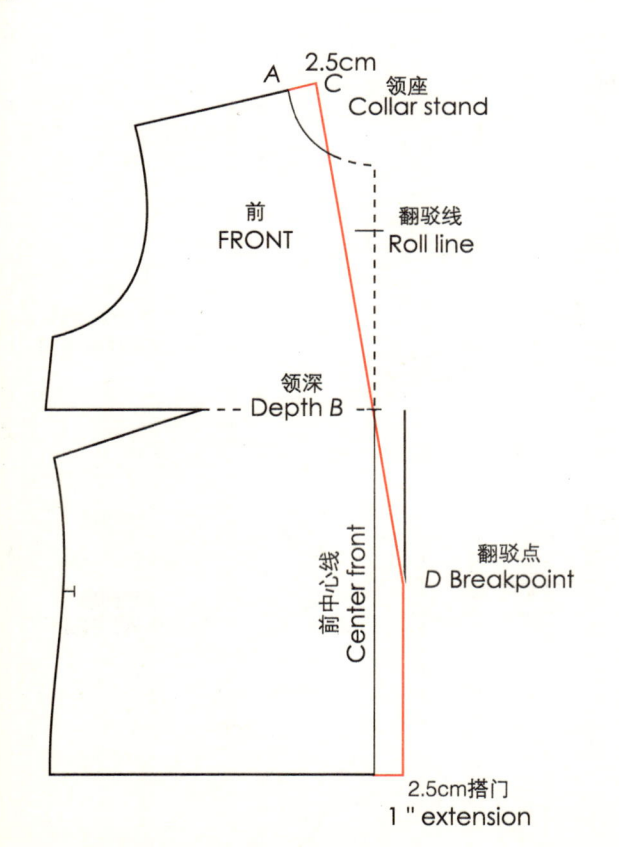

图2 新领口线 New Neckline Shape
- 沿翻折线折叠样板纸，由A点至驳口线画一条新领口弧线。粗实线（领及胸围线之间）表示样板草图（虚线表示其他变化）。
- 描出新领口线及A～C线，展开样板纸。

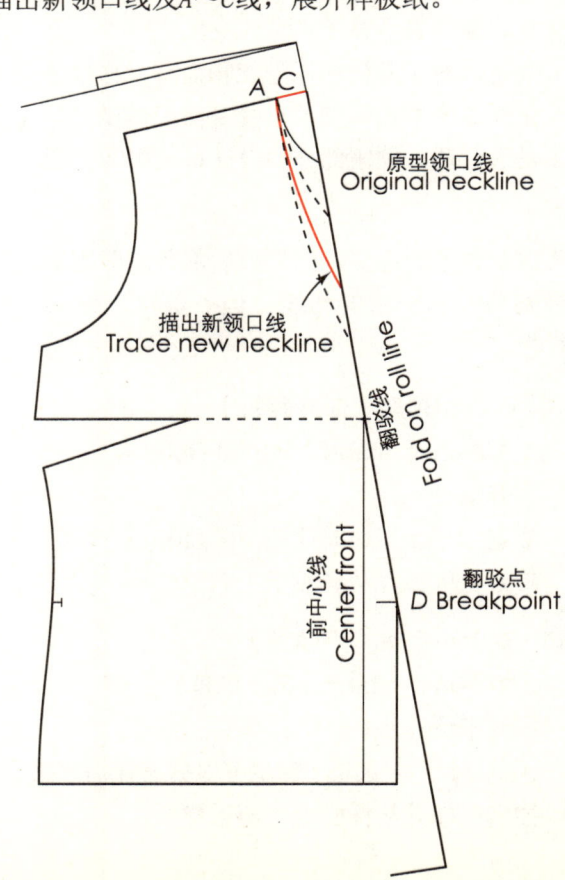

图3 驳头样板制作 Lapel Development

- 沿着已描出的领口线（虚线）延长2.5cm（或更多），标记点E，并做剪口标记。
- E~F=6.4cm（更多或少些），直线连接F点和D点。
- 如图所示，F点和D点间重新描一条微凸的弧线。

图3

图4

- 沿翻折线折叠样板纸，描画驳头轮廓。
- 用剪口标记D点和E点（豁口位置）。展开样板纸，并用铅笔描出驳领。

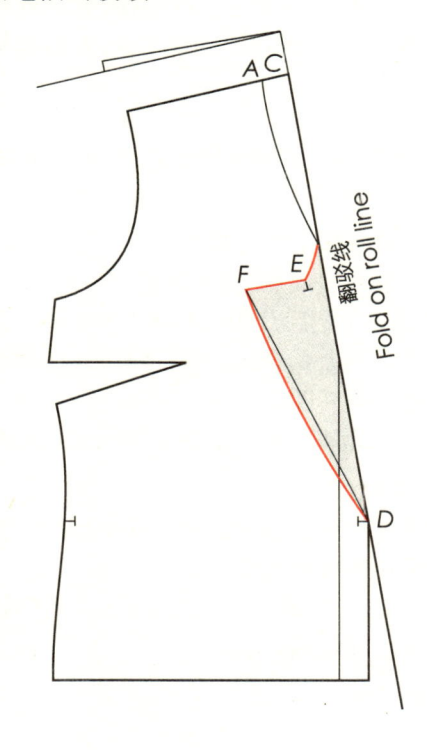

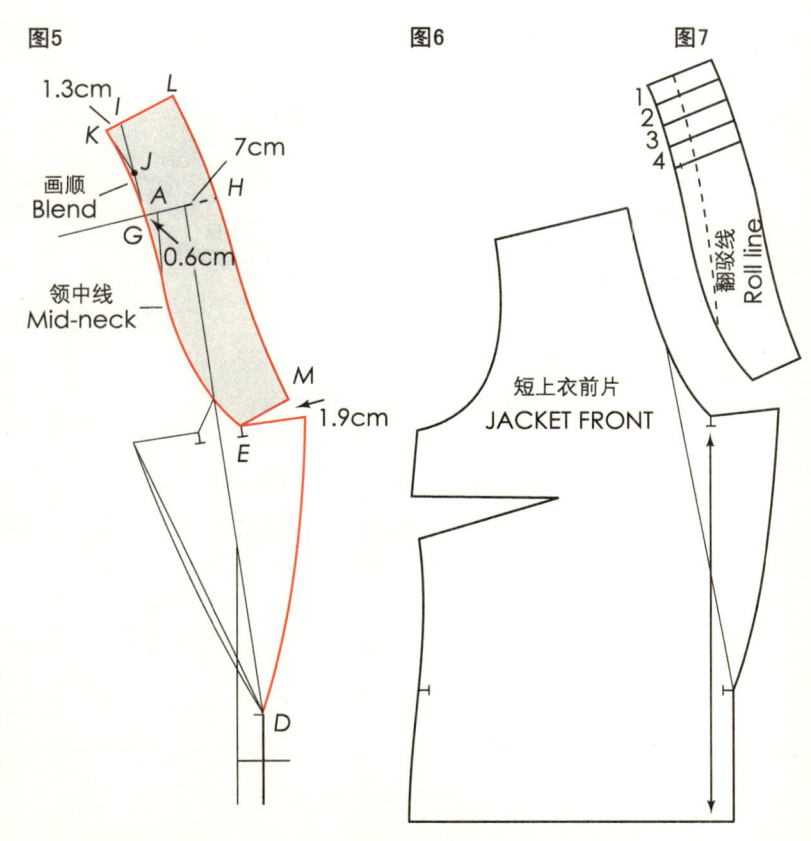

图4

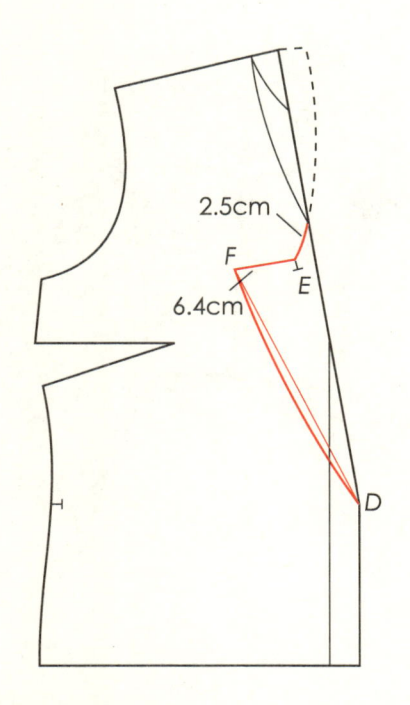

图5 领子样板制作 Collar Development

A~G=0.6cm。

G~H=领子的宽度（例：7cm）。

G~I=后领口弧长+0.3cm。在尺上确定尺寸，并将它与G点重合，尺与领子中心线相接，描线。

G~J=（G~I）/2，做标记。

I~K=1.3cm，画J~K线长度等于J~I。

K~L=7cm，从L点作一条短直角线至K点，并与领子下线顺接。从L点至H点作与后领下线平行的领子外止口线。

E~M=5cm，至距驳领约1.9cm处，完成领子样板。

图5

图6、图7

将领子样板从样板草图中转移出来。关于领子的修改，请参见基本领片的剪切展开法（第85页图9~图11），里子及内撑结构见第111~126页。

图6　图7

宽横开驳领 Portrait Collar and Lapel

设计分析 Design Analysis

宽横开驳领与肩颈点有一定的距离，为此需要重新画一条领口线。翻驳点如图所示，或可再开低些。在完成驳领样板后，可尝试新款的样板设计和制作。

样板设计与制作 Pattern Plot and Manipulation

图1、图2
- 描出前、后片短上衣样板。
- 在距前、后片肩颈点5cm处标记点A。
- 画后领口线，至后片中心线下1.9cm处。测量领口弧线尺寸，再加0.3cm，然后做记录，作为绘制领子样板的依据（图2）。
- 标出前中心线深B（例：驳头在胸围线处重叠）。

搭门 Extension
- 在距前片中心线2.5cm处画一条平行线（搭门的宽度应与纽扣的直径相等）。
- A～C=2.5cm（领座）。由C点过B点至门襟（驳口线）画线。标记点D（驳点）。

领口线 Neckline
- C～X=7.6cm（可据设计需要而定）。
- 连接A点和X点。如图所示，在距中点向外0.3cm处，画一条弧形领口线。

在样板草图上，领深可以设计在胸围线以上，也可以在胸围线以下。

图3
- 沿翻折线折叠样板纸，描出新领口线和A～C线。

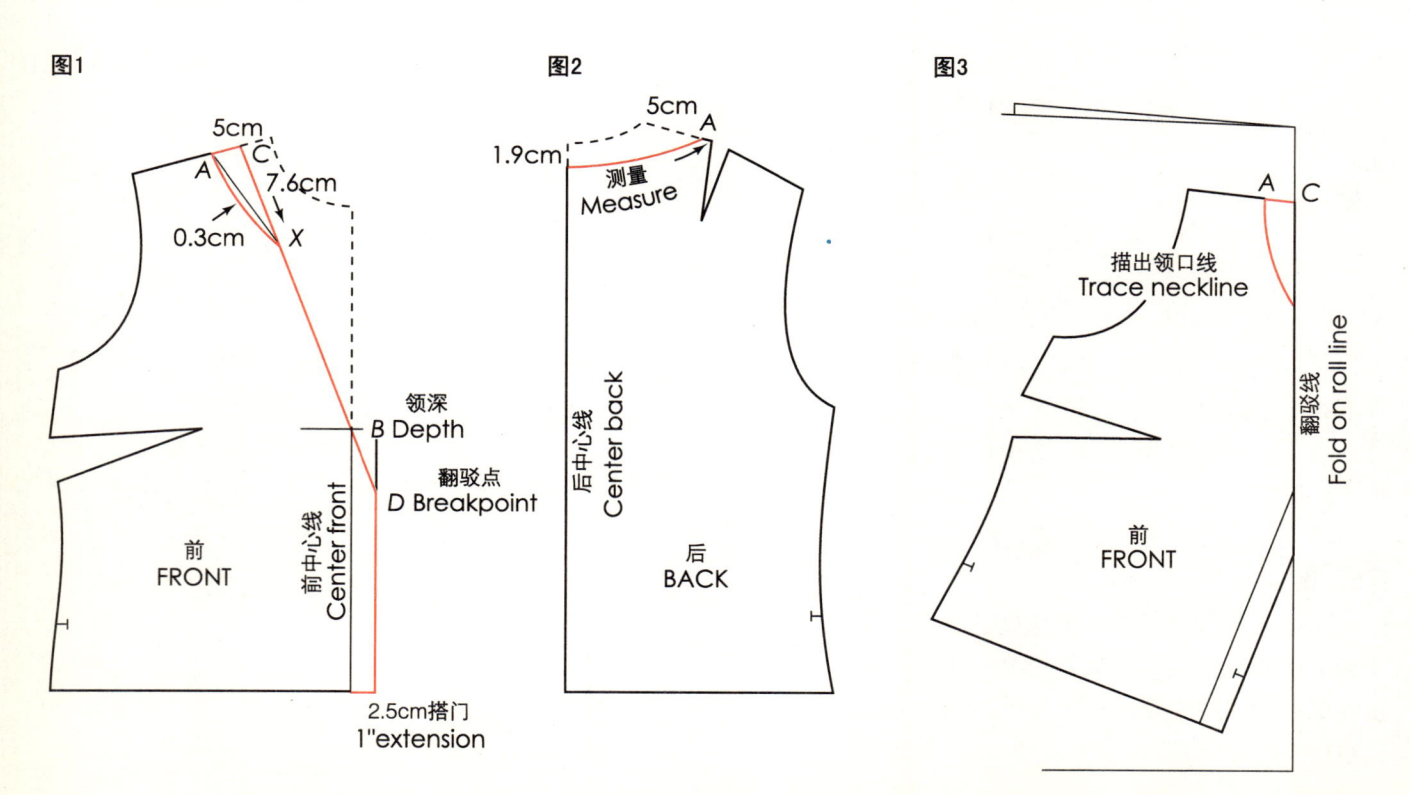

第5章 短上衣和外套

图4
- 展开样板纸。
- 沿已描出的领口弧线（虚线）延长7.6cm至短上衣样板内，标E点并做剪口标记。
- E~F=5cm（更多或更少），连接F点和D点。如图所示，重新画一条向外微曲的弧线。

图5
- 沿翻折线对折样板纸，描画驳头轮廓。
- 做E点和D点（开领深度的位置）标记，展开样板纸，并用铅笔描出驳头。

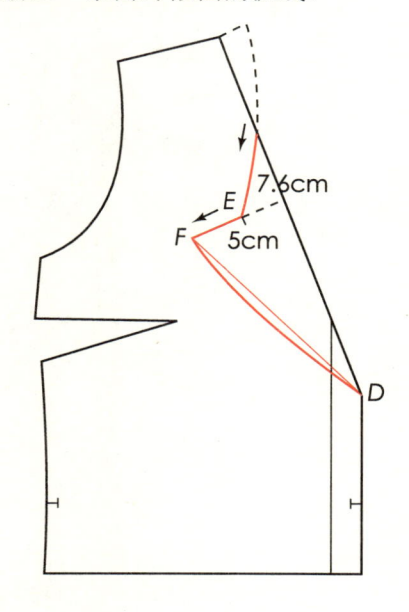

图6 领子的样板制作
Collar Development

A~G=0.6cm。

G~H=领宽（例：7cm）。

G~I=在尺上确定尺寸并将其与G点重合，尺与领中线相接，画线。

G~J=（G~I）/2，做标记。

I~K=1.3cm，自J点至K点线作一直角线等于I~J的长度。

K~L=7cm，垂直于KJ线。

从L点作一条短直角线，并与后领口线在J上融合。从L点至H点作与后领口线平行的领子外止口线。

E~M=5cm，领驳外口约1.9cm，完成领子样板。

里子及内撑结构见第111~126页。

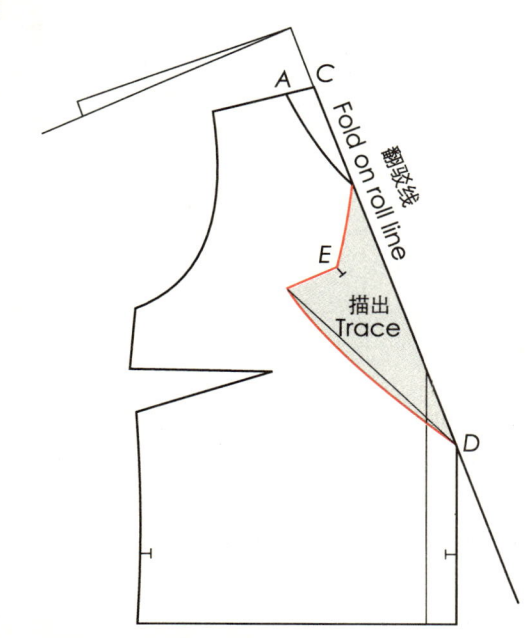

图7、图8 完成的样板裁片
Finished Pattern Pieces

拷贝好领子的样板。关于领子的修改可参见低翻的驳领样板设计。领座样板的制作参见第85页。

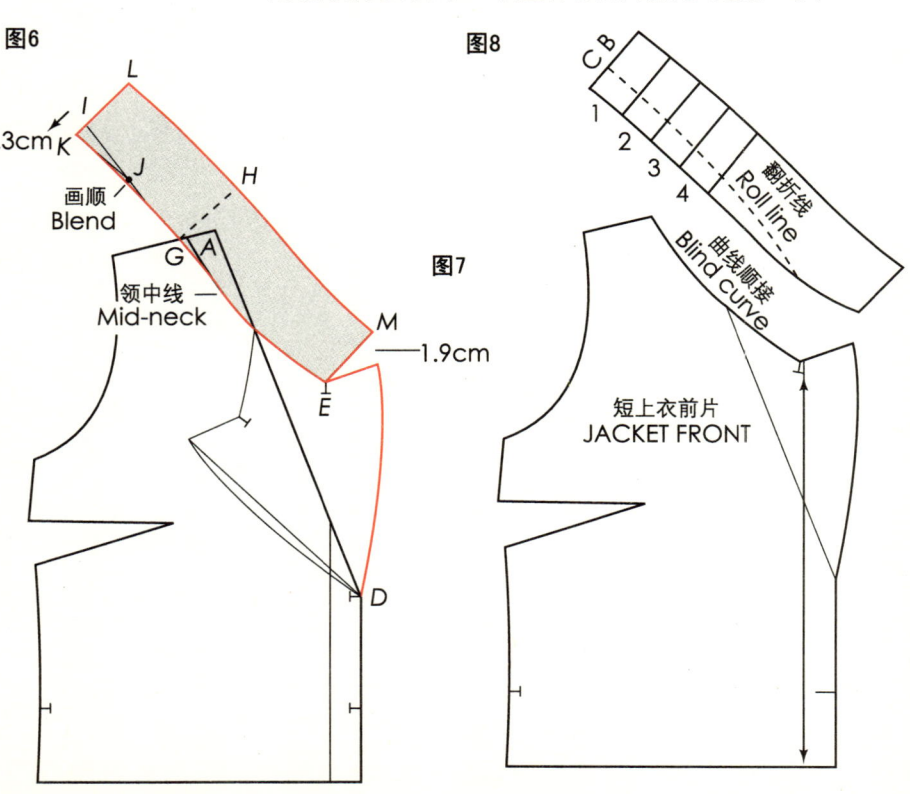

双排扣驳领短上衣
Double-Breasted Jacket

设计分析 Design Analysis

双排扣驳领短上衣的门襟一般比较宽，使它能容下双排纽扣。双排扣驳头重叠在胸部，由于一些省量被转移到前中心线处，所以驳头会被扩展，放松些。可按照一般驳领的设计过程设计双排扣驳领，只要注意做下面的修改即可：

前片门襟应至少等于3倍纽扣直径的宽度（如果需要可更大）。在画驳领翻折线之前要先标明翻折点。

注意：此样板制作方法也适用于双排扣外套（袖子及细节设计未在此讨论）。

样板设计与制作 Pattern Plot and Manipulation

图1
- 描出前、后片短上衣样板（后片未作图示）。
- 将胁省量向前片中心线转移0.6～1cm。
- 按说明对驳领做基本的剪口标记。
- 确定前片门襟搭门宽度：画一条宽于纽扣直径3倍且平行于前片中心线的线段（如：5.7cm）。
- 在搭门线上确定目标翻折点的位置（例如：在腰围线处）。然后，与C点相连接，形成翻折线，标记点D（翻折点）。

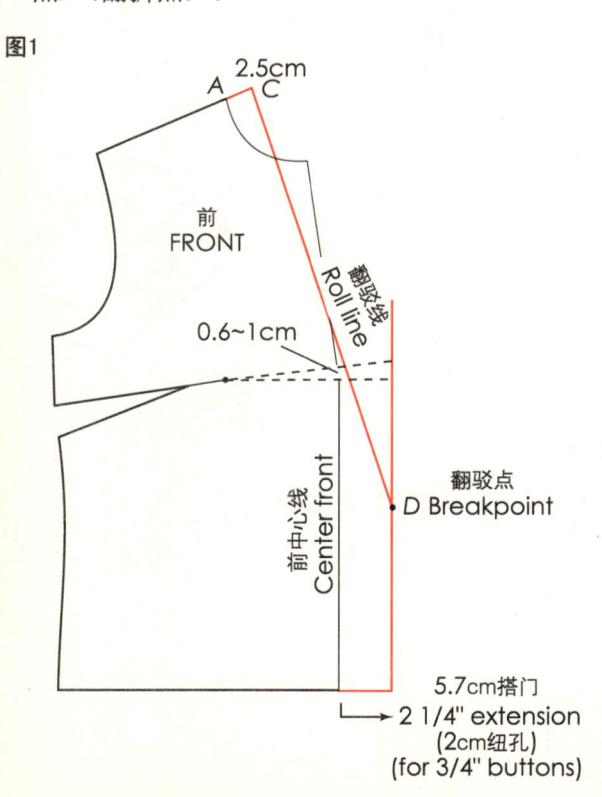

图2
- 完成样板草图。

注意：纽扣与中心线之间要等距离排列。如有需要，可参见上册第16章关于"纽扣和纽孔"的内容，以获取更多的信息（为了方便起见，挂面是依据短上衣门襟外轮廓线的造型而绘制的，用虚线表示部分）。

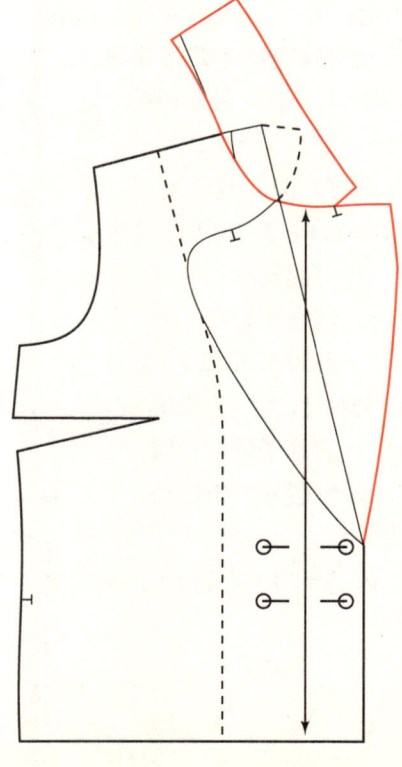

设计变化 Design Variations

有些短上衣或外套的设计特点主要是体现在领子上。下列设计案例主要是用来激发读者的设计灵感及供读者实践练习用。在前面章节中介绍过的所有关于翻驳领、高领口领、挖剪领和衣袖等的样板设计和制作，均可以作为这些款式样板设计和制作的参考。

- 设计1和设计2的特点：有领子的挖剪领（feature cutout necklines with collars）
- 设计3的设计特点：敞开式驳领，插肩袖及齐腰短上衣，内配背心（unbuttoned crop-jacket with raglan sleeve and vest）
- 设计4的设计特点：高领口和加长的喇叭袖（shows a built-up neckline and extended sleeves）
- 设计5的设计特点：无领双层驳头和落肩袖（collarless double-breasted and lapeled jacket with drop shoulders）

青果领的基本样板 Shawl Foundation

驳头与领子连为一体的青果领，其样板制作基于短上衣的前片样板。领子向肩线伸展，并与后领口线连接，前片无领口线，在驳领下可设置暗省道。青果领的设计是通过改变样板上H点与D点之间的造型而形成的。这些变化将在下列图示中作介绍。青果领的样板制作方法也适用于外套中的青果领样板制作。注意：这些设计说明同样适用于女衬衫和连衣裙中的青果领设计。

所需尺寸 Measurement Needed

后领口尺寸。

图1、图2 肩线的变化 Shoulderline Modification

- 描出短上衣的样板，转移肩省至领口线。袖子变化请见第80、第81页。
- 采用提供的尺寸调整肩线（如需要可以提高领口高度）。在调整好的肩颈点处标记A。
- 测量后片，肩线可增加0.3cm，做记录_____。

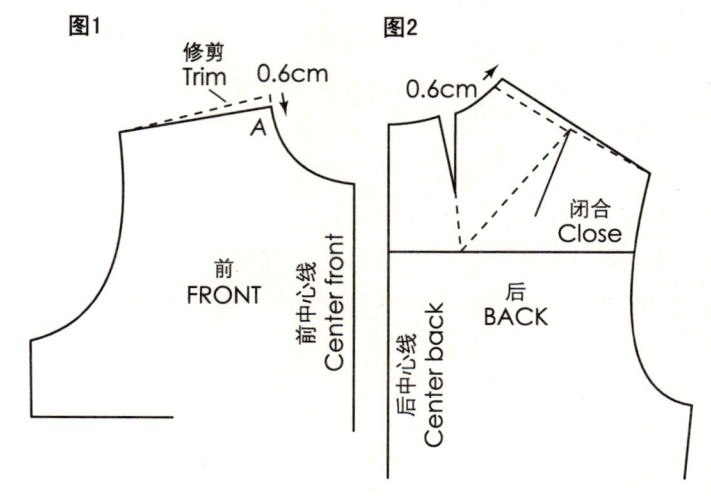

图3

距前中心线2.5cm画一条平行于前中心线的线（扣子尺寸需与此距离适合）。新的颈肩点为A，前腰节长至B点（例：胸围线以上2.5cm，驳领在此点重叠）。

A～C=后领口尺寸/2。

A～E=（A～C）/2，做标记。

C～F=1.3cm，从F～E画线，垂直于E～C，顺接E。

F～G=7cm，垂直于F～E。

A～H=自G点画一条短直角线，过A点将肩线延长7cm，标记点H（虚线）。

曲线画顺后领下口线，自G～H作平行于后领下口弧线的领子外缘造型线。

暗省 Hidden Dart

从A处引出暗省，长度大约为15cm（以驳领翻折能遮住为准）。如有需要，也可以增加暗省的长度。

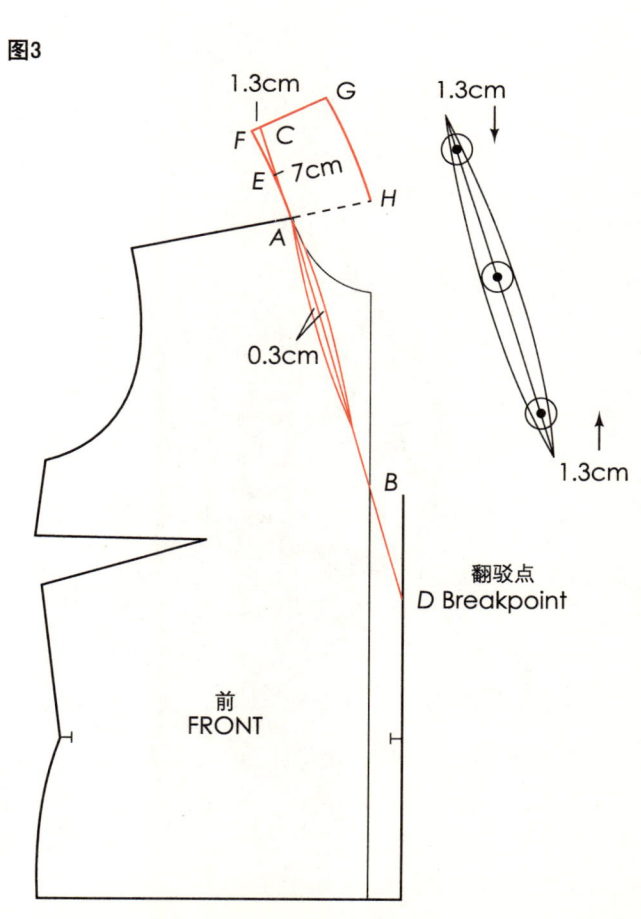

青果领的变化 Shawl Collar Variations

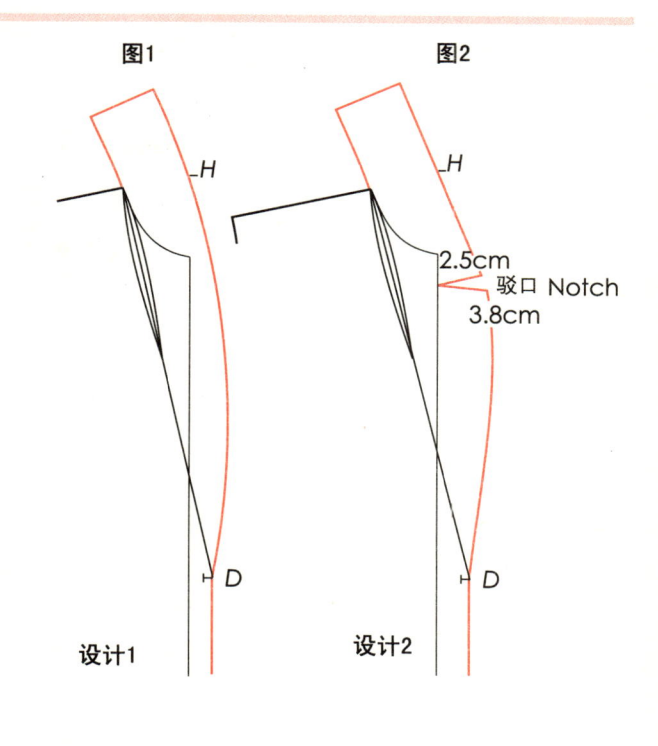

设计1　设计2　设计3　设计4

基本的青果驳领 Basic Shawl Lapel

图1——从H点到D点画顺弧线。
图2——在设计所需的位置做剪口。

2.5cm　驳口 Notch　3.8cm

燕尾领 Winged Shawl Designs (not drawn)

图3a——如图所示，绘出燕尾领的造型。从胸高点（省尖）画剪切线至暗省，并剪开它。将胁省转移至新省位。缝份为0.6cm，如图3b所示。

竖立领的效果 Built-Up Effect

图4——从肩省延伸至后领口线，后领中心线宽3.8cm，绘画领子造型（沿着领片加缝份）。在试穿过程中，注意调整领子的造型。

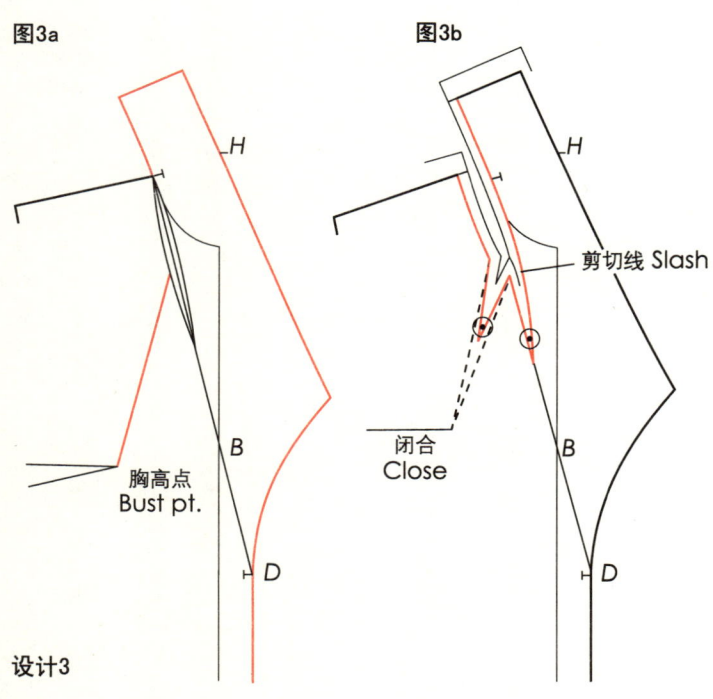

直角后领口线 Square back neckline　3.8cm

剪切线 Slash
闭合 Close
胸高点 Bust pt.

宽翻折青果领 Wide Shawl Collars

设计分析 Design Analysis

　　加宽青果领设计主要是基于对普通青果领后部样板的修改以及前面领片的改变。可设计成一个领座为1.3cm，后部翻折领的面宽为8.9cm（在H点以下，领子的宽窄可任意变化），或者是其他较宽的驳领。如图所示（用粗实线和虚线表示的部分），很多驳领的造型可以由此发展而来。举例说明设计1、设计2和设计3中的驳领的样板制作。

图1　样板制作准备 Pattern Preparation

- 描出青果领的领后部样板。
- 将其分成4等份。
- 剪切样板，从领外缘沿剪切线剪开至后领下口线。
- 描出青果领造型线，将剪开切线的领子样板置于样板草图中，按此方法可以设计出各种领子的样板。

设计1　　　设计2　　　设计3

图1

样板纸 Paper　描出 Trace　剪切线 Slash

图2

1.3cm领座的披肩式领 Shawl with 1/2" stand

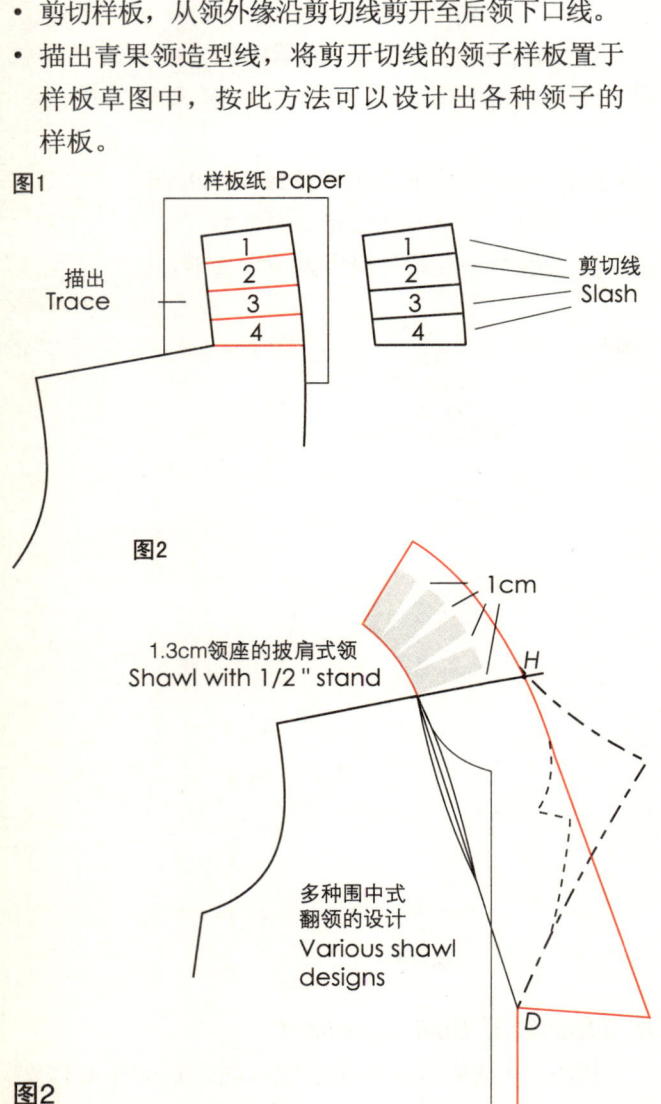

多种围中式翻领的设计 Various shawl designs

图3

海军领 Sailor collar

披肩式平翻领 Shawl with flat roll

图2

- 将各切片展开1cm。
- 后衣领宽9cm。

图3

- 将各切片展开1.3cm。
- 领子宽度10.2cm或更大。

与衣片样板分开的青果领领里和挂面
Shawl Collar with Separated Undercollar and Facing

此方法适用于任何青果领设计。下面介绍带豁口的基本的青果领。

样板设计与制作 Pattern Plot and Manipulation

图1

- 描出基本的青果领样板，包括暗省道。
- 在青果领轮廓线上设计所需豁口，并画顺驳领的廓型线。

领里 Undercollar

- 从肩颈点画一条弧线至豁口，分出领里。
- 从肩颈点内5cm，前中心线向内6.3～7.6cm处顺接至衣摆，画出挂面。

图2 挂面 Facing

- 从样板纸上描出挂面造型线。
- 领后中延长0.3cm，与领豁口顺接。
- 在驳头中部加0.3cm，然后与豁口顺接（虚线表示原样板）。
- 暗省道：将省量转移到缝线外，修正样板，暗省融入挂面与里子的缝线内。可以在原位置上缝合暗省，或不做缝合（未做图示）。

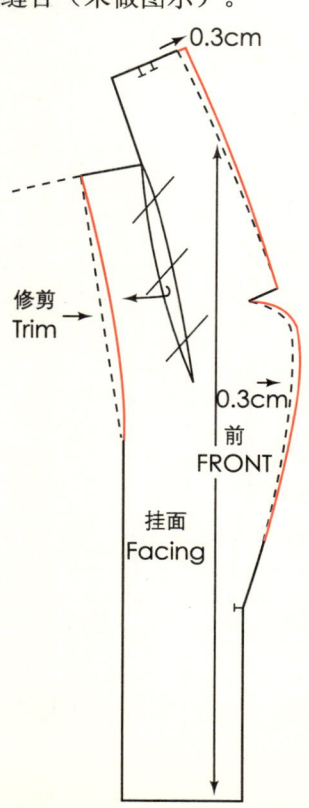

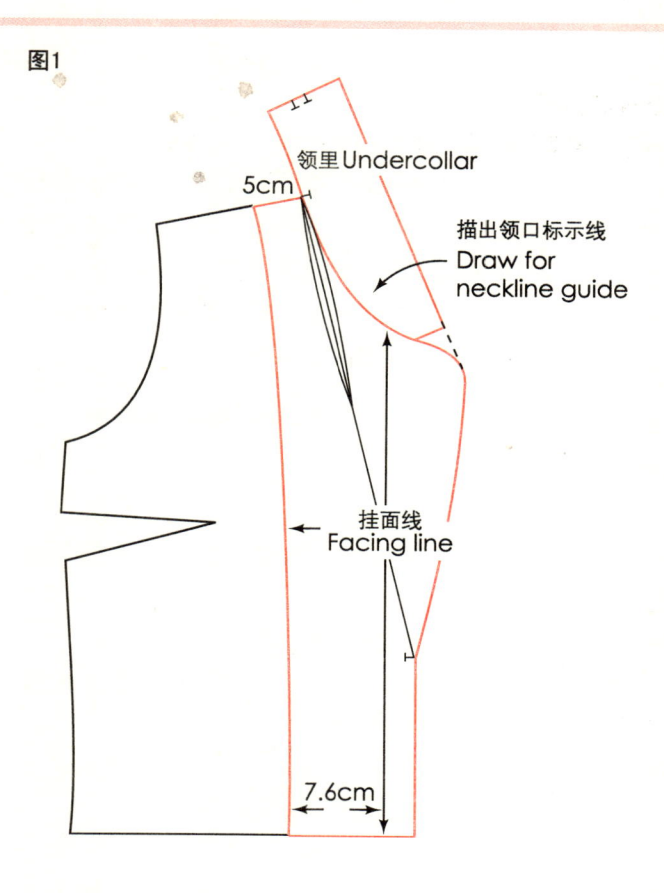

图3、图4

- 从短上衣样板上剪下领子样板并分离（获得领里），做打孔画圈标记。

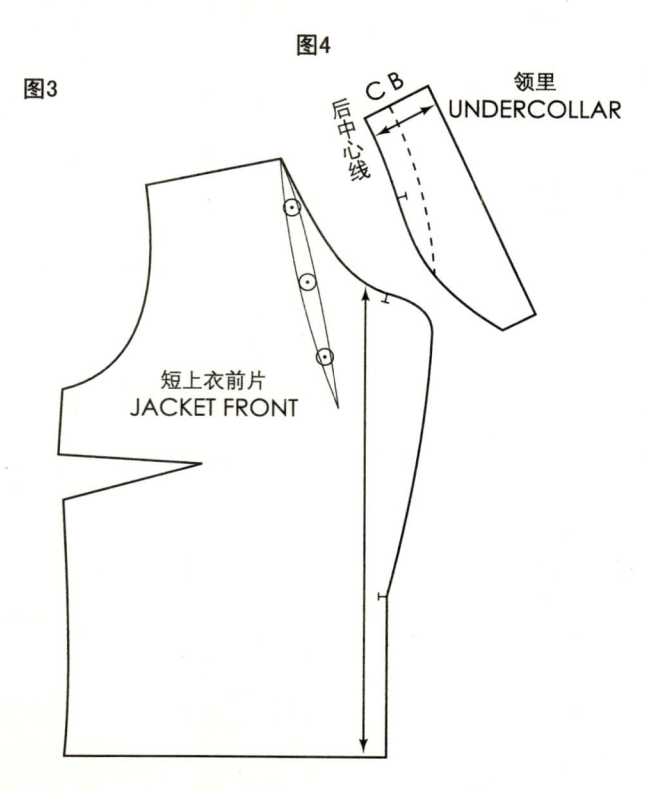

时尚短上衣 Style Jacket

设计分析 Design Analysis

此款短上衣的特点是有袖窿公主线、弧形衣摆和基本的驳领。袖子用单片式或两片式均可。该款式的样板制作基于基本的短上衣样板（参见第83页）。

介绍中包括了对里子和挂面样板的制作说明。关于短上衣和外套的缝纫指南，参见第111页。

样板设计与制作 Pattern Plot and Manipulation

图1

前片 Front

- 在腰围线以下12.7cm或更低处做标记。衣摆折边3.8cm。
- 描出短上衣袖子和基本的驳领豁口造型。
- 自前片袖窿中点过胸高点至衣摆线，画造型分割线（胸高点以下与中心线平行）。
- 如图所示，将省尖点与胸高点连线。做刀口标记以便调整胸部的放松量。
- 用所提供尺寸绘出胁省造型。
- 挂面可以依据公主造型线或从肩线绘出（图中虚线）。

里子剪口标记 Lining Notch

- 在挂面离底摆边缘1.3cm处做剪口标记。标记点X（图1b）。
- 挂面底摆为弧形或垂直造型（图1c）。

后片 Back

- 按图示步骤操作。

图1c

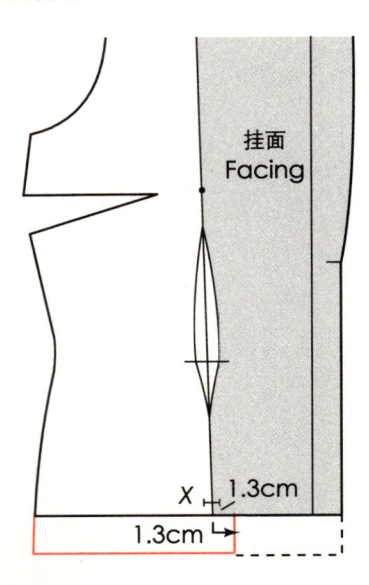

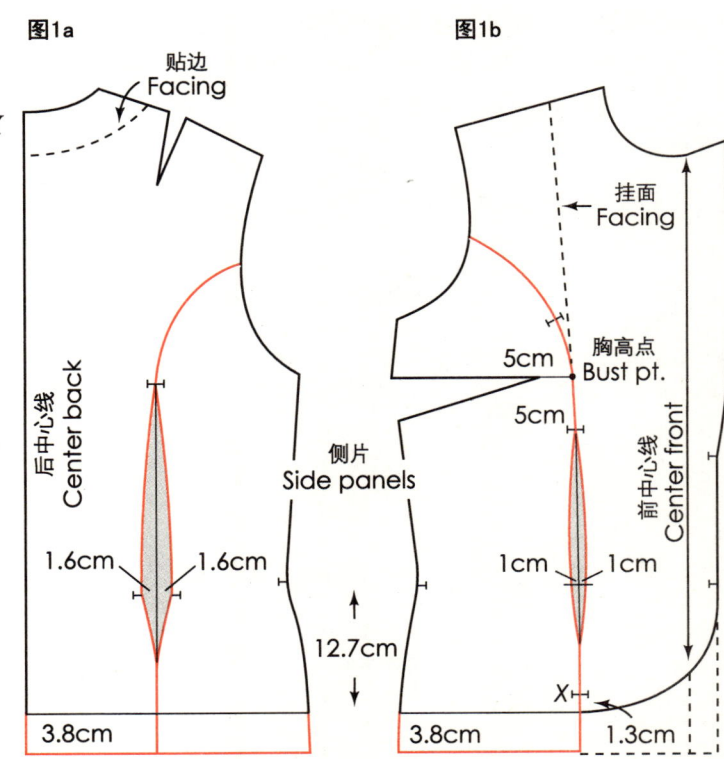

图1a　　**图1b**

前片如无分割线，则底摆折边过挂面标记（阴影部分）1.3cm（图1c）。

第5章　短上衣和外套

挂面样板 Facing Patterns

图2

- 将样板纸放在样板下面，描出前片挂面样板，并做剪口标记。
- 驳头部分加出0.3cm，画顺（图2a）。

后片 Back

- 将对折的样板纸置于后片样板下，描出后片领口贴边。
- 用铅笔画出贴边的样板（图2b、图2c）。

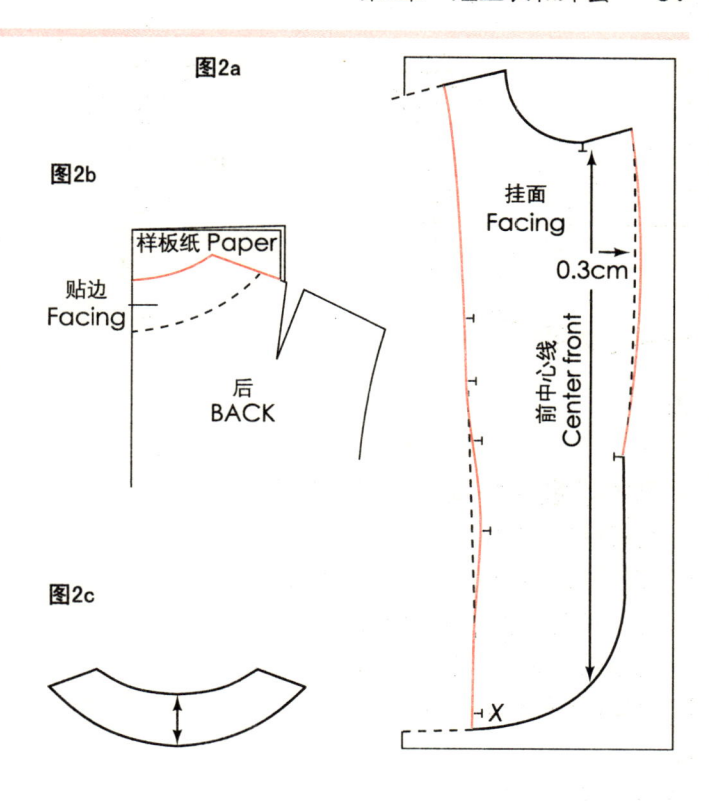

里子样板 Lining Patterns

图3、图4

- 小肩线延长1.3cm，袖窿上提1.3cm，画出调整后的袖窿弧（图3、图4）。
- 侧缝加放松量0.6cm，衣摆也可适当加放。里子底摆应比面料衣摆短2.5cm。从衣摆折叠处高X2.5cm X处，做刀口标记。虚线为未画出的样板部分（图3）。
- 后片：将肩省量移出缝线外（阴影部分）。在贴边标记处画顺里子。从标记处至肩端点画线（图3）。

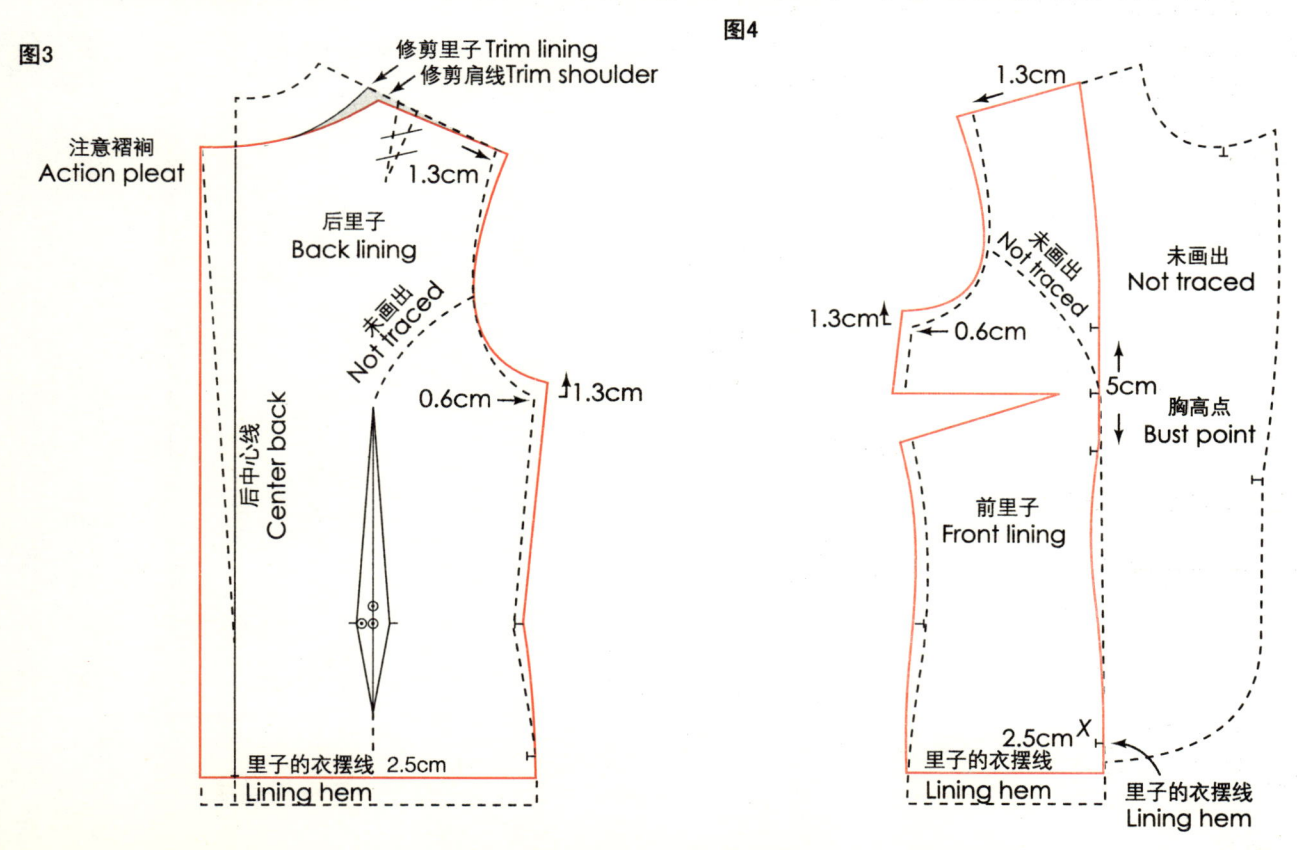

里子——备用胁省 Lining—Side Dart Options

图5
- 离胸高点1.9cm处画剪切线至侧缝线，闭合省。

图6
- 在公主线间转移省道，并设置活褶。

衣袖的里子 Sleeve Lining

图7
- 描出短上衣的袖子样板，加2.5cm做袖口折边（折叠线）。
- 袖山修剪1.3cm。
- 袖窿抬高1.3cm。
- 在袖侧缝线处加宽0.6cm，袖口缩短2.5cm。在袖口向上2.5cm处做刀口标记，为里子的折叠线。
- 重新画顺袖山弧线。

  注意：在缝合袖缝时，肘省可以做成省道或褶裥，或做放松量处理。

完成领子 Completing the Collar

图8

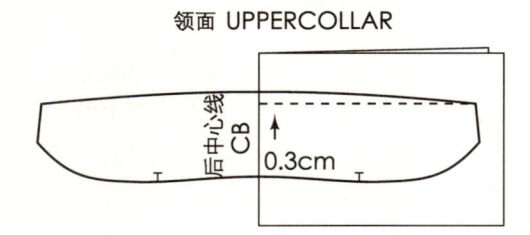

领面 Uppercollar
- 在对折的样板纸上描出领子。在领子外止口中心线处向外加0.3cm。如是厚重的面料则需加放0.6cm（图8a）。

翻折线 Roll Line
- 描画领子翻折线（图8b）。

领里 Undercollar
- 两片式样板，画出斜丝缕指示线（图8c）。

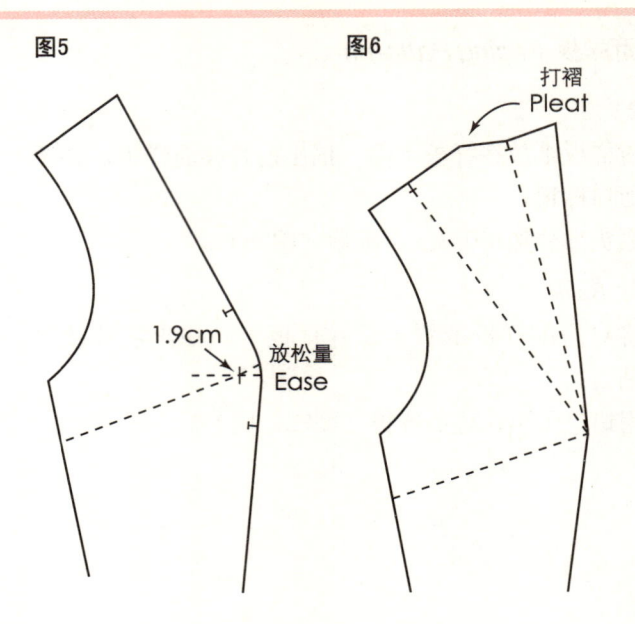

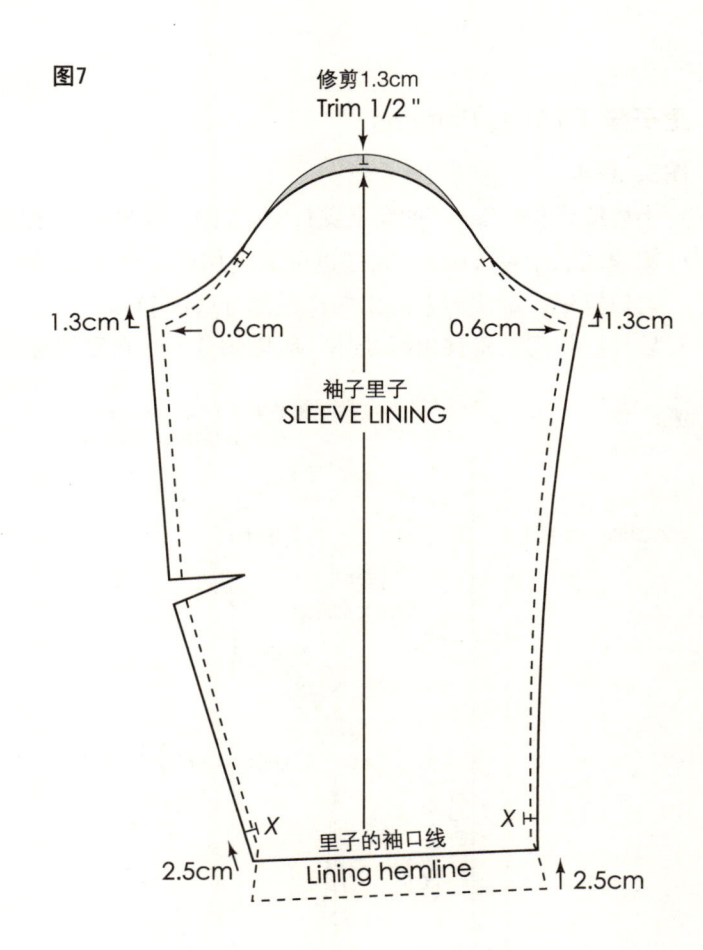

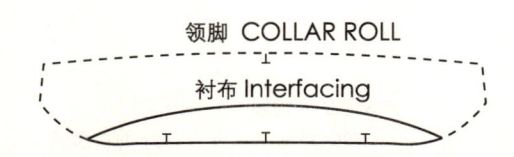

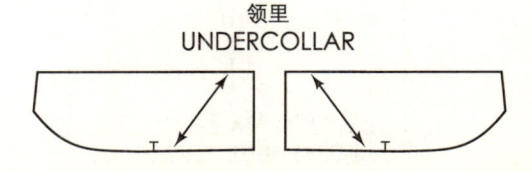

第5章　短上衣和外套　99

分开公主线造型各切片 Separating Stylelines

图9

- 沿公主线剪裁样板。
- 从省尖点1.9cm处剪开切线，闭合胁省。画顺胸部分割线。
- 省道（阴影部分）为被闭合部分。
- 在里子、挂面和前片未完成之前，应采用净样板，即无缝份的样板，见图9。（有经验的设计师或样板师可以选择带缝份的毛样板）。
- 如何消除肩省，请参见第80、第81页。

图9

后中心线 Center back　后 BACK　后侧 SIDE BACK　前侧 SIDE FRONT　前 FRONT　前中心线 Center front

附加信息 Additional Information

图10

第一次试样裁剪的裁片需要多加些缝份，以便调整。如果垫肩厚度大于0.6cm的定量，那么肩线就要做调整。里子则不需要因垫肩的厚度而做调整。参考第126页的说明。

在加放缝份之前制作的内衬样板和胸衬均可按净缝线裁制，或净缝线外加0.3cm，或者除袖子以外全敷衬（参见第111～116页）。

在试样、修正和确定样板之后，加放样板缝份。

缝份量 Seam Allowance

领口线和驳头加放0.6cm缝份，其他均加放1.3cm，包括里子样板的缝份（短上衣的下摆和里子的缝份已添加在样板中）。有关缝纫工艺的介绍从第118页开始。

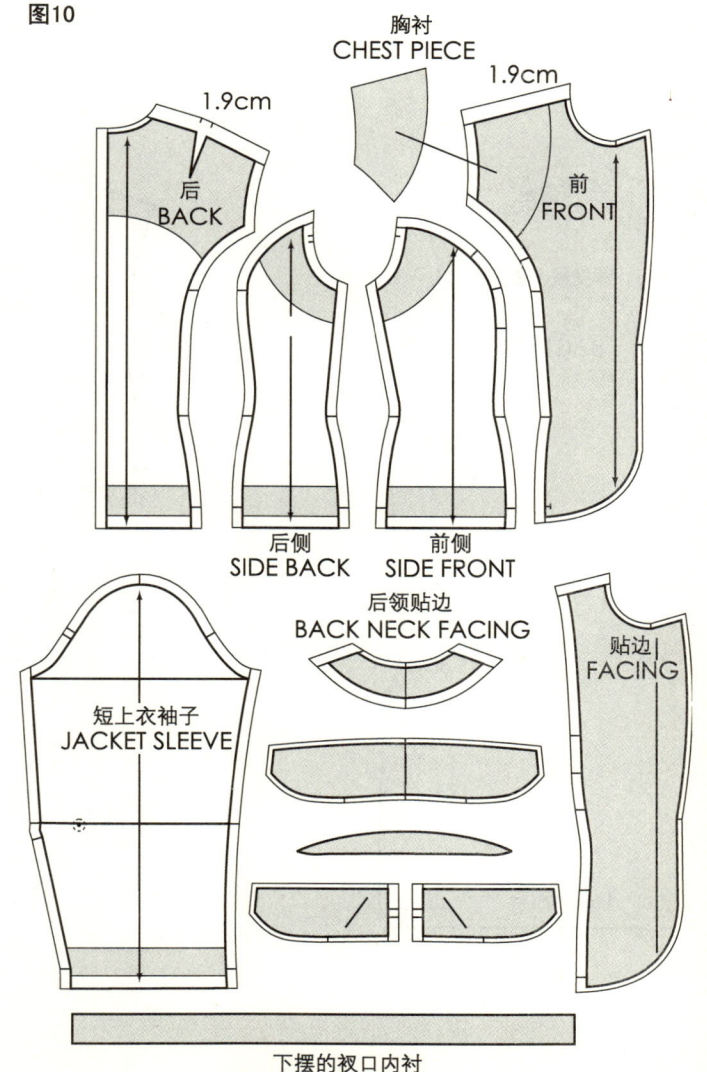

图10

胸衬 CHEST PIECE　1.9cm　后 BACK　前 FRONT　1.9cm　后侧 SIDE BACK　前侧 SIDE FRONT　后领贴边 BACK NECK FACING　贴边 FACING　短上衣袖子 JACKET SLEEVE

下摆的衩口内衬
Interfacing Hem and Vents

基本的男服风格短上衣 Mannish Jacket Foundation

男服风格短上衣的样板制作基于短上衣的基本样板。它们之间有些差别，如男服风格的短上衣没有省道（它将胁省量转移至前片袖窿中，增大了袖窿的尺寸）；它宽松，有加大的袖窿，前领口线呈折线型。男服风格短上衣有两个基本的样板：一种是两片式样板。其前、后片均因有分割线而被分成两片。如前一页图例中所示；另一种为一片式的样板，它除了侧缝线，前、后片均为一片式。袖子有两种基本结构：一片式和两片式袖子。

男服风格短上衣的样板草图
Mannish Jacket Draft

短上衣后片 Back Jacket

图1

    虚线=原型样板

- 描出基本的短上衣后片的原型样板。
- 过肩省画一条直线，连接袖窿弧线。
- 在下摆1.6cm处做标记，并如图画平行线。画顺至背宽线的弧线止。
- 测量袖窿弧长并记录_____。

短上衣前片 Front Jacket

图2

    虚线=原型样板

- 描出短上衣前片的原型样板，转移1.9cm胁省或肩省至袖窿（图2a）。闭合胁省，再转移省量至肩省（图2b）。
- 肩线延长0.6cm，重新画出袖窿弧线。
- 在两腰省间画一条新的省道中心线，画省并做打孔或画圈标记（图2c）。
- 测量袖窿弧长并记录_____。

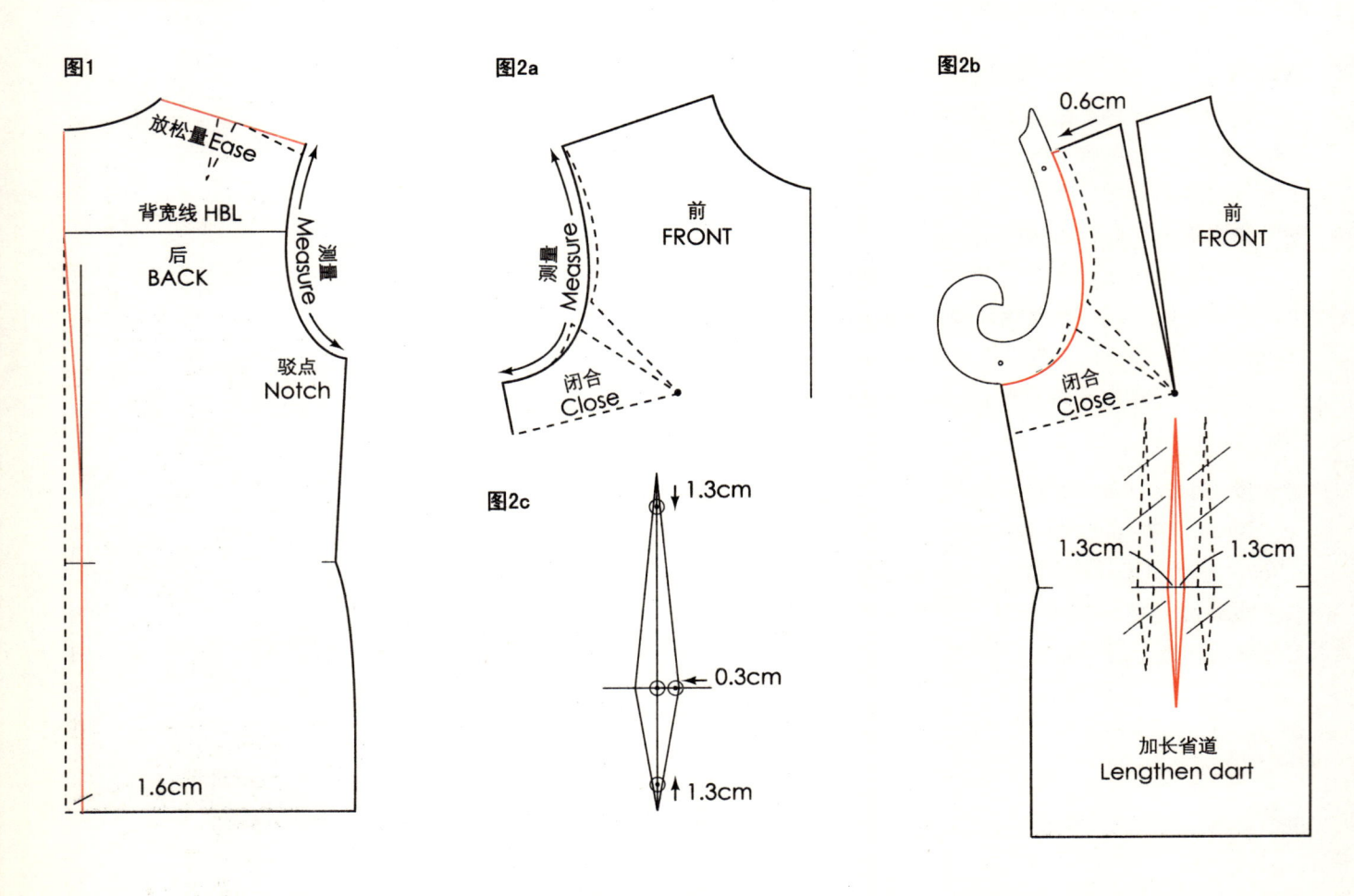

一片式男服风格的袖子 One-Piece Mannish Sleeve

所需尺寸 Measurements Needed

图1

袖山高：测量肩端点至腋下的距离（袖窿深度）。记录_____。

图1

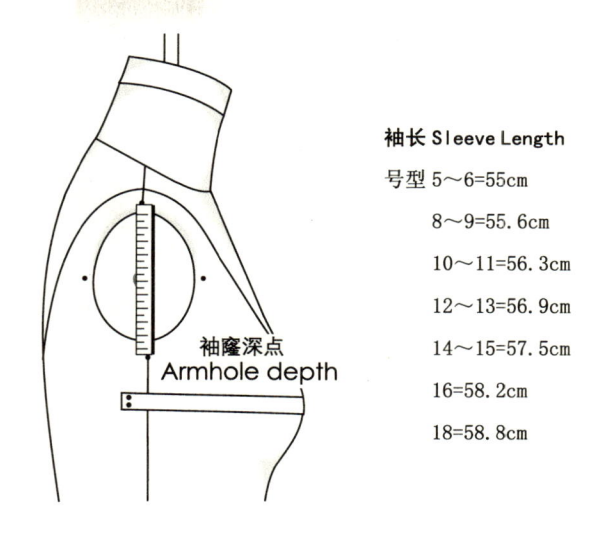

如果测量不便，也可使用下列表中的袖山尺寸。

号型	袖山尺寸	号型	袖山尺寸
6	13.8cm	5	13.5cm
8	14.1cm	7	13.8cm
10	14.4cm	9	14cm
12	14.7cm	11	14.4cm
14	15cm	13	14.7cm
16	15.3cm	15	15cm
18	15.6cm		

袖长 Sleeve Length

号型 5～6=55cm

8～9=55.6cm

10～11=56.3cm

12～13=56.9cm

14～15=57.5cm

16=58.2cm

18=58.8cm

袖窿深点 Armhole depth

袖子的样板草图 Sleeve Draft

图2

在样板纸上画一条直线，测量并做标记。

A～B=袖长。

A～C=袖山高。

C～D=（C～B）/2。

D～D′=1.9cm。过A、B、C和D′各点作垂线。

袖窿尺寸 Armhole Measurement

前、后袖窿弧长相加（参见第100页），取其一半长再加1.3cm=_____。

尺端放在A点上，并以此为支点旋转尺子，使之与袖肥线相触交于E点。

C～F=C～E，做标记。

将A～E和A～F分别分成四等份，做标记。

B～O比C～E短5cm。

B～P=B～O。

- 分别连接E～O，F～P。

袖肥线 Biceps

袖后片 BACK

袖前片 FRONT

肘线 Elbow

腕线 Wrist

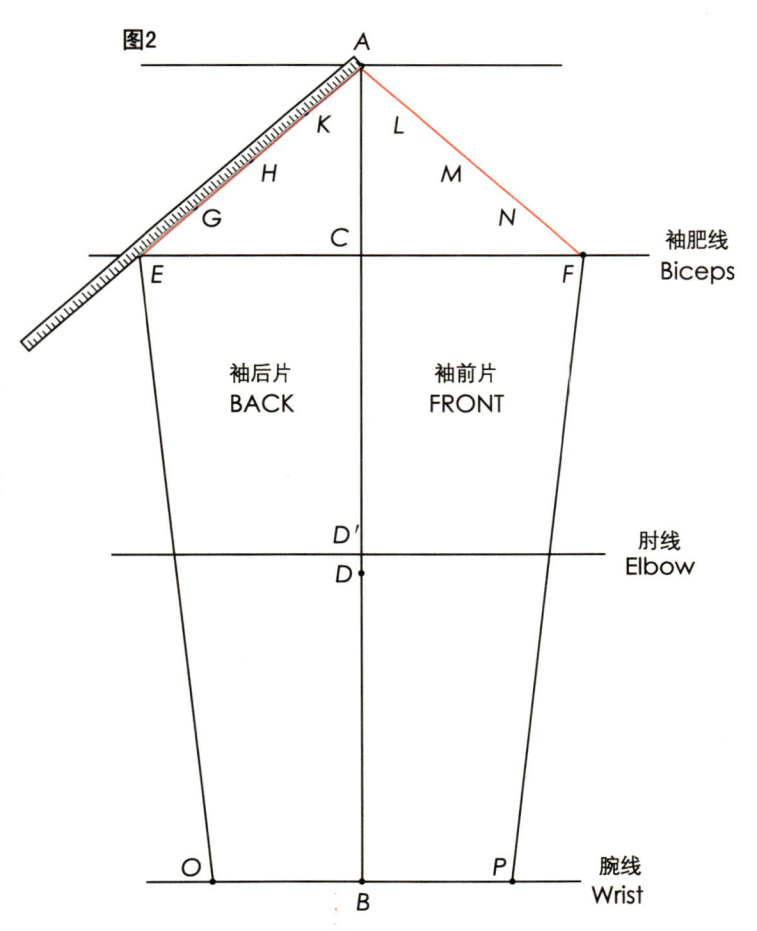

图3

根据下列尺寸作各点的垂线：

G—向内1cm　　L—向外1.9cm

H—向外0.5cm　M—向外0.5cm

K—向外1.6cm　N—向内1.3cm

图4

- 袖前片袖山弧线——由A点过L点画弧线至M点，在M点处调转曲线尺方向，过N点画弧线至F点，与M点弧线顺接。
- 袖后片袖山弧线——由A点过K点画弧线至H点，在H点处调转曲线尺方向，过G点画弧线至E点，与H点弧线接顺。

图3

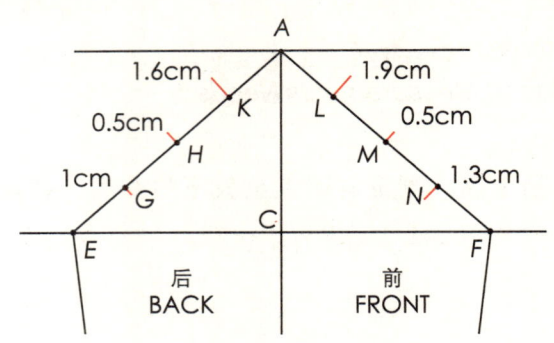

后 BACK　　前 FRONT

图4a

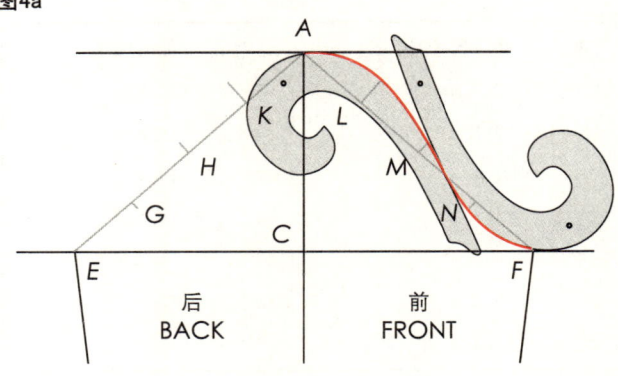

后 BACK　　前 FRONT

图4b

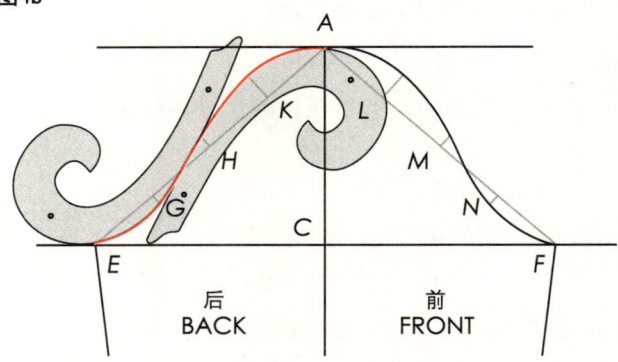

后 BACK　　前 FRONT

图5

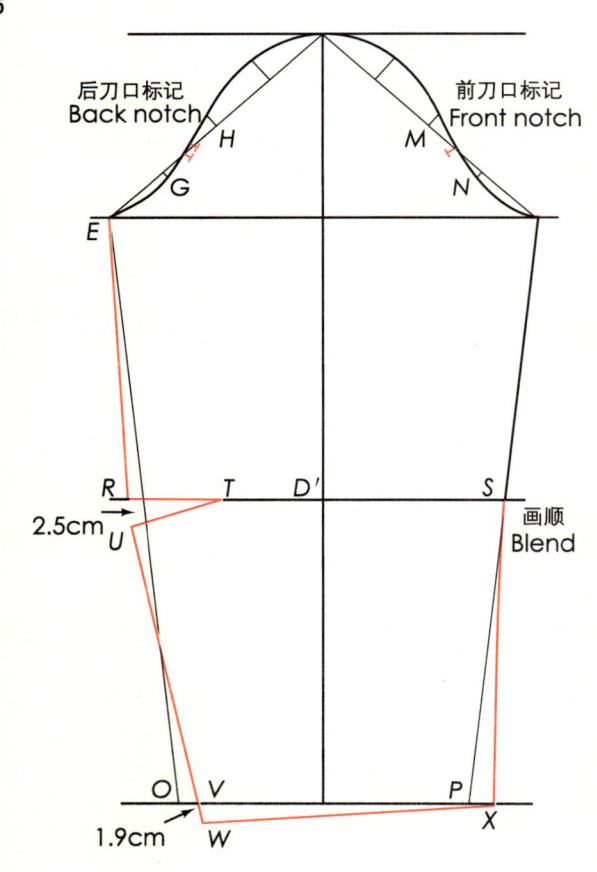

后刀口标记 Back notch　　前刀口标记 Front notch

画顺 Blend

根据袖窿尺寸决定袖山的吃势。如果袖山吃势的量少于3.2cm或多于3.8cm，请参考上册第3章第53、第54页的内容。

图5

完成袖子 Completing the Sleeve

延长肘省线0.6cm，标记点R，画直线至E点。

R～T=（R～D'）/2。

R～U=2.5cm。

T～U=R～T。

O～V=1.9cm。由U点过V点画直线至W点，U～W等于R～O。

W～X=O～P。弧线连接X点、S点。

控制吃势的刀口标记 Ease Control Notches

袖后片——在H和G的中间做第一个刀口标记。在第一个刀口标记下1.3cm处做第二个刀口标记。

袖前片——在M和N的中间做刀口标记。

两片式袖子 Two-Piece Mannish Sleeve

如图1分别对折袖子的前、后侧部分，然后合在一起后描出。描完样板后，将袖子打开，拷贝在另一张样板纸上，并从原袖子样板纸上剪下来。

两片式袖子的样板制作基于男服风格的袖子基本样板。袖下片的尺寸可以做多种变化以呼应衣片中的分割造型线，以及适应其他款式设计风格的需要。

图1
- 描出并裁出一片式男服风格的袖子样板。
- 按袖肥线对折袖子，在中心线处相对接。
- 描画前、后袖山弧线。
- 在袖肥线3.2cm处作垂线，交于袖山弧线，做标记点Z。
- 在袖山对折点标记点X、点X'。

图2
- 如图所示展开样板纸，标记点Y。
- 将袖口线分为4等份。
- 标记X。
- 在前、后袖肘中点，标记点X_1、点X_1'。
- 直线连接$X \sim X_1$、$X' \sim X_1'$点。

图1

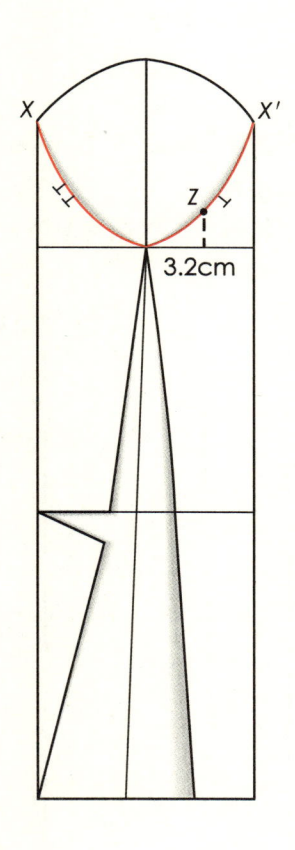

图2

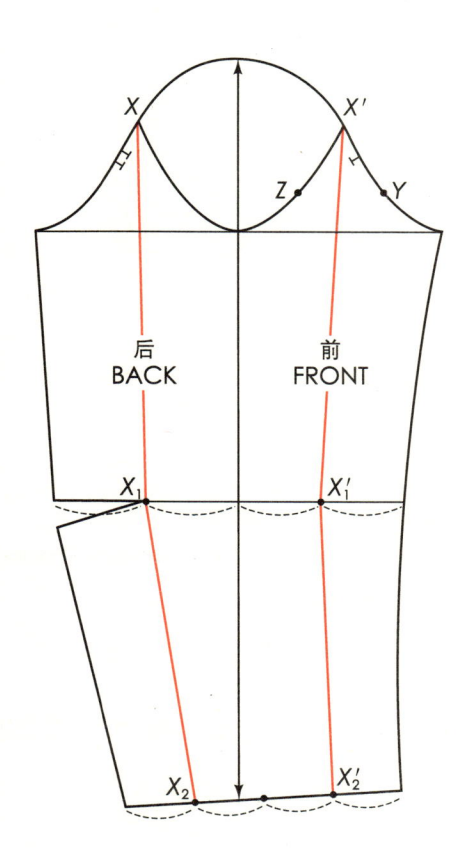

图3 大袖片（阴影部分）Uppersleeve(Shaded Area)

- 在距X_1'点2.5cm处标记点Y_1。
- 在距X_2'点1.9cm处标记点Y_2。
- 直线连接$Y \sim Y_1$、$Y_1 \sim Y_2$。

图3

图4

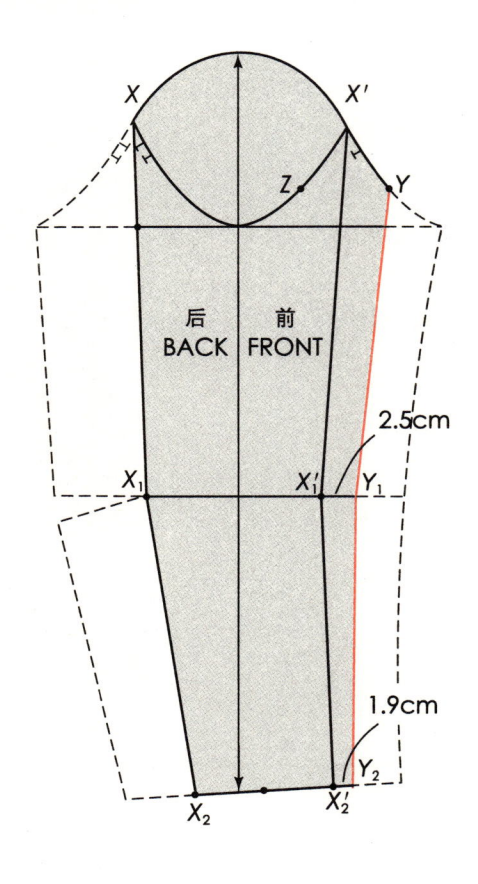

图4 小袖片（阴影部分）Undersleeve(Shaded Area)

- 距X_1'点2.5cm处标点Z_1。
- 距X_2'点1.9cm处标记点Z_2。
- 直线连接$Z \sim Z_1$、$Z_1 \sim Z_2$。
- 将样板纸置于样板下，描画小袖片（阴影部分）。

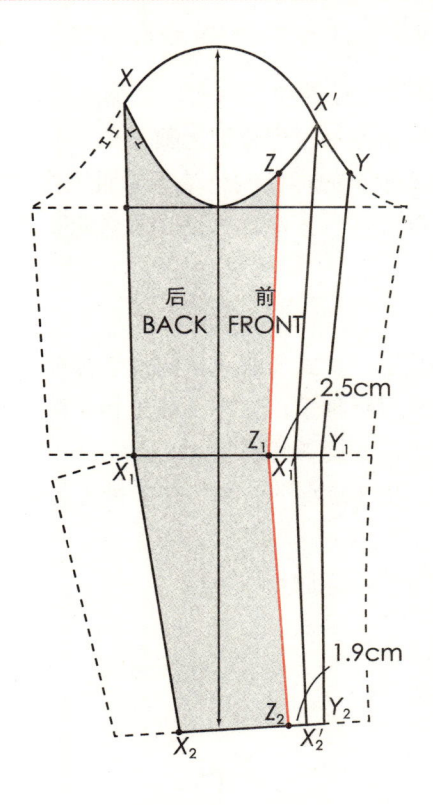

图5 完成袖子造型 Finalizing Sleeve Shape

- 按结构图剪裁小袖片。
- 重新画顺袖子轮廓线（虚线为原型样板）。

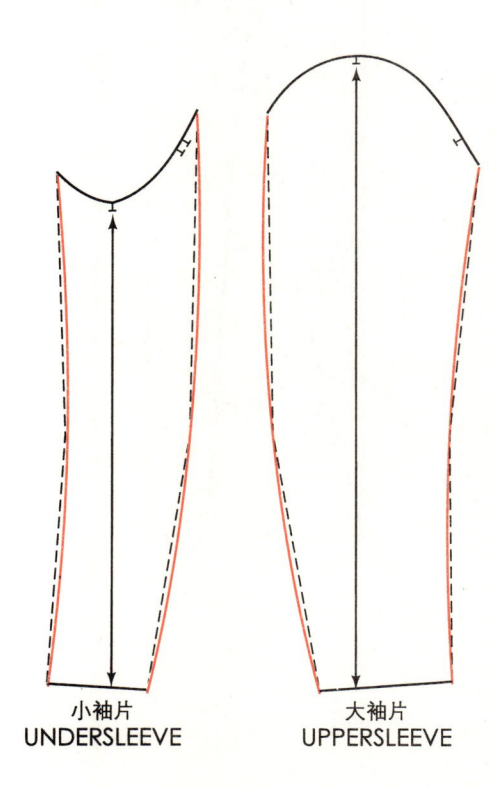

图5

小袖片 UNDERSLEEVE　　大袖片 UPPERSLEEVE

男服风格短上衣的领子和驳头造型
Collar and Lapel Styles for the Mannish Jacket

下面展示的是一组有领底座的西装领/驳领设计。其中具体介绍了"半缺口领"的样板制作。读者可从中选择适当的驳领造型应用于其他的短上衣设计中。基于半刻驳领样板草图的设计展变,请见第107页中的图示。

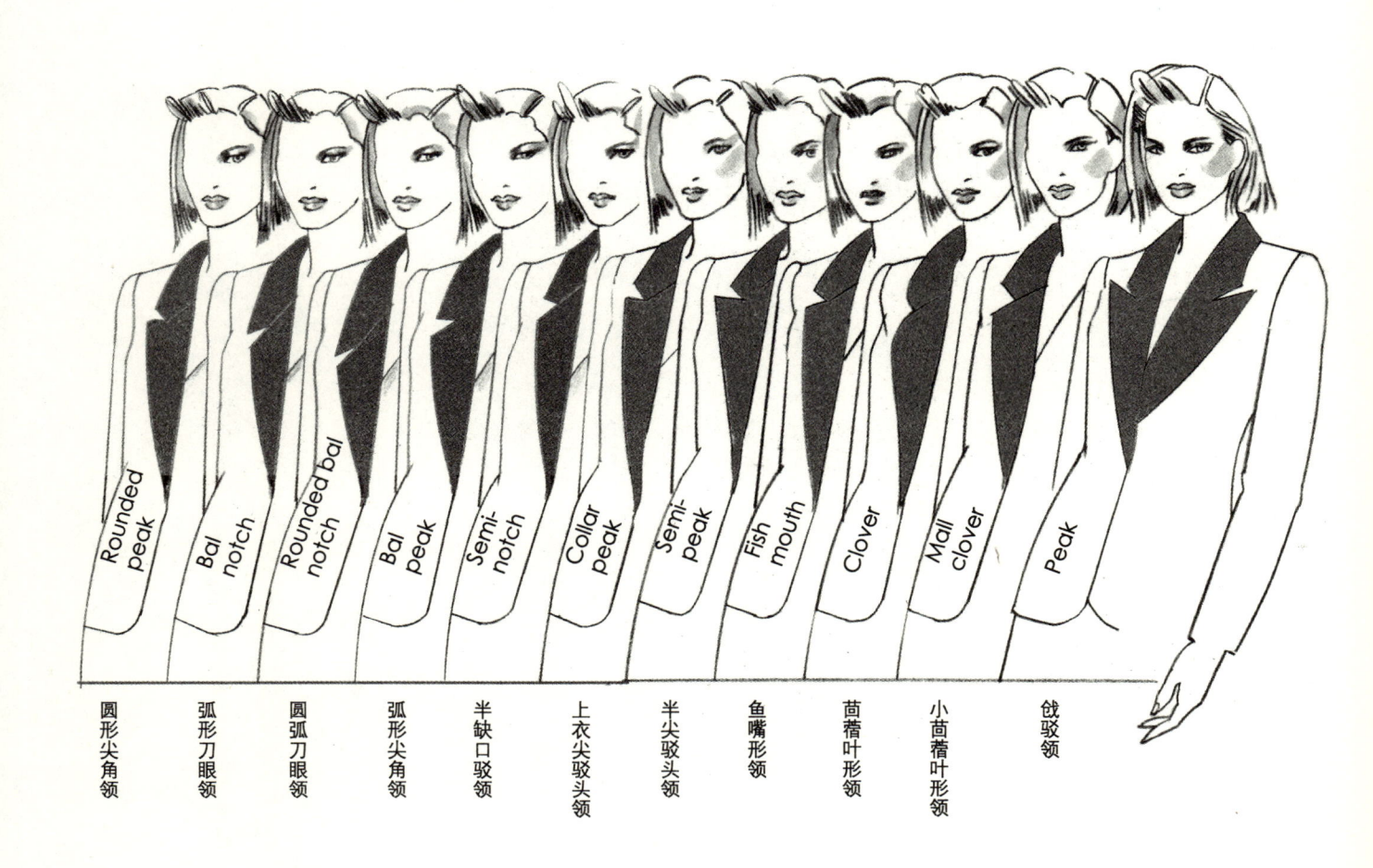

| Rounded peak | Bal notch | Rounded bal notch | Bal peak | Semi-notch | Collar peak | Semi-peak | Fish mouth | Clover | Mall clover | Peak |

圆形尖角领　弧形刀眼领　圆弧刀眼领　弧形尖角领　半缺口驳领　上衣尖驳头领　半尖驳头领　鱼嘴形领　苜蓿叶形领　小苜蓿叶形领　戗驳领

所需尺寸： Measurements Needed:

- （12）短上衣样板的后颈围/2_____。
- 搭门量由纽扣尺寸决定,详见上册第16章内容。

  半缺口驳领的样板制作如下。

半缺口驳领 Semi-Notch Collar

本页及第107页所介绍的内容,均可作为领子和驳头设计变化的指南。

图1

描出前片基本样板。
- 从中心线向外2.5cm作平行线,作为搭门。
- 在腰围线下1.9cm处做翻驳点,标B。
- 从A点画一条2.5cm的肩线延长线,标记点C。
- 直线连接C~B(翻折线在翻驳点处结束)。

图2
- 在领口线下1.6cm处标记点D,在颈前点下1.6cm处做标注点E。
- 直线连接E~D,并延伸1.9cm标注点G,再往反向延伸7cm,标记点F。
- 直线连接F~B,再画一条中部外凸的弧线。
- 过A点作垂直于肩的直线,长度为后领口弧长加0.3cm,标记点H。

图3
- 距H点1.9cm标记点I。
- 直线连接A~I,长度与A~H相等。
- 过I点向上作A~I的垂线I~J,长度为7cm。并由J点作一条短的I~J的垂线。
- 从E点向F点方向1.9cm处作点,向外作3.8cm的领角线,离F点2.5cm。
- 绘画领子外缘造型线,与领下口弧线呈平行状。

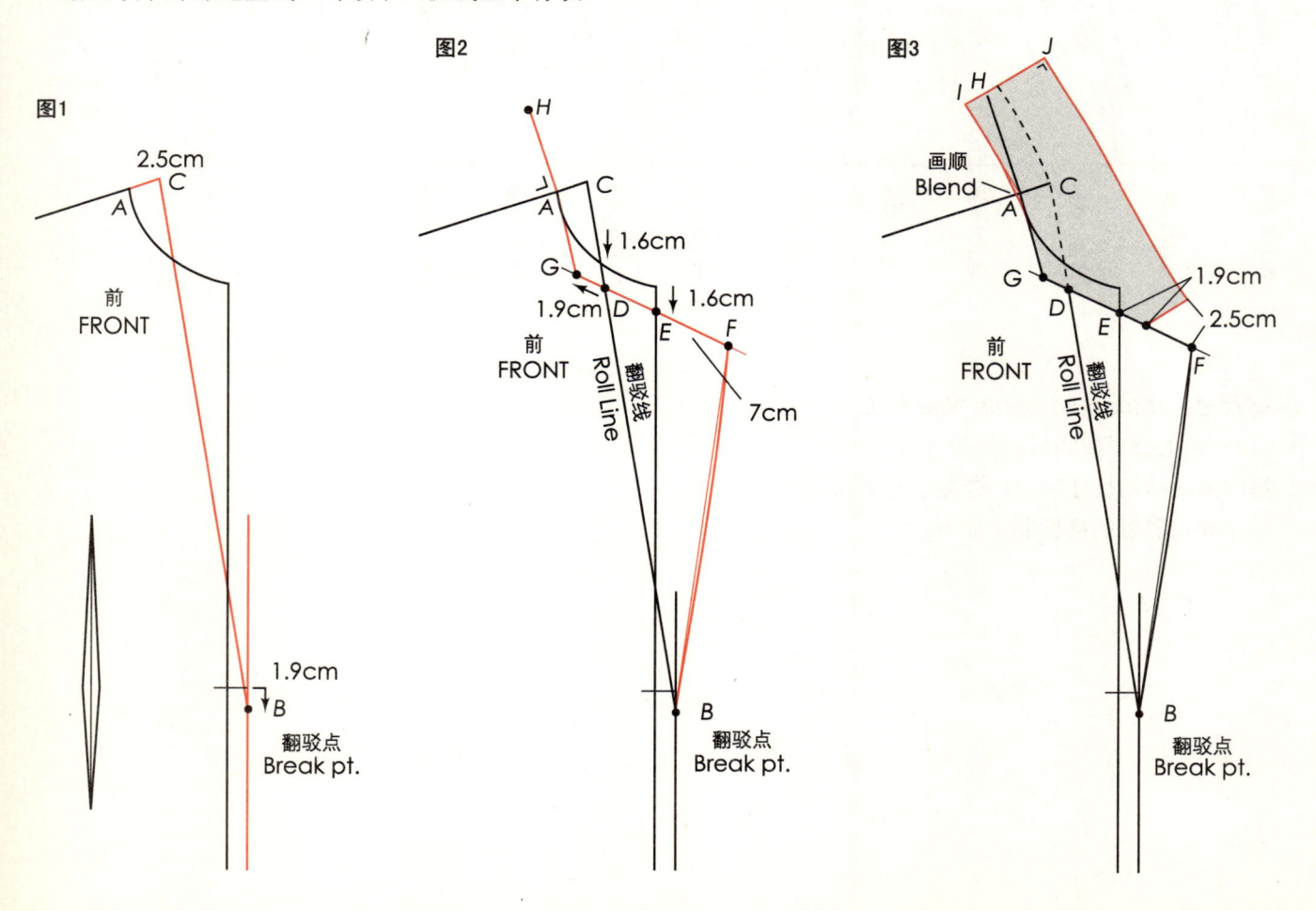

完成衣领 Completing the Collar

图4

- 领面：在对折的样板纸上描画衣领（图4a）。
- 沿着翻折线绘画月牙形领座（图4b）。
- 领里：描画衣领，并在领子外止口留出0～0.3cm，如果是厚重的织物，要留出0.6cm或者更多（图4c）。
- 在样板上标示经向丝缕线；在领面上画出翻折线；缝份加放0.6cm。
- 内衬和缝纫准备的说明参见第111页"短上衣的构建"。

图4a 样板纸 Paper

图4b

图4c

领子/驳头的设计变化
Collar/Lapel Design Variations

图5～图8

图5～图8中，虚线部分为几种从第105页选出的普通驳领（用红线表示）和其他的设计变化式样。读者也可以做新的设计。

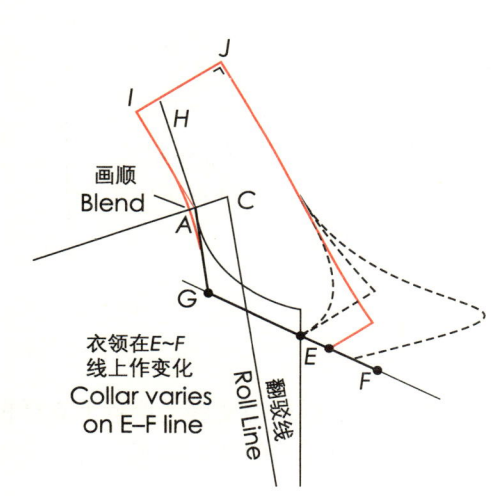

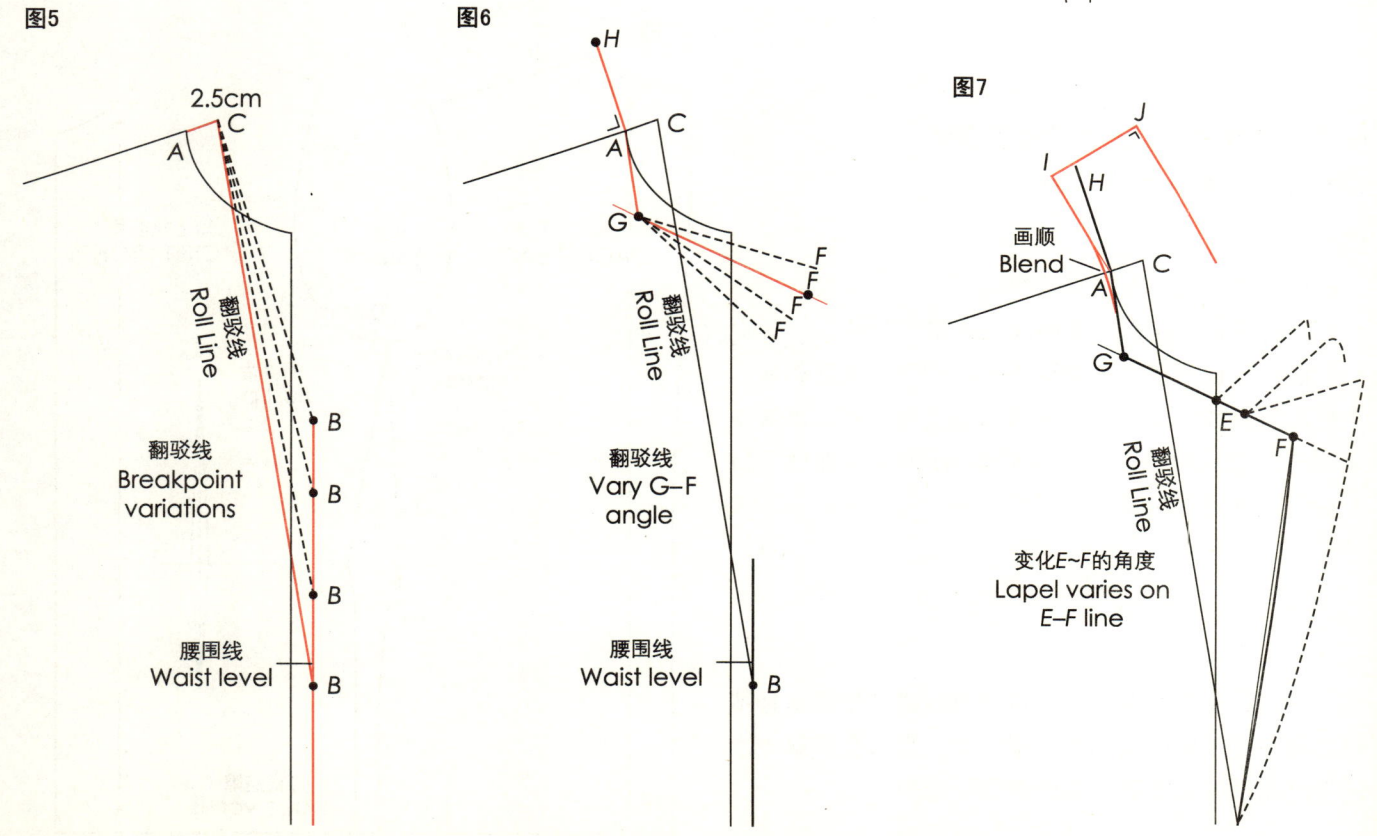

图8

画顺 Blend

翻驳线 Roll Line

衣领在E~F线上作变化
Collar varies on E-F line

图5

2.5cm

翻驳线 Roll Line

翻驳线 Breakpoint variations

腰围线 Waist level

图6

翻驳线 Roll Line

翻驳线 Vary G-F angle

腰围线 Waist level

图7

画顺 Blend

翻驳线 Roll Line

变化E~F的角度
Lapel varies on E-F line

转移省道至领口线 Transferring Dart to Neckline

如果男服风格短上衣样板已从足够宽松的袖窿处用多余的省量在肩斜长线处做了省道，那么，在衣领画好以后，可以将肩省做相应的转移至领口线上。

图9
- 从胸高点到领口拐角画剪切线。沿肩省剪切至胸高点。

图9

图10
- 剪开领口至胸高点的切线，闭合肩省并重画出领口省线，省长8.9cm。

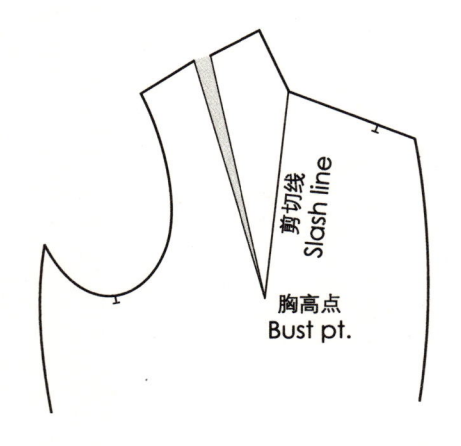

图10

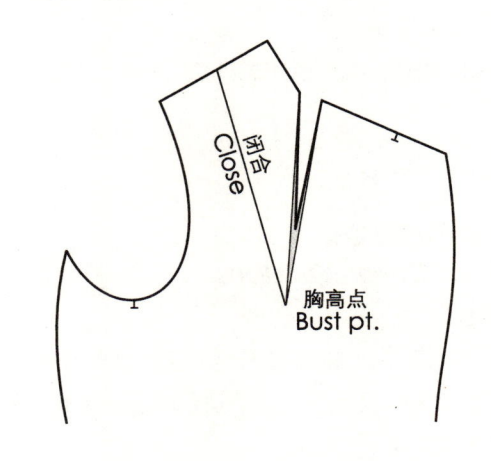

基本的一片式男服风格短上衣 One-Piece Mannish Jacket Foundation

男服风格短上衣样板是发展无侧缝上衣样板设计的基础。"围裹式"和"三片式"短上衣为传统款式，是其他上衣设计及样板制作的基本参照。一片式男服风格短上衣样板不只局限于下列款式，设计师可以此样板为基础做出更多的设计。

一片式男服风格短上衣的样板草图
One-Piece Mannish Draft

图1
- 在样板纸上画一条水平基准线。
- 把后片样板放在水平基准线上并描出后片。
- 把前片样板放在水平基准线上，使两个袖窿相接，描出前衣片。如果两个袖窿的高度有差异，则需做调整，然后顺接。在前片袖窿向内0.6cm处做刀口标记，以确定侧缝线的位置。

注意：两侧缝在衣摆上可能有距离。如果这种情况出现在过于宽松或紧身的服装上，那么在做第一次适合度测试时就要调整侧缝部位的造型。

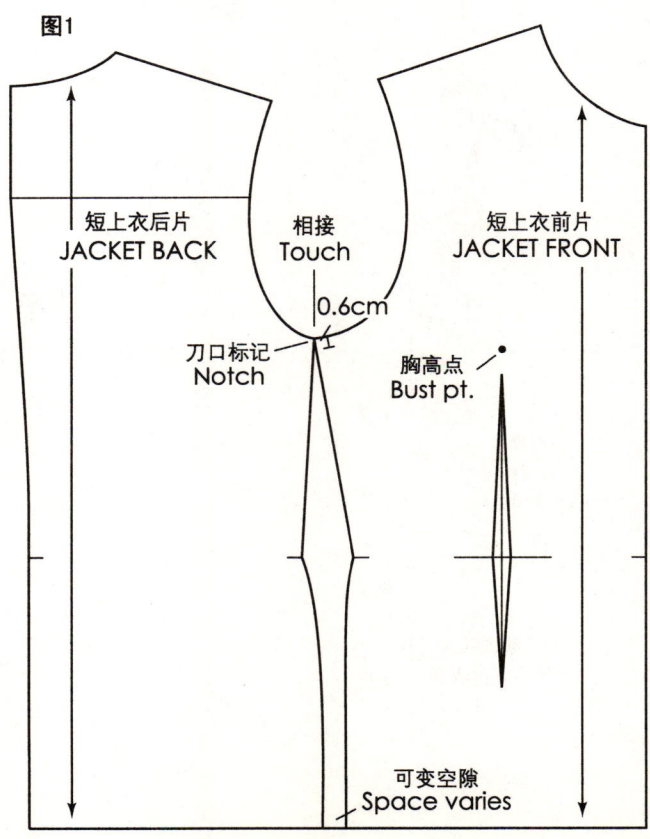

围裹式短上衣 The Wrap-Around Style

图1

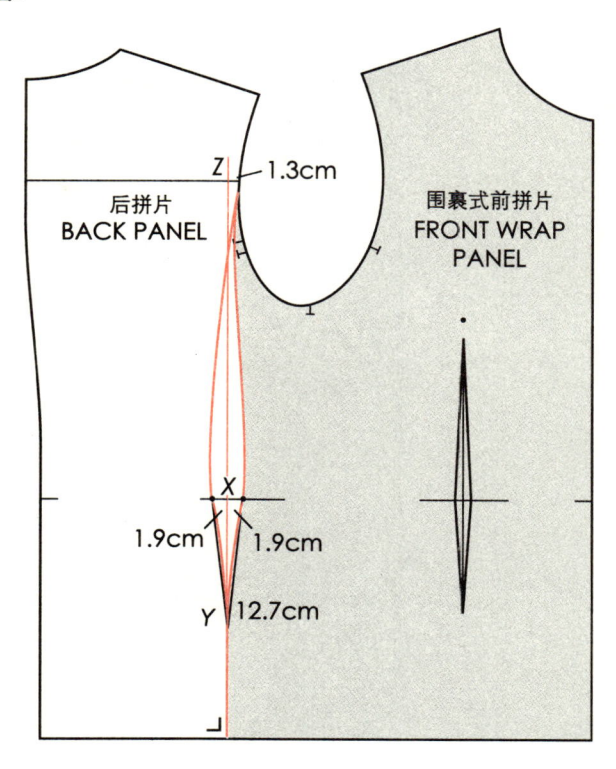

完成前片样板 Finished Wrap-Around Patterns

设计分析 Design Analysis

侧缝线偏移至后拼片，前、侧拼片组合为一片，所以称为"围裹式"，按提供的尺寸做腰省，上衣较宽松。关于半缺口驳领的结构已说明过，见第107页领子/驳头的设计变化。选择恰当的设计使上衣更好看。

围裹式短上衣的样板结构图
The Wrap-Around Draft

图1

- 描出一片式男服风格短上衣和两片袖的样板。
- 标出所需衣长线，加3.8cm作为衣摆的折边。

造型线：按图1标出点Z，过Z点作衣摆的垂直基准线。

- 在腰围线上做标记点X。
- 在X点左右两边各1.9cm处标点。
- X点向下12.7cm处做标记点Y。
- 用微凸曲线连接X～Y，向上画顺至袖窿弧线，如图所示。

图2

- 从样板纸上剪下前片，无缝份。
- 领子/驳头的样板草图，参见第106、第107页。

图2

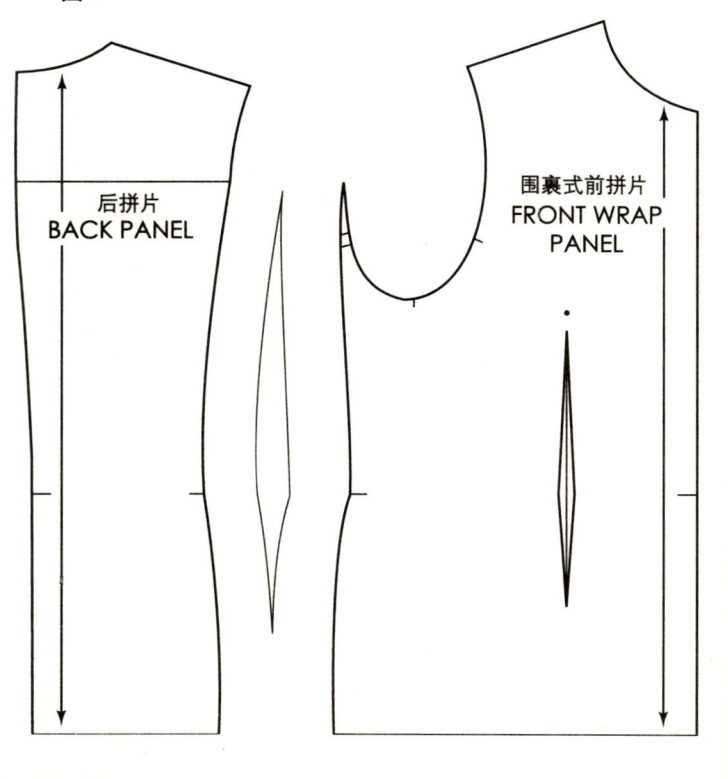

三片式短上衣 The Three Panel Style

图1a　　　图1b

图1

设计分析 Design Analysis

三片式上衣是上衣设计的基础。它的衣长是在腰围下12.7cm，前门襟衣摆为圆弧形，一颗纽扣，两片式袖子，普通驳领，圆底明贴袋（在一些细节上进行创新性设计，使上衣看起来更美观）。下面是此款上衣样板的说明。

三片式短上衣的样板草图
The Three Panel Draft

接着第109页关于围裹式短上衣的说明，继续完成样板草图。

短上衣前片 Front Jacket
图1

直角尺置于短上衣前片适当位置，然后按照箭头所示的方向移动1.3cm，画垂线至腰围线，标记为X'。从X'向下12.7cm，标记为Y'。在袖窿上做标记点Z'，与前侧袖缝线对位（图1b）。

从X点向Y点外画微凸弧线。

从X点向Z点画内凹弧线，相交于袖窿。

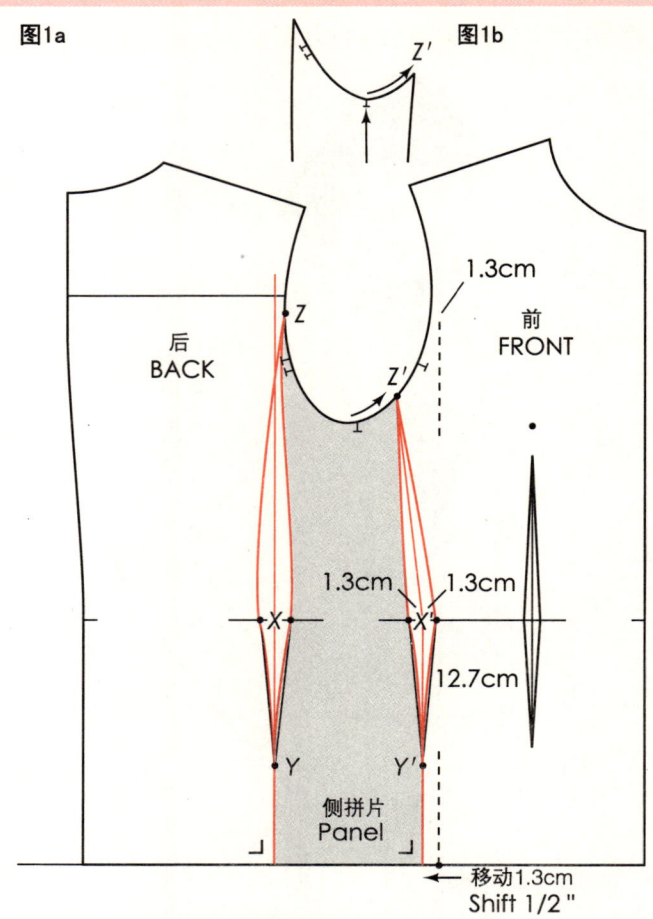

完成的衣片样板 Finished Panel Patterns
图2

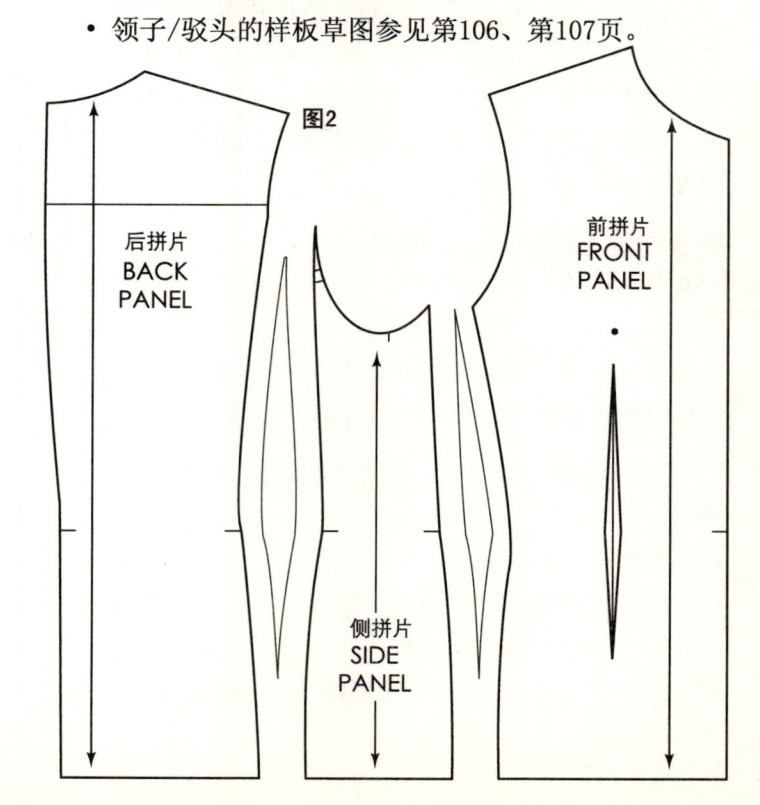

- 从样板纸上剪下样板，无缝份。
- 领子/驳头的样板草图参见第106、第107页。

图2

短上衣的构建 Jacket Construction

当短上衣和外套的廓型和口袋的设计与前面所介绍的不一样时，缝合时应参照相似款式的缝纫说明。这里说明的是倾向于工业化生产的方法。要制作一件上衣有很多种方法，黏合衬和其他内衬的选择也很多。这些服装只有少数情况允许选择加放余量。本书后面参考书目部分（见第405页），有关于裁缝制作的原著介绍，其中谈到了一些其他的构建方法。

面料准备 Preparing Fabric

在裁剪之前要充分考虑上衣面料的缩水率。所有的机织织物、针织坯布都会缩水，而且有些织物的缩率较高。最好的预缩方法是把面料泡在水中过个夜（可以浸在浴缸或洗衣机里），然后把面料晾起来，让它自然干，或者把它卷在毛巾里，而不是用手绞干，之后要把丝缕理正，参见上册第16页（如用蒸汽熨斗熨干，会引起因收缩不匀而带来的不平整效果，因此要避免这种做法）。面料厂商经常在交货前被要求将布料做预缩处理。

用料估算 Estimating Yardage

面料以114cm幅宽为常见。一般用料采用的计算方法是"两倍衣长"加23cm或把编码的样板放在独立的坯布组里（面料坯布、里子、贴边）。先放置较大的样板，然后再把较小的样板放在剩下的空档里面，以便更好地估算用料。

需提供的材料 Supplies Needed

- 购买面料和与之相匹配的线。
- 内衬 Interfacing：热熔黏合衬 fusible、不粘衬 nonfusible，或机织物和针织物等。
- 胸衬 Chest piece：黏合内衬 fusible interfacing、比利时亚麻布 Belgium linen、马尾衬 horsehair 和混纺织物等牢固的机织布，均可按设计需要选择。
- 斜纹条带或窄条黏合衬 Twill or fusible tape：常用来稳定服装的边缘或驳领。
- 垫肩 Shoulder pads and sleeve headers：形状多样，可按需要选配。

三片式短上衣的样板 Patterns for Three Panel Style

描出一副三片式短上衣的基本样板。垫肩的大小请参见第126页。半刻驳领的样板设计见第106、第107页。描出两片式男服风格短上衣的合身袖。

图1
- 画出设计所需要的衣长，画曲线与门襟相接。
- 用提供的尺寸在样板上画出前片的挂面（图中阴影部分）和后片的贴边。
- 从样板上描出后片和前片挂面。
- 从前片折边向上1.3cm处做剪口标记X点（里子折线的基准线）。
- 加3.8cm折边。超出折边标记1.3cm，作为折边与挂面缝制时的预留公差量。

图2

袖子——加3.8cm的袖口折边量。

袖口开衩——从袖口边的折线向上8.9cm。

延伸2.5cm，画一条平行于袖子的线。

图3

贴袋——尺寸应与上衣相配。用提供的尺寸画出口袋，测试其是否合适。

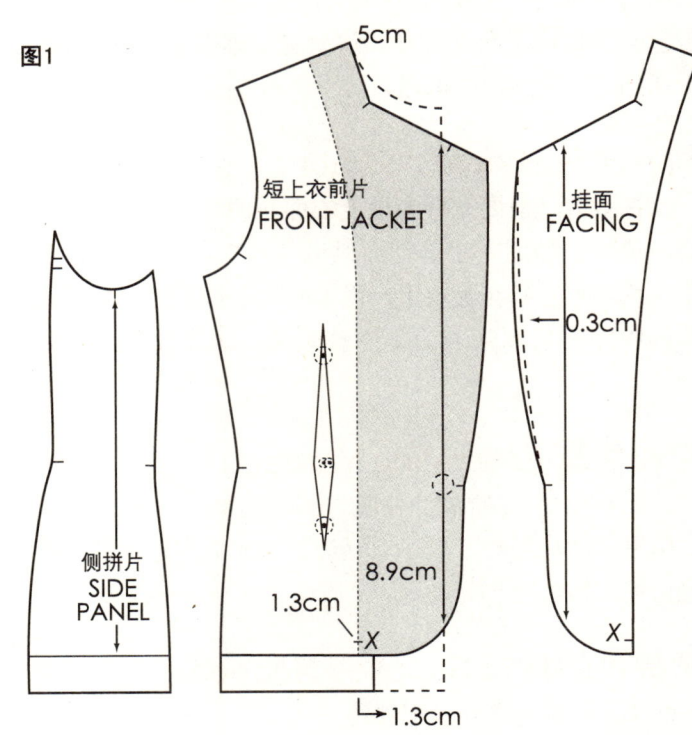

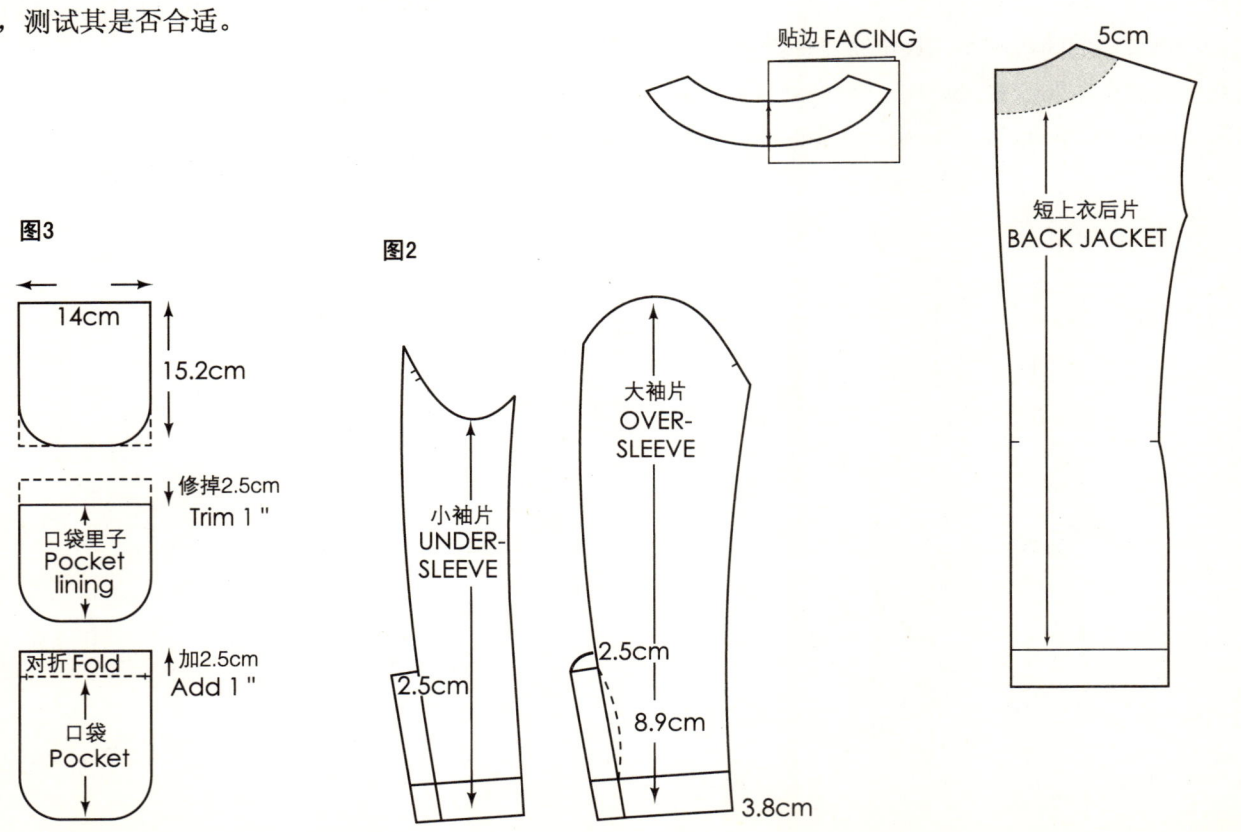

准备里子样板 Preparing Lining Patterns

画出所有与设计有关的服装净样板，在此基础上发展里子样板。里子腰省可缝合、半缝合（活褶），或者与折边一起缝合。缝合后修剪里子的缝份。虚线表示原始样板。

里子（白色区域） Lining (White Areas)
图4
- 延长肩线1.3cm，与袖窿弧线顺接。
- 每片都加0.3cm的吃势。
- 活褶：后领中点向外延伸2.5cm，再与腰围中点连接。
- 里子的底边在衣摆上2.5cm处，在此做刀口标记（折线处）。
- 裁片：把衣摆向上提0～1.3cm。

袖子的里子 Sleeve Lining
图5
- 按照图示修改袖子。
- 里子的袖边位于袖口上方2.5cm处。在袖口向上2.5cm处做刀口标记，作为缝允差量。

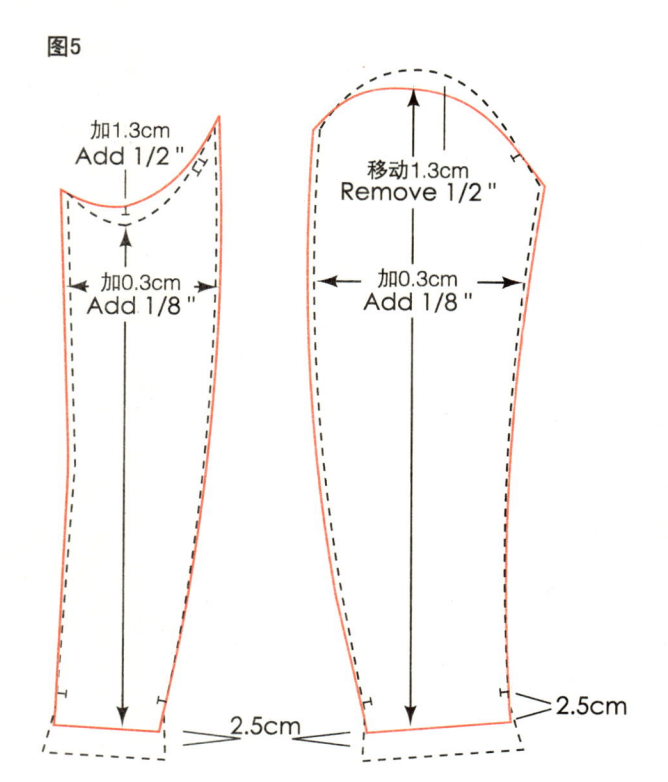

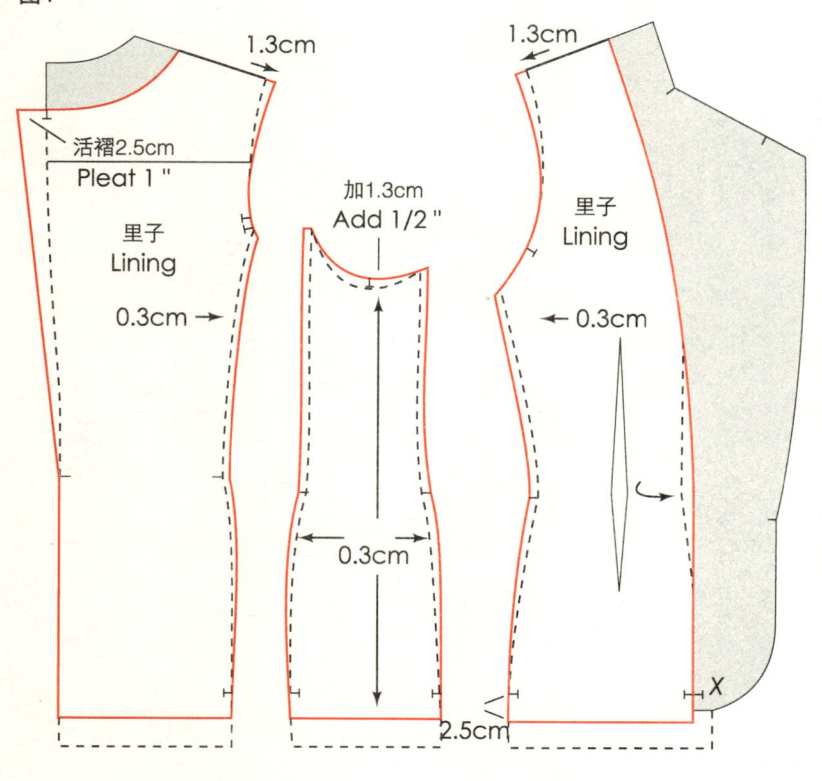

图5

加1.3cm Add 1/2"
加0.3cm Add 1/8"
移动1.3cm Remove 1/2"
加0.3cm Add 1/8"
2.5cm
2.5cm

图4

1.3cm
活褶2.5cm Pleat 1"
里子 Lining
0.3cm
加1.3cm Add 1/2"
0.3cm
1.3cm
里子 Lining
0.3cm
2.5cm
X

标记贴边/挂面位置 Marking Interface Locations

图6

阴影部分表示贴边/挂面的位置,描出每片制作样板。

图7

胸衬 Chest Pieces

- 共三层：第二层比第一层要小0.6cm（在厚实的面料上裁剪），第三层要比第一层大0.6cm,要能覆盖另外两层。

图8

把小的一层放在挂面的上角处。

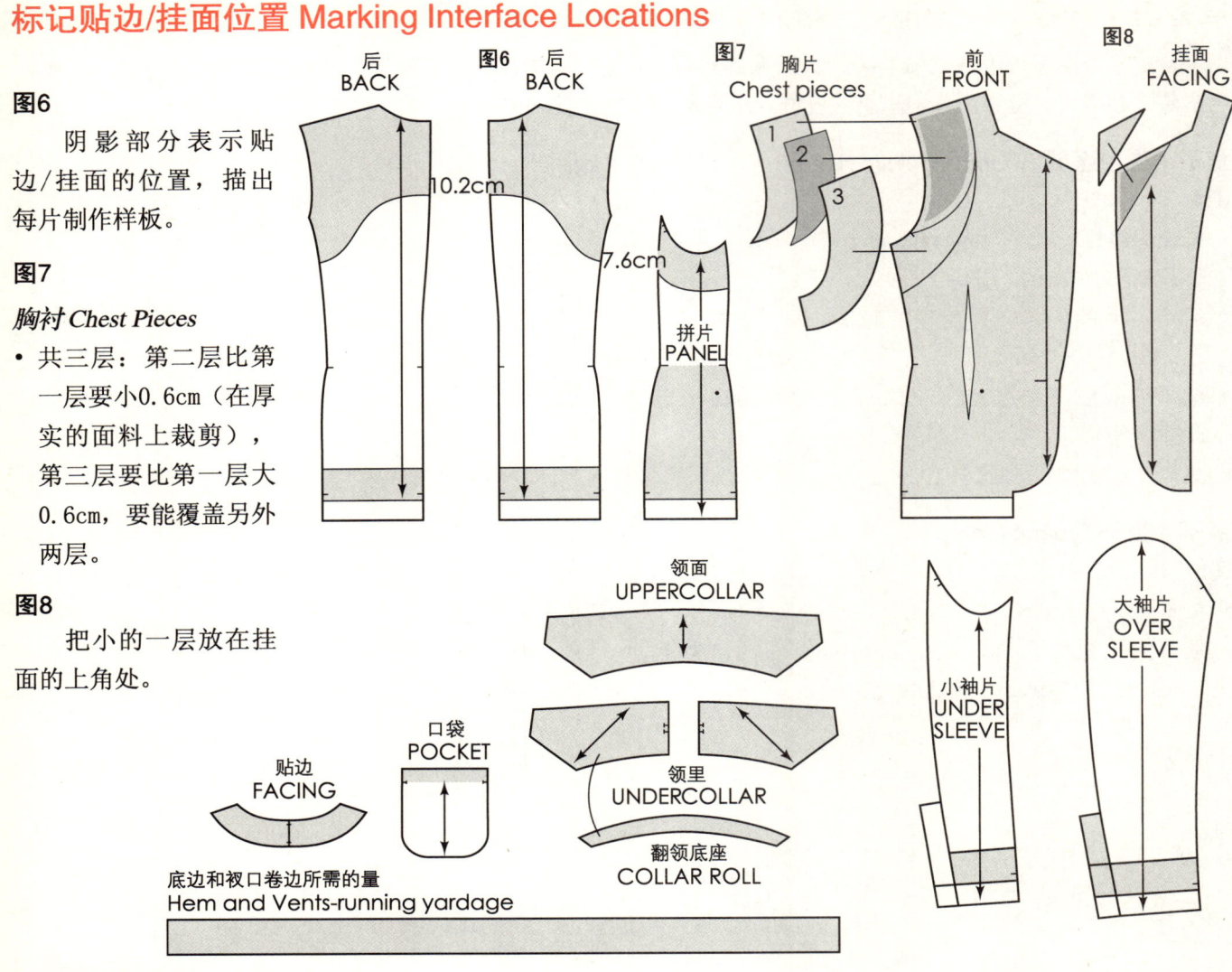

图6 后 BACK
图6 后 BACK
图7 胸片 Chest pieces
前 FRONT
图8 挂面 FACING

10.2cm
7.6cm
拼片 PANEL
领面 UPPERCOLLAR
口袋 POCKET
贴边 FACING
领里 UNDERCOLLAR
翻领底座 COLLAR ROLL
小袖片 UNDER SLEEVE
大袖片 OVER SLEEVE

底边和衩口卷边所需的量
Hem and Vents-running yardage

内衬样板 Pattern for Interfacing

图9

用于热熔黏合衬或不粘衬上的裁剪。在黏合衬（无纺或有纺）上裁剪,可以不留或少留缝份。而在不粘衬（无纺或有纺）上裁剪,需加0.3cm或0.6cm缝份。三层胸片中的第二层衬布使用比利时亚麻布或毛衬布。

图9 贴边 FACING
短上衣后片 BACK JACKET
侧片 SIDE PANEL
胸片 CHEST PIECE
修剪0.6cm Trim 1/4"
短上衣前片 FRONT JACKET
附加的领撑 Extra support
前片挂面 FRONT FACING
领面 UPPERCOLLAR
领里 UNDERCOLLAR
翻领底座 COLLAR ROLL
用于下衣领的热熔黏合衬 Fused on undercollar

衣摆和衩口用料
For hem and vents

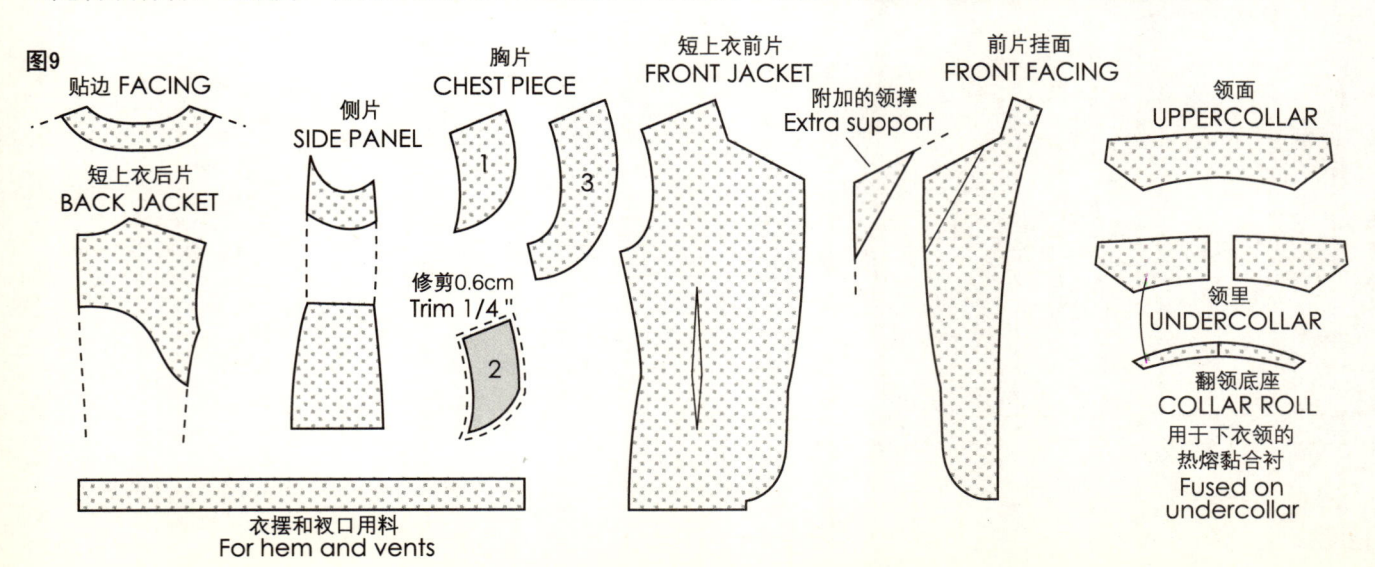

短上衣和里子的缝允差
Jacket and Lining Seam Allowance

图10

领围/衣领=0.6cm。
肩宽=1.9cm（根据肩垫适当调整）。
其他缝份=0.6cm。
裁剪缝份=1cm，或按设计需要。

颜色代码 Color Codes

即在服装的样板上用颜色代码标注各样板，以区别用料的不同。行业中选择用色有些不同：

上衣样板：黑色。
里子样板：蓝色。
贴边衬里：红色。如果连接形式多于一种类型，则对每种用一种颜色编码。
内衬：绿色。

样板信息 Pattern Information

- 标记：每片样板需要做款式、号型、裁剪编号、裁片数量和辨认丝缕方向等。标注经向丝缕线（参见上册第61页中的例子）。

里子样板 Lining Patterns

图11

- 活褶：在后片领口中点向外加2.5cm，再与腰围相连，渐渐为0。
- 腰省：腰省可以缝合、半缝合或者与折边缝合在一起，然后修剪里子的缝份。

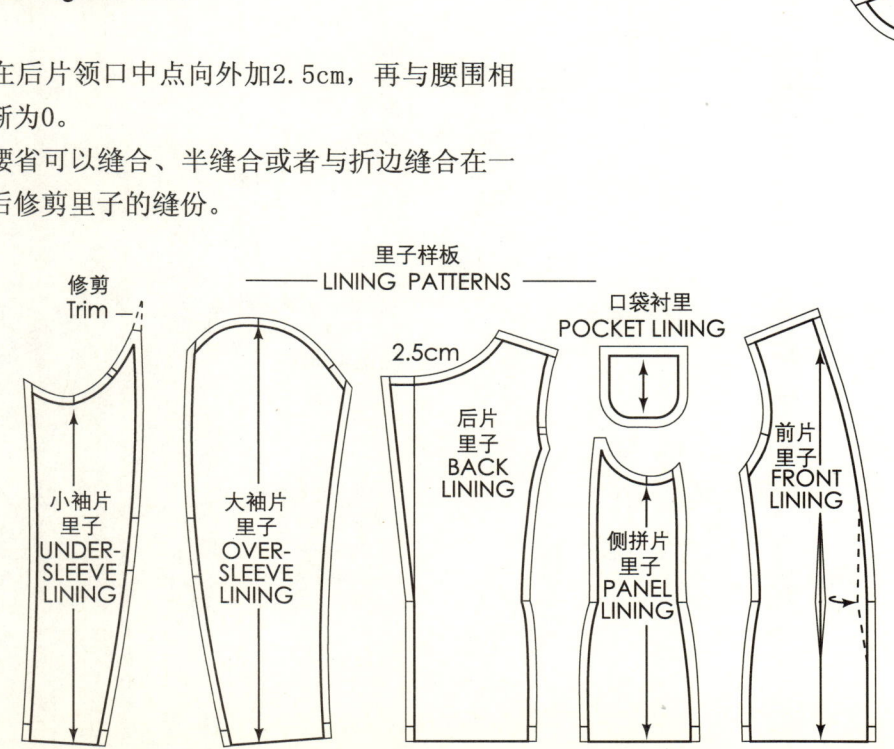

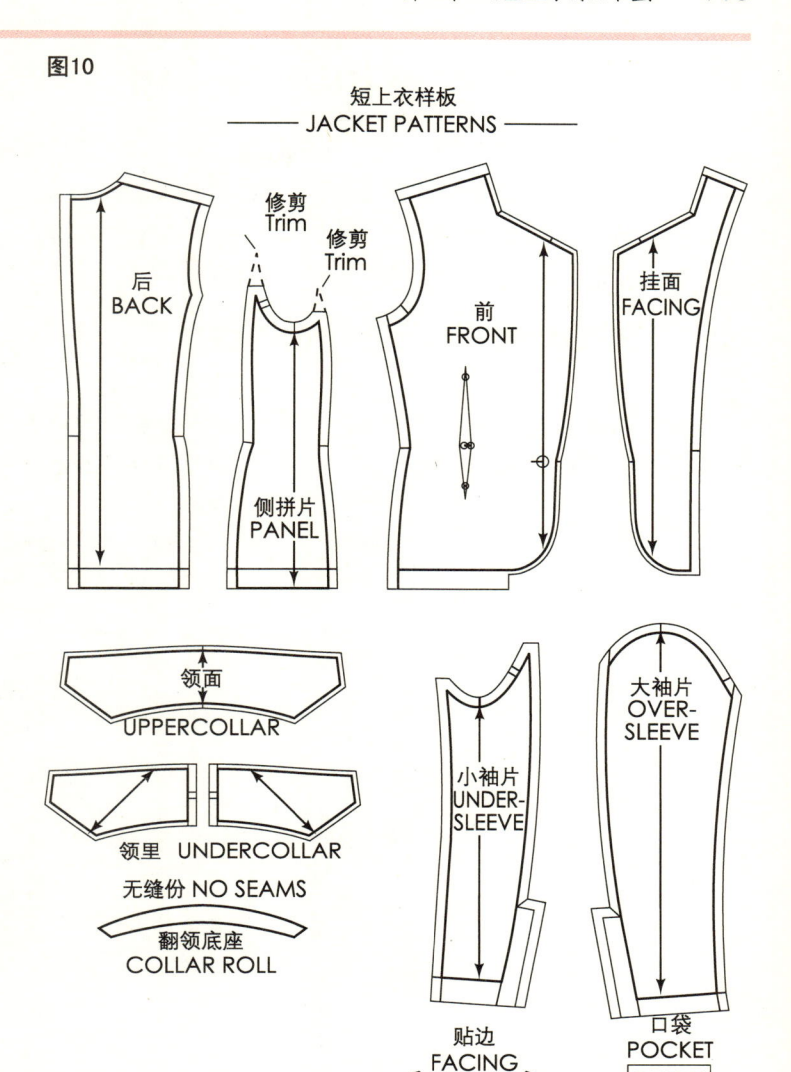

图10 短上衣样板 JACKET PATTERNS

图11 里子样板 LINING PATTERNS

拼内衬 Applying Interfacing

把热熔黏合贴衬有黏合剂（树脂）的一面，放在面料的反面，用蒸汽熨斗熨烫，此时树脂会融入面料纤维。用霍夫曼式（Hoffman）熨烫机（或者与之相似的）最为理想。如果没有霍夫曼熨烫机，可按照供应商提供的指示去做。有缝份的贴边衬（0.3～0.6cm）要先做好缝合。贴边衬使服装中的衣领、袖衩口、口袋、衣角和胸片等更牢固。贴边衬可以用有纺或无纺材料。

热熔黏合衬样板部分 Fusing Pattern Parts
图1

把热熔黏合衬粘在需要的地方。第二层粘在驳领的角上（图1b）。做出纽孔和口袋位置的记号，用划粉画出翻驳线。窄条黏合衬在翻驳点上7.6cm的地方开始，绕过驳头，在超过底摆3.8cm的地方结束。

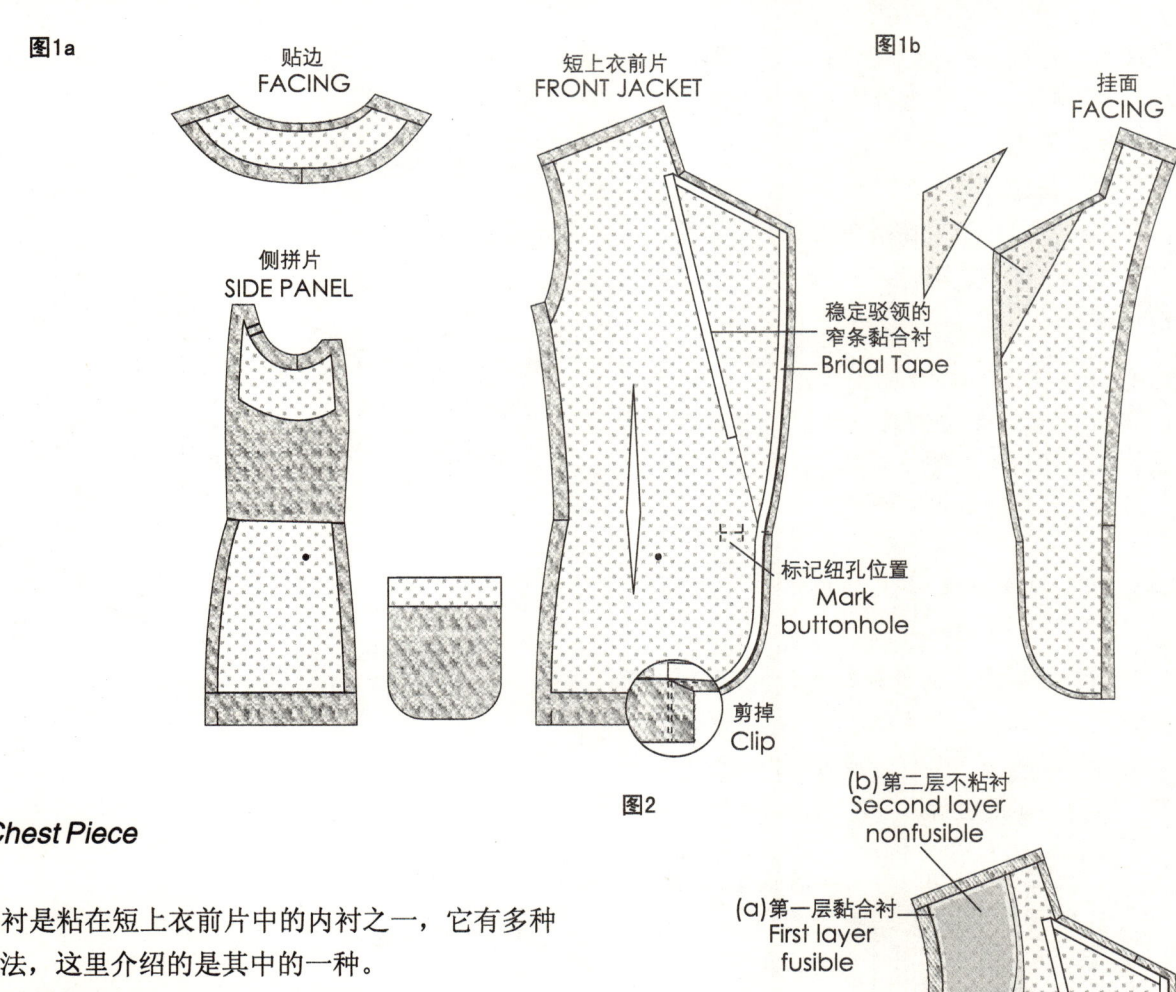

胸衬 Chest Piece
图2

胸衬是粘在短上衣前片中的内衬之一，它有多种应用方法，这里介绍的是其中的一种。
- 裁制轻柔的服装，可能粘一层就够了。
- 一个厚实的胸片由三层组成：第一层（a）；第二层（b），采用比利时亚麻布、马尾衬或毛衬布，在裁剪时它的周围小于第一层0.6cm；第三层（c）采用黏合衬，将它全部粘合到服装上。

第5章 短上衣和外套 | 117

领衬 *Interfacing the Collars*

图3

把领里、领面都粘上黏合衬，月牙形黏合衬粘在下衣领上，按箭头所指，逐步缝合。领子在粘过衬后，在翻折时便有个硬挺的领底座。参见第118页，图2。

图3

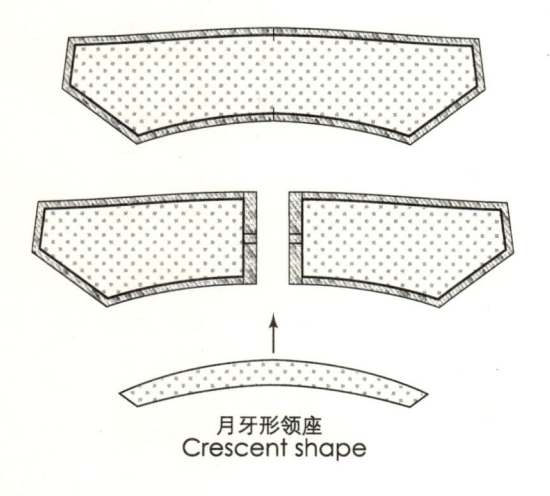

月牙形领座
Crescent shape

图4

一片式袖子 *One-Piece Sleeve*

- 衬底边在袖口折边线下1.3cm处。
- 用线做出省点标记（图4a）。

图4a

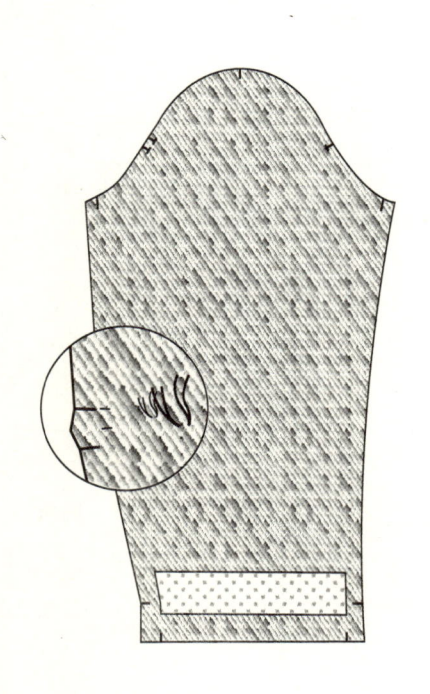

有开衩的两片式袖子 *Two-Piece Sleeve with Vent*

- 大袖片：衬底边置于袖口折线边下1.3cm和在开衩上。
- 小袖片：衬底边置于袖口折边线下1.3cm处（图4b）。

图4b

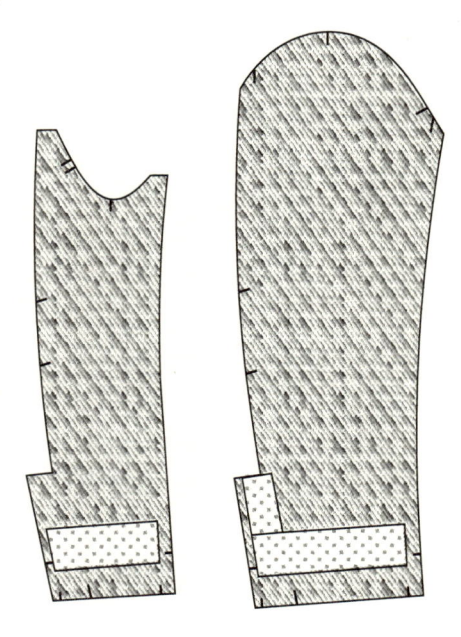

图5 后片样板 *Back Pattern*

衬底边置于底边折边线下1.3cm处。

图5

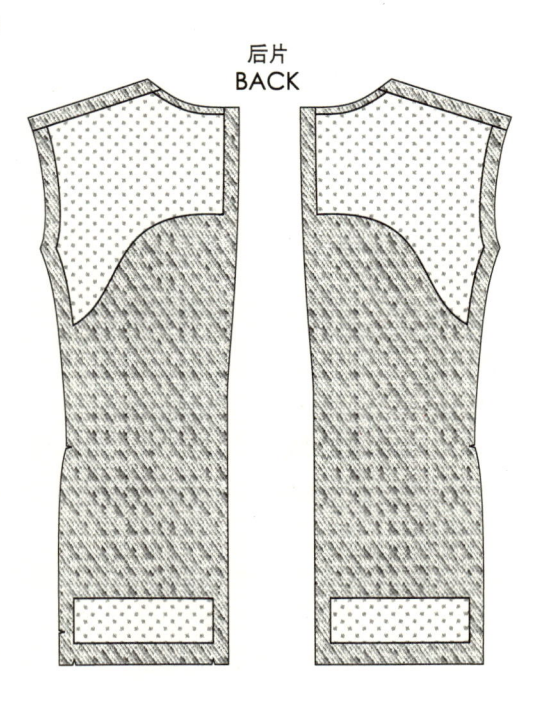

后片
BACK

短上衣的缝制 Assembling the Jacket

当内衬被粘到服装的各裁片上后,需按照缝纫顺序缝合完成短上衣。缝纫完毕的上衣还需进行专业的整烫。

准备下领里 Preparing Undercollar
图1
- 缝合两片领里,并将缝份分开烫平。
- 将月牙形领座与上面做好的领片缝合。
- 需缉缝2~3行,加以固定。

图1

上部缝合 Top stitching　支撑翻折处 Roll line support　月牙形领座 Crescent shape

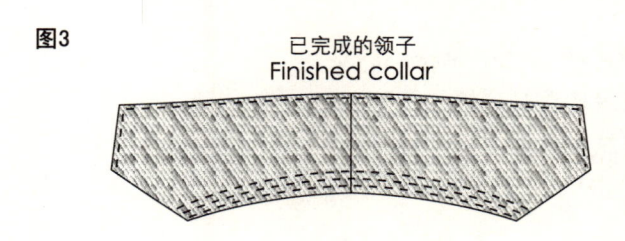

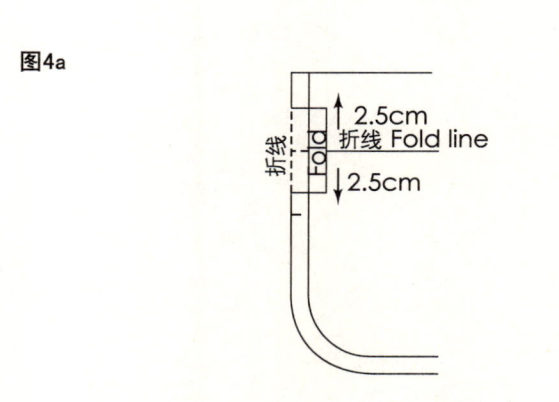

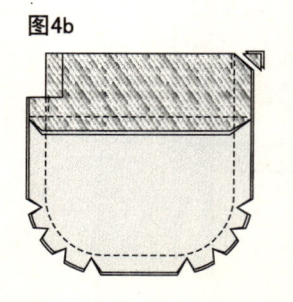

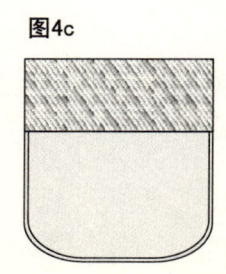

缝合领里 Stitching the Collar
图2
- 用大头针把衣领固定或做粗缝。
- 从后片中心开始缝,在另外一边重复。
- 缝合完毕,修剪领角缝份。

图2

修剪 Trim

缝合领座 Under Stitching
图3
- 把缝合的领子翻到正面,用辅助器把边、角推到领面的边缘。
- 打开领子,把缝份向下折好,再把领子翻到正面。在缝合线边做暗定缝。

图3

已完成的领子 Finished collar

图4a

2.5cm 折线 Fold line 2.5cm 折线 Fold

口袋 Pocket
图4
- 在口袋的一边,从折线向上、下各2.5cm做刀口(图4a),把缝份折向反面并烫平(未缝合的开口是为方便翻拉口袋用)。
- 将袋布与口袋折边缝合。再将折边沿折线翻折过来,并勾合口袋,缝至剪口线止。将口袋缝份的转弯处剪出楔形,再剪掉口袋角(图4b)。
- 将口袋从开口处翻出来,烫平,且袋布不反吐(图4c)。

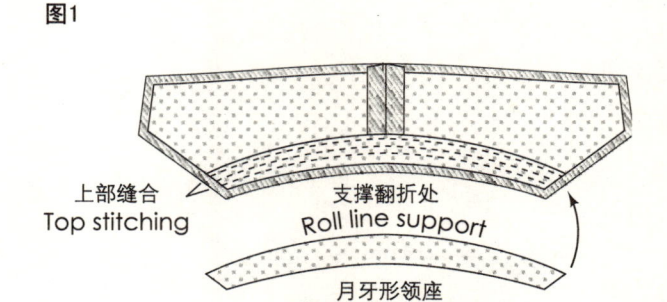

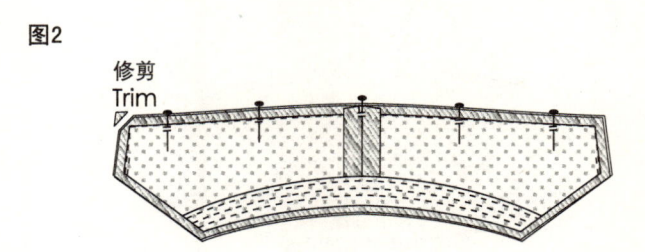

图4b

图4c

缝合腰省 Stitch Waist Darts

图5

下面介绍两种方法：

第一种：将一根斜丝布带放在衣片下面，然后缝合省道。将省倒向一侧，斜线布带倒向另一侧（图5a）。

第二种：（不加斜丝布带，直接缉省）从省中线处将省剪开（图5b）。

分缝烫平，把两个方块黏合衬粘在省道两端（图5c）。

图6

图5a

短上衣前片
FRONT JACKET

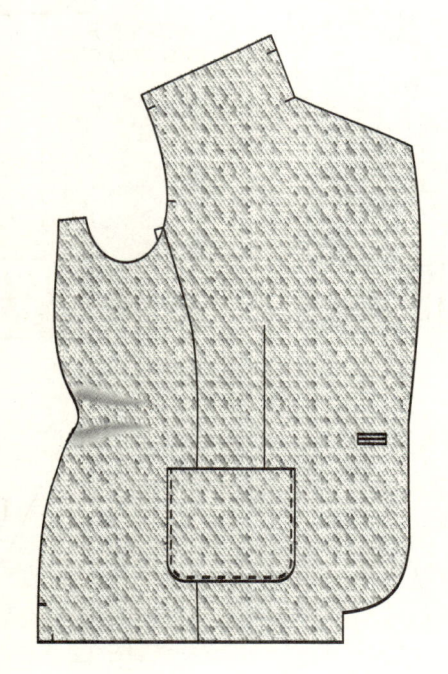

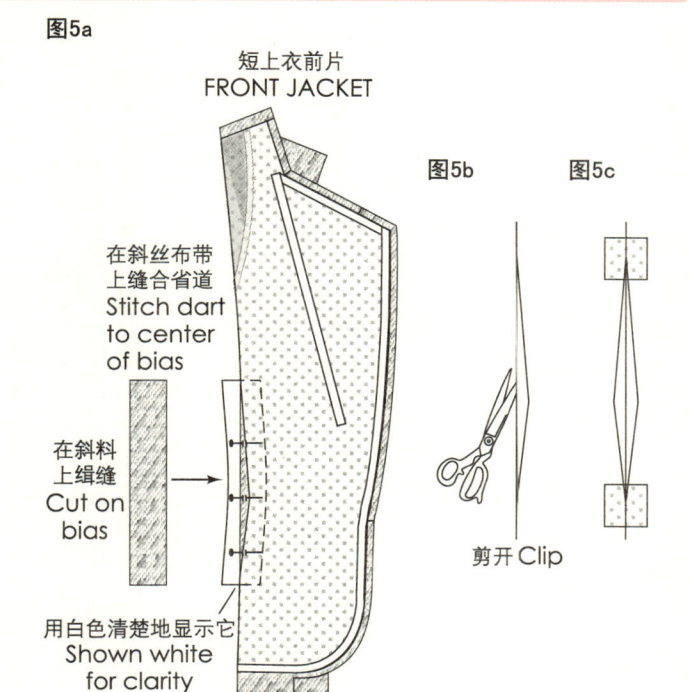

图5b　图5c

在斜丝布带上缝合省道
Stitch dart to center of bias

在斜料上缉缝
Cut on bias

用白色清楚地显示它
Shown white for clarity

剪开 Clip

口袋和纽孔 Pockets and Buttonholes

图6

- 缝合衣前片，接缝处摊开抚平。
- 把口袋装到袋位处。
- 标注纽孔位置，待整件服装缝制完成后用锁扣眼机制出纽孔。

缝合短上衣的缝份（在正面贴边）
Sew Jacket Seams (Right Sides Facing)

图7

- 缝合剩下的所有边缝（图7a），再合肩缝（图7b），并将所有的缝份分开烫平。

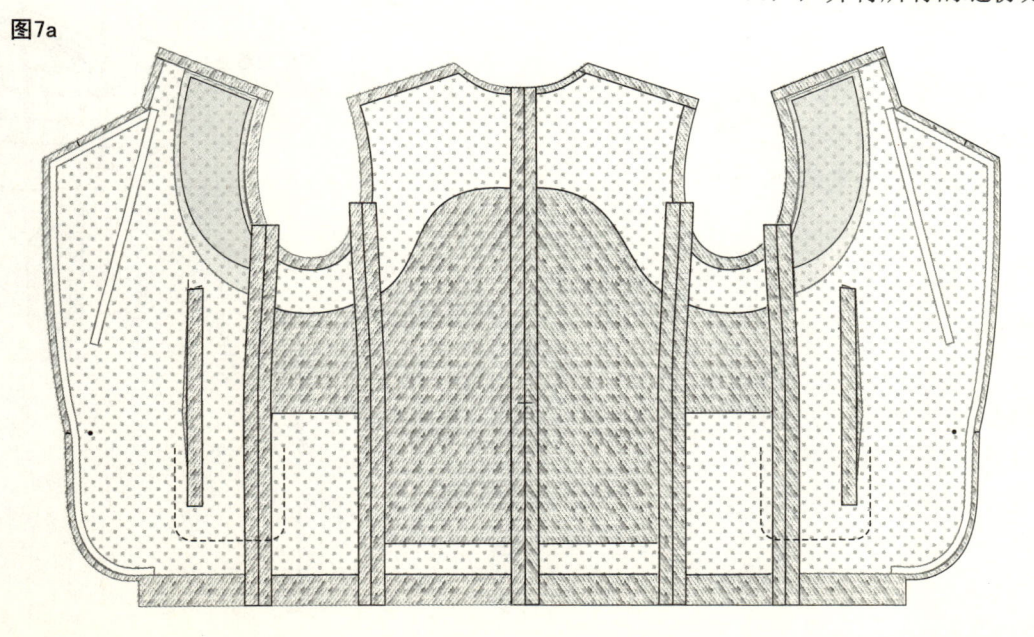

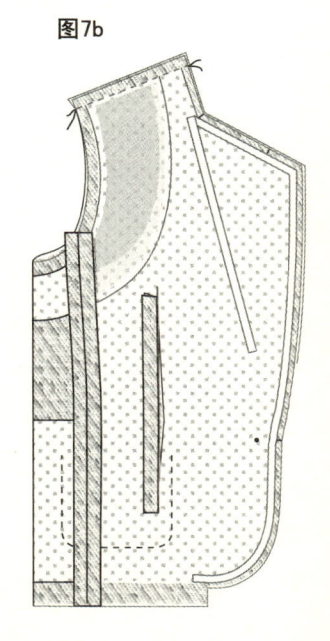

图7a　图7b

准备袖子 Preparing the Sleeves

对于无开衩的袖子，可以略去用不到的步骤。

图8
- 缝合从袖窿到开衩处袖缝，折转缝，并继续向袖口缝合0.3cm（图8a），分开缝份，烫平。
- 将袖山前后刀口标记之间打皱缝合，然后在缉线上面0.6cm处再加缝一行线。
- 将内袖缝缝合一半（图8b）。
  * 消除厚度的做法：在开衩边的折线上方缝合1.3cm，从肘缝份向下缝合至袖口。裁剪掉多余的部分，留出1.3cm的缝份（图8c）。
- 按图示将缝份分开烫平（图8d）。

图8a　图8b　图8c　剪开 Clip　修剪和剪开 Trim and clip　剪开 Clip　图8d

袖山处理 Sleeve Cap

图9

剪一条斜纹织带做固定牵条，长度等同于从前袖窿剪口标记至后剪口标记之间的长度，再加2.5cm。用大头针将牵带中点与袖山顶部的缝头固定，再将每一个剪口标记处都用大头针别住。留有1.3cm的缝允差。拉打皱的单针双线锁式缝线，直至它由细褶形成的吃势与带子的长度相等，且细褶均匀。再将双线打结，把牵带缝到袖山头上。如需要，可让袖山吃势增加丰满量。

熨袖山吃势 Steaming Cap Fullness

图10
- 把袖山放在熨烫垫上，用大头针固定位置。
- 用蒸汽熨斗尖熨烫这些细皱，并压平细皱部分。用一只手（为避免蒸汽烫伤，可戴手套）来辅助，使袖山平整并成形。
- 在翻转前先晾干。

图10　在熨烫垫上 Tailor's ham

绱袖子 Sew Sleeve to Armhole

图11
- 把袖子和大身正面与正面相对，将袖子用大头针固定或粗缝到袖窿上，与剪口标记对齐后缝合。
- 将衬布用大头针别在袖山上，并在第一行折皱线上方0.4cm处缝合。
- 让衬布向下翻。

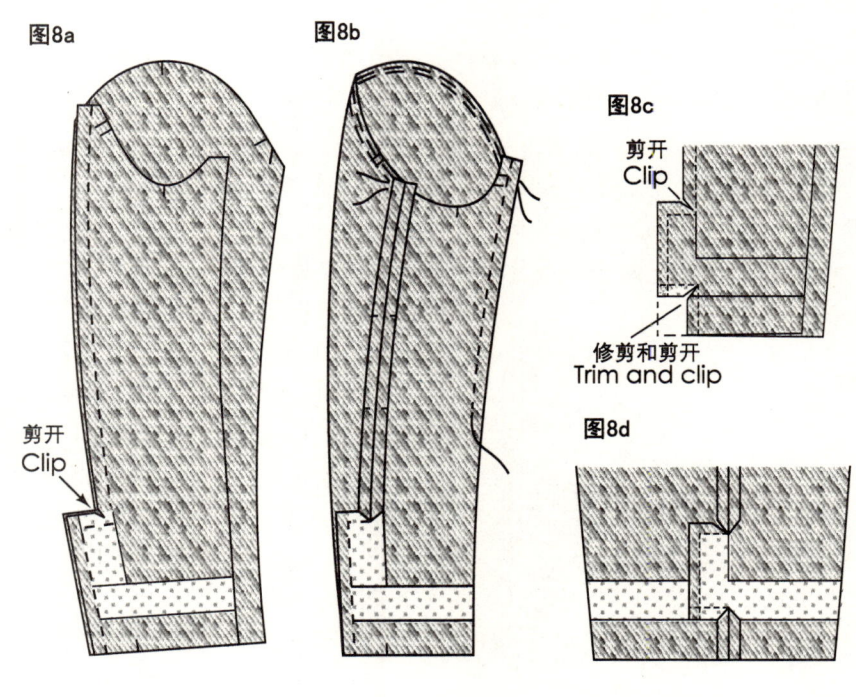

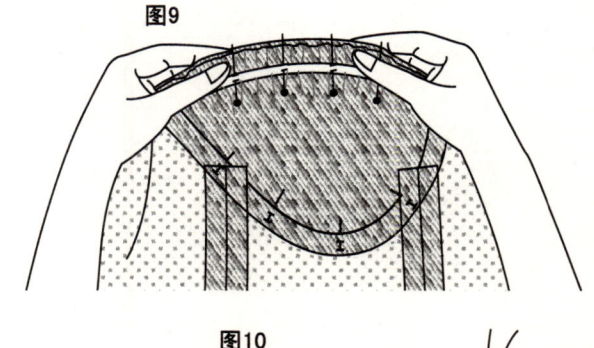

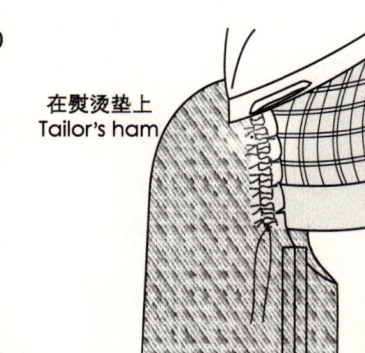

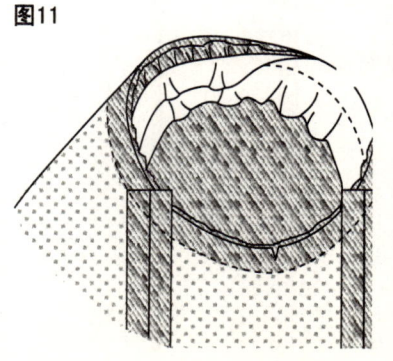

第5章　短上衣和外套　**121**

装垫肩 Attaching Shoulder Pad
图12

　　肩垫可以假缝或缝到袖窿上。
- 把肩垫的中心对准肩缝，并延伸到袖窿缝份的边缘。

　　方法一：沿肩的针脚缝（图12a），把上衣折起来，把垫肩从头到尾缝住。

　　方法二：先用大头针将垫肩固定，再用缝纫机将它与袖窿缝合在一起。

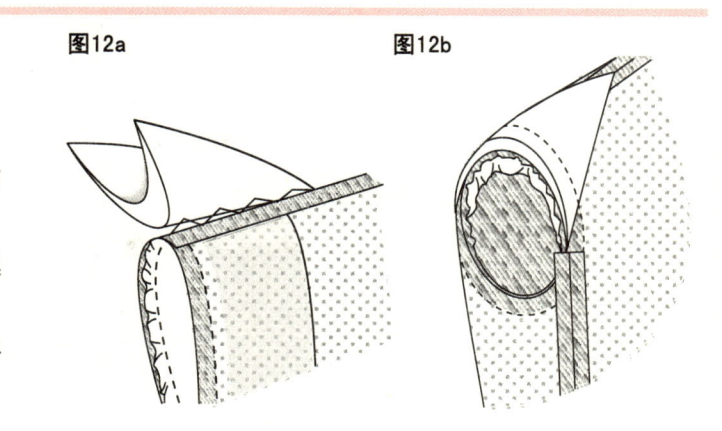

图12a　　　　图12b

缝合贴边于肩缝 Stitch Facing at Shoulders
图13
- 贴边正面与正面相对，然后缉缝肩缝。
- 把缝份分开烫平。

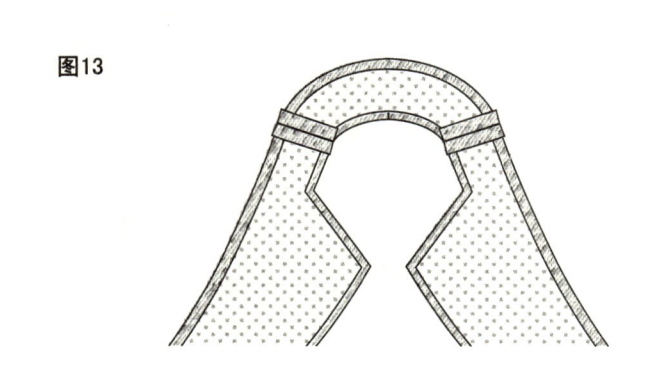

图13

缝合贴边至衣领 Stitch Collar to Facing
图14
- 衣领与贴边正面对正面地放到一起，用大头针把衣领别到贴边上或者把衣领粗缝到贴边上。
- 缝合并修剪贴边缝份。

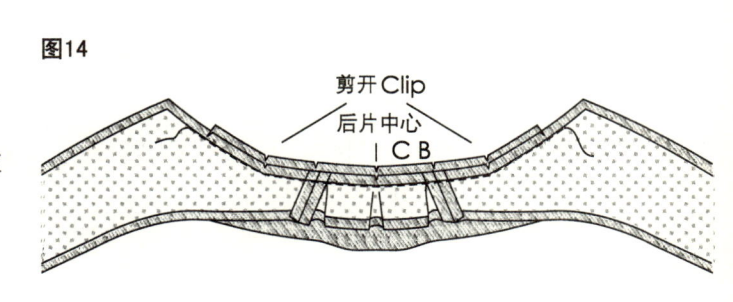

图14　　剪开 Clip　　后片中心 CB

缝合挂面至上衣 Sew Facing to the Jacket
图15
- 将挂面与上衣正面对正面地放到一起，从后片中心开始，用大头针把挂面别到上衣上，或把它粗缝到上衣上（图15a）。
- 缝合至底部的弧形衣摆，在离结束点1.3cm处结束，然后做倒回针缝。图15b排在下一页。在短上衣的另一面重复上述操作。

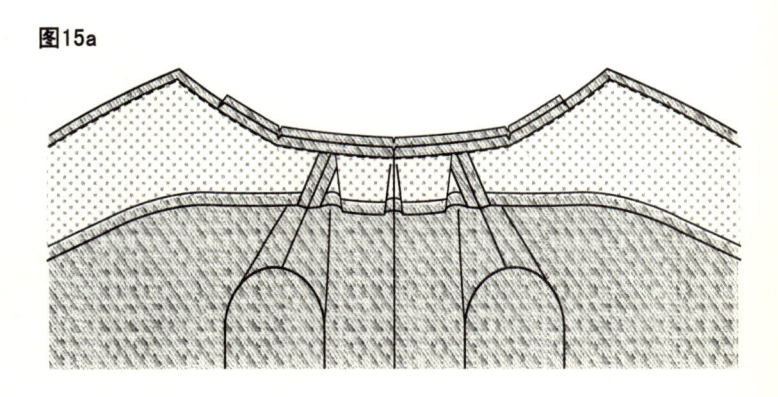

图15a

图15b

图示完成了的挂面。

图15b

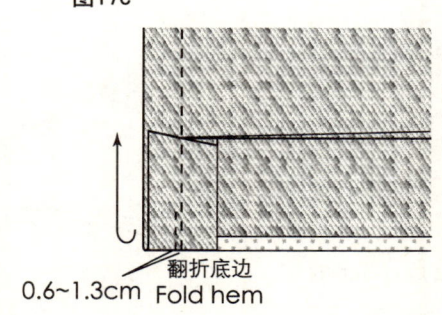

倒回针缝
Back stitch

图16

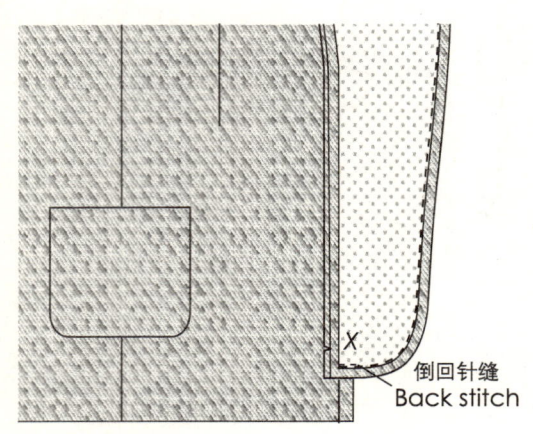

挂面 Facing

由此向上，缝份倒向衣片一侧
Jacket side stitched upward

改变点 Breakpoint

由此向下，缝份倒向挂面一侧
Facing side stitched downward

图16 不完全缝合 Under Stitching

- 如图将挂面与衣片打开。
- 由改变点（翻驳点）向上，将挂面与衣片的缝份都倒向衣片一侧，在衣片正面缉明线。
- 由改变点（翻驳点）向下，将挂面与衣片的缝份都倒向挂面一侧，在挂面正面缉明线。
- 将缝纫线拉到上衣里面并打结。

图17 袖口和衣摆的保险缝
Securing the Sleeve and Jacket Hems

用缝纫机或手工粗缝缝份。

- 接缝处必须摊开烫平（图17a）。
- 将接缝的两拼片合拢，单留出一个拼片的缝份，另一个缝份倒向两拼片一侧（图17b）。
- 将衣摆处的折边向上翻折。在原缝纫线旁0.6～1.3cm处做回针缝（图17c）。
- 把衣摆处的折边翻过来，面料的正面朝外（图17d）。

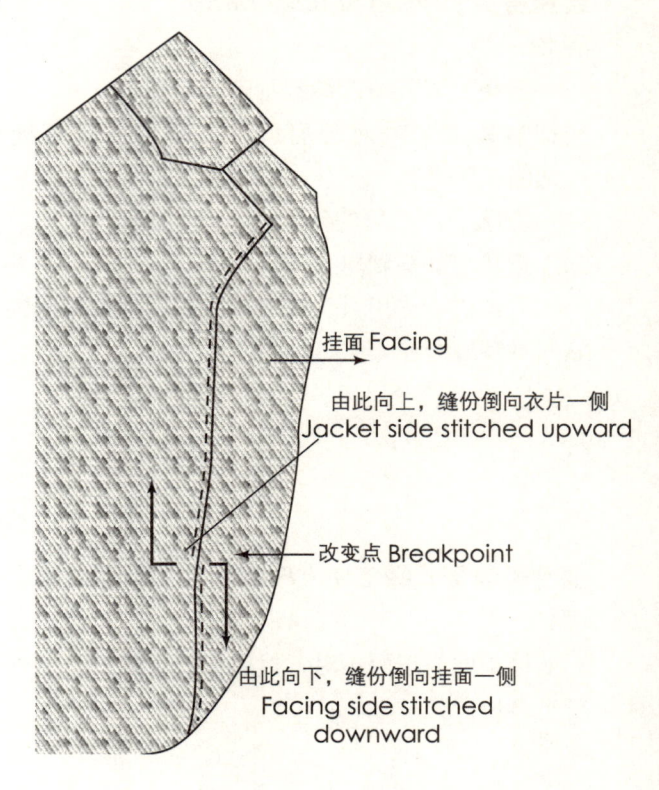

图17a

图17b

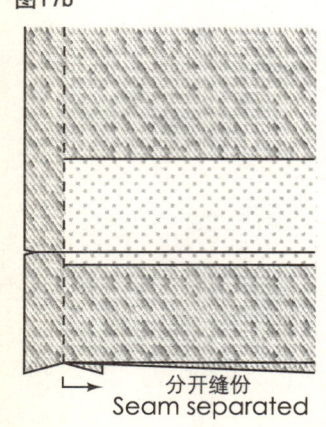

分开缝份
Seam separated

图17c

翻折底边
0.6~1.3cm Fold hem

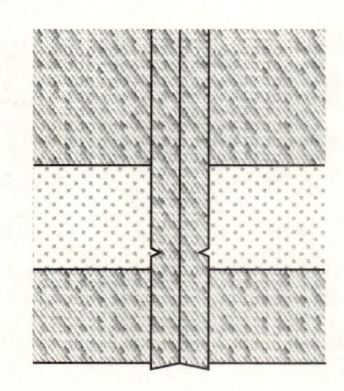

图17d

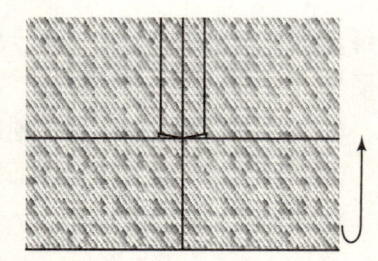

第5章 短上衣和外套

缝合里子缝份 Stitch Lining Seams
图18
- 缝合腰省（移至腰侧缝线除外）。
- 缝合后片中心的活褶。
- 缝合各裁片。
- 将缝合处的缝份分开烫平。

图18

缝合肩缝 Stitch Shoulderlines
图19
- 缝合肩缝并把缝份分开烫平。
- 把打褶刀口标记处合拢并缝合。

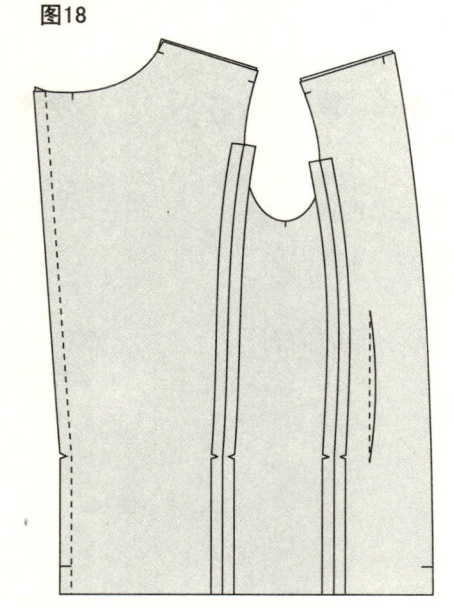

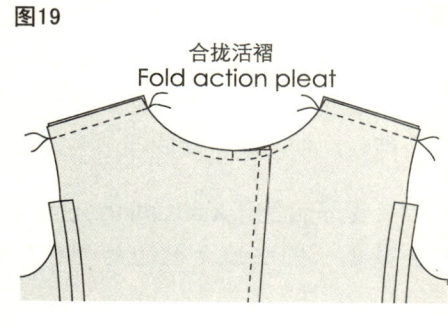

图19 合拢活褶 Fold action pleat

袖子的里子 Sleeve Lining
图20
- 在袖山缝份处抽细褶（皱缩缝）并在抽褶线上方0.6cm处再缝一次。
- 如图示缝合袖缝并把缝份分开烫平。
- 如图示缝合另外一边袖缝约至袖肘部止。

图20

绱袖里子 Stitch Sleeve to Armhole
图21
- 先将袖子与衣片袖窿对齐刀口标记，用大头针固定。
- 拉缝线调整袖山弧长，使其与袖窿弧长吻合，然后缝合。

图21

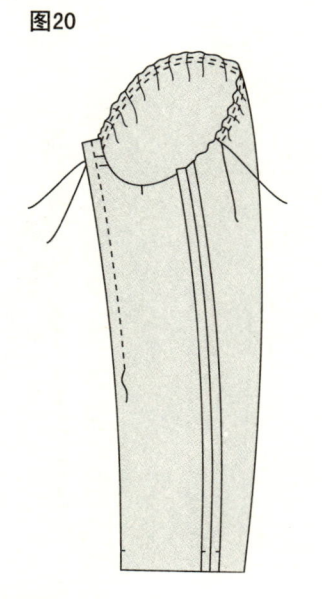

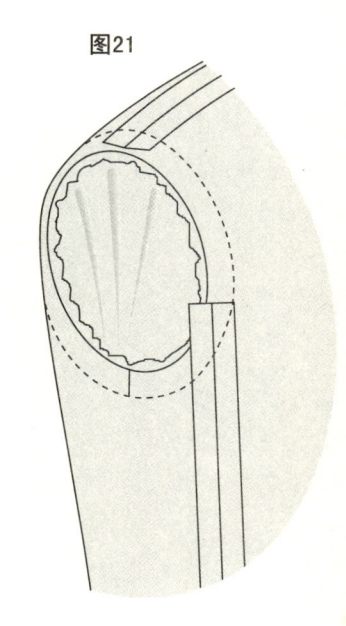

图22 缝合里子至短上衣的贴边 Stitching Lining to the Jacket Facing
- 把里子底边的刀口标记放到贴边的刀口标记上（X点）。
- 用大头针别住，缝合并倒回针固定。在贴边的周围继续缝合直至另一面的X点，然后再用倒回针固定。

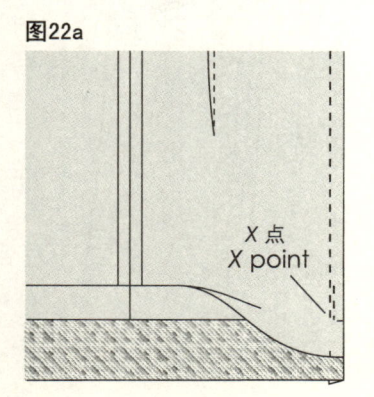

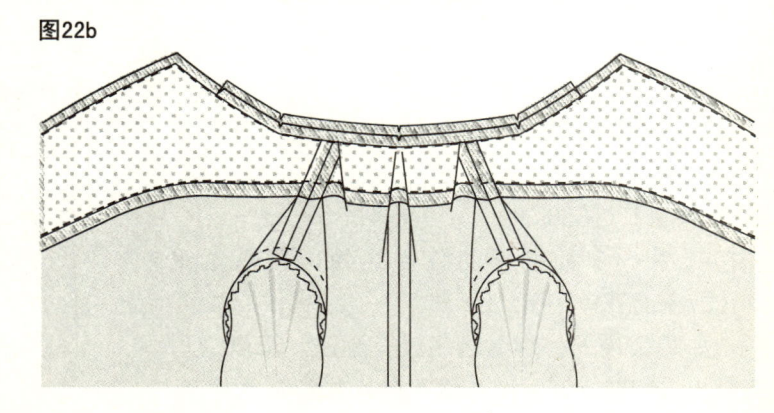

图22a X点 X point

图22b

图23 缝合里子与衣片底边
Stitching Lining Hem to Jacket Hem

- 把里子放平至上衣的底边，缝至衣后片上，留出一个翻口，使上衣可从此翻出来（图23）。

图24 里子合拢于X点 Lining folds at X point

- 折叠里子的底边至贴边的刀口标记处（X点，图24a）。
- 缝合并倒回针固定，需注意避免钩到下面的面料（图24b）。

图25

- 图示为缝合完毕的上衣（袖子里子—B，短上衣袖子面料—A）。

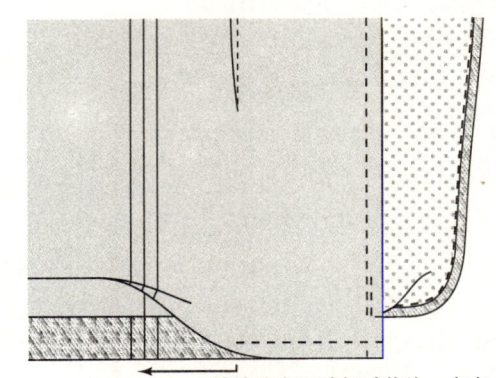

图23

继续缝合只稍超过裁片一点点
Continue stitching just past the panels

图24a   图24b

图25

图26 对齐袖子的缝份
Aligning Seam Lines of the Sleeves

- 将袖子的里子缝到上衣袖子面料的反面。
- 上衣袖子的缝份（两片式或一片式）和袖里子的缝份需对齐以避免扭曲变形。
- 用大头针别住底边周围的缝份，在缝合前再检查一遍是否对齐。
- 缝合袖口（图26a）。
- 在其中一个袖里子的缝合线处，可以留出12.7cm的开口（图26b）。

  如果服装的底摆贴边还没有缝住，可以把里子翻出来粗缝到开衩口和面料裁片的缝份上。

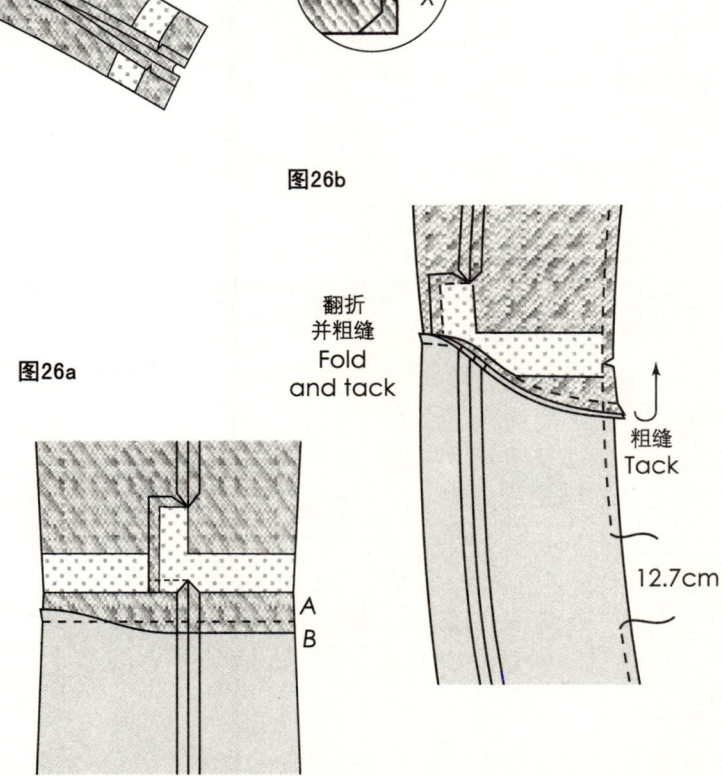

图26a

图26b

翻折并粗缝
Fold and tack

粗缝
Tack

12.7cm

图27 将袖子从开口处翻出来
Pull Sleeves Through Opening

把手从上衣里子底边的开口处伸进去，通过袖窿里子到袖口，抓住袖子把它从上衣底边的开口处翻出来。重复此步骤，翻出另一只袖子。里子包住上衣的袖子，接着把整件上衣翻出来，同时把里子的正面也翻出来。

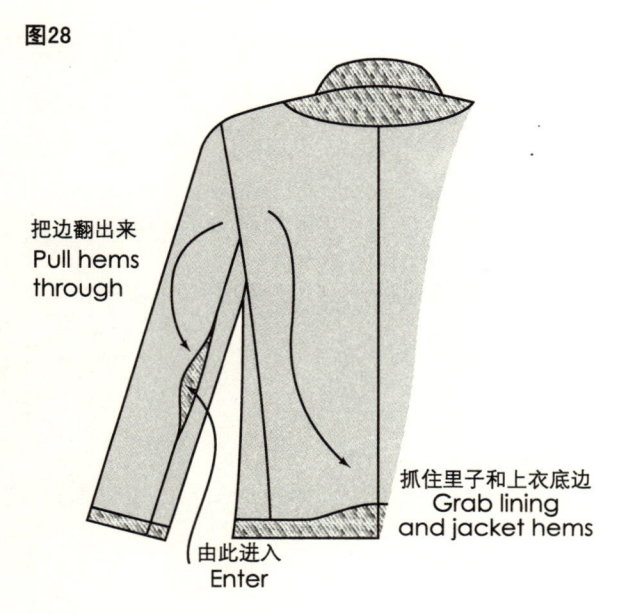

图27

在肩垫缝线处粗缝袖山
Tack sleeve caps below shoulder pad at stitch lines

翻出袖子
Pull through sleeve

连在一起缝
Tack stitch lines together

翻出口
Enter

抓住底边
Grab the hem

图28

把边翻出来
Pull hems through

抓住里子和上衣底边
Grab lining and jacket hems

由此进入
Enter

图28 翻出底边针脚 Pull Through Hem Stitch

- 将手从袖里子的开口处伸入至底边，抓住上衣和里子的底边，从开口处翻出袖子。
- 用大头针把底边别住后缝合。再把底边推回到上衣里面。

图29 缝合袖里开口
Close Opening in the Sleeve Lining

把缝份推进去，让面料和里子正面相对，缝合开口，尽可能多缝几针。

图29

缝合
Sew

图30

图30 完成上衣的最后步骤
Final Step to Completing the Jacket

将袖子翻到短上衣正面。现在看到的是短上衣面料的正面。在上衣的前面钉上纽扣，在袖子的开衩处也钉上纽扣。最后，通过专业的整烫，将会使短上衣润色不少。

鉴定短上衣的合体度 Evaluating the Fit of the Jacket

第一次试样可以采用平纹细布或特定的面料。应结合垫肩、内贴边和胸片（不需要里子）进行测试。借此机会调整各拼片的缝份、所有造型线缝份和松紧度。检查袖子是否顺直。一只完美的袖子应该与侧缝线对齐或略微偏前些。袖子如果偏后或太靠前，则要检查一下袖子是否被扭转了，参见第3章。衣摆应与基准线平行。如果衣摆高于或低于基准线，请参照下列图示中的调整方法作修改。也可参考本书后面提供的有关缝纫方面的参考书籍（见第405页），这些书中有关于那些问题的图片与解决方法。

为垫肩调整样板 Adjusting the Pattern for Shoulder Pad

图1

- 调整短上衣（不是里子）的肩宽。按照图1a放上垫肩，按照图1b调整肩的宽度，注意衣摆应呈水平状，调整好样板。参照图1c给出的两种方法中的一种，加上袖山的高度。

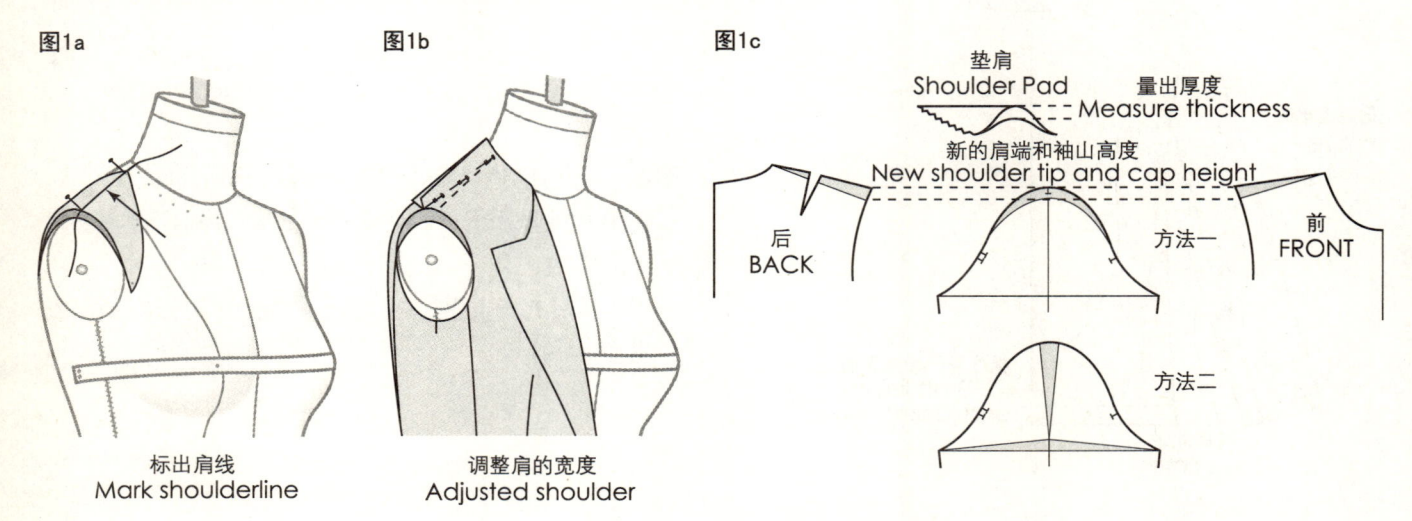

图1a — 标出肩线 Mark shoulderline
图1b — 调整肩的宽度 Adjusted shoulder
图1c — 垫肩 Shoulder Pad / 量出厚度 Measure thickness / 新的肩端和袖山高度 New shoulder tip and cap height / 后 BACK / 前 FRONT / 方法一 / 方法二

图2
测试要点 Fitting Check Points

- 把袖子转过来（图2a）。
- 提高或降低前片/后片肩的高度，衣摆需保持水平（图2b）。
- 提高肩的高度或调整胸围尺寸。图2c。修剪。
- 降低肩的高度或调整胸围尺寸（第6页）。图2d。修剪。

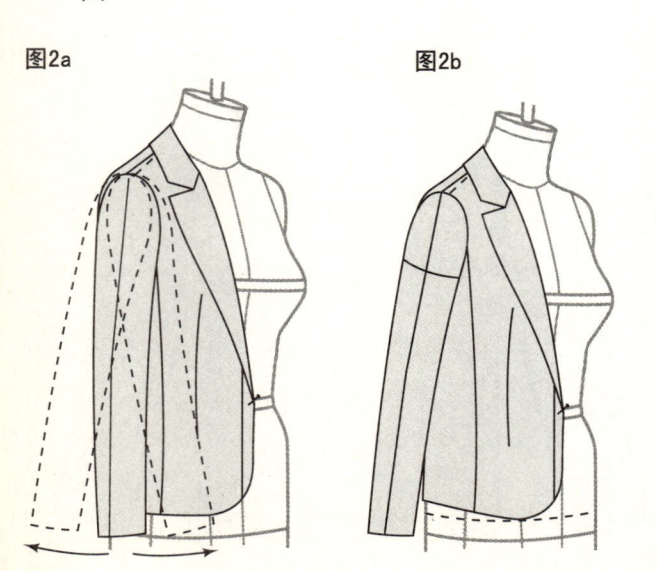

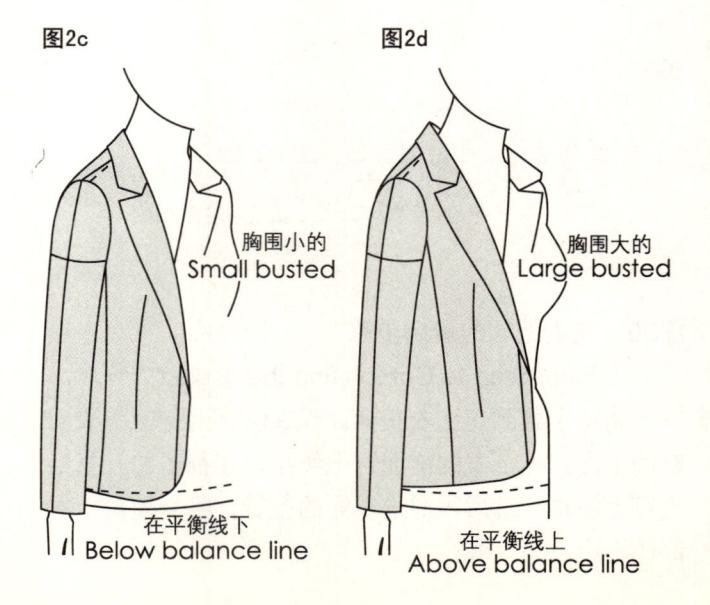

图2c — 胸围小的 Small busted / 在平衡线下 Below balance line
图2d — 胸围大的 Large busted / 在平衡线上 Above balance line

第 6 章

斗篷与兜帽
Capes and Hoods

斗篷 CAPES . . . . 128 　A型斗篷的基本样板 　A-Line Cape Foundation . . . . 128 　宽摆斗篷的基本样板 　Flared Cape Foundation . . . . 130 **兜帽 HOODS** 132	如何测量兜帽制板所需尺寸 How to Measure for Hood Draft . . . . 132 兜帽的基本样板 Contoured Hood Foundation . . . . 132 兜帽造型的设计 Contoured Hood Design . . . 136 宽松的兜帽 Loose Hood Foundation 137

斗篷 Capes

斗篷是指披在肩上的无袖服装（有时带有双臂插口）。它可以独立地披在短上衣、外套、连衣裙、运动服等各类服装的外面，也可以和外衣连在一起。有两种基本的斗篷样板可以从躯干原型样板中变化而来：一种是A型斗篷，另一种是环形斗篷。利用这两种基本样板可以设计许多不同种类的符合最新时尚潮流的斗篷。

A型斗篷的基本样板
A-Line Cape Foundation

设计分析 Design Analysis

该款斗篷具有A字廓型，有能将两臂伸出来的开口，有用来固定前片的纽扣。设计1的样板基于原型样板。

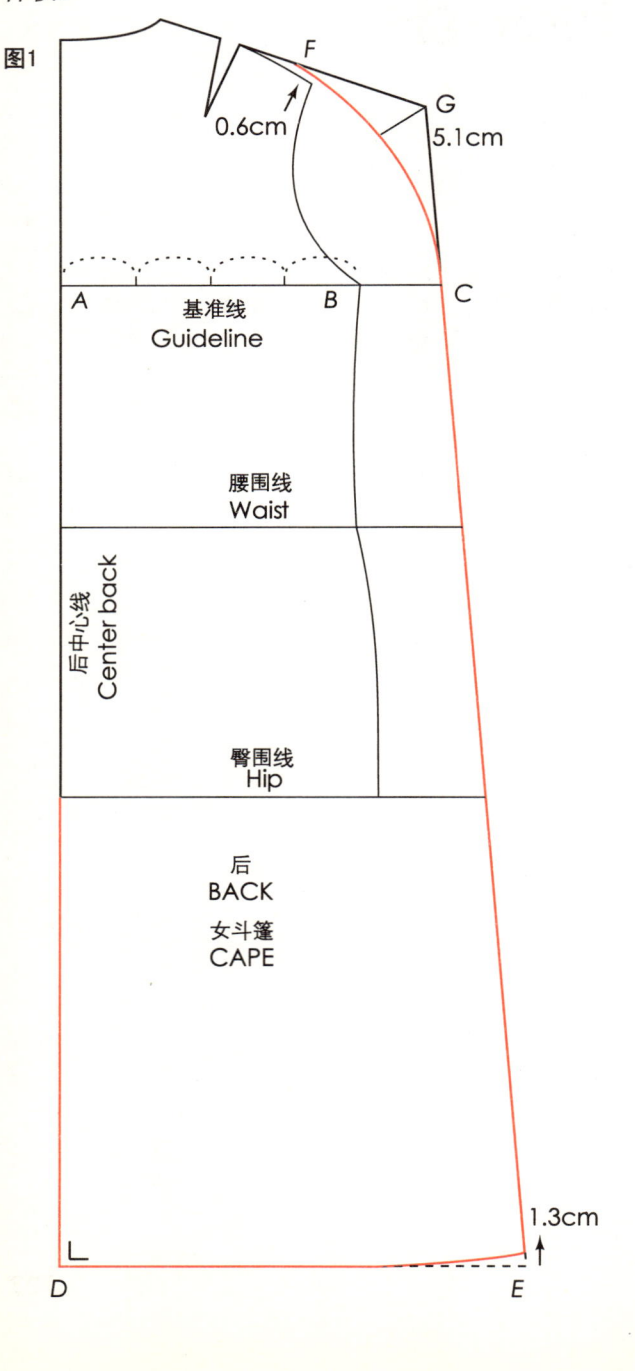

设计1

样板设计及制作 Pattern Plot and Manipulations

图1 后片 Back

- 描出躯干后片样板。
- 自后中心线作一垂直基准线与袖窿相交。标记A点和B点，将A～B分成4等份。延长A～B至C点，B～C等于A～B的1/4。
- 将后中心线延长至理想的长度，标记点D，从D点作直角线D～E，使D～E等于A～C加7.6cm。
- 由E点向C点画线。
- 在侧缝处将上衣摆线向上移1.3cm，再顺接。
- 在肩端点以上0.6cm做标记点F。
- 自肩斜长线中部并通过F点将肩斜长线延长，与E～C的延长线相交，将交点标为G。
- 自G画一条5.1cm长的对角线，然后从C～F再到肩斜长线中部画一条弧形肩斜长线。
- 从样板纸上剪下样板。

图2 前片 Front

- 描出躯干前片样板。将胁省转移到肩斜长线中部，其位置与后片肩位置一致（虚线）。
- 自前中心线作一垂直基准线与袖窿相连，做点标H。

    H～I＝斗篷后片中的B～C长。

- 加长前中心线至臀围以下部分，使其与后片等长，标记点J。
- 自J作一直角线，使J～K等于斗篷后片的D～E，连接K～I（此时弧线还未形成）。
- 在侧缝处将衣摆线向上移1.3cm，再顺接。
- 从前中心线向外2.5cm处画平行线，作为搭门。

图3

- 将斗篷后片置于前片上面，使基准线重合，且C和I重合（虚线表示后片）。
- 描出斗篷后片的肩部弧线，至后片肩省（将与前片省相连），做标记，移开样板（如果后肩线高于或低于前肩线，可在肩端调整差别，并顺接）。

    注意：不需要为肩垫做肩部调整（余量已转移到袖窿部位）。

- 在胸高点上3.8cm处确定省尖点，然后向省尖点画已调整过的省线。
- 完成样板，测试适合度（肩部的臂外侧弧线需在人体模型上进行调整）。

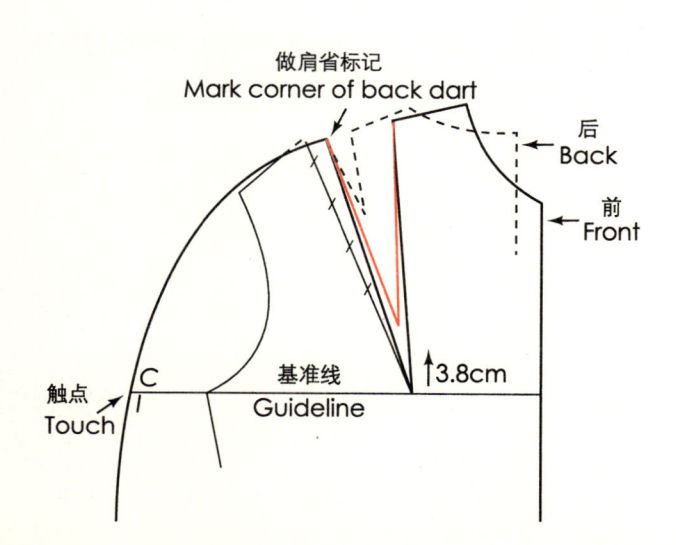

臂插口 Armhole Slit

- 在侧腰向内2.5cm处做标记，标记点L。自L分别向上和向下作一条12.7cm长的直角线（位置和长度可以有所不同）。开口需裁成0.16cm宽，然后横贯上部和底部做剪口标记。
- 裁一条25.4cm×7.6cm的细长滚条（未作图示）。

    注意：开口缝头朝向里子。

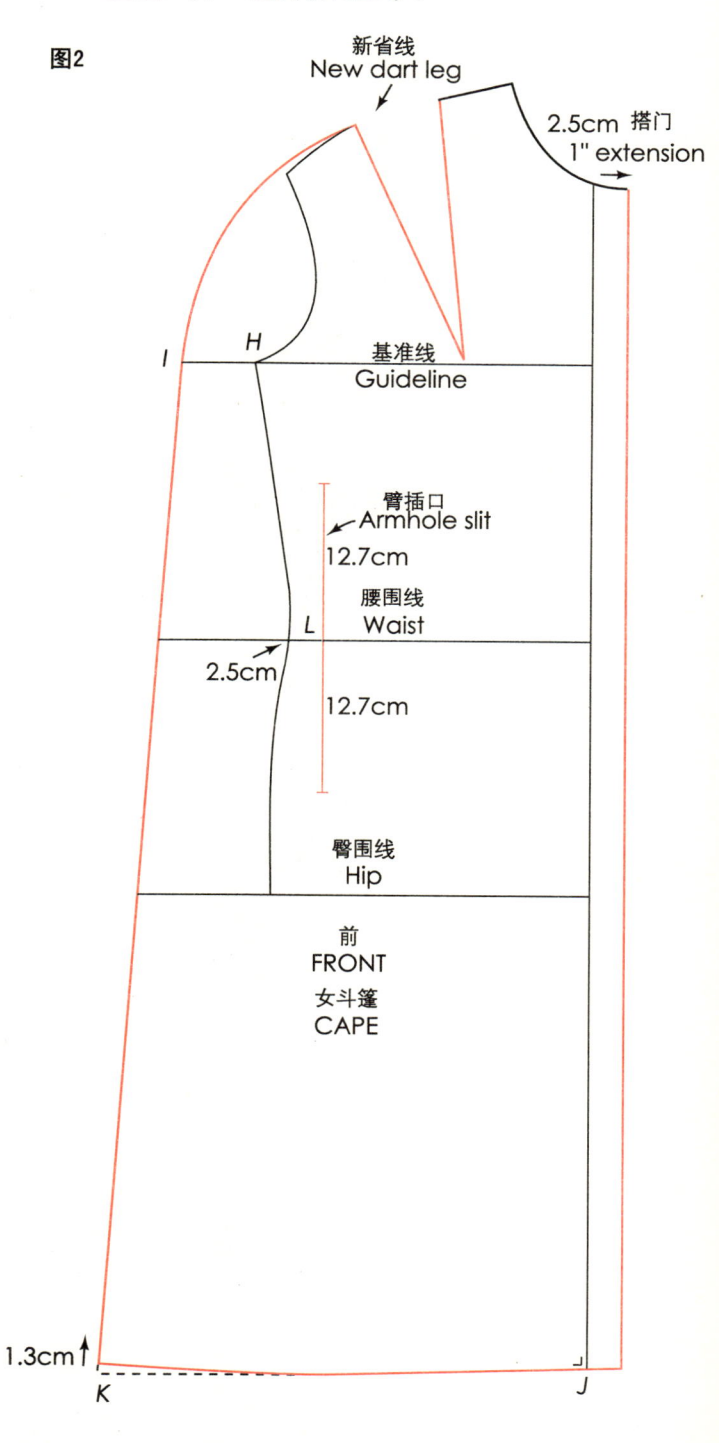

图2

图3

宽摆斗篷的基本样板 Flared Cape Foundation

设计分析 Design Analysis

宽摆斗篷通常都配有领带、立领以及似平翻下来的铜盆领。宽摆斗篷样板的制作基于前、后片躯干原型样板。

宽摆斗篷的样板草图 The Flared Cape Draft

图1

- 描出前、后片样板，将肩省及胁省转移至臀围线处，然后从样板纸上剪下样板。

- 在样板纸上画一直角线，将前、后片放在直角线上，使两肩端点相距2.5cm，描出样板。将两个侧臀点分别标为A点和B点。

- 在前后片肩端点的中点及A～B的中点作连线并标记点D（分片线）。

- 在分片线肩端向下3.8cm处，标记点C。

- 从C至前、后片肩斜长线中部，分别经过两肩端点以上0.6cm处，画弧形肩斜长线。

- 对两肩端作刀口标记。

- 在前、后片样板上画斗篷的摆线。

- 延长斗篷的摆线至理想长度，新斗篷的摆线应与臀围线平行。

- 如果需要，在前片中心线上安排纽扣及纽孔位置，画2.5cm的搭门。

第6章 斗篷与兜帽　131

图1

加长 Add length
后中心线 Center back
闭合 Close
2.5cm 部分 1" apart
7.6cm
C
B
分片线 Separating line
闭合 Close
前中心线 Center front
D
A
2.5cm 搭门 / extension
加长 Add length

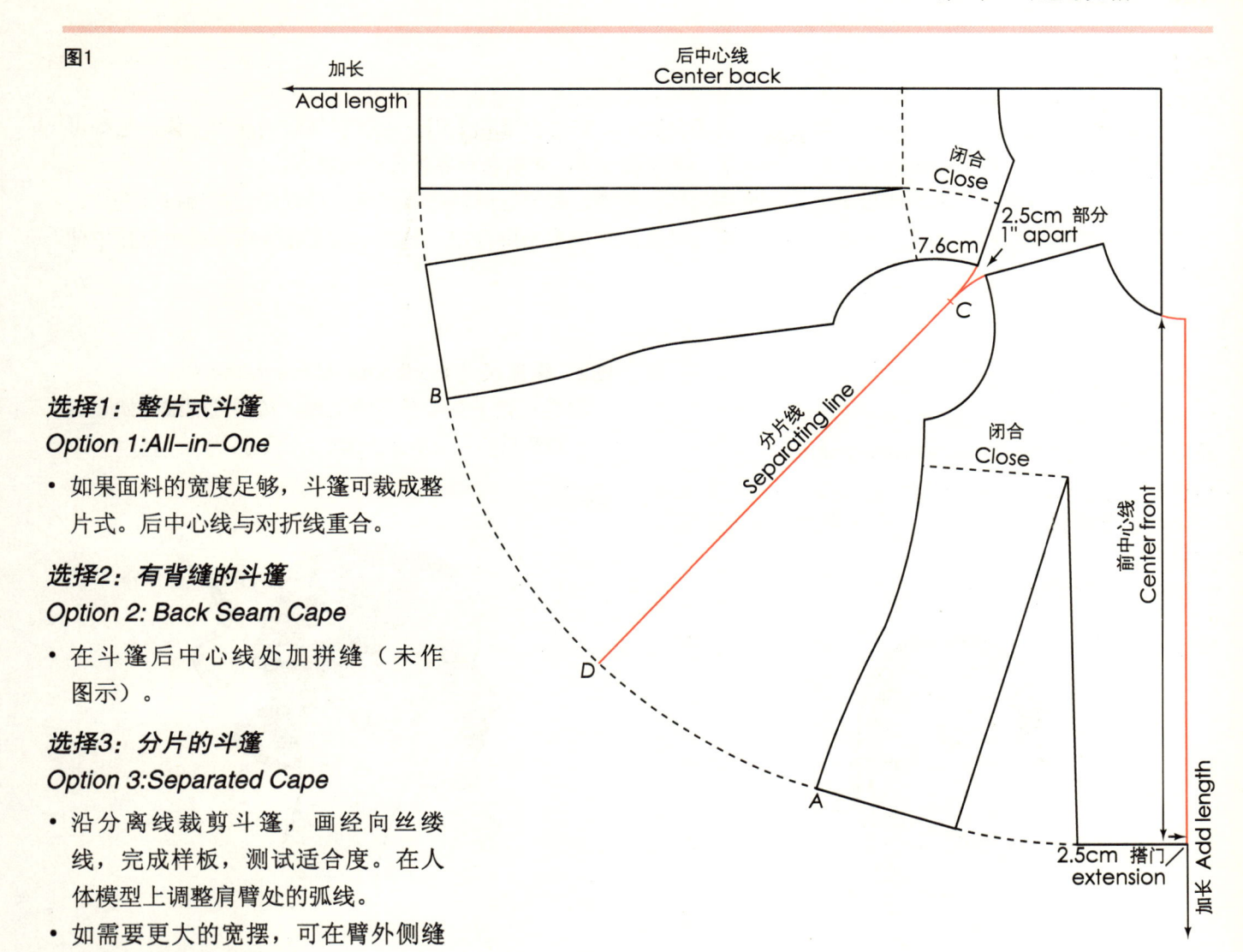

选择1：整片式斗篷
Option 1: All-in-One
- 如果面料的宽度足够，斗篷可裁成整片式。后中心线与对折线重合。

选择2：有背缝的斗篷
Option 2: Back Seam Cape
- 在斗篷后中心线处加拼缝（未作图示）。

选择3：分片的斗篷
Option 3: Separated Cape
- 沿分离线裁剪斗篷，画经向丝缕线，完成样板，测试适合度。在人体模型上调整肩臂处的弧线。
- 如需要更大的宽摆，可在臂外侧缝线处加扩展量，至肩端点。

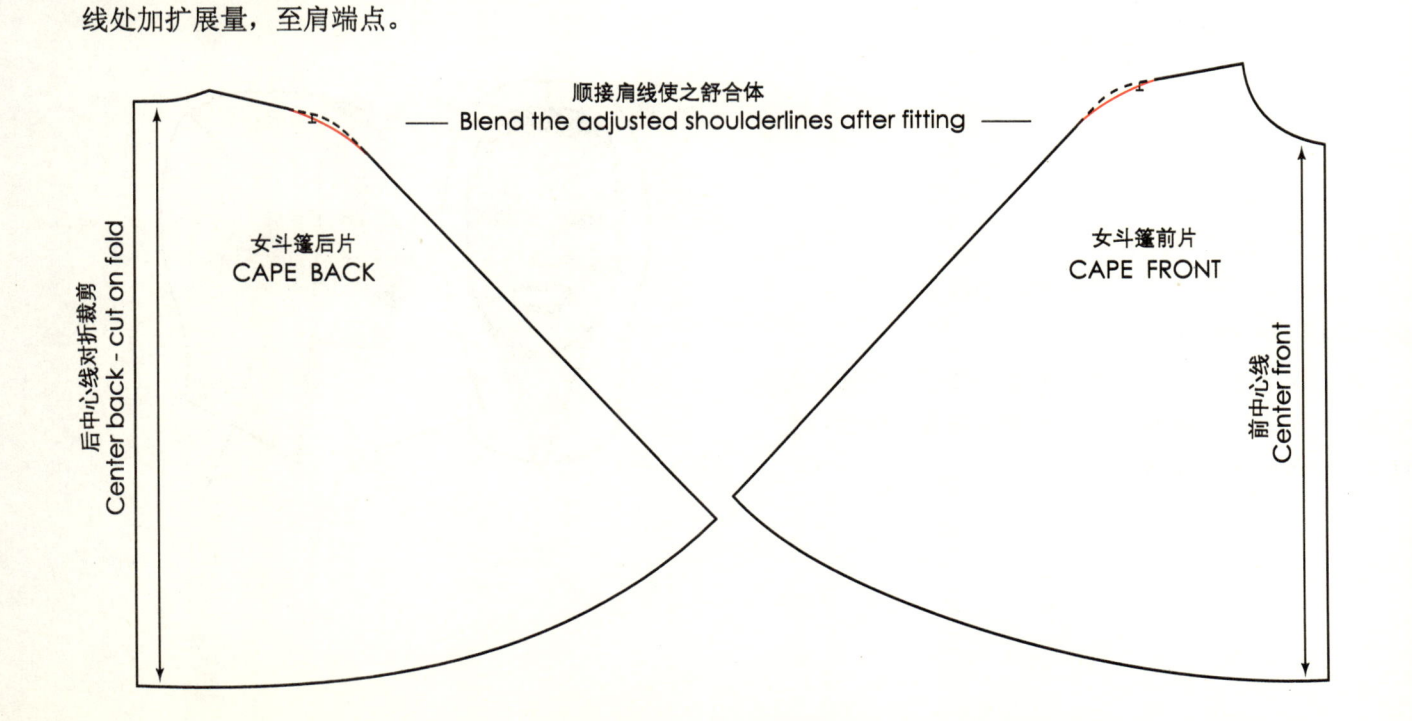

顺接肩线使之舒合体
Blend the adjusted shoulderlines after fitting

女斗篷后片
CAPE BACK

后中心线对折裁剪
Center back - cut on fold

女斗篷前片
CAPE FRONT

前中心线
Center front

兜帽 Hoods

兜帽覆盖在人体的头、颈部位，有时还遮盖部分脸部。它可以单独使用，也可以与服装连为一体。它既可用来抵御不良天气，也可用来表现某种设计特点。像服装一样，兜帽也有各种各样的款式。

这里介绍两种兜帽的基本样板——合体兜帽和宽松兜帽。基于这两种基本样板，可以进行多种设计变化。这里图示的兜帽都与服装相连，兜帽与前、后衣片样板的领口线是拼合在一起的，因此在兜帽的样板制作中使用了上衣的领口线。

如何测量兜帽制板所需尺寸
How to Measure for Hood Draft

图1　帽高尺寸 Overhead Measurement
- 将卷尺置于前领口中心（锁骨之间），拿住尺的末端，从前领口中心开始，向上并越过头部进行测量。
- 记录所测长度的1/3尺寸，再加2cm：_____。

图1

图2　帽宽尺寸 Horizontal Measurement
- 将卷尺置于齐眼睛高的位置，从帽轮廓线开始至另一侧测量，记录所测长度的1/2尺寸：_____。

图2

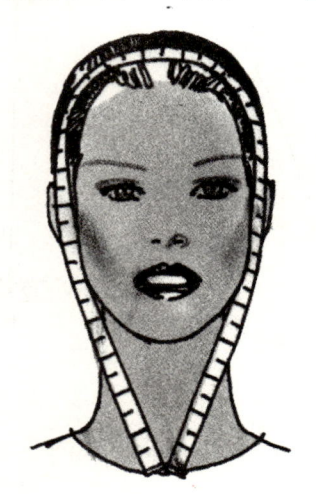

兜帽的基本样板
Contoured Hood Foundation

设计分析 Design Analysis

通过头顶和颈部褶裥所起的塑形作用，使兜帽的轮廓线与头部的形状相吻合。兜帽与服装的拼合自前领口中点开始，至前领口止。

样板设计与制作
Pattern Plot and Manipulation

图1

A～B=帽高尺寸（如：25.4cm）。

B～C=（A～B）-2.5cm。

C～D=3.8cm。

A～E=（A～B）/2，标E点。

F～G=帽宽尺寸，过E点作A～B的垂线（如：20.3cm）。

B～H=2.5cm，做标记。

B～I=（B～C）/2，做标记。

图1

图2

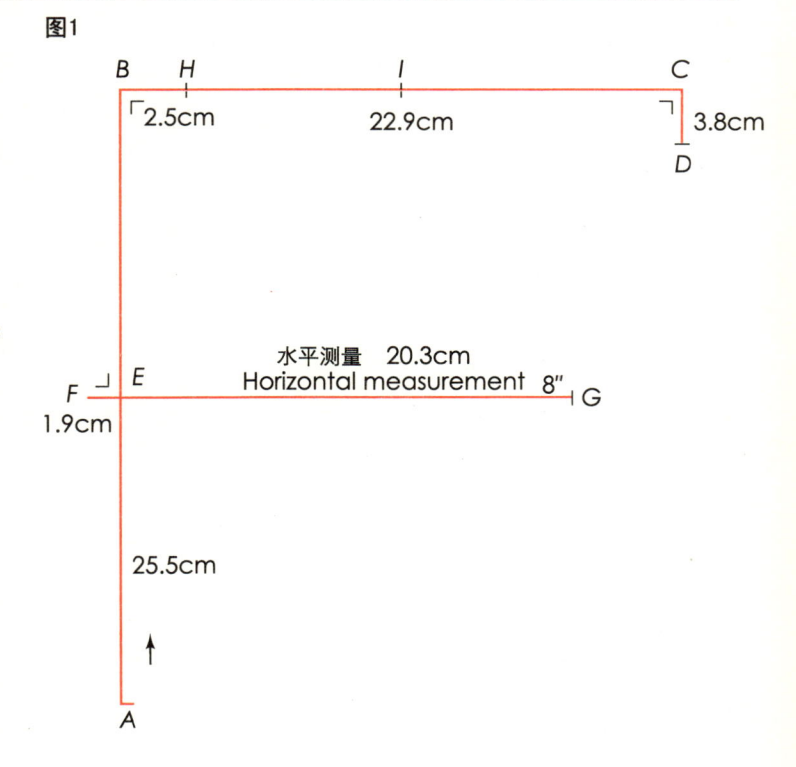

- 将后片样板放在样板草图上，使后中心线与A～B线重合，后领口中点位于A点。
- 描出后领口至肩颈处的样板，标记点J。
- 将样板移动1.9cm，使后片中心线与A～B线平行。
- 从领角至省线描出肩线，标记点K（虚线表示未描出样板）。
- 移开样板。

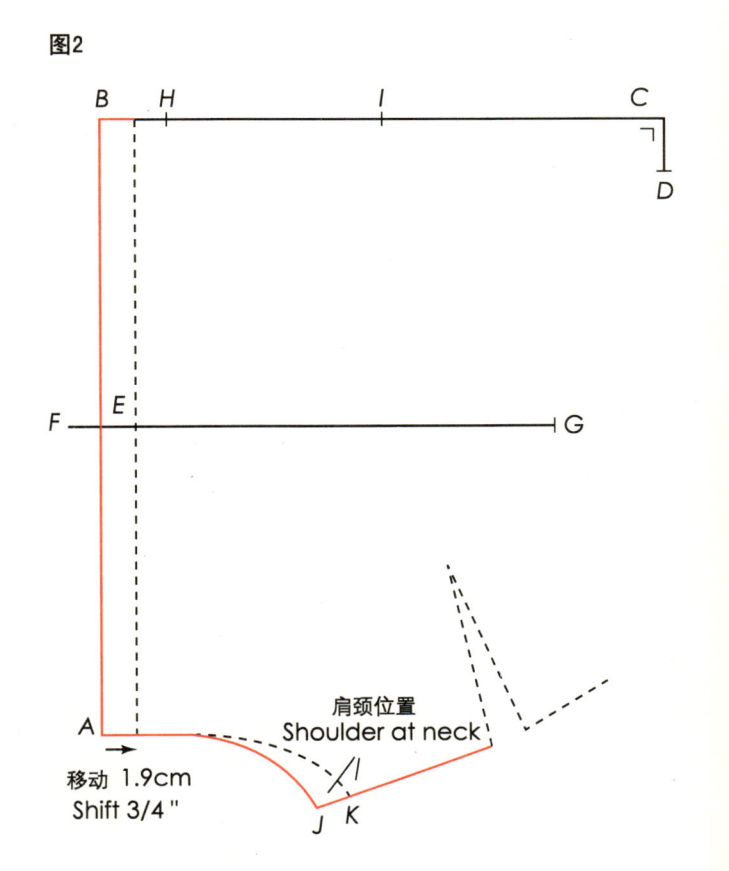

图2

图3

- 延长肩线（作为基准线）。
- 将前片样板的肩线与基准线重合，肩颈点为K点。
- 描出前领口线，中点标X（虚线表示未描样板）。
- 移开样板

    K～L=7.6cm，做标记。

    L～M=1cm，做标记，并自H～M画线。

    H～N=1.9cm，做标记。

- 自N点分别向外作H～N的垂线长2.9cm，标记点O、P。
- N～Q=（H～M）/3，做标记，并连接Q、O、P。

图3

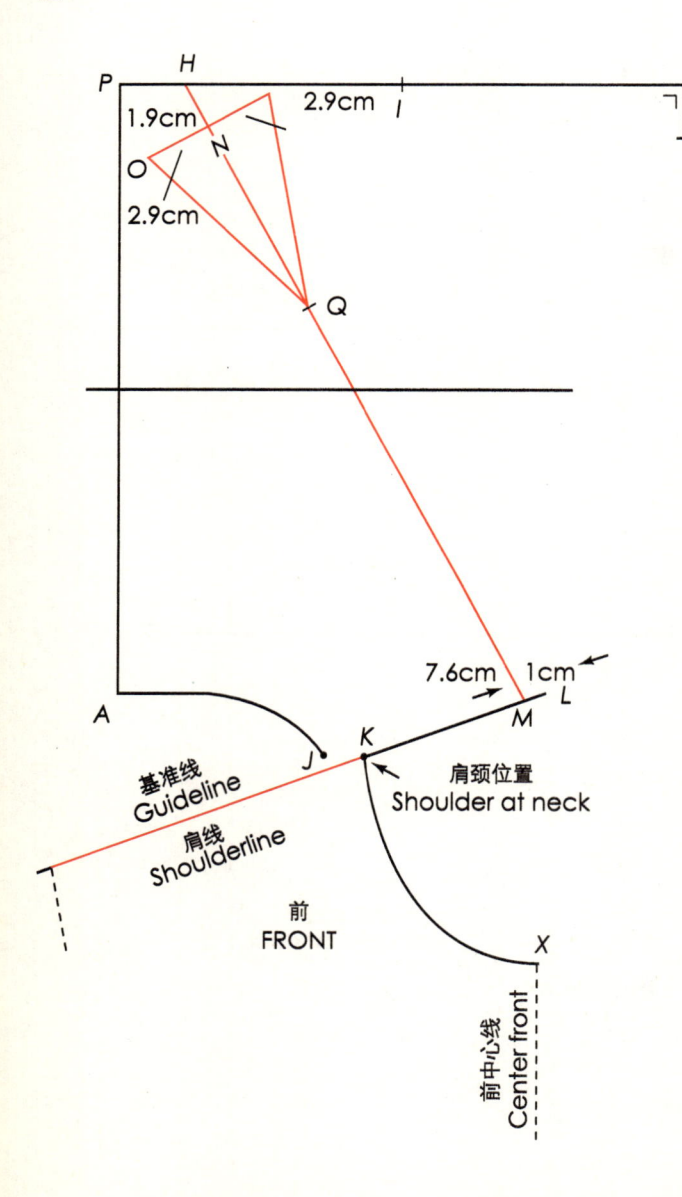

图4　形成兜帽形状 Shaping Hood

- 连接A、F、O点以及P、I、D点，画出兜帽的后轮廓。
- 自D、G、L至X，画出兜帽前部轮廓，一条向内弯曲的弧线。如有必要，可将弧度加大。

颈省 Neck Dart

- 在J、K中点做标记。画一条7.6cm长的线，使其与A～B平行，标记点R。
- 连结J、R、K，形成颈省。

帽顶省 Crown Dart

- 分别标出O～Q和Q～P的中点，并各向外量0.3cm，做标记，从Q点分别画与O、P相连弧线。
- 画平行于A～B的经向丝缕线。完成样板后需测试适合度。

    注意：可以闭合颈部的省道，将其转移到A～B中。

图4

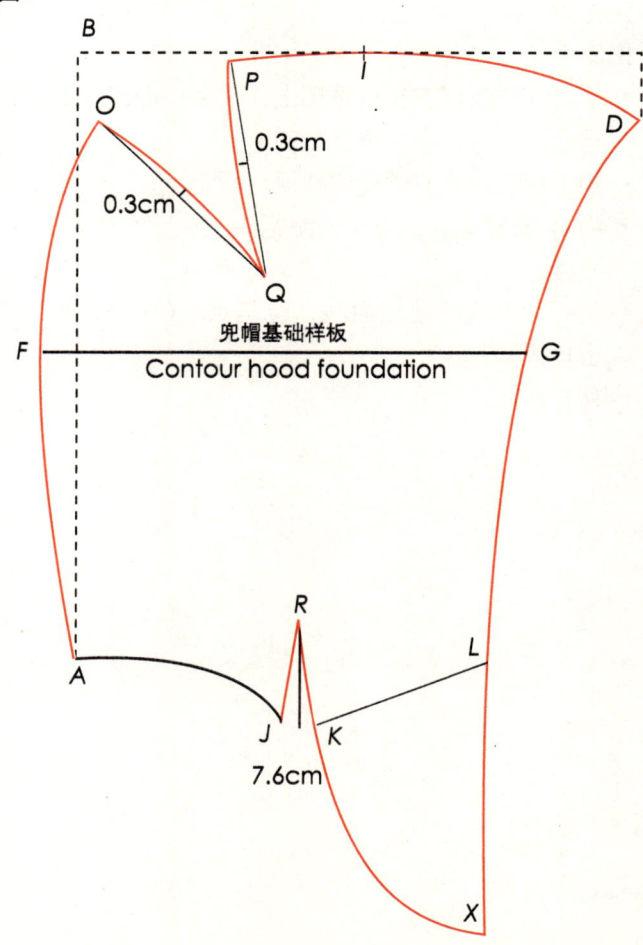

无省兜帽 Dartless Hood
图5

- 画一条穿过省道至K点的线，并顺接。
- 如图所示，分别在前、后领口线处修剪1cm。如有需要可再顺着领口线调整肩线。

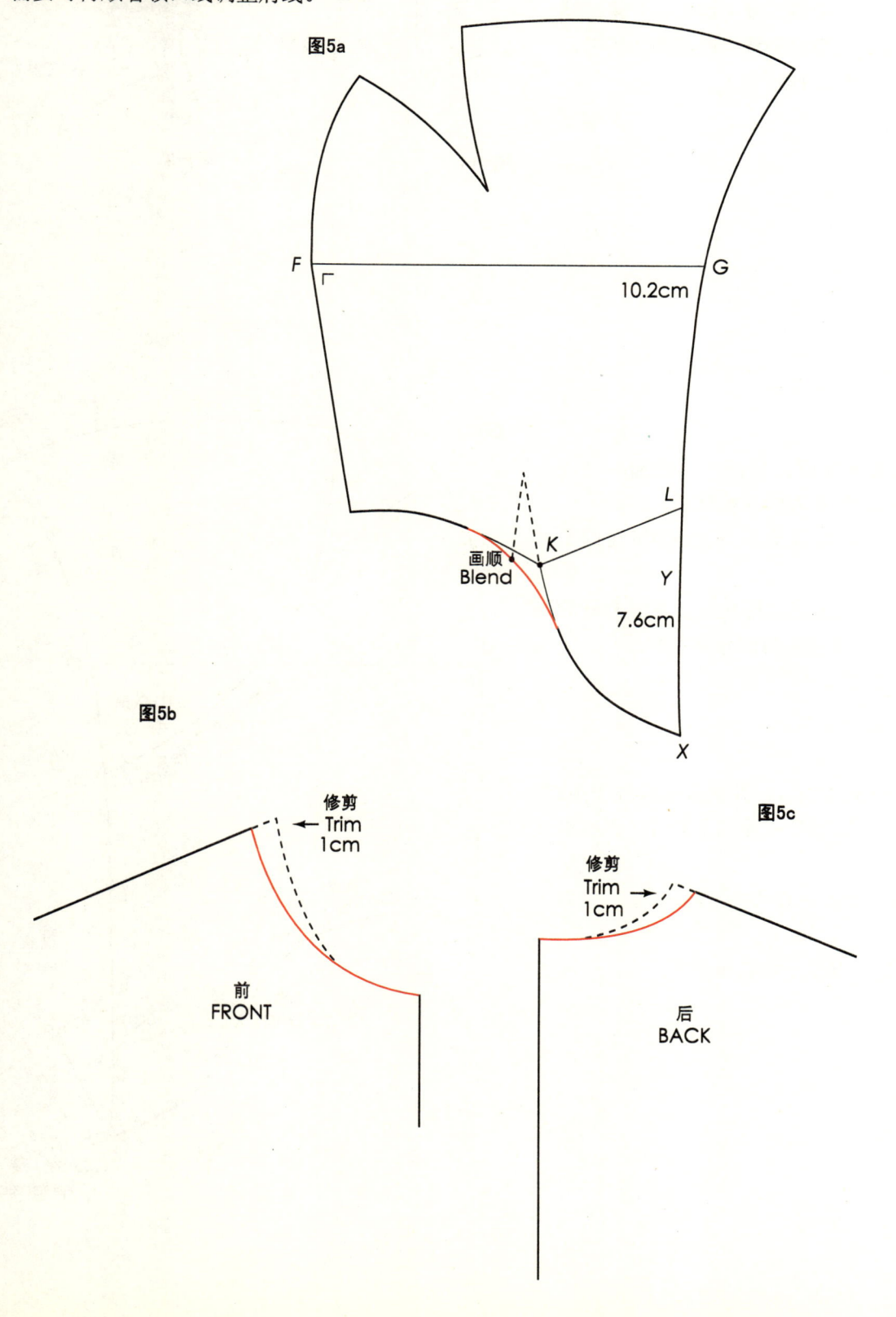

图5a

F — G 10.2cm

画顺 Blend K L Y 7.6cm X

图5b

修剪 Trim 1cm

前 FRONT

图5c

修剪 Trim 1cm

后 BACK

兜帽造型的设计
Contoured Hood Design

设计分析 Design Analysis

在设计1中，兜帽的轮廓线环绕脸部，并且在下巴沿颈部和上衣前片的中心线设置了纽扣。兜帽沿领围线有碎褶，帽中部的造型分割线至脸部侧面的帽口边。设计2为读者的实践练习题。

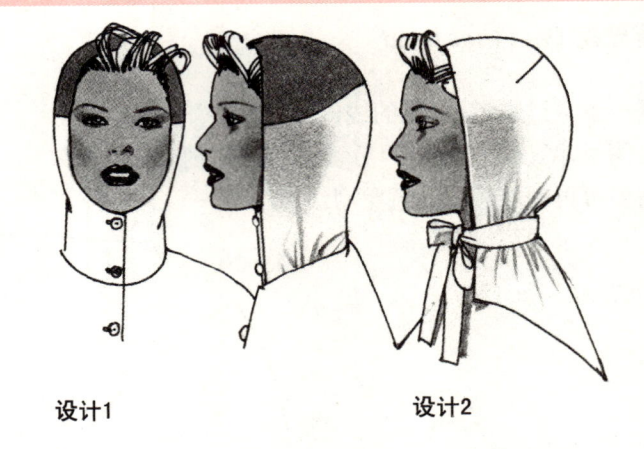

设计1　　　　设计2

图1

- 描出兜帽轮廓的基本样板，包括F～G线和K～L线（参见第133、第134页兜帽的样板草图）。
- 从帽顶省的省尖点开始画造型分割线至G线以下10.2cm处。
- 从F点向下画直角线（形成放松量），穿过开着的颈省与领口线顺接（省量成为部分褶裥的量）。无省兜帽参见第135页图5。

颈部搭门尺寸 Extension at Neck

- X～Y=7.6cm，做标记。
- 将直角尺的两边分别过Y、X，并使直角点位于距Y点3.8cm处，标记点Z，使Y～Z垂直于X～Z，弧线画顺Z～L。
- 距X～Z线2.5cm画平行线，作为搭门线。
- 连接端点。
- 对纽扣位置做标记（参见上册第16章）。

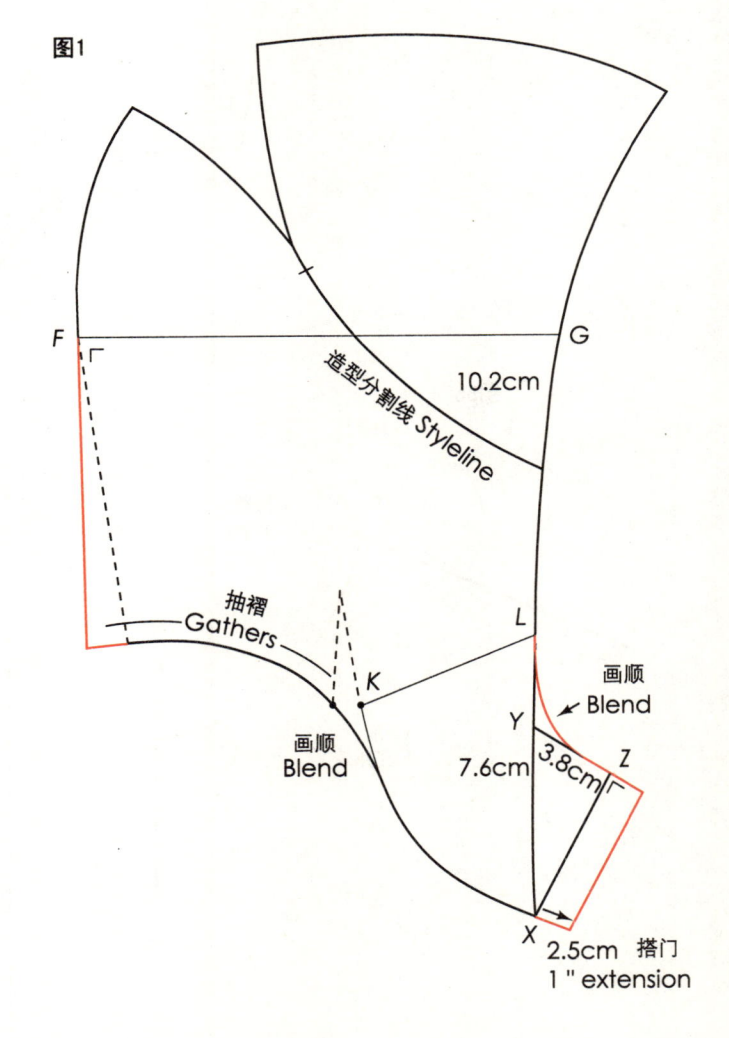

图1

造型分割线 Styleline　10.2cm

抽褶 Gathers

画顺 Blend

画顺 Blend　7.6cm　3.8cm

2.5cm 搭门
1" extension

宽松的兜帽 Loose Hood Foundation

宽松的兜帽经常和外套与斗篷搭配。兜帽的背面可以是尖的，也可以是方的。它有可以翻折的帽口缘边。

设计分析 Design Analysis

宽松兜帽的基本样板，一般在帽口缘边有折边，与头顶高度相匹配，背面为尖或方形的（去掉尖角）造型。这里对设计1和设计2（夸张的放松量）的样板制作都作了说明。

设计1　　　　设计2

样板设计与制作 Pattern Plot and Manipulation

如果要宽松一点，可以将A～B的长度增加5cm或更多，如设计2的效果。

图1

　　A～B=帽高尺寸（比如：25.4cm）。
　　B～C=6.3cm。
　　C～D=A～B（过C点的C～A的垂线）。

- 如图所示，从D向下画直角线。
- 将前中心线放在A～C线上，使领口线中点位于A点。
- 向肩颈点画领口线，标记点E。
- 将样板移动1.9cm，并使后中心线与A～C线保持平行。
- 从肩颈点（F）向省线画肩线。
- 移开样板，并延长肩线（基准线）。
  虚线表示未描样板。

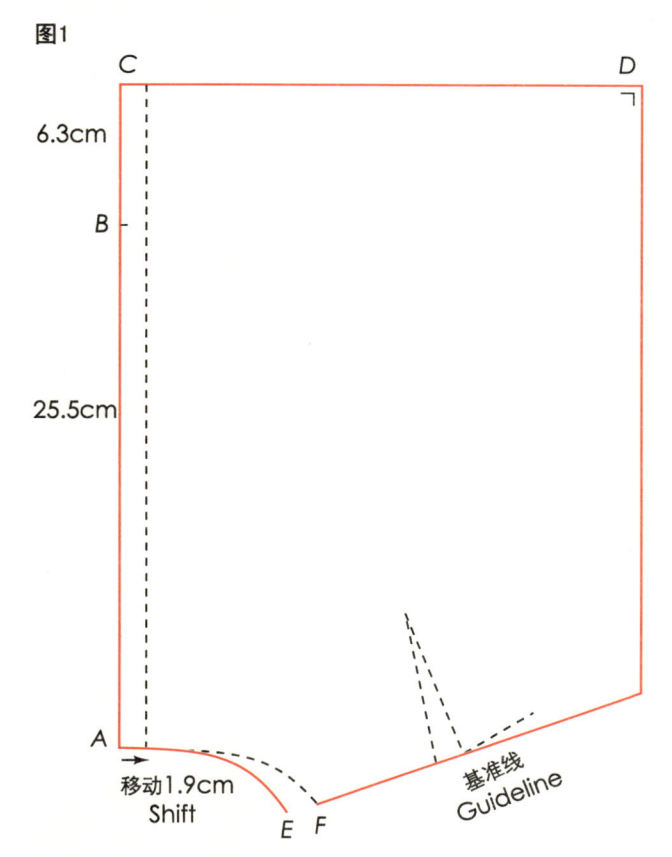

图1

图2

- 将前肩线放在样板草图的基准肩线上，使肩颈点位于F点。
- 用圆点对前领口线的中心（用虚线表示）做标记。
- 用高脚图钉在F点固定前片样板，以此为轴心转动样板，至离开圆点标记5cm处。
- 描出领口线，移开样板，将前中心线标为H。
- 如图所示，自H点画兜帽弧线并在基准肩线上与其直线顺接。

图3

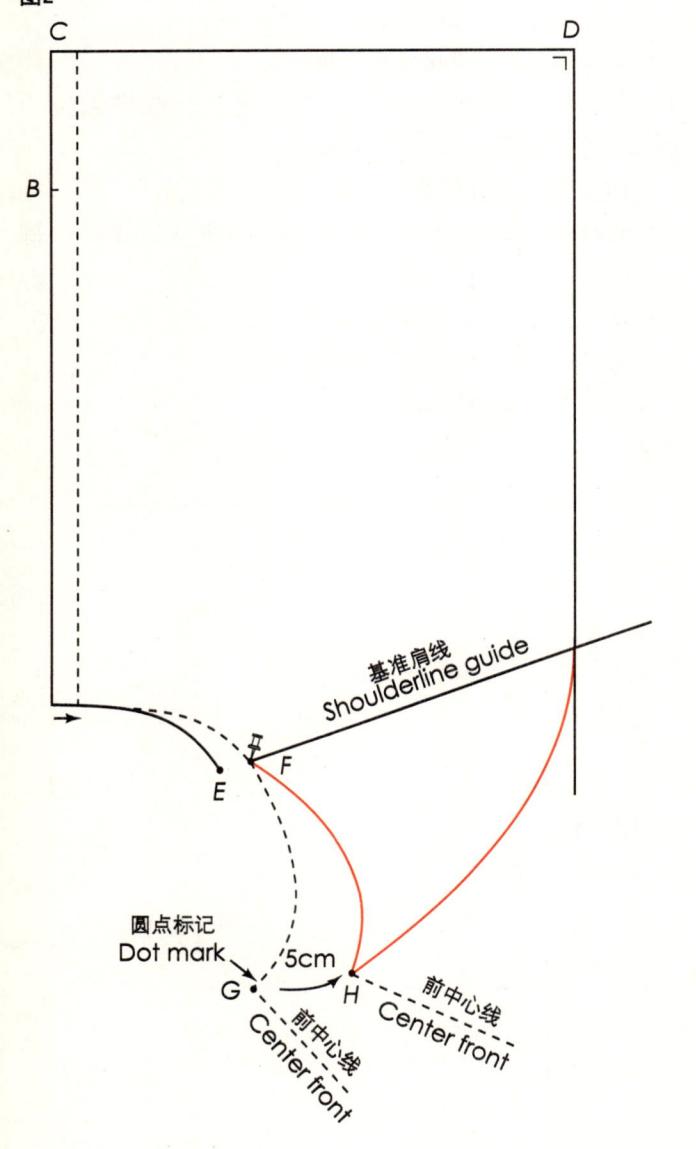

- 在省量E~F的中点，画7.6cm长的线与AC线平行，标记点I。
- 分别画E、F与I的连线（省线）（无省兜帽见第135页。）
- 为了去掉兜帽顶部的尖角，自B向右画一条6.4cm长的直角线，标记点J。
- 从J向上作CD线段的垂线。
- 从样板上裁下兜帽拼板。
  注意：兜帽的后片中心线需对折裁剪。
- 画经向丝缕线。在完成样板制作后测试适合度。

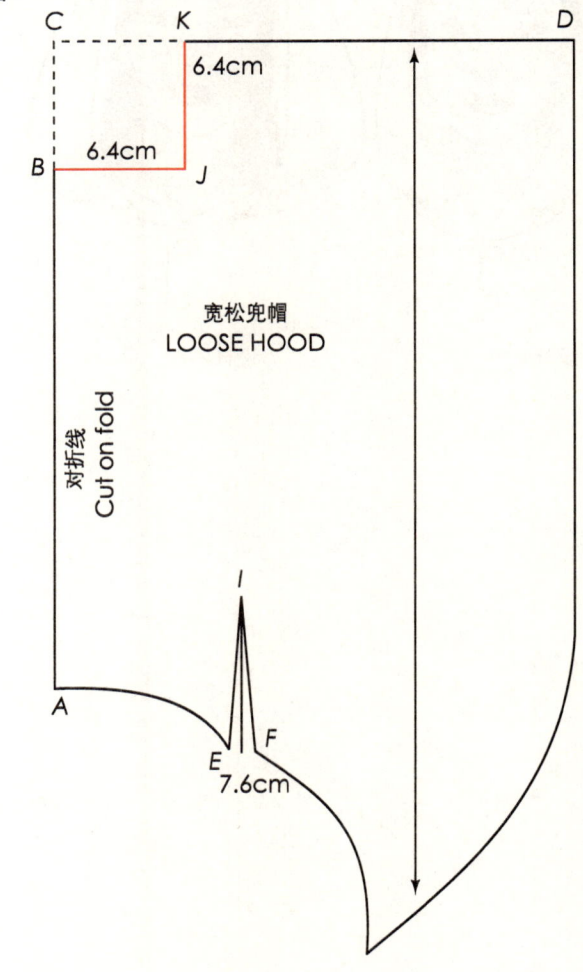

图2

图3

宽松兜帽
LOOSE HOOD

对折线
Cut on fold

第7章

读懂设计 修正拷贝
Knock-Off Copying Ready-Made Designs

概述 INTRODUCTION 140	衬衫类的拷贝方法 SHIRT TYPES 141
翻制方法 KNOCK-OFF METHODS 140	裤子类的拷贝方法 PANT TYPES 143
T恤的拷贝方法 T-TOPS 140	短上衣的拷贝方法 JACKET COPY 146

概述 Introduction

翻制是时装专业中的一个词汇，指拷贝现有的服装。当热门货在零售市场非常抢手时，其他制造商也想在季节结束或销售降温之前分得一块"蛋糕"，因此这种做法常被采用。一种热门货要想迅速投产就需要有快速的方法来完成样板制作。

翻制方法 Knock-Off Methods

- 将服装直接放在样板纸上，然后用铅笔描出服装的板型。
- 将样板纸或薄纱铺在服装上，用裁缝划粉画出服装裁片的样子。
- 将半透明塑料纸（拆开的塑料干洗袋或从商店买来的比较牢固的塑料薄膜）置于服装上，用线复制其造型。
- 将服装穿在人体模型上，然后披上薄型织物，以此获得较正确的服装造型和设计效果。
- 可以通过测量尺寸和根据样品面料经向丝缕线的方向来翻制服装样板。
- 拆开服装、熨平，然后按照实物描出样板。
- 利用计算机复制服装样板。

采用何种方法翻制服装，对样板设计师来说都是必不可少的。以下内容可以为翻制有省或无省服装的样板作操作指导。

T恤的拷贝方法 T-Tops

将样板放在服装下面的方法。

图1
- 将大头针别在服装的中心线上。
- 对折裁剪纸，并画一条对折线的直角线。
- 将服装中心线与折线重合、衣摆线和直角线重合，再用高脚图钉固定。
- 用铅笔描出服装的轮廓线，用描图手轮描绘袖窿和前、后领口弧线。
- 校正各线，并加上缝份（中心线处不加）。
- 沿后领口线从裁剪纸上裁下样板，再复制一片，作为后片样板。
- 从原始样板上修剪出前领口线。

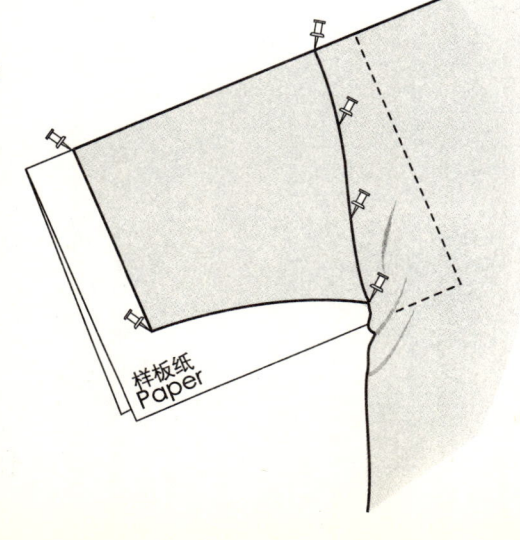

图1

测量领口针织罗纹镶边的尺寸（长与宽）拉伸服装，调整长度。见228页中的有关说明。
Measure ribbing length and width. Length adjusted after stretching. See page 228, as a guide.

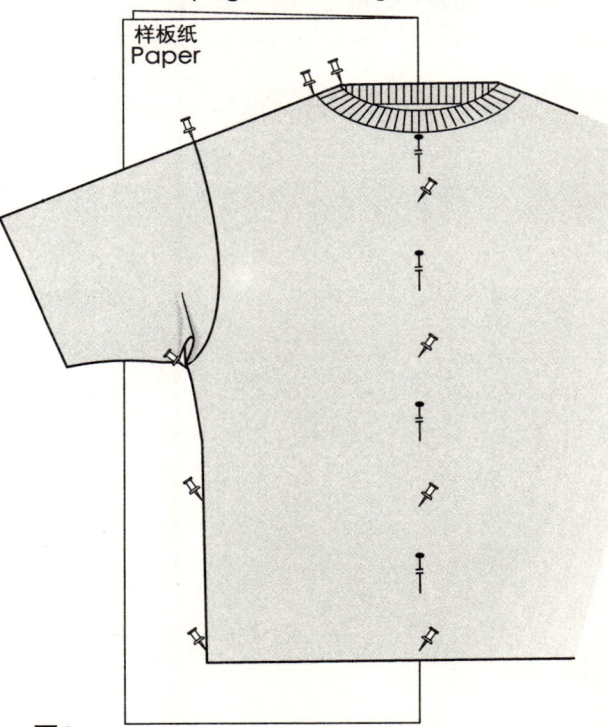

图2
- 将袖子的中心线和拼板纸折线重合。抚平表面，使袖山弧线清晰可见，用高脚图钉固定。
- 用铅笔描出轮廓线，并用描图手轮描出袖山，移开服装并校正。

衬衫类的拷贝方法
Shirt Types

将样板纸放在服装上面的方法（如采用平纹细布或塑料纸，可按照下列步骤制板）。

图1
- 将衬衫前片放在裁剪桌上，用高脚图钉固定。
- 抚平衬衫表面，并沿领围线和袖窿弧线抚平该部位。

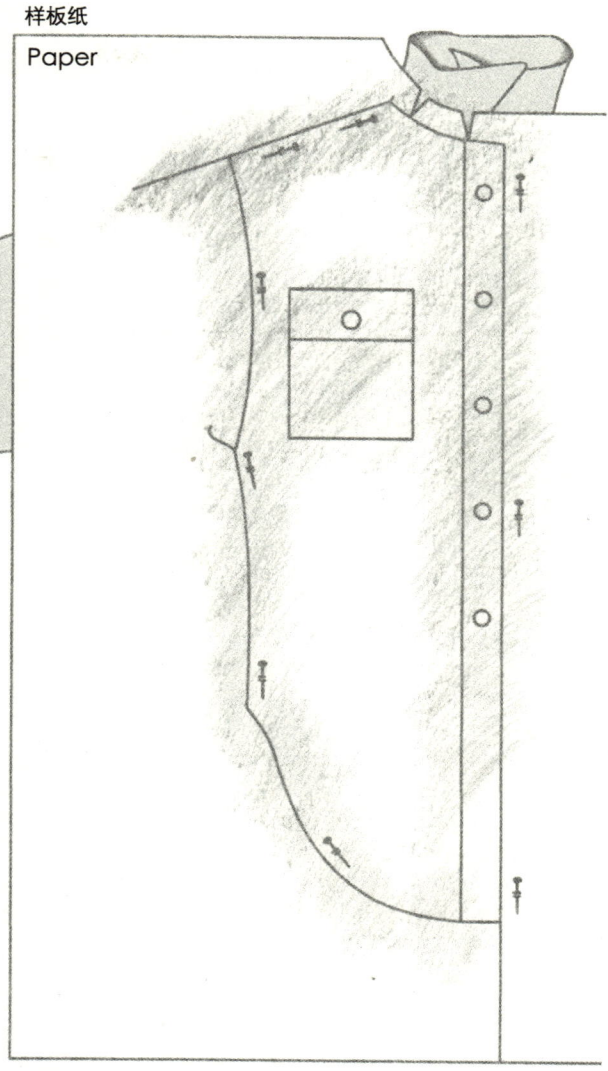

准备在样板纸上做标记 Prepare Marking Paper
- 在样板纸上画垂直径向丝缕线。
- 将径向丝缕线和前片搭门线的边线重合，沿领围线剪开切线并修整，用大头针固定样板纸。
- 用裁缝划粉沿衬衫口袋和门襟的缝迹线画造型线。
- 移开样板纸，校正衬衫和口袋的造型线。
- 根据测量所得的尺寸，设计口袋的位置与形状。
- 在纽扣位置做标记。

图2 翻领和领座 Collar and Stand
- 用大头针对翻领和领座的后中心线做标记。
- 将翻领放在样板纸上抚平，用高脚图钉固定，描出样板。移开翻领，对折纸样完成翻领样板。
- 按相同方法描出领座样板。

图1

图2a

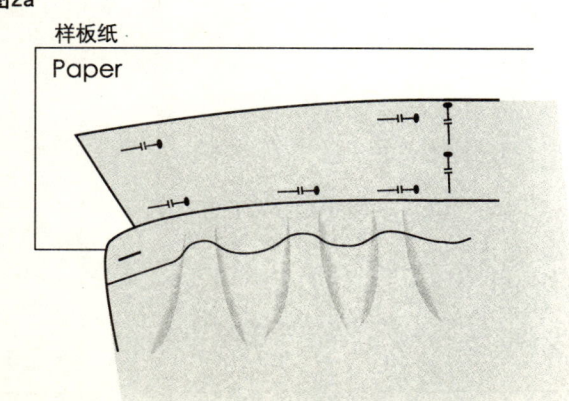

图2b

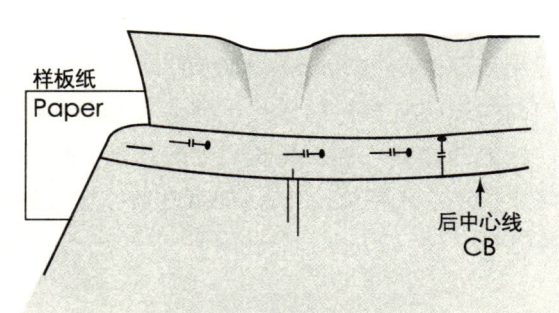

图3

测量褶裥的纳入量和袖克夫的尺寸。

- 将尺端分别插入衣袖的各褶裥中，并将测量所得的尺寸增加1倍，做记录，以备参考。
- 为了制作袖克夫的样板，测量袖克夫的长、宽尺寸。

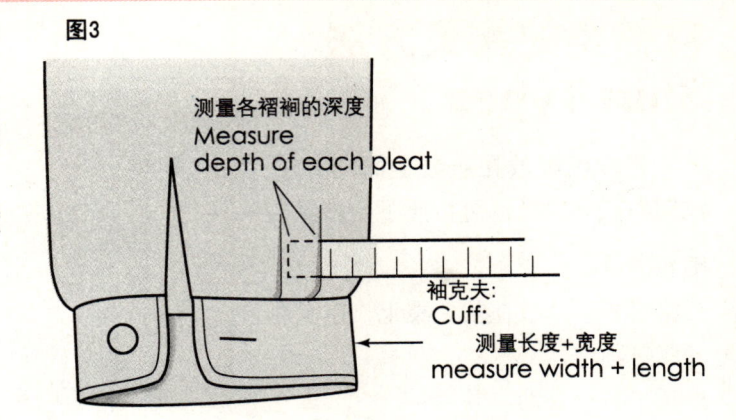

图3

测量各褶裥的深度
Measure depth of each pleat

袖克夫：
Cuff:
测量长度+宽度
measure width + length

图4

袖子后侧片
back side of sleeve

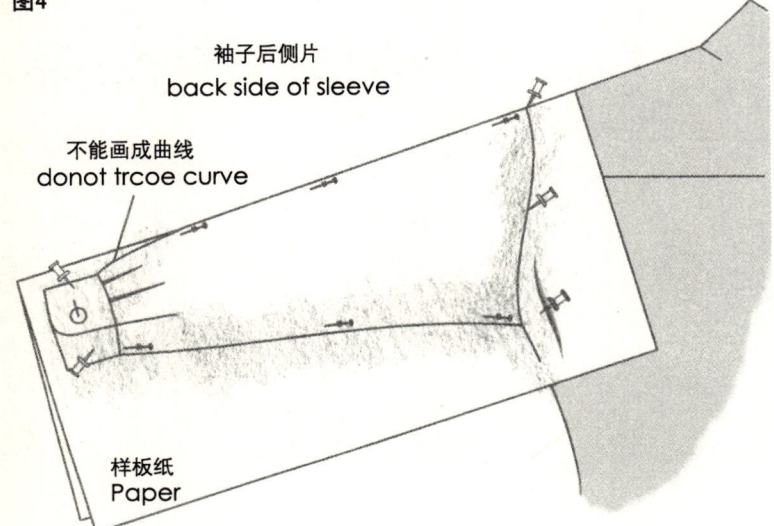

不能画成曲线
donot trcoe curve

样板纸
Paper

图4 衣袖 Sleeve

- 复制衣袖后侧片。
- 抚平袖山褶裥和袖子，使袖子线条和袖山弧线恢复其原状，用大头针固定。
- 沿袖子的折线放置折叠的样板纸，用大头针固定。
- 用划粉在衣袖及褶裥上进行涂抹，至袖口线为止，拓下来。

图5

- 移动样板纸，用描图手轮描绘轮廓，直至折叠的另一侧。
- 展开折叠的纸，用铅笔描绘衣袖的形状。
- 完成内袖缝线，并画顺。
- 根据褶裥纳入量的尺寸，标出距开衩最近的第一个褶裥。再标出与第二个褶裥间的距离和第二个褶裥的纳入量。做刀口标记。在袖山弧线上，距袖底线7.6cm处做刀口标记。

衬衫后片和育克 Back Shirt and Yoke

- 按相同的步骤复制衬衫后片。移动衣袖并标出刀口标记的位置，袖山弧长尺寸应比前、后片袖窿弧长尺寸之和长1.3cm。如有必要可调节袖内侧缝线。

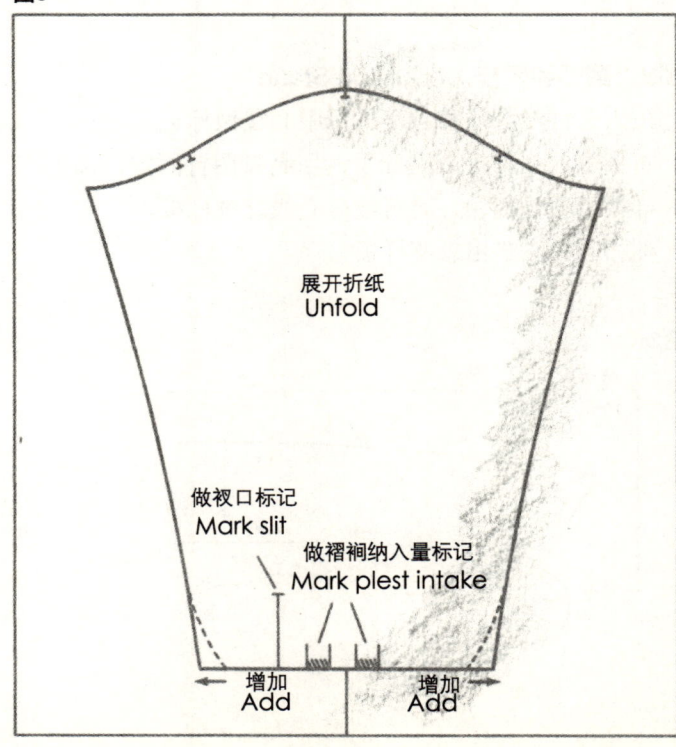

图5

展开折纸
Unfold

做衩口标记
Mark slit

做褶裥纳入量标记
Mark plest intake

增加 Add　　增加 Add

裤子类的拷贝方法 Pant Types

简介两种裤子的拷贝方法。

可将纸、薄棉布或薄塑料纸，将其放在裤子上面进行拷贝。

裤子复制前的准备工作 Preparing Pant for Copy

图1

- 测量腰带长、宽度，待备制板时用。
- 用大头针对袋布做标记。

褶裥的纳入量 Pleat Intake

- 将尺端分别插入腰部各褶裥中，测量折叠着的褶裥量，加倍后记录以备用。
- 测量裤子后片中折叠着的省量并加倍（未做图示）。

图2

- 移开另一条裤腿。
- 将大头针沿裆部的弧线钉好。
- 将内侧缝和外侧缝折叠好，并用大头针固定。
- 用大头针固定褶裥的折叠，使之渐渐消失至裤脚口线下。

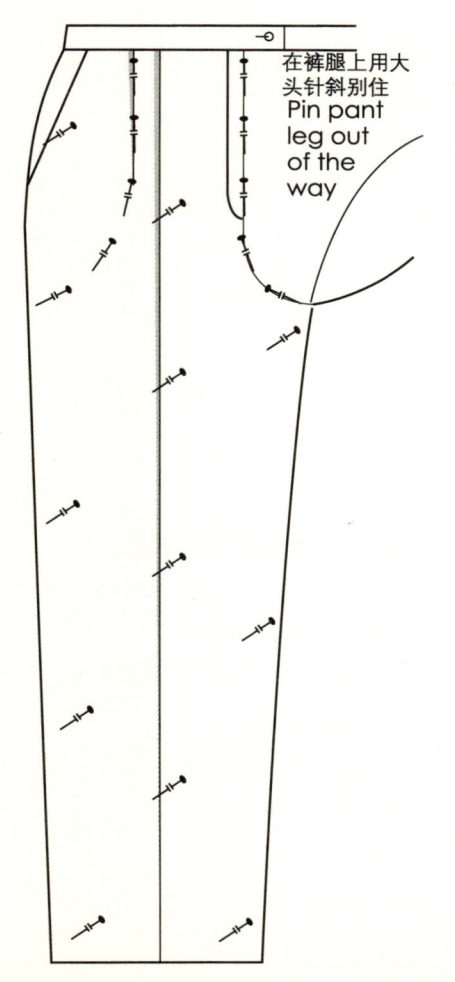

图1a

测量打褶裥的深度并需备双倍的尺寸
Measure the depth of each pleat and double the measurement.

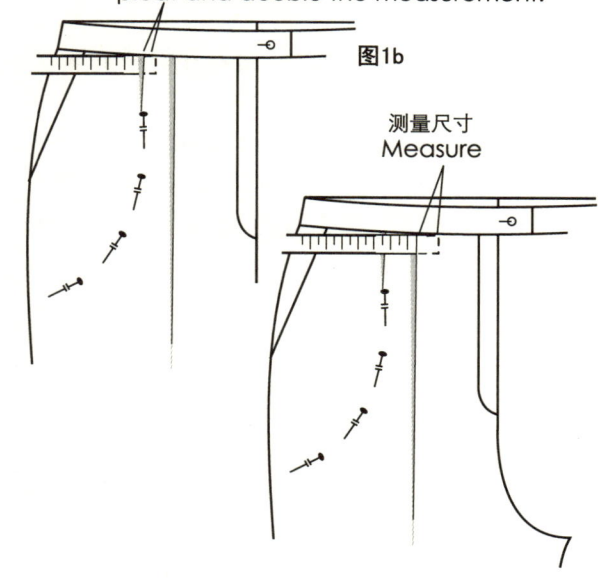

图1b

测量尺寸
Measure

图2

在裤腿上用大头针斜别住
Pin pant leg out of the way

用于拷贝的裤子
The pant is ready for copying.

图3

以下介绍使用划粉涂抹来复制裤子的方法。

- 在纸的中心画一条直线（中心线）。
- 把裤子放在桌上。
- 把纸放在裤子上面，将第一条褶线对准纸的中心基准线，用别针别住。
- 用划粉在样板纸上涂抹裤子，移开样板纸。校准复制裤样的所有线条，包括裤袋和褶裥位置。
- 从侧腰向外标X，其距离应能够补足两个褶裥量。

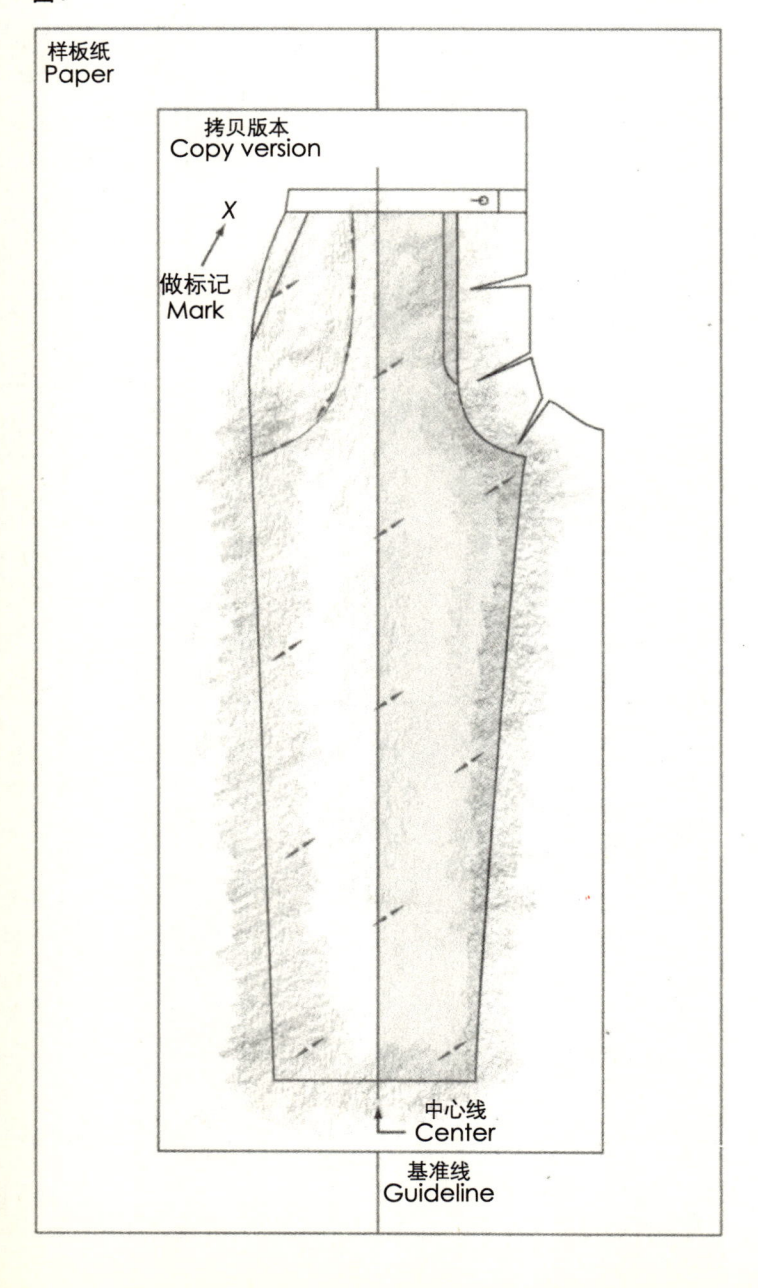

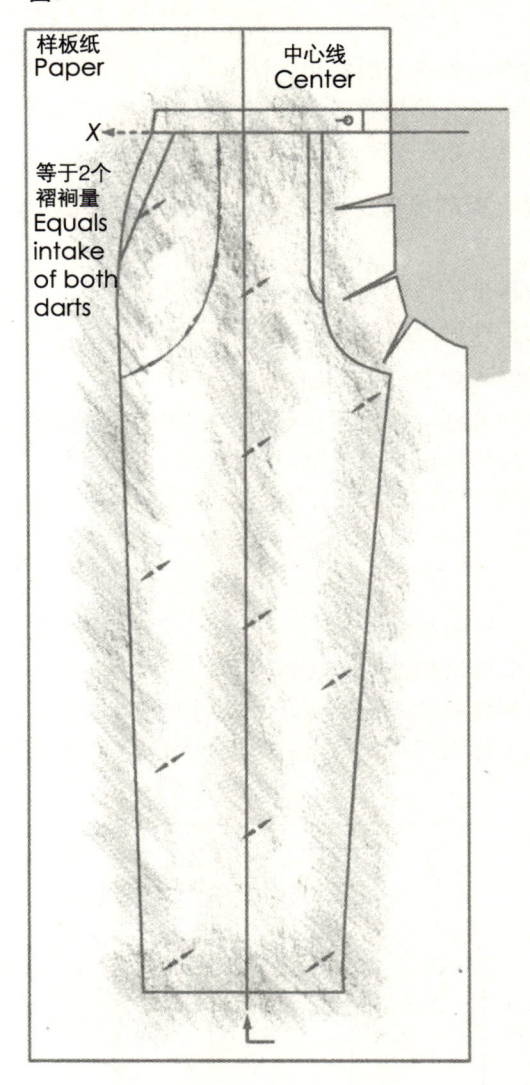

图4 将拷贝样板转移到样板纸上
Transferring Copy to Paper

- 画一条竖贯样板纸的线。
- 将裤子的拷贝样本放在样板纸上，与基准线对齐并用大头针固定。
- 沿前后裆长线和裤腿内侧缝线，自上而下地在前、后片描出阴影部分。
- 标记X点。

第7章　读懂设计 修正拷贝　**145**

图5
- 如图所示将裤脚口处用高脚图钉固定。
- 以高脚图钉为轴心，转动裤子，直至腰侧点与样板纸上的X点重合。
- 固定并描绘裤腿外侧缝线和腰围线，直至第二个褶裥为止。描绘裤袋和袋布。移开样板。

图6
- 校正并画顺所有线条。
- 对各褶裥的位置及纳入量做标记。
- 另用样板纸置于该样板下，描绘裤贴袋的袋面、背衬和袋衬里的样板。

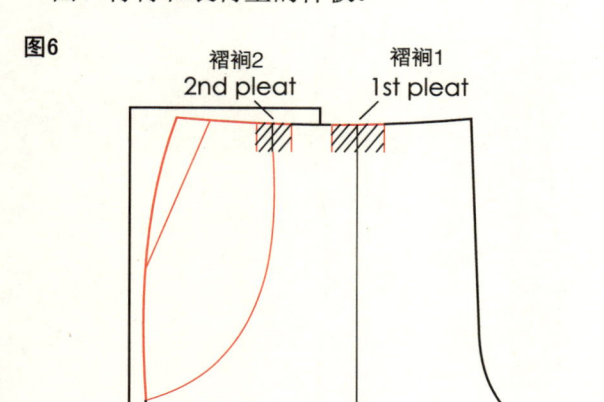

图6

褶裥2 2nd pleat　褶裥1 1st pleat

图7
- 裤袋背衬和裤衬里的样板复制，如图所示。

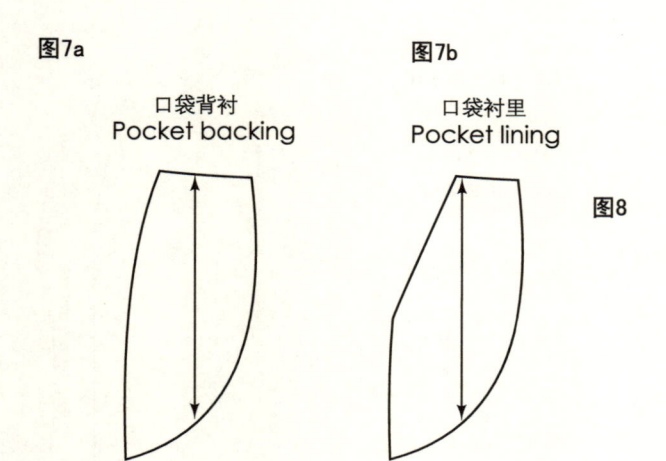

图7a　口袋背衬 Pocket backing

图7b　口袋衬里 Pocket lining

图8　后裤片 Back Pant
- 可按照前裤片的复制步骤制作。
- 测量省纳入量，将此量在后裆斜线处放出，画顺前后裆长线。
- 在已做标记的复制样板上画省线。

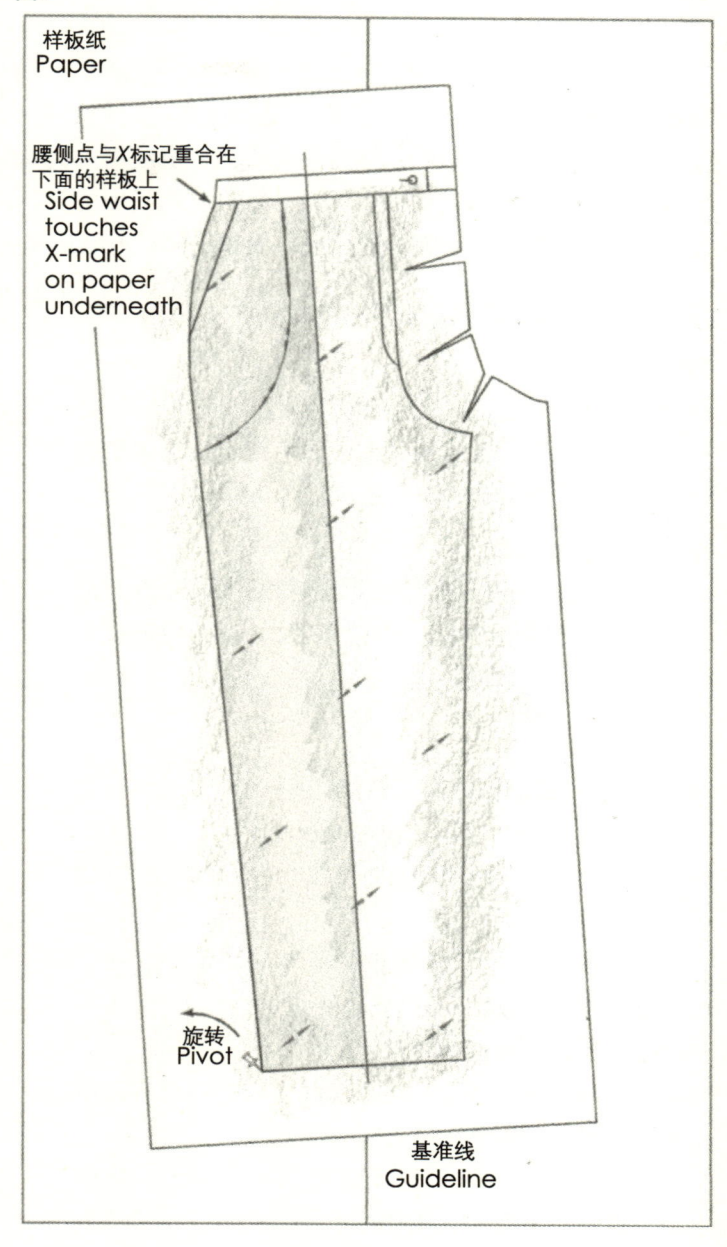

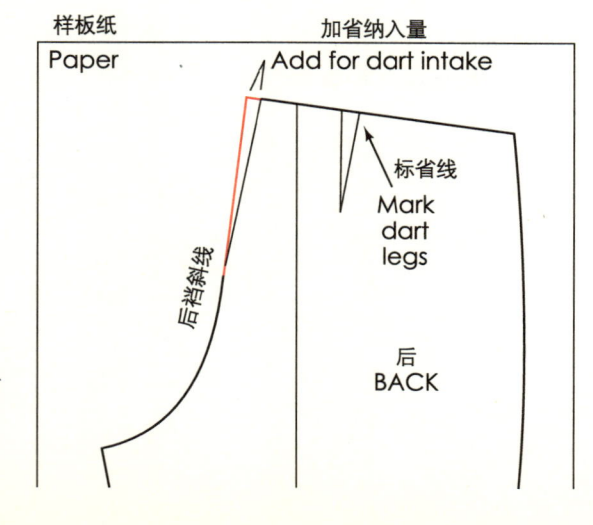

图5

样板纸 Paper

腰侧点与X标记重合在下面的样板上
Side waist touches X-mark on paper underneath

旋转 Pivot

基准线 Guideline

图8

样板纸 Paper　　加省纳入量 Add for dart intake

标省线 Mark dart legs

后裆斜线

后 BACK

短上衣的拷贝方法 Jacket Copy

短上衣可以放在裁剪台板上进行复制（参见第141页衬衫例样所示），也可以把它穿在人体模型上复制。但是衣袖需放在裁剪台板上复制。复制样本可以通过把平纹细布或半透明塑料纸披覆在短上衣上的方式来进行。如果用平纹细布复制，需将短上衣的拼缝线用大头针固定，使其清晰，便于用划粉涂抹。如果使用半透明塑料纸，则无需使用大头针做标记。短上衣拷贝完成后，再进行校正，对复制样板和原样衣尺寸进行比较，以准确完成样板制作。所完成的样板是制作挂面、内贴边和里子样板的基础（参见第96页、第111～126页）。

服装拷贝前的准备 Preparing the Jacket

图1
- 用大头针在短上衣的前片和后片做标记。
- 竖起领子，用大头针对领口线、肩线、袖窿弧线和造型分割线做标记。

省纳入量 Dart Intake
- 抚平造型分割线上的褶皱，用大头针对省道做标记。测量折叠的省量，并将其增加1倍，做记录，供后面使用时参考。

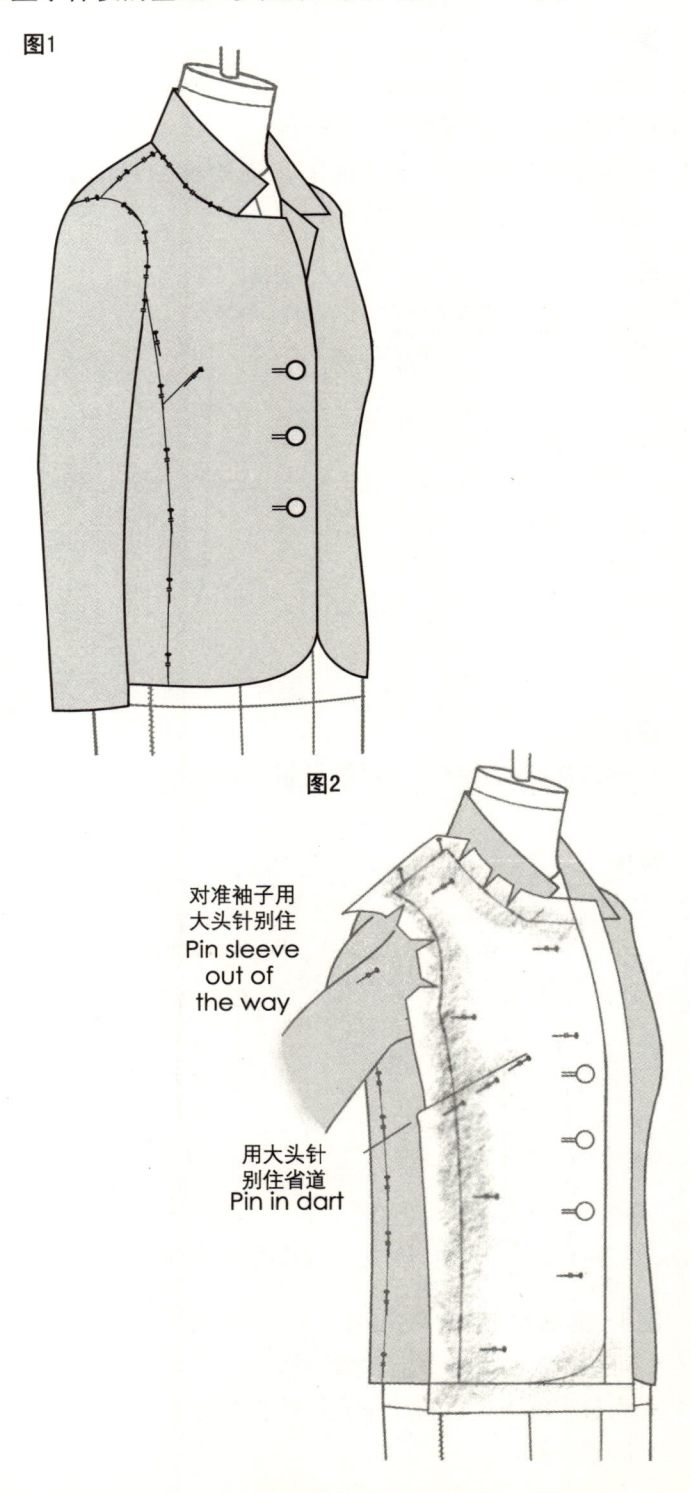

图2　准备平纹细布或薄塑料纸　Muslin or Plastic Preparation
- 将平纹细布裁成相应的长度和宽度，并加放7.5cm。
- 在距布边2.5cm处，自基准线画一条垂线。
- 从衣下摆画一条2.5cm的垂直线。
- 用大头针将衣袖钉在袖窿上。
- 将基准线、垂直线分别与搭门线、衣摆线对齐，用大头针固定。用大头针钉在省尖点上。
- 将布抚平，在省道位置上将省纳入量用大头针固定，把平纹细布用大头针钉牢。
- 沿着用大头针做出的各标记点，用划粉描顺，同时用划粉描出翻领。
- 移动平纹细布并校正所有样板造型线。

图1

图2

对准袖子用大头针别住 Pin sleeve out of the way

用大头针别住省道 Pin in dart

图3 侧片——准备平纹细布
Side Panel—Muslin Preparation
- 在平纹细布中间画一条经向丝缕线。
- 置经向丝缕线于侧片的中心线上，用大头针固定。
- 在平纹细布袖窿下部打剪口，使样布平整。
- 用划粉涂描，移动并调整线条。重复上述步骤，复制后片。

图4 领子——将样板纸放在衣服下面
Collar—Use Paper Under the Collar
- 用大头针标出领片后中心线。
- 在样板上画一条直线。
- 置领片后中心线于样板纸的直线上，用大头针钉固定。
- 用描图手轮画出领子的轮廓线，并描出领下止口线在肩线、后片中心线位置处的记号。
- 移开领子，校正各线条。

图5 准备袖子 Preparing the Sleeve
- 用大头针标出袖口线，使其与人体模型侧缝线的角度保持一致。
- 用大头针在肩线与袖山线交会处做标记。
- 用大头针将袖子横向固定，使其与下面的袖窿弧线保持一致。
- 在袖肥线的中心线上，用大头针穿过衣袖将其固定。

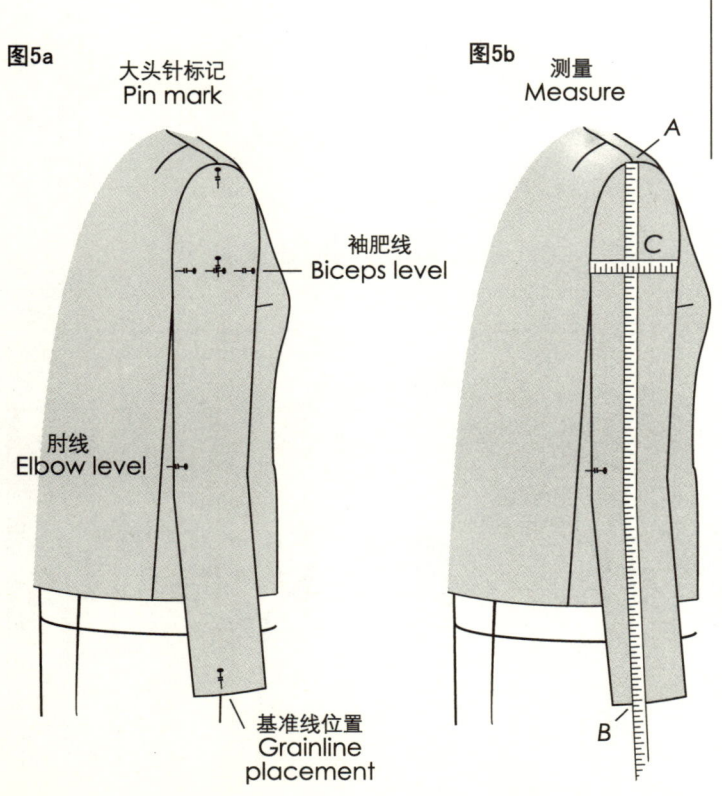

图3 对准袖子用大针脚别住 Pin sleeve out of the way 侧片 Side panel

图5a 大头针标记 Pin mark 袖肥线 Biceps level 肘线 Elbow level 基准线位置 Grainline placement

图5b 测量 Measure A C B

图4 样板纸 Paper 刀口标记 Notch location

- 在与腰围线（肘线）同样高的位置上将袖子用大头针别住。
- 测量袖子的长度（A～B），做记录。
- 测量从袖山到袖肥线上的大头针标记点的尺寸（A～C），做记录。
- 横向测量袖肥尺寸，并将测量所得的尺寸增加1倍。
- 将短上衣从人体模型上移开。

图6　内侧袖片(小袖片) Undersleeve
- 置短上衣于裁剪台板上，整理袖子，将它放平。
- 用大头针将调整好的袖子内、外侧片（大、小袖片）固定。
- 按照说明，用大头针沿折线将袖子别住。
- 在距肘线上、下各3.8cm的刀口标记处，用大头针别住。

图6

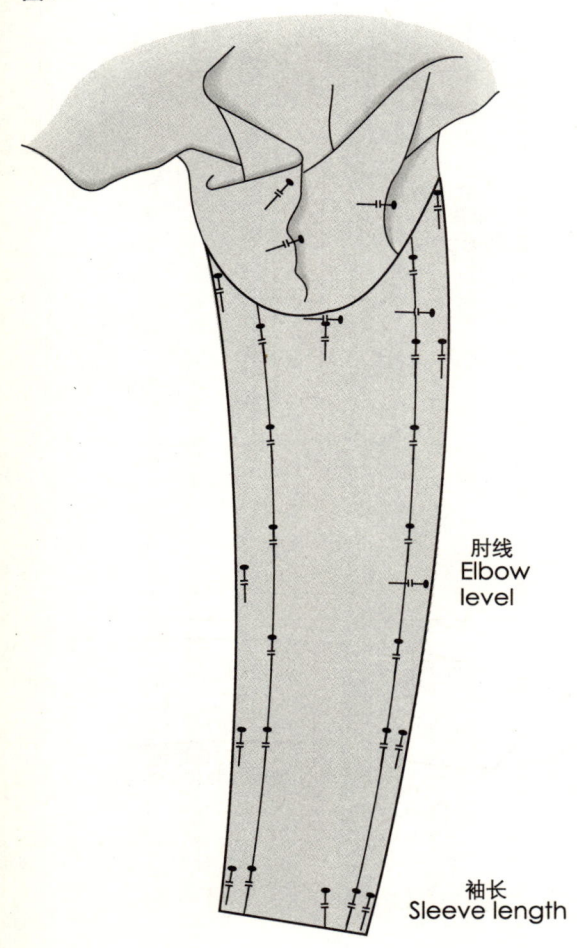

肘线 Elbow level

袖长 Sleeve length

图7
- 通过平纹细布的中心线，画一条经向丝缕线。
- 在袖中心线上的基准线处用大头针固定。
- 剪刀口，使袖子适应袖窿。
- 用划粉沿折缝涂抹，画内侧小袖片的弧线。
- 移开平纹细布并校正所有线条。

图7

样板纸 Paper

图8a

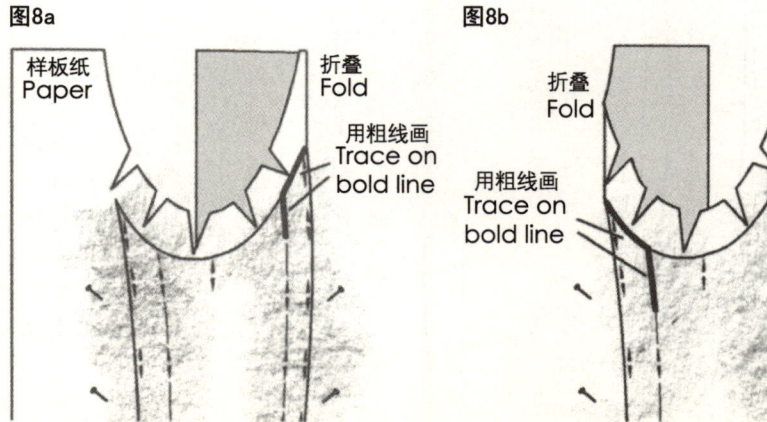

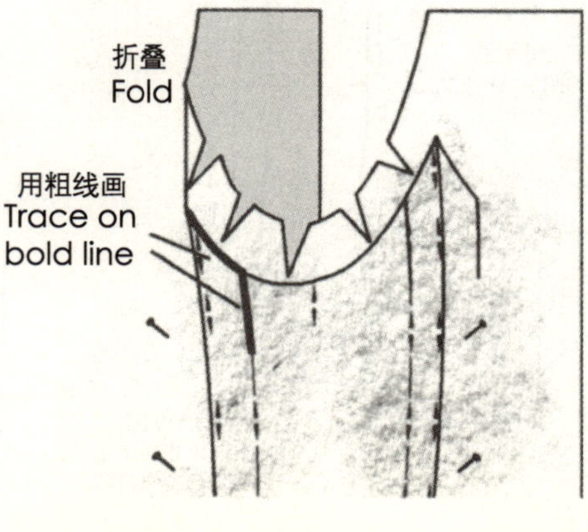

样板纸 Paper

折叠 Fold

用粗线画 Trace on bold line

图8b

折叠 Fold

用粗线画 Trace on bold line

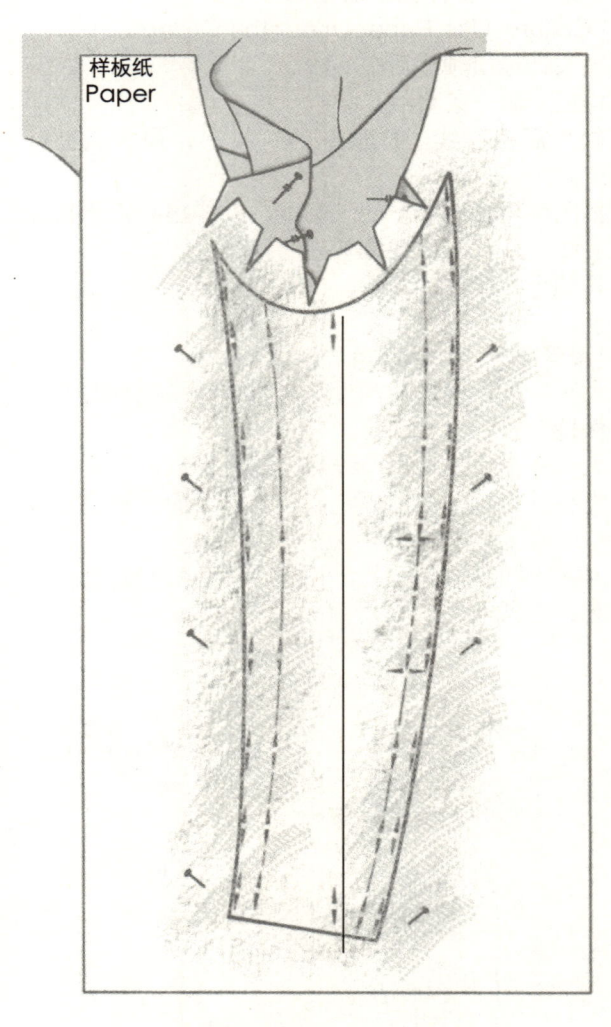

图8
- 在复制外侧大袖片样板时，注意折叠平纹细布，画出转角部分的造型（粗实线）。
- 展开，在另一侧重复此步骤。

第7章 读懂设计 修正拷贝

图9

测量自袖片内侧的缝线至位于肘围线和袖口处折线的尺寸。用所测得的尺寸，自每一侧的折线向外标出一个点。如图所示，用曲线板进行连接。

图10

用所测得的衣袖尺寸画线。

A～B=袖长（亦为经向丝缕线）。

A～C=袖山高。

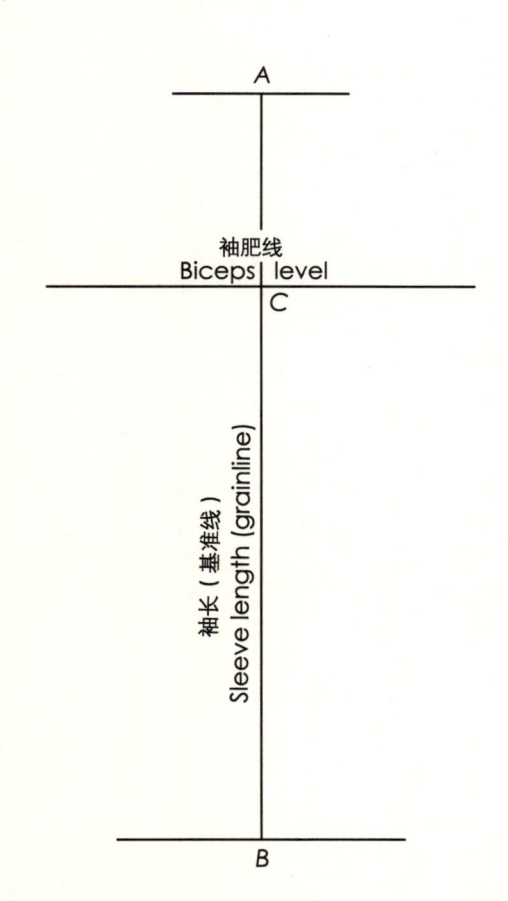

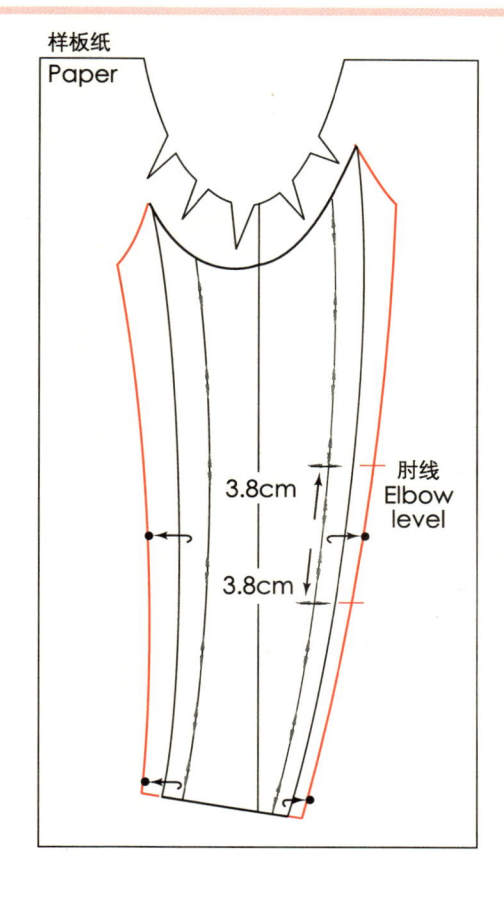

图11

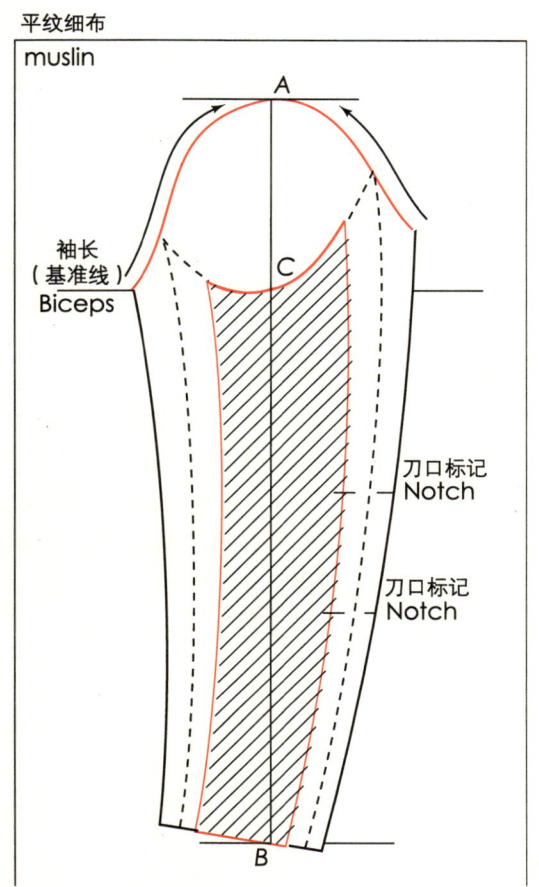

- 置平纹细布上的丝缕线于AB线上，使袖口线与经向丝缕线上的B点相触。
- 固定，画出外、内侧袖片的轮廓线（线条部分）。
- 在肘部做控制放松量的刀口标记。
- 袖子的刀口标记应该在所有样板都校准后再标记。
- 移动平纹细布进行拷贝。
- 如图所示，画袖山弧线，与A点接触。

图9 样板纸 Paper
3.8cm 肘线 Elbow level
3.8cm

图10 A 袖肥线 Biceps level C 袖长（基准线）Sleeve length (grainline) B

图11 平纹细布 muslin A 袖长（基准线）Biceps C 刀口标记 Notch 刀口标记 Notch B

图12
- 从外侧袖片样板上画出内侧袖片。
- 在肘部做控制放松量的刀口标记。

图12

内侧袖片
UNDERSLEEVE

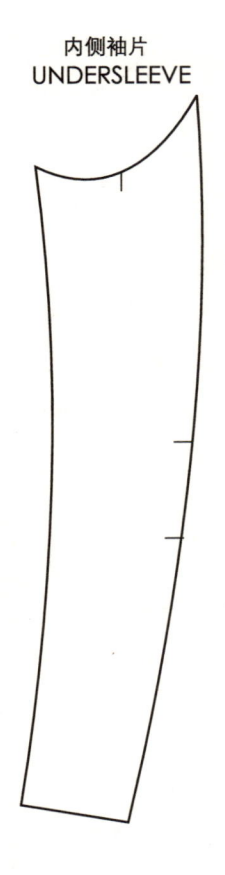

图13 外侧袖片（大袖片）Oversleeve
- 将内侧袖片中的放松量刀口标记，拷贝至外侧袖片上。如果剪口标记位置之间的差别小于0.6cm，可按照图示来增加它的长度（增加放松量），并调整剪口标记的位置。
- 加缝份，从样板纸上剪下样板（未做图示）。

图13

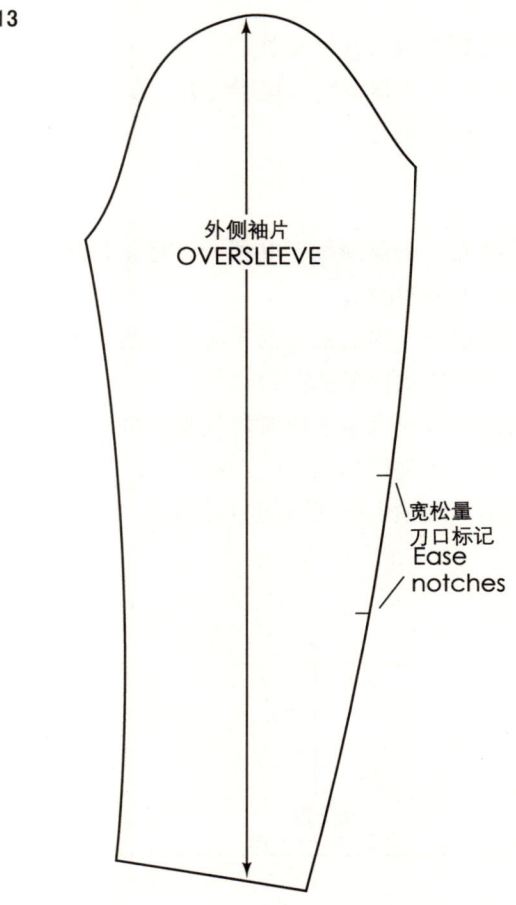

外侧袖片
OVERSLEEVE

宽松量
刀口标记
Ease notches

完成样板 Complete the Pattern
- 标记服装样板，擦掉划粉。与原服装比较，调整、校准样板的长、宽度。加缝份。标出经向丝缕线。将袖山与袖窿做匹配测试。在袖山处做刀口标记。
- 裁剪，缝纫，测试适合度。当样板合适后，可制作贴边、里子及其他内撑结构的样板。它们都是依据原始样板而形成的，可参见第111～126页。

第三篇

第 8 章

裤子 Pants

那分衩的管道是什么？	
BIFURCATED—WHAT'S THAT?.	152
腿与裤子的关系	
THE LEG RELATIVE TO THE PANT	153
裤子的专业术语 PANT TERMINOLOGY	153
裤子基本样板的分析	
ANALYSIS OF THE PANT FOUNDATIONS	154
裤子基本样板的概要	
SUMMARY OF THE PANT FOUNDATIONS.	155
测量裤子样板制作需用的尺寸	
MEASURING FOR THE PANT DRAFT.	156
裙裤——基本样板1 CULOTTE—FOUNDATION 1. .	158
裙裤样板草图 Culotte Draft	158
西装裤——基本样板2（适用于女士和男士）	
TOUSER—FOUNDATION 2 (FOR WOMEN AND MEN) . . .	160
便裤——基本样板3（适用于女士和男士）	
SLACK—FOUNDATION 3 (FOR WOMEN AND MEN) . . .	164
牛仔裤——基本样板4（适用于女士和男士	
JEAN—FOUNDATION 4 (FOR WOMEN AND MEN) . .	165
无省道牛仔裤 Dartless Jean Pant	168
牛仔裤适合度的变化	
Variations of the Jean Fit	169
完成裤子样板 COMPLETING THE PANT PATTERN. .	170
怎样核对裤子样板	
How to Walk and True the Pant Patterns . .	170
缝份 Seam Allowance	171
裤子设计 PANT DESIGNS	172
箱裥中裤 Box-Pleated Culotte	172
拖地宽摆裙裤 Culottes with Long, Wide-	
Sweeping Hemlines	173
打褶裥的裤子（适用于女士和男士）	
Pleated Trouser (Women and Men)	174
西装裤裤袋草图	
Pocket Draft for Trouser	176
裁剪西装裤样板	
Cutting the Trouser Patterns	177
毛边加工方法 Finishing Methods	179
裤袋的缝纫说明	
Sewing Instructions for the Pocket	180
装拉链 Attaching the Zipper.	182
串带（裤带襻）Belt Loops	184
装腰头 Waist Band.	185
工装裤的基本样板 THE DUNGAREES FOUNDATION. .	186
基本样板的草图 The Foundation Draft . . .	186
工装裤的时尚款式 Dungarees Chic	187
袋状裤（适用于女士和男士）	
Baggy Pant (for Women and Men)	189
嘻哈裤 Hip Hop Pant	190
松紧带裤 Pull-On Pant with Self-Casing. . .	191
高腰裤（适用于女士和男士）	
High-Waist Pant (for Women and Men) . . .	192
后片有V形育克的牛仔裤（适用于女士和男士）	
Jean with V-Yoke (for Women and Men) . . .	193
喇叭裤（裤折线扩展褶）	
Contour Pant with Creaseline Flare	198
喇叭裤（裤侧缝线扩展褶，适用于女士及	
男士）Pant with Flared Leg	
(for Women and Men).	199
弧形脚口裤 Pant with Curved Hemline . . .	199
锥脚裤 Clown Pant.	200
裤子的衍生品 PANT DERIVATIVES	201
名称及术语 Names and Terms.	201
发展裤子的衍生品	
Developing Pant Derivatives	202
超短裤 Short-Shorts	202
短裤，牙买加式短裤，百慕大式短裤	
Short, Jamaica, and Bermuda Pants	203
赛车手女式运动裤、斗牛式裤、卡普里裤	
Pedal-Pushers, Toreador Pants, and	
Capri Pants	204
设计变化 Design Variations	205
连身裤装的基本样板 JUMPSUIT FOUNDATIONS. . .	206
连身西装裤／便裤的基本样板	
Trouser/Slack Jumpsuit Foundations	206
牛仔连衣裤的基本样板	
Jean Jumpsuit Foundation	207
时尚连身裤 Styled Jumpsuit.	208
连衣裤 Great Coverall	209
裤子的适合度问题和修改方法	
PANT FIT PROBLEMS/CORRECTIONS.	210
例#1 合适的站姿	
Model #1 Proper Stance	210
例#2 适合度问题	
Model #2 Fit Problems	210
分析裤子的适合度问题	
Analyzing the Fit of the Pant	210

那分衩的管道是什么？ Bifurcated—What's That？

非常感谢布鲁姆女士（Mrs.Bloomer）的新闻效益！是她代表了女士们穿上了分成两条裤管的女士下装——裤子，使女裤成为富有影响力的、不朽的样式。

从布鲁姆女士的布鲁姆女装问世至今，我们已经走了很长的一段路程。布鲁姆女装不仅包括裤子，还包括连身裤装、游泳衣和紧身连衫裤等。这些已成为我们生活中离不开的着装内容。无论他们是怎样的外形，有多长的尺寸或是什么颜色，也无论那些分衩的裤管是多么的稀奇古怪，他们都以各自独特的方式打动了我们的情感，进入了我们的衣柜，影响着我们的日常生活。

裤子应该适合女性的体型，这种观念早已为服装设计师和样板师所认同。老式服装不仅在外观上，也因其不能适体而不受欢迎。因此，服装设计师和样板师不得不重新思考怎样才能使服装更好地适应人体，并使裤子及其派生品更具有实用价值。

裤子形成和发展的基本原则在此并没有受到质疑和挑战，这些基本原则只不过以某些特殊的方式被加以运用了。我们要牢记女性体型的S形和突出的特点。该书所列举的西装裤、宽松的便裤和牛仔裤的基础样板以及其他设计，均适用于男装，但要注意修改样板。

腿与裤子的关系
The Leg Relative to the Pant

腿部可以表现出多种姿态。例如：走路、奔跑、弯曲、下蹲和盘坐等。无论何时，只要腿部在移动或膝盖在弯曲时都会引起人体肌肉和皮肤的拉伸与收缩。右图为我们展示了一些由腿部运动而引起的人体各部位变化的关系。如果服装能够真正非常舒适地穿在身上，应不会对腿部活动造成障碍。

为了确保裤子的合体度，在测量尺寸时必须细心，争取做到精确（参见第156、第157页）。应该选用受力不易变形的面料（不能用针织面料）裁剪裤子的基础样板，测试适合度。当基本样板被应用于其他设计之前，应该对其进行校正。否则，服装适合度方面的某些错误就会被转移到以此为基础的所有其他的样板设计中。

裤子的专业术语
Pant Terminology

下列词汇均与裤子的样板草图、人体体型以及裤装有关。图示说明了这些词汇及其在裤子中的位置。

分衩 Bifurcated 将裤分成两部分（左、右裤腿）。

横裆 Crotch 人体躯干的最下部，双腿在此与上身相连。

上裆深 Crotch depth 人体腰部至两腿分衩基准线之间的距离。

裤裆 Rise 用来表示成品的上裆深的用语。

前后裆长 Crotch length 自前片腰围的中点，环绕裤裆部分，至后片腰围中点的距离。

前小裆、后大裆 Crotch extension 指位于前、后片横裆中大腿内侧的距离。

裆点 Crotch point 横裆内侧的端点。

横裆线 Crotch level 人体躯干上部与裤腿线的分界线（自前裆点至后裆点，围贯裤子）。

裤外侧缝线 Outseam 连接裤子前、后片的外侧缝线。

裤内侧缝线 Inseam 位于两腿内侧，连接裤子前、后片的缝线。

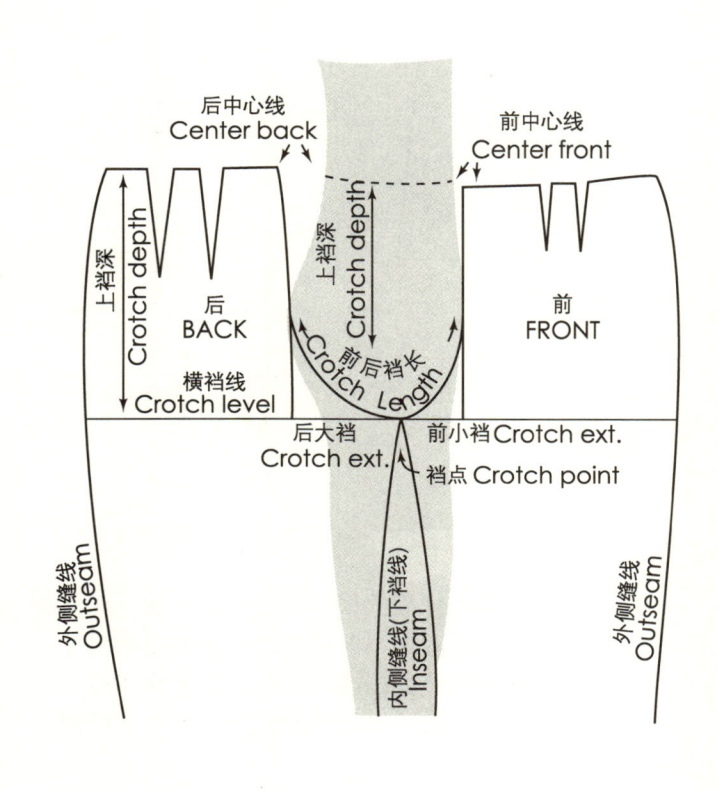

裤子基本样板的分析 Analysis of the Pant Foundations

基本原则：裤子基本样板之间的差异与裤子的前小裆和后大裆的尺寸变化直接相关。若前小裆或后大裆过长，裤子在穿着时，裆部会显得松垂；若过短，又会觉得紧绷。从图中可见一斑。裤子基本样板的变化主要体现在腰围至裤裆线部位，而裤子廓型的变化则主要体现在裤裆线到裤脚底边之间的造型变化上。

裤子基本样板的设计范围包括从腰围至横裆线的部位。而整个式样的变化则取决于裤腿线的造型变化。依据横裆线的不同，如图中虚线所示，形成了四种不同特征的裤子基本形，它们主要是因人体部与裤子之间的比例关系而定的。

分析、比较图示中四种裤子的基本样板。每一种基本样板都以不同的方式适应人体的腹部与臀部，除了裤腿线所体现的不同风格外，它们之间还有什么差别？

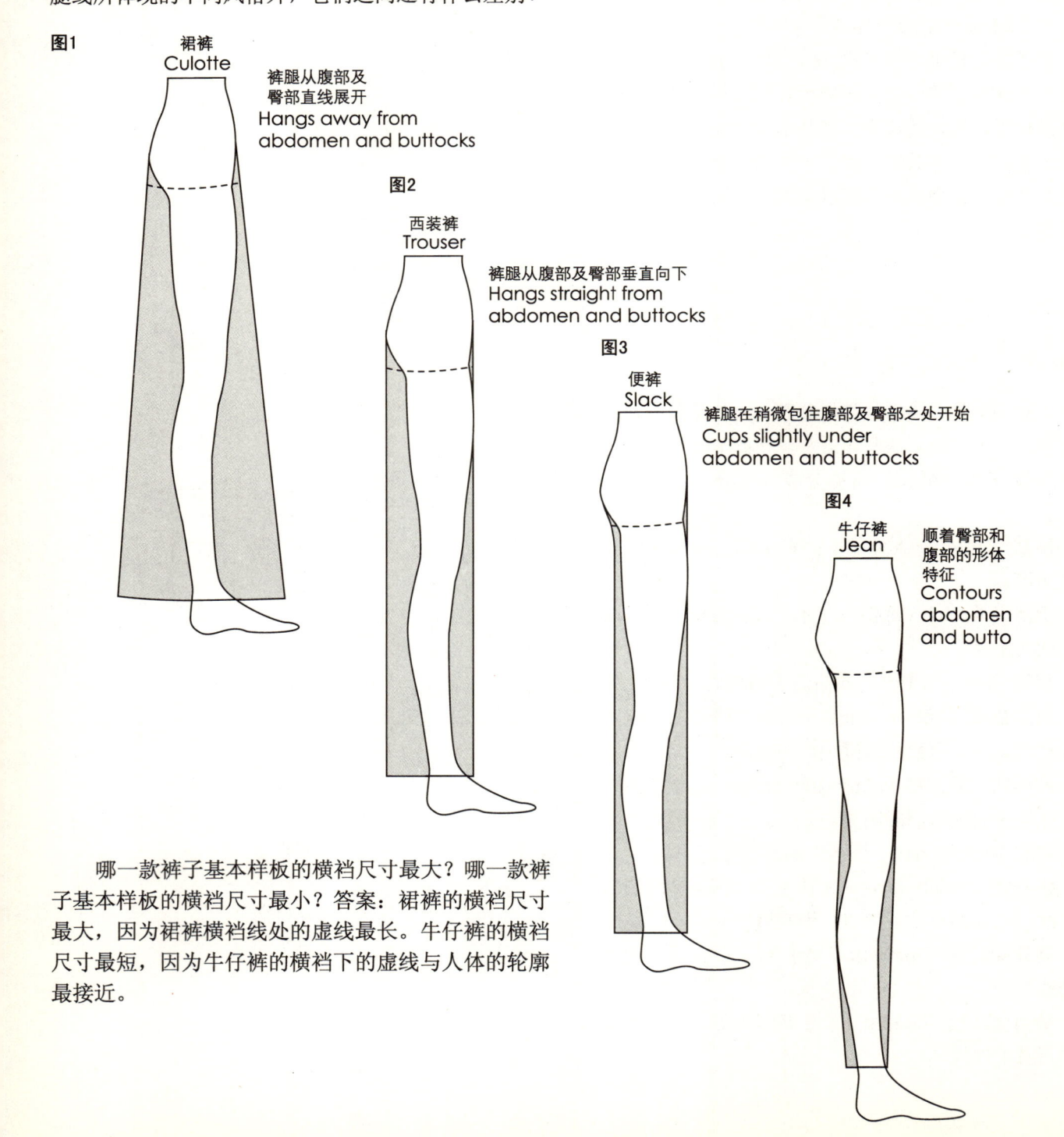

图1 裙裤 Culotte
裤腿从腹部及臀部直线展开
Hangs away from abdomen and buttocks

图2 西装裤 Trouser
裤腿从腹部及臀部垂直向下
Hangs straight from abdomen and buttocks

图3 便裤 Slack
裤腿在稍微包住腹部及臀部之处开始
Cups slightly under abdomen and buttocks

图4 牛仔裤 Jean
顺着臀部和腹部的形体特征
Contours abdomen and butto

哪一款裤子基本样板的横裆尺寸最大？哪一款裤子基本样板的横裆尺寸最小？答案：裙裤的横裆尺寸最大，因为裙裤横裆线处的虚线最长。牛仔裤的横裆尺寸最短，因为牛仔裤的横裆下的虚线与人体的轮廓最接近。

裤子基本样板的概要
Summary of the Pant Foundations

裤子具有两个特征：它的基本部位（横裆线以上部位）和裤腿造型线（横裆线以下的造型）。这里共介绍四种主要的裤子基本样板，它们是通过自人体腹部和臀部以下的垂悬效果而表现出不同特点的。像女用裙裤，自人体腹部和臀部向下垂悬并展开；西装裤以垂直向下为特征；便裤以在稍微包住腹部与臀部下边垂直向下为特征；牛仔裤最能体现人体腹部和臀部的轮廓。

裤子基本样板的特征受控于前小裆与后大裆的尺寸。而前小裆与后大裆尺寸的确定则是基于臀围尺寸，同时还要考虑到大腿根的尺寸。

前小裆和后大裆的计算公式 Formula for Crotch Extension

裙　裤：后片——后臀围/8+1.9cm。
　　　　前片——前臀围/8-1.9cm。
西装裤：后片——后臀围/8。
　　　　前片——前臀围/16。
便　裤：后片——后臀围/8-1.9cm。
　　　　前片——前臀围/16。
牛仔裤：后片——后臀围/16，与体型相适应；
　　　　　　　后臀围/3-1.3cm，紧贴人体。
　　　　前片——5.1cm（型号为10以下的，减0.3cm；
　　　　　　　型号为14以上的，加0.3cm）。

横裆线 Crotch level：横裆线的尺寸（自前裆点至后裆点的距离）应比大腿根围的尺寸要长（参见第169页图2）：

西装裤，多于8.9cm。
便裤，多于5.7cm。
牛仔裤，多于2.5～3.8cm，较适合形体；大约在5.1cm时，裤子松离人体。

前后裆长 Crotch length：裤子的前后裆长应至少与人体胯部的尺寸相等。否则，就应按如下方法增加样板长度：

牛仔裤，延长裤子后片裆坡高。参见第169页图3。
便裤，延长裤子后片裆坡高。并相应地延伸后片裆点。参见第169页图2、图3。
西装裤，相应地延伸前、后片裆点。

测试裤子基础样板的合体度时，应该用受力不易变形的面料（而非针织面料）进行裁剪。将已缝的裤子穿上身测试适合度是否合适或装上腰头和拉链后再试，本书从第210页开始指导读者如何调整裤子的合体度及修改样板。

测量裤子样板制作需用的尺寸
Measuring for the Pant Draft

可以按下列方法制作合身的裤子原型样板。如果腰围、臀围和腰臀长的尺寸已测得并记录在尺寸表上了，便可以直接使用它。否则，需要测量腰围和臀围的尺寸，然后将所得尺寸除以4，并按下列方法进行调整。

例：腰围/4=66cm（腰围）÷4=16.5cm
　　前腰围/2=16.5cm（腰围/4）+0.6cm=17cm
　　后腰围/2=16.5cm（腰围/4）-0.6cm=15.9cm
　　臀宽=96.5cm（臀围）÷4=24.1cm
　　前臀围/2=24.1cm（臀围/4）-0.6cm=23.5cm
　　后臀围/2=24.1cm（臀围/4）+0.6cm=24.7cm

- 若确定省道纳入量，可将臀围尺寸减去腰围尺寸。如果偏差大于或小于25.4～30.5cm，可参见上册第42页有关不同体型的省纳入量表。
- 有关腰臀长的说明，可参见本书正文前第11页。
- 在书本的后面有记录着所有尺寸的表格。

垂直测量的尺寸（记录到尺寸表上）——个体尺寸或表中尺寸 Vertical Measurements (Record on Measurement Chart)—Personal or Form

图1
　　将卷尺带有金属尖的一端置于侧腰点处，测量下列位置的尺寸（括弧内为尺寸规格表中的编号）。
　　侧腰踝长（27）_____。
　　腿外侧长（27）_____。
　　侧腰膝长（27）_____。

围度测量的尺寸 Circumference Measurements

　　腰围（19）_____在腰围线上，前片中心线至侧缝，后片中心线至侧缝。
　　臀围（23）_____在前片中心线腰围线下22.8cm处，用大头针做好标记，然后沿此水平线测量。
　　前中心线至侧缝为前臀围/2_____。
　　后中心线至侧缝为后臀围/2_____。
　　腿根围（29）_____接近于分衩基准线。
　　大腿围（29）_____横裆至膝围中间。
　　膝围（30）_____水平膝中线。
　　小腿围（31）_____膝下面最宽的部分。
　　踝围（32）_____。

图2
　　前后裆长（28）_____在腰围线以下，前片中心线过横裆底点至后片腰围中心线的长度。

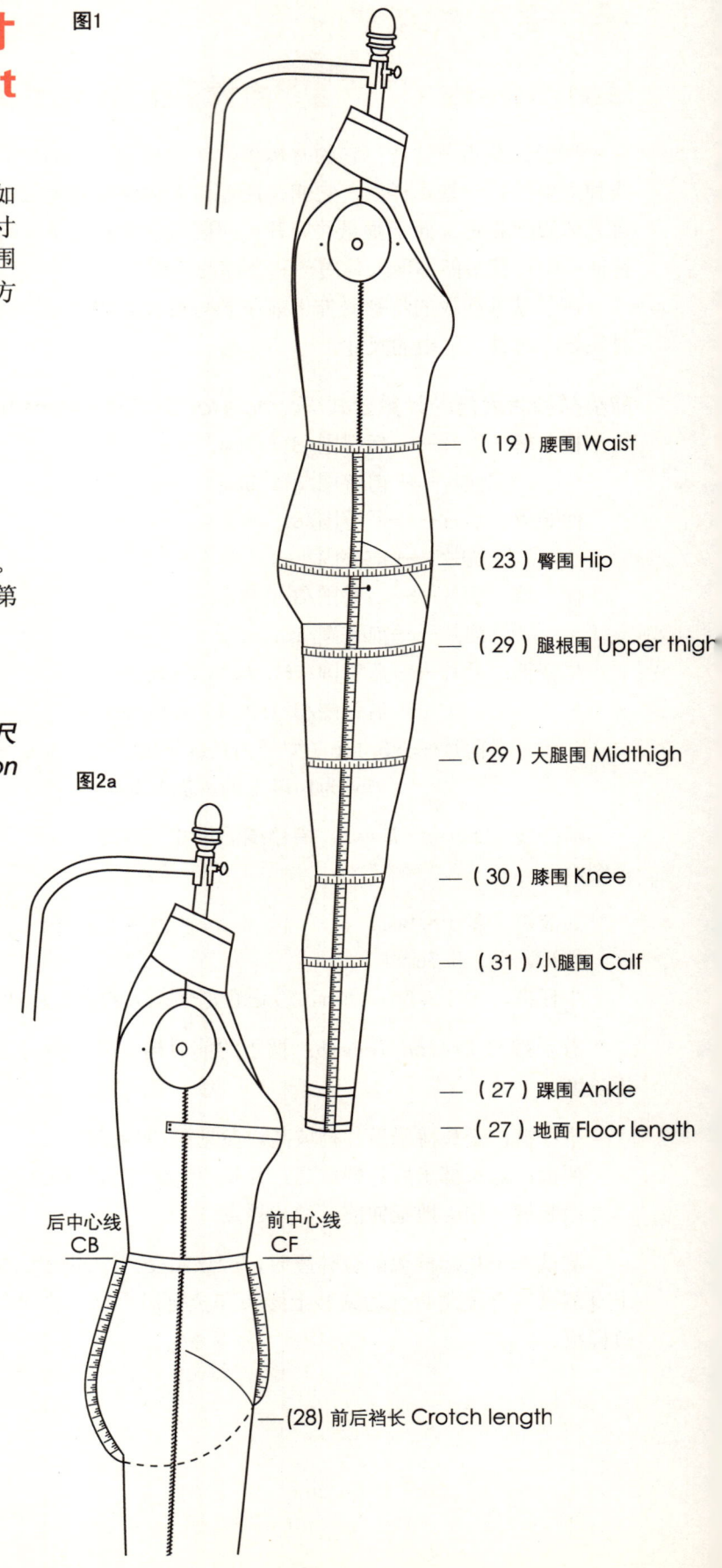

图1

—（19）腰围 Waist
—（23）臀围 Hip
—（29）腿根围 Upper thigh
—（29）大腿围 Midthigh
—（30）膝围 Knee
—（31）小腿围 Calf
—（27）踝围 Ankle
—（27）地面 Floor length

图2a

后中心线 CB　　前中心线 CF

—(28) 前后裆长 Crotch length

图2b
纵向躯干围（26）_____。于颈肩点开始，从前片过裤裆底部至后片的长度。

图3、图4　上裆深（24）Crotch Depth（24）

*测量人体模型：*将直角尺放在测量位置，测量自腰围线至横裆线的尺寸（并非尺的末端）。

*测量人体：*将皮带、松紧带或细绳子围绕腰部，测量皮带至坐椅面的尺寸。

图2b

(26) 纵向躯干围
Vertical trunk

图3

上裆深（24）
Crotch depth

图4

腰围
Waist

(24) 上裆深
Crotch depth

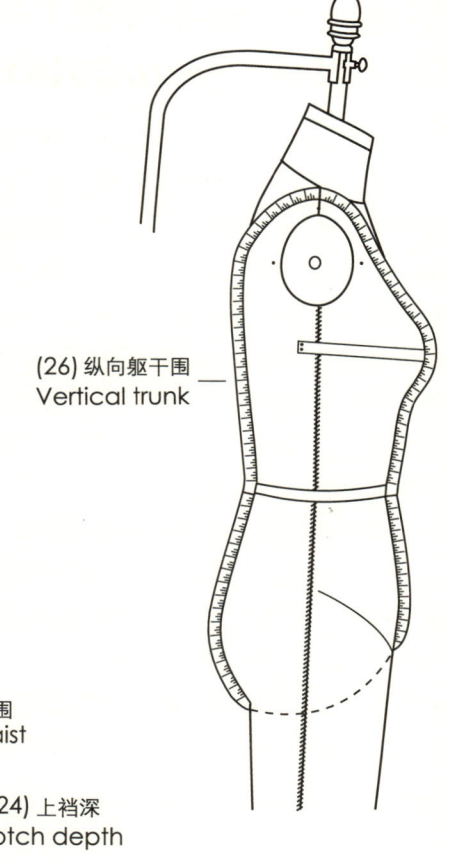

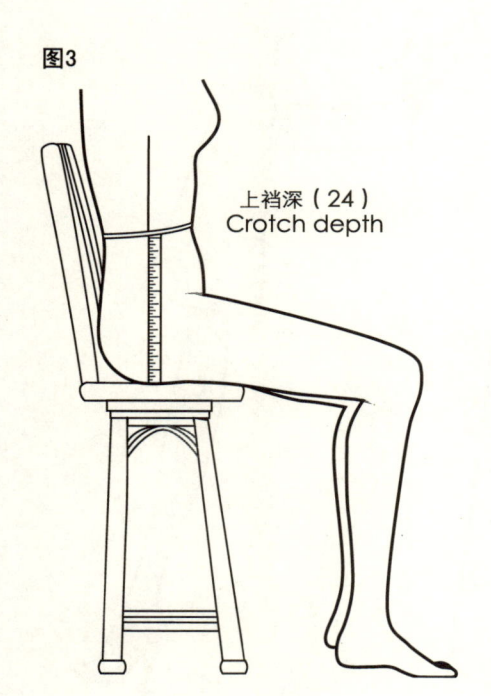

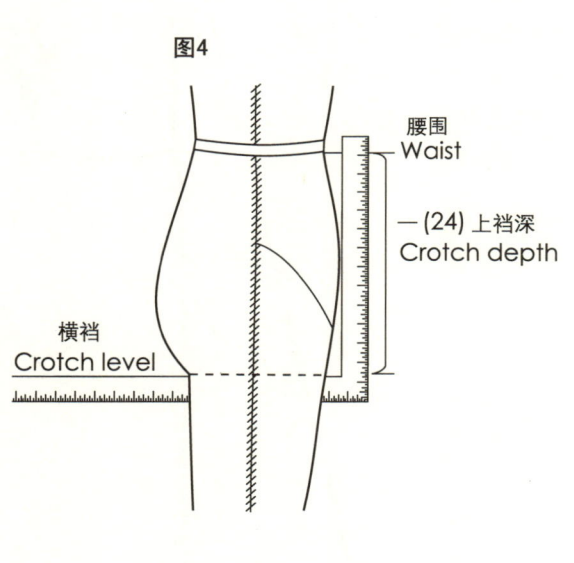

横裆
Crotch level

图5　脚入口 Foot Entry
环绕脚后跟和脚背进行测量。

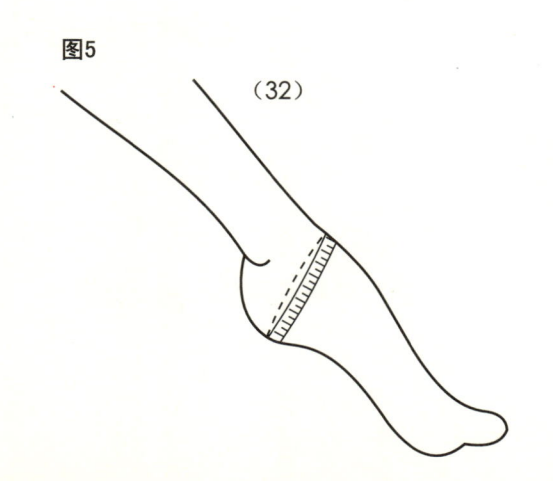

图5

（32）

裙裤——基本样板1
Culotte—Foundation 1

　　当妇女骑自行车开始成为一种时尚的时候，穿裤子在当时却并不是时髦，甚至是不合适的。这时，就要求有一种服装既能满足骑车时的功能性需要又可以符合女性的身份，因此导致了裙裤（当时称为衩裙）的出现。这是一种像裤子的裙子，为穿着者提供了最大程度的灵活性。而且它能为当时的风俗和习惯所接受。裙裤是如此的成功和具有实用性，以至于它既可作为便装，又可作为正式服装。现在，裙裤仍然是一种重要的时装款式。

　　裙裤的基本样板由A型裙的原型发展而成；不过采用下列方法，任何一种裙子样板都可用来设计像裤子一样的裙子。裙裤的基本样板可用于制作传统的箱形裥裙裤的样板。它也可以成为各种不同长度及拖地阔摆裙裤样板制作的基础。相关内容可参见第172、第173页。

所需尺寸 Measurements Needed

- 上裆深 _____ 再加1.9cm（可至3.2cm）。
  参见第157页。

裙裤样板草图
Culotte Draft

　　画出裤子前、后片上半部的样板。

- *所需样板*：A型裙前、后片样板及腰头，见上册第238页内容。

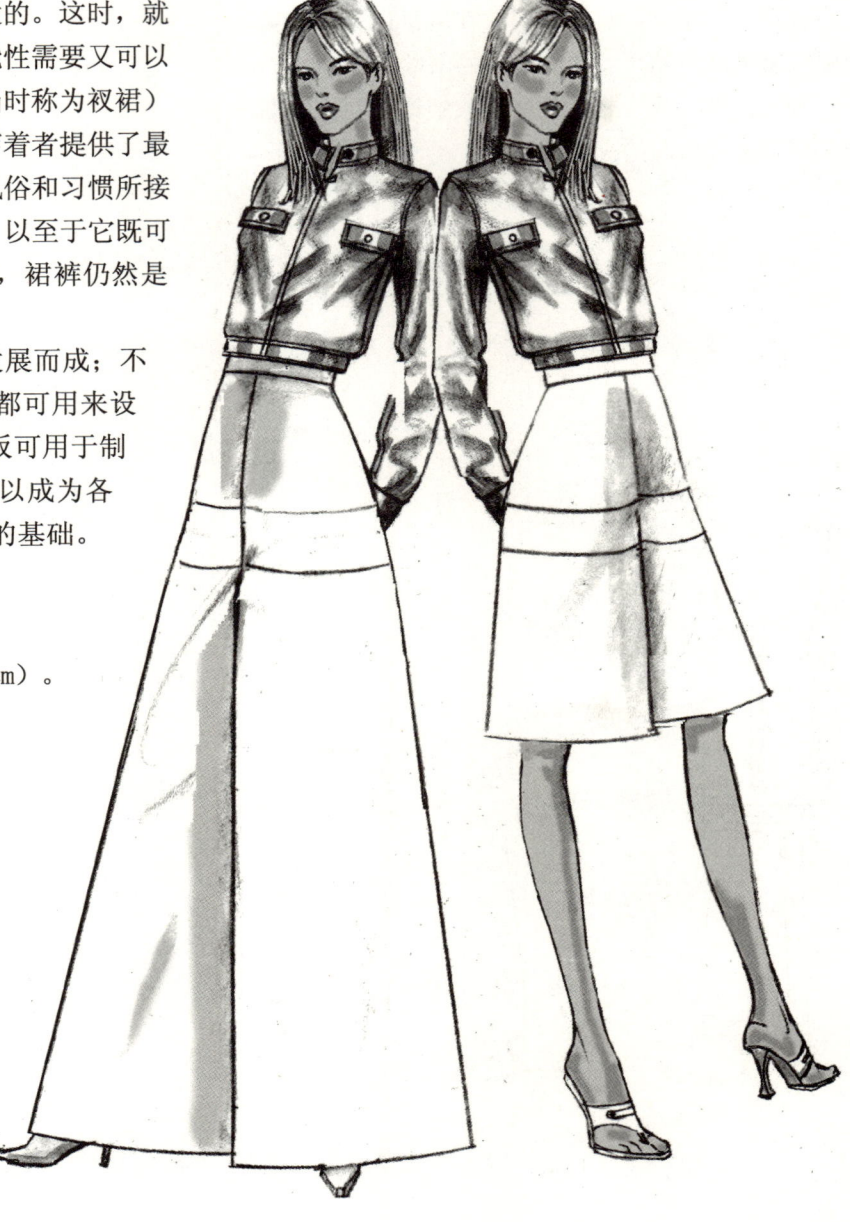

图1 前片 Front

为了加上前小裆和后大裆的尺寸，将样板放在距样板纸边缘至少20.3cm的地方。描出裙子前、后片样板并做所有标记。

$A \sim B$ = 上裆深+1.9cm（或更多）。

$A \sim X$ = 前臀围/4 -1.9cm，位置在过B点的直角线上。

$D \sim E = B \sim C$，位置在过D点的直角线上，连接$C \sim E$。

$B \sim b$ = 3.8cm（对角线）。

画前后裆长线，如图曲线连接C点、b点，至X点或其附近。如果未交于b点上，需修整弧线。

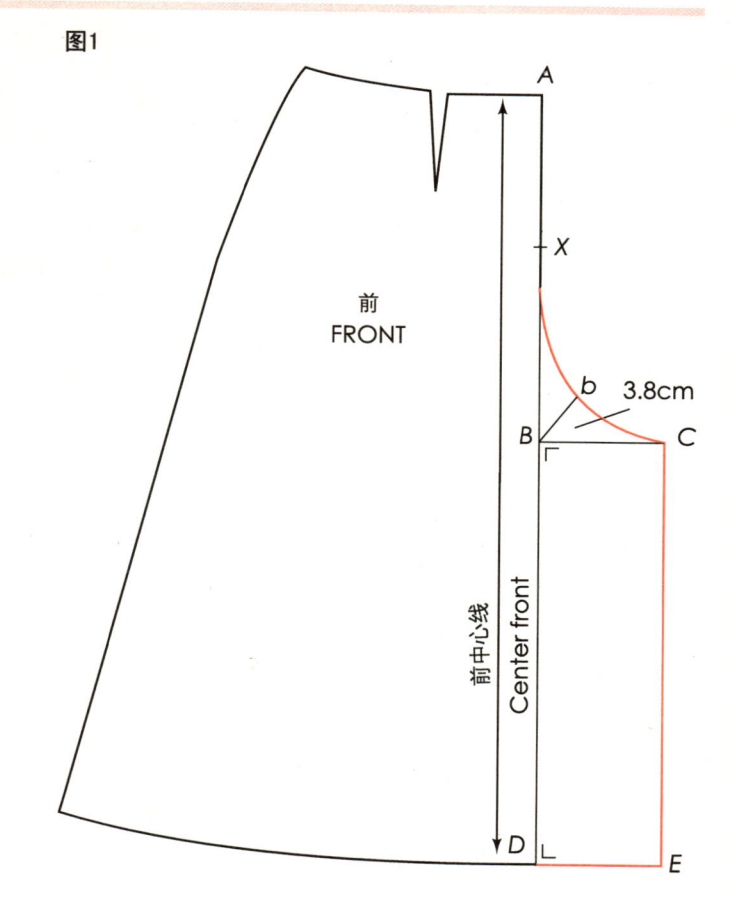

图2 后片 Back

$F \sim G = D \sim B$（前片样板）。

$G \sim H$ = 后臀围/4 +1.9cm，位置在过G点的直角线上。

$F \sim J = G \sim H$，位置在过F点的直角线上，连接$J \sim H$。

$G \sim X = B \sim X$（前片样板），做标记。

$G \sim g$ = 4.5cm（对角线）。画前后裆长线，如图所示，用曲线连接H点、g点，至X点或其附近结束。

- 裁剪并测量试适合度。

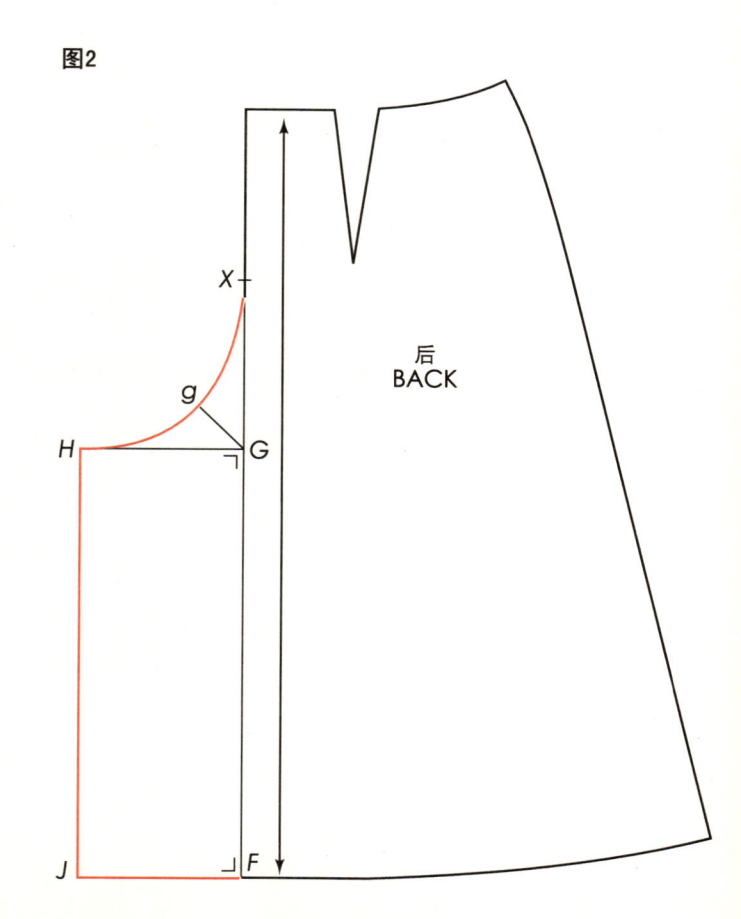

西装裤——基本样板2（适用于女士和男士）
Trouser—Foundation 2 (for Women and Men)

西装裤是指那些从人体腹部和臀部开始垂直下的裤子。由于它的前小档尺寸较短，因此裤前部更加贴身。这种西装裤既好穿着，又可在它的基础上经过修改变为其他式样。例如有褶裥的裤子、袋装裤和丑角裤等（见"裤子设计"）。它同样可以作为短裤、牙买加裤、百慕大裤和赛车裤等派生裤样板制作的基础。

如果改变省量，西装裤的样板草图也可作为发展男式裤子的样板。用点标注的内容是做样板草图需要的尺寸。尺寸的测量方法可见第156、第157页。

按照说明，女西装裤的样板草图能用于发展男裤样板。斜体字部分为两者在制作中存在的区别。

所需尺寸 Measurements Needed
- （27）腰围至踝围 _____。
- （24）上裆深 _____。
- （23）前臀围/2 _____。
  后臀围/2 _____。
- （19）前腰围/2 _____。
  后腰围/2 _____。

合身度——用尺寸表记录省道量（见上册第42页）。在原尺寸上增加0.6cm，以满足宽松度的要求（如果O线碰到A线，可减少后片省纳入量）。

西装裤样板草图 Trouser Draft

图1

$A \sim B$ = 裤长。

$A \sim D$ = 上裆深+1.9cm（放松量，可据需要设定）。

$D \sim C$ = 腰臀长度，$(D \sim A)/3$。

$B \sim E$ = 膝深度，$(B \sim D)/3 + 2.5$cm（向着横裆线方向）。

分别过A、B、C、D、E点向$A \sim B$线两侧画直角线。

图1 布局方法 KEY LOCATIONS

- 腰围线 A Waist
- 臀围线 C Hip
- 横裆线 D Crotch Depth
- 膝围线 E Knee
- 踝围线 B Ankle

图2

后片 Back

C～F=后臀围/2 +0.6cm（放松量）。

D～G=C～F。连接G～H。

G～X=（G～H）/2。

G～I=（G～D）/2。

前片 Front

C～J=前臀围/2 +0.6cm（放松量）。

D～K=C～J。

A～L=C～J。连接K～L。

K～X=（K～L）/2。

K～M=（K～D）/2。

图2

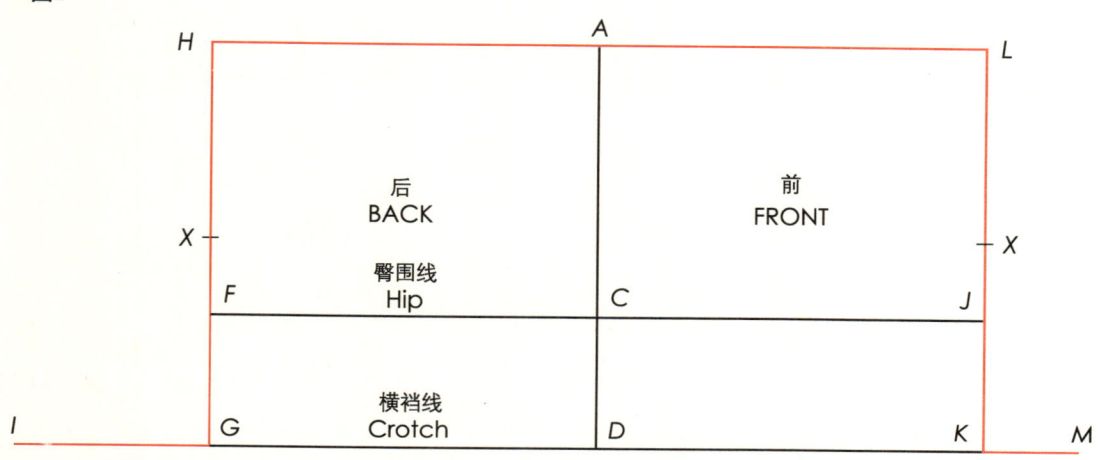

图3

后省量 Back Dart Intake

H～N=1.9cm。做标记。

N～O=后腰围/2 +5.6cm。

（男裤：后腰围/2，加2.5cm）。

N～P=7.6cm。标明每个省道宽2.5cm，间隔3.2cm。

（男裤：标明省道所需的1.9cm宽所需量。）

前省量 Front Dart Intake

L～Q=前腰围/2 +3.2cm。

（男裤：前腰围/2，加1.9cm）。

L～R=7.6cm。标出每个省道宽1.3cm，间隔3.2cm。

（男裤：标出1.3cm省道。）

标明各省道的中心，并向下画长为7.6cm的直角线。

图3

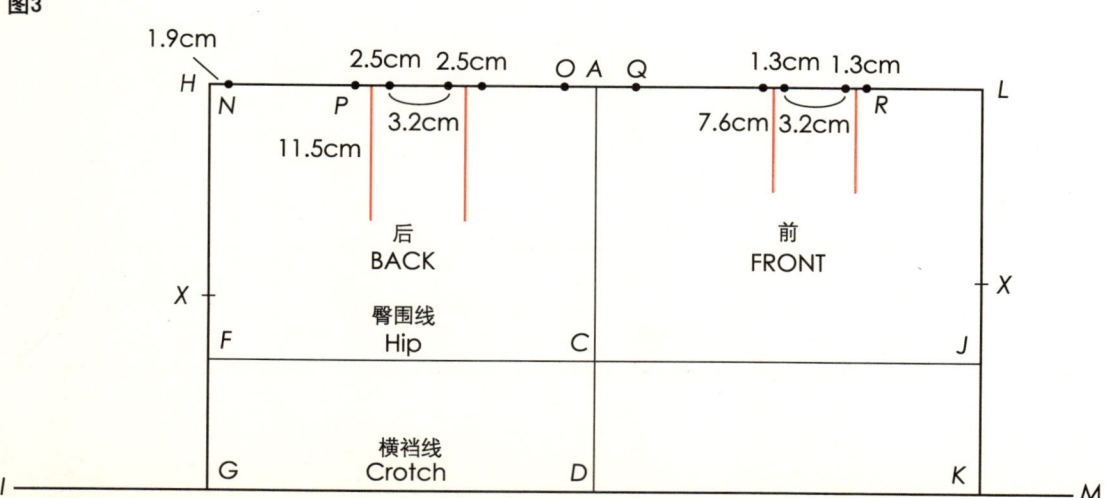

图4

后片 Back

N～S=从N点直角向上0.6cm。

由S点过X点，向横裆线画线。

G～T=5.1cm（对角线，10号型以下的减0.3～0.6cm）。

从I点过T点向X点画前后裆长，画顺。

前片 Front

K～U=3.8cm（对角线）。

从M点过U点向X点画前后裆长，画顺。

图4

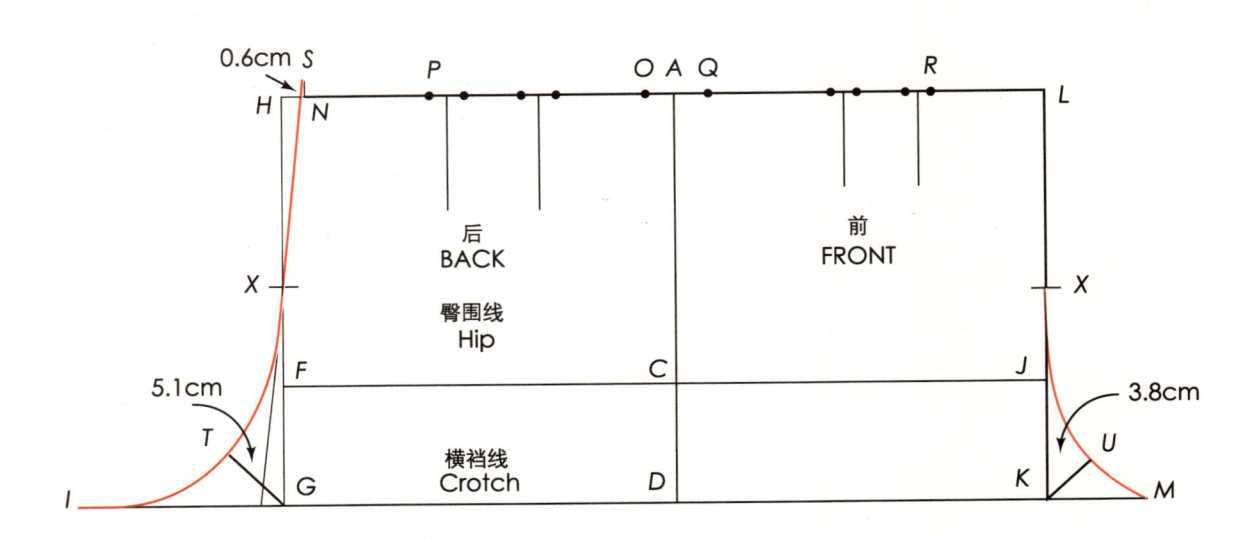

图5 前、后片腰围线 Back and Front Waistlines

- 从S点向O点画内凹的曲线。
- 从低于L点0.6cm处向Q点画内凹的曲线。
- 向腰围线画省线，通过对省线进行长短调整，使它与腰围线齐平。
- 从C点上方分别向O、Q点画臀部曲线。

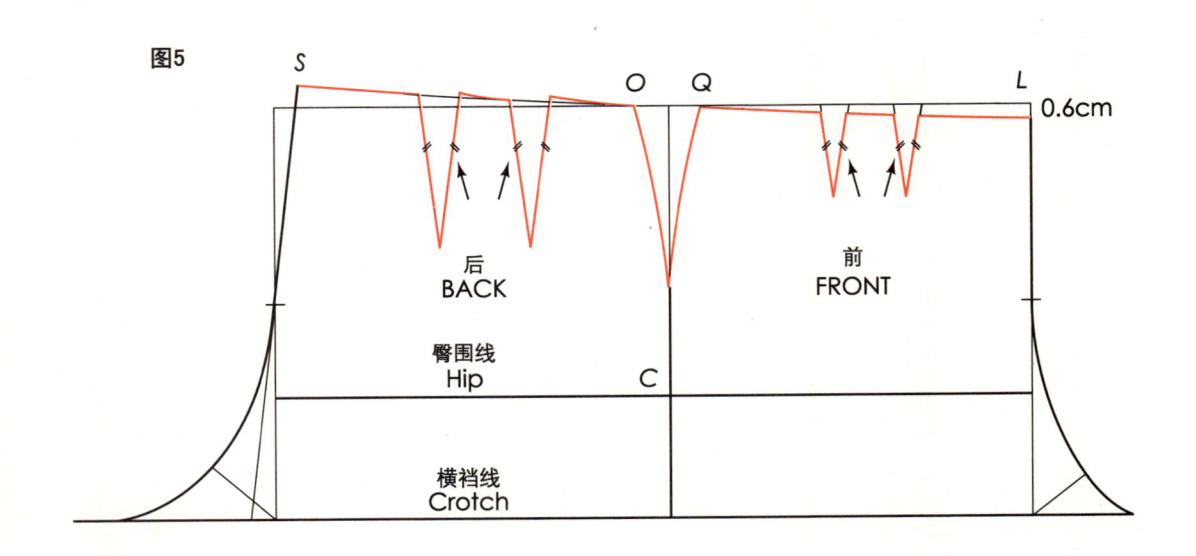

图5

图6

后片 Back

D~V=（D~I）/2 +0.6cm。从V点（烫迹线）向上、下画直角线。

前片 Front

D~W=（D~M）/2+0.6cm。从W点（烫迹线）向上、下画直角线。

- 绘出裤口线宽度（10号型以下尺码，减少1.3cm）标记。
- 裤外侧缝线：从踝标记至C点画一条直线（与臀围线顺接）。
- 裤内侧缝线：从I点和M点分别向内1.3cm做标记，然后向踝标记画直线。分别从I点和M点画内凹的曲线，在靠近膝围线处与内侧缝下部顺接。
- 调整并放出缝份。有关内容见第170、第171页中的说明。
- 腰头制作方法，见第185页。

图7

- 平衡侧臀围线。
- 测量O点至Q点间的距离，对分，然后在A点两边等距处做标记。画调整后的侧缝线，虚线表示原侧缝线。

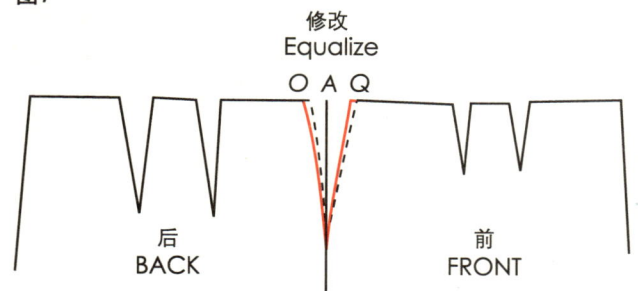

图7

图8 男裤 Men's Pant

门襟置于左侧，里襟置于右侧。门襟、里襟各增加1.3cm宽的缝份，裤口边增加2.5cm。有关门襟、腰头缝纫介绍见第183、第185页中的说明。专业的缝纫针法指南见书后参考书目（见第405页）。

选做事项：如图所示，在前中心线2.5cm处开始修剪腰围线，修剪宽度逐渐减小，至后中心线时不可再修剪。

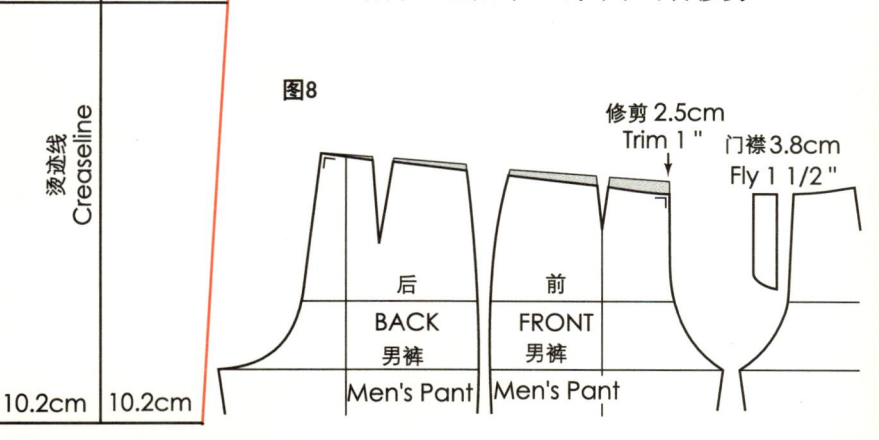

图8

便裤——基本样板3（适用于女士和男士）
Slack—Foundation 3 (for Women and Men)

在便裤的基本样板中，前小裆和后大裆的尺寸变得更短。它与西装裤相比更贴身了。缩小的横裆尺寸使臀下部分轻微翘曲，从而产生了其特有的杯式体征。以便裤为基本样板所设计的裤子，一直以来对大多妇女具有长久不衰的吸引力，特别是对那些觉得穿宽松裤和紧身牛仔裤都不舒服的人就更有吸引力了。可以在便裤的基本样板上做多种变化，像下面样板草图中所画的那样或是其他的裤子设计（参见"裤子设计"）。它也是许多派生裤子最常用的基本样板，如短裤、牙买加运动裤和赛车手裤等。男士裤子也可以此方法变化成便裤的样板。

宽松裤样板草图 Slack Draft

图1、图2
- 描出裤子前、后片样板，略去距侧缝最近的省道。按照图示及所给的尺寸调整样板。对男式裤子而言，用原来的褶裥，不需要从侧缝线处移走余量。

- 阴影部分表示从样板中剪下的部分。
- 虚线表示原样板形状。
- 粗实线表示便裤的基本样板。
- 校正和缝份允量的介绍见第170、第171页。有关装腰头内容参见第185页。

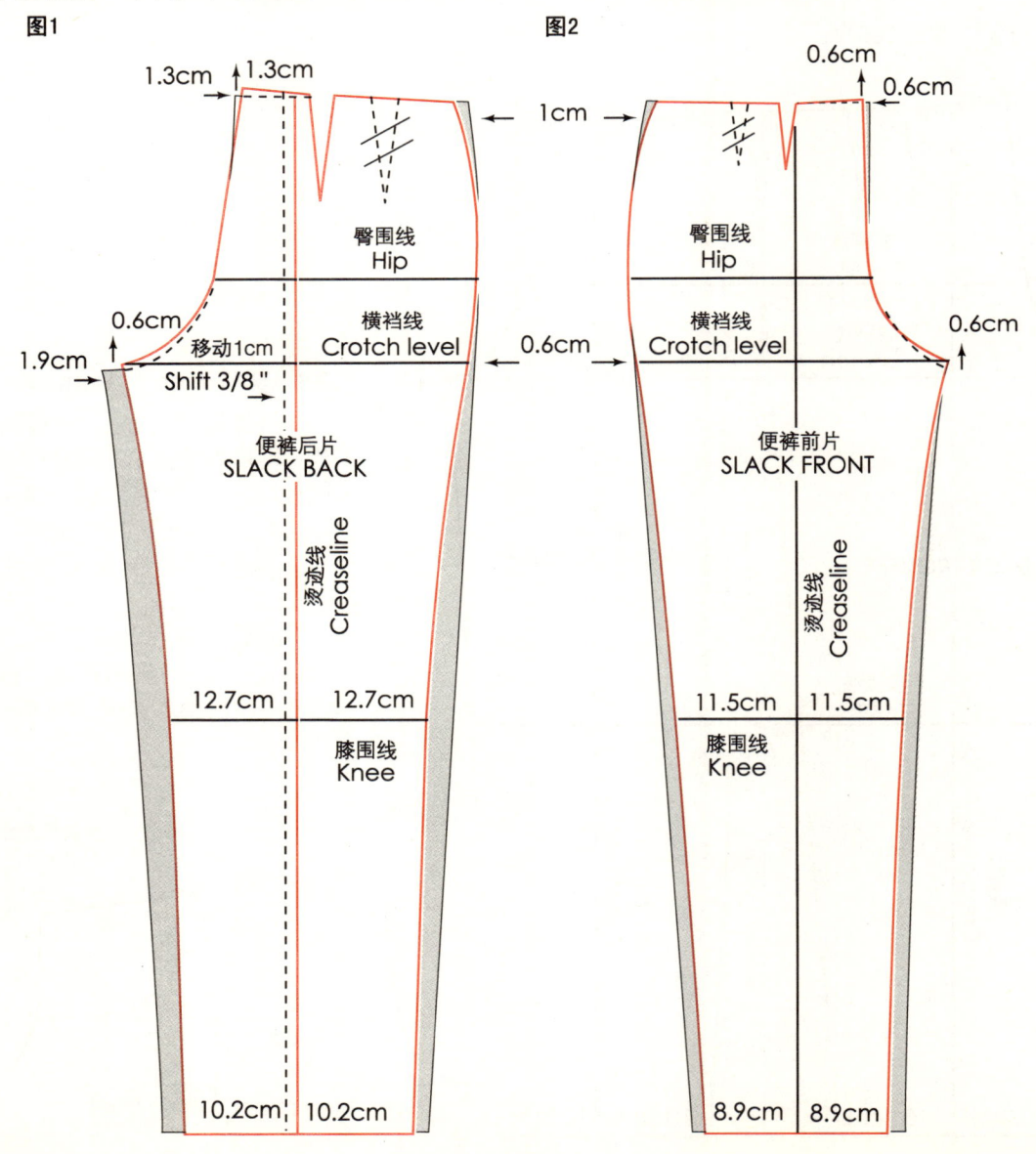

牛仔裤——基本样板4（适用于女士和男士）
Jean—Foundation 4 (for Women and Men)

　　牛仔裤基本样板中的前小片和后大片的尺寸很短，从而使裤子勾勒出了人体的轮廓。偏短裤裆的前小片和后大片使前后裆长线的长度变短，因此在样板草图中，后中心处的裤腰线延伸远离腰围线，以此达到裤裆长所需要的尺寸。

　　牛仔裤基本样板和其他裤子基本样板一样可以做多种变化。其样板草图可以直接使用，也可变化成其他设计款式的样板。如宽松些的牛仔裤、喇叭裤、直筒裤、（西部）放牧裤和靴子裤等（见"裤子设计"）。它也是短裤、牙买加裤和其他衍生裤子样板制作的基础。

　　该牛仔裤样板草图可改成男用款。测量所需尺寸见第156页，其中对四等分腰围和臀围尺寸的方法作了特别的说明。

所需尺寸： Measurements Needed

- （27）侧腰踝长_____。
- （24）上裆深 _____。
- （23）前臀围/2 _____。
  　　　后臀围/2 _____。
- （19）前腰围/2 _____。
  　　　后腰围/2 _____。

牛仔裤样板草图 Jean Draft

图1

　　A~B=腰围至踝围的长度（裤长）。

　　A~D=上裆深（减少0.6cm，以获得较高的上裆位置）。

　　D~C=腰臀长，（D~A）/3。

　　B~E=膝深，（B~D）/2 +2.5cm。分别过A、B、C、D和E的点，向A~B两侧作垂直线。

图1　布局方法 KEY LOCATIONS

- 腰围线 A Waist
- 臀围线 C Hip
- 上裆深 D Crotch Depth
- 膝围线 E Knee
- 踝围线 B Ankle

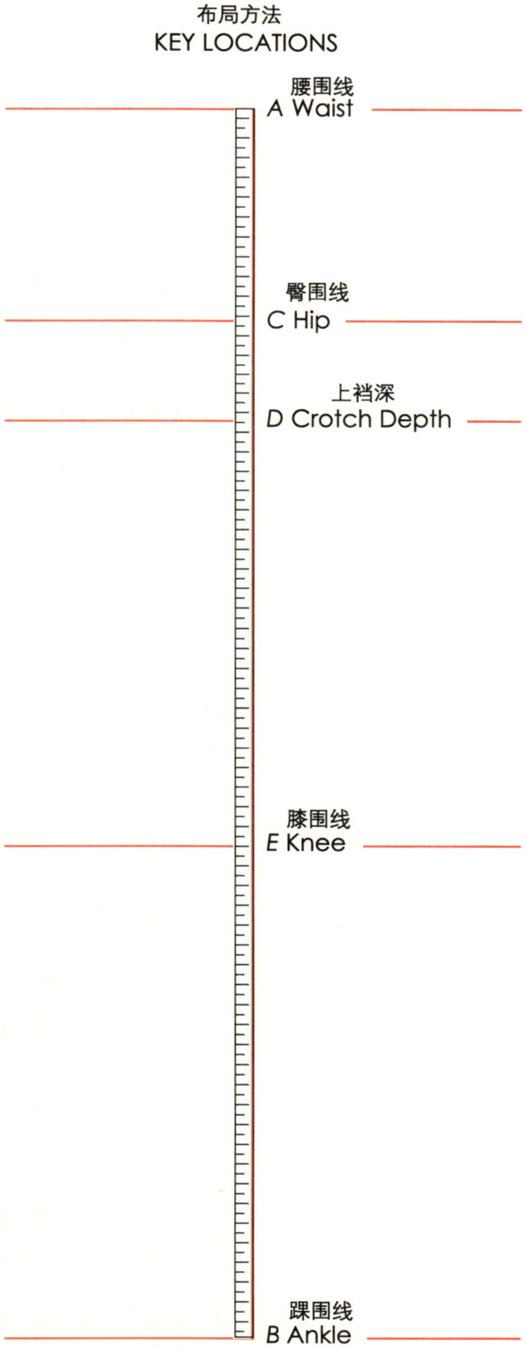

图2

后片 Back

$C \sim F$ = 后臀围/2 +0.3cm（放松量）。

$D \sim G = C \sim F$。

$A \sim H = C \sim F$。

连接G点和H点。

$G \sim X = (G \sim H)/2$。

$G \sim I = (G \sim D)/4$，紧身，加2.5cm放松量。

前片 Front

$C \sim J$ = 前臀围/2 +0.3cm（放松量）。

$D \sim K = C \sim J$。

$A \sim L = C \sim J$。

连接K点和L点。

$K \sim X = (K \sim L)/2 + 1.3$cm。

$K \sim M = 5.1$cm（超过14号加0.6cm，小于10号减0.3cm）。

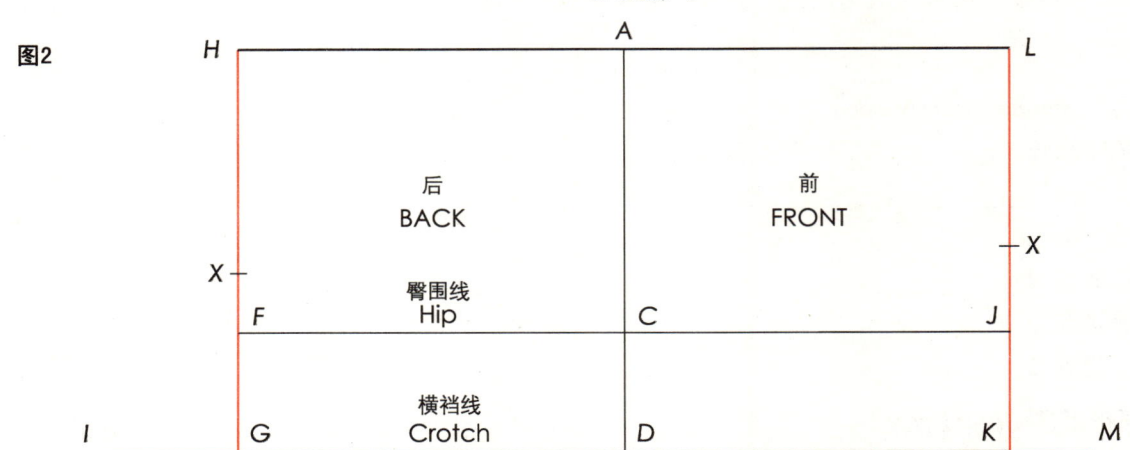

腰及省道量 Waist and Dart Intake

如果O点与R点相遇，或叠过A点，则不必担心，在后面可进行校正。

图3

后片 Back

$H \sim N = 4.4$cm。

$N \sim O$ = 后腰围/2 +2.5cm（包括省道和放松量）。

$N \sim P = (N \sim O)/2$。从P点向下作8.9cm长的垂直线。

从P点向两侧各量1cm，做标记。

前片 Front

$L \sim Q = 1.3$cm。

$Q \sim R$ = 前腰围/2 +1.9cm（包括省道和放松量）。

$Q \sim S = 8.3$cm。从S点向下作6.4cm长的垂直线。

从S点向两侧各量0.6cm，做标记。

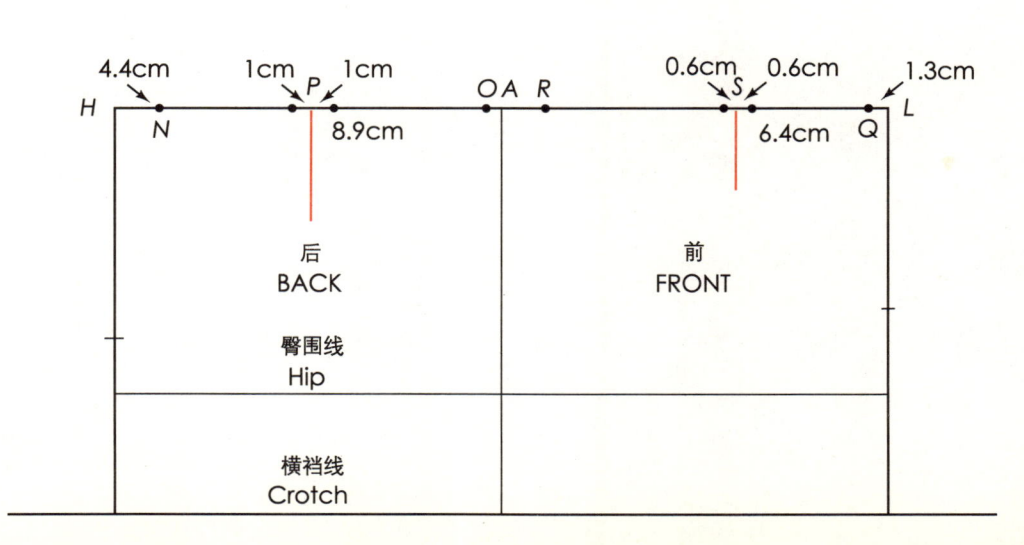

图4

后片 Back

N～T=从N点向上作直角线，2.5cm长。

从T点向横裆线画线，与X点相接。

G～g=4.4cm（对角线）。用曲线尺画顺X点、g点和I点。

紧身牛仔裤的横裆尺寸为腿根围尺寸加2.5～3.8cm，若宽松牛仔裤则应增加至5.1～6.3cm。如有需要，可以在G～I线上加减尺寸。然后，从原有尺寸中减去1.9cm。

前片 Front

Q～U=从Q点向上画直角线，0.6cm高。

从U点向横裆线画线，与X点相连。

K～k=3.2cm（对角线）。

用曲线尺画顺X点、k点和M点。

图4

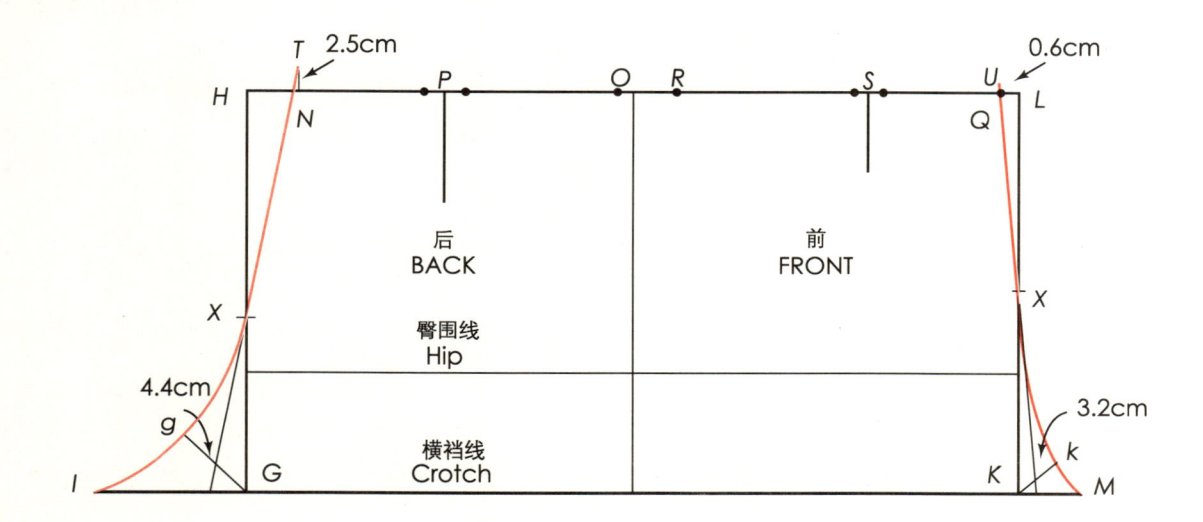

图5　后片和前片 Back and Front

- 分别画顺T～O和U～R曲线。
- 从省尖点向弯曲的腰围线画省线。
- 校正省线，同时与侧腰线顺接。
- 从C～O和C～R画臀部曲线（如果O点、R点重叠，见图7）。

图5

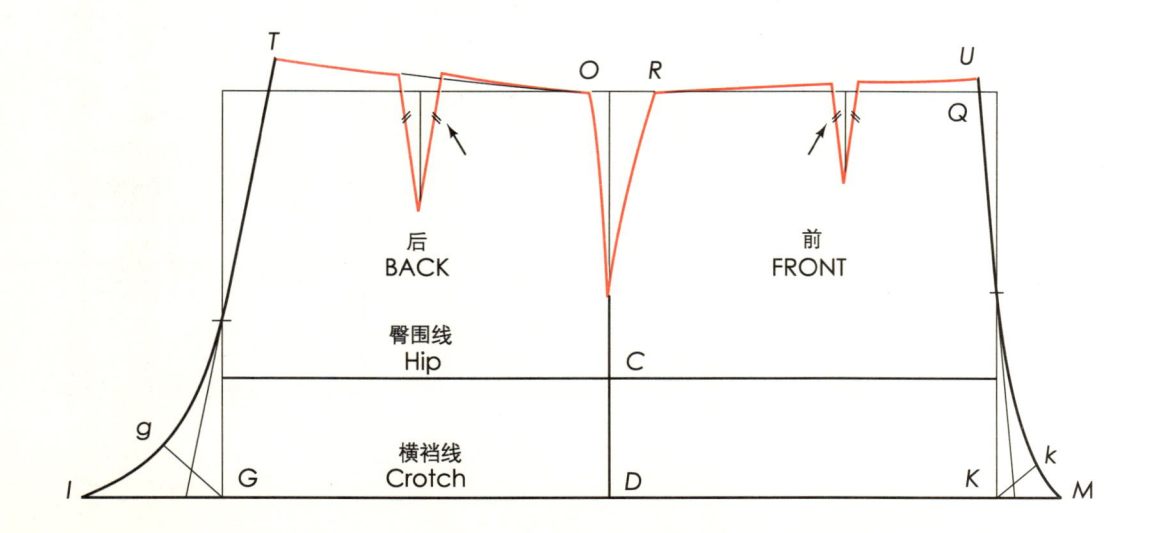

图6

后片 Back

$D \sim V = 1$cm，做标记。

$V \sim W = (V \sim I) / 2$，过W点作$M \sim I$的直角线（经向丝缕线）。

裤腿线 Legline

- 分别在裤口线和膝围线处的烫迹线两侧向外量出所给尺寸并做标记（臀部为111.8cm或更多，在后片膝围线的两边再加1.9cm）。
- 裤边缝：从踝部和膝部标记点向横裆线画直线。然后画内凹的曲线至膝围线，用直线画裤腿线。裤腿线从膝部以上开始，经过V和Y部位至C点与向外弧的曲线顺接。再画顺I点和M点的内凹曲线。
- 腰头设计参见第175页。

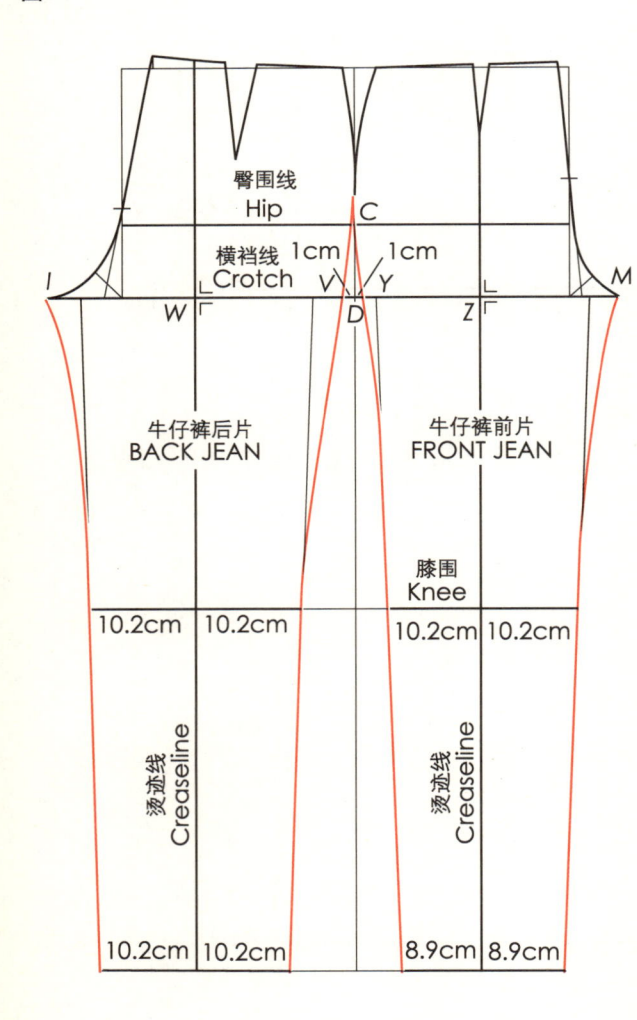

前片 Front

$D \sim Y = 1$cm，做标记。

$Y \sim Z = (Y \sim M) / 2$。过Z点作$M \sim I$的直角线（经向丝缕线）。

图7　O点和R点在A点重叠 O and R Overlap Point A

按下述方法，用红铅笔画前片臀部处的样板。

- 从C点分别向R点（后裤片）和O点（前裤片红线）画臀部曲线，其长度与$R \sim C$相等。继续画曲线至横裆线。
- 在横裆线中心点做标记，然后画直角线横贯样板。
- 将样板纸放在样板草图下，在裁剪前片之前，先描出后片样板（C点到R点）。

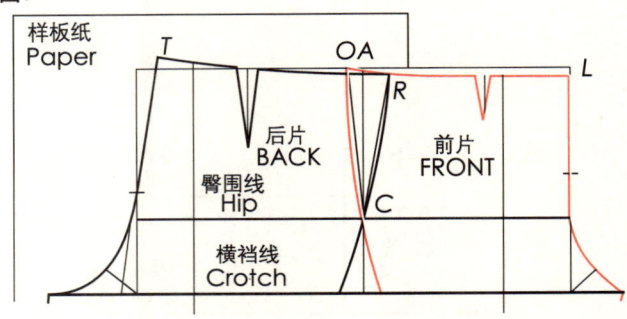

无省道牛仔裤 Dartless Jean Pant

按下列方法消除腰部省道（虚线指原始样板）。

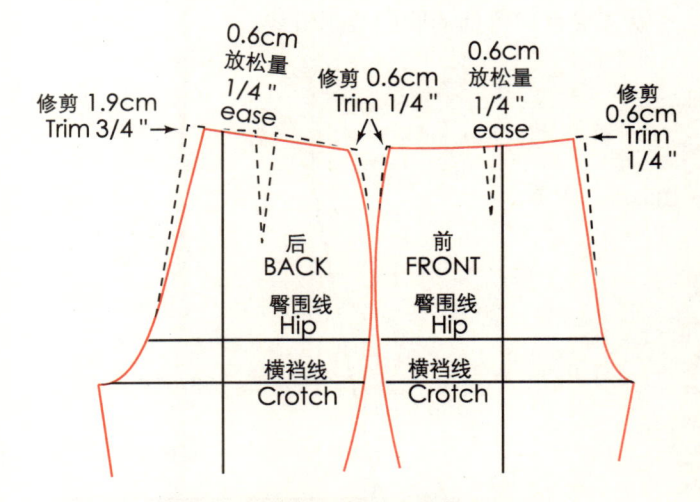

- 校正和加缝份的内容见第170和第171页。

牛仔裤适合度的变化
Variations of the Jean Fit

合体的臀部和大腿部
Close Fit Under Buttocks and Upper Thigh

图1

通过调整，缩短裤后大裆尺寸就会使牛仔裤更合体。如图所示，重新画烫迹线（经向丝缕线）和裤腿线。根据个人需要，前、后横裆的尺寸应该是腿根围再增加2.5～3.8cm。

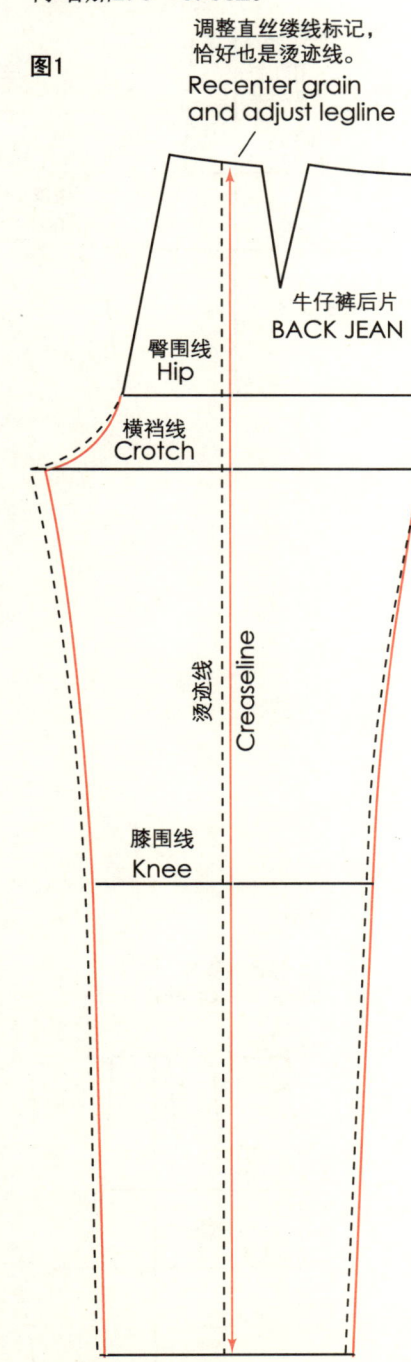

图1

调整直丝缕线标记，恰好也是烫迹线。
Recenter grain and adjust legline

牛仔裤后片 BACK JEAN
臀围线 Hip
横裆线 Crotch
烫迹线 Creaseline
膝围线 Knee

校正裤子的裆长和横裆线的尺寸
Adjustment to Crotch Length and Crotch Level

如果裤裆线有所改变，需重置经向丝缕线。

图2

测量前、后裆长和横裆线的尺寸，与第155页所记录的尺寸作比较（见"横裆线"介绍）。

图2

后裆长 Crotch length
后 BACK
前 FRONT
前裆长 Crotch length
横裆线 Crotch level

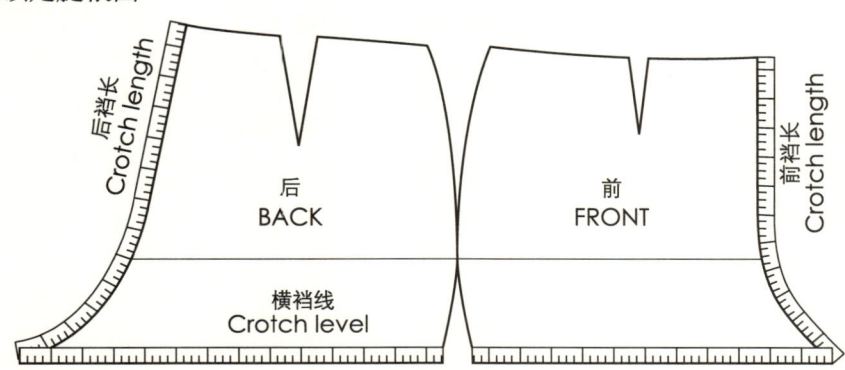

牛仔裤基本样板 Jean Foundation

- 将后裤片打开放出一定量，以增加裤前后裆长；顺接后中心线。

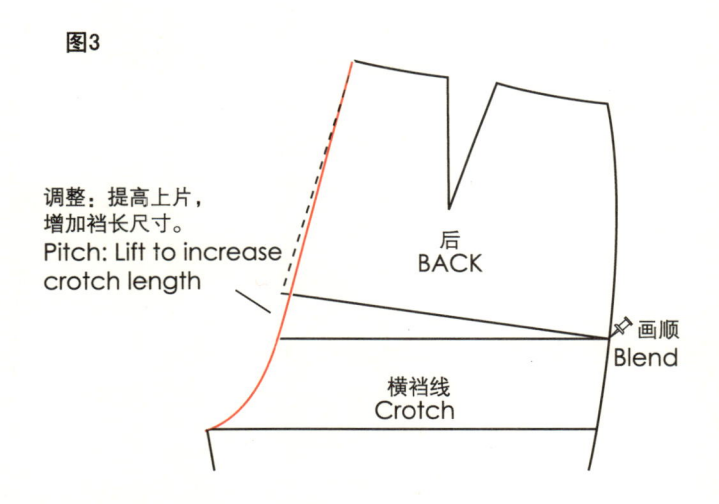

图3

调整：提高上片，增加裆长尺寸。
Pitch: Lift to increase crotch length

后 BACK
画顺 Blend
横裆线 Crotch

便裤基本样板 Slack Foundation

- 将后裤片剪开（图3）放出裤后片裆长所需的量。调整烫迹线。

西装裤基本样板 Trouser Foundation

- 如需调整裤横裆线的长度，可据需要的尺寸在前后片裆点之间加量。如需缩短裤横裆线的长度，则按上述说明做反相操作。

完成裤子样板
Completing the Pant Pattern

在裁剪裤子之前，必须先核对用来拼接的各片样板的缝线。下列内容适用于所有裤子基本样板和其他新设计款式的样板。

怎样核对裤子样板
How to Walk and True the Pant Patterns

为了保持裤子的平衡，对裤子样板的核对总是先从裤口线开始，然后逐步向上至裆点，再到腰围线。在核对时，用高脚图钉帮助控制住样板。核对裤内侧缝线和裤外侧缝线的尺寸及顺接情况。膝围处的基准线可能对不齐。

图1 对齐裤内侧缝线 Matching Inseams

从样板纸上剪下裤子的前片样板。

将其置于后片之上，把下摆处的裤内侧缝线对齐。

沿裤内侧缝线移动样板（用高脚图钉控制样板），至前片裆点。做标记，移开样板。后片裤内侧缝线可能长于前片。

- 后内侧缝线可能会比前内侧缝线长（图1a）。
- 做标记并从标记处重画后前后裆长线（图1b），顺接。

图2 对齐裤外侧缝线 Matching Outseams

- 核对从裤口线至腰围的外侧缝线。侧缝线可能对不齐（图2a）。
- 通过修剪偏长一侧或增加偏短一侧来调整长度或调整顺接腰围线（图2b）。

参见第171页有关此内容的进一步说明。

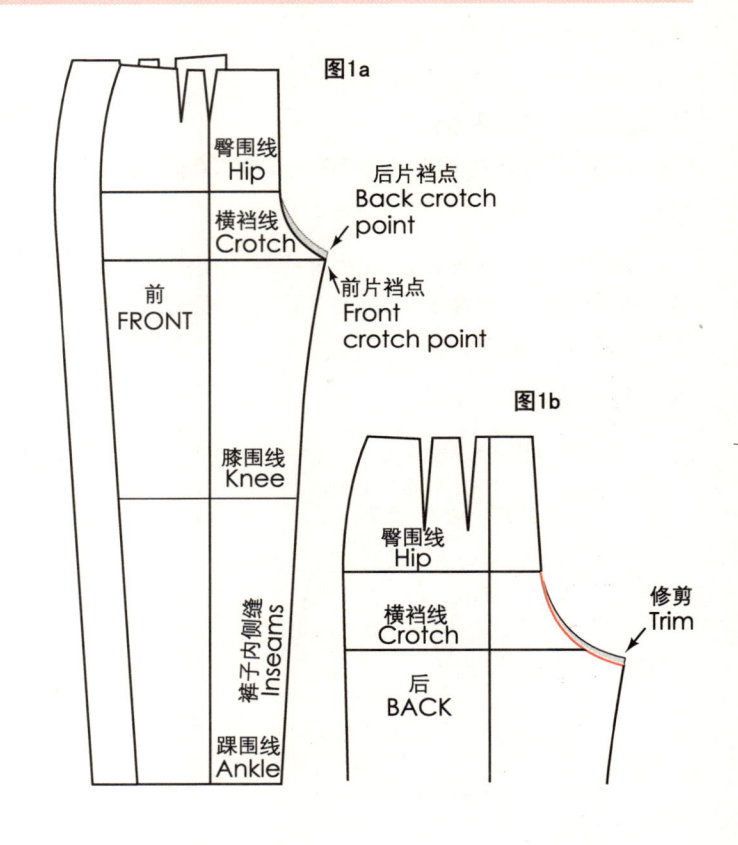

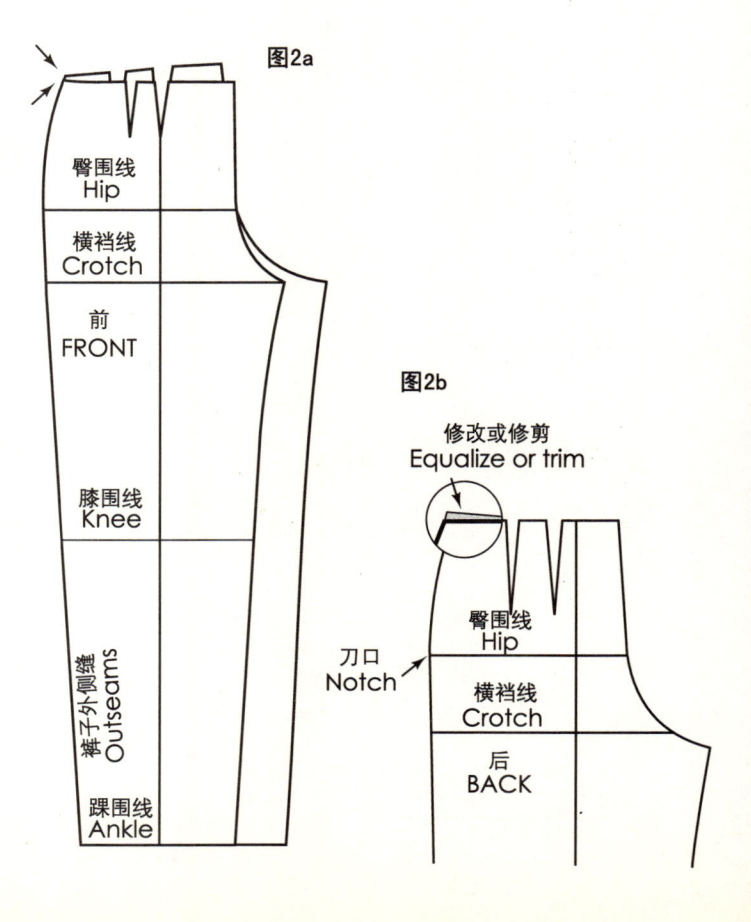

缝份 Seam Allowance

当裤子基本样板作为工具样板使用时无缝份。然而，有经验的打板师通常使用有缝份的样板作为工作样板。裤子样板需要增加缝份，只需将样板的每个角向外延长、连接，并做剪口标记即可。按下面方法加缝份、做适合度测试，直至完成裤子的样板设计。若用原型基本样板来做适合度测试，也可在裁剪时直接在平纹细布上加放缝份。

缝纫指导 Sewing Guide

拉链边和腰头，可参见第175、第182页中的说明。斜插口袋，请参考第176页。修改适合度，参考第210页。

图3

裤口或多或少要增加2.5cm。除了装拉链部位，所有的缝份均为1.3cm。

- 如图所示，绱拉链边放出3.8cm、1.3cm，拉链能够被分别放在前片中心的左右侧。

图4 裤里襟 Shield

裤里襟6cm宽，比拉链长2.5cm。加放1.3cm的缝份。

图5

如在后片中心处绱拉链，则需增加搭门和绱拉链的边缝1.9cm至长于拉链2.4cm处。之后，缝份转为1.3cm（图5）。

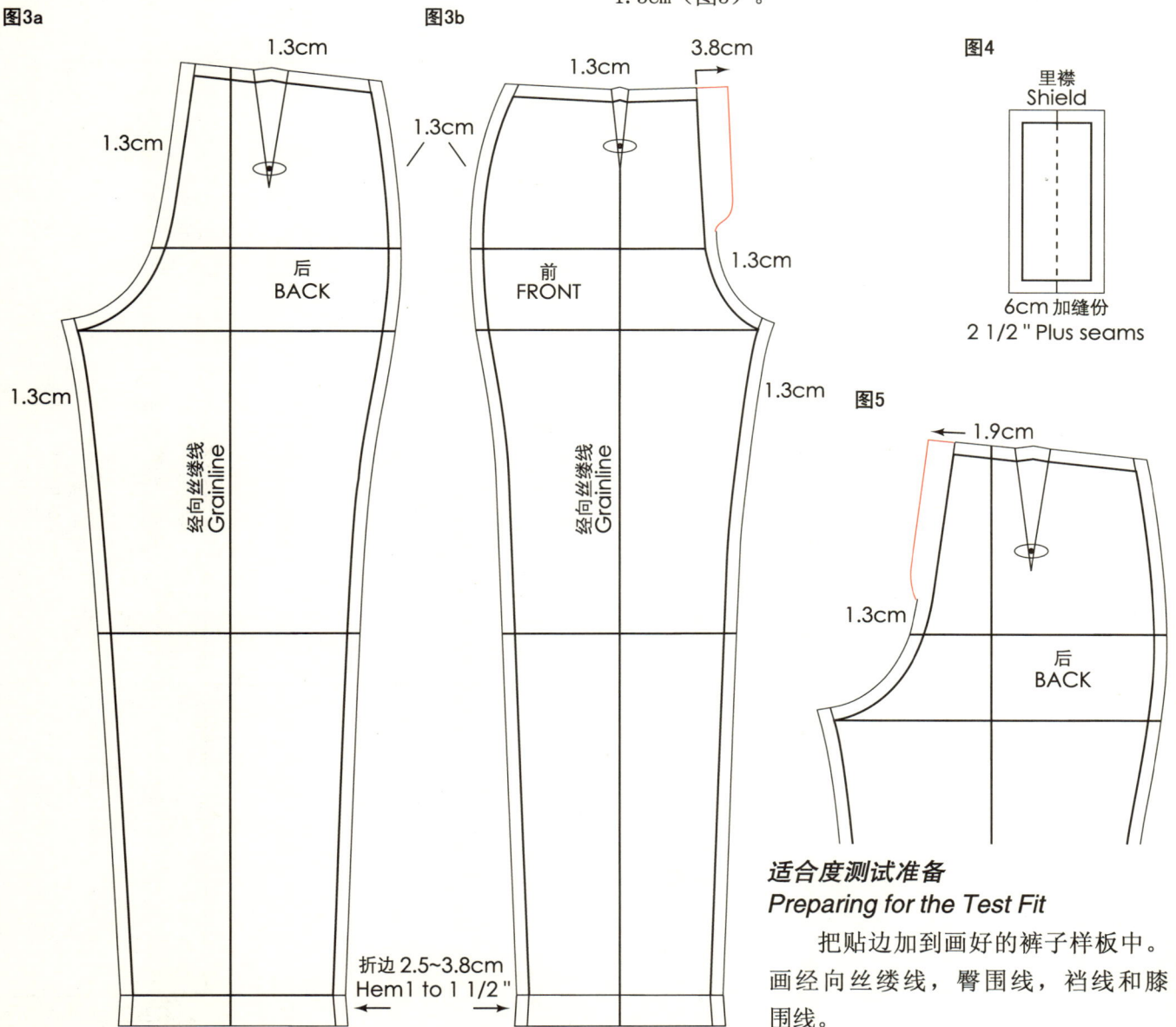

适合度测试准备
Preparing for the Test Fit

把贴边加到画好的裤子样板中。画经向丝缕线，臀围线，裆线和膝围线。

裤子设计 Pant Designs

箱裥中裤 Box-Pleated Culotte

设计分析 Design Analysis

在箱裥裤前中心处，闭合缝迹针脚约在腰围线下12cm处。后片裤样板已完成了设计。前片自中心线向外延伸，膝围处的裤口被加宽，有了一个箱裥的褶量。

样板绘制和操作方法 Pattern Plot and Manipulation

图1
- 将基础裤子的样板放在样板纸上，绘出前片裤子前中心部位的廓型和基准线。
- 画前中心线、基准线，裤口和腰围线6cm（虚线暗示着没有画线的样板）标注A和B。

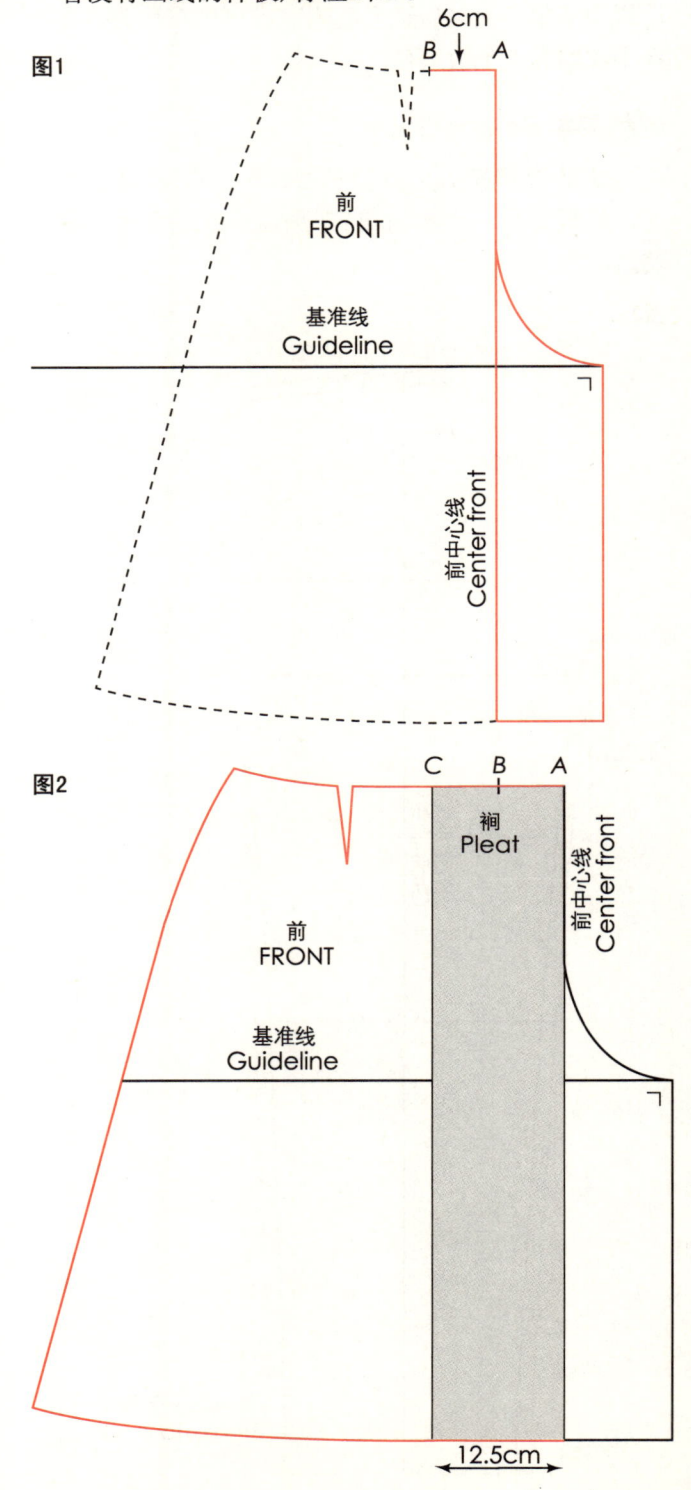

图2
- 沿着前中心线剪开并移动样板12.5cm作为裥量。
- 从标记C的中心线开始，描出剩下的样板。
- 从A点和C点至裤口画平行线。在腰围线上连接C点和B点，并在裤口线上连接C、B延伸的量。

图3

C B A

12.5cm

0.3cm →

1.3cm

前中心线 Center front

基准线 Guideline

褶裥折叠线 Fold line for pleat

3.8cm

图3

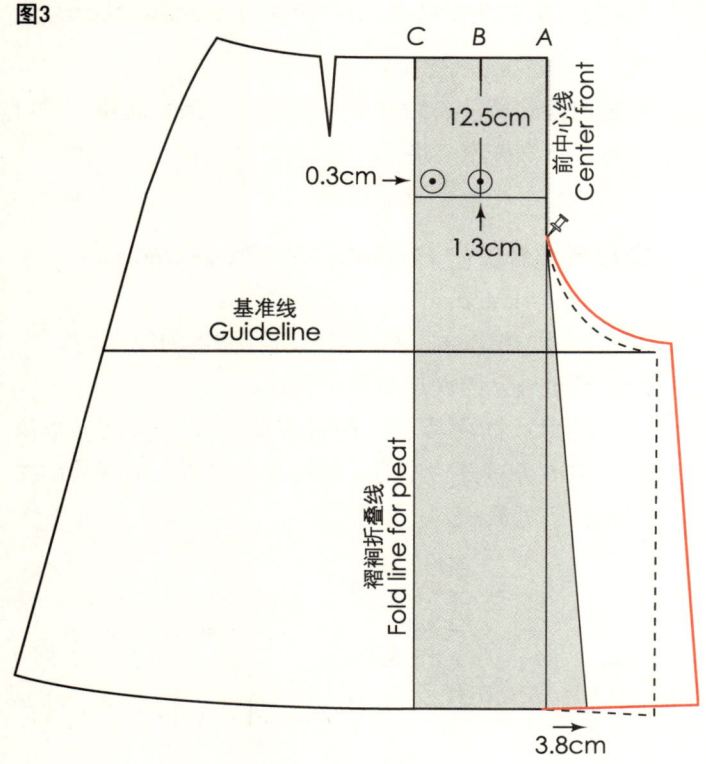

- 褶裥标记：从B点往下画一条长12.5cm且与前中心线平行的直线。在该线底端沿线段往上1.3cm处做打孔画圈标记，同样在C线向内0.3cm处也做打孔画圈标记。
- 为了在前中心线处加上喇叭形的扩展褶，把裙裤的基本样板放在上述已描出的样板上面，将高脚图钉按在前后裆长线上，旋转样板，使裤口线处的中心线偏离3.8cm，补上横裆线，并顺接裤口线。
- 描出裙裤后片的基本样板，完成设计（如果后片也需加褶，可参阅前片的做法）。
- 画经向丝缕线，完成样板，并测试合体度。

拖地宽摆裙裤
Culottes with Long, Wide-Sweeping Hemlines

描出裙裤样板（第158页），延长裤口线至所需长度，即可获得。此基本方法对其他裙子、裙裤样式也可适用：

- 喇叭裙 Flared skirt，参见上册第238页和第240页。
- 腰部抽褶喇叭裙 Gathered flare，参见上册第247页。
- 多片裙 Gored skirt，参见上册第250～254页。
- 育克裙 Yoke skirt，参见上册第268页。
- 裤袋 Pockets，参见上册第17章。
- 腰头 Waist band，参见上册第235页。
- 拉链 Zipper，参见上册第236页。

打褶裥的裤子（适用于女士和男士）
Pleated Trouser (Women and Men)

这种带两个褶的裤子样板制作可以西装裤基本样板为基础。如果不了解西装裤的基本样板，可见第160页。

在介绍有关裤子样板和口袋样板原图内容后，本书还介绍了有关裤袋、拉链和腰头缝制的入门知识。

裤袋的准备工作 Pocket Preparation

描出裤子前片基本样板中从腰围线至裤裆线部分，为绘制裤的侧边口袋样板原图做准备。参见第176页。

样板绘图与制作 Pattern Plot and Manipulation

图1

- 描出西装裤前、后片基本样板。如果有需要，裤口可以逐渐变窄（图1）。
- 从样板纸上剪下裤子样板。

袋口的准备工作 Pocket Entry Preparation

$X \sim C = 4.4$cm。

$X \sim D = 16.3$cm。画一条从C点至D点的线。

- 沿烫迹线从腰围线裁剪至裤口边。

注意：如图所示，腰省可能不在这条线的范围内。但不可违背"经向丝缕线融合腰省，沿经向丝缕线裁剪"的原则。

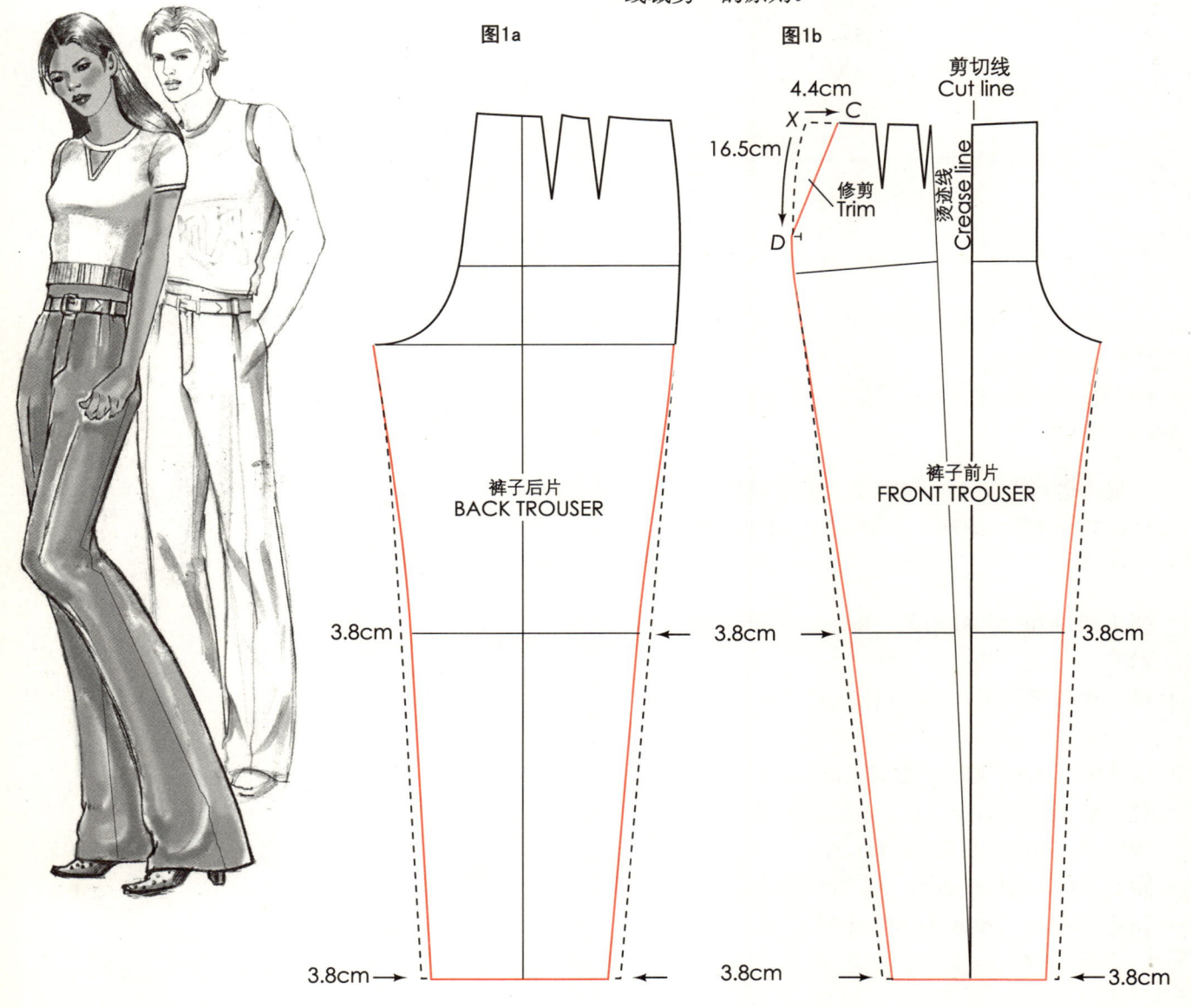

图2

- 第一个褶：展开5cm（阴影区）。描出，顺接，做褶的剪口标记。
- 第二个褶：第二个褶包含了两个腰省，与第一个褶（阴影区）间隔3.8cm。如果是男士和男孩的裤子，则剪开切线，增加展开的省量，或再加一个褶。做剪口标记，标出褶量。
- 描出西装裤后片样板（图2b）。
- 门襟（Fly）：在右裤片上画出宽3.8cm，长18.8cm的门襟。将里襟缝到左裤片上（图2b，如果是男士式样则正好相反）。画里襟样板草图，见图2c。

将褶折至阴影区所示的长度。在叠好的褶上，用点线轮做横贯它的标记。将褶展开，加缝份和裤口折边。

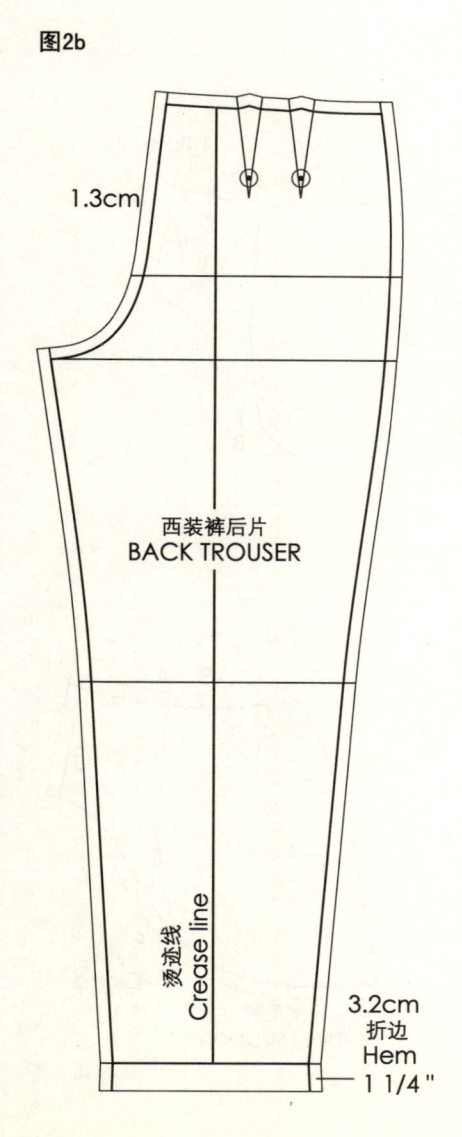

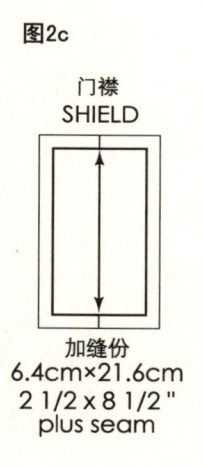

图2a

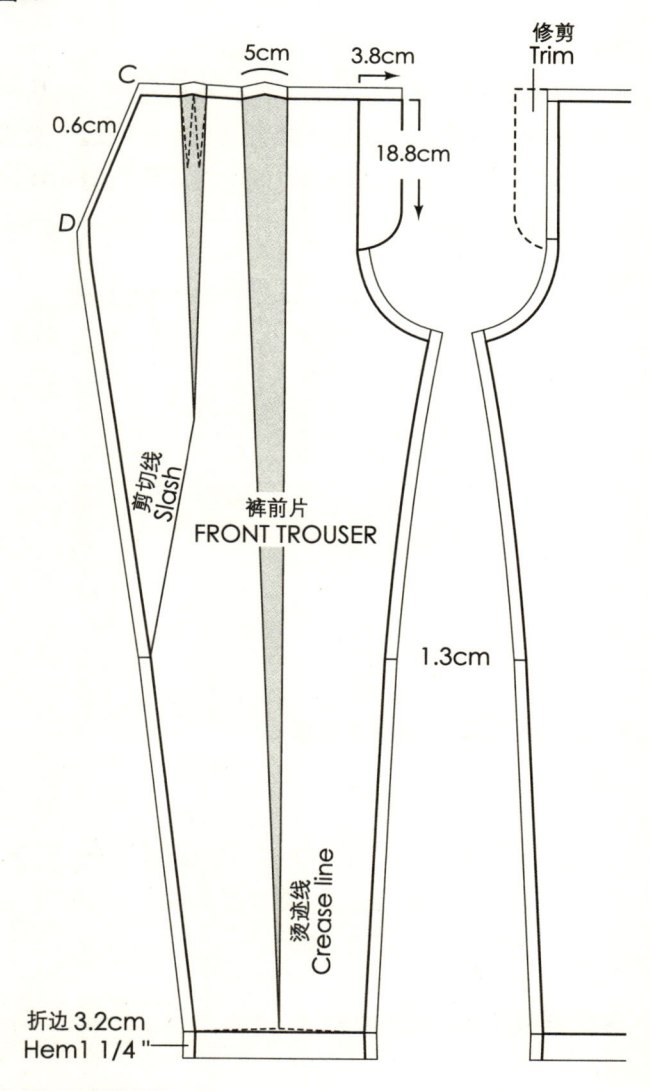

5cm　3.8cm　修剪 Trim
C　0.6cm
18.8cm
D
剪切线 Slash
裤前片 FRONT TROUSER
1.3cm
烫迹线 Crease line
折边3.2cm Hem 1 1/4"

图2b

1.3cm
西装裤后片 BACK TROUSER
烫迹线 Crease line
3.2cm 折边 Hem 1 1/4"

图2c

门襟 SHIELD
加缝份 6.4cm×21.6cm
2 1/2 x 8 1/2" plus seam

串带（裤带襻）Belt Loops

- 裁剪宽1.9cm，长33.8cm的样板带，用这一样板带做成6个裤带襻。

图3

腰头 Waist Band

长度=腰围尺寸+1.3cm（放松量）+3.1cm（搭门量）。

宽度=6.3cm（3.1cm为加工宽度）。

加1.3cm宽的缝份。在腰头和后中心线上做搭门的刀口标记。

图3

后中心线 CB
腰头 Waist band

西装裤裤袋草图 Pocket Draft for Trouser

图4

- 描出至横裆线以上西装裤基本样板的轮廓，然后利用所给尺寸画出口袋衬里位置。
- 合并腰省容于A，从A向下画直线至衬里底边，交点为B（图4a）。
- 将省尖点以下3.8cm处至B点间的线段作为剪切线，剪开切线，形成衬里省道。
- 合并腰省并缝牢固。

图4a

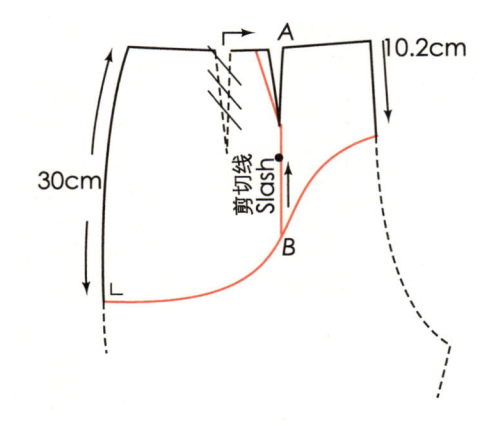

图4b

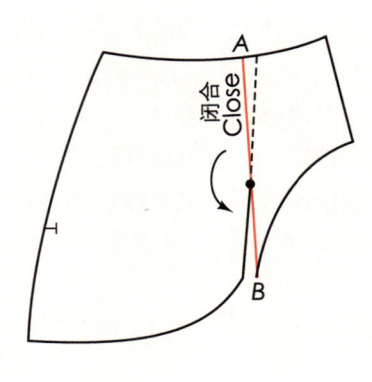

标出样板信息 Plot the Pattern

图5

X～D=16.3cm。
X～C=4.4cm。
连接C点和D点。

C～E=3.8cm。
E～F=该线与C～D线平行。
将F点提高1.3cm并与E点顺接。

图5

裤袋样板 Pocket Patterns

图6

用图5描出裤袋样板：图6a贴边，图6b口袋衬里，图6c垫袋布，图6d整片式衬里。加1.3cm宽的缝份，袋口处的缝头宽为0.6cm。

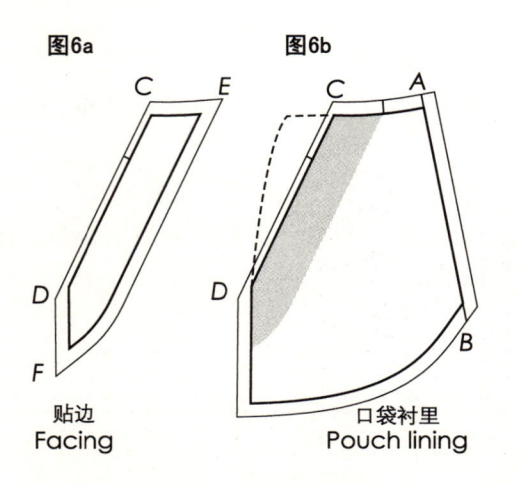

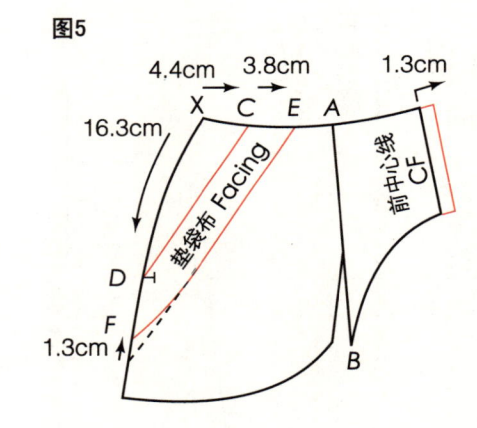

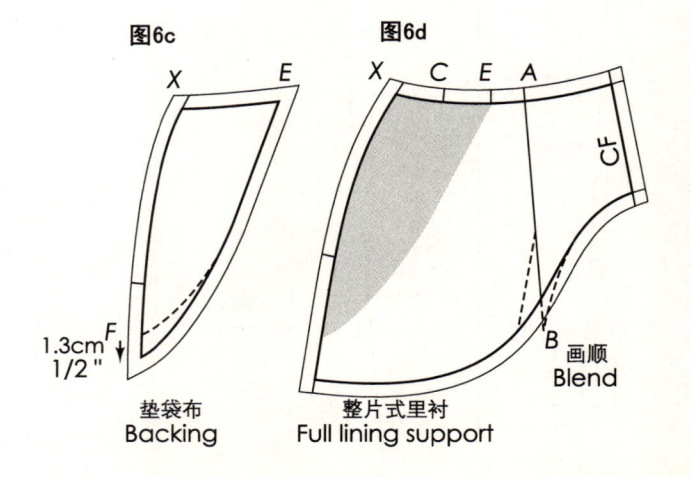

图6a 贴边 Facing

图6b 口袋衬里 Pouch lining

图6c 垫袋布 Backing

图6d 整片式里衬 Full lining support

裁剪西装裤样板 Cutting the Trouser Patterns

在裁剪与缝制西装裤之前,需要预缩选用来做裤子的所有面料。面料用量的多少,由面料的门幅宽度、样板部件的大小及裁片数量的多少而决定。

如果要裁剪一条裤子,可以直接在面料上描出样板(如图所示)。样板的经向丝缕线与布边须平行。在放置样板的过程中,先放大的样板部件,再把剩余的小部件插入面料的空隙处。排料的原则是:紧密连接各个样板部件,以免浪费面料。在工作间或教室里,通过简单的排板能够帮助人们决定做裤子所需的布量。有关衬里和内衬的样板设计指南请参见第178页中的图9和图10。

绒面及有方向要求的面料,应将它所有的样板正面(绒面)朝上或统一方向摆放,以免产生色光差异。在企业里,排料图通常由电脑制成。

幅宽为145cm或更宽的面料 Fabric Width of 58 or More Inches

图7

当面料的幅宽相当于裤子所有部件样板之合的宽度时,同处面料所需长度为1条裤子的长度加11cm。口袋衬里、贴边、腰头和裤带襻的用料与裤子用料相同,同处于一幅排料图中。用所选的衬里布裁出袋布和整片式衬里。裁剪用于制作袋口贴边、腰头和门襟的内衬,可参见第178页。

图7

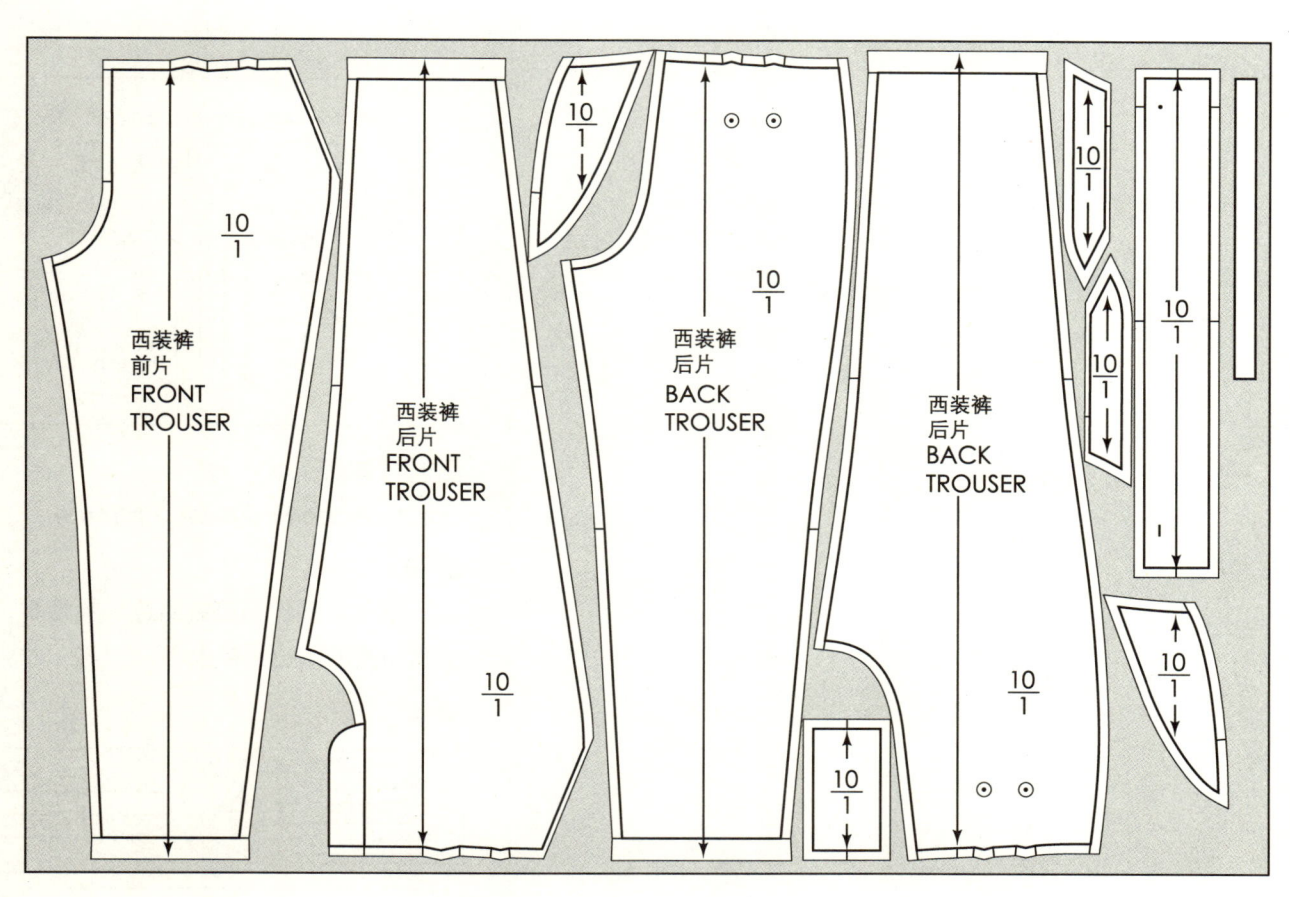

幅宽为114~120cm的面料 Fabric Width of 45 to 48 Inches

图8

当面料的幅宽相当于三片裤片样板的宽度时，面料的长度为裤长的两倍加10cm。口袋衬里、垫袋布、腰头和带襻的用料与裤子用料相同，且同处于一幅排料图中。剩余的面料以备他用。

图8

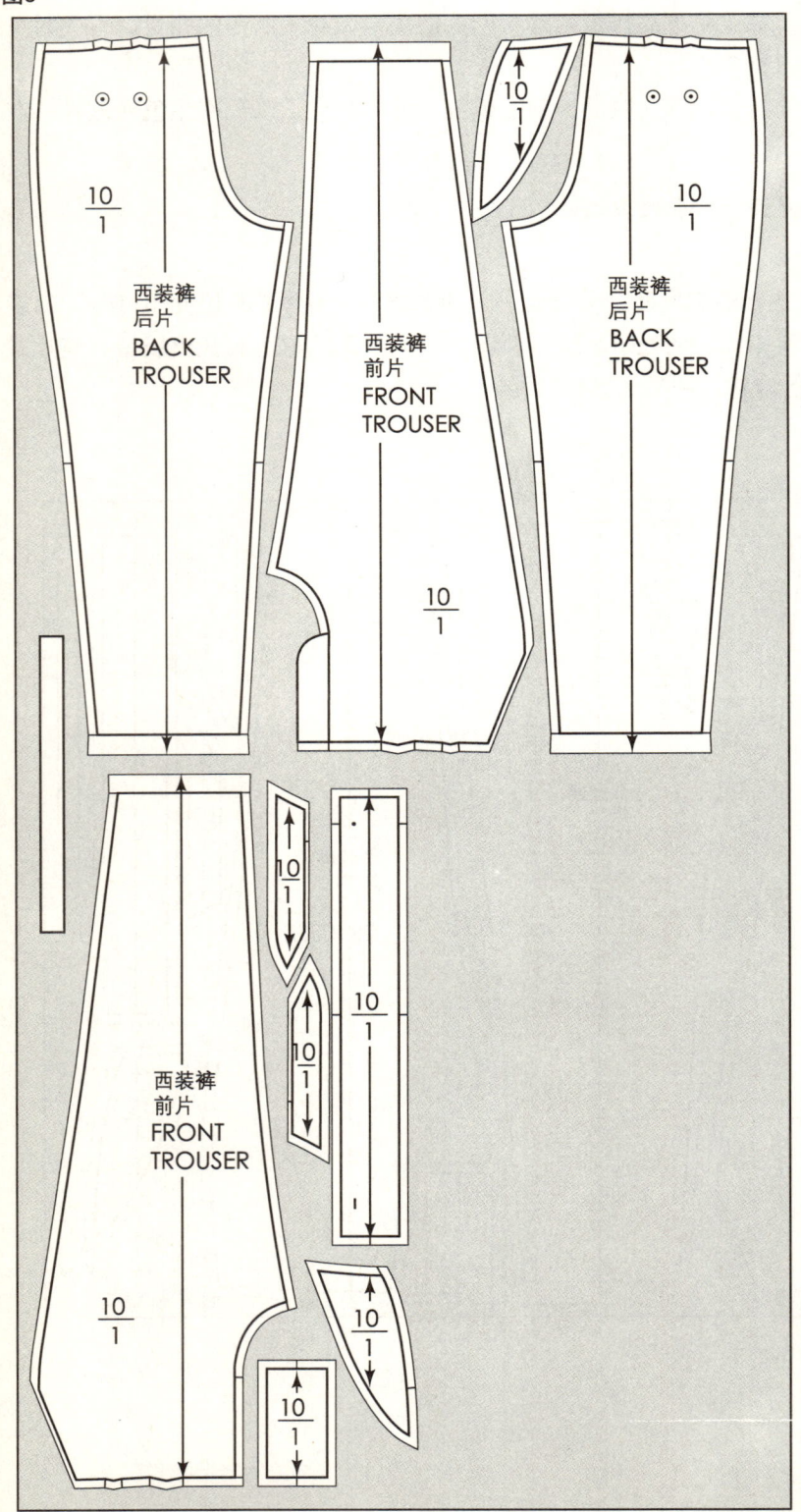

衬里样板 Lining Patterns

图9

用衬里布（粘棉混纺或裤子本身的材料）裁剪出袋布和整片式衬里。

图9

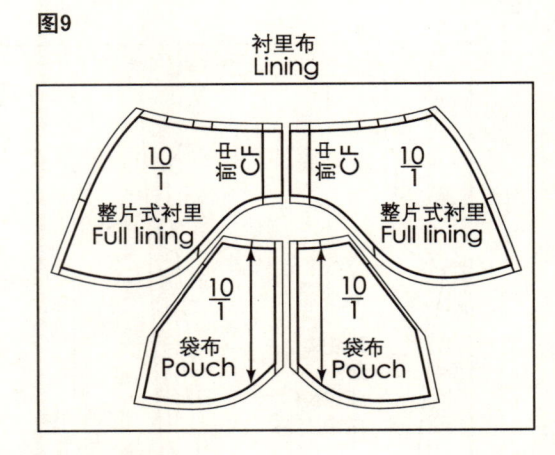

贴边衬样板
Interface the Following Patterns

图10

裁出带缝份的口袋贴边、垫袋布、腰头和门襟的贴边衬样板。

图10

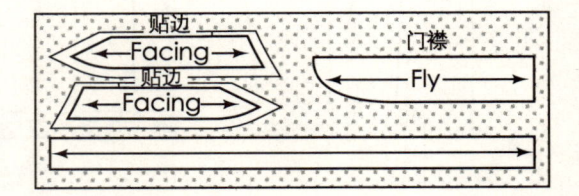

贴边衬（黏合衬）Interfacing

图11

做下列热熔黏合衬的样板：
- 腰头，从缝份边至中间折叠线部分（图11a）。
- 贴边（图11b）。
- 中心线的门襟（图11c）。

图11a

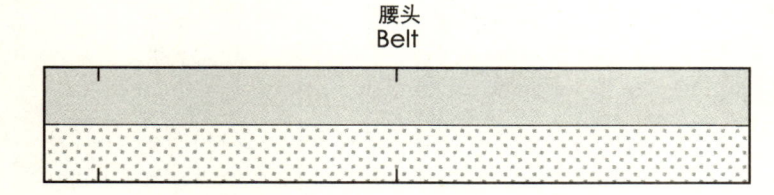

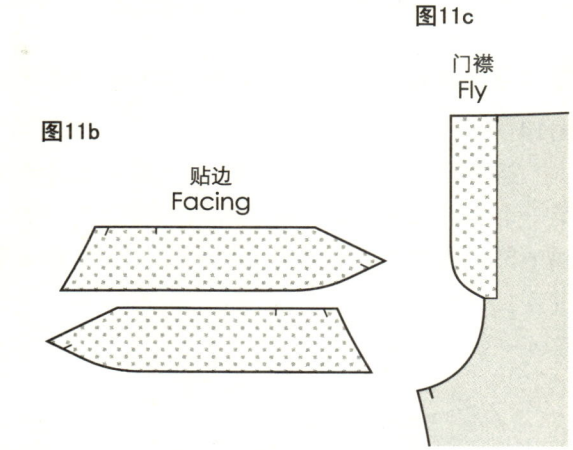

腰头 Belt

图11b

贴边 Facing

图11c

门襟 Fly

毛边加工方法 Finishing Methods

包住毛边的方法有许多，而时装界采用得最普遍，最节约的方法是拷边法。其他的缝法有：锯齿形针脚法（本章有说明）、卷边缝法、搭接缝法、平接缝法以及锯齿边接缝法。

完成裤子、贴边和口袋背衬各裁片的缝份 Finishing the Pant, Facing, and Pocket Backing Seams

图12

除了腰线，前片裤的外侧缝线和口袋入口处，对其他所有缝份的毛边做拷边（图12a～图12c）。
- 贴边及垫袋布——完成曲线边缘的拷边（图12b、图12c）。

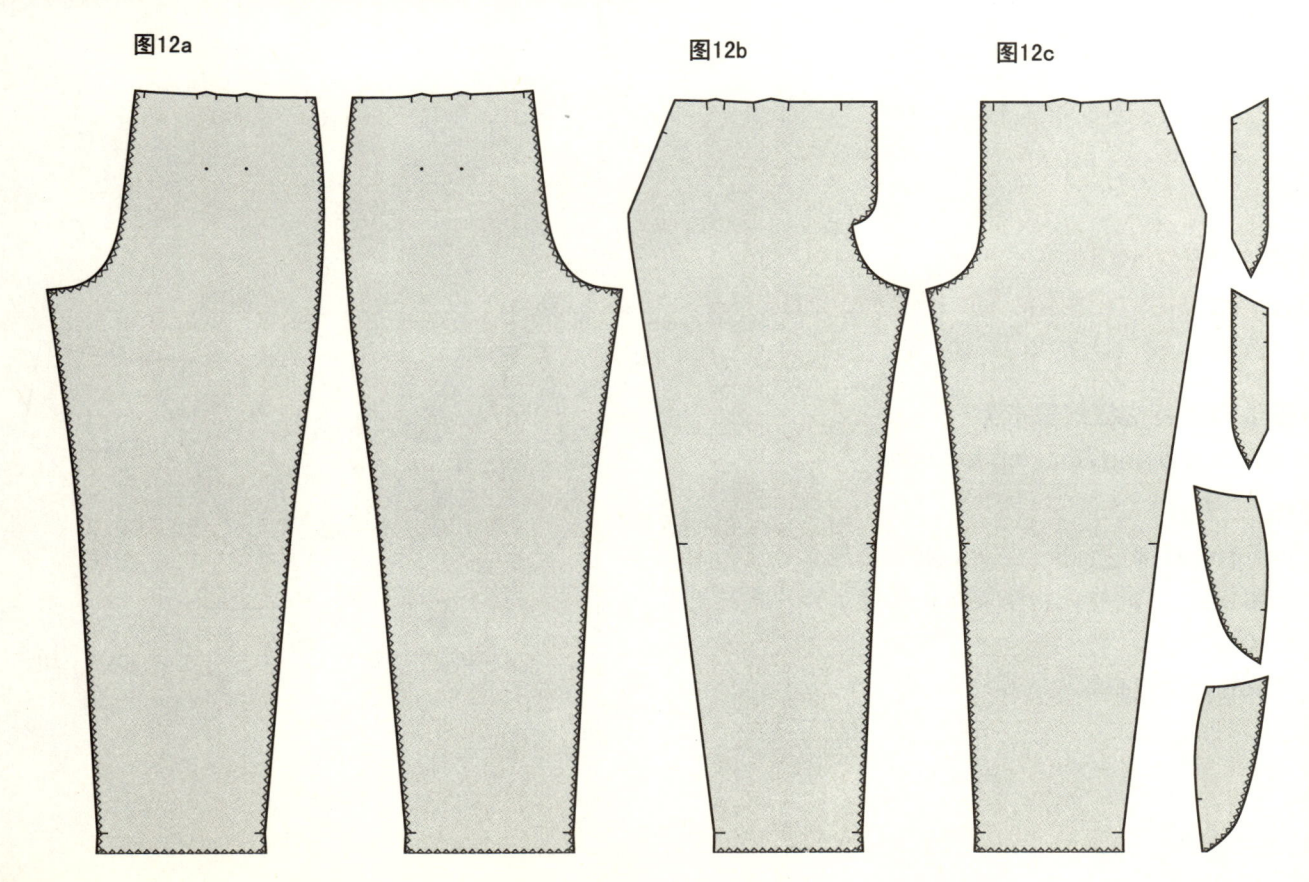

图12a   图12b   图12c

烫迹线 *Creaseline*

图13

以经向丝缕线（正面）为中心，对折裤子前、后片，烫平。形成的裤片中心直线即烫迹线。

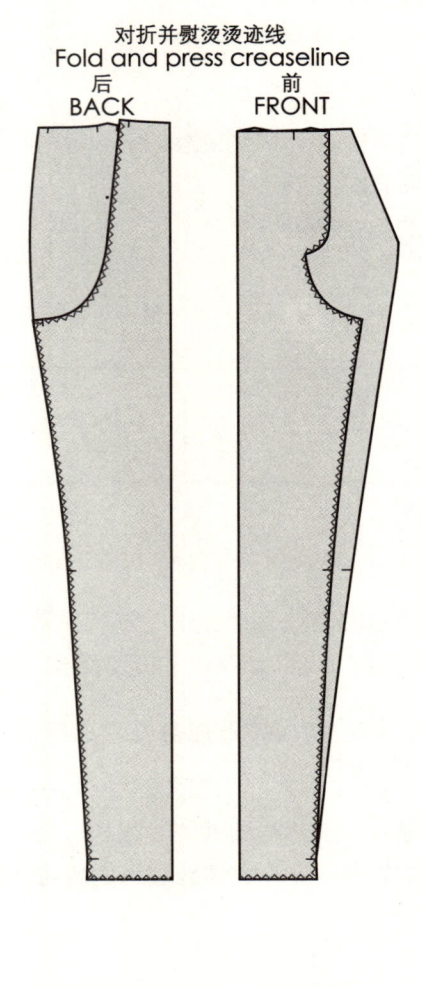

缝纫并压实褶裥 *Setting and Pressing the Pleats*

图14

折叠褶裥，倒向侧缝方向，在腰围缝线处缝住。第一个缝好的褶裥长至裤口折边，而第二个约长至大腿中部。折好后，在每个褶裥端口以下2.5cm处再压缝线。

图13

对折并熨烫烫迹线
Fold and press creaseline

后 BACK　　前 FRONT

图14

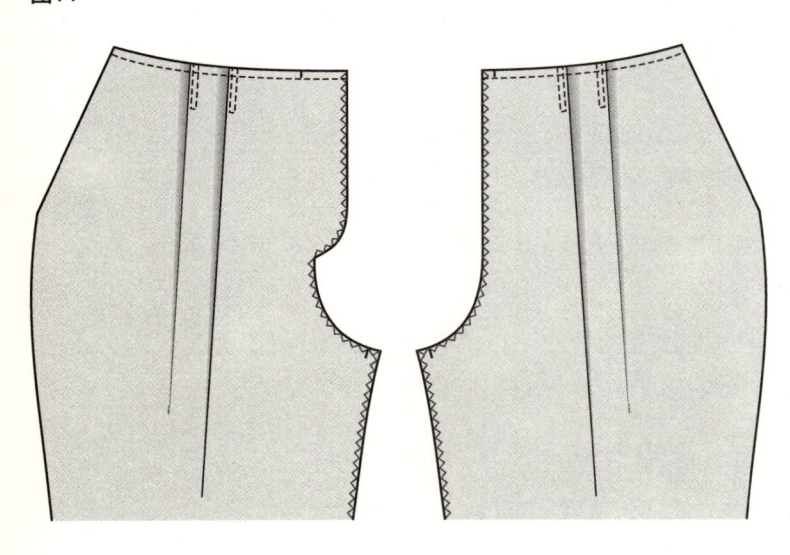

裤袋的缝纫说明
Sewing Instructions for the Pocket

裤子左、右前片的口袋缝纫说明。

将贴边和垫袋布缝到里布上
Stitch Facing and Backing to Lining

图15

- 将所有面料都正面朝上放好，将贴边缝至袋里布上（图15a），同样，将垫袋布正面缝至整片式衬里上（图15b）。
- 完成A、B及中心线处的缝纫。

图15a　　图15b

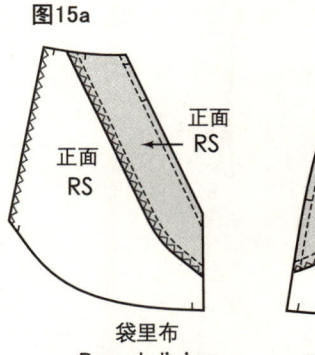

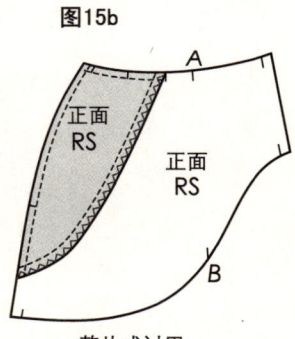

正面 RS

袋里布
Pouch lining

整片式衬里
Full lining support

第8章 裤子 181

缝合袋布置于裤片
Stitch Pocket Pouch to the Pant

图16

- 将缝有贴边的袋布与裤口缝合，使贴边正面对裤片正面（图16a）。
- 翻折袋布，即袋布和贴边均正面朝上，然后贴边沿边缉缝（图16b）。

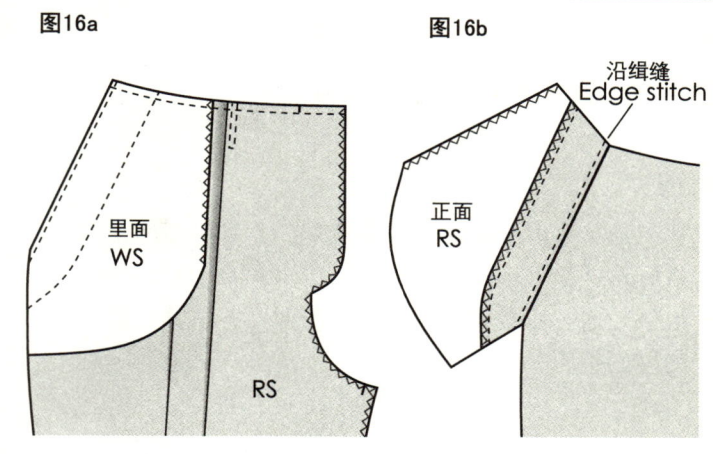

图16a

图16b

沿缉缝
Edge stitch

里面
WS

正面
RS

RS

缝合袋布置于整片式衬里 Stitch Pouch to Full Lining

图17

- 用大头针将袋布和整片式衬里上的剪口标记A～B区域别住，使袋布正面对着整片式衬里的正面，然后缝合（图17a）。
- 精修缝份及裤袋底边（图17b）。

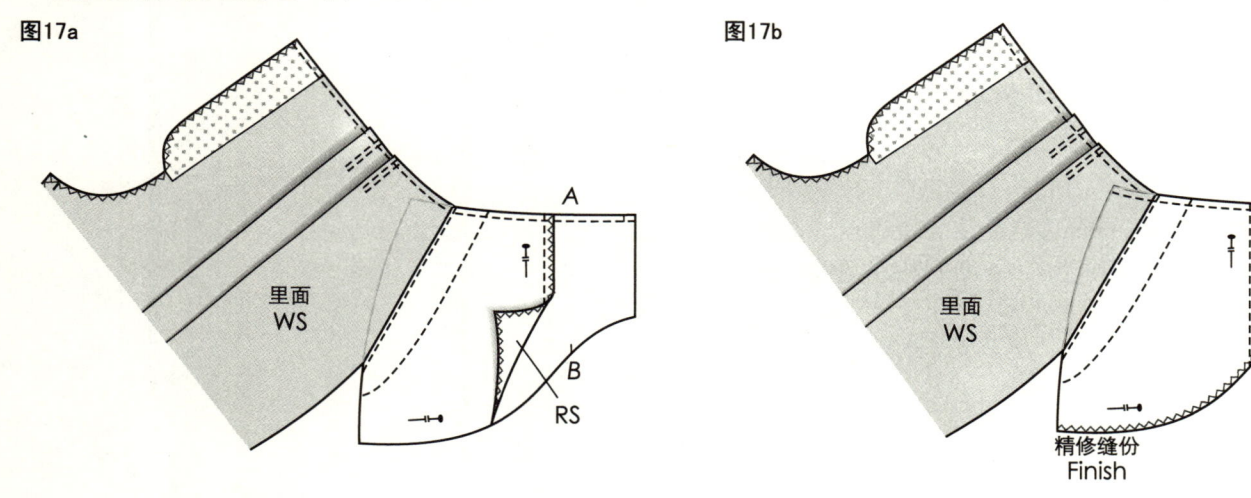

图17a

里面
WS

A

B

RS

图17b

里面
WS

精修缝份
Finish

完成的裤袋 Completed Pocket

图18

- 用大头针别住口袋和裤片，沿腰线缝合。
- 完成裤子前片的外侧缝线与口袋部分的缝合。
- 将衬里与拉链缉缝在一起。

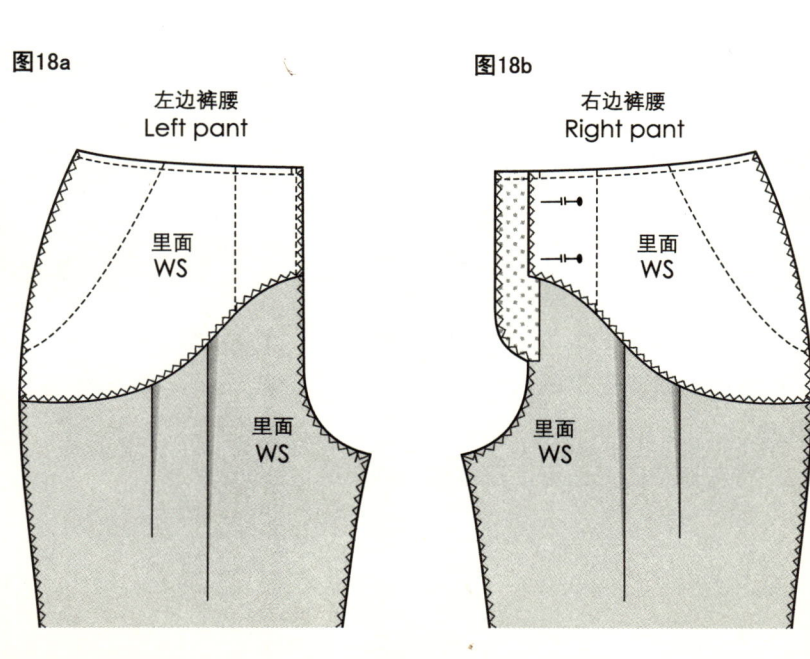

图18a

左边裤腰
Left pant

里面
WS

里面
WS

图18b

右边裤腰
Right pant

里面
WS

里面
WS

装拉链 Attaching the Zipper

在裤裆处连结裤子的左、右前片
Joining Front Pants at the Crotch

图19
- 裤子左、右前片正面相对地合并在一起，在两个刀口标记（位于前后裆长线上）之间缝合，约5cm长。
- 沿裤片前中心线，折搭门襟的正面，并将其向裤片的里面按压。

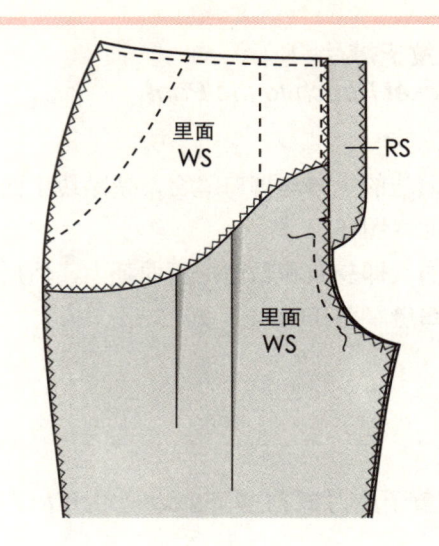

图19

里面 WS

RS

里面 WS

里襟 Shield

图20

对折合并里襟，然后精修缝份。

缝合拉链置于里襟 Stitching Zipper to Shield

图21

将拉链正面朝上放在对折好的里襟上，并使其上端超出里襟0.3cm。布带边与里襟缝边对齐。在距拉链布带边0.3cm处、距链齿0.2cm处分别缉缝线，使拉链缝至里襟上。

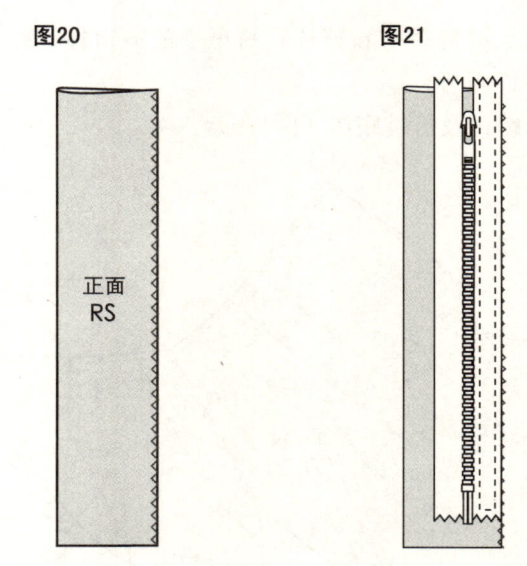

图20

正面 RS

图21

缝合拉链置于前左边裤片
Left Pant Stitched to Zipper

图22
- 将拉链放到左前裤片上，使裤片腰线与里襟顶边水平对齐，侧缝与拉链皆垂直对齐。
- 在距拉链布带边0.9cm处，与左前裤片相缝合（缝线长度：腰线至拉链长）。

图23

将左裤片向正面折，沿拉链的纵向缝边线。

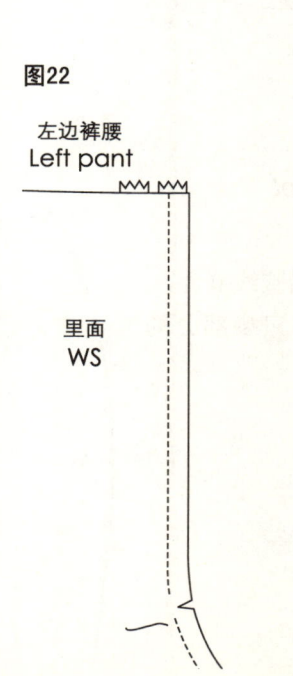

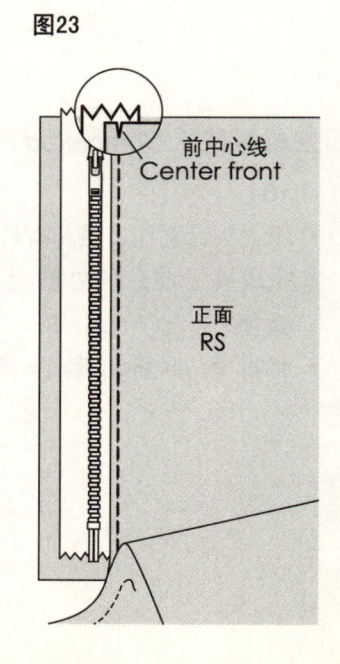

图22

左边裤腰 Left pant

里面 WS

图23

前中心线 Center front

正面 RS

第8章 裤子

门襟盖住里襟 Lap Fly over the Shield

图24

对准门襟折线和左裤片前中心线的剪口标记，然后用大头针别住或用长针脚假缝（如图所示）。

缝合拉链置于右裤片门襟
Zipper Stitched to Right Pant Fly

图25

把右边裤腰放在左边裤腰下面，门襟除外。用大头针别住里襟，再将拉链缝到门襟上。

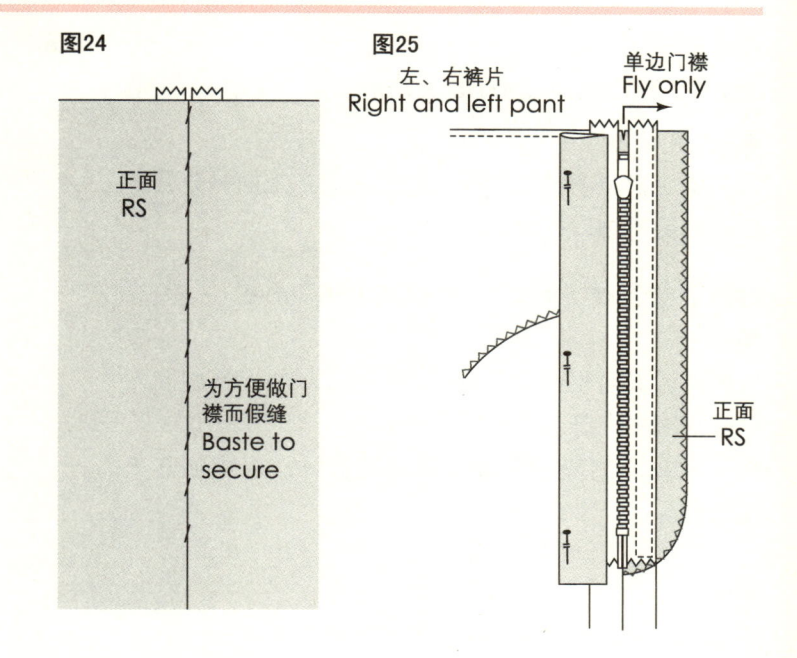

图24

正面 RS

为方便做门襟而假缝 Baste to secure

图25

左、右裤片 Right and left pant

单边门襟 Fly only

正面 RS

缝线指南 Thread-Line Guide

图26

展平裤子的左边，在门襟边缘缝线，缝合门襟与左边裤。此线为缝纫端点的基准线。

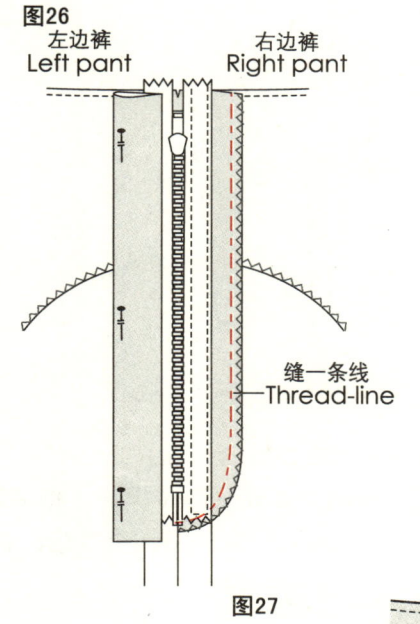

图26

左边裤 Left pant

右边裤 Right pant

缝一条线 Thread-line

缝门襟 Stitching the Fly

图27

裤子正面朝上放。缝线在基准线向内0.6cm处缝针。如果需要双排线迹，可在距第一排线迹0.6cm处再缝一行。在弧线底部做倒回针，以确保牢固度。

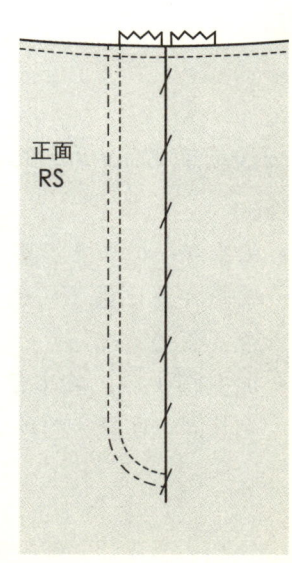

图27

正面 RS

连接裤子前、后片
Joining the Front and Back Pant

图28

缝合裤腿两侧的缝线，把前片放在上面。分开缝份，扣烫裤脚口折边。

缝前后裆长线 Stitching the Crotch Curve

图29

- 两裤管面面相对缝合前后裆长线，或将一裤腿套入另一裤腿中缝合前后裆长线。
- 用双线或加垫布带缝合前后裆长线，以增加其牢固性。

图28

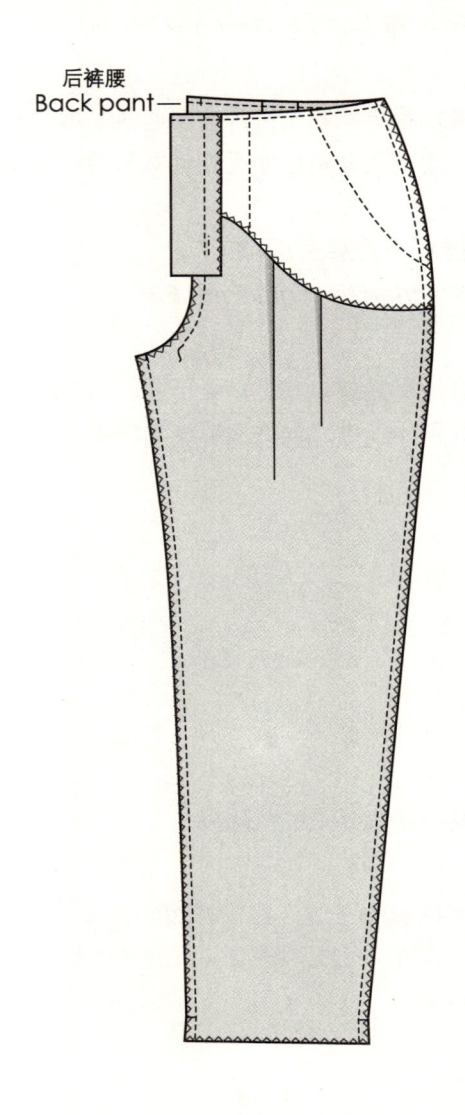

后裤腰
Back pant

图29

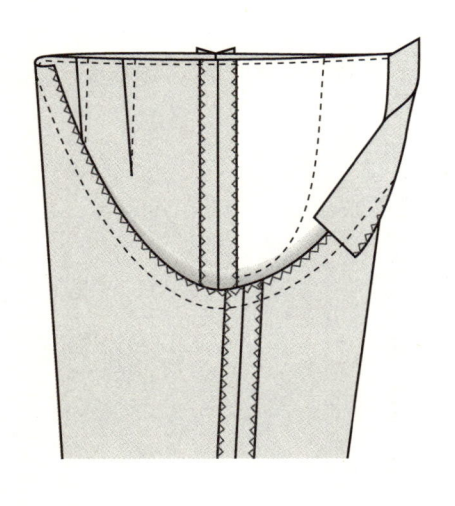

串带（裤带襻） Belt Loops

绱腰头之前，需先准备好串带（裤带襻）。将串带放于腰头的正面，折叠，使其扣住腰头，缝份0.3cm。将串带翻到正面，压实，沿边缉缝。共有6个串带，长度为5.6cm。在两省道之间、口袋边和后省处各放一个串带。

缝线指南 Stitching Guide

图30

- 将串带一边与裤子腰围的正面缝合。
- 串带在腰围线下0.6cm处缝合，倒回车缝合（图30a）。
- 加上腰头后，将串带头折进0.6cm，然后将其固定在腰头的顶部（图30b）。

图30a

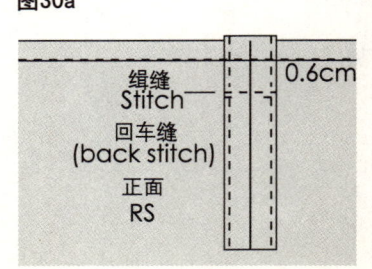

缉缝
Stitch
回车缝
(back stitch)
正面
RS

0.6cm

图30b

正面
RS

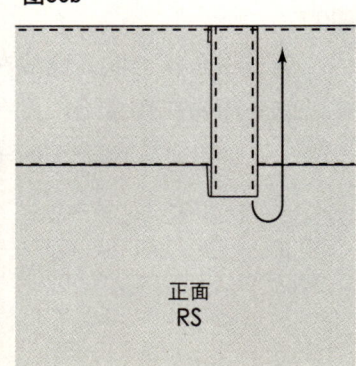

装腰头 Waist Band

可以选择下列装腰头的方法。

图31

方法1：折出1.3cm宽的缝份，然后压平（图31a）。

方法2：包缝或用拷边处理布边（图31b）。

腰头过前、后中心线1.3cm，将腰头用针别住固定，然后缝合裤子。

图31a

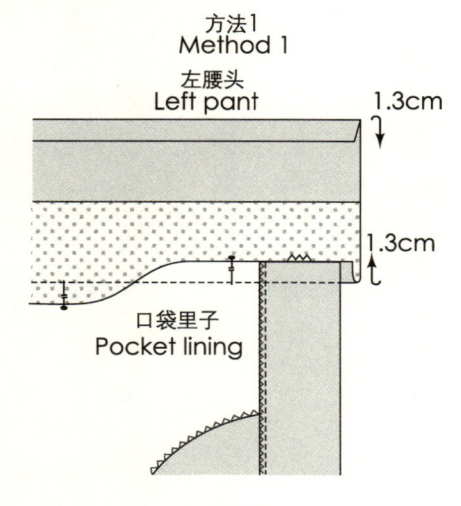

方法1
Method 1
左腰头 Left pant
1.3cm
1.3cm
口袋里子 Pocket lining

图31b

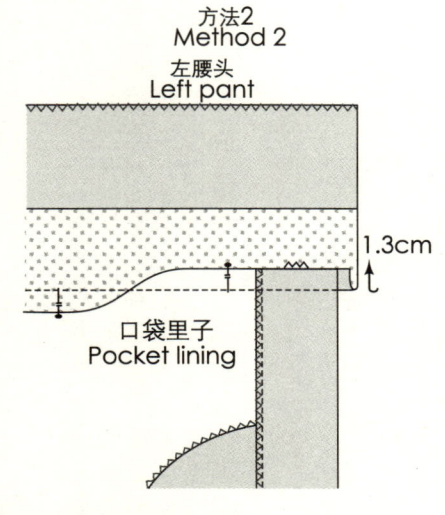

方法2
Method 2
左腰头 Left pant
1.3cm
口袋里子 Pocket lining

完成腰头 Completing the Waist Band

图32

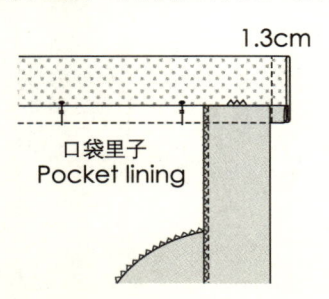

折叠腰头并缝合（用倒回针法）各边。

图32
1.3cm
口袋里子 Pocket lining

缝线压布脚 Stitch-in-the-Ditch

图33

将腰头朝正面折叠。

方法1：折叠腰头下端的缝份并用大头针别住（图33a）。

方法2：在缝份以下1.3cm处用大头针别住缝份（图33b）。

在裤片正面的拼合线下，缉缝压布脚线，与后片腰头相接（图33）。

图33a

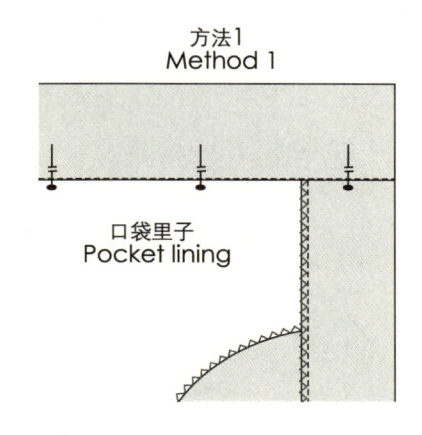

方法1
Method 1
口袋里子 Pocket lining

图33b

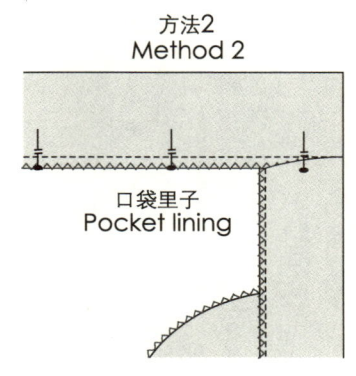

方法2
Method 2
口袋里子 Pocket lining

纽扣/纽孔与串带
Button/Buttonhole and Belt Loops

图34

将纽扣和纽孔确定于中心位置。串带固定参见图30b。

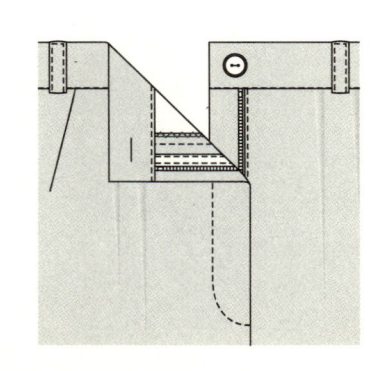

图34

工装裤的基本样板 The Dungarees Foundation

工装裤（普通裤子上加护胸，与交叉的背带相连）是为农民和其他体力劳动者设计制作的工作服装。自工装裤出现之后，它的原始式样和更新式样便很快被看做是时尚的体现。

基本样板的草图 The Foundation Draft

工装裤的设计以连衫西装裤为基础。背带与护胸用小五金配件连接固定。图1和图2是在基本样板上做小小的改动。在设计时，裤腿可据需要增加长度或宽度。裤子样板草图的绘制请见下页。读者也可设计制作自己想要的个性化的款式。

图1、图2

- 描出连衫裤的样板。样板需标注除腰省以外的所有标记。
- 根据尺寸、胸高点及造型线的位置描出各部分样板，绘全裤样板。
- 后片：由虚线向外2.5cm，做标记X。若特别小的或大于12号型的裤子，需调整比例，以达到裤子设计需要的效果。

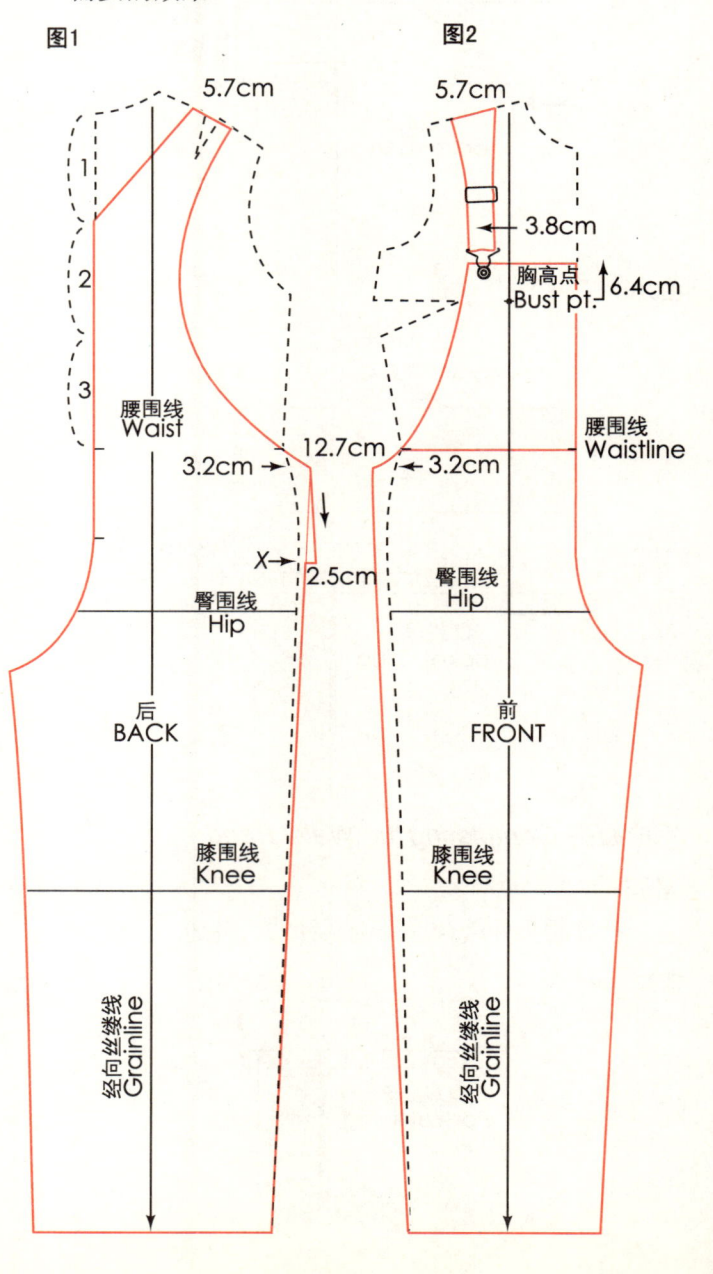

工装裤的时尚款式 Dungarees Chic

设计分析 Design Analysis

在工装裤护胸口袋部分，可根据用途规划分割多种使用空间。腰部的嵌接式腰头和抽带扣襻与口袋相连。后片大口袋位于裆线之上。如果想选择其他的口袋式样，可参阅"立体口袋"（上册第390页）或与"风琴袋"相关内容（上册第388页），设计细节制图可用尺寸和胸高点位置作参考。

样板绘图与制作 Pattern Plot and Manipulation

图3 后片 Back

- 贴袋：宽度——15.3cm×17.8cm。
- 在样板上画出裤袋的位置。

图4 前片 Front

- 护胸上的口袋：8.9cm×17.8cm（对折裁剪）。
- 抽带扣襻口袋：从侧腰线向下8.9cm处至臀围线。袋宽至经向标示线。
- 扣襻宽3.8cm。
- 在腰线之下3.8cm处画一条它的平行线，供下面的衬里做样板用（未做图示）。

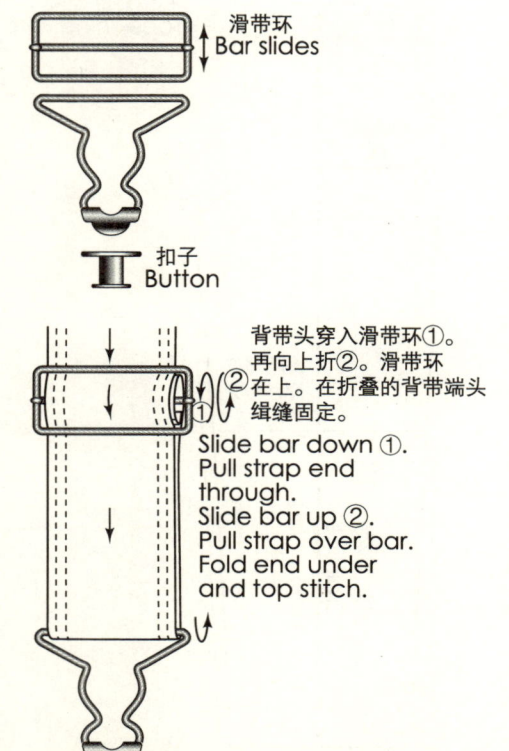

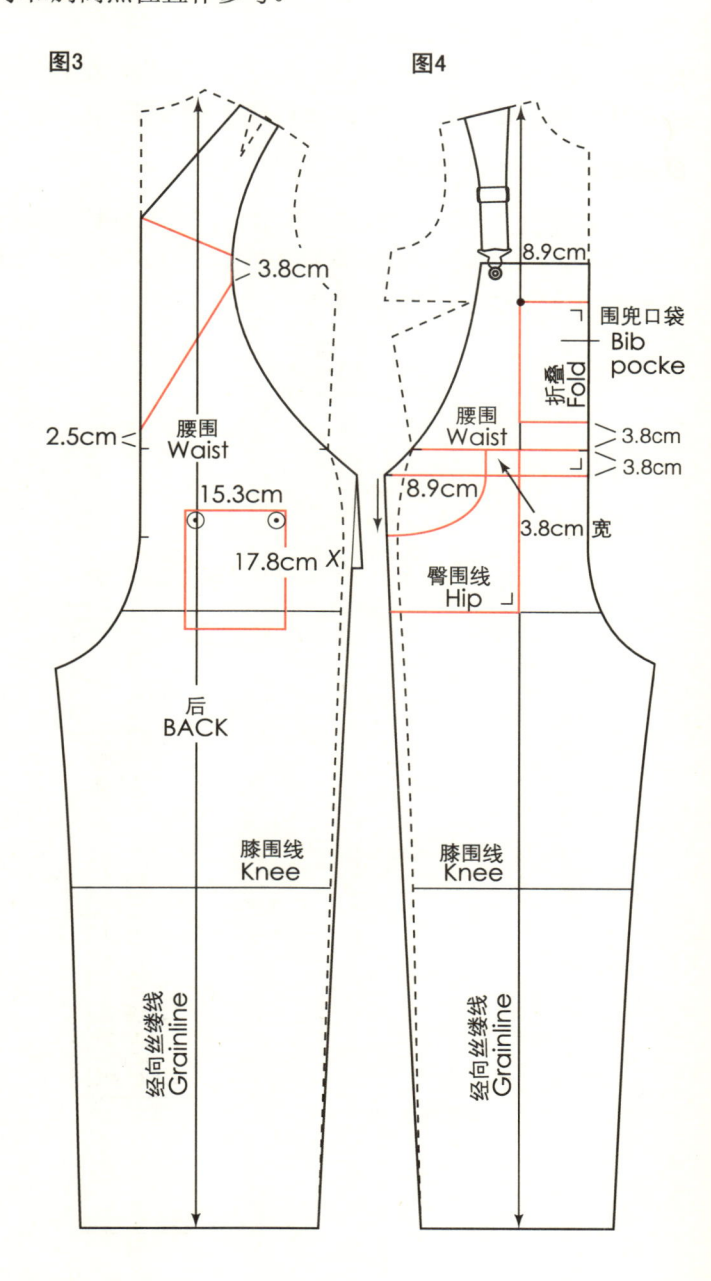

结论 Findings

图5

小五金配件和纽扣可以在时尚业供应商和布店买到。制作裤子时，可能会用到安置纽扣的工具。

分离样板 Separating the Patterns

图6

分开各样板部件，去掉草图中画虚线的区域。

- 连结背带前、后片，背带长增加15.3cm。
- 在侧边入口处画一个贴边样板，宽3.8cm，长12.5cm。在贴边上标明两个纽扣/纽孔的位置。再将样板纸垫在贴边下面，在纸上描出贴边样板。移开样板纸并从纸上剪下样板（打阴影的样板）。
- 根据复制的腰头样板画衬里样板。
- 缝份：除有特别注明宽度外，所有缝份宽为1.3cm。
- 从样板纸上剪下样板。对折后嵌片、围兜和围兜口袋，裁剪样板。

缝纫指南 Sewing Guide

口袋和围兜各边折进1.3cm的缝份，再放到裤子样板上，缝双排线。在围兜口袋上，用垂直缝线，将其划分成两格。口袋的扣襻夹在面料和衬里之间。将衬里向下折，横贯裤子缝一条平行线（成为一个仿制腰头）。将裤外侧缝折两次，并缝双排线。

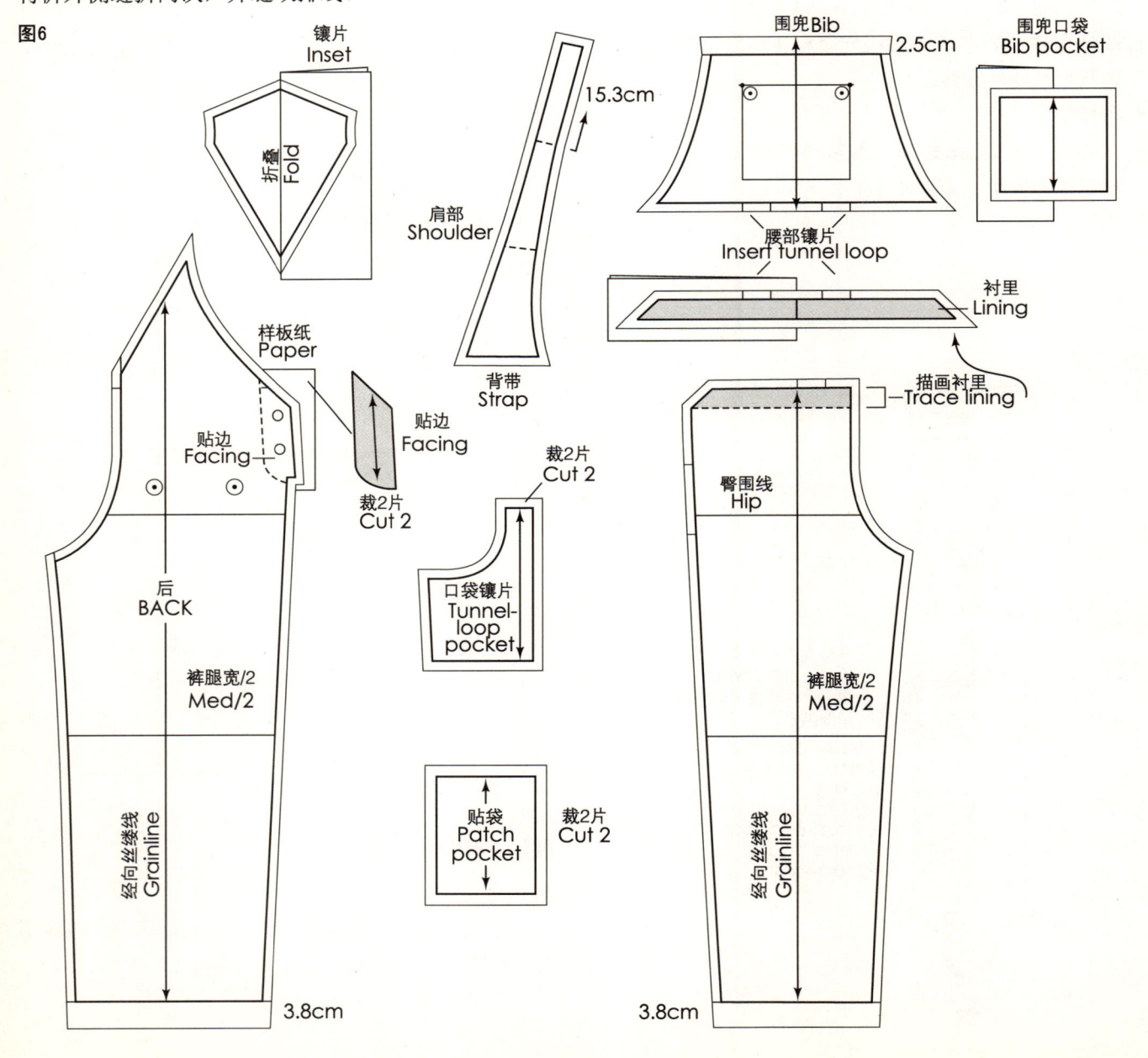

图6

袋状裤（适用于女士和男士）
Baggy Pant (for Women and Men)

样板绘图和制作 Pattern Plot and Manipulation

图1

- 横贯样板纸画一条水平基准线。
- 将裤子前、后片样板放在纸上，使裤横裆线与基准线重合。两个样板裤横裆之间间隔2.5～7.6cm（或更多），用以增加宽松度。描出样板。

按下列方法调整：Modify as follows:

- 裤长加3.8cm形成垂褶效果。
- 将前中心线向上延长6.4cm，并过延长线作其直角线，然后与后中心线相连（当其对折时，即形成抽带管，用来系裤绳，便于抽拉，图1b）。
- 从顶线向下3.2cm做用以翻折的刀口标记。
- 从前中心线向内1.9cm做纽孔标记。
- 从裆点向下作直角线或锥形裤脚线至裤口折边。
- 画出口袋样板的位置。
- 在距口袋角0.3cm处向下并向内0.6cm处做打孔画圆标记。

图1a

图1b

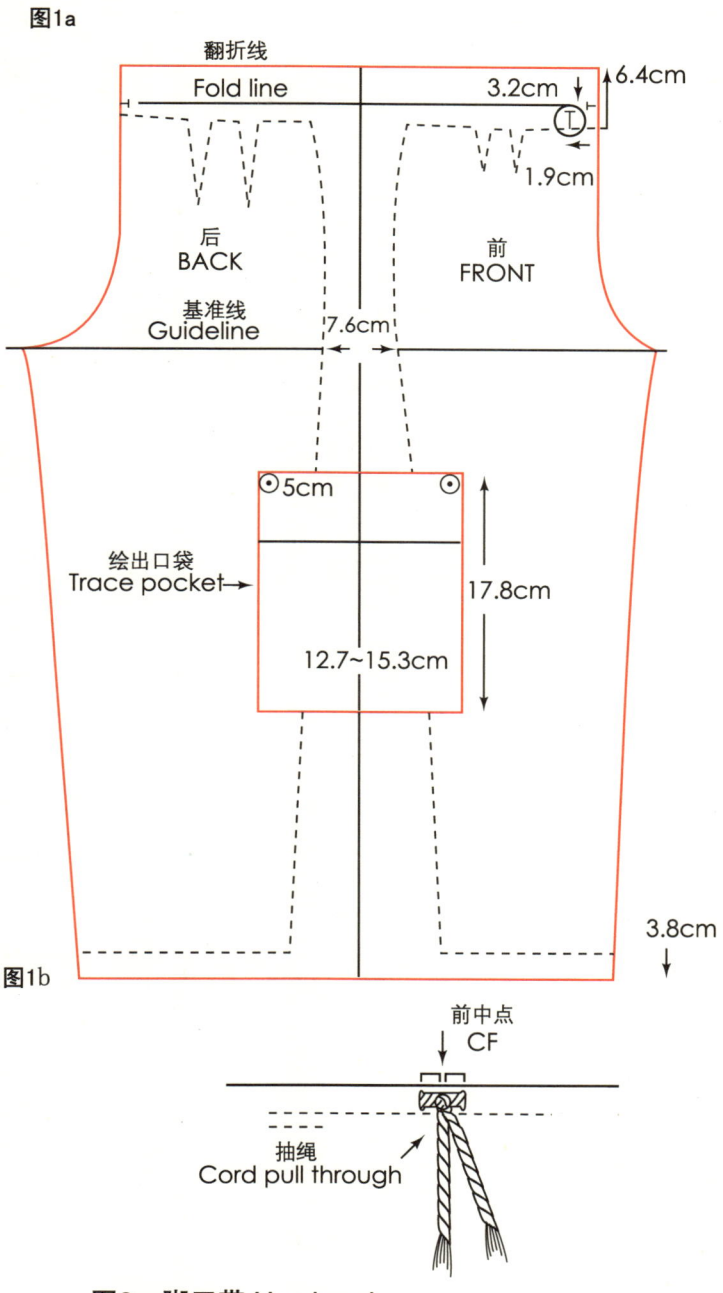

图2 脚口带 Hemband

- 长度=至少为脚踝围或脚后跟围的尺寸。
  宽度=7.6cm（完成的尺寸=3.8cm）。如果需要纽扣和纽孔，需增加2.5cm的搭门，另外，裤口带还需加上缝份的量。

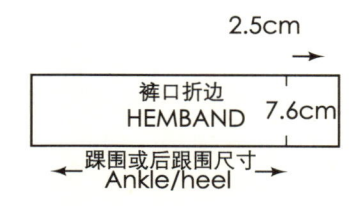

图2

嘻哈裤 Hip Hop Pant

嘻哈裤样板草图 Hip Hop Draft

图1、图2

- 描出西装裤的基本样板（图1、图2）
- 从侧臀围线及中心线向上画直角线至腰围线，向下画直角线至裤口线（虚线部分为原裤样板）。
- 连接腰线和裤口线。
- 在裤片上画出门襟位置（包括缝份）。
- 画出里襟轮廓（图2a）。
- 在样板上增加1.3cm宽缝份，并标注样板的其他信息。
- 裁剪并缝合裤子。根据个人喜好，将裤口线固定成形。

带褶裤：添加褶裥，并从绘直的侧缝处开始画裤袋的位置，参见第174页。

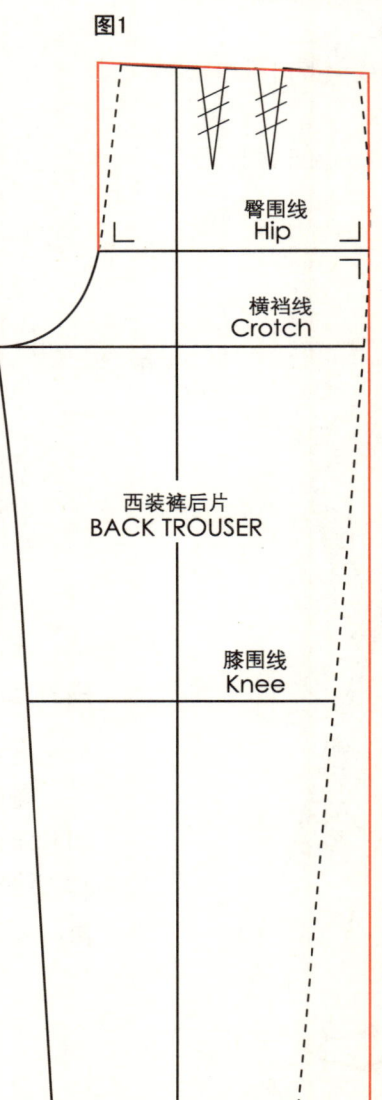

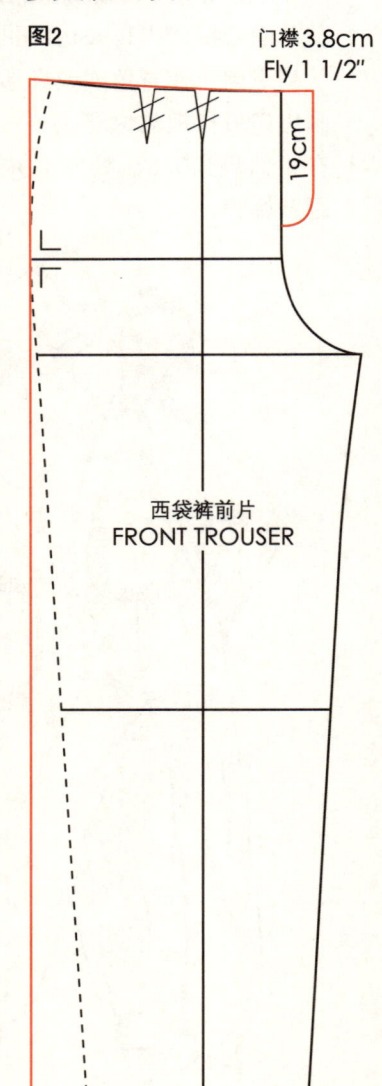

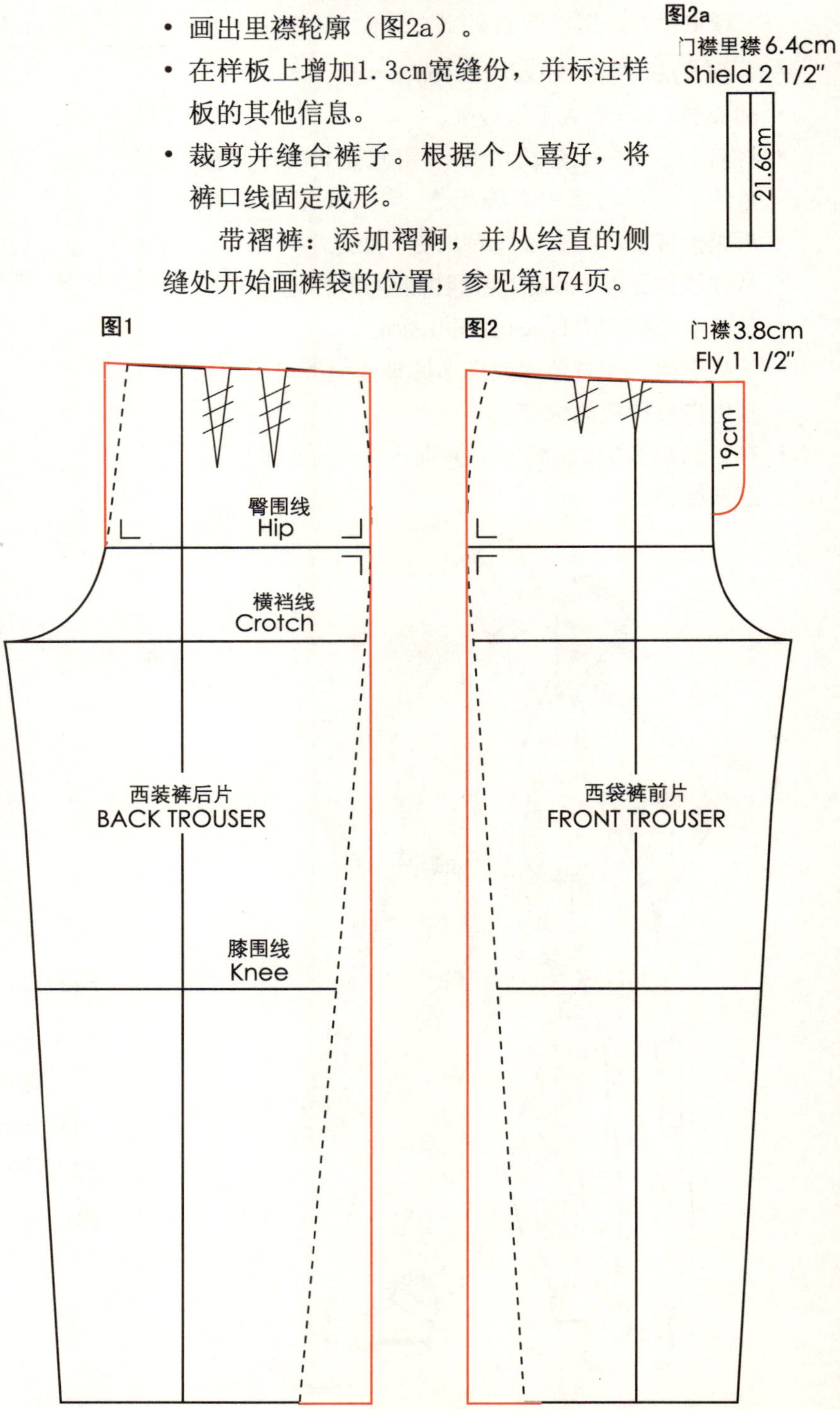

图2a
门襟里襟 6.4cm
Shield 2 1/2"
21.6cm

图1 　　**图2**
门襟 3.8cm
Fly 1 1/2"
19cm

臀围线 Hip
横裆线 Crotch
西装裤后片 BACK TROUSER
西袋裤前片 FRONT TROUSER
膝围线 Knee

设计分析 Design Analysis

嘻哈裤基本样板可以西装裤或打褶裤的基本样板为基础。原臀部弧线和中心裆线处被绘直。增加了嘻哈裤的腰线长度，不用缝合腰省。腰线尺寸增加后，裤子就会松垮至臀围线。裤脚的长与宽可依据个人喜好而设计。利用这一基本样板就可以创造出属于自己的个性设计。拉链、腰头和口袋的制作请参考第182页、第185页，以及上册第17章的内容。

第8章 裤子　**191**

松紧带裤
Pull-On Pant with Self-Casing

设计分析 Design Analysis

　　裤子在腰头有同料的穿管带且内有松紧带穿过，从而用腰部的小碎褶代替原来的省道。裤子需用牢固的针织面料裁剪，然后通过调整来抵消面料的拉伸。松紧带腰头裤子可依据任何裤子的基本样板为基础制图。这里以便裤为例。

样板绘图与制作 Pattern Plot and Manipulation

所需尺寸 Measurement Needed

- （2）腰围＿＿＿＿＿＿＿＿＿＿＿＿＿＿。

图1、图2

- 描出前、后片便裤的基本样板。
- 从腰口线向上延长5.7cm（2.5cm为松紧带宽度）。
- 松紧带：宽度=2.5cm，长度=腰围尺寸-3.8cm，重叠量为1.3cm。

图1　　　　　　　　　图2

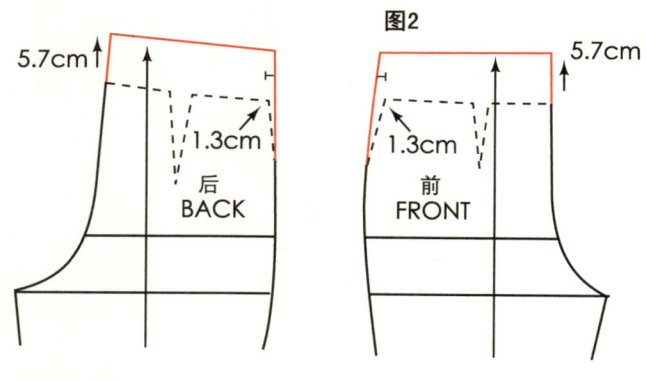

5.7cm　　1.3cm　后 BACK　　1.3cm　前 FRONT　5.7cm

图3、图4

- 在裁剪厚实的针织面料时，需按下列图示修剪样板（阴影区）。更多有关针织面料的内容，见第10章）。
- 画经向丝缕线，完成样板，测试适合度。

图3　　　　　　　　　图4

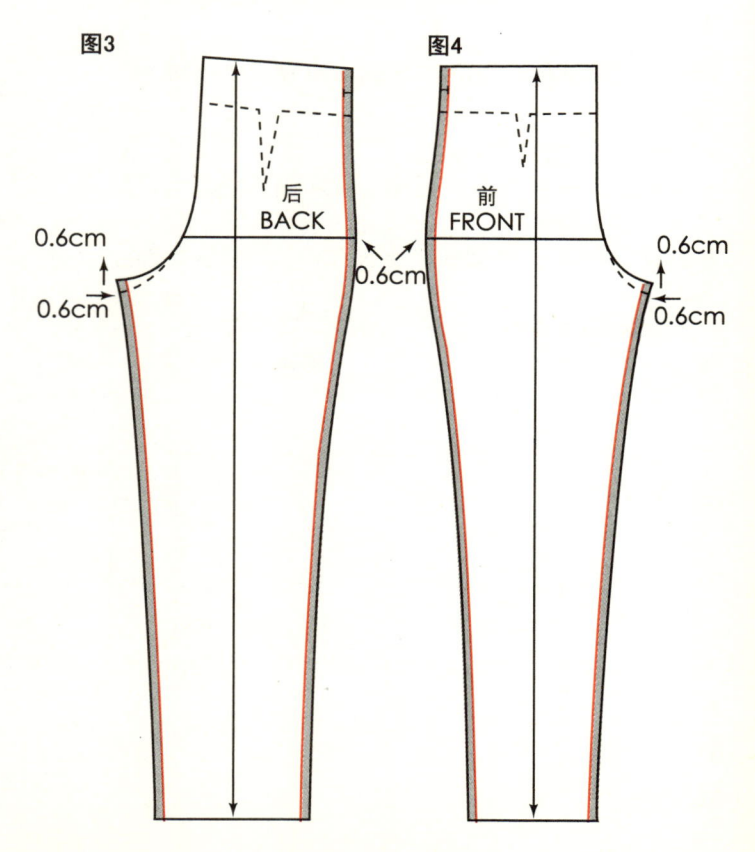

0.6cm　后 BACK　0.6cm　　0.6cm　前 FRONT　0.6cm

图5　穿带管 Casing

- 穿带管需比松紧带宽0.6cm，以便松紧带顺利地穿入。可用安全别针或粗长的手缝针来穿引松紧带。

图5

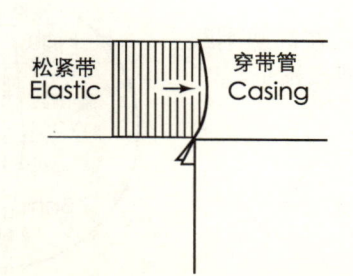

松紧带 Elastic　　穿带管 Casing

高腰裤（适用于女士和男士）
High-Waist Pant (for Women and Men)

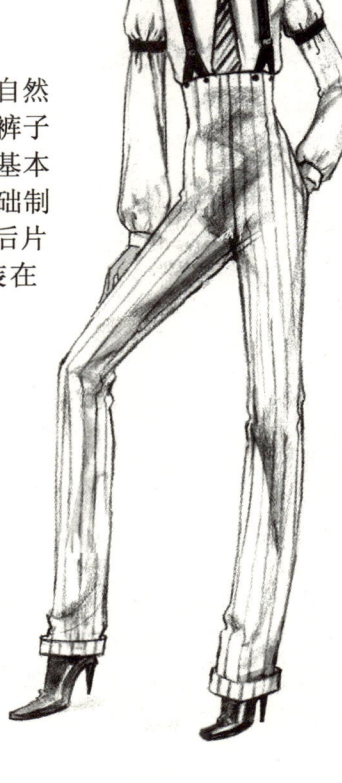

设计分析
Design Analysis

裤子的腰线高于自然腰围线，高腰效果的裤子可依任何一种裤子的基本样板或裤腿式样为基础制板。拉链装在裤子的后片或前片皆可，该例装在后片。

样板绘图与制作 Pattern Plot and Manipulation

图1
- 描出裤子前、后片样板。
- 在描出原样板的前、后中心线和侧缝线之后，继续向上移动样板。
- 移动样板，使裤腰线高出6.4cm，并将这个部分描出来。
- 画出新的裤腰线，使之与原腰围线平行。

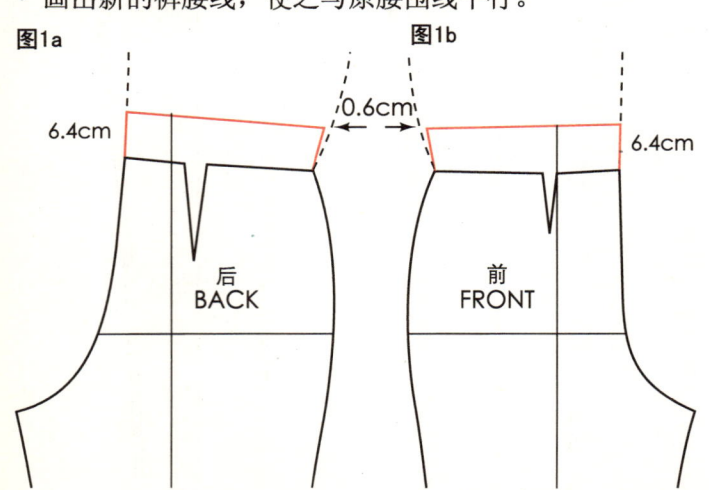

图2
- 从省尖点画线过省道中心至高腰线。
- 由后片省道中心延长线与裤子的高腰线的交点向两侧各量0.6cm。在前片的交点向两侧各量0.3cm，做好记号，然后从记号处画线至省道。

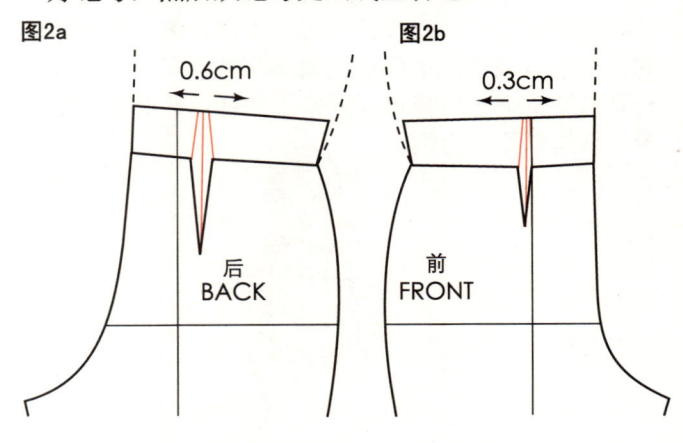

图3
- 如图描出前、后片腰贴边（阴影部分）。

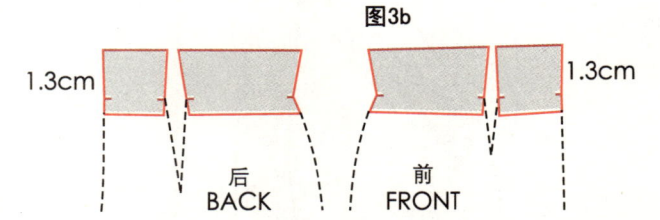

图4
裁剪贴边部分，顺接前贴边，闭合省道，描出样板，对折剪裁。

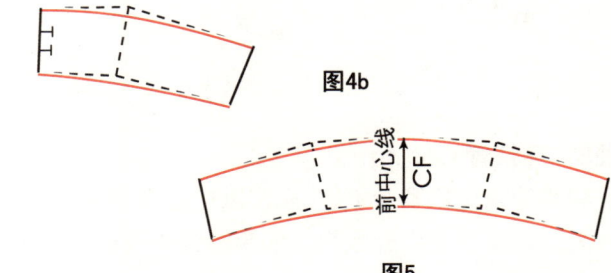

图5
- 打孔画圈，在高腰围线上做省道的剪口标记。
- 加缝份。

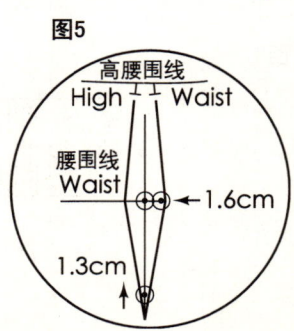

后片有V形育克的牛仔裤（适用于女士和男士）
Jean with V-Yoke (for Women and Men)

设计分析 Design Analysis

这种有V形育克的牛仔裤样板设计和制作是基于普通牛仔裤的基本样板。它具有传统的设计元素，腰头可以放在腰线以下不同的位置，裤脚管的轮廓线（基本形、锥形及喇叭形）可根据流行时尚来选择。

腰头位置的三种变化
Three Variations of Waist Band Placement

腰头变化1～3是供选择的样式。变化1的图解说明在第194页上。

所需尺寸 Measurement Needed

(32) 踝围，加7.5cm _____。
(30) 膝围，加5cm _____。

设计1　　　　　　　设计2

变化1　Variation 1

腰头样板（斜线部分）从腰线开始并向下延伸3.8cm，即为腰头宽（图1）。

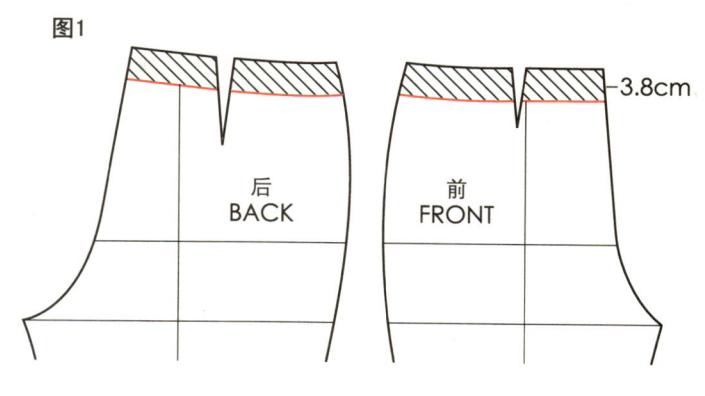

图1

变化2　Variation 2

腰头样板（斜线部分）从腰线以下2.5cm处开始。腰头宽为3.8cm。阴影处为需修剪部分（图2）。

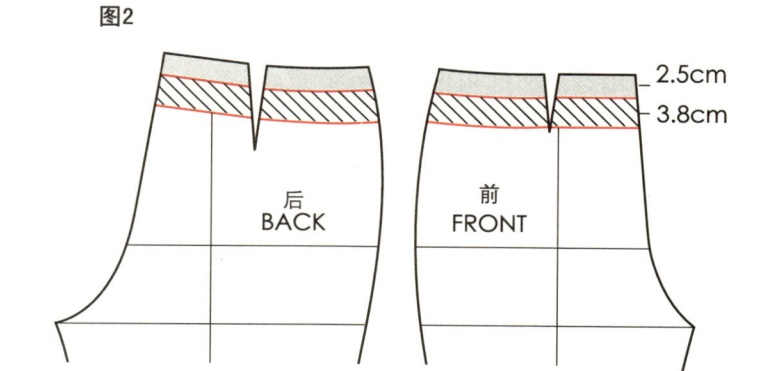

图2

变化3　Variation 3

前片腰头从前中心线端点以下7.6cm，及裤外侧缝线端点以下6.4cm处开始画腰头样板（斜线部分）。而后片从外侧缝线开始向后中心线处，腰头顶边与原裤腰边距离逐渐变短，后中心线端点向下只有5cm。腰头宽为3.8cm。阴影处为需修剪部分（图3）。

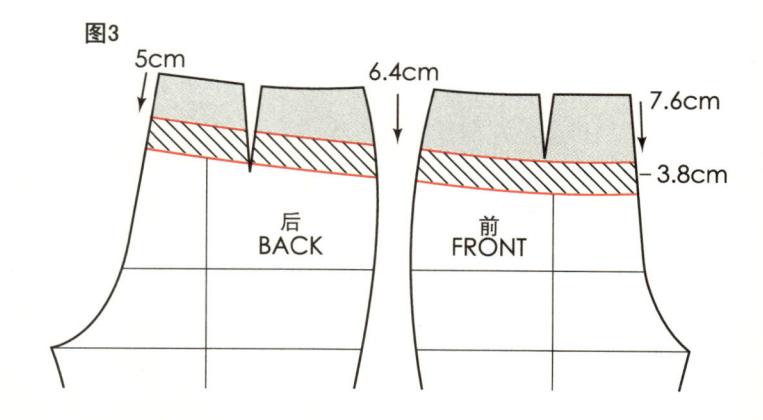

图3

样板绘图与制作 Pattern Plot and Manipulation

已提供变化1的腰头尺寸。如果选择变化2或变化3，可用相同尺寸。

图1、图2

- 描出牛仔裤前、后片样板。
- 根据图1～图3画出所选择的款式。
- 依照说明画出后片育克。

画出所选裤腿线造型
Draw the Legline Style of Choice

- 裤子的基本裤腿线造型（红线表示）。
- 所需的锥形裤腿线造型（实线表示）。
- 所需的喇叭形裤腿线造型（点划线表示）。

建议：多留出一些宽度，以便调整裤腿线。

可对样板做一些改变。

可以用自己的鞋长作为标准，相应地在裤脚管上扩加喇叭形。

门襟与里襟 Fly and Shield

- 画出3.8cm宽的前片门襟位置与轮廓。再画出6.4cm宽的里襟垫布轮廓并使之长于拉链2.5cm。有关缝合拉链的方法，参见第182页。

分离样板 Separate the Patterns

图3a

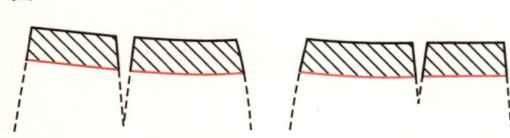

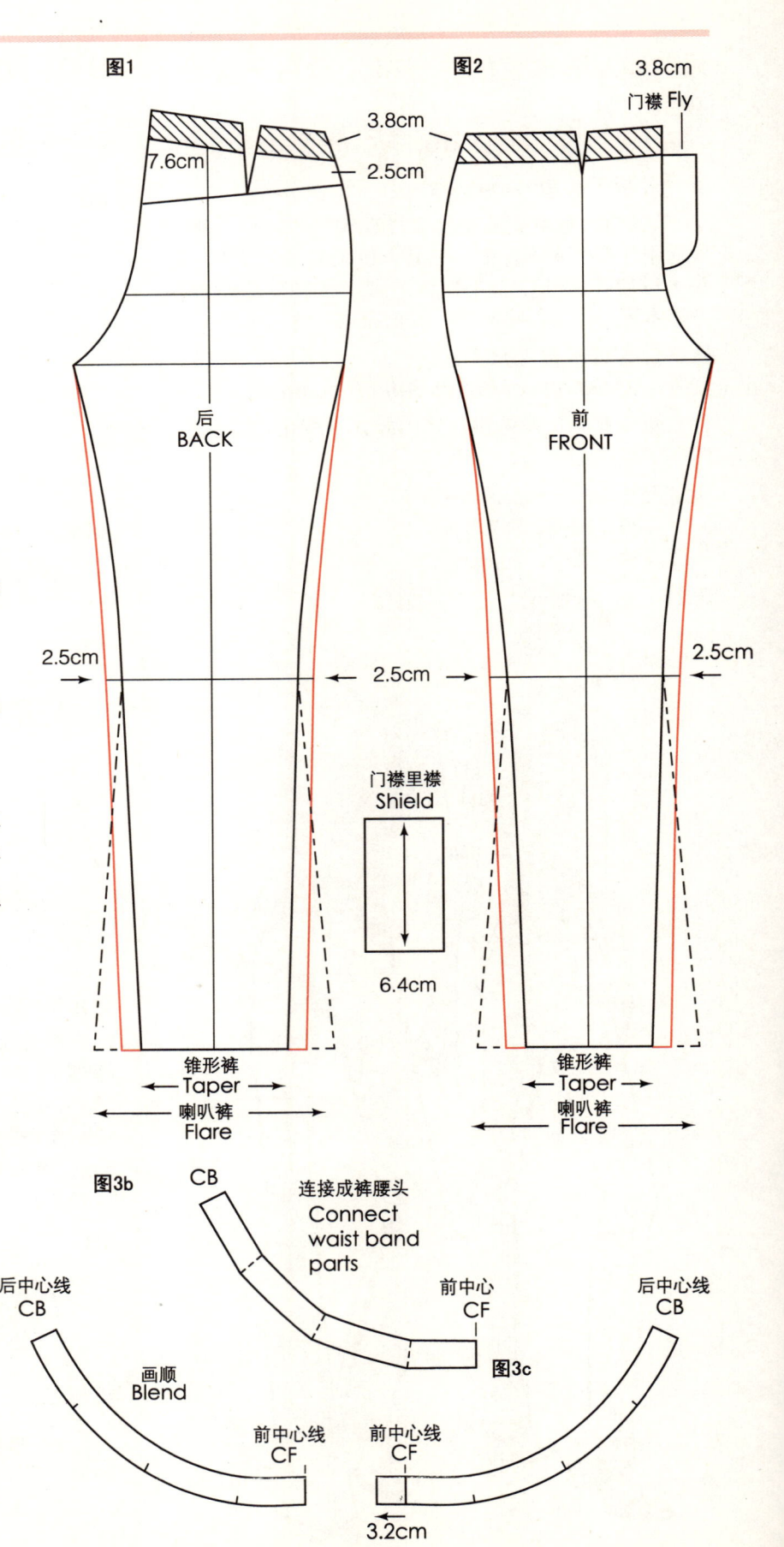

分离腰头 Waist Band is to be Interfaced

- 将腰头（斜线部分）从原样板中剪裁下来（图3a）。
- 闭合省线与侧缝（图3b）。
- 按原腰头样板描出两个复制样板。一个复制样板的侧边与右前片的中心线重合；第二个超出左前片的中心线3.2cm。

育克 Yoke

图4

从后片样板中剪下育克样板（图4a）。合并省线并画顺（图4b）。

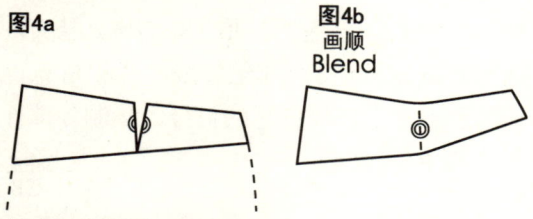

图4a

图4b
画顺
Blend

裤子后片 Back Pant

图5

修剪遗留在后中心线上的省道余量。

西部型口袋 Western Pocket

图6

画出口袋样板并剪下，把它放在裤子后片上，至合适的位置后，描出，并从袋角向内0.3cm处做标记。

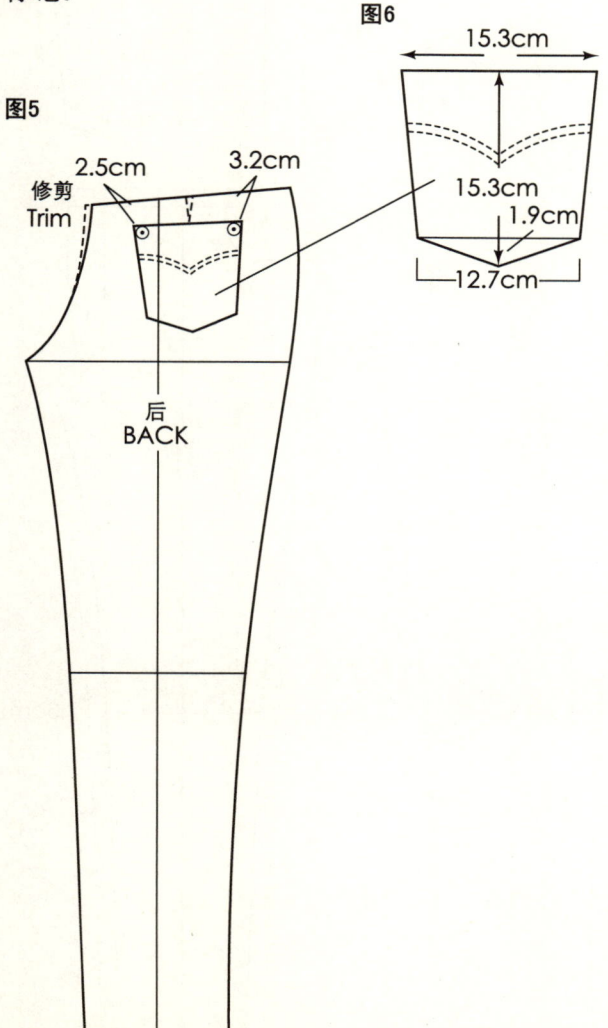

图6

15.3cm
15.3cm
1.9cm
12.7cm

图5

2.5cm　3.2cm
修剪 Trim
后 BACK

牛仔裤前片 Front Jean Pocket

图7

按图解，画出牛仔裤原图。

图7

前 FRONT

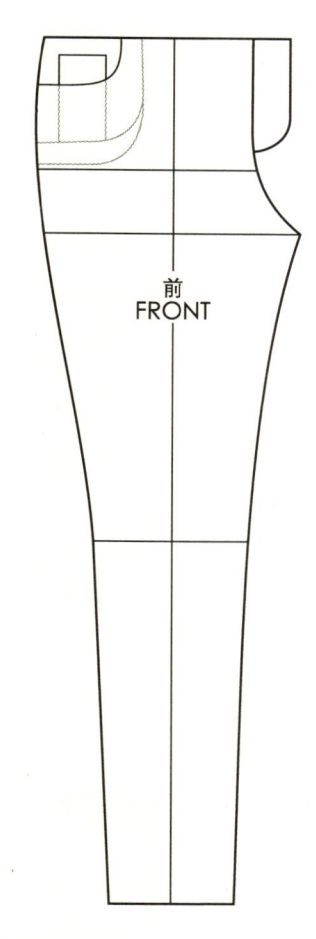

图8　袋底布（衬里）Pocket Backing (Lining)

- 做侧腰线标记X。
- 利用已给尺寸，画出袋底布（衬里）的大致轮廓（图8a）。
- 描出袋底布。
- 标明信息并加1.3cm缝份（图8b）。

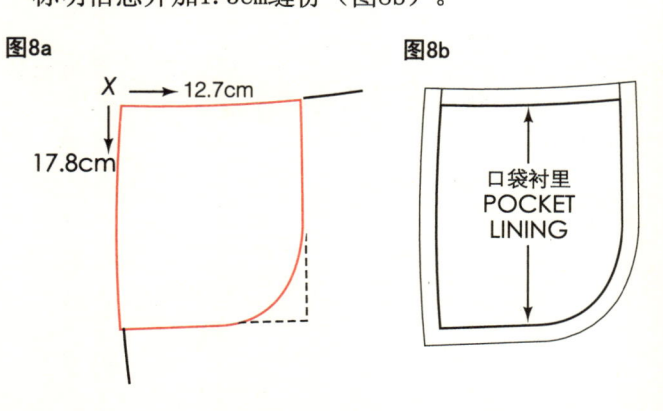

图8a

X → 12.7cm
17.8cm

图8b

口袋衬里
POCKET LINING

原料垫布与表袋 Self-Facing and Item Pocket

图9

- 画垫布，短于袋衬里5.1cm（图9a）。
- 如图所示，在垫布上画出表袋的位置。
- 描出垫布和表袋的样板，标示并各加1.3cm的缝份（图9b和图9c）。

图9a

图9b 贴边 FACING

图9c 表袋 ITEM POCKET

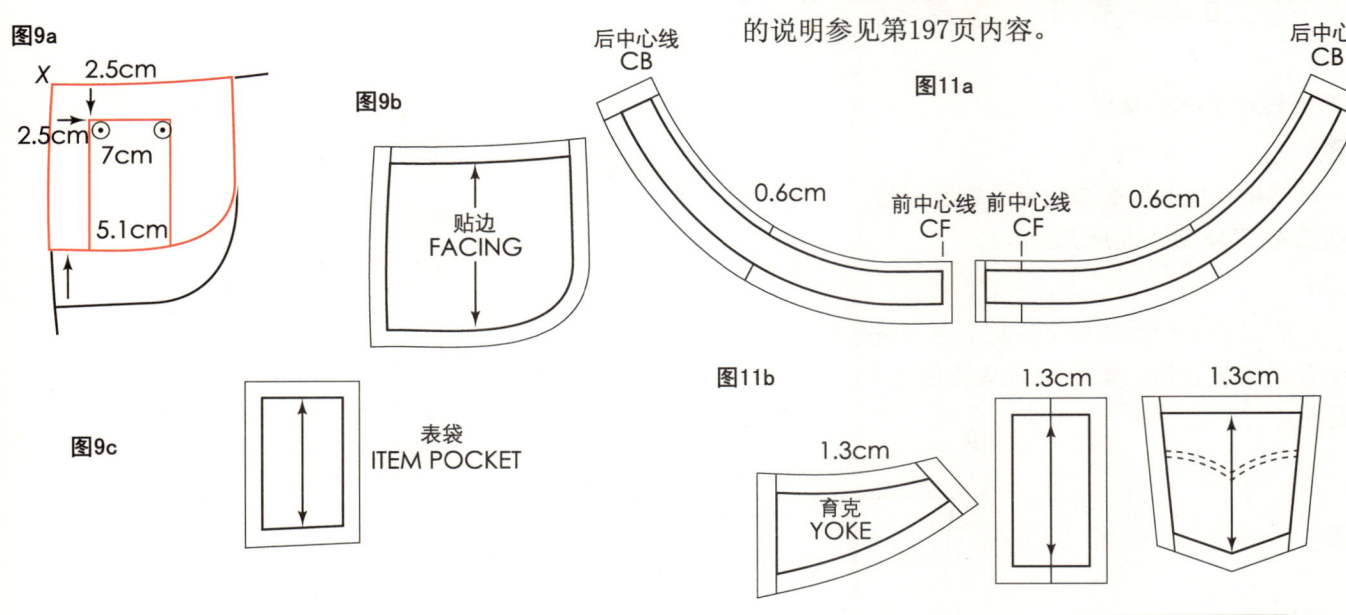

袋口 Completing the Jean Patterns

图10

- 在原袋里布上，按尺寸和说明画出袋口。剪掉不需要的部分（图10a）。
- 描出，标示袋里布，在袋口处增加0.6cm宽缝份，其他边缘增加的缝份宽均为1.3cm。

图10a 修剪 Trim

图10b 口袋里子 POCKET LINING

完成牛仔裤样板 Pocket Entry

图11

- 紧身腰头的左、右两边各裁剪2份样板，然后两边腰头分别缝合。
- 给腰头的特定一边（已注明）增加0.6cm宽缝头，其余各边加1.3cm。标出经向丝缕线，样板信息，刀口标记以及裤片上口袋位置的记号。缝制各部件的说明参见第197页内容。

图11a 后中心线 CB 前中心线 CF

图11b 育克 YOKE

后 BACK 前 FRONT

第8章　裤子

缝制牛仔裤裤袋 Sewing the Jean Pocket

参阅第177～179页中的内容，为裤子的裁剪和缝制作准备。

插袋 Western Pocket

图1

- 以同样宽度（0.6cm）将袋口缝份折两次，压实并缉双线。然后将口袋其余边缝折进1.3cm（图1a）。
- 将口袋样板置于已标明的口袋位置的裤片上，再用大头针别住（图1b）。

图1a

图1b

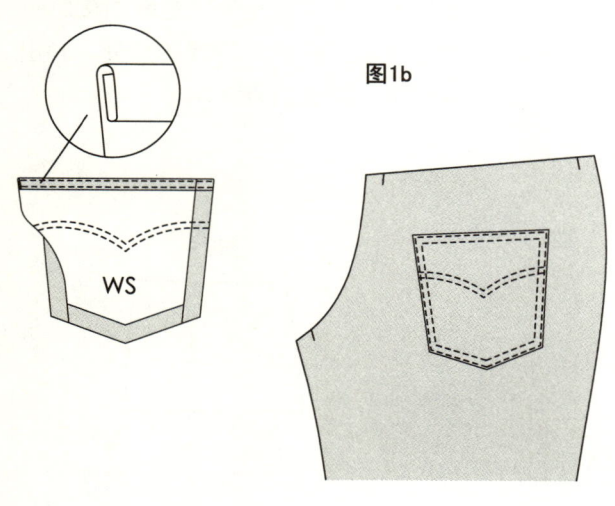

表袋 Item Pocket

图2

- 将袋口缝份折进0.6cm，像这样共折两次。压实折线并缉双线（图2a）。
- 将其余缝份折进1.3cm，再压实（图2b）。

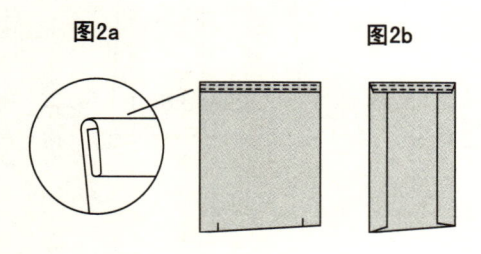

图2a　　图2b

垫布与表袋 Facing and Item Pocket

图3

- 用大头针将表袋固定在垫布的正面，需遮盖住表示口袋位置的记号，然后用双线缝合（图3a）。
- 将原料垫边的正面与袋布里缝合（图3b）。

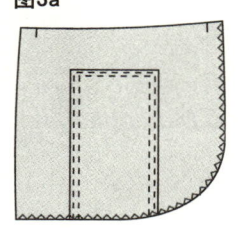

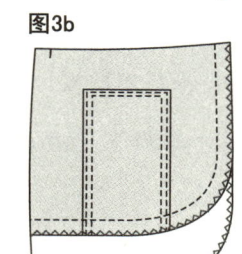

图3a　　图3b

缝合垫布与裤袋 Facing to the Pant Pocket

图4

- 将口袋垫布正面朝上缝到裤子上（图4a）。
- 翻转口袋垫布，缝定位线。

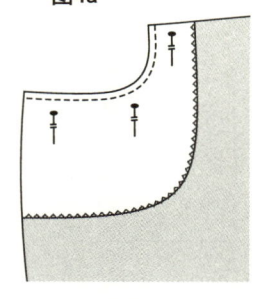

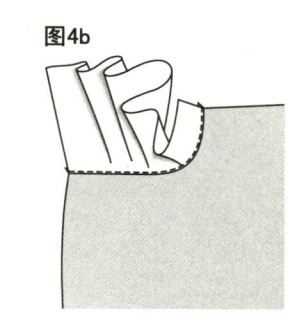

图4a　　图4b

完成口袋 Completing the Pocket

图5

- 将裤片由袋口翻转开。
- 别住袋里布与袋口衬里，缝纫，精修缝份。

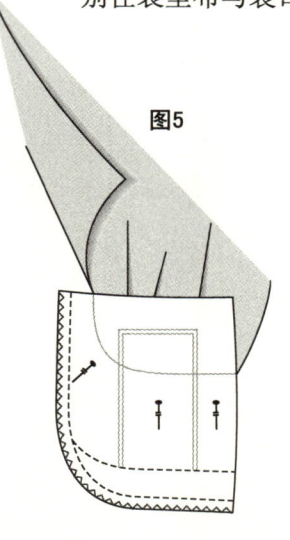

图5

装拉链的入门知识，请参见第182页；腰头的缝制方法，请参见第185页。

喇叭裤（裤折线扩展褶）
Contour Pant with Creaseline Flare

设计分析 Design Analysis

裤子的廓型设计是通过消除臀下部缝线处的余量，而代之以弧形后裤腿拼缝的曲线来完成的。该喇叭状裤管在两侧及后片烫迹线处展开，并在后裤口中心线处下降，在前裤脚口中心线处提升。此款样板制作基于便裤基本样板。

样板设计与制作 Pattern Plot and Manipulation

图1

描出后片样板中侧缝至烫迹线部分（虚线表示未描部分）。将省道转移至烫迹线处并融入造型线。

在横裆线上，从裤烫迹线量入1.3cm，标记点A。过A点画一条向内凹的曲线至省尖点，并在此与一条向外凸的曲线顺接。再从A点画线至膝围线。

将裤腿线展开3.8cm（可据个人要求而定）。从裤烫迹线向下量3.8cm，做标记；从外侧缝线向下量1.3cm，做标记。从两个标记点向膝围线画直线，画出弧形裤口线。

图2

从裤内侧缝线至经向丝缕线描出后片样板（虚线表示未描部分）。重复上述方法描绘，形成裤子后片样板。

图3

描出前片样板。分别在外侧缝和内侧缝线处将裤腿线扩出3.8cm，并在其两端向下量1.3cm，两点间绘向上曲的裤口弧线以及裤管直线与外侧缝线顺接。

从样板纸上剪下样板，去掉不需要的部分。画出经向丝缕线，完成样板，测试适合度。

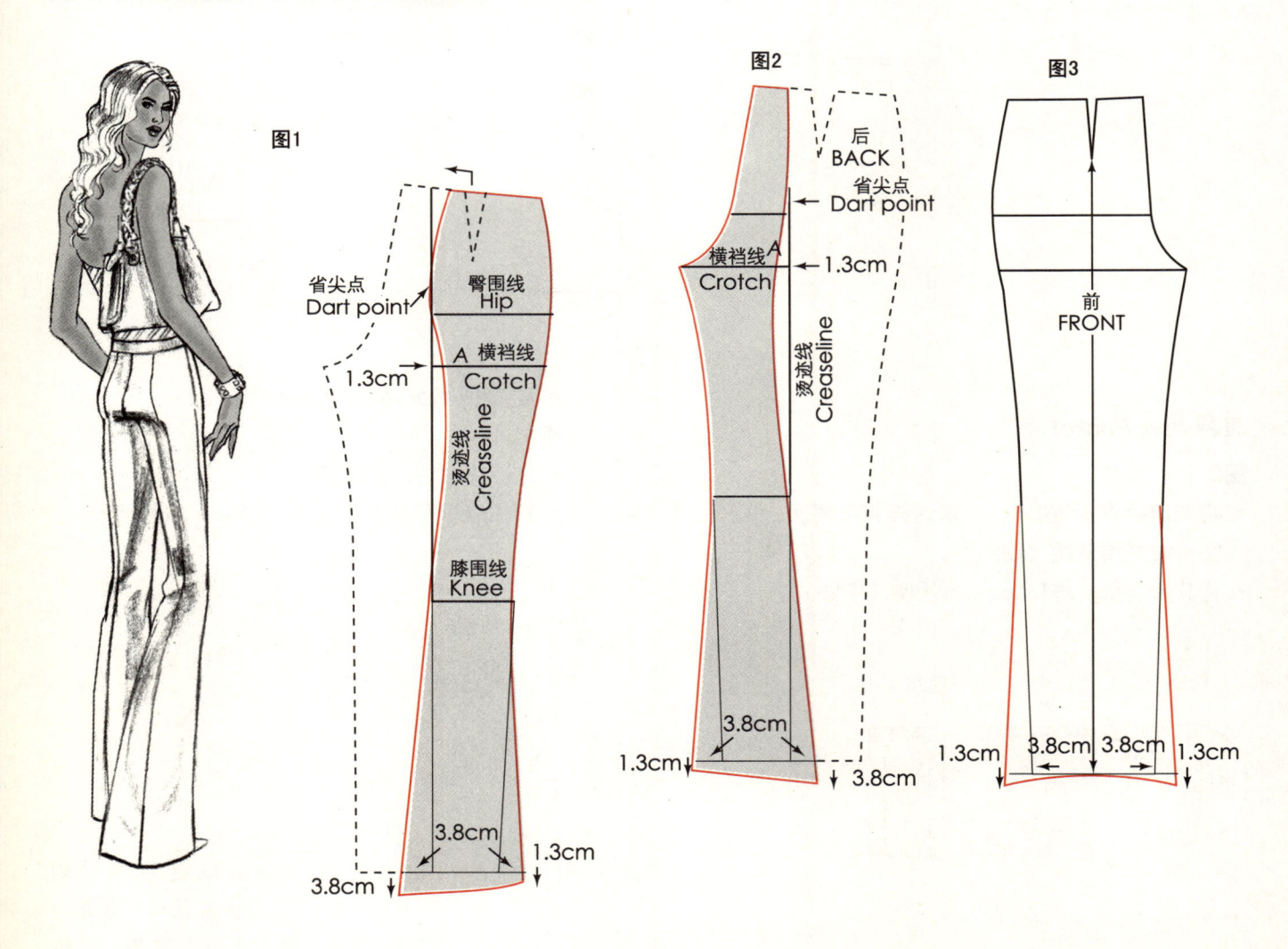

喇叭裤（裤侧缝线扩展褶，适用于女士和男士）
Pant with Flared Leg (for Women and Men)

设计与分析 Design Analysis

这是一组裤腿呈喇叭形或钟形的喇叭裤设计。这种造型源于裤腿内、外侧缝线上不同高度的扩展褶。该裤可依据西装裤和宽松裤牛仔裤的基本样板进行样板的设计和制作。

样板设计与制作 Pattern Plot and Manipulation

裤口的宽度或扩展褶量，取决于个人爱好或流行时尚中裤子廓型的因素。这里介绍一种加宽裤口线的方法。

图1、图2
- 加长裤子（约2.5cm）。
- 量后横裆线的长度，取其1/2，在裤口线的烫迹线两侧，分别向外量出，做标记。
- 从裤口线的标记处分别向膝围线或其上、下部画线。
- 从裤口宽的端点向内画直角线，并将它与原裤腿线顺接。
- 按上述方法制作前片。前片裤口的尺寸应减去1.3cm。
- 画出经向丝缕线，完成样板，测试适合度。

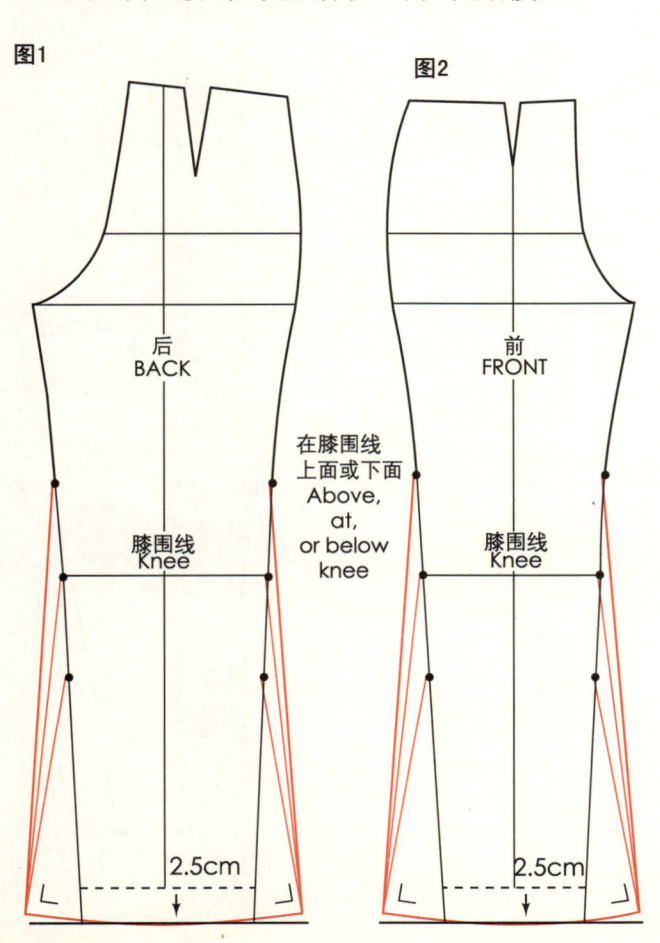

喇叭形始于膝围线之上　Flare above knee
喇叭形始于膝围线处　Flare at knee
喇叭形始于膝围线下　Flare below knee

弧形脚口裤 Pant with Curved Hemline

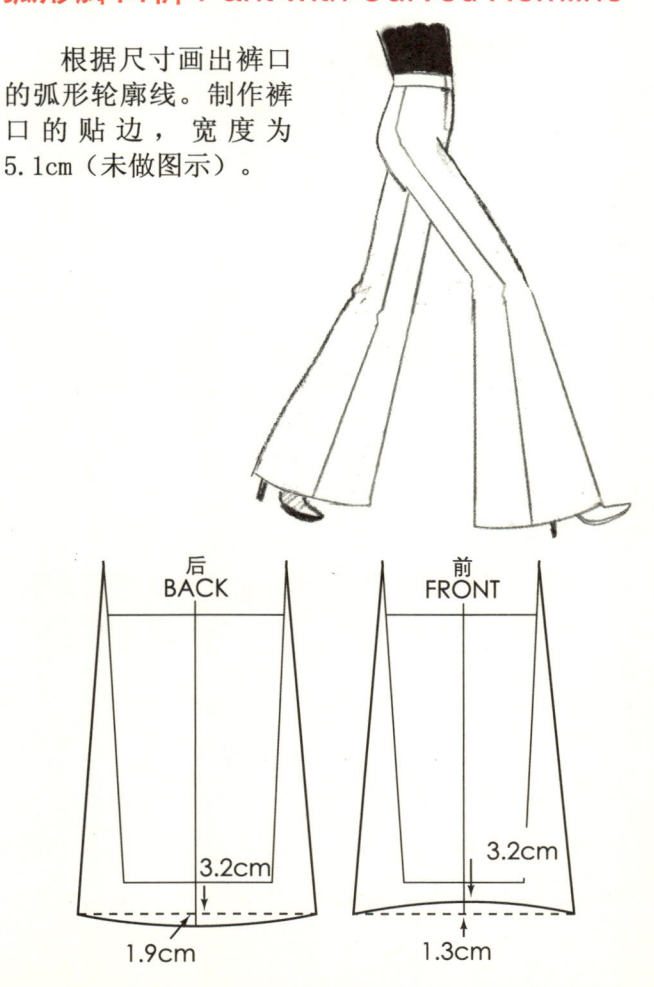

根据尺寸画出裤口的弧形轮廓线。制作裤口的贴边，宽度为5.1cm（未做图示）。

锥脚裤 Clown Pant

设计分析 Design Analysis

这款设计在腰头下配有丰满、均匀的碎褶，裤腿线在踝部变得窄小呈锥形，给人一种夸张的感觉。腰巾从造型腰头中穿过，环绕于腰部。锥脚裤子可依西装裤或便裤的基本样板为基础进行样板的设计。

图2　腰头 Belt

从腰头中心向外量7.6cm，定位基本的皮带孔，相距5cm定位穿腰巾的孔。当然，也可用规则腰头代替造型腰头。

所需尺寸 Measurement Needed

（32）踝围，加7.6cm＿＿＿＿。

样板设计与制作 Pattern Plot and Manipulation

图1

- 描出裤子前、后片样板，经向丝缕线从膝围线画至裤口折边线。
- 逐渐等量减少于踝部裤口线的尺寸。
- 为了使裤口更紧小些，需要设计一个装拉链或纽扣的开口，以方便脚的进出（若采用弹性面料可以不设开口）。
- 从样板纸上剪下样板。
- 从腰省处剪开切线至膝围线，再分别从膝围线向裤内侧缝线和裤外侧线剪开衩线（铰链效果）。
- 将开衩的样板放在样板纸上，膝围线处向上展开大约12.7cm（可据设计要求而定）。
- 由臀围与侧缝交点向腰口画直角线，作为附加的丰满量。
- 重描裤子的轮廓线，画顺腰围线。
- 在裤子上画一条经向丝缕线，完成样板，测试适合度。

图1

图2

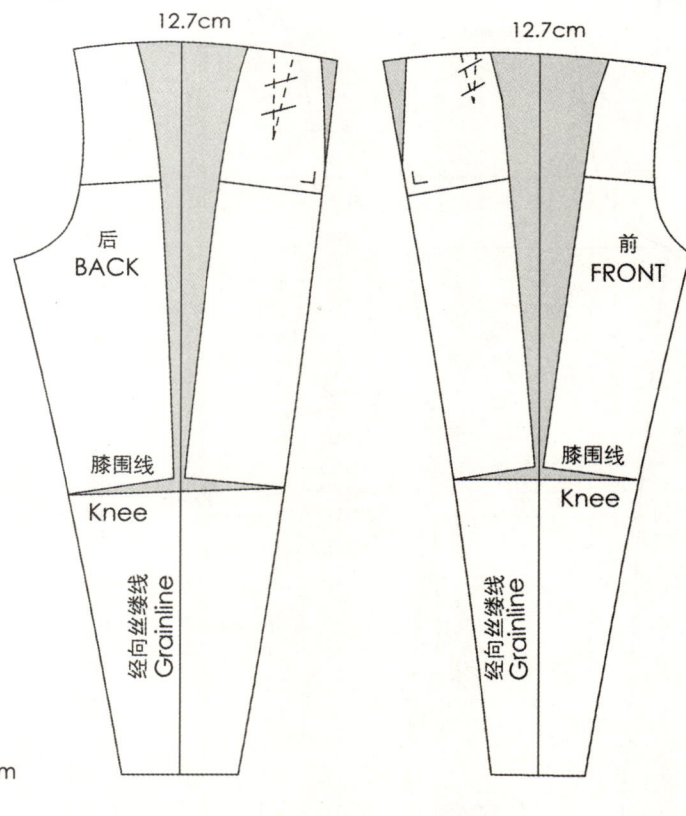

裤子的衍生品 Pant Derivatives

裤子的衍生品就其在长度方面的变化，是由裤口线上升或降低而体现的。裤长的变化可以在所有的裤子基本样板上进行。当然，使用最普遍的还是宽松裤和牛仔裤。为了方便起见，建议将常见的裤长度变化标在基本样板上。在设计赛车手女式运动裤、斗牛士紧身半长运动裤和长至膝下的紧身长裤时，建议在裤口外侧缝或踝部边缝处设开衩，以便脚的进出。下面介绍常见的裤子长度及其称谓。

名称及术语 Names and Terms

超短裤 Short-Shorts：裤内侧缝线低于横裆线3.8cm；裤外侧缝线高于横裆线2.5～3.8cm。

短裤 Shorts：裤管长至膝围线与横裆线之间。

百慕大式短裤 Bermuda：裤管长至牙买加裤与膝围线的中间。

赛车手女式运动裤 Pedal-pusher：裤管长至膝围线以下5cm。

斗牛士裤 Toreador：裤管长至膝围线与踝部之间。

卡普里裤 Capri：裤管长至踝部以上2.5cm。

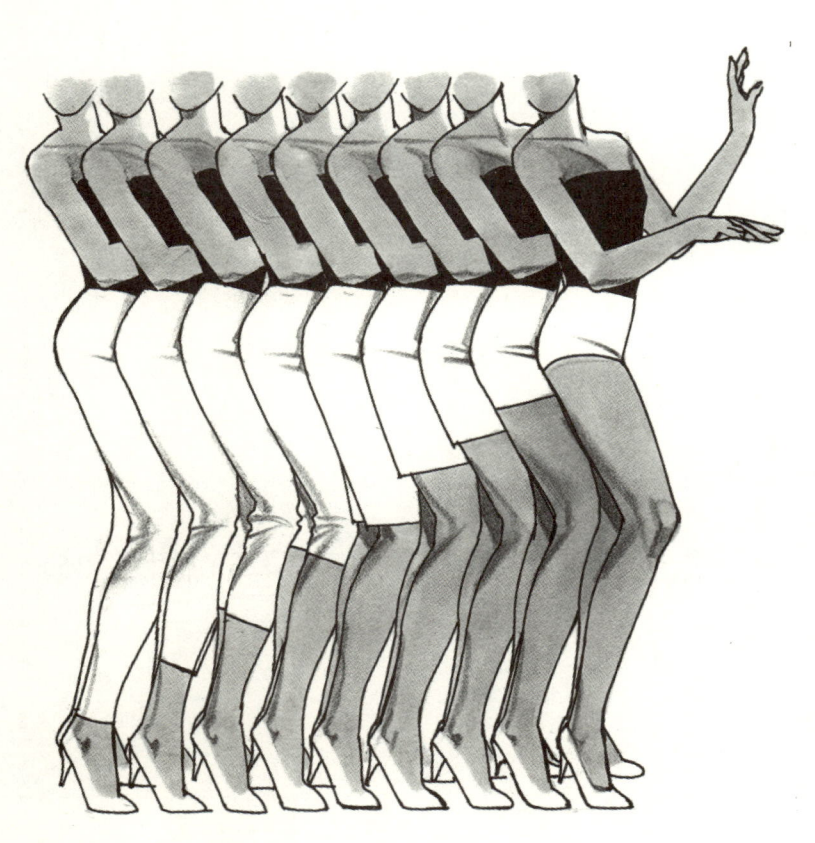

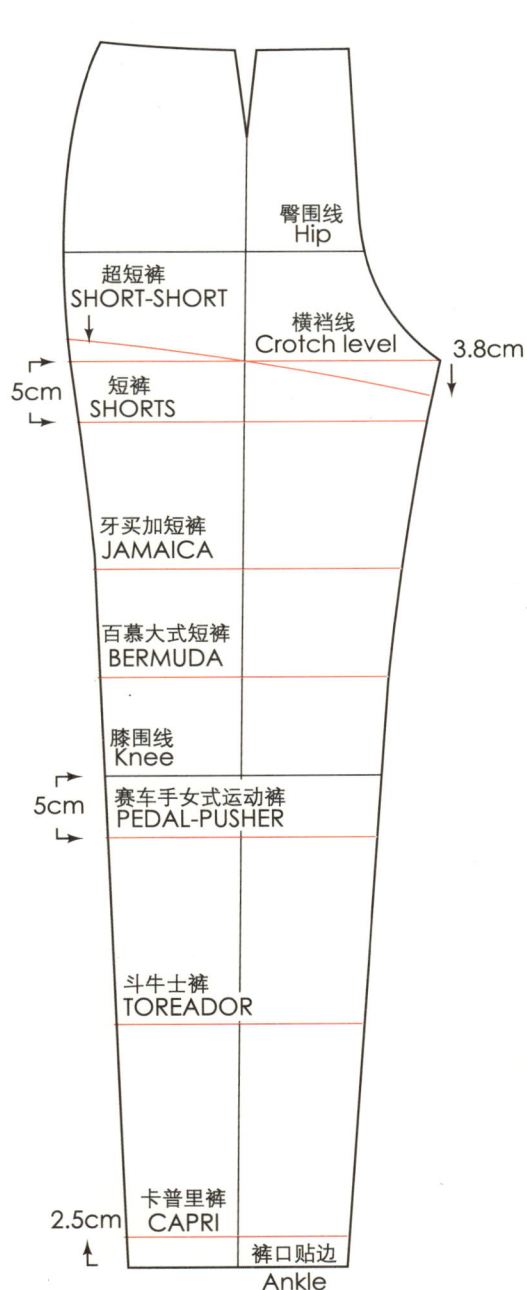

发展裤子的衍生品 Developing Pant Derivatives

该裤子的衍生品也可以成为设计其他款式的基础。下面例举了如何完成裤子的衍生品。装腰头，请参考第185页。缝纫拉链，请参考第182页。

超短裤 Short-Shorts

图1、图2

- 描出所提供的超短裤造型。从前后裆长线画剪切线，剪下样板。

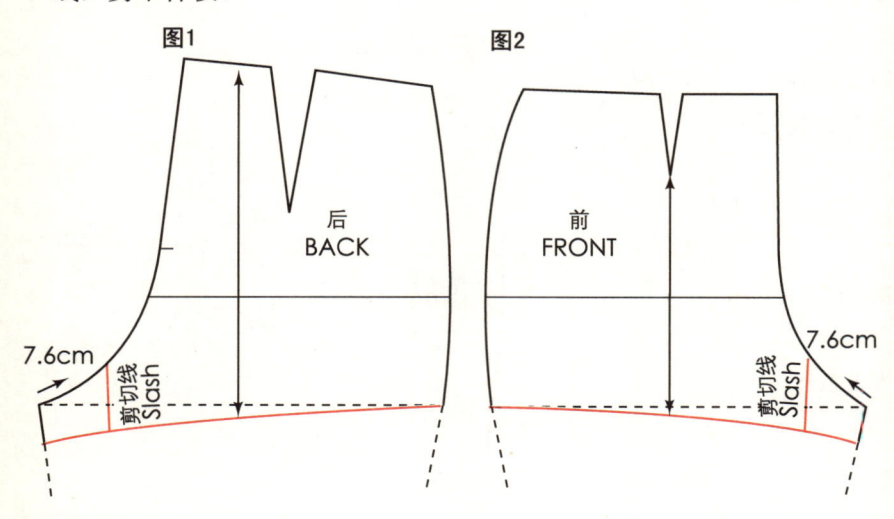

图3、图4

- 从前后裆长线画剪切线，如图重叠1.3cm，粘贴固定。
- 将侧缝即侧缝点减少0.6cm，重新画顺。
- 增加1.3cm的缝份，裤口这边只增加0.6cm的缝份。

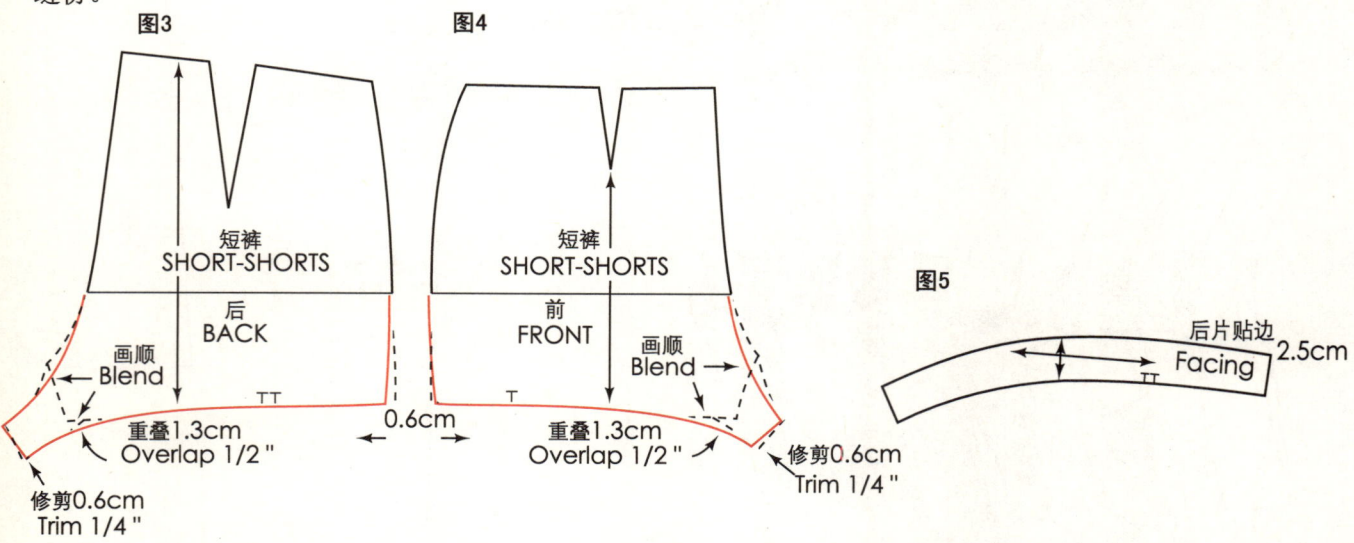

图5、图6

- 腿口贴边加宽2.5cm。
- 增加1.3cm的缝份，裤口这边只增加0.6cm的缝份。

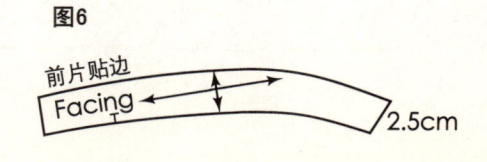

短裤，牙买加式短裤，百慕大式短裤 Short, Jamaica, and Bermuda Pants

每种裤子的前片都通过裤腿线微微的变小来体现设计特点。这种做法也同样适用于后片。以下裤子都是通过裤腿线变宽或变窄、裤腰线比自然腰围线高或低来说明其款式特点的。

沿裤口翻折样板，裤口贴边宽2.5～3.8cm，沿裤边描出内侧线和外侧线，完成贴边样板。腰头制作请参考第185页。装拉链缝可参见第182页。

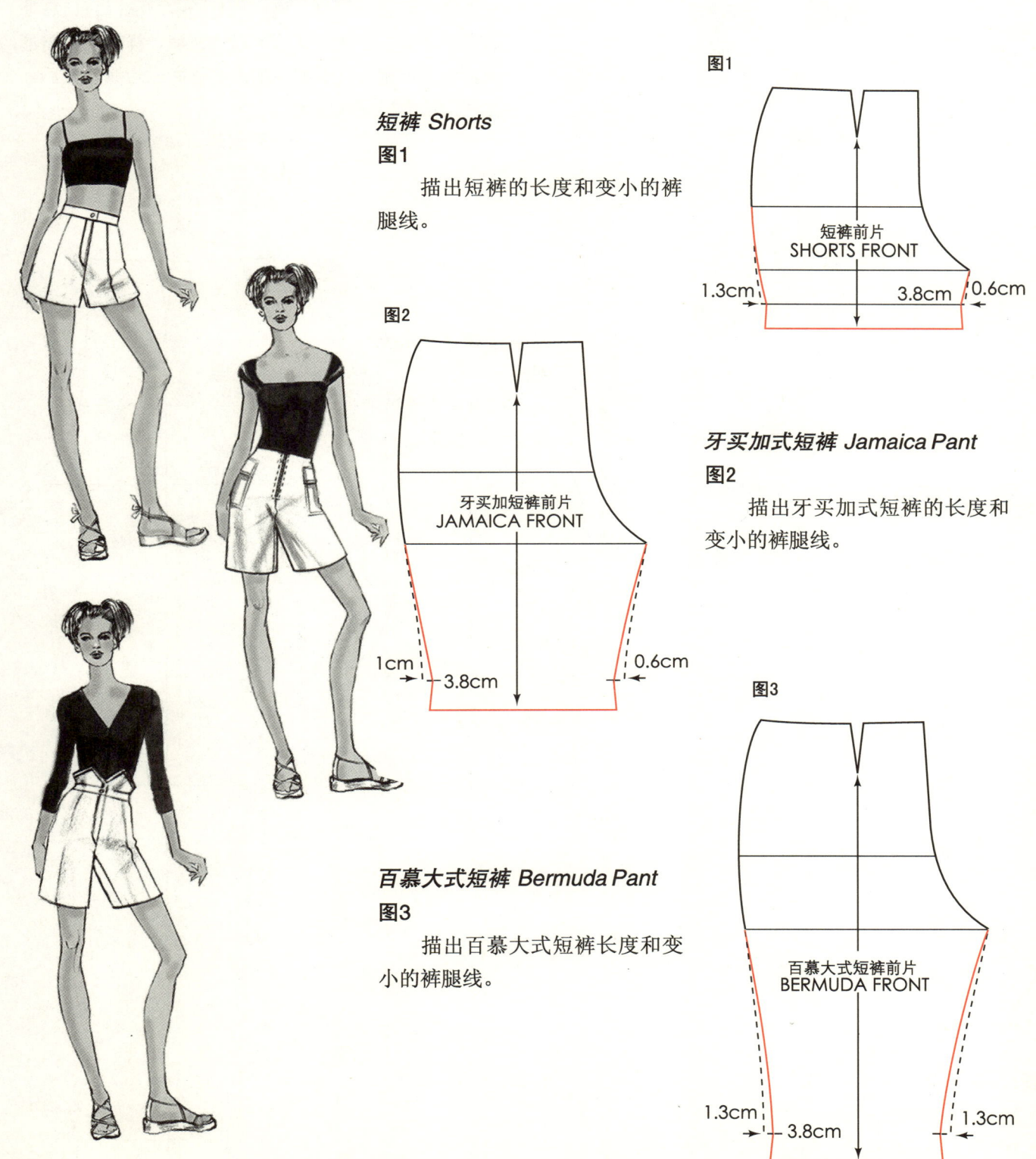

短裤 Shorts

图1

描出短裤的长度和变小的裤腿线。

图1 短裤前片 SHORTS FRONT
1.3cm　3.8cm　0.6cm

牙买加式短裤 Jamaica Pant

图2

描出牙买加式短裤的长度和变小的裤腿线。

图2 牙买加短裤前片 JAMAICA FRONT
1cm　3.8cm　0.6cm

百慕大式短裤 Bermuda Pant

图3

描出百慕大式短裤长度和变小的裤腿线。

图3 百慕大式短裤前片 BERMUDA FRONT
1.3cm　3.8cm　1.3cm

赛车手女式运动裤，斗牛式裤，卡普里裤
Pedal-Pushers, Toreador Pants, and Capri Pants

开衩裤子 Pant Vents

其特点是在裤子边缝开了一个衩，为紧裤腿的裤管带来了舒适的衩口。衩口长4.9～7.4cm。衩口高处的贴边至少为1.3m。贴边可以先在裤子样板上描出形象。再向上翻折样板纸，描出裤管两侧边线；最后，在衩的顶部用回针固定。

卡普里裤 Capri
图6

描出卡普里裤长度和变小的裤腿线。

斗牛士裤 Toreador
图5

描出斗牛士裤的长度和变小的裤腿线。

赛车手女式运动裤 Pedal-Pushers
图4

描出赛车手女式运动裤的长度和变小的裤褪线。

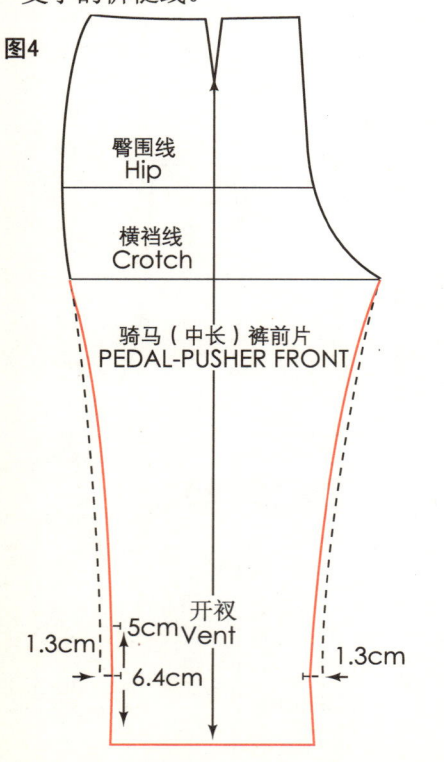

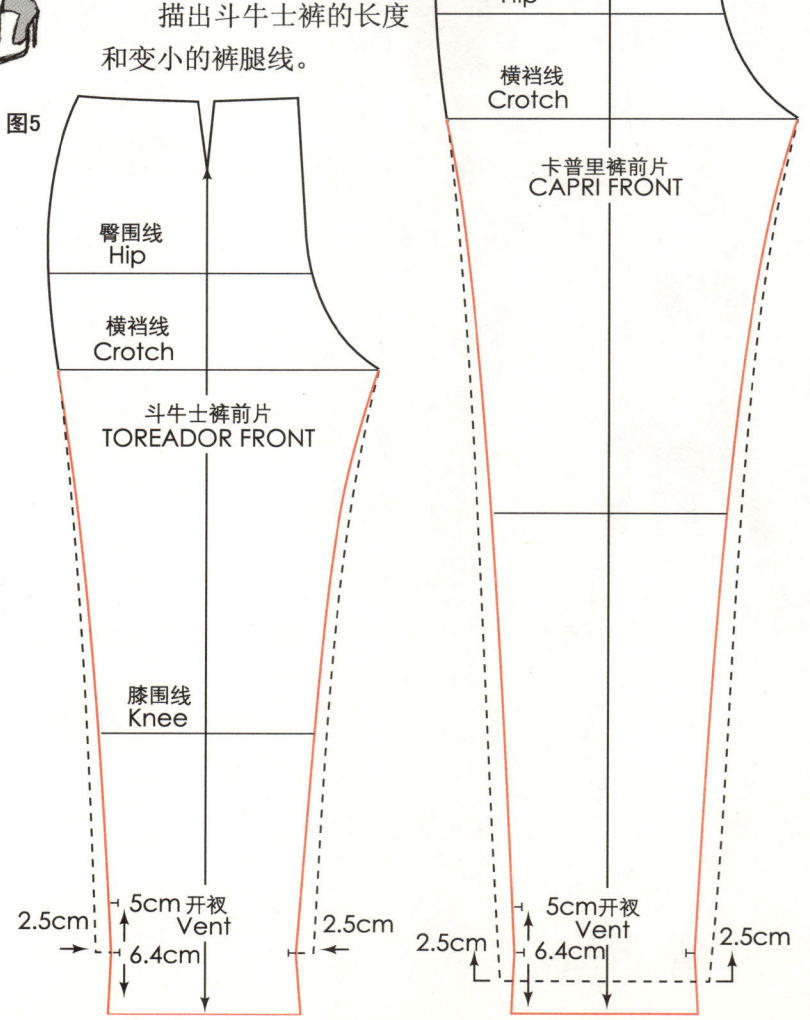

设计变化 Design Variations

通过对下列设计例子的实际操作以期激发读者的想象力和设计灵感。下列各款设计都充分运用了书中有关裙子和裤子样板制作的理念和方法。例如，设计1以扩展褶裙为基础，而设计8则是以袋装裤为基础。每款裤子都可以按所需的长度进行修改。如果试样效果与设计图十分相似，说明样板制作得正确。

设计1　　　　　设计2　　　　　设计3　　　　　设计4

设计5　　　　　设计6　　　　　设计7　　　　　设计8

连身裤装的基本样板 Jumpsuit Foundations

连身裤装可以四种基本裤子样板中的任何一种（或任何一种裤子的新设计样板）为基础进行样板制作。连身裤装的基本样板可设计成一片式或两片式（腰围上有拼缝线）或兼有两者特点的样板，其一旦形成就不易改变。它还可以作为其他设计款式样板的基础。带袖连身裤装的样板制作基于原型裤样板或无省裤样板。

连身西装裤/便裤的基本样板
Trouser/Slack Jumpsuit Foundations

注意：下列方法适用于连身西装裤和连身便裤的样板制作。此例为连身西装裤样板。

图1、图2

- 描出躯干前、后片样板，并做所有标记。在前、后中心线上以及腰围线和臀围线中间分别做十字标记。
- 将裤子前、后片样板放在已描好的躯干样板前、后片上，使臀围线以及前后中心线分别与躯干样板的臀围线、前后中心线重合。
- 请注意，烫迹线必须与躯干样板中心线平行。如果不平行，则在裤子的十字标记处固定一个高脚图钉，然后旋转裤子样板直到烫迹线与躯干样板的中心线平行为止。
- 从裤口线到臀围描裤子样板，用高脚图钉将烫迹线过迹到样板上（虚线表示臀围以上未描的裤子样板）。
- 移开样板，画贯穿裤子和躯干样板的经向丝缕线。
- 将横裆线向下移1.3cm，使裤子的横裆线、臀围线与躯干样板融合。
- 在躯干样板上画出胸围线和轮廓基准线（参见上册第9章）。
- 修剪躯干样板臀围线超过裤子样板臀围线的部分，然后相互顺接。
- 完成样板，用薄织物做适合度测试。

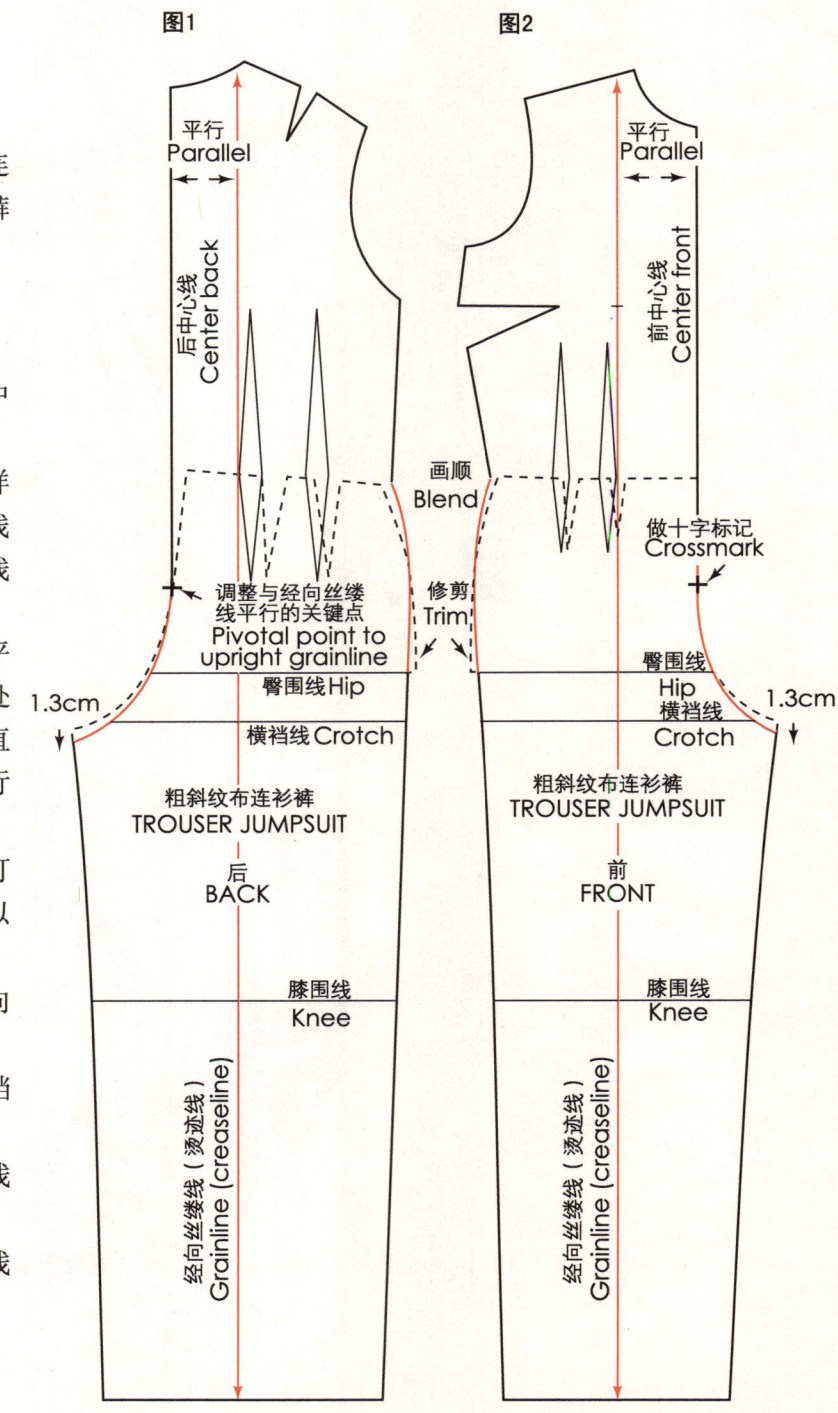

牛仔连衣裤的基本样板
Jean Jumpsuit Foundation

牛仔裤在后腰围中点处有一定的抬高量，这是取自人体坐姿时需要的后裆长度。然而，牛仔连衣裤的基本样板由裤子与原型躯干样板组合而成，前后裆长长度因样板间的重叠而被减少。因此，牛仔连衣裤应采用双向弹力针织面料或其他弹性纤维面料裁剪，使服装能够在人体运动时提供足够的放松量。若在厚实面料上裁剪，后片应做成两片式。故此，要分别准备牛仔裤后片与原型躯干后片的样板。有关牛仔裤的内容见第165页。

图1、图2
- 描出前、后片原型躯干样板，略去一个腰省（虚线），在前中心线上标出腰围与臀围线之间的中点，并在此点以下2.5cm处做十字标记。

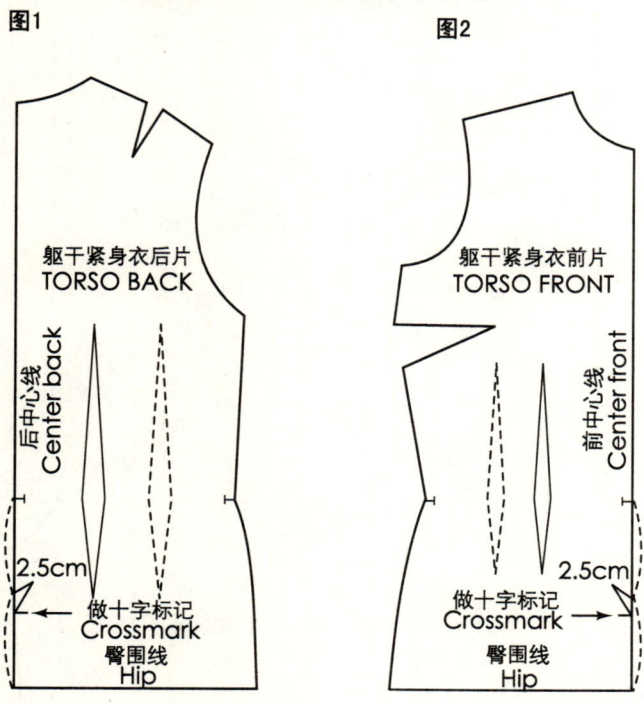

图3、图4
- 将牛仔裤前、后片分别放在躯干样板前、后片上，且臀围线重合，中心线在十字标记处相触。
- 注意，裤子烫迹线必须平行于躯干中心线。如果不平行，则在十字标记处按一高脚图钉，旋转样板，直到烫迹线与中心线平行为止。
- 从裤口线到臀围线画裤子样板，用高脚图钉将烫迹线过迹到下面的样板纸上（虚线表示臀围线以上未描的裤子样板）。
- 移开裤子样板，绘出裤子和躯干样板的经向丝缕线。
- 如图所示，将躯干样板的侧缝修剪0.6cm，再与裤子臀围线顺接。
- 为了方便起见，在躯干样板上画胸围线及轮廓线（参见上册第九章）。
- 完成样板，测试适合度（在面料上画臀围线、横裆线和膝围线）。

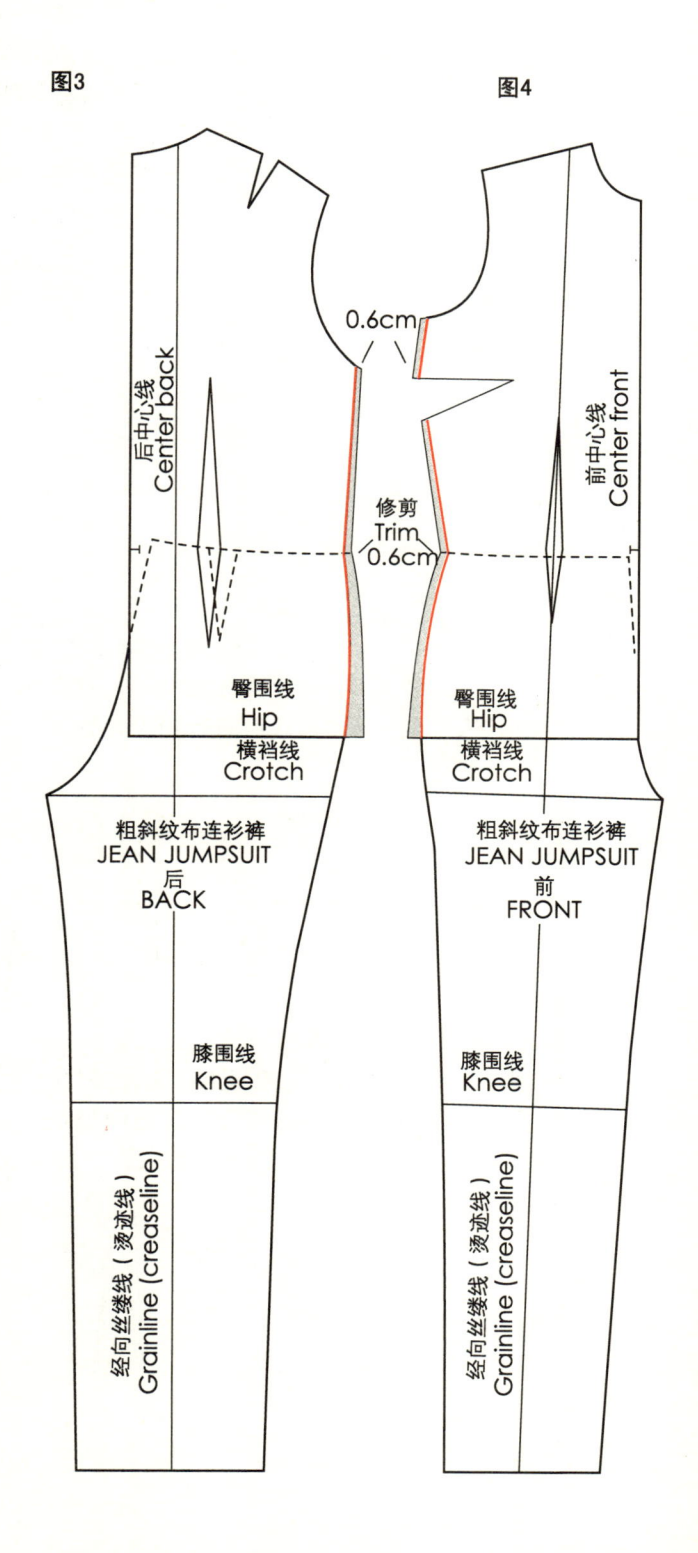

时尚连身裤 Styled Jumpsuit

设计分析 Design Analysis

肩线延伸到肩端点之外，腰围线比衬衫低。

两根抽带从缝出的两个抽带管的垂直的锁眼孔里拉出。裤子长至膝盖下（也可短些或加长）。

口袋选择见上册第17章。

缝份：抽带管的缝份为0.6cm，裤口折边2.5cm，其他缝份均为1.3cm。抽带的长度比腰要长25～37.5cm。

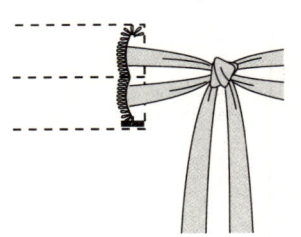

样板设计与制作 Pattern Plot and Manipulation

图1、图2

- 描出裤子至腰部的样板。
- 向下滑动样板3cm（阴影部分）并画裤子。
- A～B=后片肩斜长线+2.5cm，C～D=A～B。
- 后片袖窿外并向下量5cm做F标记。过袖窿中点（虚线表示）画新袖窿弧线和侧缝。做腰围线标记E。
  前片G～H=F～E，外量5cm做标记H。
- 过袖窿中点（虚线表示）画新袖窿弧线和侧缝。
- 裤口向上7.6cm设开衩。3.2cm裤口贴边。
  X=垂直穿带口宽0.3cm。
- 阴影部分表示贴边。

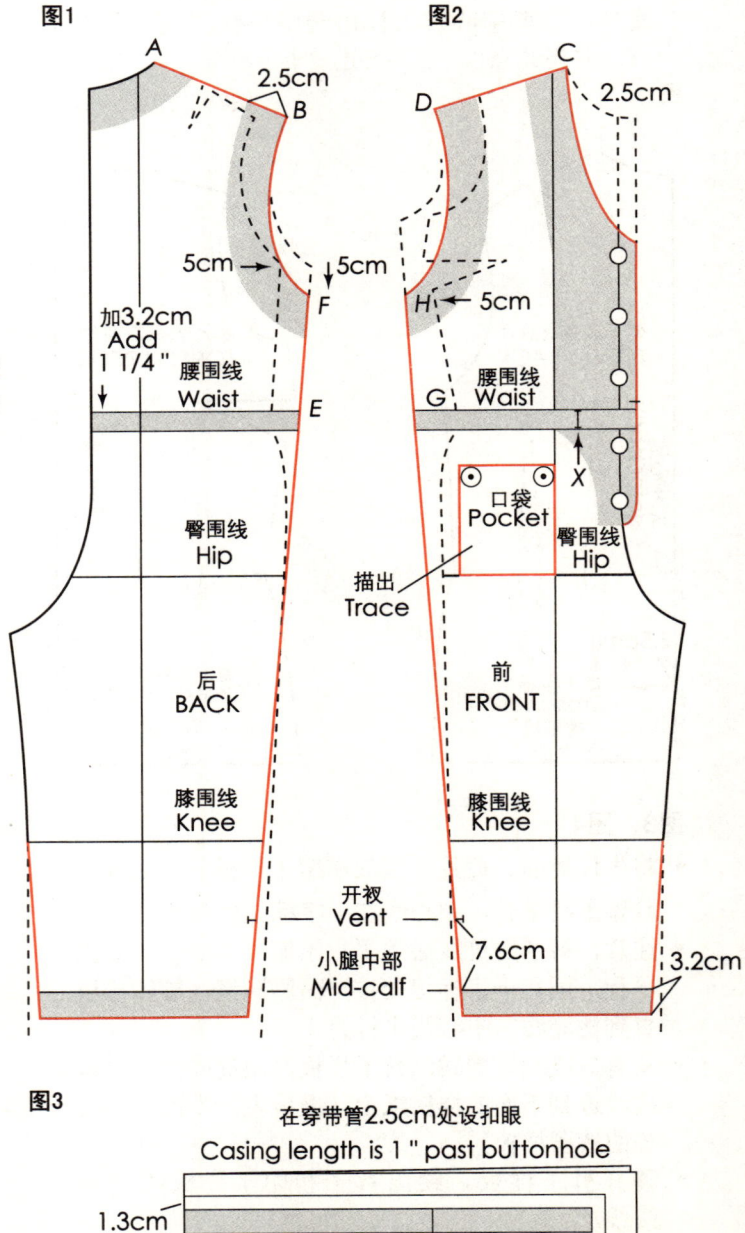

图4

如图绘腰头布被放在纽洞下边，图为从里面看到的效果。

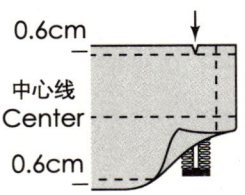

图5

在正面，从面料上的抽带管里拉出两根抽带，用来打结束腰。

连衣裤 Great Coverall

裤子和上衣相连即构成了连衣裤。因此,当构成连衣裤的上衣和裤子的款型发生变化,连衣裤的形象也就随之变化了。

设计分析 Design Analysis

有育克的衬衫被缝合到了裤子上。其主要设计特点:有衬衫领、衬衫口袋、翻卷的袖口、暗门襟纽扣、分开的腰头、侧缝线裤口袋和裤门襟装拉链,腰部的松紧腰带为外置式。以上设计细节仅供参考。

样板设计与制作 Pattern Plot and Manipulation

图1 衬衫 Shirt

前片和后片衬衫腰围线下移3.2cm画平行线。前片中心线处上提1.9cm,画线。在前片与裤子的省位对应之处做刀口标记。

图2 裤子 Pant

描出预想的裤子长度和宽度。绘制3.8cm宽、19.7cm长的拉链里襟。如图画出门襟。

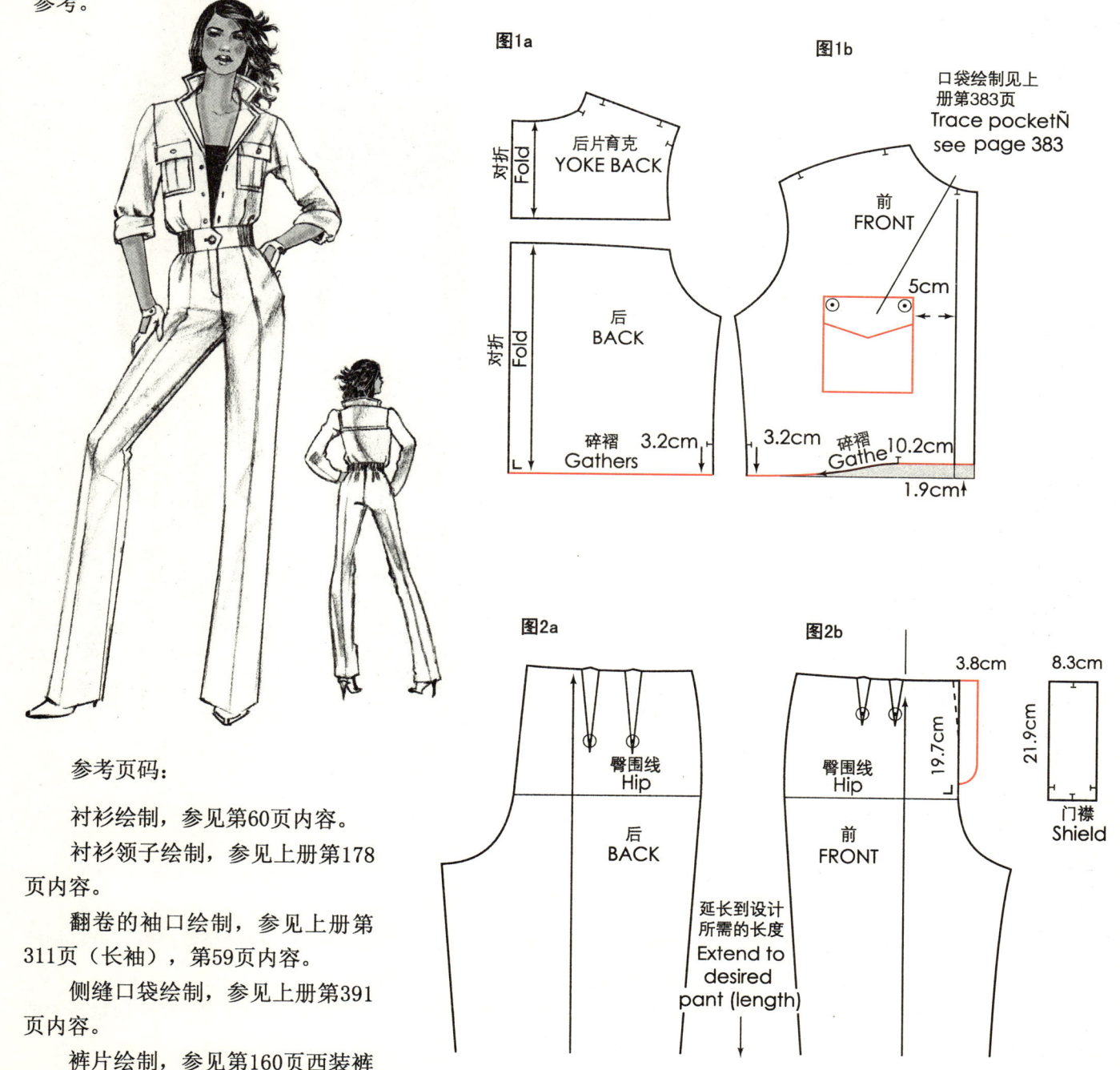

图1a 图1b

口袋绘制见上册第383页
Trace pocket Ñ see page 383

后片育克 YOKE BACK
对折 Fold
后 BACK
前 FRONT
碎褶 Gathers 3.2cm
3.2cm 碎褶 Gathers 10.2cm
1.9cm
5cm

图2a 图2b

臀围线 Hip
后 BACK
前 FRONT
3.8cm
19.7cm
8.3cm
21.9cm
门襟 Shield

延长到设计所需的长度
Extend to desired pant (length)

参考页码:

衬衫绘制,参见第60页内容。

衬衫领子绘制,参见上册第178页内容。

翻卷的袖口绘制,参见上册第311页(长袖),第59页内容。

侧缝口袋绘制,参见上册第391页内容。

裤片绘制,参见第160页西装裤样板制作内容。

裤子的适合度问题和修改方法 Pant Fit Problems/Corrections

裤子适合度若处理不当就会感觉不舒适，也会妨碍腿部移动的自由度。如出现有紧绷或者过度褶皱都会有损裤子的外貌。产生裤子不合适的原因主要有形状偏离、不正确的测量及裤子裁剪时产生的问题等。以下为裤子不合适问题的解决方法和样板修改方法，选自本书第一版中的部分内容。

例#1　合适的站姿
Model #1 Proper Stance

模特示范：

1. 自然、放松的站立。
2. 重量衡分的站立。
3. 两脚分开13cm站立。
4. 目视前方。
5. 胳膊自然垂放于身体两侧。

分析裤子适合度所需要的内容。应以模特能舒适地走动、弯腰和坐等来决定裤子的适合度是否得当。

例#2　适合度问题
Model #2 Fit Problems

注意寻找的问题：

6. 压力线（折叠两端可以达到适合度）。
7. 紧（水平压力）。
8. 松（垂直折叠）。
9. 烫迹线与鞋头不对应。

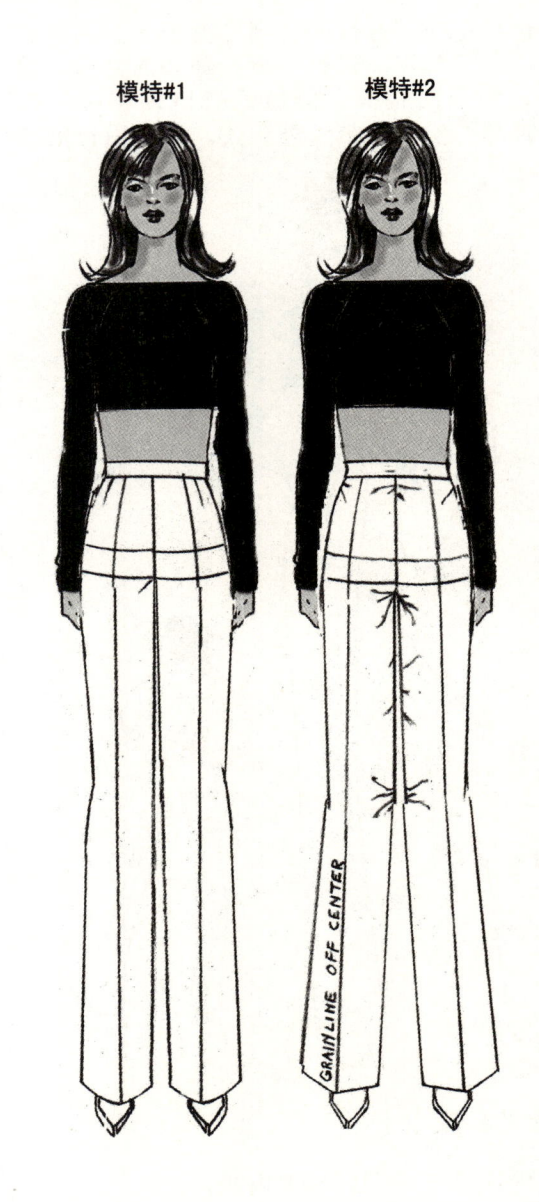

分析裤子的适合度问题 Analyzing the Fit of the Pant

用专用划粉或铅笔标出问题区域，选择相应的问题和解决办法。一次选择解决一种适合度问题。有可能因对一个区域的修改，也解决了另一个区域的适合度问题。

如果模特的臀部偏高或偏低见"问题#10"，腹部紧绷见"问题#8"，凸臀见"问题#12"。在决定裤子适合度数据之前，应先注意正确处理好上述的那些问题。

第8章　裤子　211

1. 问题：裤子太紧

解决方法：减小缝份，如果有可能还可包括腰头处，如图重新钉缝，放出可允许的放松量。测量缝线和别针之间的尺寸。

修改样板：如图在前片和后片内外侧缝处放出测量得到的数据。如果有可能，腰头也需放出相应尺寸。

问题 Problem　解决办法 Solution　样板修改 Pattern correction

加 Add　加 Add　后 BACK　前 FRONT　加 Add　加 Add　加 Add　加 Add

2. 问题：裤子太松

解决方法：用大头针钉住内外侧缝多余的面料。如果有可能的话，也修改腰头（钉的时候不要拉动烫迹线，以免中心偏移）。在别针和缝线之间做记号并测量。

修改样板：在前片和后片减去测量获得的数据（未做图示）。

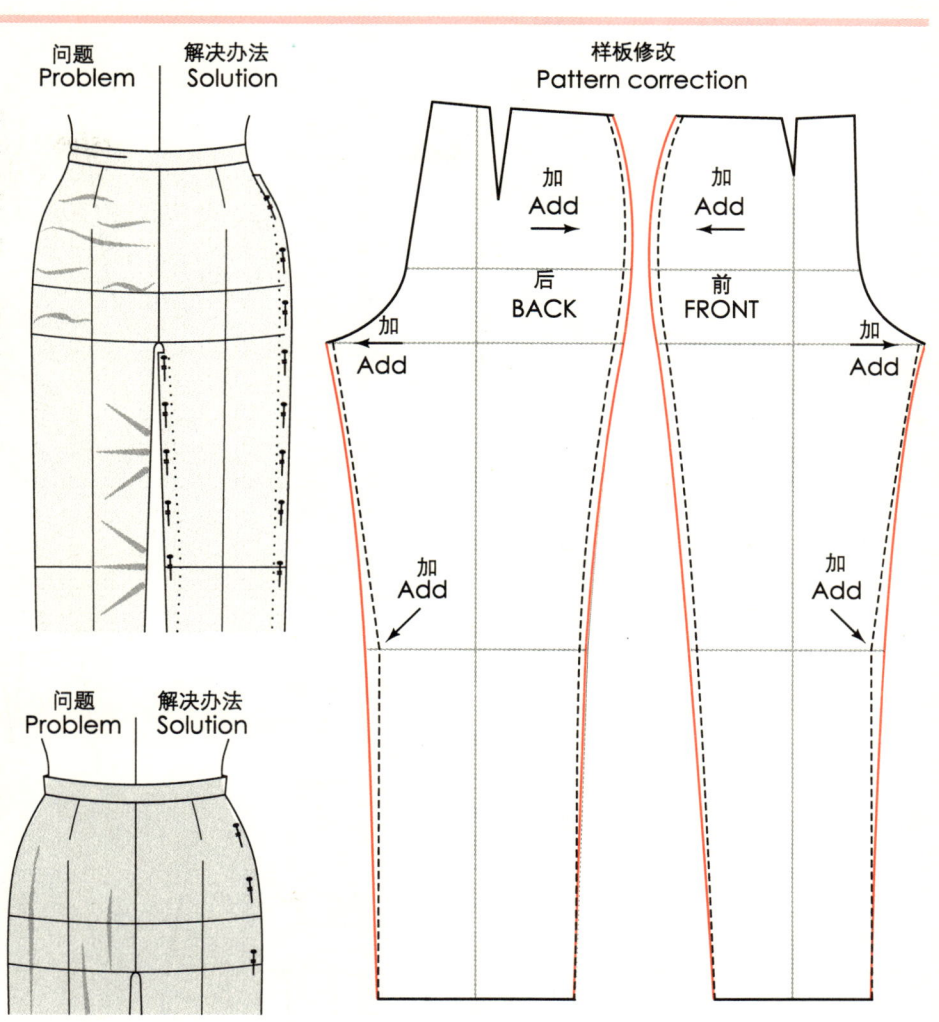

问题 Problem　解决办法 Solution

3. 问题：档量不足

解决方法：将裤档线处的烫迹线剪一口，慢慢套入裤腿，刀口处因缺量会打开。测量刀口张开的尺寸。

修改样板：加宽裤横档线，使内侧缝各边缝顺沿着增加测量出的剪口张开处的数据，再从新的档点顺接至膝围线处的裤侧缝线。

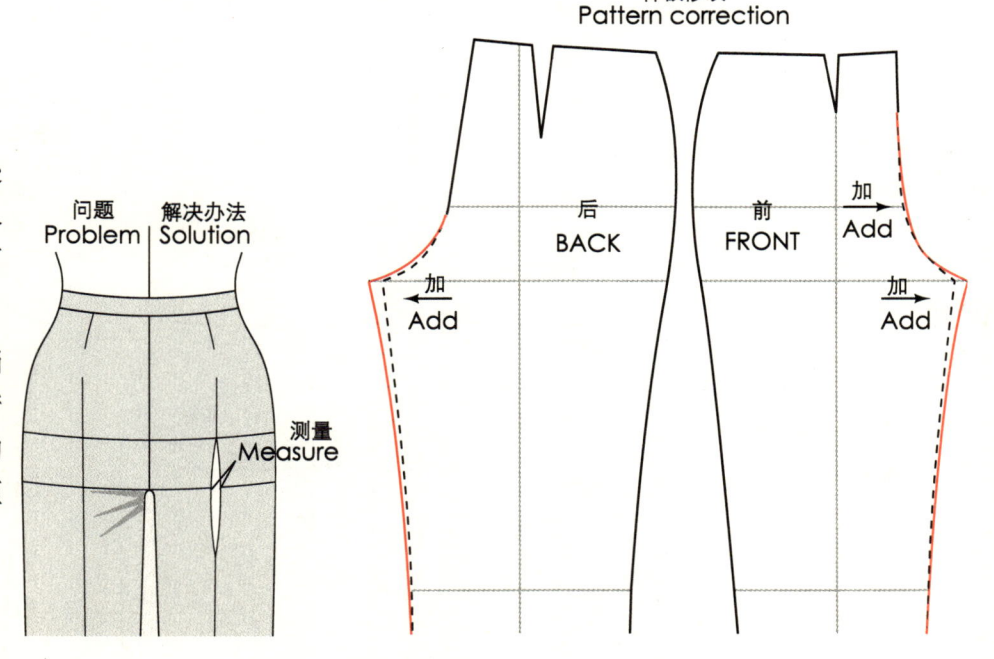

问题 Problem　解决办法 Solution　测量 Measure　样板修改 Pattern correction

后 BACK　前 FRONT　加 Add　加 Add　加 Add

4. 问题：横裆过高

解决方法：解开纽扣和拉链。慢慢地提拉下降裤子，找到合适的裤横裆线位置。测量实际腰围到腰头处的尺寸。

样板修改：按测量所得的数据，降低前、后片裤裆点。画顺至中心线。

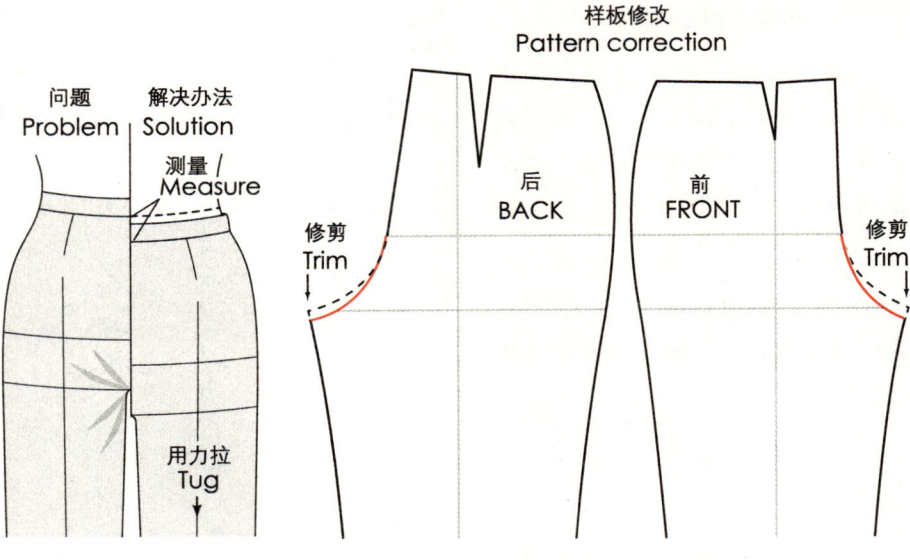

5. 问题：横裆过低

解决方法：在前片中心处折叠掉余量，把裤子提高到合适的水平，测量折叠的尺寸。

样板修改：提高横裆线，按测量所得的数据修改裆深。

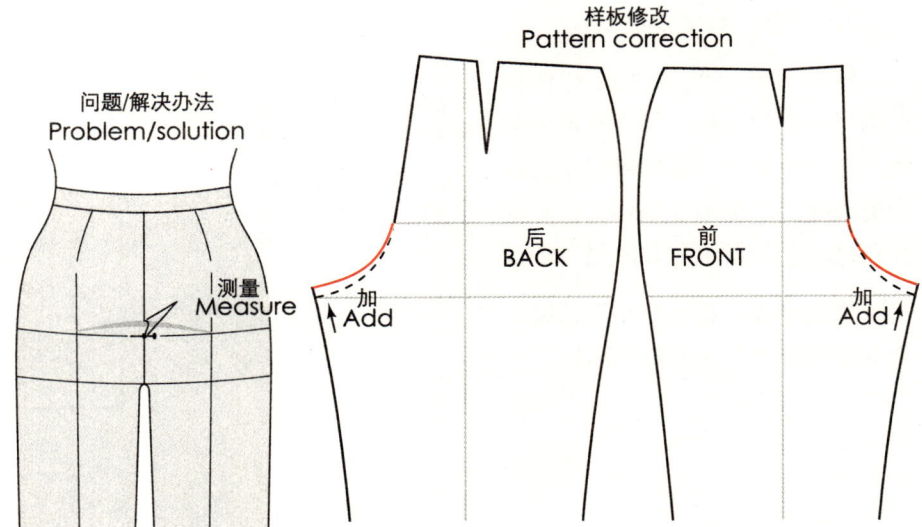

6. 问题：后前后裆长线过长（由臀部扁平而造成）

解决方法：钉住多余的部分，并测量余量。

修改样板：如图根据测量所得数据重叠余量，画顺后裆斜线。

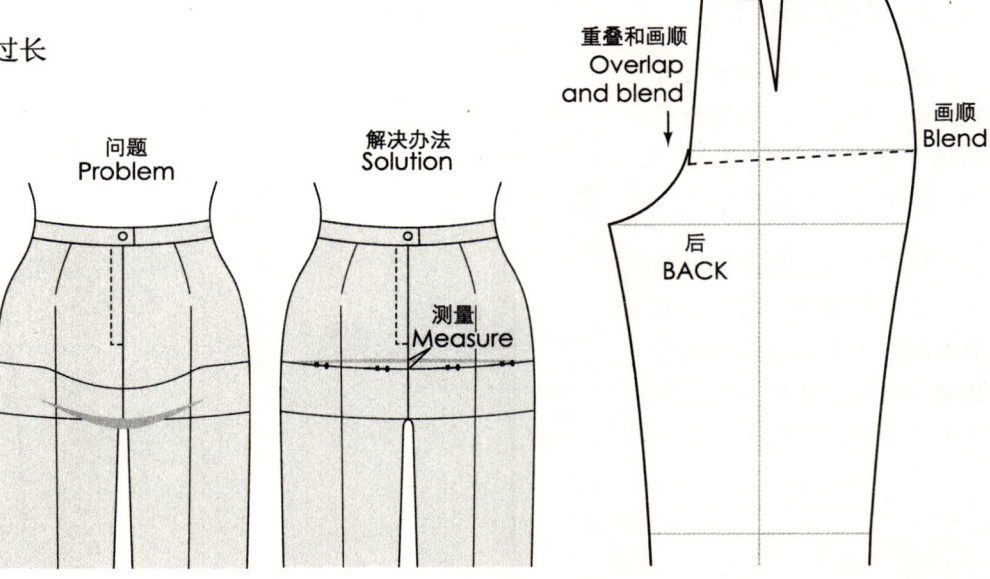

第8章　裤子　213

7．问题：前片中心紧绷感（耻骨处空间不足）

解决方法：放松中心线并轻轻拉动裤腿，使中心线处出现所需的空间。测量空间量。

修改样板：在中心线处增加一半测量所得的数据。另一半添加到侧缝处。

8．问题：腹部紧绷感（腰头向下拉）

解决方法：在前中心线释放需要的量，并剪开切线至侧缝线。轻轻拉动裤子，测量开口打开的空隙数据。

修改样板：剪开样板至侧缝线，但不要剪穿。根据测量所得数据打开切片，增加中心线的长度并加上一半腹围缺量。将前后裆长线和裤腿线重新画顺。

9．问题：在前片和后片垂直折叠。

解决方法：将多余部分别住，允许将两头消失。

（别住多余部分时，不要将中心线拉偏位。）重新移动裤子并测量多余部分，用铅笔或大头针做标记。

修改样板：在样板上画出别住的形像，记录数据。在中心线处标出相等的数量。重新画顺前后裆长线和裤腿线。修剪多余部分。

10. 问题：裤口不平行（暗示着腰线太高或太低）

参见第210页见案例#2。烫迹线不与脚或鞋头对应。

解决方法：放松边缝量至裤子前、后片的臀围处，调整省道，慢慢地拉动裤腿，直到裤挺线与鞋尖对应。重新别住侧缝和省道。留出适当的放松量。

修改样板：如图，在裤子前片增加必要的数量。在裤子后片重复这个步骤。

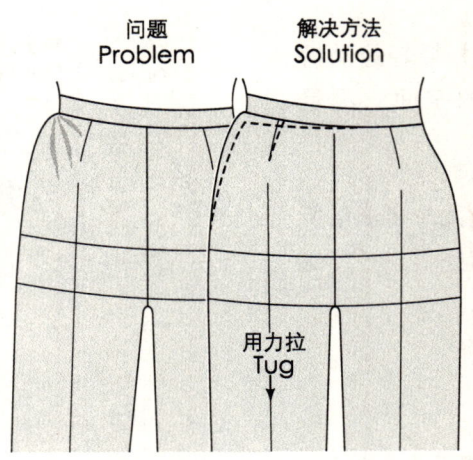

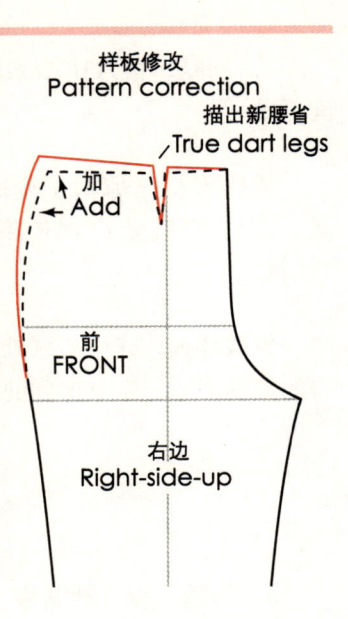

11. 问题：后片腰头下余量过多（后片倾斜或者臀部太紧，见问题1）

解决方法：折叠并别住腰头下多余的部分。测量此数据。

修改样板：在原样板的腰部剪去所测数据，重新标记拉链口的深度。

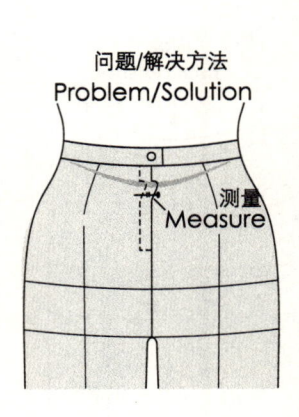

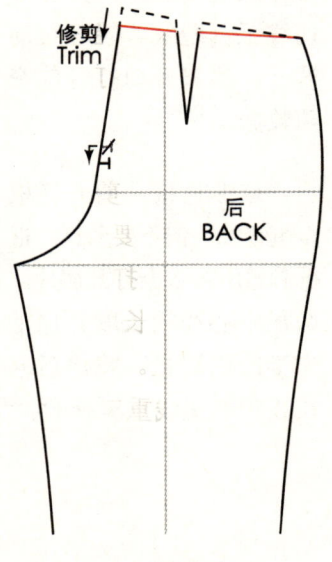

12. 问题：边缝倾斜（臀部省量不足）

解决方法：释放边缝和后片省道量。从臀围线到腰围线，使面料平滑向上，多余部分被后片省道吸收，标记新的边缝位置，并调整省道线。

修改样板：使用细布修板，以获得的布片样板作为纸型样板的修改依据。

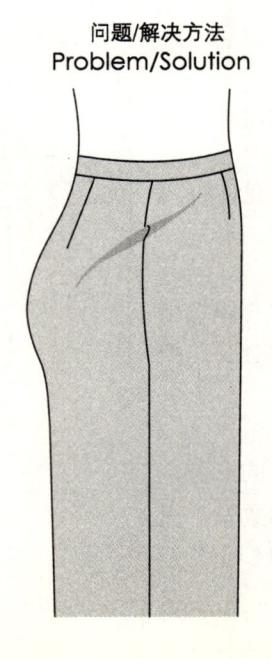

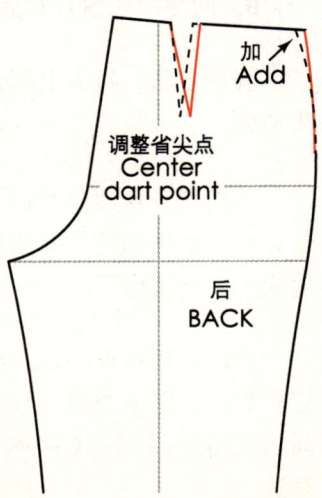

13. 问题：坐姿时裤子后片下拉

- 裤后片剪的太低

    解决方法：在后片中心处加2.5～4.5cm，而在侧边缝处为0。如果有需要，在后片边缝也增加量，逐渐至前片裤子腰围中心减为0。

    样板修改：在裤子上增加测量得到的数据。

- 裤子基本腰头

    解决方法：从腰围到腰头顶部测量。

    样板修改：剪开后片中心至侧缝，但不剪穿。展开量为测量所得的数据，画顺。

14. 问题：腿根紧迫感

    解决方法：在紧绷处剪开烫迹线，慢慢地拉动裤腿，使剪口张开，直到压力消失。测量最宽的地方，并做标记。

    样板修改：用最宽切口处的尺寸分别在裤腿内侧缝线处加3/4，裤腿外侧缝线处加1/4（参见图解）。如有需要，调整烫迹线的位置。

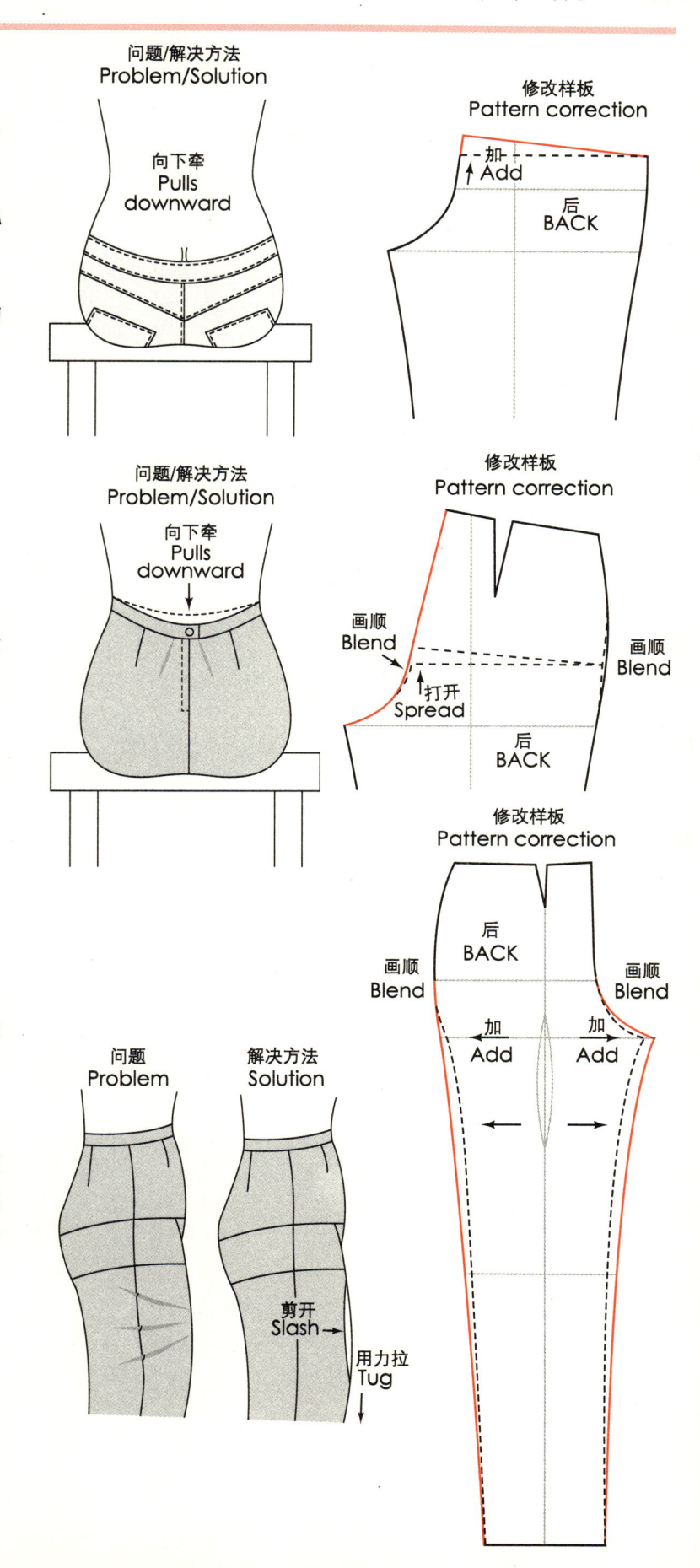

第9章
针织服装的拉伸和收缩因素
Knits—Stretch and Shrinkage Factors

概述 INTRODUCTION 218	针织面料的分类
拉伸和复原的系数	CLASSIFICATION OF KNIT FABRICS 220
STRETCH AND RECOVERY FACTOR 218	拉伸的方向 DIRECTION OF STRETCH 220
拉伸系数 Stretch Factor 218	与针织面料相对应的样板
复原系数 Recovery Factor 218	ADAPTING PATTERNS TO KNITS. 221
拉伸度 Variance in Stretch 218	缩水因素 The Shrinkage Factor 221
拉伸和复原的测定	拉伸因素 The Stretch Factor 222
STRETCH AND RECOVERY GAUGE. 219	

概述 Introduction

针织面料之所以成为当今市场上最为流行的面料之一，其主要原因如下：
- 结构：针织面料是由天然纤维或人造纤维以线圈套线圈的形式织造而成。
- 多用性：针织面料适合制作那些优雅豪华的礼服、外出服和比赛用运动服。
- 拉伸特性：针织面料在纵横方向上均可拉伸（所有机织面料斜裁时皆具有拉伸特性）。

许多制造商和设计师热衷于把针织面料融入其部分或全部的设计款式中。因此，样板师必须认识针织面料的特性以及其拉伸和复原系数等方面的专业知识，以便把握好理想的服装适合度。同时，尽可能地减少对服装的修改。这些都要求在对针织面料裁剪之前，完成对样板的修正来实现［杜邦公司已经推出了一个新的专利产品——Sonora（索诺雷）聚合体（源自一种石化原料和再生能源——玉米）。它的主要特性是柔软、有弹性、可回收、防沾污、防变形、易染色、易干、抗氯和降低紫外线照射］。

拉伸和复原的系数 Stretch and Recovery Factor

针织面料具有的拉伸及复原（长度和宽度）能力，我们称之为面料的"记忆"能力（参见第219页"拉伸和复原的测定"）。

拉伸系数 Stretch Factor

所谓拉伸系数，是指针织面料在拉伸到其最大长度和宽度时，平均每厘米面料被拉伸的长度和宽度的数值。针织面料的拉伸系数一般为18%～100%或更多。

复原系数 Recovery Factor

所谓复原系数，是指针织面料在拉伸作用力失去以后恢复到原始形状的程度。具有良好复原特性的针织面料，在拉力消失后能恢复到原有长度和宽度。如果针织面料不能恢复其原有尺寸，或只是恢复到近似于原有尺寸，服装穿在身上就会显得比较松垮，并失去部分原来的形状。

拉伸度 Variance in Stretch

不同的针织面料其拉伸度可能是不同的。同一针织面料在长度和宽度方向的拉伸度也可能不同。在长、宽两个方向均可拉伸的面料称为双向拉伸的面料。

用混纺莱卡面料制作的服装，若拉伸的长度不能完全被消除，那么穿在身上就会感到松垮。为了消除松垮现象，需据面料的拉伸特性去缩小样板的长度和宽度。因此，需要认识并确定针织面料的拉伸数值。可按第219页中介绍的内容来测量面料的拉伸度。另外，还应注意根据服装设计的特点购买相应的针织面料。

拉伸和复原的测定 Stretch and Recovery Gauge

本页右边的直尺可用来确定针织面料的拉伸和复原系数。建议：将直尺复制下来，然后用胶水将其粘在硬纸板上并随身携带。在购买针织面料时，可用它来测试面料的拉伸度。可按下列说明使用拉伸标准尺。

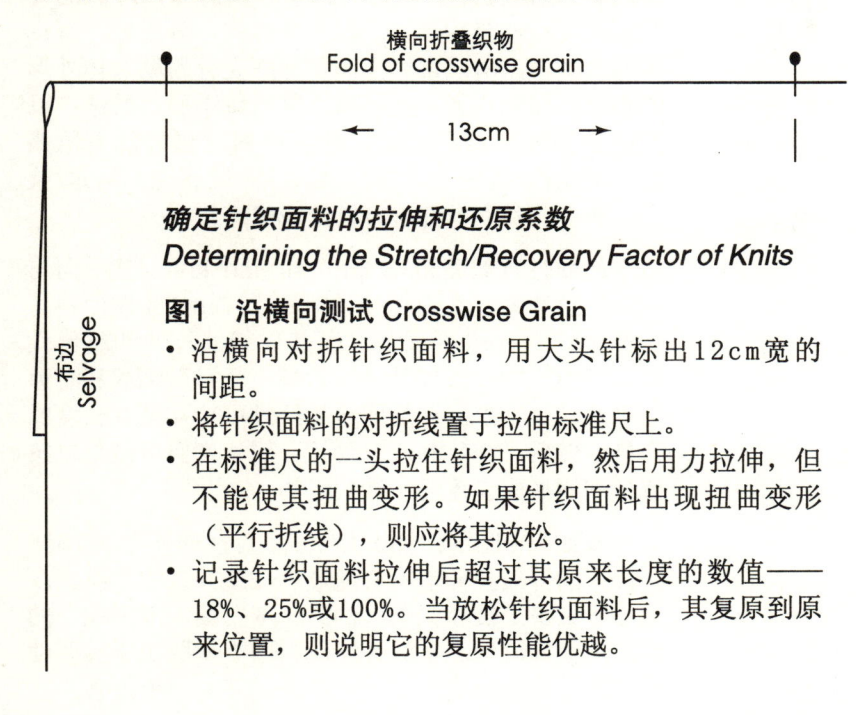

横向折叠织物 Fold of crosswise grain

← 13cm →

布边 Selvage

确定针织面料的拉伸和还原系数
Determining the Stretch/Recovery Factor of Knits

图1 沿横向测试 Crosswise Grain
- 沿横向对折针织面料，用大头针标出12cm宽的间距。
- 将针织面料的对折线置于拉伸标准尺上。
- 在标准尺的一头拉住针织面料，然后用力拉伸，但不能使其扭曲变形。如果针织面料出现扭曲变形（平行折线），则应将其放松。
- 记录针织面料拉伸后超过其原来长度的数值——18%、25%或100%。当放松针织面料后，其复原到原来位置，则说明它的复原性能优越。

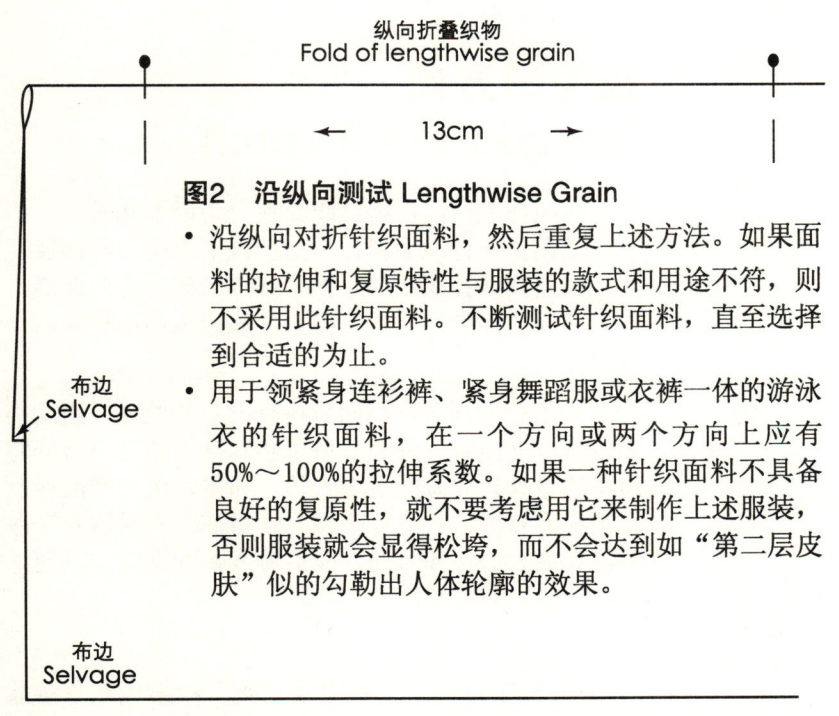

纵向折叠织物 Fold of lengthwise grain

← 13cm →

图2 沿纵向测试 Lengthwise Grain
- 沿纵向对折针织面料，然后重复上述方法。如果面料的拉伸和复原特性与服装的款式和用途不符，则不采用此针织面料。不断测试针织面料，直至选择到合适的为止。
- 用于领紧身连衫裤、紧身舞蹈服或衣裤一体的游泳衣的针织面料，在一个方向或两个方向上应有50%～100%的拉伸系数。如果一种针织面料不具备良好的复原性，就不要考虑用它来制作上述服装，否则服装就会显得松垮，而不会达到如"第二层皮肤"似的勾勒出人体轮廓的效果。

布边 Selvage

布边 Selvage

此法主要用于紧身和贴身的服装，像紧身衣裤和泳衣这类的服装。它们的面料需要有优越的伸缩性，这一点是特别重要的。如要补偿服装因伸缩度引起的问题，需对它们原来的样板进行修改（减少长度和宽度）。具体请参阅第220页中针织面料的分类。

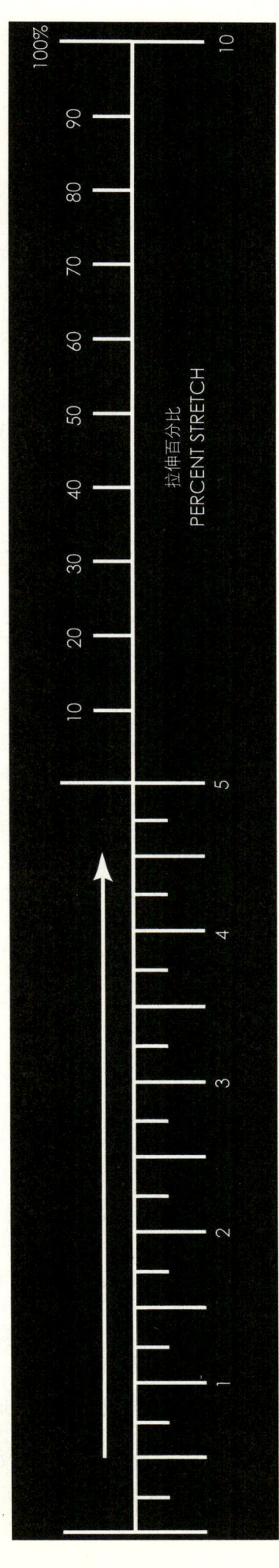

拉伸百分比 PERCENT STRETCH

针织面料的分类
Classification of Knit Fabrics

当今流行的针织面料，由多种纤维制成：棉、腈纶和尼龙等。当这些纤维与莱卡氨纶或橡筋线组合在一起之后，所产生的面料就会在重量、质地、结构以及拉伸和缩水度等方面表现出不同的特性。

莱卡（氨纶）是人造纤维，这种纤维的主要成分为长链合成聚合物，至少含有85%的裂解聚氨甲基酸酯。杜邦公司在1958年首先推出了称为莱卡的氨纶，公司领导者还制定了用于制作竞赛运动服的有效的莱卡氨纶标准：

- 必须具有至少12.5%的拉伸度。
- 必须具有能够承受至少每平方厘米41.9克的压力，从而保证其在潮湿和干燥条件下仍具有良好的复原特性。
- 必须在被扭转3000周之后，其收缩系数仍为0。
- 1平方米必须至少含27.39克的莱卡，从而确保它的有效拉伸度。

用莱卡氨纶与尼龙和棉混纺的面料，常用来制作游泳衣、紧身衣和紧身舞蹈服。氨纶具有在运动拉伸后恢复原来形状的特性（称之为面料的"记忆"力）。经多次反复拉伸后，其长度仅有少量增加。

在人体弯曲的状态下，莱卡面料不会影响人体做充分的自由运动：

背弯曲 Back Flex
　　横向——13%～16%

肘弯曲 Elbow Flex
　　长度——35%～40%
　　围度——15%～22%

上裆弯曲 Seat Flex
　　横向——4%～6%

膝弯曲 Knee Flex
　　长度——35%～45%
　　围度——12%～14%

针织面料有单面针织面料和双面针织面料之分；然而，通常按下列方式对针织面料进行分类：

稳定型（厚实）针织面料 Stable（firm）knits 其横向拉伸系数为18%（例如12.7cm针织面料可拉伸至15cm）。这种类型的针织面料具备良好的拉伸度，能保持形状。效果接近的面料：如双面针织料。

中等弹性针织面料 Moderate-stretch knits 其横向拉伸系数为25%（例如12.7cm的针织面料可拉伸至15.9cm）。这种针织面料的特性界于稳定型针织面料与弹性针织面料之间，通常用于制作运动服。主要是利用其拉伸性能，使服装贴身并令人感觉舒适。但不要用于制作那些勾勒人体体型的服装。例如：尼龙经编针织物。

弹性针织面料 Stretchy knits 其横向拉伸系数为50%，纵向拉伸系数为18%～50%（例如12.7cm的针织面料可拉伸至19cm）。因其弹性强，分量轻，有良好的悬垂性，所以常用于制作那些充分勾勒人体外形的服装，如制作紧身连衫裤、紧身舞蹈服、游泳衣以及紧身服装和单一上装。此类面料有极好的复原系数，例如棉/氨纶、尼龙/氨纶、棉/橡筋线、尼龙/莱卡。所有此类面料都含有氨纶或橡筋线。

超弹性针织面料 Super-stretch knit 其横向与纵向的拉伸系数都为100%（例如12.7cm的针织面料可拉伸至25.4cm或更长）。因其优越的拉伸和复原性能，可用于制作低领紧身连衫裤、紧身舞蹈服和游泳衣以及紧身上衣。这类面料的纤维可拉抻至其长度的几倍，然后又恢复到原来尺寸。例如任何可能与氨纶或橡筋线形成包覆混纺纱的织物。

罗纹针织面料 Rib knits 其拉伸系数为100%（1×1的罗纹拉伸值不会超过2×2或3×2的罗纹），适用于紧身上装和嵌条（例如"双正编，双倒编"的传统的套针迹）。罗纹针织面料的类型取决于其所使用的针号大小和疏密度，纤维也是其中一个因素。

拉伸的方向
Direction of Stretch

按拉伸方向，可将针织面料分为以下几类：
经向拉伸针织面料，弹力纱线沿纵向方向伸展。
纬向拉伸针织面料，弹力纱线沿横向方向伸展。
双向拉伸针织面料，弹力纱线沿纵向和横向两个方向伸展。

为了有效利用针织面料特有的拉伸性能，用此类面料制作女便装、外套、裤子和紧身上装时，最好将面料的最大拉伸方向围绕人体。如果，用此类面料制作紧身连衫裤、紧身舞蹈服、连身裤装和滑雪衣等服装，其最大的拉伸方向，应沿着人体的高度，以便尽可能地增加其灵活性。

*参见第11章"比赛用运动服"和第12章"游泳衣"中的内容。

与针织面料相对应的样板
Adapting Patterns to Knits

修改针织服装样板使其与所选用的针织面料相对应。修改样板的主要原因有两点：其一，针织面料有缩水系数的存在，故此要求将样板放大一些；其二，针织面料有拉伸系数的存在，因此又要求将样板缩小一些。具体要放大或缩小多少，需要视面料类型及服装用途来定。

白色（C）=放大的样板
阴影（B）=原样板
白色（A）=面料样板

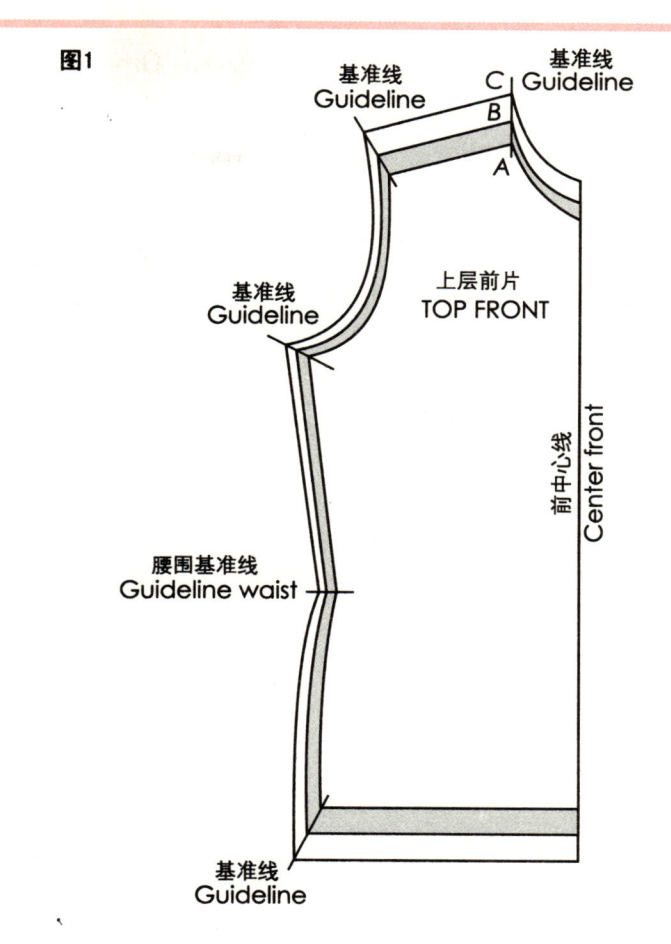

缩水因素 The Shrinkage Factor

对于制作宽松式服装的样板而言，针织面料的缩水性是最主要的考虑因素。因此，需要酌情推算针样板该放大的量，以补足由于缩水而引起的尺寸减少问题。为此，需知道面料的缩水系数。

放大样板 Enlarging the Pattern

图1、图2

- 裁剪服装各部分（以躯干和衣袖为例）。
- 水洗并晾干面料。将样板放在面料上面，校直中心线，躯干样板的腰围线、衣袖经向丝缕线和袖肥线（白色部分A代表新放大的样板，阴影部分B代表原样板，外面的白色部分C代表新放大的样板）。
- 放大样板：从面料样板和工具样板的转角处向外画出标准线，然后测量从面料到样板和工具样板的每一条基准线的距离。按测量所得的尺寸，从工具样板的每一个定位点向外量此距离，并做标记。连接各标记点，画顺，形成新样板。描绘完后剪下样板。

注意：虽然服装各部分在样板上的位置、图形各有差别，但形成放大样板的过程是相同的。

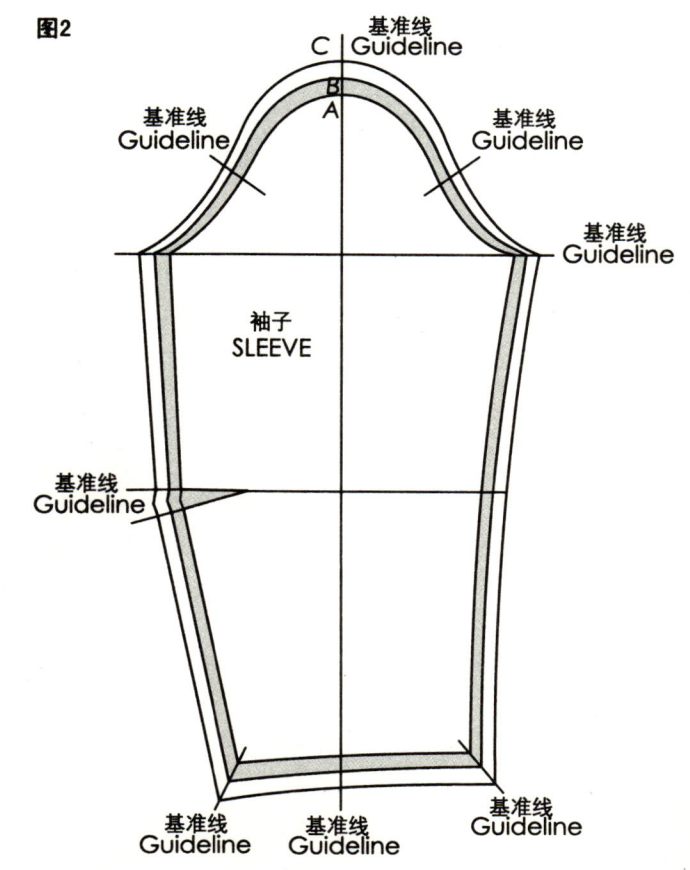

拉伸因素 The Stretch Factor

对于拉伸系数和复原系数不同的针织面料，则需采用不同的方法来缩小样板。这里介绍了三种方法。

缩小样板 Reducing the Pattern

为了确定样板具体应缩小的长度和宽度，可按下列方法和提供的尺寸来做。该例适用于那些拉伸系数为18%～25%的针织面料。如果针织面料的拉伸系数为25%～50%，只要将所提供的尺寸放大0.3cm即可。当然，这些尺寸只是一般性的，在测试服装适合度时，还须对其做必要的调整。针织面料经过水洗后会出现缩水现象。因此，在测试服装适合度之前应考虑到这个因素。这里图示了原型大身的前片、裙子、袖子和裤子的样板。如图所示，根据提供的数据在原样板的基础上做了样板的缩小（虚线表示原样板）。

图1躯干 Bodice、图2袖子 Sleeve、图3裙子 Skirt和图4裤子 Pants

- 领口线：提高0.6cm，画顺。除非领口线裁得很深，否则不用调整后领口线。
- 侧缝：内移0.6cm（与原样板的侧缝平行）。用同样方法调整后片，裤子内侧缝线向内移0.6cm。
- 袖窿：上提1.3cm，画顺。用同样方法调整后片。
- 省尖点：在已图示的地方提高0.6cm。
- 摆线和腰围线：内移0.6cm（与原样板摆线和腰围线平行）。
- 横裆：提高0.6～1.3cm（具体尺寸应依据裤子款式而定）。例如，普通裤子为1.3cm，宽松裤或牛仔裤为0.6cm。用同样方法调整后片。

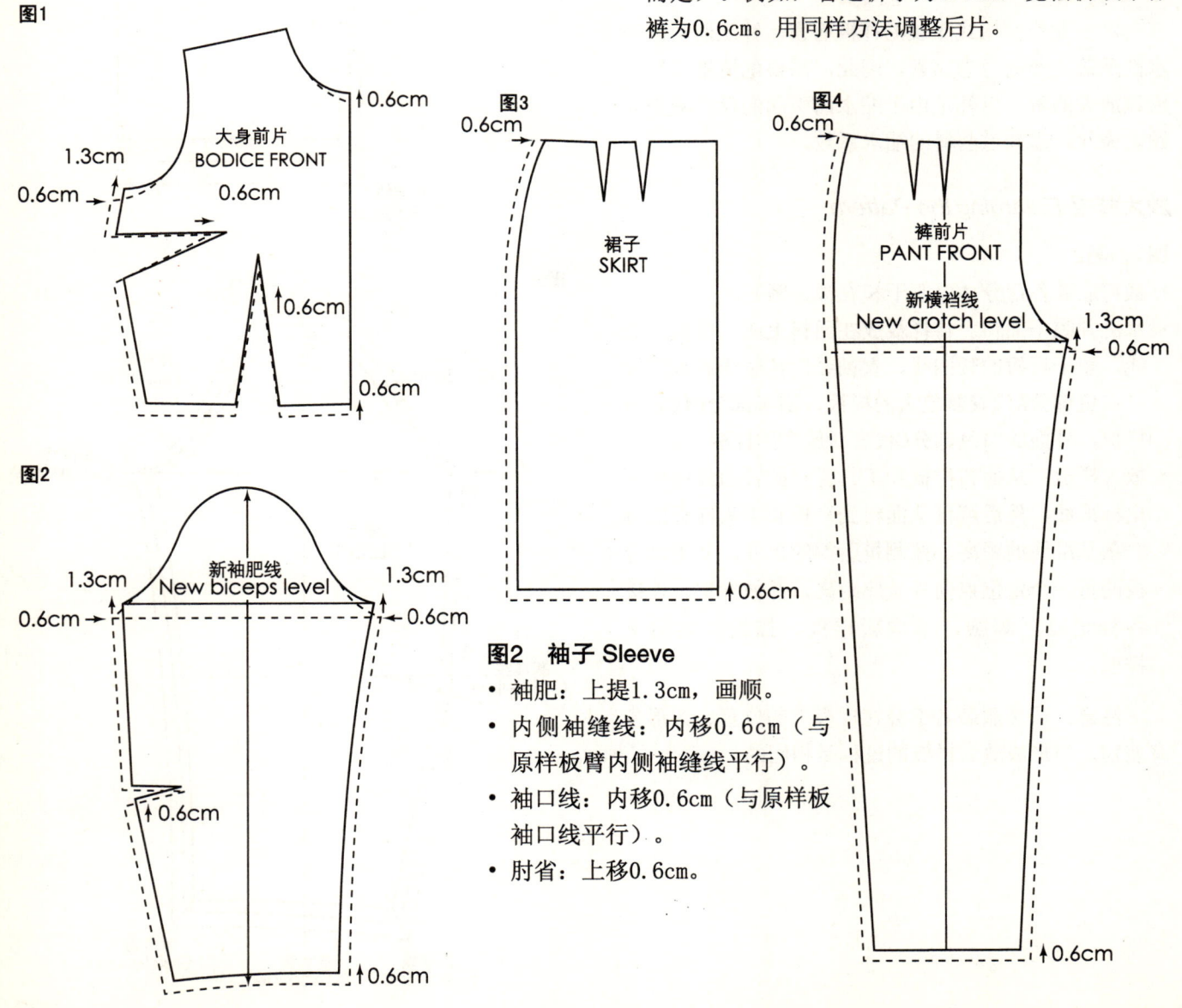

图2 袖子 Sleeve

- 袖肥：上提1.3cm，画顺。
- 内侧袖缝线：内移0.6cm（与原样板臂内侧袖缝线平行）。
- 袖口线：内移0.6cm（与原样板袖口线平行）。
- 肘省：上移0.6cm。

第10章

针织上衣基础
Knit Top Foundations

针织面料的基本类型
TYPES OF KNIT FOUNDATIONS 224

无省道针织弹力衫——样板草图1
DARTLESS STRETCHY KNIT—DRAFT 1 224

无省道厚实型针织上衣——样板草图2
DARTLESS FIRM KNIT—DRAFT 2 226

超大码针织上衣——样板草图3
OVERSIZED KNIT TOP—DRAFT 3 227

   超大码棉针织上衣的样板草图
   Cotton Knit Top Draft 227

   针织罗纹镶边 Ribbing 228

露肚短袖上衣
CROP TOP WITH A MUSCLE SLEEVE 229

针织上衣 KNIT TOP 230

针织上衣的样板制作基于无缝份的躯干紧身衣原型样板。请参阅第2页中的样板草图。针织服装的原型样板是不加缝份的，服装在包缝机/锁边机上做缝合时须留出1cm的缝份，而在单线缝合机上缝合时需加1.3cm的缝份。参阅第9章和10章中有关针织物的信息。在制作样板时，先将前、后片样板画在一起，样板完成后再分开。

针织面料的基本类型
Types of Knit Foundations

设计一，用可双向拉伸的针织面料或圆筒针织面料。

设计二，用厚实的针织面料（双层针织面料）。

设计三，用棉针织面料做超大T恤。

针织罗纹镶边：请参阅第228页。

无省道针织弹力衫——样板草图1
Dartless Stretchy Knit—Draft 1

样板设计与制作 Pattern Development

图1 后片 Back

- 描后片样板，从肩端点至袖窿线，在颈肩点标记X。
- 样板向上移动1.3cm，描出约12.7cm的袖窿。
- 按图示调整边缝线。

图2

X~Y=前肩线长的尺寸（按照肩膀线的角度），去除省道。

- 用曲线尺画出调整后的袖窿线和原袖窿线顺接。

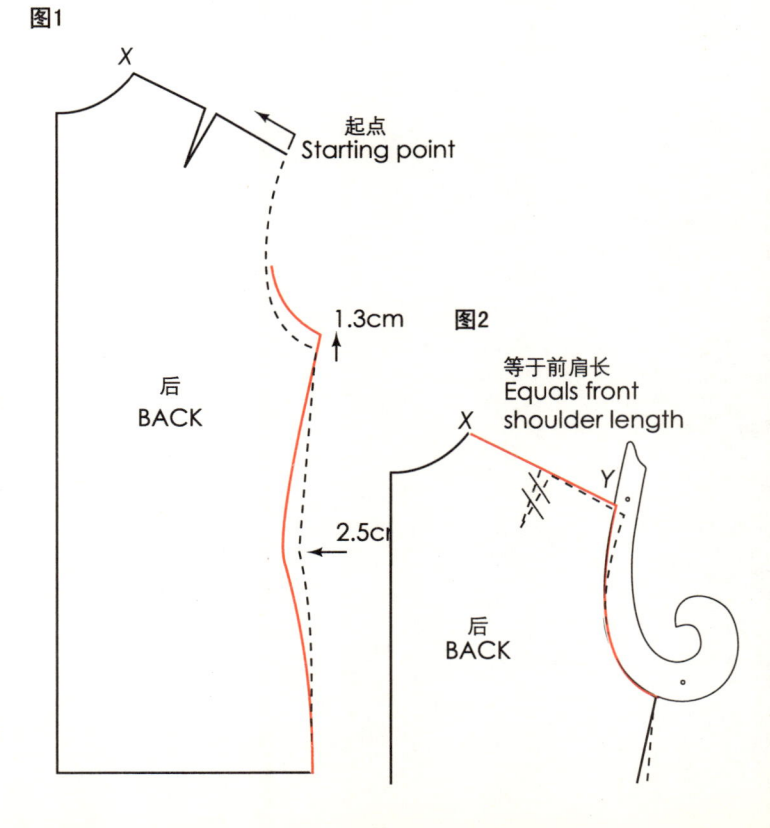

图3 前领口 Front Neck

- 将前片样板放在后片样板上面，前、后中心线须对齐。
- 只画出前领围线，标点Z（图3a）。
- 如果X点和Z点不重合，将X点和Z点用直线连接，标出中心点，然后将前片和后片放在一起，从这个中心点画线至肩端点（虚线为原样部分，图3b）。

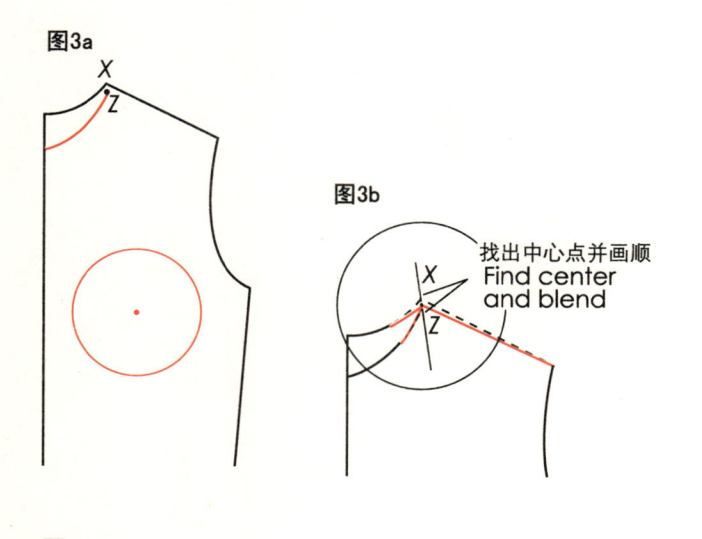

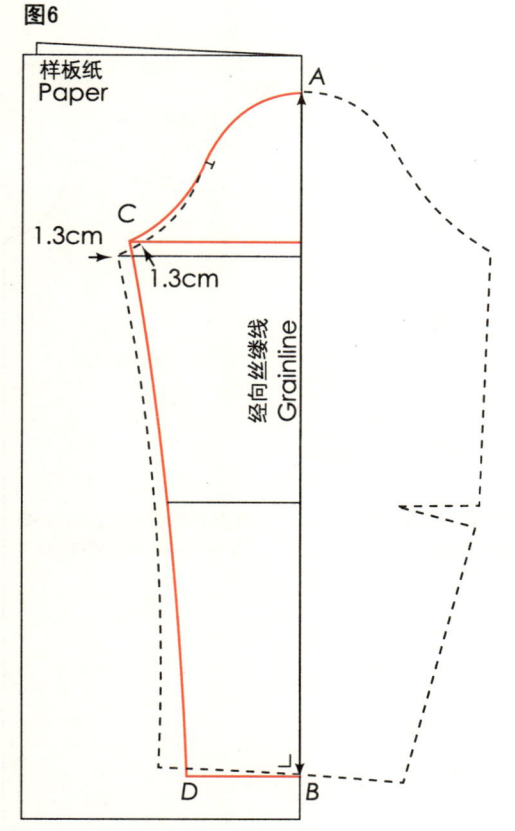

图3a

图3b 找出中心点并画顺 Find center and blend

图6

样板纸 Paper
1.3cm
1.3cm
经向丝缕线 Grainline

分离前、后样板
Separating Front and Back Patterns

图4

- 将样板纸放在样板草图下面，用高脚图钉固定，然后裁剪后片样板，标明"针织后片"。
- 测量袖窿尺寸并记录。

图5

- 在原始样板上修剪前领口线，标注"针织前片"。
- 将袖窿弧线修剪0.3cm，然后画顺。
- 按1/4腰围的尺寸画一条参考侧缝线，此线适合用莱卡混纺面料裁剪紧身服装。

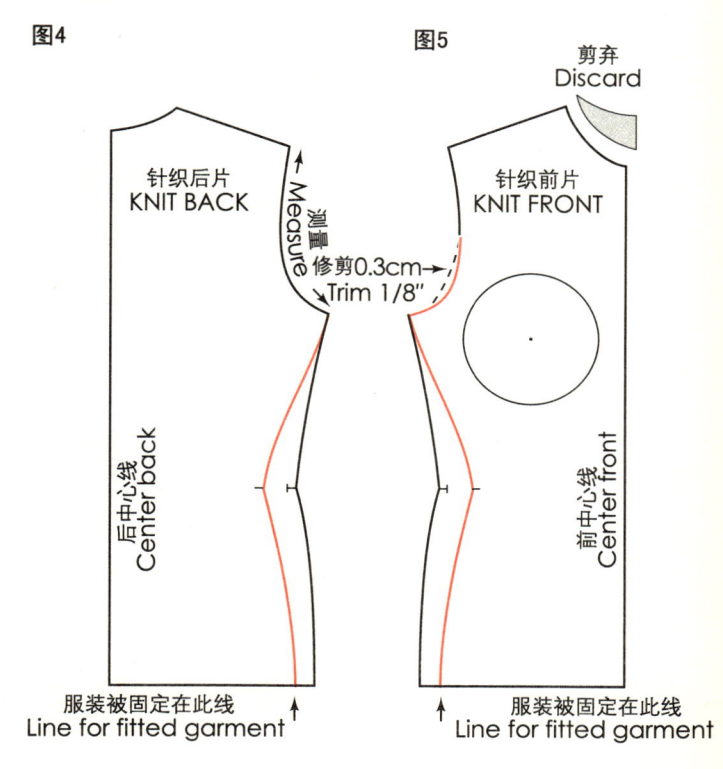

图4　图5　剪弃 Discard

针织后片 KNIT BACK　测量 Measure　修剪0.3cm Trim 1/8"　针织前片 KNIT FRONT

后中心线 Center back　前中心线 Center front

服装被固定在此线 Line for fitted garment

注意：使用针织罗纹面料时，前、后片样板的侧缝线应为直线，以避免面料脱卸。

图6　针织袖 Knit Sleeve

- 对折样板纸，把原型袖前半部放在样板纸上，使其基准线对于样板纸的折线上，描出样板。
- 做袖肥、肘、领口标记，移开样板。将经向丝缕线标为A～B（虚线表示原型袖样板）。
- 从袖肥线向内量1.3cm，做标记。从该标记点向上画一条1.3cm长的直角线，标点C。再从对折线处向C点画一条新的直角袖肥线。
- 如图画顺袖窿弧线。
- 由点B作一直角线，其长度为腕围线／2（加0.6cm），标记点D。
- 从D～C点画一条向内微曲的弧线。

图7、图8　衣袖的调整 Sleeve Adjustment

- 袖山弧线的尺寸应比袖窿弧线的长0.6cm（总计1.2cm）。测量袖山弧线的尺寸并与袖窿弧线的尺寸作比较。
- 如果袖山弧线的尺寸小于袖窿弧线的尺寸，可将袖肥线延长，并与袖山弧线顺接。
- 如果袖山弧线尺寸超过所需尺寸，可缩短袖肥线，并与袖山弧线顺接，形成新的袖山。
- 向肘线和腕围线画线。
- 做袖山中点的刀口标记。

图9

- 从样板纸上剪下衣袖样板并展开。
- 完成衣袖样板，标明"针织袖片"，袖片两侧的形状应相等。
- 给所有样板加放缝份（包缝需再追加1.3cm或1cm）。
- 在袖山高的顶点做刀口记号。

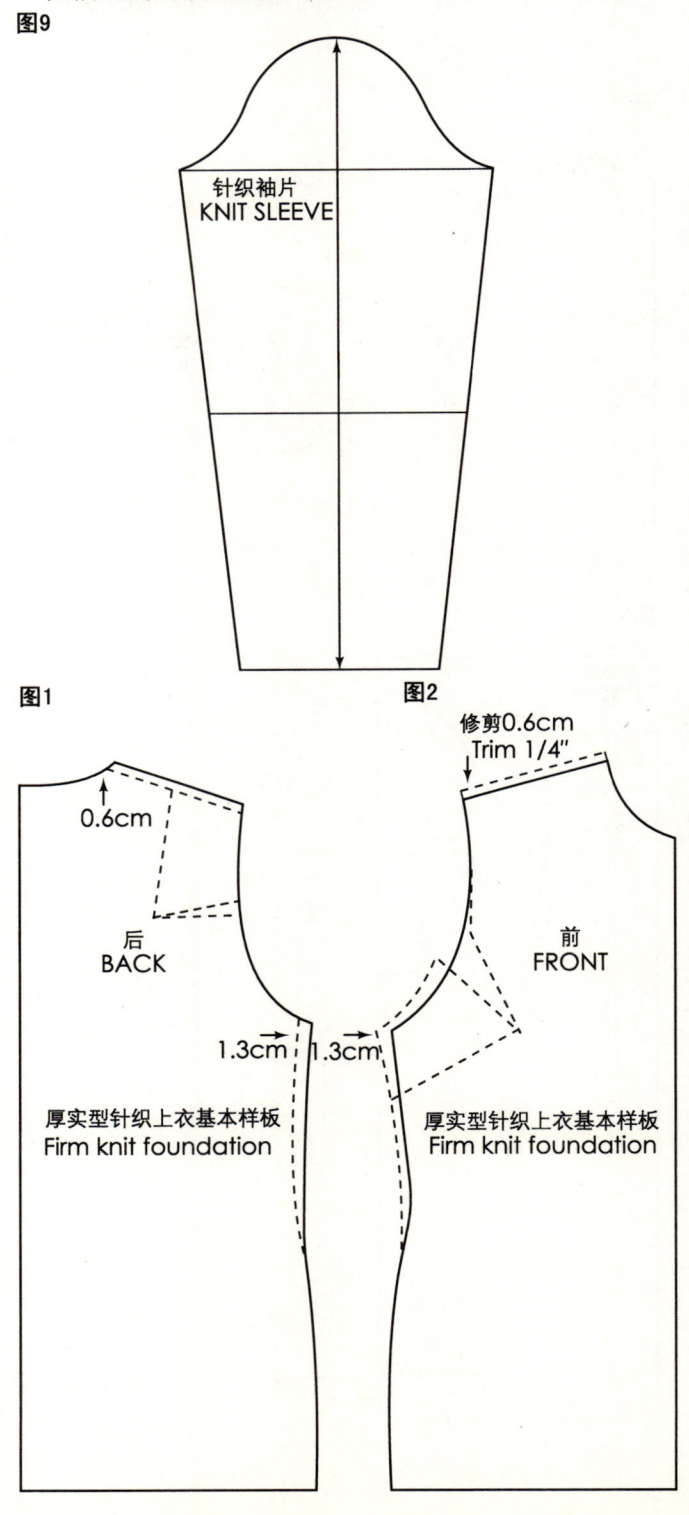

无省道厚实型针织上衣——样板草图2
Dartless Firm Knit—Draft 2

图1、图2

- 描出躯干紧身衣基本样板，将肩省和侧缝省转移到袖窿。此时袖窿被扩大，且前片大于后片。测量确定两片的差异，做记录。

　　例如：前片袖窿弧线的尺寸应比后片袖窿弧线的尺寸多1.9cm。
- 将后肩线增加0.6cm。
- 将前肩线修剪0.6cm。

　　将后片侧缝增加1.3cm，同时将前片侧缝减去1.3cm。如图所示，向腰围画线。

衣袖 Sleeve

　　原型衣袖的袖山尺寸应比前、后片袖窿尺寸大1.3cm以上，否则按图7、图8所示进行调整。

超大码针织上衣——样板草图3
Oversized Knit Top—Draft 3

将前、后片样板画在一起,完成样板草图后,再将两者分离。

超大码棉针织上衣的样板草图
Cotton Knit Top Draft

该棉针织上衣样板的制作基于无省道针织上衣的样板,请参阅第224页。

图1

- 在样板纸上画一直角线。
- 把无省道针织上衣样板放在直角线上。
- 描出前片领围线。在肩线中点垂直画线。
- 将无省样板移动2.5~7.6cm(X)。
- 描出样板的剩余部分,移开样板。
- 画肩线。
- 把袖窿放低5~7.6cm或更多。
- 画出袖窿弧线并测量尺寸,供袖子样板制作时参考。
- 测量袖窿,参照上册第50页表中的记录。
- 将无省针织上衣样板的后片垂直放在所描绘的前片样板上,使两者的中心线和臀围线互相重合。描出后片领口线。

图2

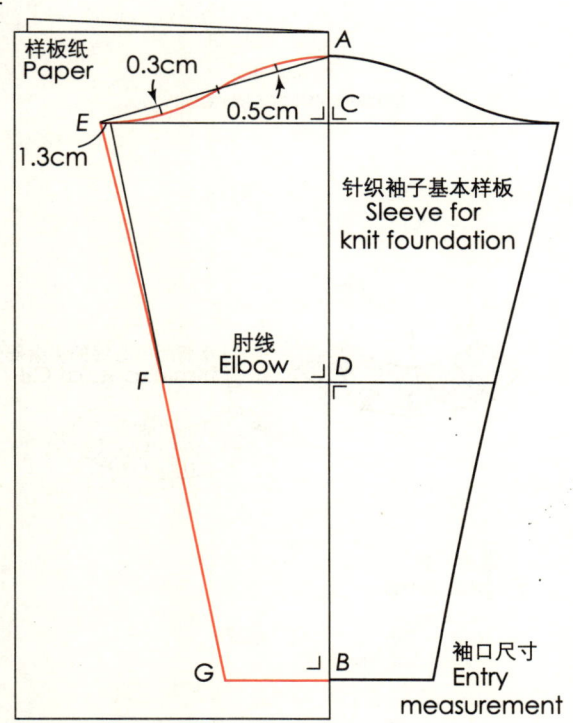

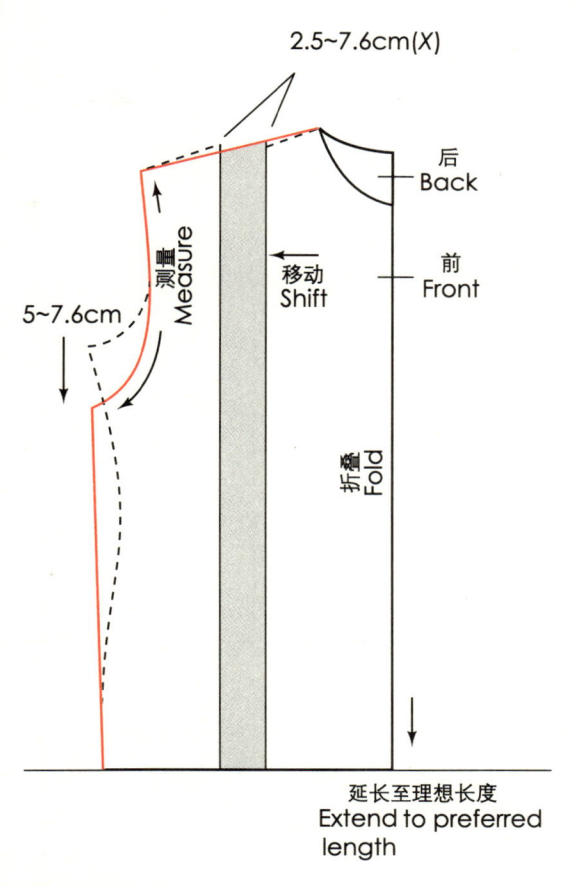

袖子样板草图 Sleeve Draft

所需尺寸 Measurements Needed

- 从袖肥线到腕围的尺寸_____。
- 袖窿尺寸_____。
- 手掌围尺寸_____。参见上册第308页。

图2

- 在样板纸的中间画一条线,比袖长短7.6cm,标为 A、B,然后沿此线对折样板纸。
    A~C=7.6cm(袖山高)。
    从C点向外画直角线。
    B~D=(B~C)/2(肘线)。
    从D点向外画直角线。
    A~E=袖窿尺寸。
- 画一条与袖窿尺寸相等的线,与袖肥线相接,将此线划分为4等份(如图所示),并结合所给的尺寸,画袖山线。
    B~G=手掌围尺寸/2。
- 从F点画一条线至E点向内1.3cm处,再从E点画一条弧线,与此线顺接。
- 完成样板,裁剪、缝制针织上衣。此衣袖可作为其他袖子样板设计的基础。

图3

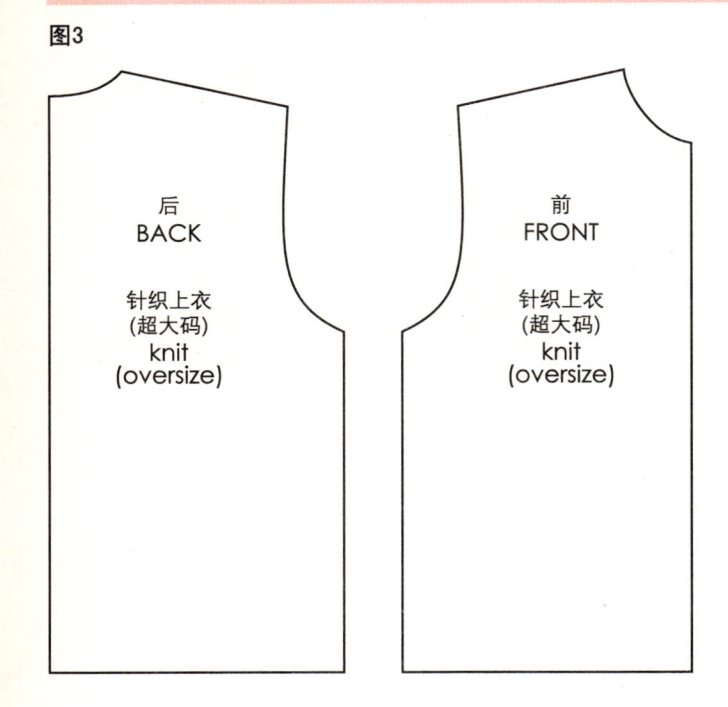

后 BACK
针织上衣（超大码）
knit (oversize)

前 FRONT
针织上衣（超大码）
knit (oversize)

自编针织罗纹镶边 Self-Made Ribbing

罗口的宽度与长短取决于调整好的领围线。

宽度——双倍尺寸。缝份为1cm，共留出2cm。

长度——等于调整后的领围尺寸。对折罗口并做标记。

绱罗口 Joining the Ribbing Seams

图1a，图1b，图1c

从颈肩点（图1a）或后中点（图1c）开始绱罗口。把罗口平放，用大头针固定（图1a）或把服装穿在人体模特上做罗口的固定（图1b）。

测试——问题与对策
Test Fit—Problems and Solutions

图2a，图2b

不可先将罗口修剪得过量，直至被判定罗口绱得完美适合为止，才可做精确的修剪。服装在穿时必须能够容易的滑过头。如果罗口过于宽松便不能贴合颈部（图2a），需重新调整，去掉造成松弛的余量。如果罗口过紧，服装上会出现凹凸不平的现象（图2b），需重新调整尺寸，加上所需的量。

完成样板 Completing the Patterns

图3

- 将样板纸放在半成品的样衣下，描出后片样板。
- 再从后领围描至前领围。

针织罗纹镶边 Ribbing

罗纹针织是一种完美的用于针织服装边缘的弹力织物。它主要用于领口、袖口和衣摆等处。针织罗纹镶边料一般能购买到所需的长度和宽度，或可取自针织面料。在绱罗口时，要对缝头全部考边或用套扣方式拼合。

图1a

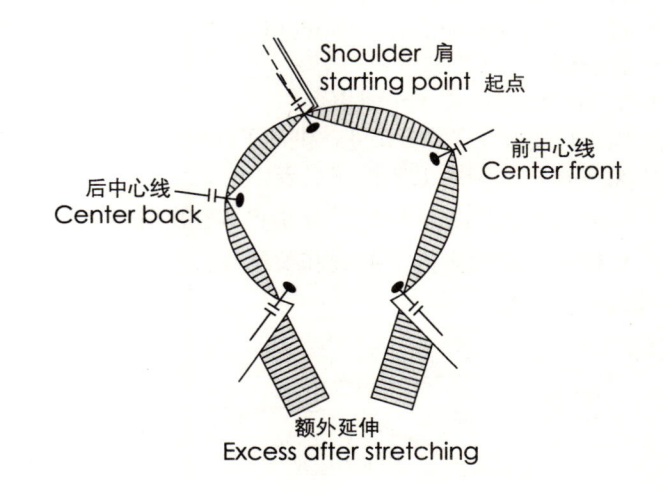

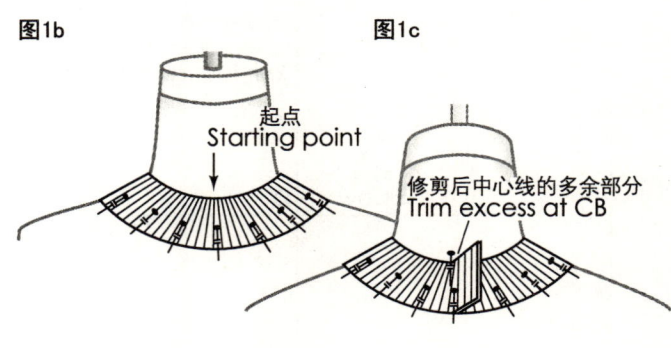

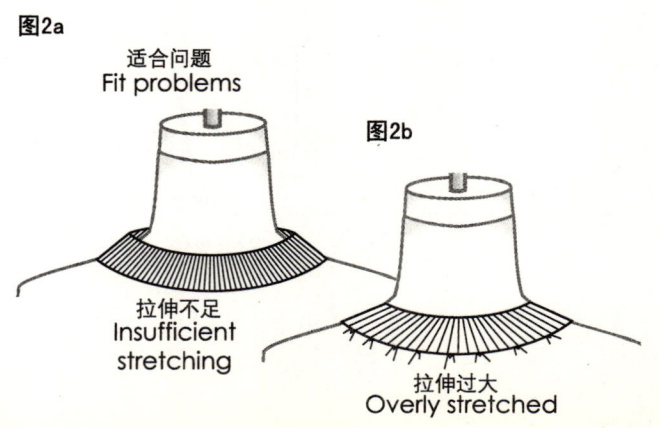

Shoulder 肩 starting point 起点
前中心线 Center front
后中心线 Center back
额外延伸 Excess after stretching

图1b

起点 Starting point

图1c

修剪后中心线的多余部分 Trim excess at CB

图2a

适合问题 Fit problems

拉伸不足 Insufficient stretching

图2b

拉伸过大 Overly stretched

露肚短袖上衣
Crop Top with a Muscle Sleeve

设计分析 Design Analysis

若要使针织上衣贴体，那么针织罗纹面料或莱卡针织面料应是首选。这款露肚短袖上衣的样板制作可基于针织服原型样板。

图1

如图所示，描出无省道基本样板，并画出露肚短袖上衣前、后片的形状。

图1

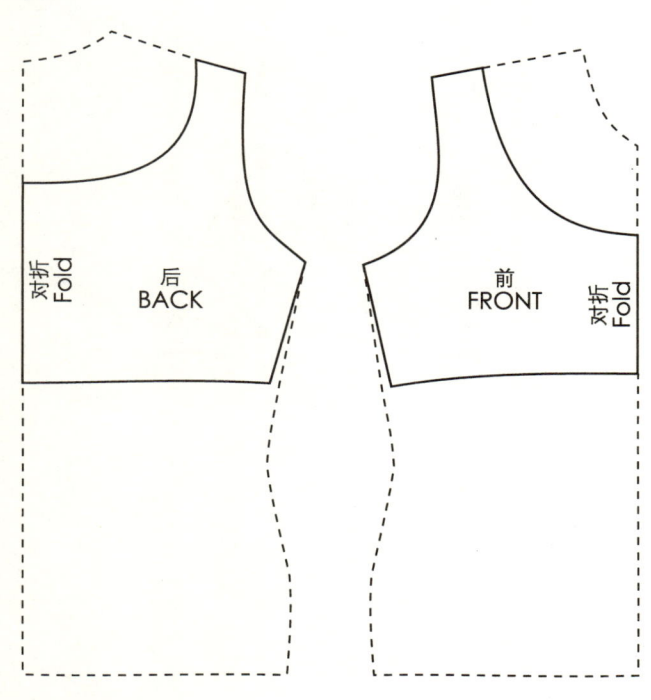

图2 袖子 Sleeve

- 描出针织袖子样板（虚线）。
- 从袖肥线向上画一条5cm长的线。
- 将袖子旋转至袖山下7.6cm处的新袖肥线位置，描出样板。
- 按同样方法完成袖子的另一侧。
- 画顺袖子的袖山弧线。
- 按图示，完成袖子样板。

袖山弧线的尺寸应比袖窿弧线的尺寸长1.3cm，可利用新袖肥尺寸调节这一差量。

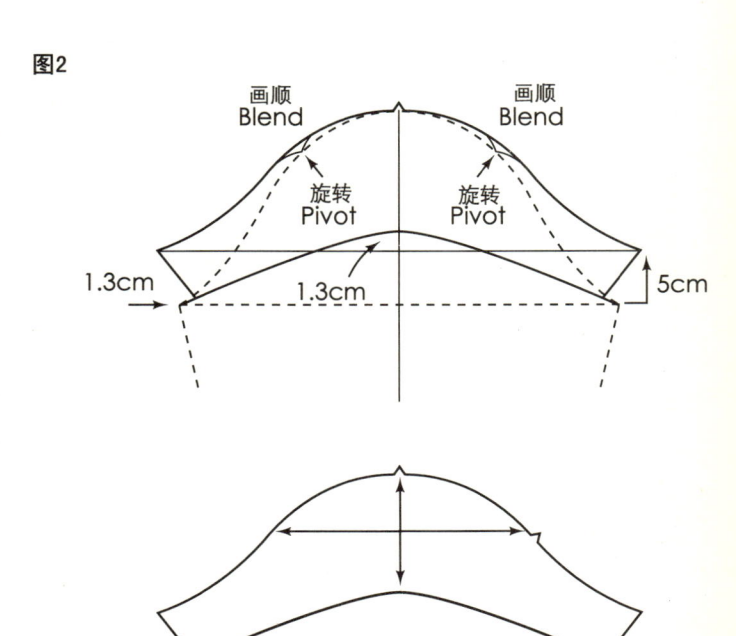

针织上衣 Knit Top

设计分析 Design Analysis

　　普通针织衬衫样板的制作基于超大码棉针织衣的基本样板。这种上衣在前胸有开襟（参见上册第378～382页）并配有罗纹领。

　　罗纹领既可以从针织罗纹布上裁剪得到，也可以按所需尺寸定制光边的罗纹领片。

图1

- 在对折的样板纸上描出超大码无省道上衣的基本样板。

　　开襟嵌片的绘制：

- 从中心线画一条线至所需长度，宽1.9cm。
- 加缝份，然后剪下这部分。
- 沿对折线画衣襟，其宽度为3.8cm，长度与所开的口相等。再描一个样板，加缝份。

袖子 Sleeve

- 描出袖子样板，改短，并为袖口翻折贴边留出所需的量。

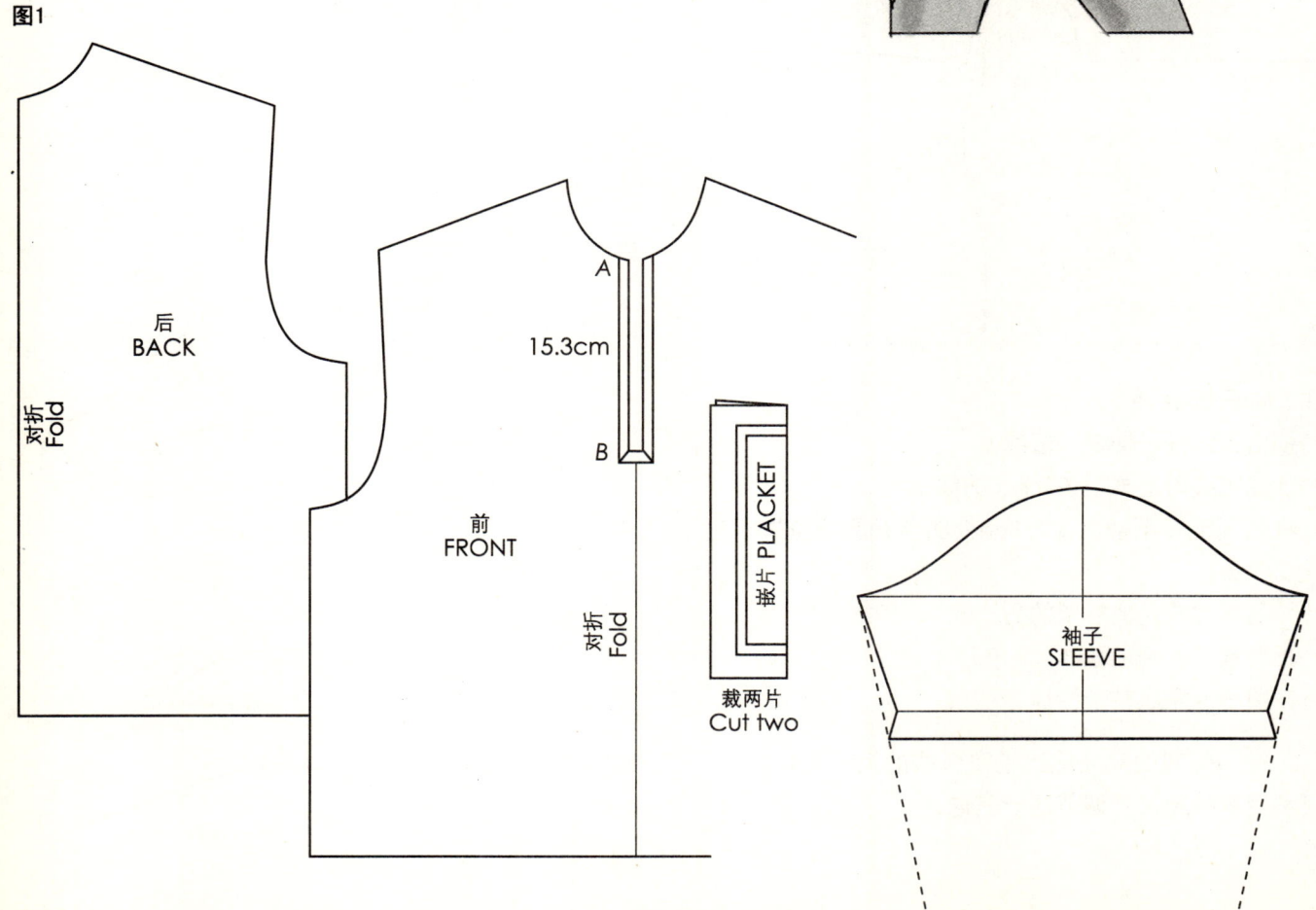

图1

第 11 章

弹力舞蹈服和运动服
Activewear for Dance and Exercise

紧身连衣裤和低领紧身连衣裤
BODYSUITS AND LEOTARDS 232

紧身连衣裤的基本样板
THE BODYSUIT FOUNDATION 232

提高样板适合度的纠正方法 METHOD FOR
CORRECTING PATTERN TO IMPROVE FIT 235

莱卡面料袖的样板草图 LYCRA SLEEVE DRAFT . . . 236
    无侧缝线紧身连衣裤
    No-Side-Seam Bodysuit 236
    一片式紧身连衣裤 One-Piece Bodysuit . . . 237

紧身连衣裤的变化
BODYSUIT DESIGN VARIATIONS 238
    有汤匙领和镂空造型的紧身连衣裤
    Bodysuit with Scooped Neck and Cutouts . . . 238

高领背心式紧身连衣裤
Bodysuit with High-Necked Halter Top . . . 239
分离式紧身衣裤 Separated Bodysuit 241
紧身裤 Tights 242
踏脚裤 Stirrups 242

低领紧身连衣裤的基本样板
LEOTARD FOUNDATION 243

提高样板适合度的纠正方法 METHOD FOR
CORRECTING PATTERN TO IMPROVE FIT 246
    一片式紧身连裤衣 All-In-One Leotard . . . 247
    紧身连裤衣的色块安排
    Color-Block Design for Leotard 247
    插肩袖紧身连裤衣
    Leotard with Raglan Sleeve. 249
    背心式紧身连裤衣基本款
    Basic Tank Leotard 251

紧身连衣裤和低领紧身连衣裤
Bodysuits and Leotards

阿克欣卫弹力耐纶织物（美国商品名Actionwear）具有很好的自由拉伸效果，它适用于专业体育运动服装和运动类服装，也是舞蹈演员紧身服的理想用料。紧身套装和运动员或舞蹈演员的紧身服面料，应具有向双向拉伸或四面拉伸的功能，通常要求拉伸幅度在30%～100%，能复原的针织物。最适合的针织面料是混有氨纶（合成纤维）或橡筋线（橡胶）的针织面料。现在比较流行的是尼龙氨纶混纺织物、棉氨纶混纺织物、尼龙橡筋线混纺织物和棉橡筋线混纺织物。在购买面料之前，可先阅读第9章中的相关内容。

将前片和后片原型样板叠在一起制作紧身连衣裤样板草图，完成样板之后再将它们分开。

紧身连衣裤的基本样板
The Bodysuit Foundation

紧身连衣裤的基本样板基于下列任何一种基本样板：
- 无省道针织样板，参见第224页。
- 躯干紧身衣基本样板，参见第18章。
- 后片原型样板（如图示）。

这款设计的样板草图，在袖子和裤子部分设置了1cm缝份和2.5cm的折边。

所需尺寸：
（19）前腰围/2 _____。　（23）前臀围/2 _____。
（24）上裆深 _____。　　（27）裤长（侧腰踝长）_____。
（30）膝围 _____。　　　（32）踝围 _____。

图1

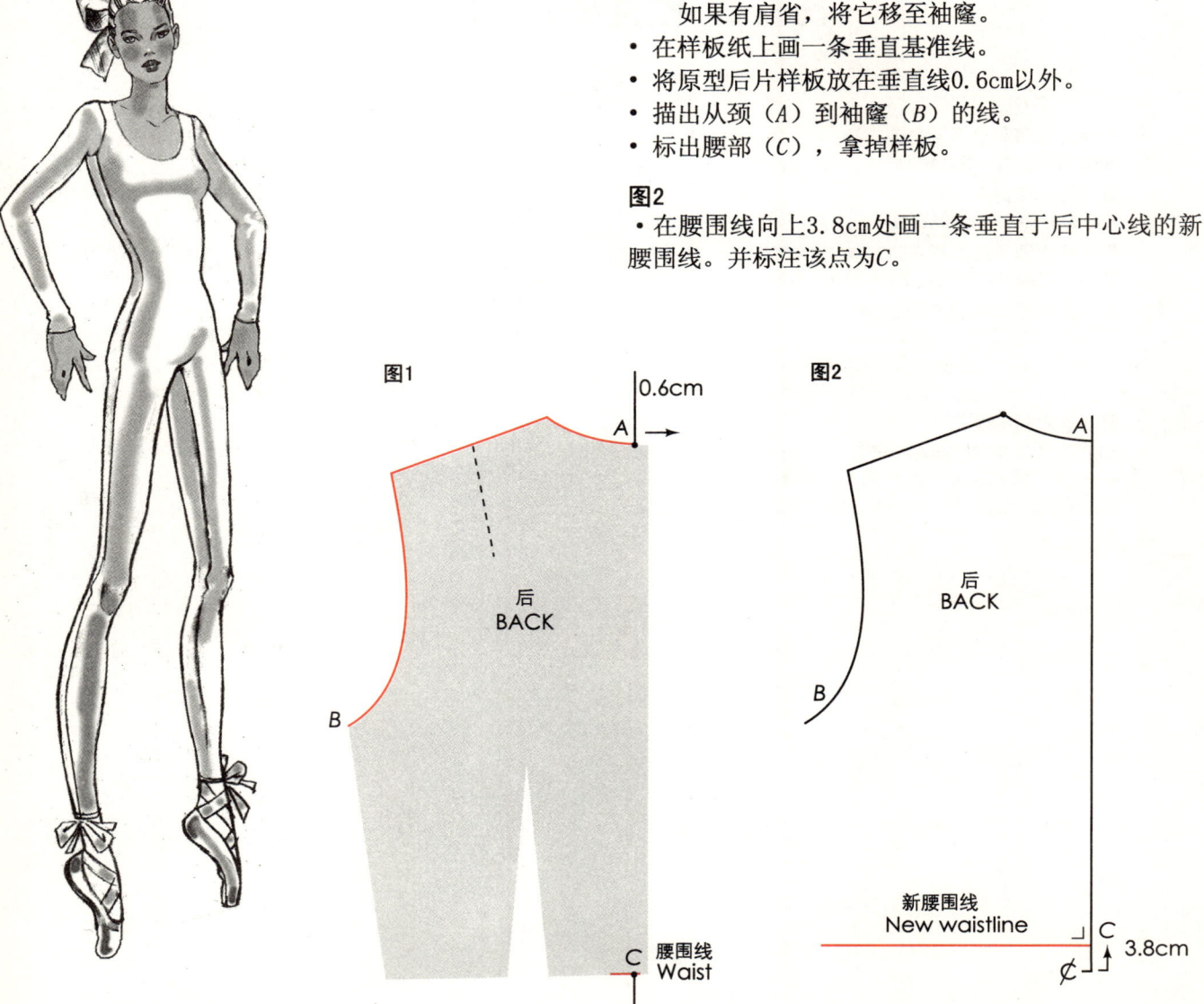

如果有肩省，将它移至袖窿。
- 在样板纸上画一条垂直基准线。
- 将原型后片样板放在垂直线0.6cm以外。
- 描出从颈（A）到袖窿（B）的线。
- 标出腰部（C），拿掉样板。

图2
- 在腰围线向上3.8cm处画一条垂直于后中心线的新腰围线。并标注该点为C。

腰围, 侧缝和领围 Waist, Side Seam, and Neckline

图3

* $C \sim D$ = 前腰围/2（19）−1.3cm。
  从D点画线，超过B点2.5cm。
  画出新的袖窿弧线。
  画出侧缝曲线。
  在后领围线下3.8cm处画出前领围线。

上档深和臀围 Crotch Depth and Hip

* $C \sim E$ = 上档−3.2cm。
* $E \sim F$ = 从F点画直角线，前臀围/2（23）−1.3cm。
  $C \sim X = C \sim E/2$，垂直于X。

图3

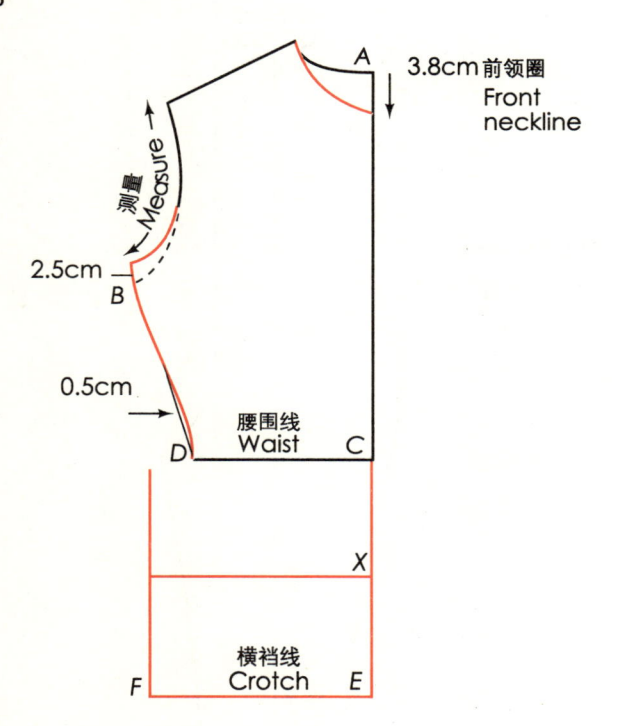

前后档和裤腿线 Crotch Extension and LegLine

图4

$E \sim G = (E \sim F)/3$。画出3.5cm的对角线，标记点H。画出前后档长线（弧线可以在对角线内）。

$G \sim I = (G \sim F)/2$。从I点向两侧画直角线，在腰围部标出J点。

$J \sim K$ = 从腰围线至踝围线的尺寸（27），减去7.6cm。

$I \sim L = (I \sim K)/2$。

在膝部画出膝围/4+0.6cm长的直角线。
在踝部画出踝尺寸+0.6cm长的直角线。

* 如果使用"米丽斯金"（milliskin）针织面料（可四面拉伸），在腰和臀围处可减去3.8cm。

裤腿线的定形 Shaping the Legline

从踝围线的两边分别画一条触膝围线的直线。

从膝围线画一条至F点向内1.3cm的直线，再至臀围线。

如图所示，从膝部至臀围线，以及至X点用曲线画顺。再画顺从臀围至腰围的侧边线，便完成了裤腿线的造型。

图4

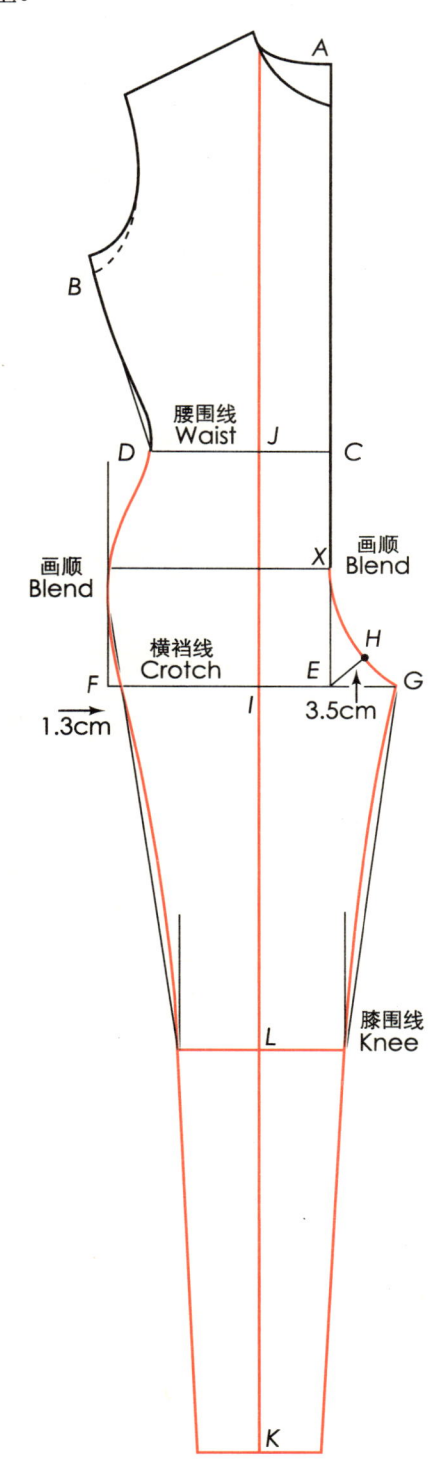

图5、图6　分样板 Separate Patterns

- 把样板纸衬在样板下面并固定。
- 从样板纸上剪下样板，然后分开。标明紧身衣裤后片，画出最大拉伸方向线。

　　后中心线的处理：我们可以按需要改后中心线，使之更贴身，详见第245页图6（用虚线表示）。

- 修剪前领口线，画出最大拉伸方向线，标明紧身衣裤前片。
- 在样板纸上标出胸高点和乳圈线，在测试衣服时注意核对这些部位。袖子样板见第236页。

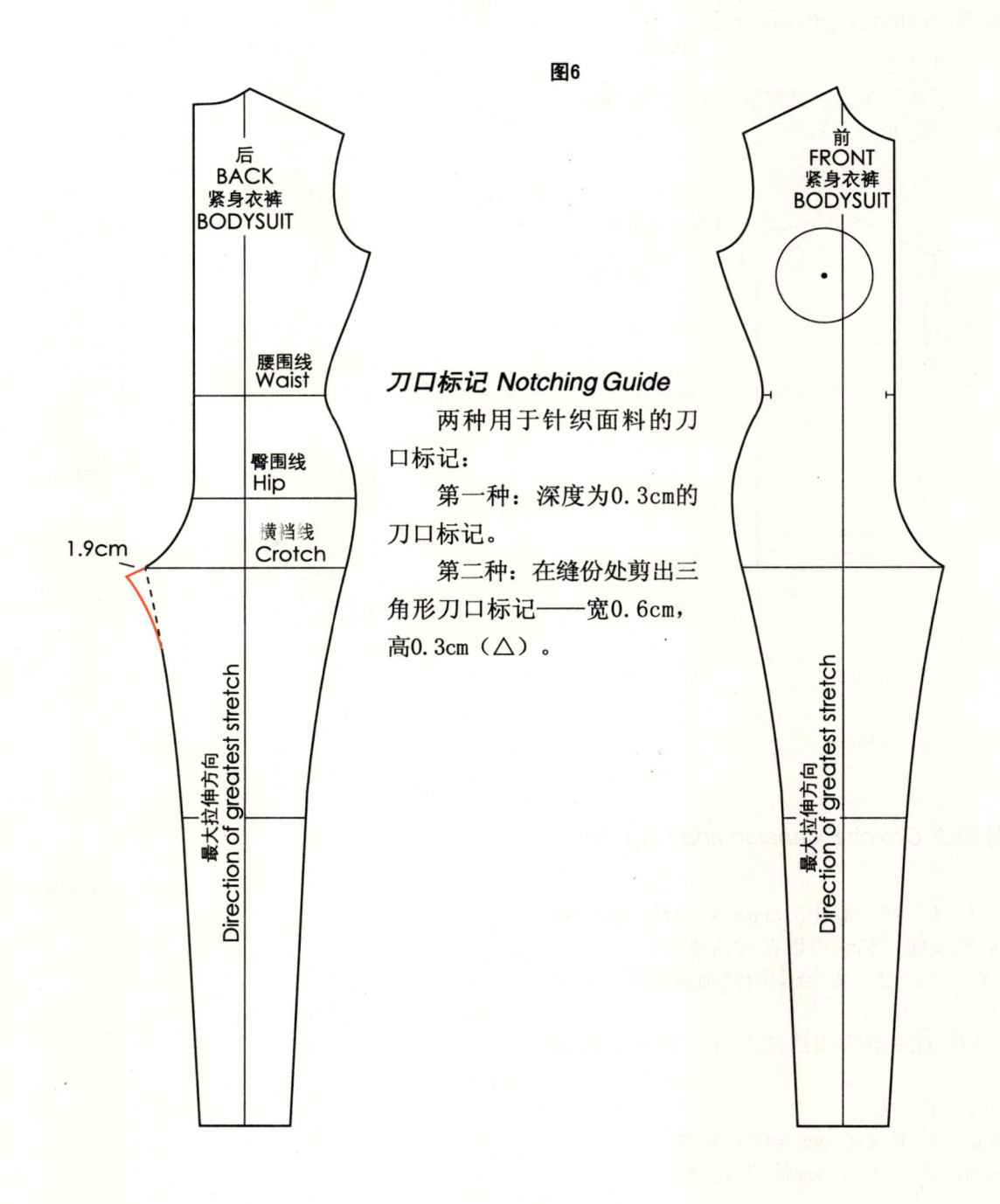

图5

后 BACK 紧身衣裤 BODYSUIT

腰围线 Waist

臀围线 Hip

横裆线 Crotch

1.9cm

最大拉伸方向 Direction of greatest stretch

图6

前 FRONT 紧身衣裤 BODYSUIT

最大拉伸方向 Direction of greatest stretch

刀口标记 Notching Guide

　　两种用于针织面料的刀口标记：

　　第一种：深度为0.3cm的刀口标记。

　　第二种：在缝份处剪出三角形刀口标记——宽0.6cm，高0.3cm（△）。

提高样板适合度的纠正方法
Method for Correcting Pattern to Improve Fit

在针织面料上裁剪紧身连衣裤片，待缝好后测试适合度。标出胸高点和乳圈线。整体检查从肩到裆，裆到踝的宽松度。剪开Y基准线进行长度方面的调整。剪开X基准线，修改围度方面的适合度。用别针别住过于宽松处；过紧之处可加1cm，不宜多加，以免影响整体效果。

调整基准线 Adjustment Guidelines
图1
- 画出一条贯穿样板的纵线（X）和横线（Y），用于调整适合度问题。箭头（↓↑）表示样板可任意向两个方向调整。
- 在样板上标出胸高点和乳圈线的位置。

缝制说明 Stitching Guide
- 将缝份叠缝在一起，在后片留出17.8cm的缝边不缝合，用于服装的穿脱。
- 绱袖子。
- 此类服装在边缝处不使用松紧带，除非在领口或袖窿处有挖剪式造型。装松紧带的方法参见第280页、第281页。

对拉伸性不大的针织服的调整
Pattern Adjustments for Knits with Less Stretch

在裁剪拉伸性不大的针织服装时，需要通过X线和Y线加大样板的宽度和长度。一般来说，延长尺寸为1/2样板的拉伸数，然后再试。

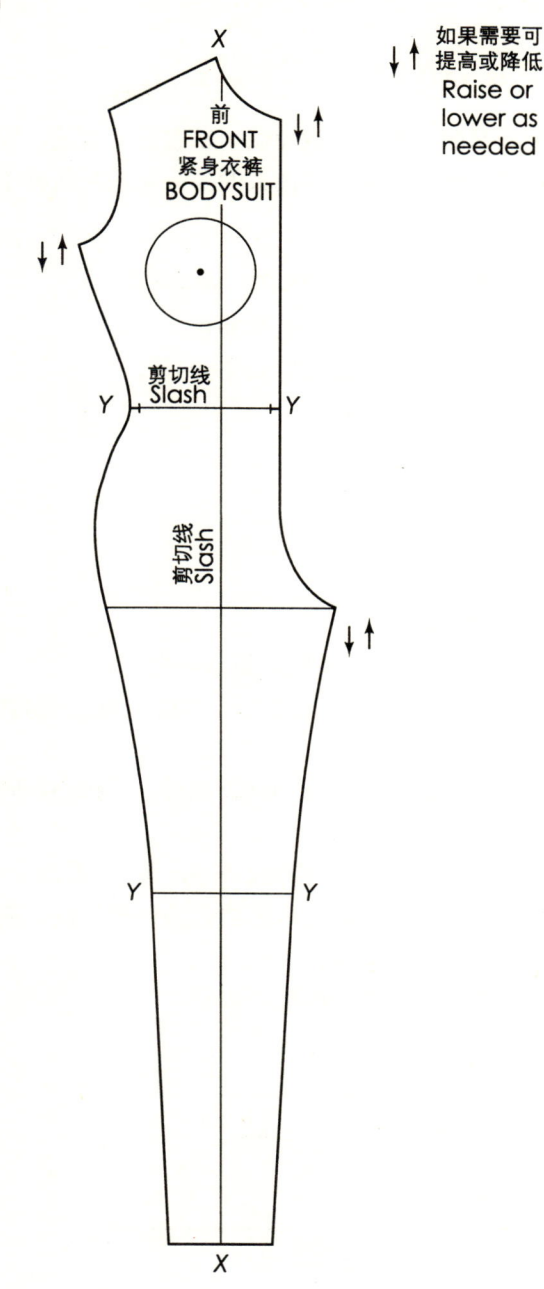

图1

前 FRONT
紧身衣裤 BODYSUIT

如果需要可提高或降低
Raise or lower as needed

剪切线 Slash

莱卡面料袖的样板草图
Lycra Sleeve Draft

袖子必须与衣服合拢，试一试它是否合适，发现问题及时调整。伸缩需求最大的部分一般是在袖子的长度方向上。

必需的测量：Measurements Needed

标准测量，请参阅上册第30页。

个性化测量，请参阅附录第388页。

- 袖长（包含1.3cm的边）_____。
- 袖山高_____。
- 袖窿尺寸_____。
- 腕围尺寸加1.9cm_____。

图1

$A\sim B$=袖长。

$A\sim C$=袖山高（二头肌）的四分之三。

$B\sim D$=$(B\sim C)/2$，过C点、D点和B点分别画直角线。

$A\sim E$=袖窿弧线尺寸。分成3等份，再按图示画出袖山弧线。

$B\sim G$=腕部尺寸的一半加1.3cm，与B点垂直。

- 直线连接$G\sim E$，并画出内凹的臂内侧袖缝线。用肘的尺寸，可使之贴身。
- 从样板纸上剪下袖子样板，展开。

图1

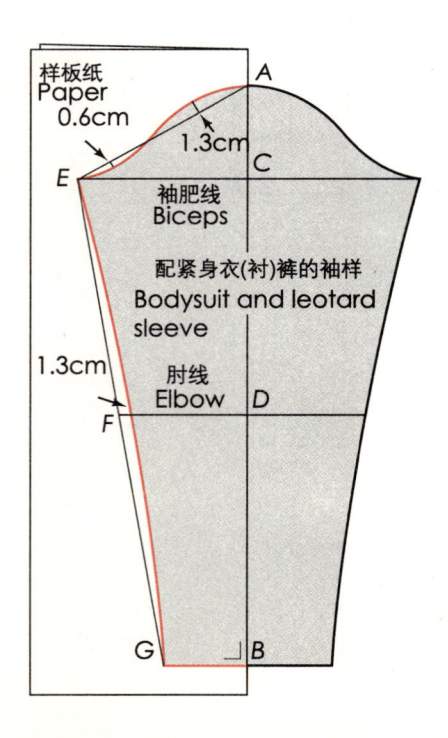

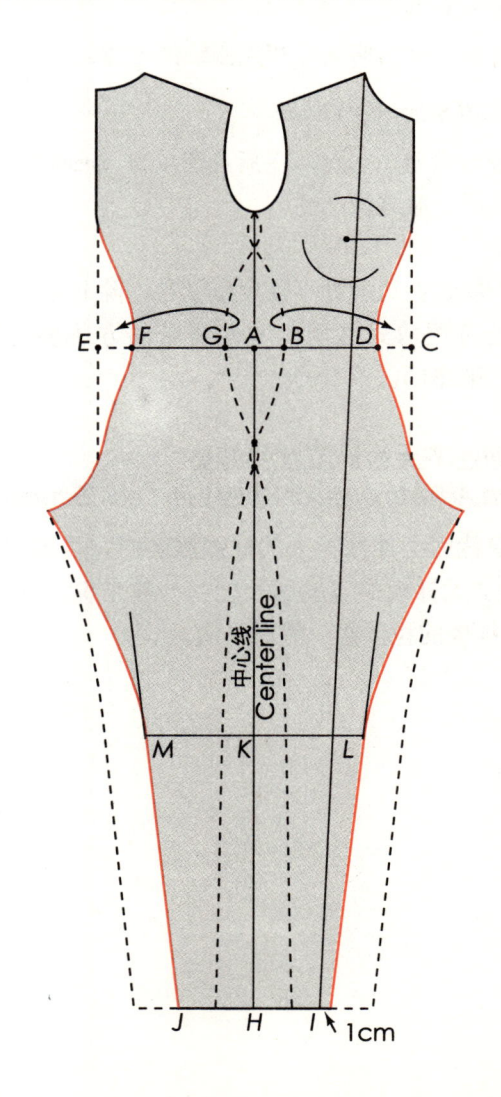

无侧缝线紧身连衣裤
No-Side-Seam Bodysuit

图1

把前、后片连衣裤样板放在一起，侧边对侧边，固定，描下来。包括在袖窿线和臀部相叠的缝线部分。画出腰部和膝部的基准线，再画出腰围到踝围之间的基准线，标出最大拉伸方向的标示线。将腰、臀部位的空隙量移到中心线处。

$C\sim D=A\sim B$。

$E\sim F=A\sim G$。

画出新的前、后中心线，与原线顺接。

$K\sim L$=膝围/2。做标记。

$K\sim M=K\sim L$。

$H\sim I$=踝围/2。做标记。

$H\sim J=H\sim I$。

- 画出裤腿线，剪下样板，测试适合度。

图1

一片式紧身连衣裤 One-Piece Bodysuit

一片式紧身连衣裤的设计特点是在后中心线腰围处被收紧，再与原样板线条画顺。在这样的样板上，服装的侧面可以安排图案。

一片式紧身连衣裤样板 The One-Piece Draft

图1

- 把前片描在对折纸上，再把后片放上去，使侧边与侧边合并（叠掉缝份）。
- 在腰、臀、裆和膝处画直角基准线。虚线为原线。
  $C\sim D = A\sim B$（两腰之间的空隙）。
- 从前片颈肩点画一条基准线，平行于前中心线。
- 从前中心线过横裆线向下画1cm，标记点G。
- $E\sim F=2.5$cm，做标记。
- 直线连接$H\sim F$（裤内侧缝线），H点为前脚口内收1.9cm。
- 从G点画曲线与裤内侧缝线衔接。
- 标出膝围线I。
  $H\sim K=$踝围$+1$cm。
  $I\sim J=$膝围$+1$cm。
- 从K点到J点画线。
  $J\sim L=(I\sim G)-1.9$cm。
  $L\sim M=2.5$cm。
- 从$J\sim M$点画向内凹的弧线。
- 或过L点画一条向内凹的JL弧线，然后延伸和臀线相接。
- 画外凸的弧线与D点相接，再延伸到后中心线，顺接。
- 从样板纸上剪下，测试适合度。

可能的适合度调整
Possible Adjustment for Fit Problems

- 如果臀部太宽松、隆起，那么用别针别住隆起部分，再修改样板。

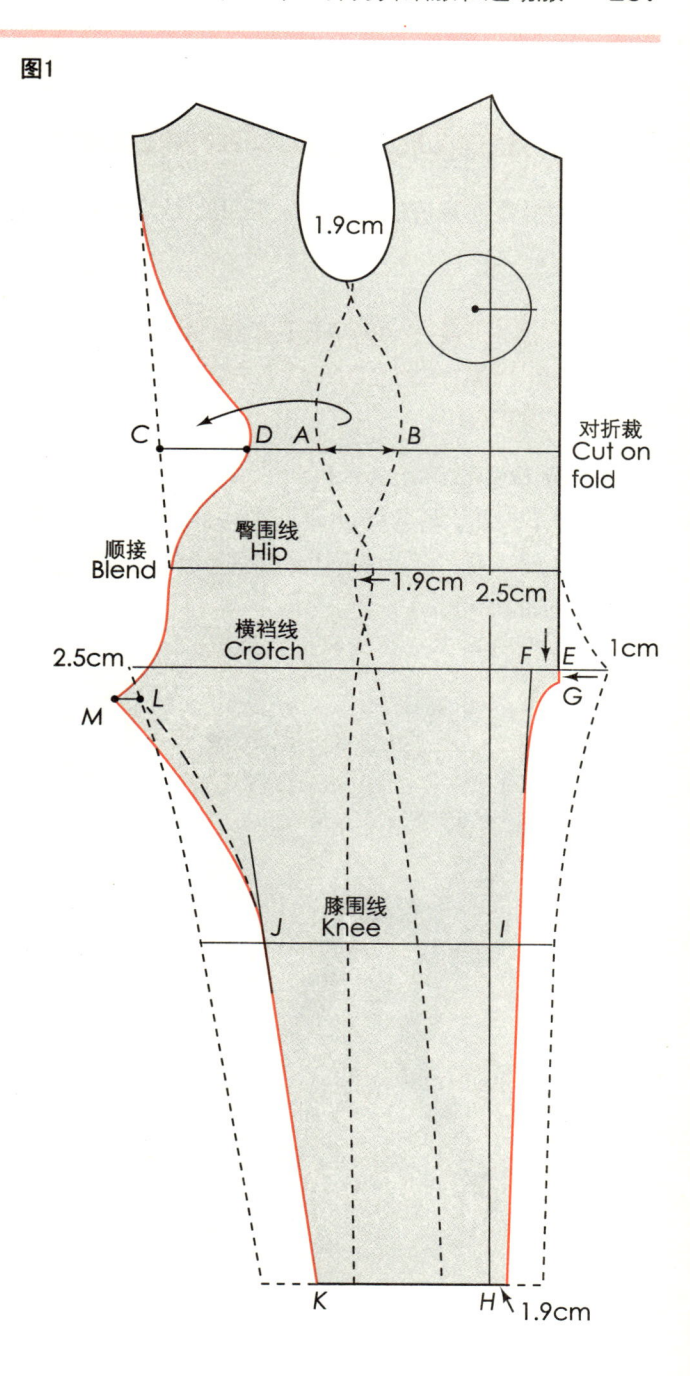

图1

紧身连衣裤的变化
Bodysuit Design Variations

运用紧身连衣裤的样板，发展其他紧身连衫裤和游泳衣的样板。

有汤匙领和镂空造型的紧身连衣裤
Bodysuit with Scooped Neck and Cutouts

设计分析 Design Analysis

款式1采用了汤匙领。并且在胸部和腰部之间做了挖剪处理。前、后片有同样的造型线。样板中已经包含了1cm的缝份。

样板设计与制作 Pattern Plot and Manipulation

图1
- 描出前片样板，标出胸高点，并画出乳圈线。
- 按尺寸画出造型线（在乳圈线上2.5cm）。
- 从样板纸上剪下样板。
- 画出最大拉伸方向的指示线。

图2
- 再描一片前片样板，作为绘制后片样板用。
- 有关装松紧带的方法，参见第12章。
- 设计踏脚裤的方法，参见第242页。

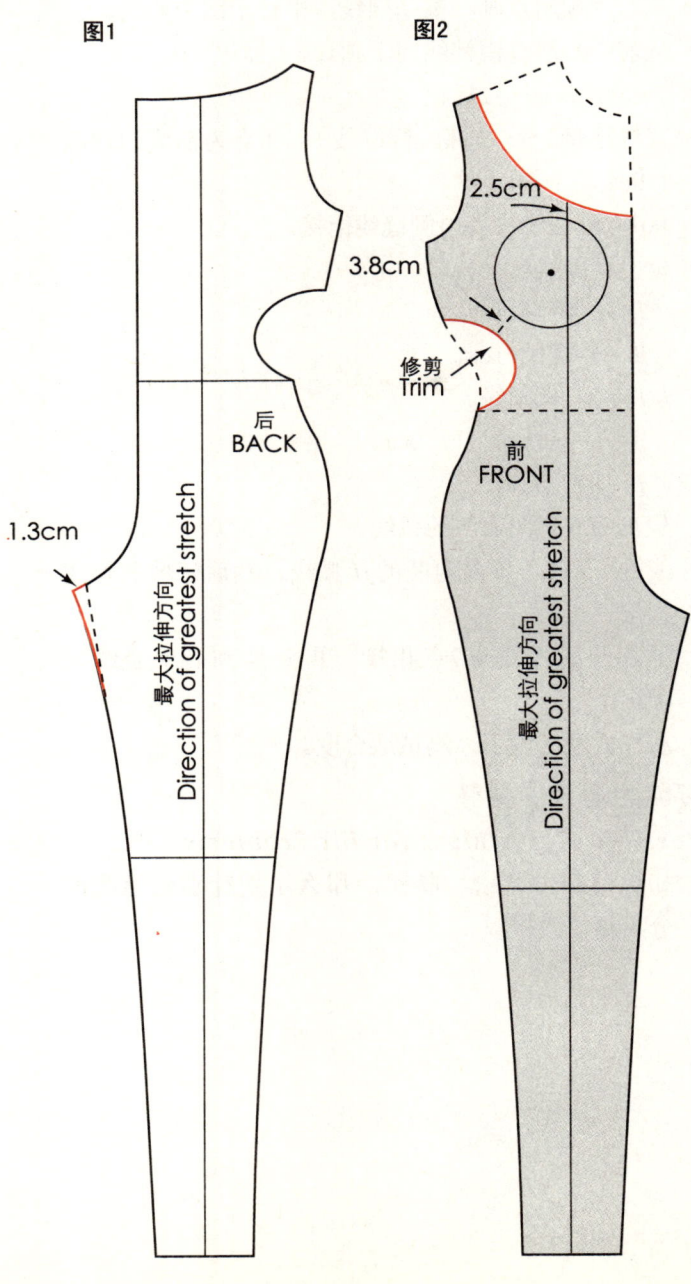

高领背心式紧身连衣裤
Bodysuit with High-Necked Halter Top

设计分析 Design Analysis

这种服装的前、后片领口线都比一般的服装要高。由于躯干部位造型线的作用，使之有上下装的效果。前、后片皆有同样的造型线。领圈上有扣襻和纽扣。样板中已包含了缝份。

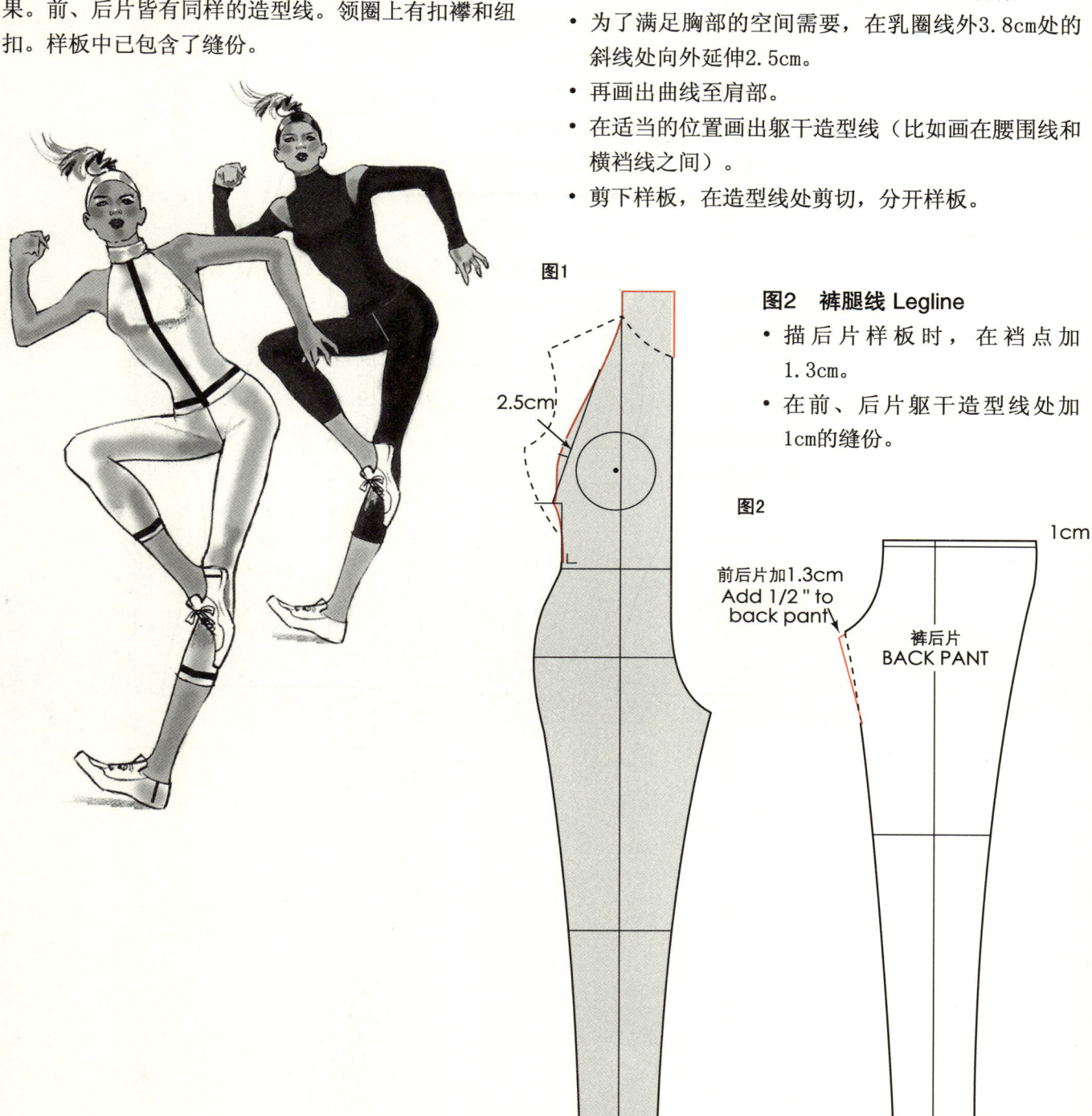

样板设计与制作 Pattern Plot and Manipulation

图1

- 描出前片样板。标出胸高点，画出乳圈线。
- 从腰围线侧边向上画直角线，至侧缝线长的1/2处。向外画直角线，标出侧缝线和直角线中点。从这点开始，画曲线至腰部，再画直线至颈肩点。
- 为了满足胸部的空间需要，在乳圈线外3.8cm处的斜线处向外延伸2.5cm。
- 再画出曲线至肩部。
- 在适当的位置画出躯干造型线（比如画在腰围线和横裆线之间）。
- 剪下样板，在造型线处剪切，分开样板。

图1

2.5cm

图2 裤腿线 Legline

- 描后片样板时，在裆点加1.3cm。
- 在前、后片躯干造型线处加1cm的缝份。

图2

前后片加1.3cm
Add 1/2" to back pant

1cm

裤后片
BACK PANT

图3 上衣前片 Front Torso

- 在对折线上描出前片，将中心线延长1cm。
- 如图所示，加上1cm的缝份。

图3

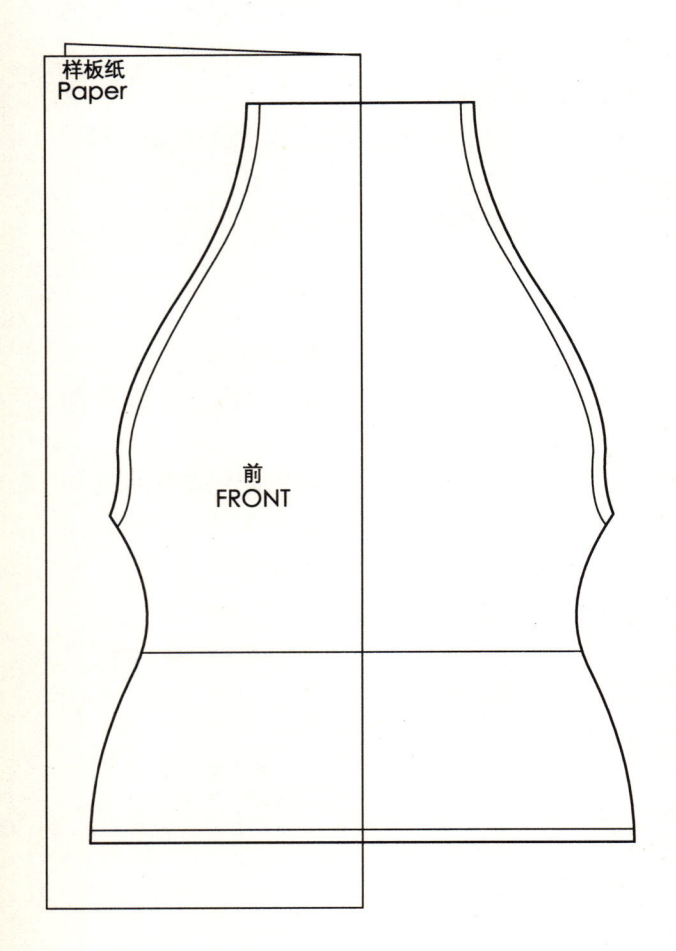

图4 上衣后片 Back Torso

- 描出前片样板，绘制后片样板时使用。
- 从颈侧点至侧缝画直线，去掉弧线部分。
- 按图示加1cm的缝份。
- 完成样板，测试适合度。在挖剪部分装松紧带，详见第12章。

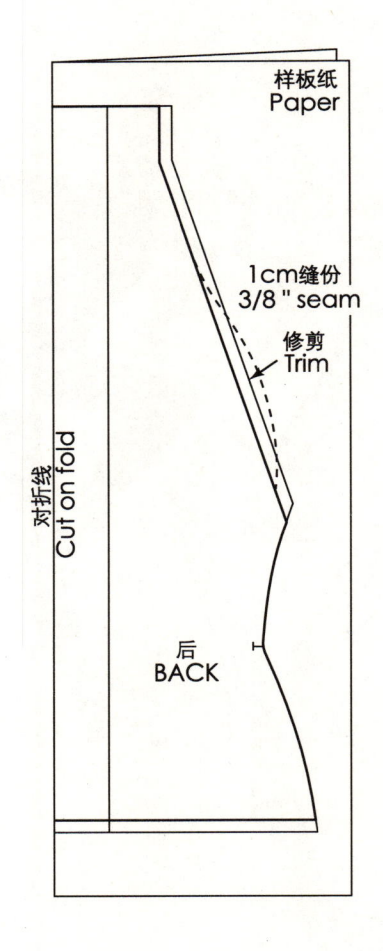

图4

分离式紧身衣裤 Separated Bodysuit

分离式紧身衣裤的设计特点是在紧身连衣裤样板的基础上,对长度方向进行定位分离所得。裤腿线可长可短,也可做成踏脚裤式样。它们可采用氨纶织物做成多种游泳衣的款式。短裤裤口的贴边是连在一起的折边。

设计分析 Design Analysis

该款式特征为上、下装在中腹部分开,裤腿短,紧身。它是在紧身连衣裤样板的基础上发展出来的众多款式中的一款。在上衣和裤子后中设有布环,产生出了一些碎褶。如果不需要褶裥,可去掉布环部分,并剪去部分裤后片的前后裆长长。

紧身衣、裤样板 The Bodysuit Draft

图1、图2
- 描出前、后片样板。
- 按图示画出造型线。

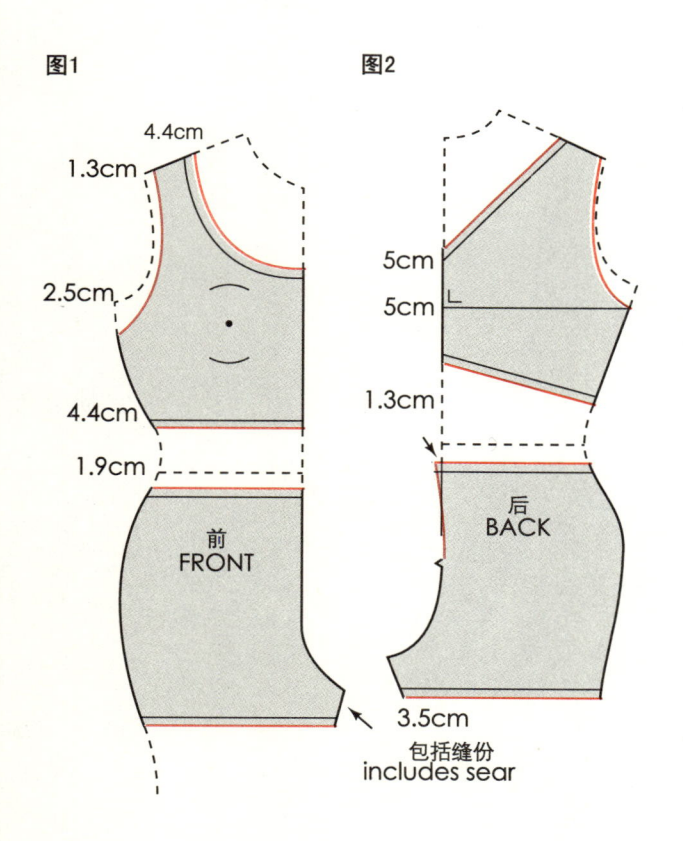

图3、图4

介绍用于产生碎褶的布环。

- 剪一条4.5cm×7cm的布条,缝合,包在上衣后中心线上,或者与后片中心的缝份缝合在一起。裤子的布环需和裤后腰边缝份缝住,包住后面腰边,长度为7.6~10cm。用明线缉缝。

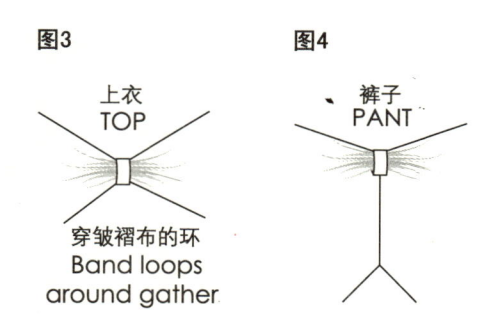

紧身裤 Tights

图1

- 描出从腰围线上3.8cm处至踝围的裤子样板。
- 松紧带：宽1.9cm，长度比腰围短2.5cm，相接处重叠1.3cm。折叠腰围部分，用于装松紧带。
- 在最大拉伸方向画出指示线。
- 前、后片裤子样板一致。臀围、横裆线和膝围的尺寸是可以选择的。
- 注意：样板中已包含1cm的缝份。

图1

折叠过此
Fold over
3.8cm
最大拉伸方向
Direction of greatest stretch

踏脚裤 Stirrups

图2

- 若做踏脚裤，可按图示，在脚口线处挖剪一块。
- 将两部分缝住（这部分是踩在脚下的）。
- 注意：样板中已包含1cm的缝份。

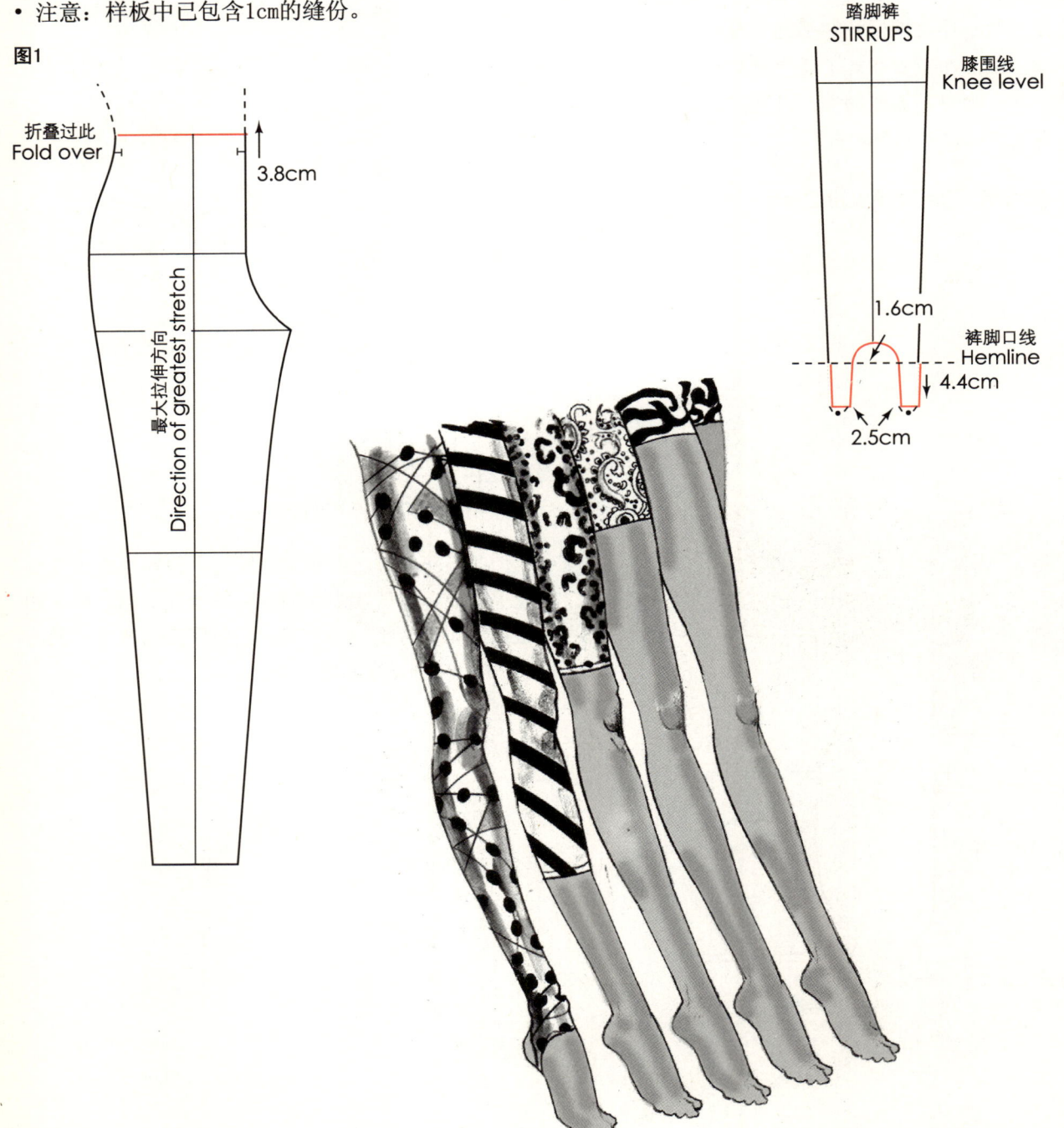

图2

踏脚裤
STIRRUPS
膝围线
Knee level
1.6cm
裤脚口线
Hemline
4.4cm
2.5cm

低领紧身连衣裤的基本样板
Leotard Foundation

样板设计基于下列后片样板：
- 无省针织基本样板，请参考第224页。
- 躯干基本样板，请参考第2页。
- 后片原型样板（如图示）。

设计样板包含了1cm的缝份和2.5cm的折边量，用于袖子和裤子。

所需尺寸 Measurements Needed

（19）前腰围/2 _____。
（23）前臀围/2 _____。
（28）上裆深 _____。

紧身裤衫样板制图：

图1

如果有一个肩省，把它移到袖窿弧线处。
- 在纸上画一条垂直线。
- 将后片样板放在垂直线外0.6cm处。
- 描出颈线A点至袖窿B点的线。
- 标出腰部C点。移走样板。

图2
- 从腰线向上画3.8cm的垂直线，重新标C点。

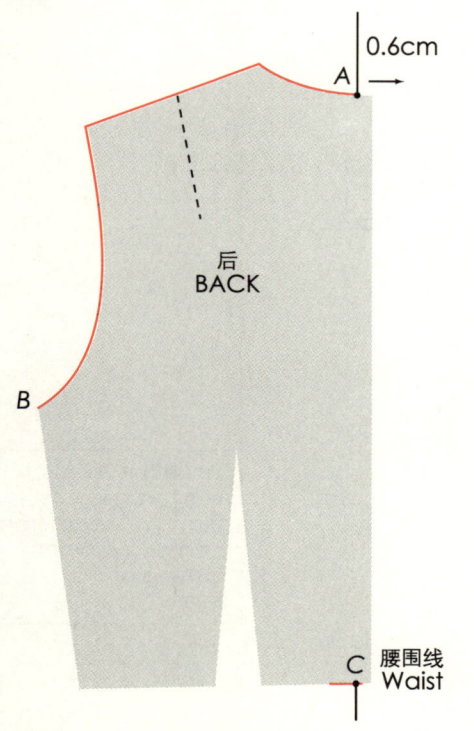

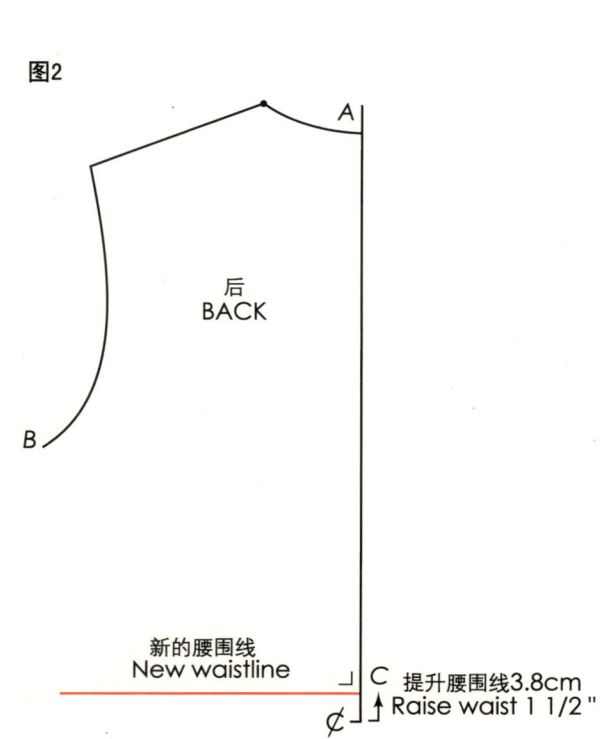

图1

0.6cm

A

后
BACK

B

腰围线
Waist
C

图2

A

后
BACK

B

新的腰围线
New waistline
C 提升腰围线3.8cm
Raise waist 1 1/2"

腰围、侧缝和领围 Waist, Side Seam, and Neckline

图3

- $C\sim D=$前腰围/2（19）-1.3cm，从D点画线，超过B点2.5cm。画出新的袖窿弧线。A点以下3.8cm处画前领口线。量出袖窿弧线数据，记录好。

上裆线 Crotch Line

图4

$C\sim F=$上裆深/2 -3.2cm（28）。

$E\sim F=(E\sim C)/2 +2.5$cm（腰臀长）。

* $F\sim G=$前臀围/2 -1.3cm（23），在位于F点的直角线上。

$E\sim H=5$cm，从E点画直角线（号型10以下的服装减0.3cm，号型12以上的加上0.3cm）。

$H\sim I=1$cm，从I点到$F\sim G$线画垂直线。

前片裤口 Front Leg Opening

- 将$F\sim G$分成4等份。
- G点向右，G'点向上1cm处做十字标记。
- 如图画出裤腿口曲线。

图5 后片裤口 Back Leg Opening

- 用直线连接H点与G点向内1cm的点。在这条直线中点向外画2.5cm长的直角线，标注K。
- 从K点画至两边的直线。
- 再绘向外凸的弧线，完成后片裤口绘制。

分开样板 Separate patterns

将样板纸放在样板草图下，用大头针别住。剪出后片样板，取下别针，移开样板草图，描出前片领口线和裤口线。

装松紧带 Elastic Stitching Guide

裤腿口需要装松紧带。具体方法参见第280、第281页。

更高的裤腿口线 Higher Legline

更高裤腿口线的裁剪，请参阅第245页。完成样板后，试试是否合适。标出胸高点和胸圈线。

* 如果使用"米丽斯金（milliskin knit）"材料（可四个方向拉伸），需在腰和臀围处减去3.8cm。

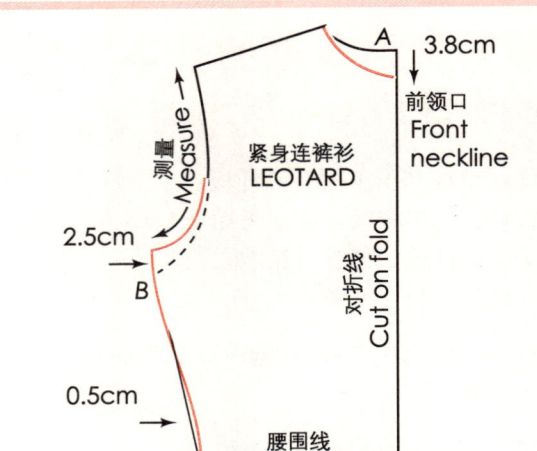

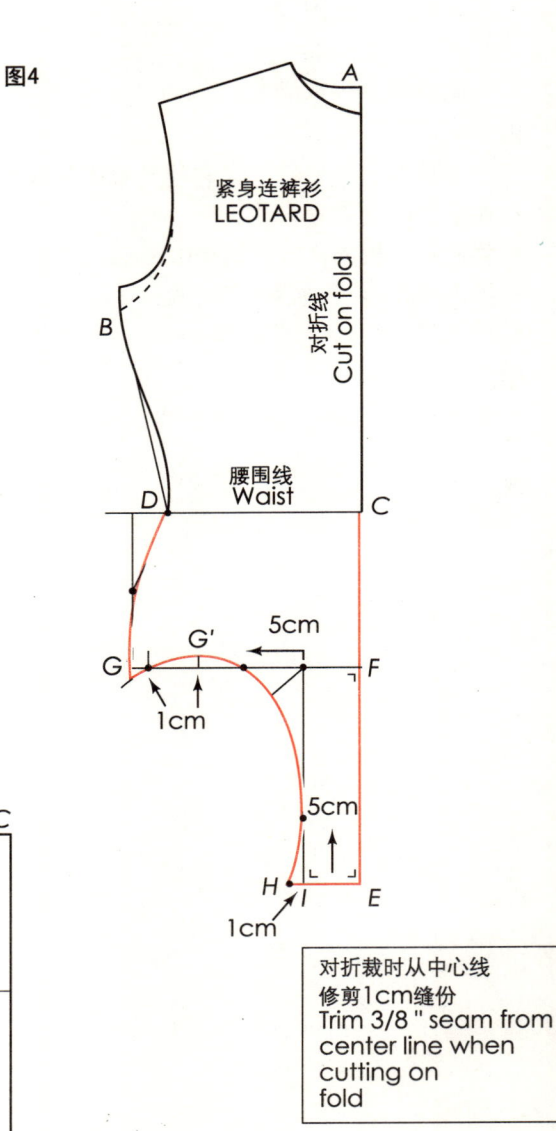

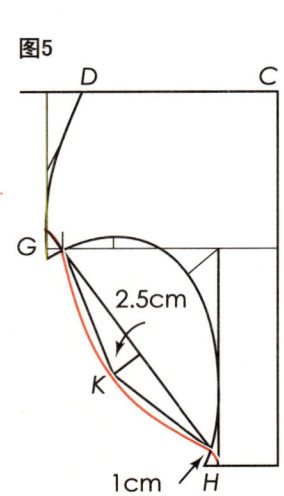

图6 紧身连裤衣后片 Back Leotard

- 修剪侧缝，修改曲线。
- 在第二张拷贝纸上，用曲线画出新的后中心线。可用它来做其他后片更贴身的连裤衣的基本样板。

图6

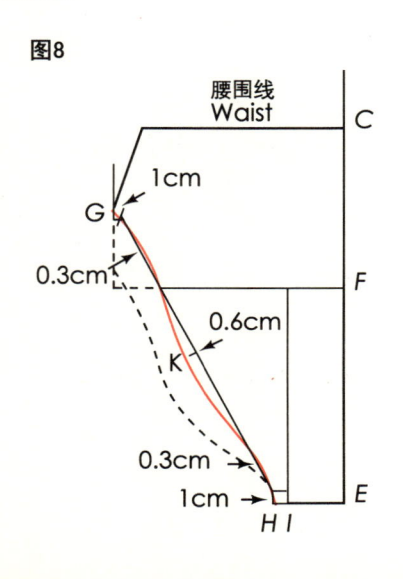

图7 紧身连衣三角裤前片 Front Leotard

- 修改样板，画出前领口线和前裤口线。
- 试穿时，标出胸高点，标出最大拉伸方向指示线。

图7

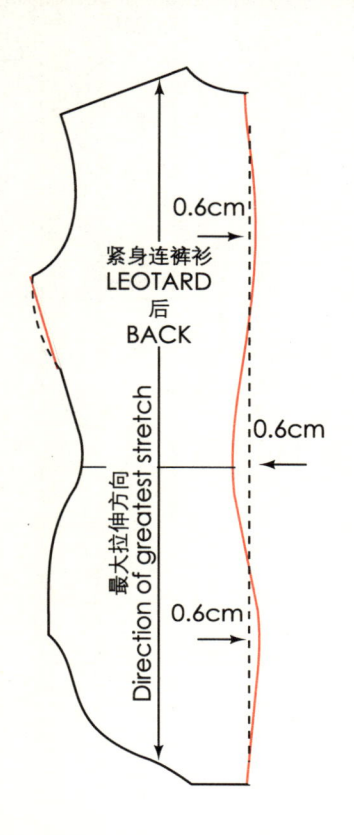

图8、图9 高位后片裤腿口 High-Cut Leg Opening

后片 Back

- 标出侧腰臀长的中点。从 I 点画线，至距 G 点1cm处。在这条直线中点（K）画直角线长0.6cm。再画出后片的裤腿口造型线。

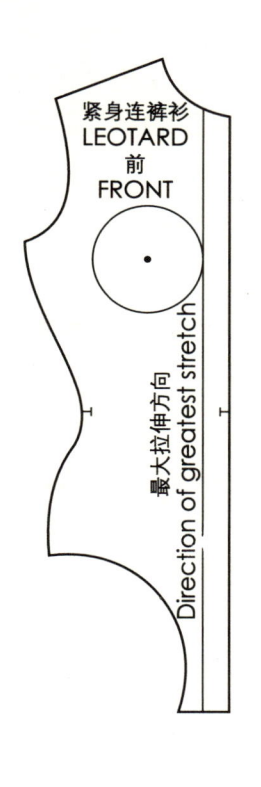

前片 Front

- 高位裤腿口线，在臀部中间画内凹曲线至 H 点与裆部缝份相接，留1cm的缝份。

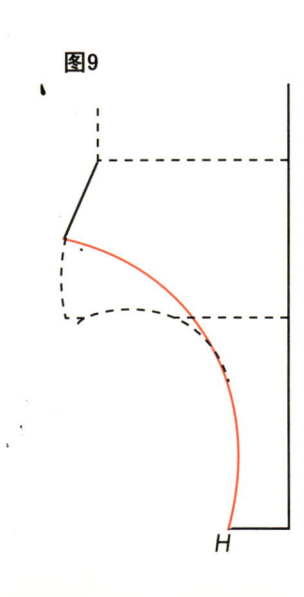

提高样板适合度的纠正方法
Method for Correcting Pattern to Improve Fit

紧身连裤衫需在针织面料上裁剪，缝好后测试适合度。注意肩至裆之间的松紧度。用别针别住松弛的余量，过紧的地方需加1cm，但不要加太多，以免影响整体。

- 标出胸高点和乳圈线。

调整基准线 Adjustment Guidelines

图1

样板 Pattern

- 画出样板中的纵向基准线（X）和宽度基准线（Y）。用它们来调整适合度的问题。箭头（↑↓）表示样板可任意向两方向增减。

合身问题 Fitting

- 在样板上调整胸高点和乳圈线的位置。
- 在裤口或有挖剪的部分装松紧带。松紧带的装法详见第280、第281页。

样板因针织布的弹性小需做调整
Pattern Adjustments for Knits with Less Stretch

使用拉伸性不大的针织物时，需要通过X线和Y线加大样板的宽度和长度。一般来说，延长尺寸为样板的拉伸数的1/2，然后再试。

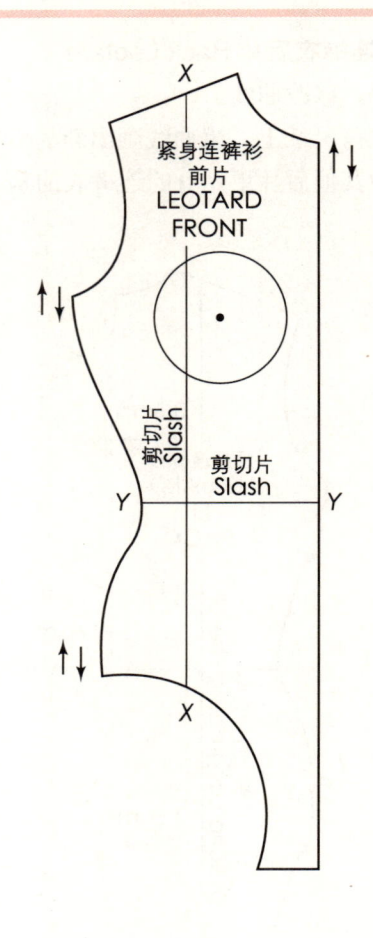

图1

一片式紧身连裤衣 All-in-One Leotard

一片式紧身连裤衣中的造型分割线分布在不同的位置，但除了后中心线，不需要考虑为它留缝份。

一片式紧身连裤衣样板
The All-in-One Leotard Draft

图1

- 把前、后片描在对折纸上，叠住臀部和袖窿线上的缝份。
- 在胸部和腰部画出基准线。
   C~D=A~B（前、后腰围的间隙）。
- 按图示描出后中心线。
- 从样板纸上剪下样板。

图2

- 完成后的样板形状，（△）是用来表示样板的侧边的记号。
- 完成样板，测试适合度。
- 松紧带装法详见第280、第281页。

图2

图1

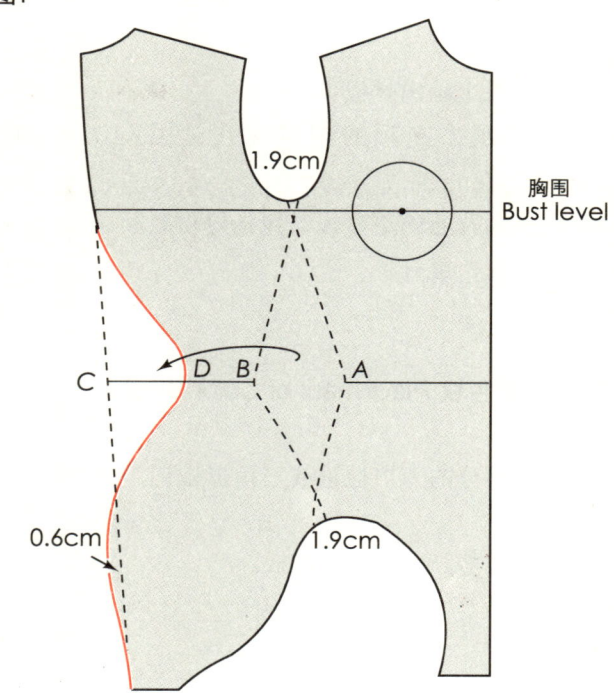

胸围 Bust level

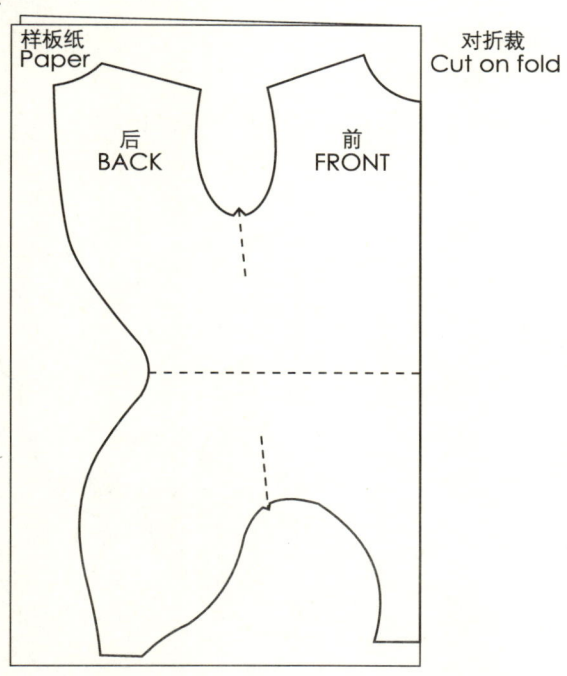

样板纸 Paper
对折裁 Cut on fold
后 BACK
前 FRONT

紧身连裤衣的色块安排
Color-Block Design for Leotard

设计分析——款式1 Design Analysis—Design 1

一片式紧身连裤衣中的图案色块是在其样板上巧妙安排而成的。首先，在样板草图上勾画出拼色图案的造型线，再选三种协调的颜色画在样板上即可。该例只是许多拼色设计款式中的一种。同理，可获得其他富有创意的拼色款式设计。

设计1

色块样板草图 The Color Block Draft

图1
- 在对折纸上画出样板。
- 按图示画出高领的领口线（领围/4），如图所示。
- 画出三角背心的造型线（包括缝份）。
- 剪下样板，展开。

图2 布置色块 Placement of Color Blocks
- 画出色块。
- 标出各部分的刀口标记或三角形标记，使缝制时易于控制。
- 沿造型线剪开，并分开样板。

图1

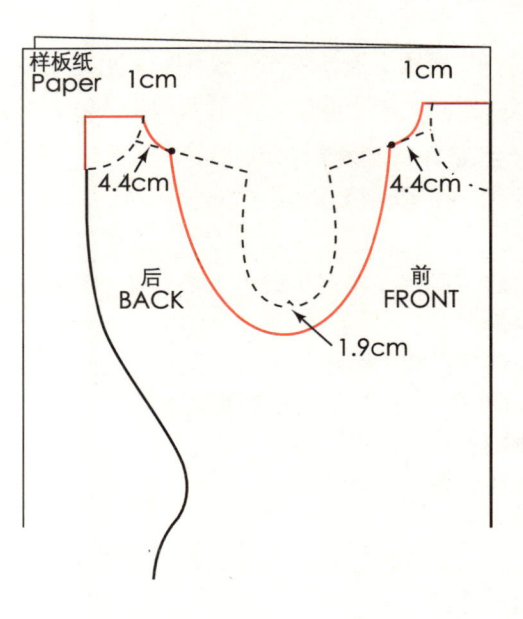

样板纸 Paper　1cm　1cm
4.4cm　4.4cm
后 BACK　前 FRONT
1.9cm

图2

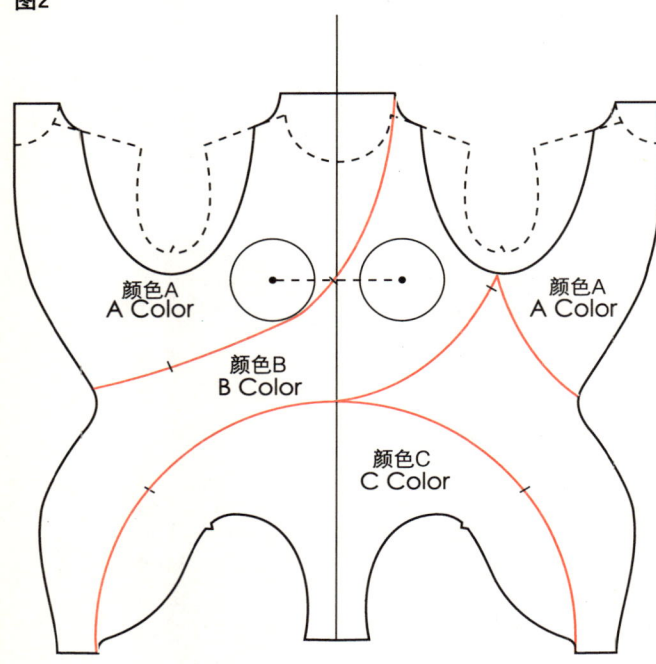

颜色A A Color
颜色A A Color
颜色B B Color
颜色C C Color

图3 分开的各部分 Separated Patterns
- 在所有拼片边加1cm缝份。用三角形记号表示缝制时的对应点。
- 测试样板的适合度。
- 装松紧带的方法详见第280、第281页。

图3

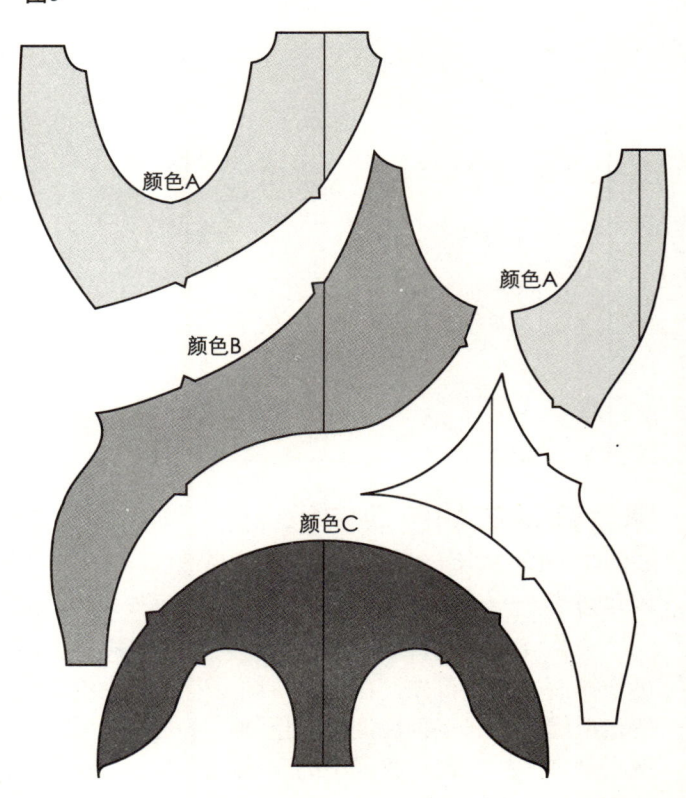

颜色A
颜色A
颜色B
颜色C

插肩袖紧身连裤衣
Leotard with Raglan Sleeve

插肩袖紧身连裤衣可穿在紧身裤之外或与一般的裤子及裙子相配搭。这种设计较适合舞蹈者和运动员穿着。依该款式的样板可以发展出其他设计款式的样板。这里提供了较为接近的常用尺寸供参考。

设计分析 Design Analysis

设计2是一款基本的插肩袖连裤衣（有镶边，采用弹力网眼针织面料）。设计1作为思考练习题。

插肩袖紧身连裤衣样板草图 Raglan Sleeve Draft

图1、图2
- 描出紧身连裤衣的前、后片样板和袖子样板。
  A～X=袖窿线/3。
  B～X=A～X。
- 画线至颈肩点2.5cm以内处，标记点X。
- 画出基本裤口线或剪得更高的裤口线。
- 画出领口线。
- 剪下样板。

设计1　设计2

图1

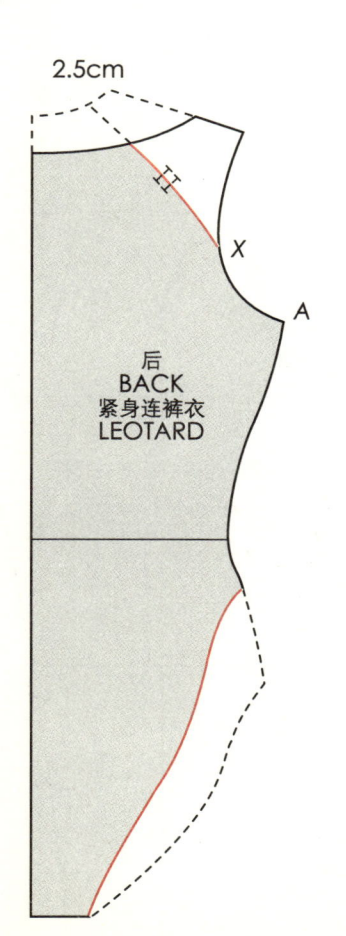

图2

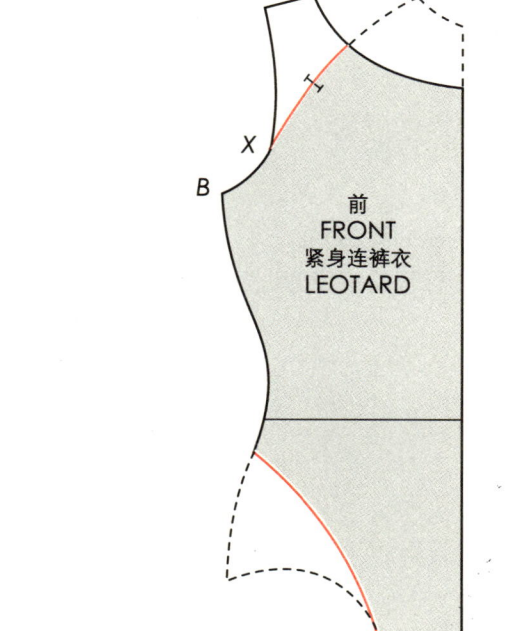

图3、图4　分开样板 Separate Pattern

- 修剪样板，挖剪领口线。
- 样板的下部分是完整的。
- 大身插肩袖连接线处加1cm。

图3

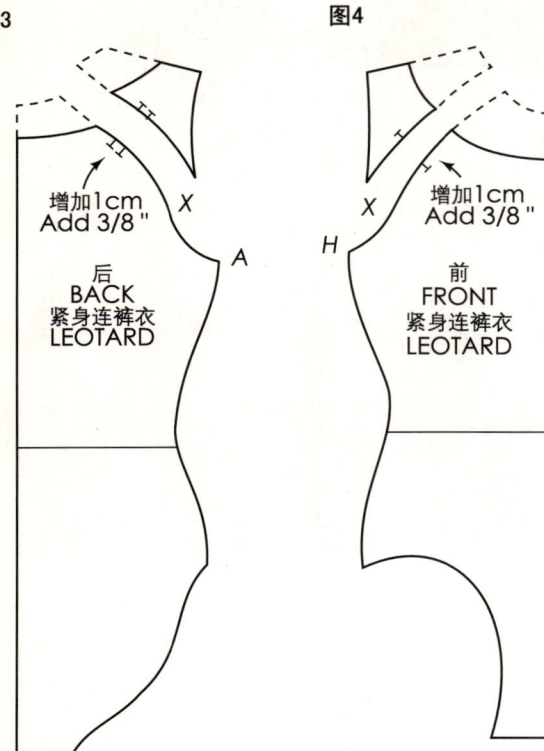

增加1cm
Add 3/8"

后
BACK
紧身连裤衣
LEOTARD

图4

增加1cm
Add 3/8"

前
FRONT
紧身连裤衣
LEOTARD

图5　插肩袖样板 Raglan Sleeve

- 把针织袖子样板放在对折纸上，描下。
- 标出X点，A至X的尺寸和后片相等。
- 把插肩袖肩育克放上去，叠掉袖山1.9cm，去掉缝份。
- 描出样板。
- 如图，将造型线加1cm的缝份。

图5

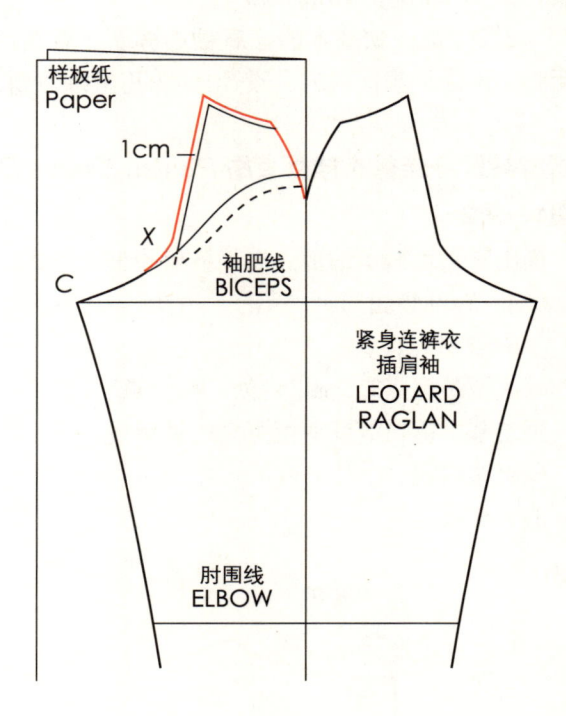

样板纸
Paper

1cm

袖肥线
BICEPS

紧身连裤衣
插肩袖
LEOTARD
RAGLAN

肘围线
ELBOW

图6

- 从样板纸上剪下样板。
- 完成样板并测试。
- 松紧带的安装参见第280页。
  注意：刀口标记的深度为0.3cm。

图6

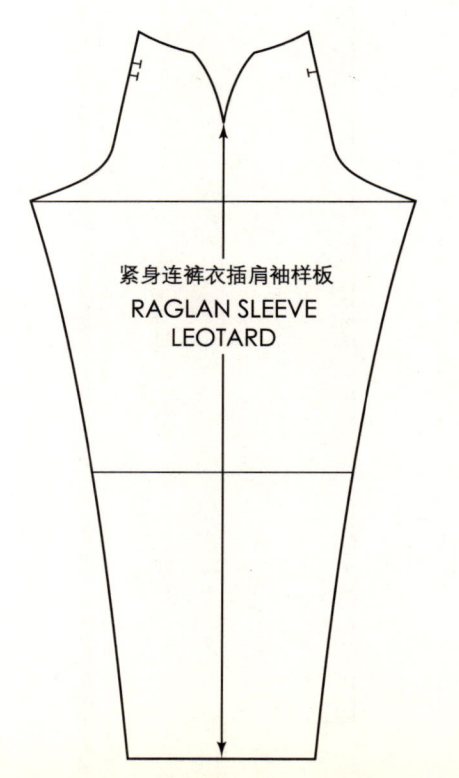

紧身连裤衣插肩袖样板
RAGLAN SLEEVE
LEOTARD

第11章 弹力舞蹈服和运动服 251

背心式紧身连裤衣基本款
Basic Tank Leotard

背心式紧身连裤衣原型式样，可以单穿或穿在紧身连衣裤之外，也可以与裤子和裙子相配搭。它的后肩带位置较靠进后领围线。下面将介绍肩带调整的必要性和具体方法。

后肩带调整 Back Strap Adjustment

紧身连衣三角裤、紧身衣裤和游泳衣的领口线因挖剪的较低，所以它们的后肩带都需要作调整。因为，在后片中开口较深的领，被修剪掉一大块，会出现宽松的情况，特别是在后片沿挖剪线这部分。为了消除这些空隙，可以把样板自后腰围线中心点（在造型线描好后）至侧胁线剪开，但不剪穿，调整样板，使肩带靠向颈肩点或后领围线。如有必要，得修改样板，重画后片造型线。列举背心式紧身连衣三角裤的样板制作如下：

背心式紧身连衣三角裤样板 Tank Top Draft
图1、图2
- 描出紧身连衣三角裤前、后片样板。
- 按图示画出款式造型线。采用原型样板或超短裤的裤腿口线。
- 可以在调整的基础上画出后片肩带。这样就不需要作剪开和重叠样板的处理（如果不能画好，那么就按上面介绍的肩带调整方法去调整）。
- 在剪开的造型线上加1cm缝份。或者在绘制样板时就考虑进去。
- 剪下样板。
- 完成样板，测试适合度。
- 有关松紧带的处理方法，详见第280、第281页。

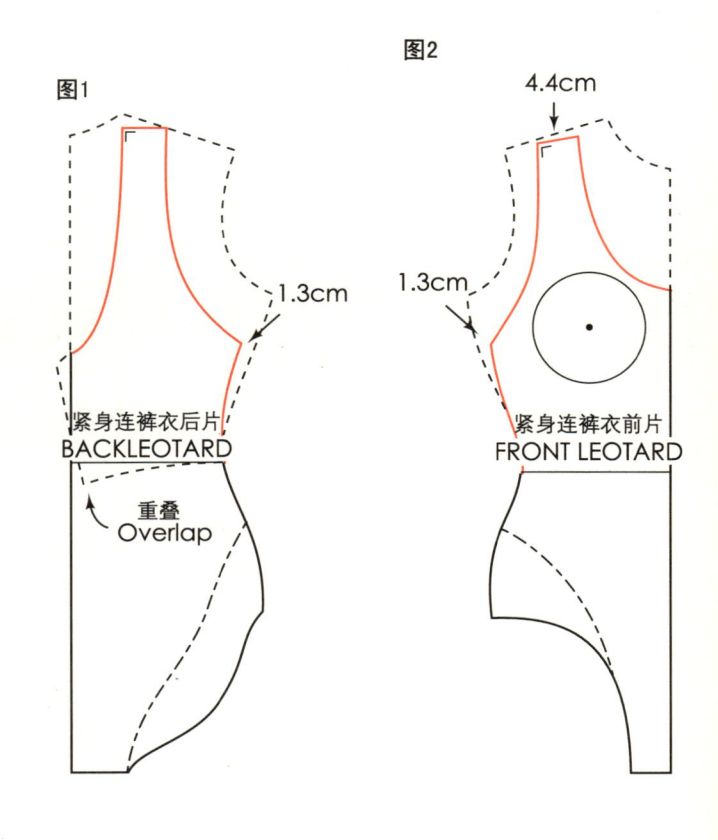

图1 紧身连裤衣后片 BACK LEOTARD 1.3cm 重叠 Overlap

图2 4.4cm 1.3cm 紧身连裤衣前片 FRONT LEOTARD

第12章

游泳衣 Swimwear

游泳衣的类型 SWIMWEAR TYPES 254
连衣裤式游泳衣的基本样板
MAILLOT FOUNDATION 255
   连衣裤式游泳衣的样板草图 Maillot Draft . . 255
   背心式游泳衣的原型样板
   Basic Tank-Top Maillot 257
   衬胸罩杯的游泳衣 Maillot with Bra Lining . . 258
   公主线游泳衣 Princess Maillot 260
   镶嵌胸罩游泳衣 Maillot with Inset Bra 262
   不对称游泳衣 Asymmetric Maillot 263
比基尼的基本样板 BIKINI FOUNDATION 264
   基于游泳衣或连体衣基本样板的比基尼
   样板制作 Bikini Based on Maillot or
   Leotard Foundation 264
   基于裙子前片基本样板的比基尼样板制作
   Bikini Based on Front Skirt Foundation 264
比基尼下装的变化 BIKINI BOTTOM VARIATIONS . . 265
   高位裤口线的比基尼裤 High-Cut Leg Bikini . . 265
比基尼上装的变化 BIKINI TOP VARIATIONS . . . 266
   公主线比基尼上装
   Princess-Line Bikini Top 266
   背带的变化 Strap Variations 267
   水平造型线胸罩式游泳衣
   Bra Top with Horizontal Styleline 268

胸罩式比基尼游泳衣
Bra Tops for Bikini Bottoms 269
   系带型比基尼上衣
   String-a-Long Bikini Top 272
   绑兜式比基尼游泳衣 Bandeau Bikini Top . . . 273
男童裤口式连身游泳衣的基本板样
LITTLE-BOY LEGLINE FOUNDATION 274
   男童裤口式连身游泳衣的变化
   Little-Boy Legline Variations 275
   男童裤口式连身游泳衣的样板草图
   Little-Boy Draft 275
丰满型游泳衣的基本样板
FULL-FIGURE SWIM FOUNDATION 277
   丰满型游泳衣的样板草图
   Full-Figure Swim Draft 277
   前片裙状的游泳衣
   Swimsuit with Skirt Front 278
需求品及特殊信息
SUPPLIES AND SPECIAL INFORMATION 280
   松紧带的用法 Use of Elastic 280
   肩部和裆部的处理
   Finishing Crotch and Shoulder 281
   游泳衣的胸罩 Bra Cups for Swimwear 282
   在游泳衣上安装吊带
   Attaching Neck Straps to Swimsuit 284

游泳衣的类型
Swimwear Types

19世纪的游泳衣几乎完全遮掩了女性的躯体。其长度一般从颈部至膝部与踝部之间。显然，这种服装不便于游泳。今天的游泳衣遮掩的范围就少得多了，它使身体能完全自由的活动。它所采用的面料也日益广泛，如棉针织物、莱卡针织物等，花式品种多样。

本章介绍四种游泳衣的基本样板。它们各有鲜明的特点，在诸多方面有所不同。例如裤口线的剪裁、胸部支撑物的类型以及造型轮廓等。

连身式游泳衣的基本样板　裤口线围绕大腿裁剪，始于横裆线，侧面至横裆线以上的设计所需位置。该款游泳衣采用弹性强的针织面料裁剪，紧贴身体，勾勒身体曲线。面料最大的拉伸方向为围绕身体的横方向，而不是沿身高的长度方向。因而游泳衣在长度方向面料的拉伸度较小。另外，连身式只需很小的胸部支撑物或根本不需要（第255页）。

比基尼游泳衣的基本样板　比基尼游泳衣由两件组成。裤口线围绕大腿裁剪，始于横裆线，侧面至横裆线以上的任何位置。它可用多种面料裁剪。胸衣可以钢托式胸罩为基础来发展多种造型，可用或完全不用胸部支撑物（第264页）。

男童裤口式连身游泳衣的基本样板　它以腰围线为基础，在其上下部分开，有单片或两片式的样式。其裤腿线长至超短裤位置。样板在胸腰省和胁省的作用下，突显胸部造型。如果需要，可以加胸罩杯作为胸部的内撑物。该款可以用厚挺面料或稳定型针织面料（拉伸度小）剪裁，其基本样板可用于发展网球装和太阳装等（第274页）。

丰满型游泳衣的基本样板　其基本样板为连体式。裤腿线至横裆线。基本样板受腰省和胁省控制，因此突显了胸部造型，内撑胸罩杯。这个基本样板常作为丰满成熟体型游泳衣设计的基础。它可用多种面料裁剪，裤口线常被长于它的短裙所覆盖（第277页）。

注意：在裁剪针织面料时，其最大拉伸方向为围绕身体的横向，而非身体的高度方向。面料最好选用与氨纶或橡筋混纺的针织布。

连身式游泳衣　Maillot

比基尼游泳衣　Bikini

胸衣、男童裤口式游泳衣　Little-boy

丰满型游泳衣　Full figure

第12章 游泳衣 255

连衣裤式游泳衣的基本样板 Maillot Foundation

连衣裤式游泳衣主要选用有较好复原性、拉伸系数为30%~100%（或更多）的针织面料制作。有关针织面料的知识可参见第9章的相关内容。如果连衣裤式游泳衣用稳定型针织面料，即拉伸系数较小的面料裁剪，可以增加样板的长度和宽度。可在原来的样板上增加罩杯的丰满量，以及在胸罩杯的上、下或之间做些设计变化。所有游泳衣产品的开发，在试样时都必须进行适合度的测试和其湿透和干燥所需要的时间的试验。在购买针织面料时，必须确认是否经过氟气测试。面料的最大拉伸方向是围绕身体的方向。在连衣裤式游泳衣的样板草图中已包括缝份。

连衣裤式游泳衣的样板草图 Maillot Draft

该样板草图基于上衣原型的后片样板：
- 针织无省道基本样板的制作，参见第224页。
- 躯干紧身衣的基本样板，参见第2页。
- 上衣原型的后片样板（如图示）。
- 该样板草图已包含了1cm的缝份。

所需尺寸
- (19) 前腰围/2 _____。
- (23) 前臀围/2 _____。
- (28) 上档深 _____。

图1

如果有肩部省道，移至袖窿。
- 在纸上画一条垂直线。
- 如图示，将后片中心线放置在过垂直线0.6cm的地方。
- 描出从颈（A）至袖窿（B）的线。
- 标出腰部（C），移走样板。

图2
- 从腰线向上垂直3.8cm画线，标出新的C点。

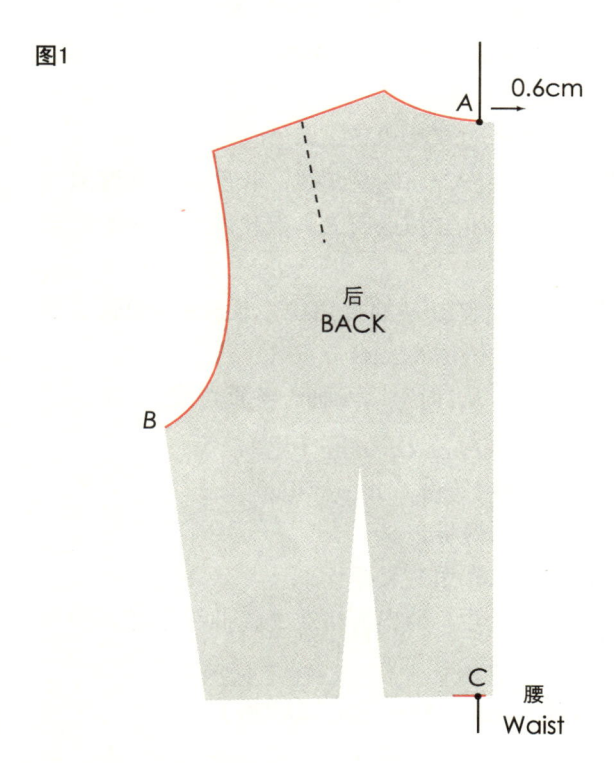

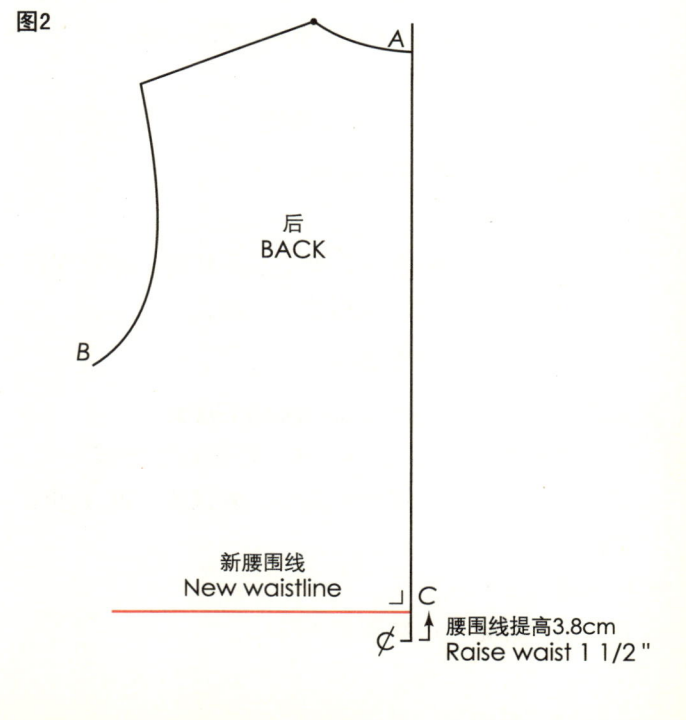

图1

A →0.6cm

后 BACK

B

C 腰 Waist

图2

A

后 BACK

B

新腰围线 New waistline

C

腰围线提高3.8cm Raise waist 1 1/2"

腰围、侧缝和领围线
Waist, Side Seam, and Neckline

图3

C~D=前腰围/2（19）-2.5cm，做标记。

直线连接D~B。

如图示画一条内曲的侧缝线。

A点向下3.8cm，画前领口线。

上裆深和臀围 Crotch Depth and Hip

C~F=上裆深/2（28）-1.9cm。

从C点画延长线。

C~F=（C~E）/2 -2.5cm。

F~G=过F点作C~E的直角线，长度为：前臀围/2（23）减去1.3cm。由G点向上画直角线交C~D的延长线上（腰线）。

E~H=过E点作E~F的直角线，长5cm（10码以下减0.3cm，超过12码加0.3cm）。

H~I=1cm。从I向F~G线画一条直角线。

前片裤口线 Front Leg Opening（图3a）：

- 将F~G线分成4等份，并做标记。
- 从I点向上5cm做标记。
- 从G点向内画1cm做交叉标记。
- 按照提供的尺寸，画出裤口线（该曲线不能碰到角线）。

后片裤口线 Back Leg Opening（图3b）：

- 如图所示，用直线连接H点与G点向内1cm的点。在该线中点向外画2.5cm的直角线，做标记K。
- 从K点画线至交叉标记。
- 从K点至交叉标记向外画出曲线。

分开样板 Separate Patterns

图4

将样板纸放在样板下，剪出后片轮廓，移除别针并分开样板。修剪前领线和裤口弧线。

如需更贴身：参照虚线。

松紧带缝制指导 Elastic Stitching Guide

请参见第280页关于裤口线处松紧带的缝制。

- 完成样板，剪下，用包缝缝纫，测试适合度（在CB处留12.8cm的开口）。
- 标出胸高点和乳圈线。
- 有关刀口标记，请参阅第234页。

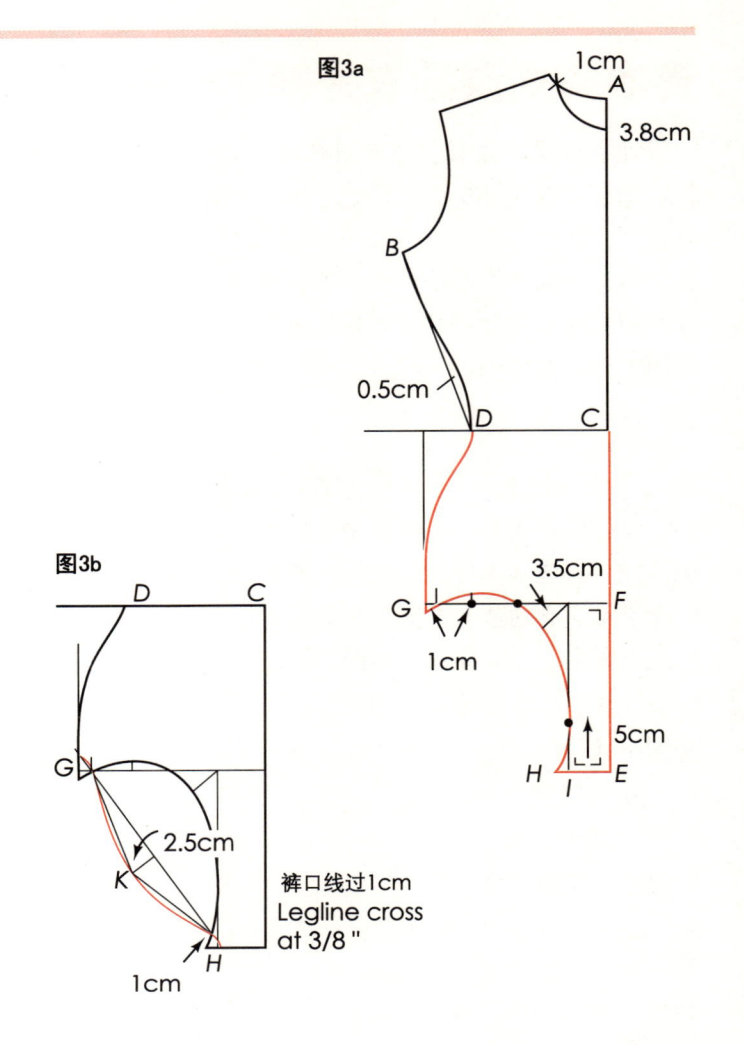

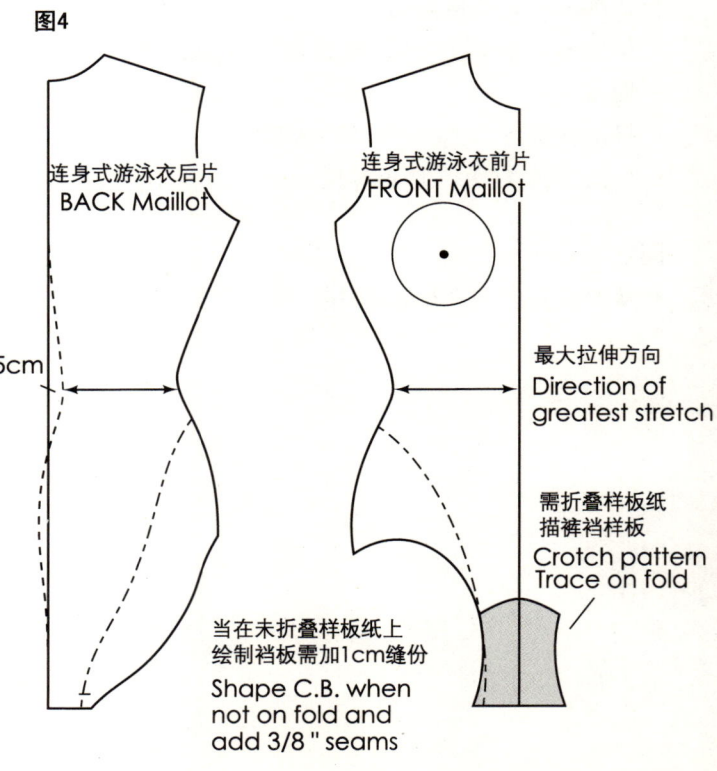

图3a

图3b

裤口线过1cm
Legline cross at 3/8"

图4

连身式游泳衣后片
BACK Maillot

连身式游泳衣前片
FRONT Maillot

最大拉伸方向
Direction of greatest stretch

需折叠样板纸描裤裆样板
Crotch pattern Trace on fold

当在未折叠样板纸上绘制裆板需加1cm缝份
Shape C.B. when not on fold and add 3/8" seams

背心式游泳衣的原型样板
Basic Tank-Top Maillot

这里展示了两款背心式游泳衣的原型样板：一款为背心式无胸罩杯游泳衣，另一款是经过修改样板，留出了胸罩杯丰满量的背心式，有胸罩杯的游泳衣。

无胸罩杯游泳衣的样板草图
Maillot Draft Without a Bra Cup

图1、图2

- 描出游泳衣前、后片基本样板（样板草图中已包括1cm的缝份）。
- 按照图示设计样板。在前、后片侧缝处，由袖窿至腰部，修剪1.3～2.5cm，使其更合身（调整后背带的位置，参见第251页）。
- 从样板纸上剪下样板。
- 完成样板，测试适合度。
- 用于适合度测试和样板调整的方法，参见第246页。

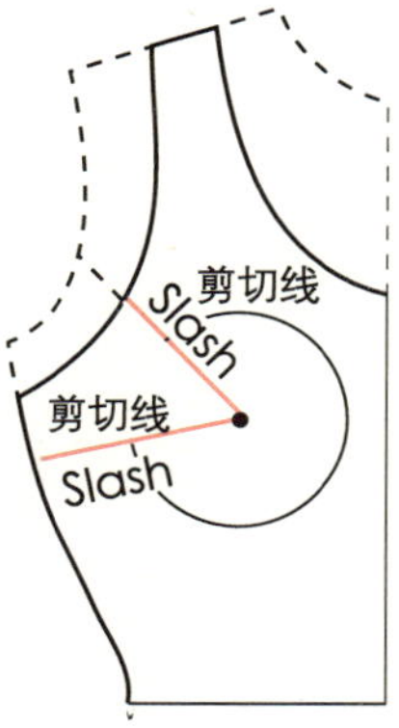

有胸罩杯游泳衣的样板草图
Maillot Draft with Bra Cup

图3

- 描出游泳衣的上部样板。
- 分别从袖窿和侧缝向胸高点画剪切线。

图4

- 从侧缝剪开切线至胸高点，再从胸高点剪开切线至袖窿，但不剪断。展开样板（小号胸罩杯可减0.6cm，大于B号的胸罩杯可加0.6cm）。

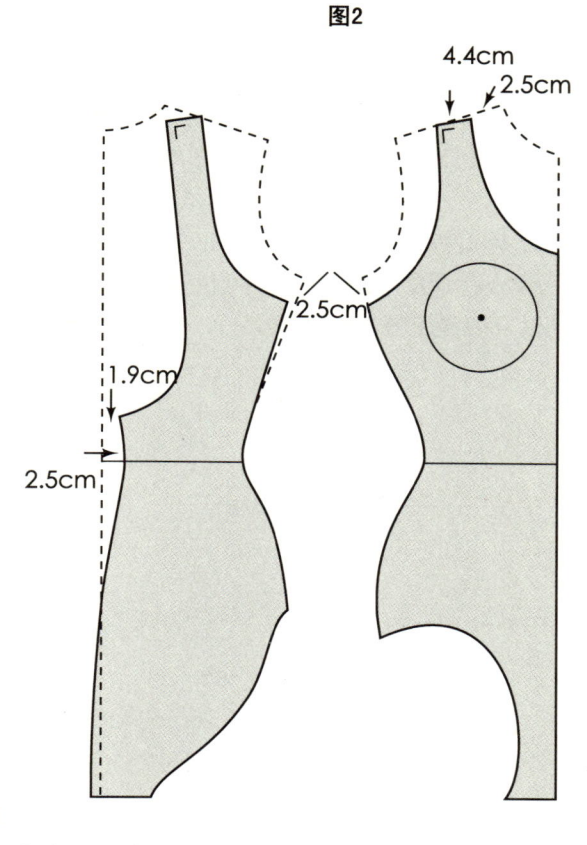

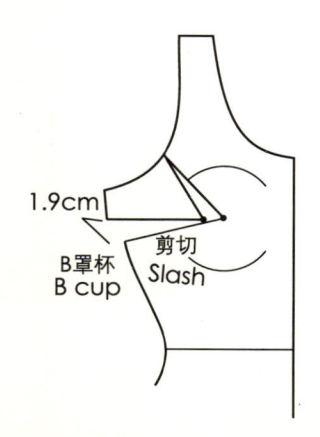

图5

- 省尖点距胸高点2.5cm。
- 调整两省线的长度至相等，重新画出侧缝线。
- 有关胸罩杯的插入和缝合，见第282、第283页。测试适合度。

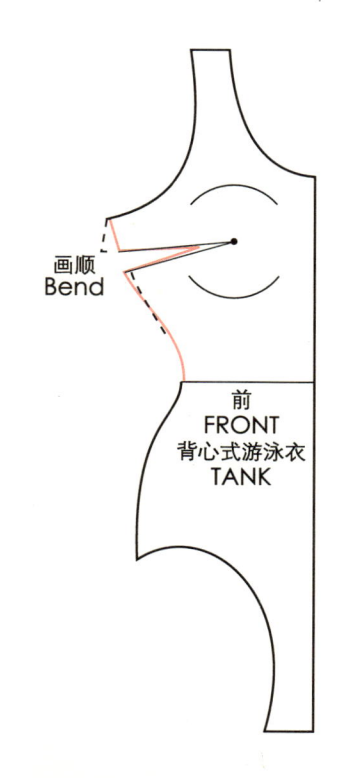

衬胸罩杯的游泳衣
Maillot with Bra Lining

该游泳衣的设计特点为衬有胸罩杯的里子。以此为例，可设计其他需要胸罩杯里子的游泳衣。

设计分析 Design Analysis

胸部造型线为直线，前片侧缝处有抽褶，裤口线可以做一般高度或高位设计。

游泳衣样板草图 Maillot Design Draft

图1　前片 Front

- 从侧面（包括侧缝）袖窿向上量5cm，标记点A。如果有必要尺寸还可以放得更大，以形成足够的丰满度。
- 从前中心线向A画一条直角线。
- 从前中心线向乳圈线下2.5cm处画一条直角线。标记B（为胸罩里子的基准线）。
- 分别在A点下2.5cm处和B点上2.5cm处做十字标记（控制抽褶的标记）。

图2　后片 Back

- 描出后片造型线。
- 在袖窿下1.3cm处做横线标记，并标记点F。
- 从腰线D点向上量至E点，使两者之间的距离等于前片C～B的尺寸，做剪口标记。
- 分别在F点向下2.5cm、E点向上2.5cm处做剪口标记。

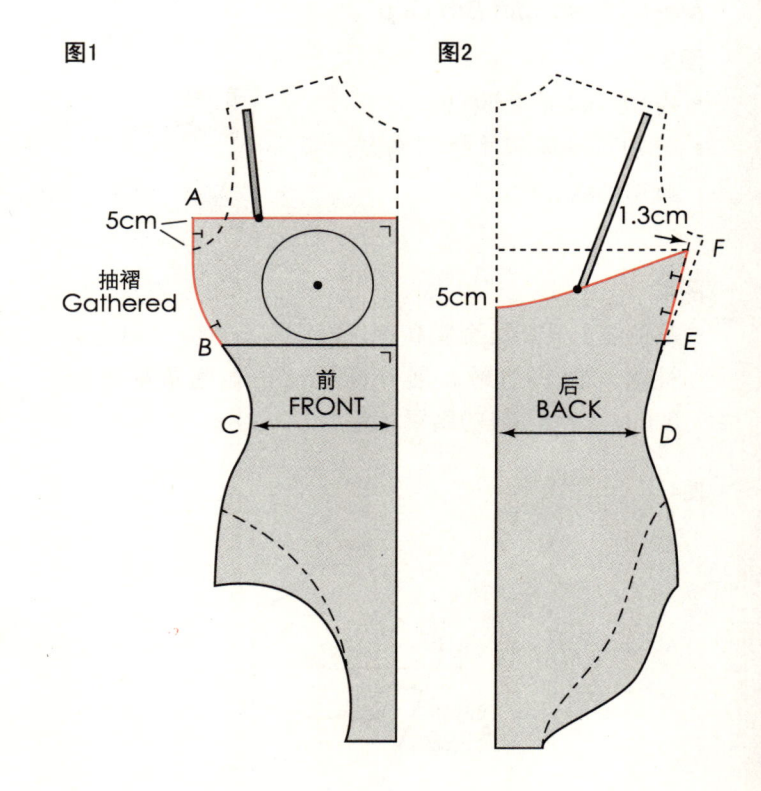

图3 带子 Strap

- 测量样板上带子的长度，减去衣片肩缝份的量，将前、后片中带子的长度加在一起。
- 画带子长度，宽为2.5cm。

图3

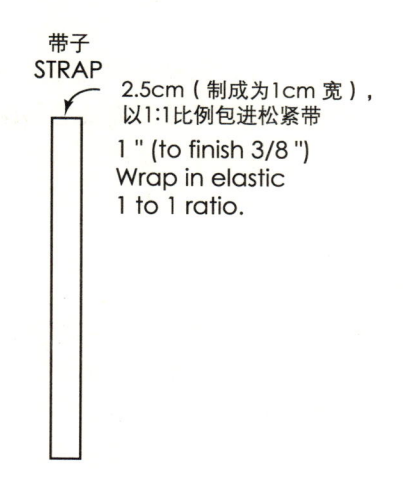

带子 STRAP

2.5cm（制成为1cm宽），以1:1比例包进松紧带
1 " (to finish 3/8 ")
Wrap in elastic
1 to 1 ratio.

图4 胸罩杯衬里 Bra Lining

- 对折样板纸，描出样板上的胸罩部分。从A点向B点画直角线。
- 从A点向G点画线，使其等于E~F（后片）的长度，并且距里子样板边2.5cm。
- 在A点以下2.5cm，G点以上2.5cm处做控制抽褶的标记。
- 如图所示，画乳下造型线。
- 参考前中心线及原始侧缝，在乳下造型线上做控制抽褶的标记。

松紧带 Elastic

松紧带设计在胸罩杯里子的底部，在剪口标记之间被拉伸至6.3cm（号型在6以下的为5cm）。松紧带缝进侧缝固定，将胸罩杯上部里子和游泳衣上部固定在一起。里子用轻薄经编的织物或同类织物裁剪。

- 游泳衣侧缝使用12.7cm长的窄撑带。
- 裤裆处的里子、松紧带、肩线牵带及胸罩结构请参见第280、第281页。
- 从样板纸上剪下样板。
- 将完成的样板做适合度测试。样板的调整方法参见第246页。

图4

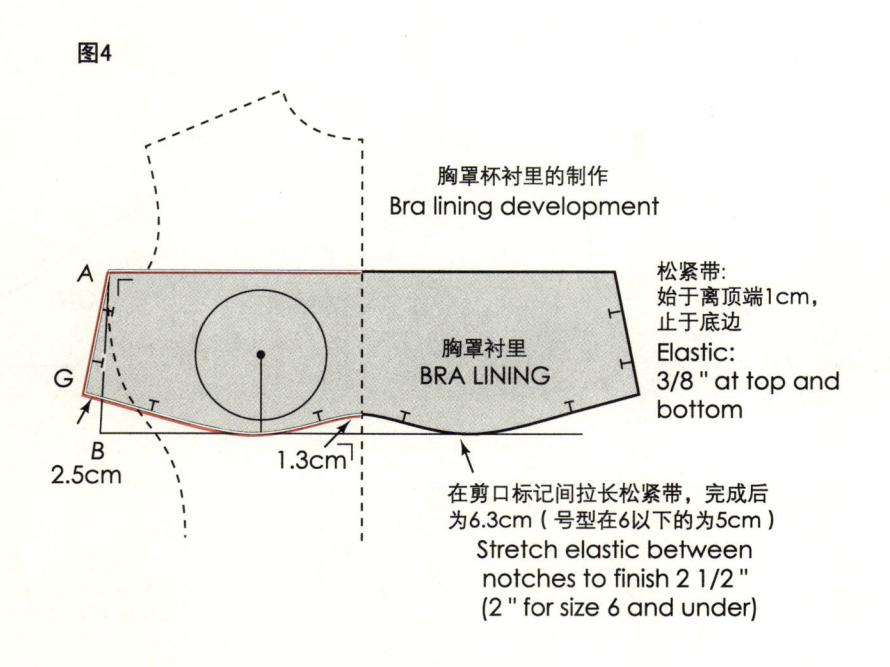

胸罩杯衬里的制作
Bra lining development

胸罩衬里 BRA LINING

松紧带：
始于离顶端1cm，
止于底边
Elastic:
3/8 " at top and bottom

STAY 窄撑带

（置于胸罩侧边的缝份上）
(side of bra seam)

在剪口标记间拉长松紧带，完成后为6.3cm（号型在6以下的为5cm）
Stretch elastic between notches to finish 2 1/2 "
(2 " for size 6 and under)

2.5cm　1.3cm

公主线游泳衣 Princess Maillot

公主线或任何经过胸高点的造型分割线，为添加尺寸创造了条件。如，当设计需要增加胸部空间量和安置胸罩杯时，它便发挥了作用。以此为例，可设计其他需要添加胸罩杯的游泳衣。

设计分析 Design Analysis

设计1和设计2都使用了公主造型分割线。这里例举了设计1的样板绘制：对游泳衣进行修改，添加了胸罩杯部分，裁低的后背样板用一条带子连接；背带可以在肩部用勾襻固定或延长成为肩、背带；在游泳衣躯干中的造型线上加入圆形裙摆或裙摆式荷叶边。

公主线游泳衣样板草图 Princess Maillot Draft

图1、图2

- 描出前、后片样板。
- 按图示描绘样板。公主造型线位于肩带的中间，从腰围线中点向中心线量2.5cm再向下作直角线，再向外量1.3cm并做标记后向腰部画线。裁剪并分离样板。

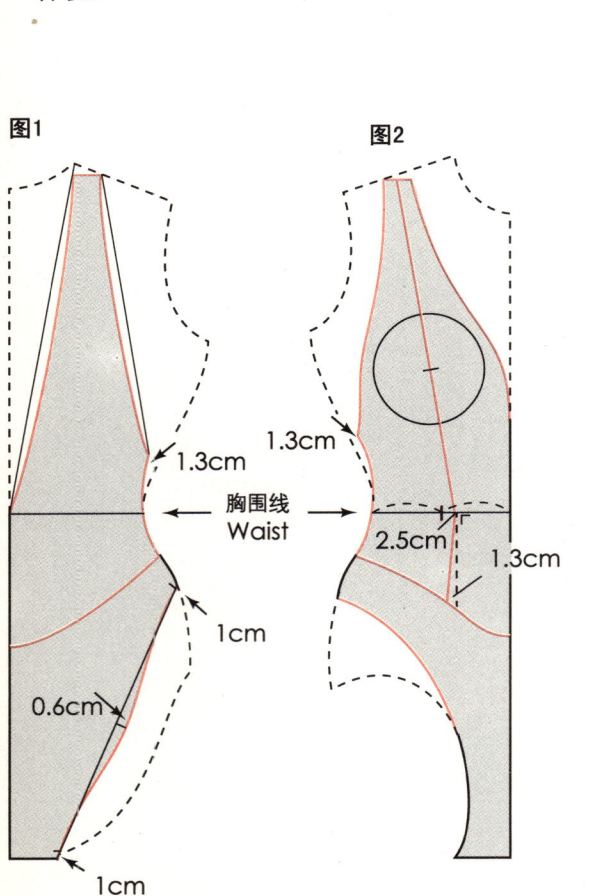

图3~图5 分开的样板 Separated Patterns

前片 Front

- 从前片和侧前片的胸高点各向外量2.5cm。
- 从乳圈上、下各向外量0.3cm，做标记。
- 画曲线，顺接乳房部位样板。
- 描出裆部里子样板。
- 如图，样板加1cm缝份。
- 在样板上标明拉伸方向的指示线并标上箭头。

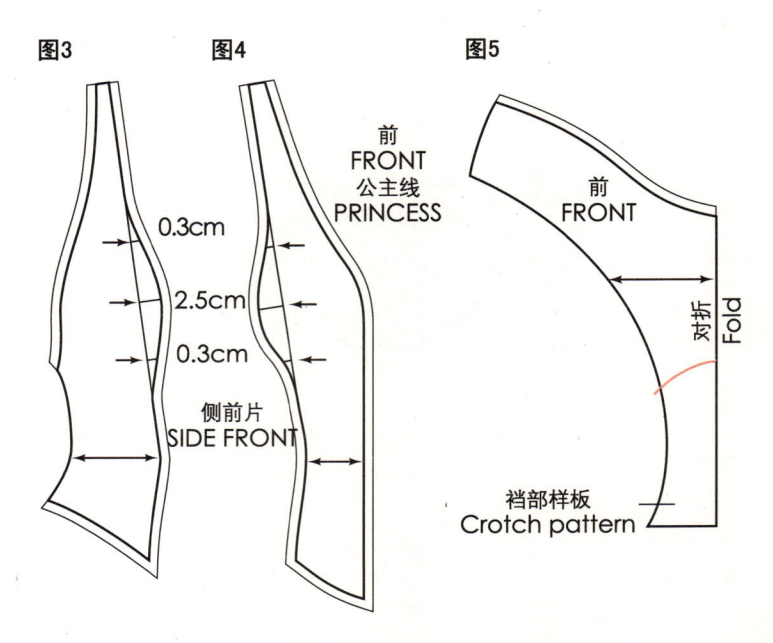

图6、图7　后片 Back

- 在样板上加1cm缝份，做标记，并标出主要拉伸方向的指示线。

图8、图9　裙子外形 Skirt Frames

- 从裤子前片（图8）和裤子后片（图9）样板上描出裙子外形，供剪切、展开使用。
- 画剪切线。

图10、图11

- 展开裙子样板至设计所需的丰满度（例如2∶1、3∶1等）。

测试适合度 Test Fit

- 按最大拉伸方向，将样板置于针织面料上。
- 包缝缝合，将游泳衣各片拼接在一起。
- 松紧带及裆部里子的做法参见第280、第281页。
- 在人体模型或人体上试穿。
- 如果太宽松，沿侧缝或后中心线用大头针别住。
  如果太长，沿腰围线用大头针别住。注意：不要去掉太多的长度，否则游泳衣会向下拉太多。
- 检查裤口线的适合度。
- 如有必要修改样板。

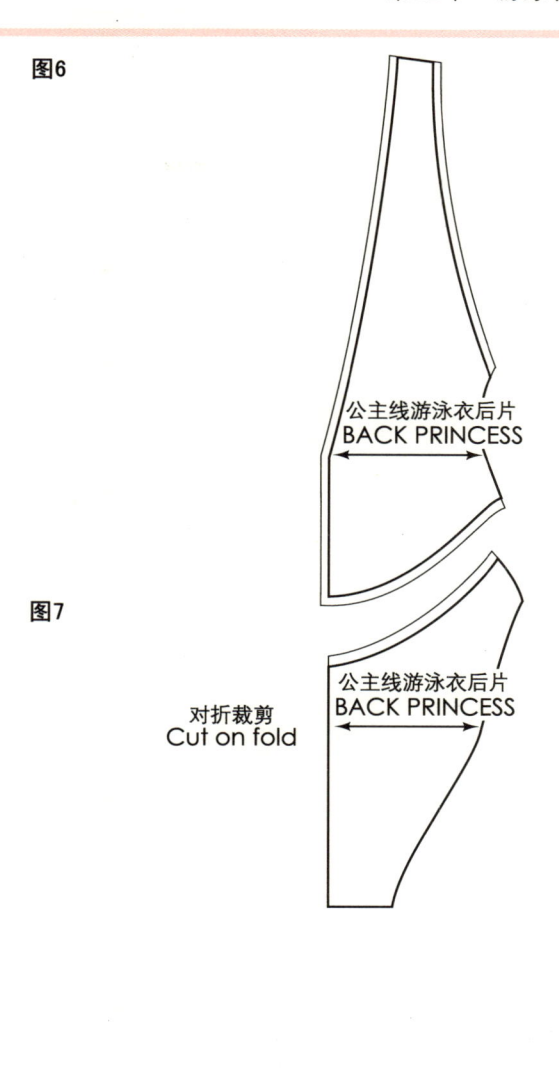

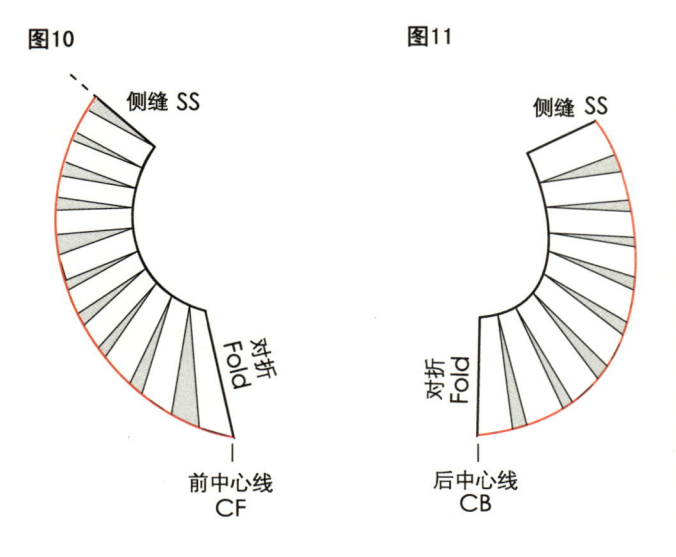

镶嵌胸罩游泳衣
Maillot with Inset Bra

设计分析 Design Analysis

设计2——有内镶式胸罩，在前中心线有一环形布带以加大胸罩容量，并产生抽褶效果。

设计1　　　　　　设计2

样板设计与制作 Pattern Plot and Manipulation

图1、图2

- 描出前、后片游泳衣基本样板，并做好所有标记。
- 在样板上描出设计图，侧缝长度不变（侧缝线长度相等）。
- 在乳圈线上、下画直角线。
- 剪裁并分离样板。

图1　　1.9cm　15.3cm　6.4cm　3.2cm　标记 Mark　前 FRONT　5cm

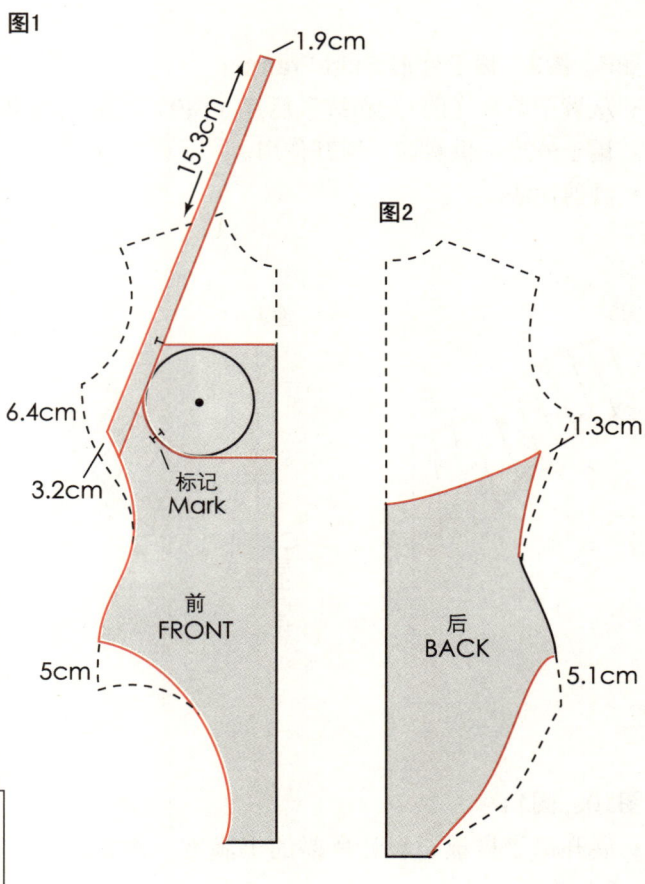

图2　　1.3cm　后 BACK　5.1cm

图3～图5

- 在对折的样板纸上描出样板（后片未作图示），按图示增加镶嵌样板的丰满度。分别在造型线、胸罩里子和带子的裁剪上加1cm的缝份。
- 从样板纸上剪下样板。

图3　样板纸 Paper　前 FRONT

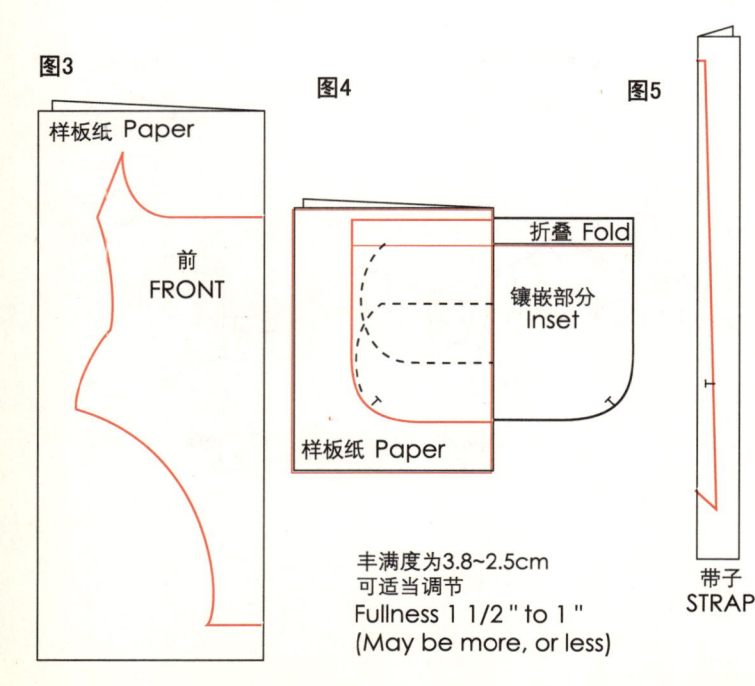

图4　折叠 Fold　镶嵌部分 Inset　样板纸 Paper

丰满度为3.8~2.5cm 可适当调节
Fullness 1 1/2" to 1"
(May be more, or less)

图5　带子 STRAP

图6

- 画一个 7.6cm×3.8cm 的布带（制成宽度为1.9cm）。
- 裆部衬里和松紧带的制作方法参见第280、第281页。

图6　3.8cm　7.6cm　布带 LOOP

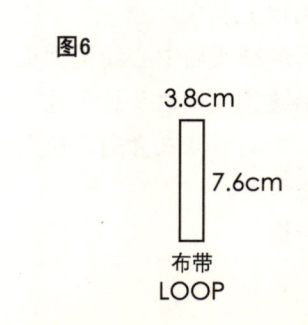

不对称游泳衣 Asymmetric Maillot

设计分析 Design Analysis

该款游泳衣有一条不对称的造型线，从肩部开始，经过胸部，最后抵达袖窿下部，并在前片的一侧抽褶，增加了丰满度（原理#2）。

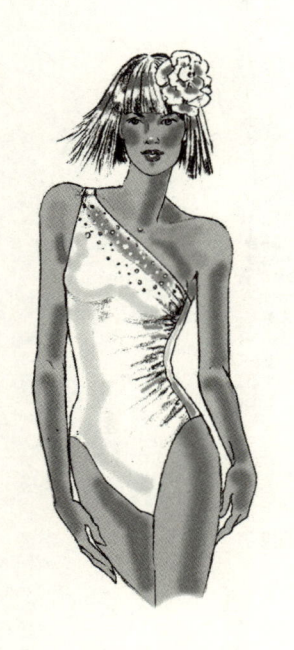

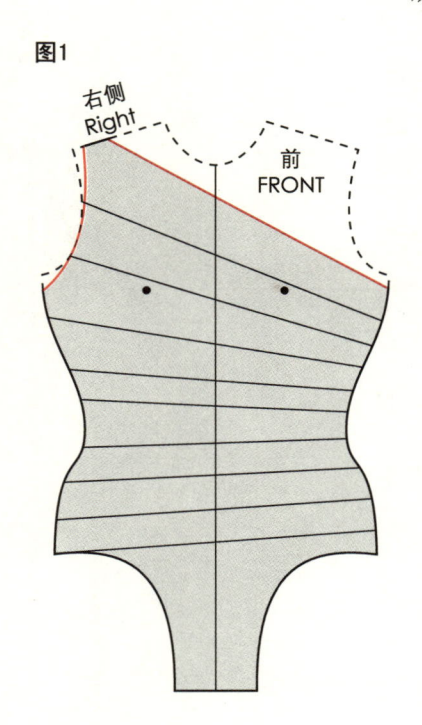

样板设计及制作 Pattern Plot and Manipulation

图1、图2

- 描出完整的前、后片样板。
- 画出造型线并修改样板。
- 向侧面抽褶的方向画剪切线。
- 从样板纸上剪下样板。

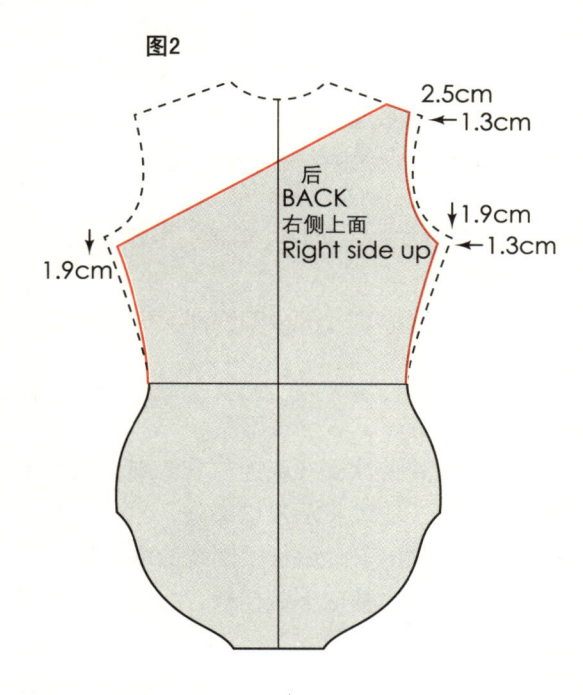

图1

右侧 Right
前 FRONT

图2

2.5cm
←1.3cm
后 BACK
右侧上面 Right side up
↓1.9cm
↓1.9cm
←1.3cm

图3

- 测量侧缝实际长度并做记录 _____。
- 剪开切线，将样板按顺序放在样板纸上。依次展开样板，使侧缝长度等于原长度的2～3倍。如果可能，最好均匀展开（例如：原始侧缝线长为45.5cm，展开至91cm或137cm）。
- 将展开的样板固定在样板纸上，描出样板外形轮廓线，并画顺侧缝线。
- 领口线处加1cm的缝份。
- 展开样板后，侧边移进2.5cm，最后与裤口线顺接。
- 裆部衬里和松紧带的制作方法参见第280、第281页。

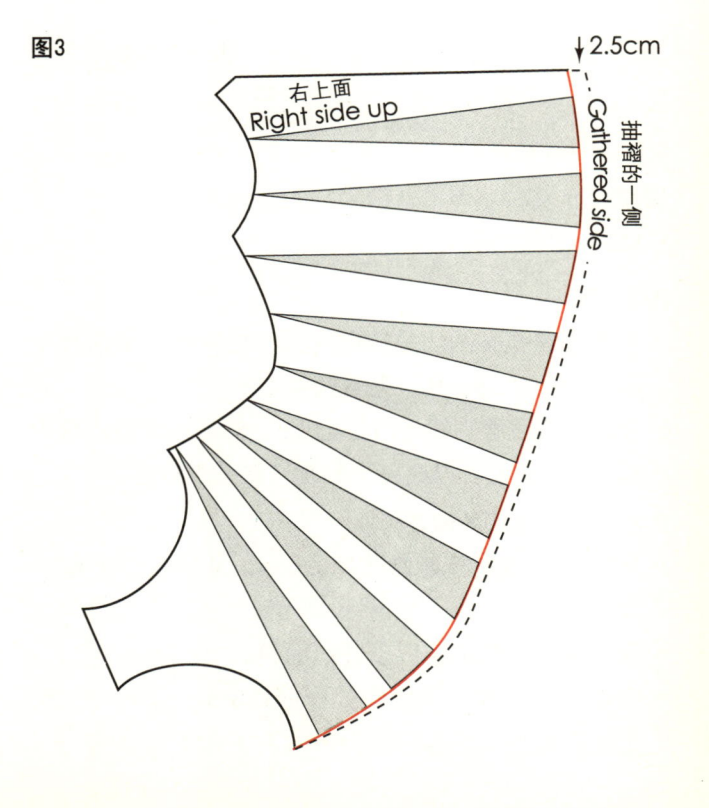

图3

右上面 Right side up
↓2.5cm
抽褶的一侧 Gathered side

比基尼的基本样板
Bikini Foundation

比基尼是一种简洁的、两件式组合的游泳衣。其特点是低开腰围线、高位裤口线的下装和胸罩式的上装。根据流行趋势和个人偏好，比基尼款式的系列范围可由适中至极端前卫。比基尼的下装可以依游泳衣（低领紧身连衣裙）样板为基础，或据原型裙前片样板进行设计。比基尼上装可以通过轮廓基准线样板进行设计，参见上册第9章内的相关内容。

基于游泳衣或连体衣基本样板的比基尼样板制作
Bikini Based on Maillot or Leotard Foundation

图1、图2
- 描出前、后片游泳衣（或连体衣）样板的腰围线到裤口线部分（虚线表示未描部分）。
- 如图所示，画出前、后片腰围线的水平线。
- 从样板上剪下比基尼下装样板。标明：仅用于针织面料。
- 描出另一片样板，侧缝加1.3cm，再加1cm的缝份。标明：仅用于机织面料（未作图示）。

基于裙子前片基本样板的比基尼样板制作
Bikini Based on Front Skirt Foundation

所需尺寸
- （28）前后裆长尺寸_____。

图3、图4
- 从腰围线至臀围线描出前片原型裙样板，从前片中心线向下10.2cm画一条直角线。
- 在前中心线腰围线处做标记点C，然后按紧身衣裤的图示说明进行，从C~E开始画（参见第244页）。

样板草图完成后的调整
- 从前、后边侧缝处修剪掉0.6cm，从样板纸上剪下样板。
- 在样板上标明：仅限于针织面料。
- 再描一个样板，从侧边处修剪1.3cm。标明：仅限于针织面料（已包括缝份在内）。

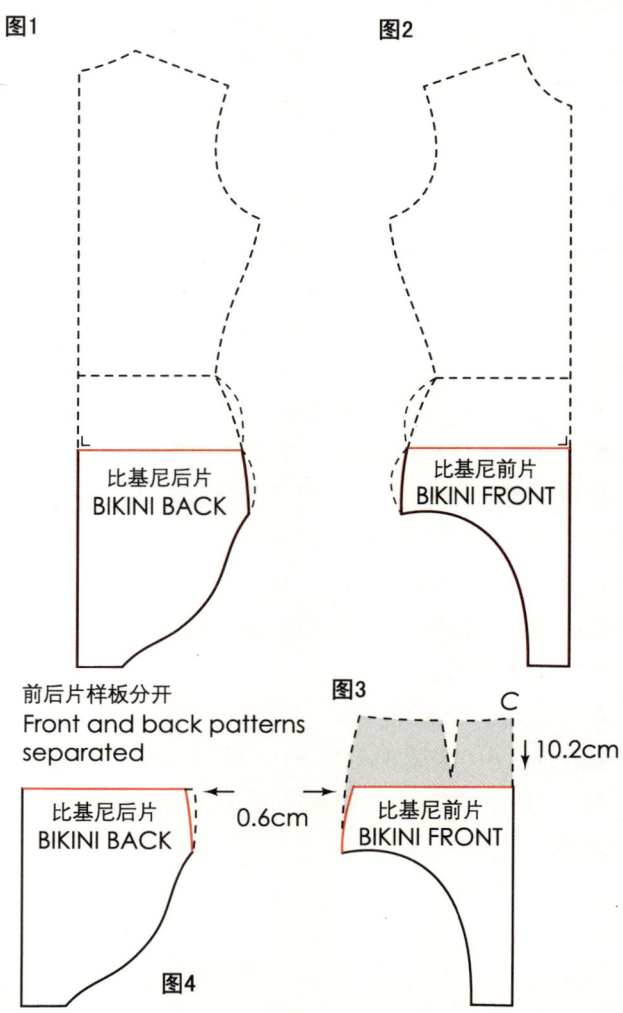

比基尼下装的变化
Bikini Bottom Variations

样板设计与制作 Pattern Plot and Manipulation

图1
- 将前、后中心线与样板纸的折叠线重合，描出样板。
- 如果是在机织面料上裁剪，需加1cm缝份。
- 从样板纸上剪下样板，复制1份作为里子样板。
- 关于裆处加衬里和松紧带方面的内容，请参阅第280、第281页。

图1a

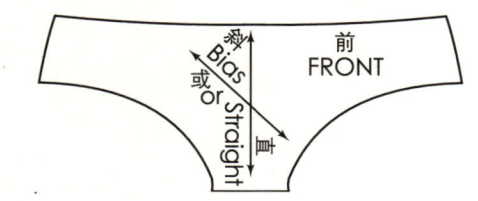

图1b

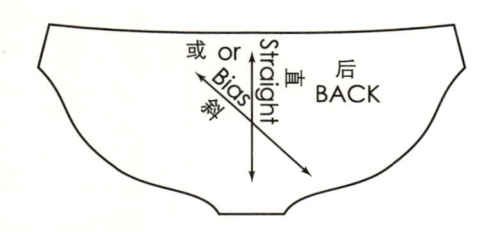

高位裤口线的比基尼裤
High-Cut Leg Bikini

比基尼的裤口线可以开的较高，腰围线也可以有多种定位。

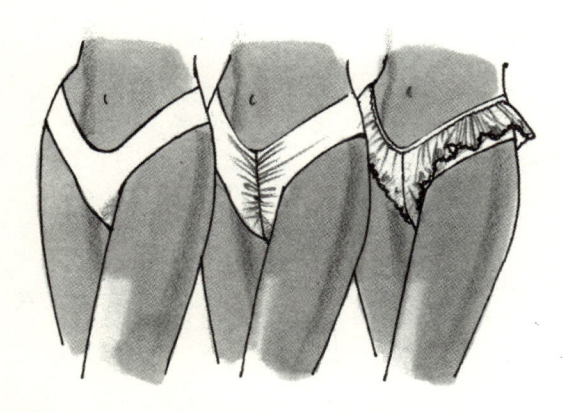

设计1　设计2　设计3

图2　设计1
- 描出比基尼和女式连衣裤游泳衣。
- 使用测量所得尺寸完成样板的设计与制作：
  $A\sim B = (A\sim C)/3$，$D\sim E = A\sim B$

图2a　图2b

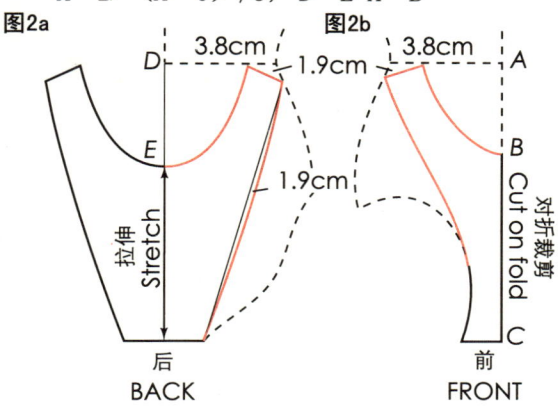

图3　设计2
- 描出比基尼前片样板，展开，增加丰满度。
- 后片样板可直接使用，完成样板。

图3

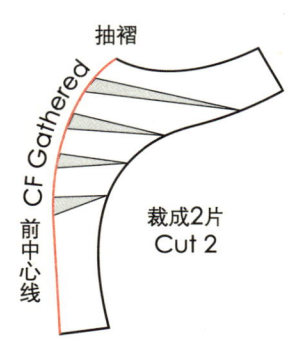

图4　设计3

前片：描出比基尼样板，以2∶1切片宽展开欲增加的丰满量（图4a）。

后片：画一个3.8cm宽的长方形，长度等于后片的曲线长（图4b）。

根据设计需要展开切线（图4c），完成样板。

图4a　图4b　图4c

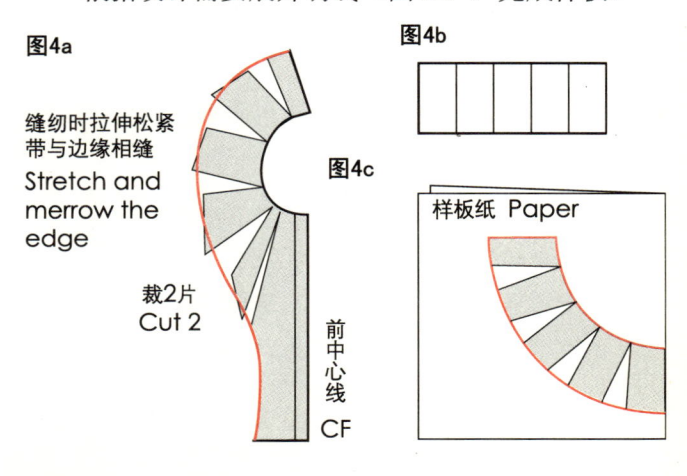

比基尼上装的变化 Bikini Top Variations

简洁的比基尼上装像胸罩一样遮在乳房上，与其下装相呼应，形成完美的组合。这里展示的上装，可作为其他胸罩式比基尼上装设计的基础。比基尼上装的样板以轮廓基准线样板（参见上册第9章）为基础。它据胸围尺寸确定造型线。比基尼样板的胸围要比轮廓基准线样板减少许多，样板师能依据它精确地塑造出乳房轮廓（图中无阴影部分）。如果不使用标准轮廓样板，则可以参照图示和利用提供的尺寸制板。比基尼的吊带可以直接缝在上装中，也可以像细肩带一样穿入带管，带子可延长环绕在颈上或绕过肩头，可以栓系，也可以用纽扣闭合。这里涉及三种背带的设计。

公主线比基尼上装
Princess-Line Bikini Top

设计分析 Design Analysis

这款比基尼上装有一条造型线从上而下地穿过胸高点（公主线）。

样板设计与制作 Pattern Plot and Manipulation

图1 比基尼胸罩 Bikini Bra

- 描出前片轮廓基准线样板，用高脚图钉转移基准线6（乳房上部轮廓）、基准线4（乳房下部轮廓）和基准线5（乳房之间的轮廓）。向胸高点连接基准线。
- 去掉侧缝余量。
- 用所提供的尺寸确定样板中的胸围尺寸（例如：7.6cm）及胸罩造型线。

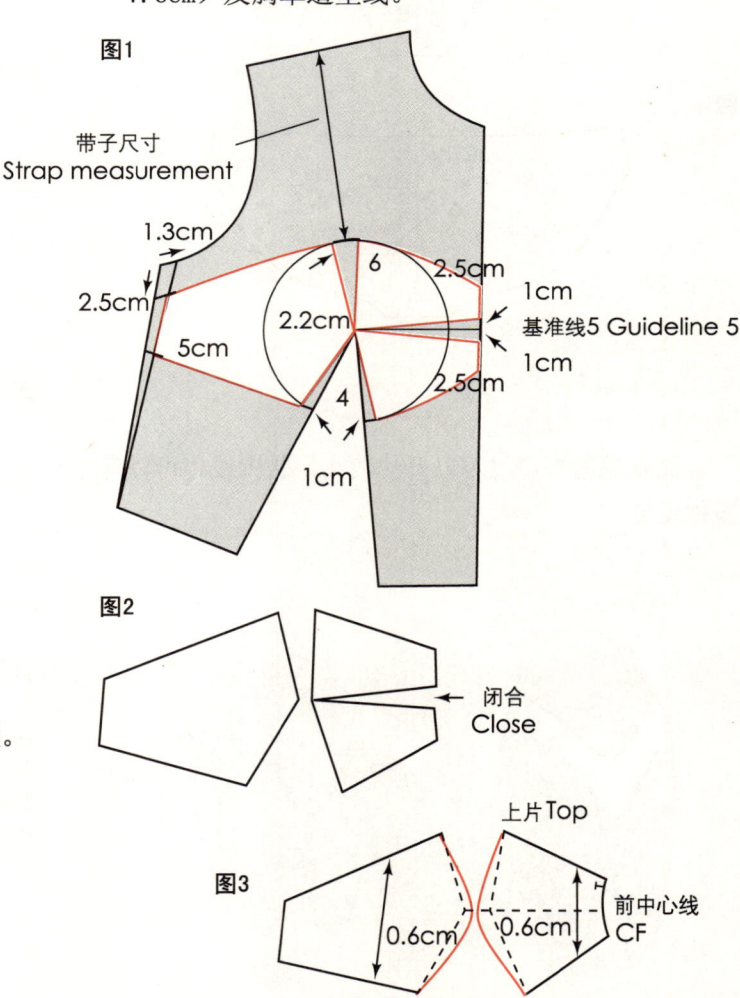

图2
- 从样板上剪下样板，打开比基尼胸罩的各片样板。

图3
- 闭合省线，放大样板，为乳房留出足够的空间。
- 选择需要的吊带型。参见第267页。
- 测试胸罩适合度（有或没有衬胸罩杯垫时）（侧缝缝份的放量，参见第268页图4）。

图4 背带 Back Strap

- 按照图示，画后背带（从后中心减去1.9cm，以消除省量）。

图4

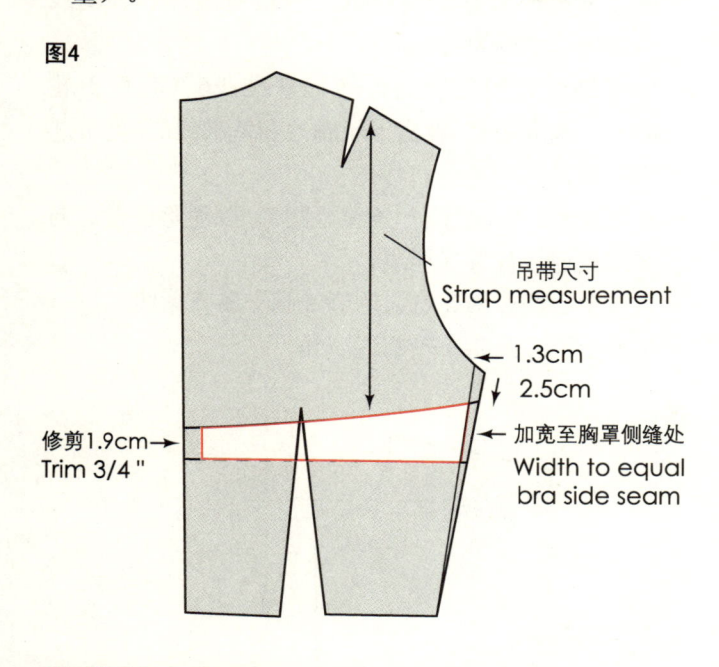

吊带尺寸 Strap measurement
1.3cm
2.5cm
修剪1.9cm Trim 3/4"
加宽至胸罩侧缝处 Width to equal bra side seam

背带的变化 Strap Variations

横背带 Tie Strap

图7

- 对折，描出背带的基础形状（图示为背带全形）。
- 延长25.4cm，并画出带端部的形状。
- 画出经向丝缕线，并加0.6cm缝份，从样板纸上剪下样板。

图7

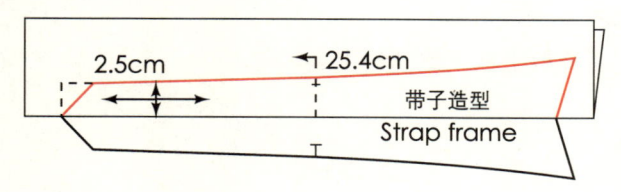

2.5cm　25.4cm
带子造型 Strap frame

松紧带和钩扣 Elastic and Hook Strap

图9

- 注意：这种闭合体适合于有1.3cm宽侧缝的胸罩设计。
- 画一条3.8cm×30.5cm的带子（剪成2段）。
- 剪两条1.3cm×15.2cm的松紧带（缝合时要拉长松紧带再缝）。
- 折叠带子做钩环，并缝合。另一侧带子在钩子上折叠，并缝合（钩子挂进钩环以固定服装）。

图5 背带外形（背带变化的基础） Strap Frame (Base for Strap Variations)

- 从样板上剪下背带样板，重描，加缝份。

图5

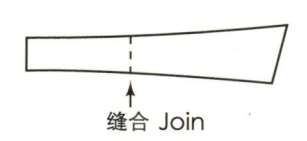

缝合 Join

图6 项吊带 Neck Strap

- 长度：从前片胸罩杯至肩中部，再至背带处，再加7.6cm。
- 宽度：按需要而定（例：长50.8cm，宽5cm，制成后宽1.9cm）。
- 如图所示，从样板一侧7.6cm处做纽孔标记，再等距排列纽孔。

图6

1.3cm
项带 NECK STRAP
对折线 Fold line
7.6cm

用纽孔控制的穿有松紧带的背带 Button Control with Elastic

图8

- 对折，描出背带基础形状（图示为背带全形）。
- 延长6.4cm，从A点向内2.5cm处做标记（表示后片中心）。从A点向内12.7cm处标记点B。
- 给纽扣和纽孔位置做标记。
- 剪两条1.9cm×10.2cm的松紧带（松紧带在A处固定，并沿折线向B处拉伸）。

图8

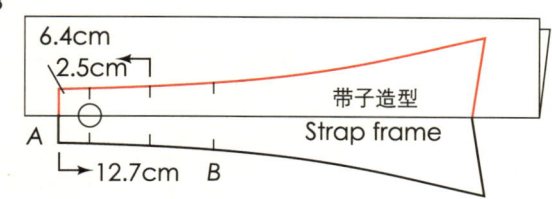

6.4cm
2.5cm
带子造型 Strap frame
A
12.7cm B

图9

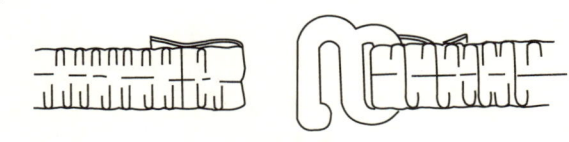

水平造型线胸罩式游泳衣
Bra Top with Horizontal Styleline

设计分析 Design Analysis

这款比基尼上装的造型线从前中心线过胸高点至侧缝（按个人尺寸或所给尺寸）。

样板设计与制作 Pattern Plot and Manipulation

图1

- 描出前片轮廓基准线样板，包括胸高点和乳圈线（例如：半径为7.6cm）。
- 用高脚图钉固定胸高点转移基准线6（乳房上轮廓）、基准线4（乳房下轮廓）和基准线5（乳房之间轮廓）。
- 距侧缝线1.3cm处画一条线至腰部，以消除余量。向胸高点连接各条基准线。
- 从前中心线过胸高点向侧缝线画一条直角线。
- 按所给尺寸画胸罩轮廓造型线。

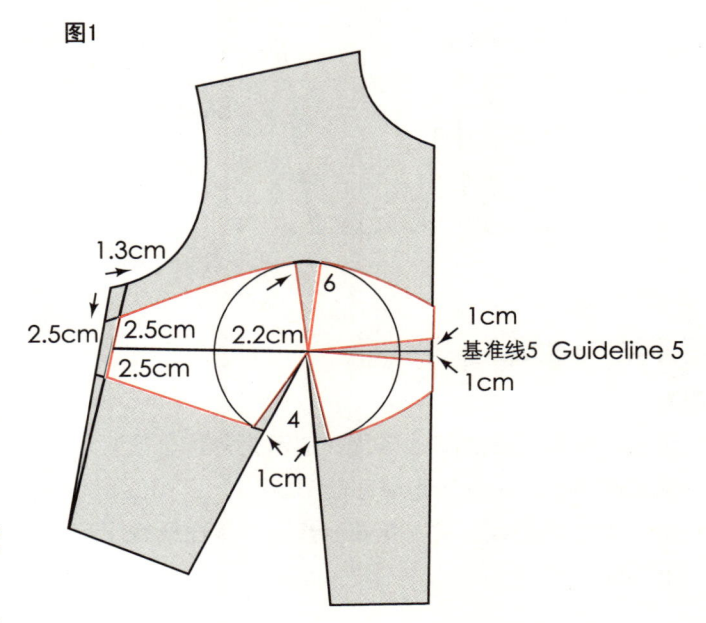

图1

图2

- 从样板上剪下比基尼上装。

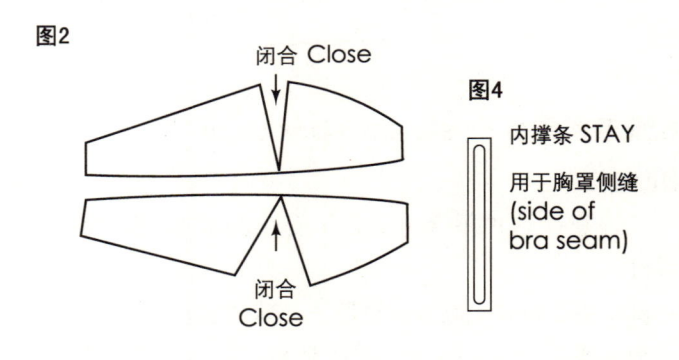

图2

图3

- 闭合样板各部分省。如图放出容纳乳房所需的空间量。
- 重描样板，画出经向丝缕线，加缝份。从样纸上剪下样板。再描一付胸罩样板作为胸罩衬里样板。
- 项带：若加项带，参见公主线比基尼上装，第267页图6。
- 背带：参见第267页图4～图9。

图3

图4

- 撑条：胸罩缝侧面。

图4

第12章　游泳衣　**269**

胸罩式比基尼游泳衣
Bra Tops for Bikini Bottoms

　　胸罩式上装与裙子、裤子搭配也是一种较时尚的打扮。胸罩可以用针织弹性面料或机织棉质面料裁制。用机织棉质面料裁剪时，需要在样板各边线上增加1cm缝份（因其无弹性）。这里有三款不同的胸罩式上衣。

设计分析：设计1 Design Analysis: Design 1

　　胸罩之间由1.9cm长的松紧带（制成后宽2.5cm）连接，松紧带外面由面料包裹，面料长5cm。适合度由胸罩钢托控制，它被包进缝份（1.3cm）里。胸罩应该用相同样板设计的经编织物做里子。用机织面料做闭合体背带的方法见第267页图4、图5。

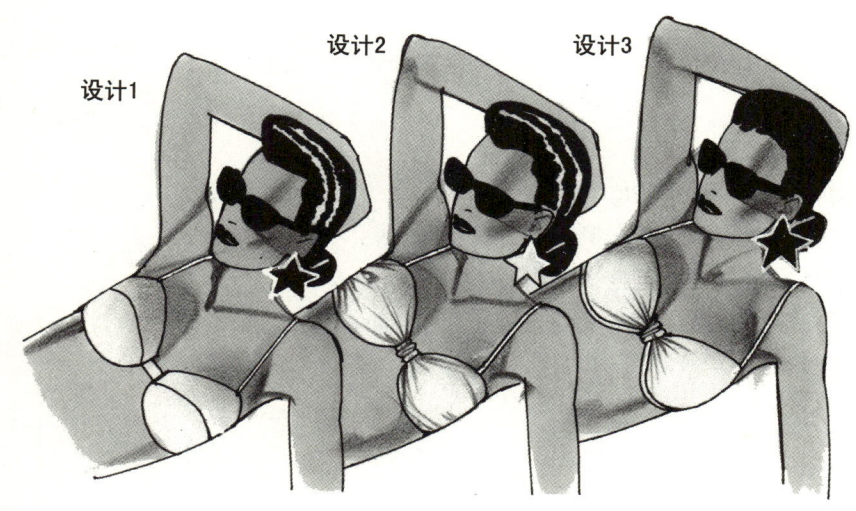

设计1　设计2　设计3

图1、图2

- 描出含有水平造型分割线的胸罩样板（参见第268页）。
- 按图示画出胸罩样板。每片样板的长度和宽度应等于乳圈/2的半径。下部廓型弧线如图所绘。
- 胸罩上部的侧面宽度等于8.9cm。

图3　背带 Back Strap

- 按游泳衣样板形成胸罩背带的长度和宽度（参见第270页图2），包括胸罩侧面的长度。
- 加缝份，从样板纸上剪下样板。

图3

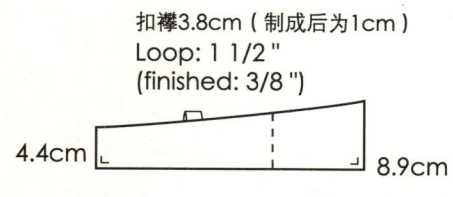

扣襻3.8cm（制成后为1cm）
Loop: 1 1/2 "
(finished: 3/8 ")

4.4cm　　8.9cm

布襻 Loop

- 画一条5cm×7cm的布襻。
- 剪一条2.5cm长，1.9cm宽的松紧带。布襻包在松紧带的外面，连接两个胸杯。

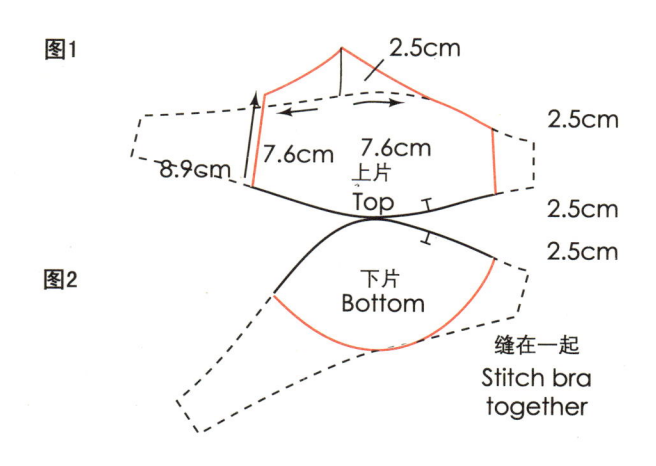

图1

2.5cm
2.5cm
2.5cm
2.5cm
8.9cm　7.6cm　7.6cm
上片 Top

图2

下片 Bottom

缝在一起
Stitch bra together

图4

- 测量吊带的长度。
- 在松紧带的入口处做刀口标记。

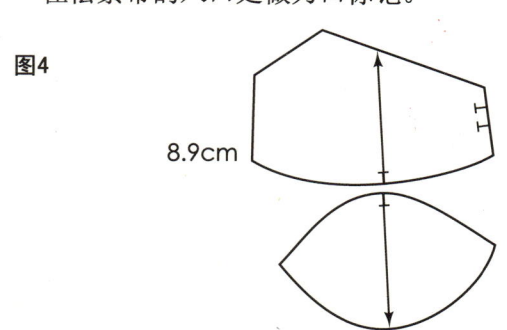

图4

8.9cm

图5 完成的胸罩式上衣
Figures 5a, b Finished Bra Top

- 钢托缝在胸罩的边缝上。钢托的形状如图5b所示。
- 将吊带缝到胸罩上的方法见第284页。

图5a

包线橡皮筋
Covered elastic

图5b

U形胸罩钢托
U-shape bra wire

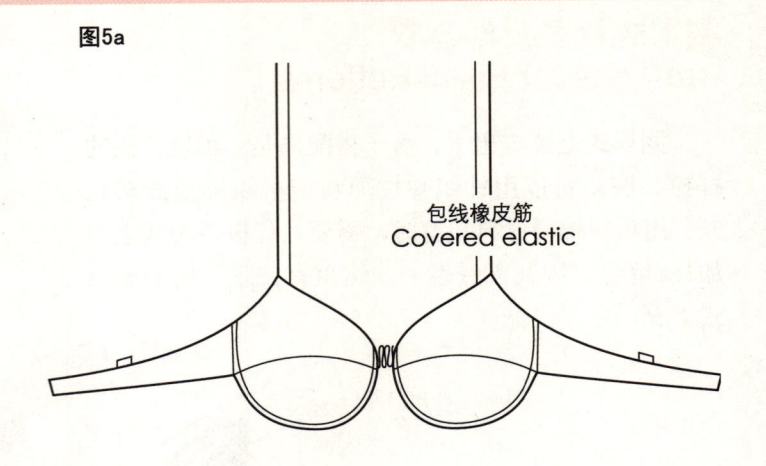

设计分析：设计2 Design Analysis: Design 2

胸罩在前中心处由一个扣襻控制，并在侧缝处形成抽褶。横跨后背的背带将服装固定在身体上。用弹性面料裁剪背带时，需折叠裁剪。用棉布或其他机织面料裁剪的方法，参见第267页。选择所需的服装闭合体。

图1

- 描出游泳衣上部的样板。
- 如图所示，描出胸罩及背带。
- 折叠裁剪细带。
- 加1cm缝份。

图1

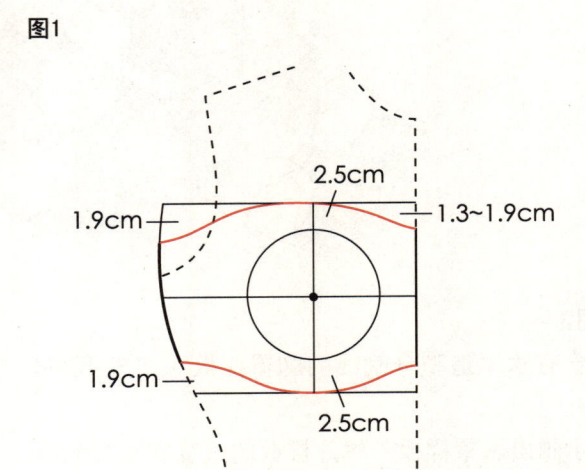

2.5cm
1.9cm — 1.3~1.9cm
1.9cm
2.5cm

胸罩上下部0.6cm处加松紧带
1/4" elastic for top and bottom of bra and strap

图2

- 用后片游泳衣样板作背带设计。

图3 扣襻 Loop

- 如图所示，画管状扣襻。
- 如果胸罩是用机织面料裁剪的，则参见第267页的处理要求。

图3

用来连接碎褶的管状扣襻
Tube to hold gathers

11.5cm
7.6cm

图2

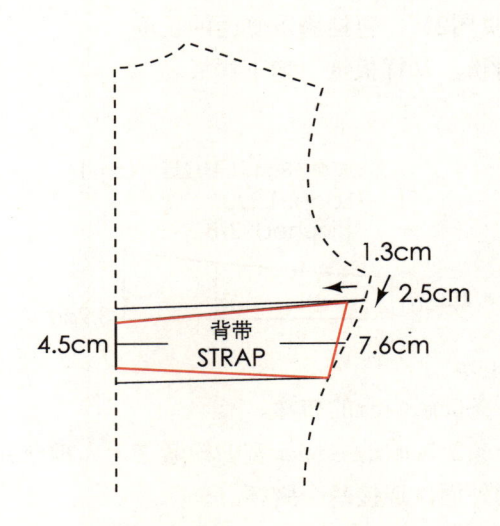

1.3cm
2.5cm
4.5cm 背带 STRAP 7.6cm

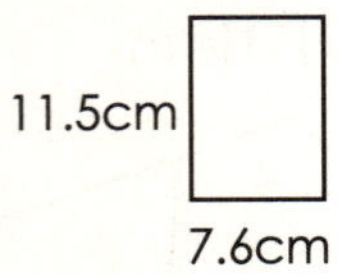

第12章 游泳衣

设计分析：设计3 Design Analysis: Design 3

在前片中心抽褶，并由一条带子控制在胸罩的金属丝上。

图1

- 描出游泳衣样板的上半部分。
- 将钢托放在样板上，描出钢托形状。如图所示，设计样板。

图1

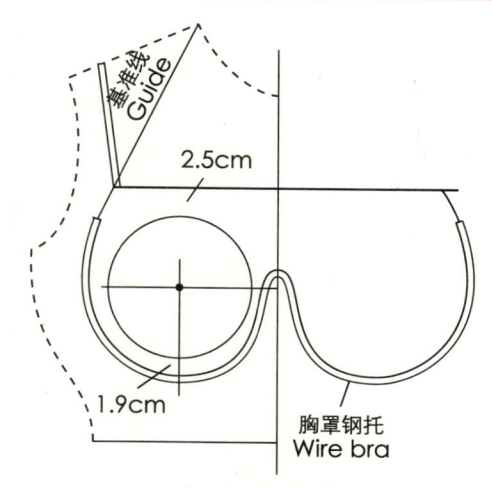

基准线 Guide
2.5cm
1.9cm
胸罩钢托 Wire bra

Trace wire bra on pattern

在样板上描出胸罩钢托的形状
钢托包织物（清理毛边）
Binding is used around the wire (cleans seams)

图2

- 在对折的样板纸上描出胸罩，加1cm的缝份。
- 描出后片游泳衣样板，设计背带样板（参见第270页图2）。
- 如果胸罩是用机织面料裁剪的，则见第267页说明。
- 画8.9cm×10.2cm的管状带。
- 完成样板并测试适合度。

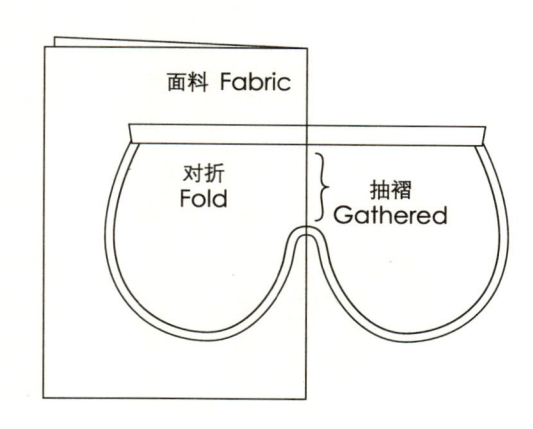

图2

面料 Fabric
对折 Fold
抽褶 Gathered

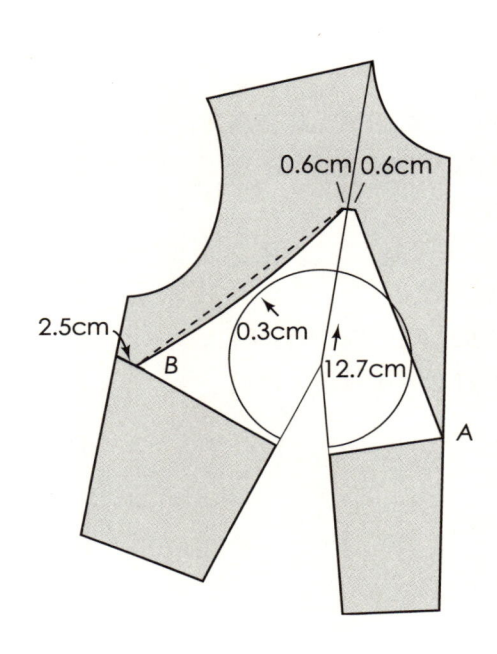

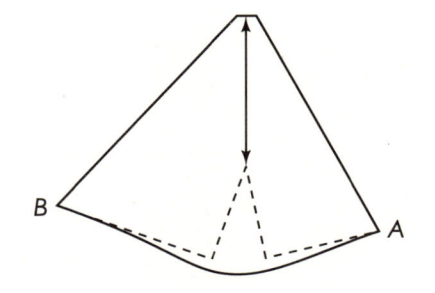

系带型比基尼上衣
String-a-Long Bikini Top

设计分析 Design Analysis

此款比基尼上衣的形状似三角形。两吊带与胸罩上部相连，在颈后系结，胸罩下部用一条细带穿过胸罩底边卷起的插带管，在后背系结（胸部底部形成抽褶）。用同料或其他材料制作里子。

样板设计与制作 Pattern Plot and Manipulation

图1
- 描出前片轮廓基准线样板。
- 在胸围下0.6cm处画直角线，标记点A。在距侧缝线2.5cm处做标记点B。
- 从胸高点至领角画一条基准线。
- 沿基准线，在胸高点以上12.7cm处做标记，然后在基准线的两侧各画一条长度为0.6cm的直角线。
- 分别向A和B画线。
- 在距乳圈线0.3cm处画一条内凹的弧线。

图1

图2
- 横向画顺展开的省道。
- 画出经向丝缕线，胸罩底部加1.3cm作为折边，其余缝份均为1cm。从样板纸上剪下样板。
- 描出里子样板。

胸罩至颈部吊带：裁两片2.5cm×45.5cm的吊带样板（与胸罩上部相连，系结在颈后），参见第284页。

穿带：2.5cm×102cm（穿过胸罩底边于后背系结）。

插带管：缝好里子后再缝制。

图2

绑兜式比基尼游泳衣
Bandeau Bikini Top

设计分析 Design Analysis

绑兜式比基尼上衣由一条细带做固定。细带穿过胸罩两侧的卷边抽带管，在颈后部系结。

样板设计与制作 Pattern Plot and Manipulation

图1
- 描出前片标准轮廓样板。
- 从前片中心线画直角线，与乳圈线顶端相距0.6cm；在低于乳圈线0.6cm处画一条前中心线的直角线。如图在乳圈侧部画直线，并在直线两端各向内移1.3cm画弧线。
- 剪下绑兜样板。

图1

图2
- 在对折的样板纸上重描样板。
- 画出经向丝缕线（直线或斜线）。加1.3cm的卷边量（插带管），其余缝份为1cm。
- 裁剪斜带：2.5cm×152cm。
- 从样板纸上剪下样板，描出里子样板。

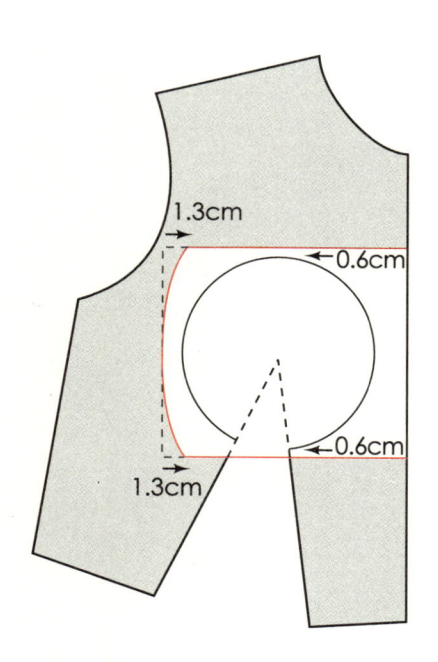

图2

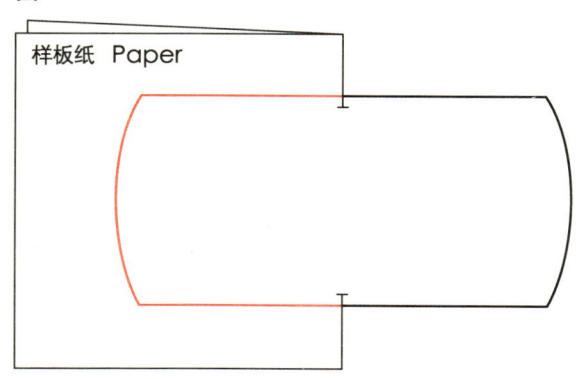

男童裤口式连身游泳衣的基本板样　Little-Boy Legline Foundation

男童裤口式连身游泳衣基本板样是从宽松连衣裤设计样板中发展而来的。如果没有宽松连衣裤样板，可按照第8章中有关连衣裤的设计方法制作至膝的连衣裤样板。

男童裤口式连身游泳衣板样草图
Little-Boy Draft

图1、图2
- 描出宽松连衣裤前、后片至裆点以下3.8cm之处的样板。在位于侧缝横裆线处画一条裤口线或画一条与横裆线平行的裤口线，以便裁剪（如虚线所示）。
- 沿前后裆长线从裆点向上量出6.4cm，做标记。如图所示，向裤口线画一条剪切线。

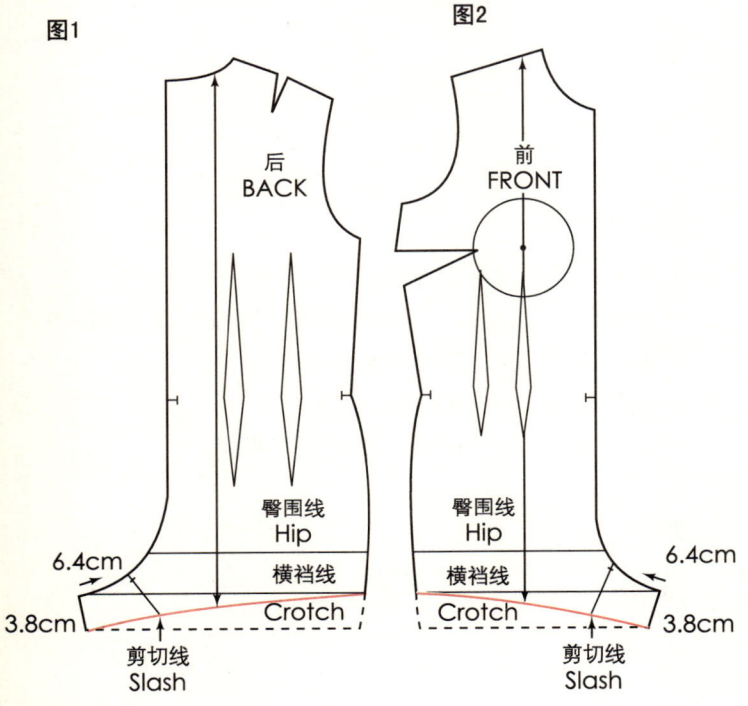

图3、图4
- 剪开切线至前后裆长线，但不剪断。
- 重叠1.3cm，固定（收紧裤口线）。

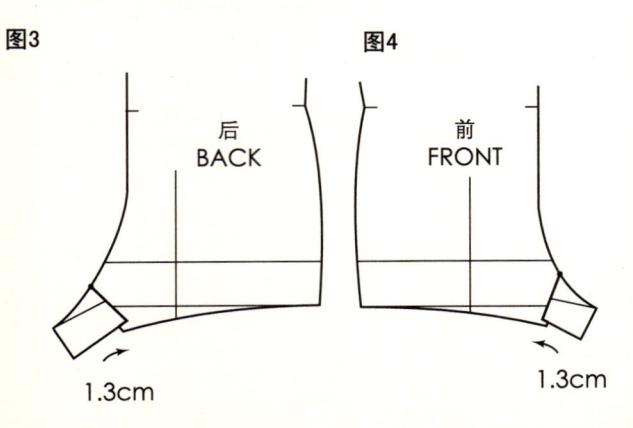

图5、图6
- 将裆点上提0.6cm。
- 侧缝线内收1cm。
- 画顺裤口线和横裆区域的线条。

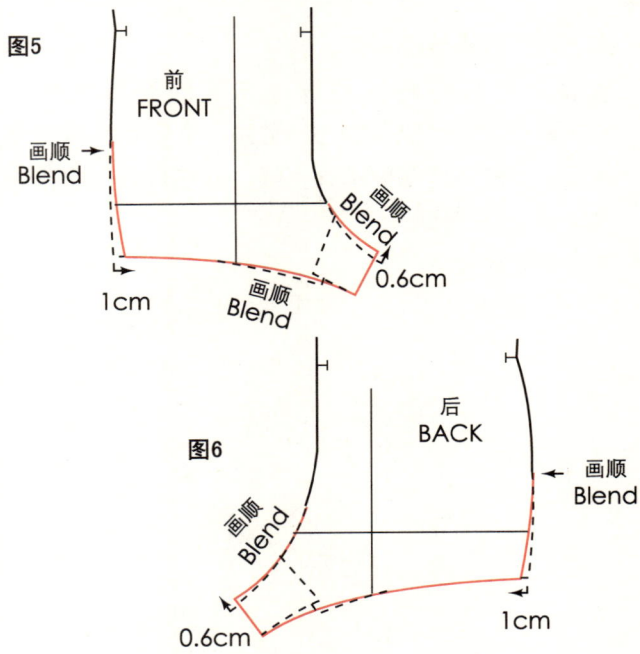

图7、图8
- 图示为完成的基本样板。如果用稳定型针织面料裁剪，则需从两侧缝去掉1.3cm、腰部去掉2.5cm。

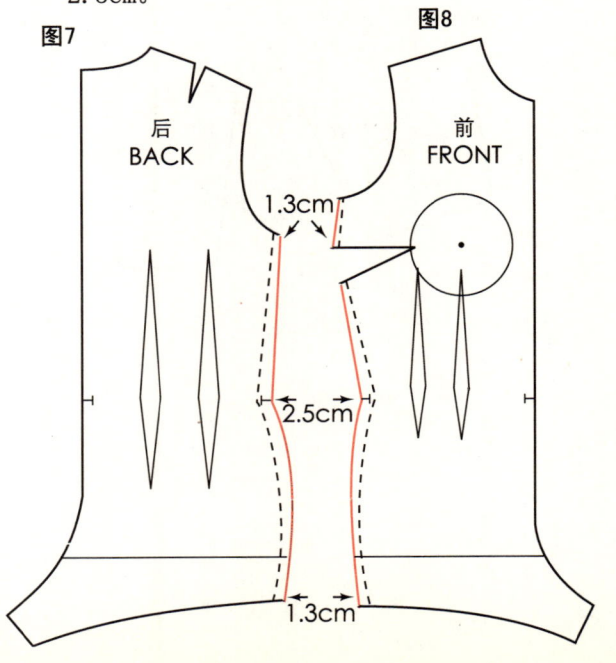

第12章 游泳衣 **275**

男童裤口式连身游泳衣的变化 Little-Boy Legline Variations

下列样板设计体现了基于男童裤口式连身游泳衣基本样板所做的多种变化。另外，该基本样板还可用于网球装和日光浴装的设计。设计1的特点是男童裤腿口处有开衩；设计2的特点则是有公主分割线的罩衣，公主分割线的拼缝处放置了内撑物，控制着服装的适合度与塑形，还有抽褶形成的灯笼裤口。下面介绍设计1的样板制作。设计2作为实践练习题。

男童裤口式连身游泳衣的样板草图
Little-Boy Draft

设计1分析 Design Analysis

有开衩的男童裤口式连衣游泳衣（设计1）用棉质机织面料裁剪并加里子布。其特点是：沿帝国线裁剪，领口造型线有特色，露背。胸罩部分（胸罩杯可选择）有自胸高点引出的褶裥。裤口线有开衩。躯干适合度用前、后片中的省道来控制。吊带沿着降低的袖窿，并可用纽扣调整其长度。

样板设计与制作 Pattern Plot and Manipulation

图1、图2

- 描出前、后片轮廓基准线样板（参见第9章）。
- 描出胸高点并画出乳圈线（例：半径为7.6cm）。
- 用高脚图钉转移6号基准线（乳房上轮廓）、4号基准线（乳房下轮廓）和5号基准线（乳房之间的轮廓）。把基准线和胸高点连接起来。
- 按个人尺寸或所给尺寸描出轮廓。
- 如图所示，描出造型线（单省的前片和后片）。
- 扩大省纳入量，降低至腰省（前片阴影部分）。
- 分别将前、后片中另一省量转移到两侧前中心线、后中心线及侧缝处。
- 后中心线向内移1.3cm，并与裆长弧线处顺接，使其更紧身。
- 裁剪并分离样板，剪开切线至胸高点。

图3 胸罩的上部 Bra Top

- 合并胁省、基准线6和基准线5，重描样板。
- 从胸高点（新省尖点）向两侧量2.5cm，做标记点A、点B。在展开的省中心做标记点C。

图3

胸罩上部
BRA TOP

合并基准线6
Close guideline 6

闭合省道
Close dart

2.5cm 2.5cm
B   A

合并基准线5
Close guideline 5

C

图4

- 向C点折叠省线，同时向标记点A和点B折抽褶。再用描图手轮将造型线转移到下面已经折叠的褶上。展开样板，用铅笔画一条虚线（打褶形状见图4b）。
- 画出经向丝缕线。
- 有关胸罩的内容，参见第282页图1～图4。

图4a

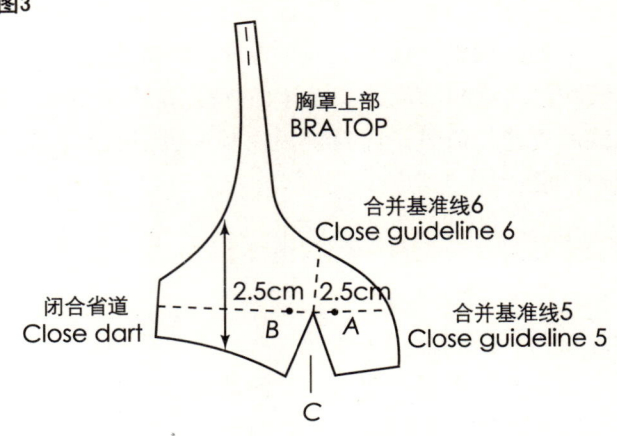

B   A

C

向中心线打褶裥
Fold dart to center

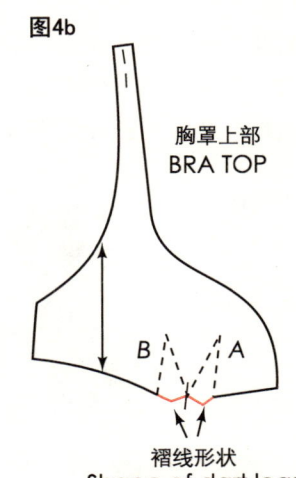

图4b

胸罩上部
BRA TOP

B   A

褶线形状
Shape of dart legs

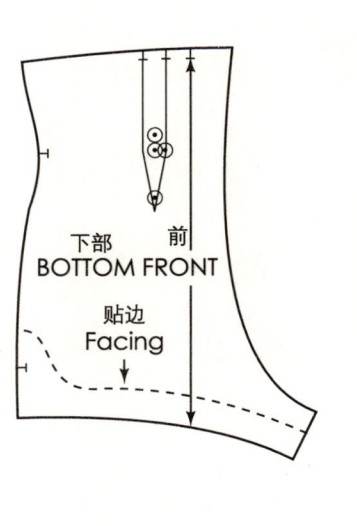

图5、图6

- 描出胸罩里子样板。如图所示，在裤口线向上描出贴边形状。
- 加缝份。如图所示，做圆孔标记。

图5

背带 STRAP

后
BACK

贴边
Facing

图6

下部
BOTTOM FRONT

前

贴边
Facing

丰满型游泳衣的基本样板 Full-Figure Swim Foundation

丰满型游泳衣的基本样板采用机织面料或针织面料（如橡筋和氨纶材料）做游泳衣均适合。在腰和胸部区域需要用省道去控制服装的适体度，还需要用胸罩杯来撑塑胸部。该样板未加缝份。用针织面料裁剪时，样板需做调整。再描一个基本样板，用于发展其他设计款式的样板。

丰满型游泳衣的样板草图
Full-Figure Swim Draft

所需尺寸：
- 上裆深（24）_____。
- 前后裆长（28）_____。

所需样板：
躯干前、后片样板，以及低领紧身连衣裤样板。

样板设计与制作 Pattern Plot and Manipulation

图1
- 描出前、后片躯干样板。
- 做胸高点和乳圈线标记。用高脚图钉转移基准线6（乳房上轮廓）、基准线4（乳房下轮廓）和基准线5（乳房之间的轮廓）。把基准线和胸高点连接起来。
- 在前臀围处向外移0.6cm，画出躯干前、后片中的新臀围至腰部分的外形线（虚线为原始臀围线）。
- 在前腰围中心点标记点A。
- 按照说明做样板。参见第244页，图4（从C~E横裆长开始）和图5。横裆和臀部区域缩小1.3cm。
- 画好裤口线。从样板纸上剪下样板。

图2 后片基本样板 Back Foundation
- 描出躯干后片。
- 将前、后片样板放在后片躯干样板上，让两者臀围线和前、后中心线相吻合。
- 描出后片裤口线，移开样板，剪下后片。

图3 前片画法 Front Foundation
- 修改前片中的裤口线。

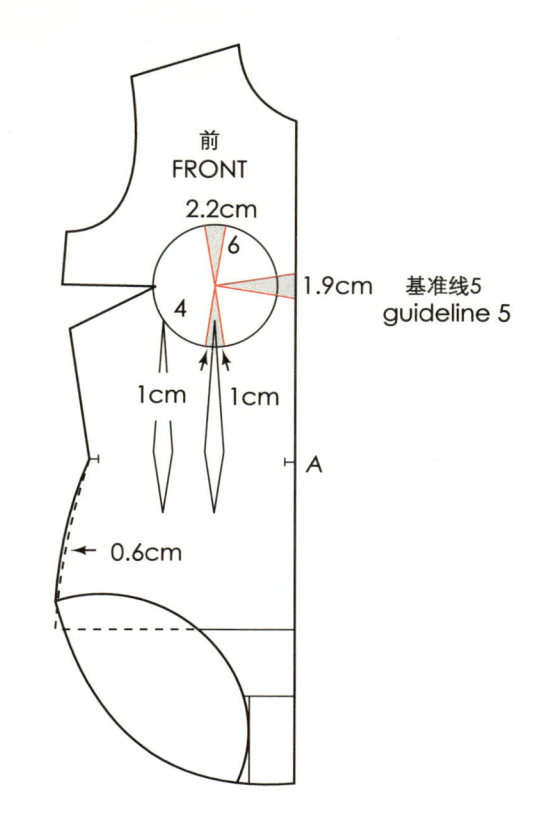

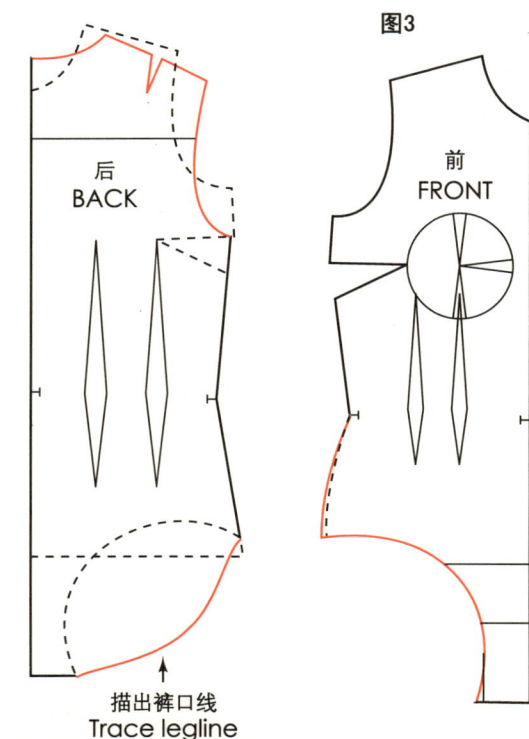

图4、图5　裙式游泳衣的裤腿线
Leglines for Skirted Swimwear

- 分别从前、后中心线的臀围线（A）处和横裆线（B）处画直角线，长度与臀围尺寸相等，做标记点C。再从C点向上画直角线至侧臀点。
- 如图所示，画裤口线（虚线为原始裤口线）。

图4　　　　　　　　图5

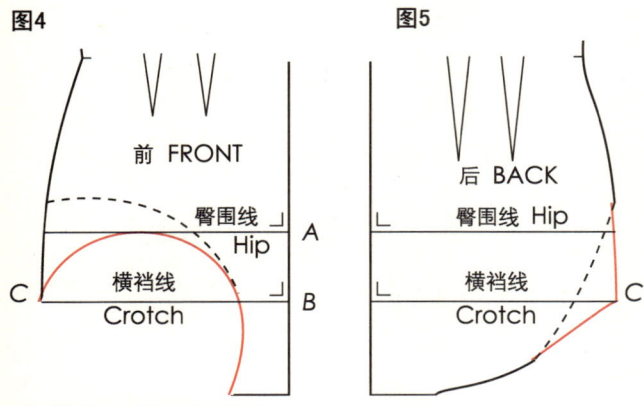

前 FRONT　　　　　后 BACK
臀围线 Hip　　　　臀围线 Hip
横裆线 Crotch　　　横裆线 Crotch

丰满基本样板的缩小
Reduction of the Full-Figure Foundation

在用稳定型针织面料裁剪时，可按照下列方法缩小样板。

图6、图7

- 描出前、后片样板。
- 如图，袖窿处侧缝向内收1.3cm。
- 腰部向内收3.8cm。
- 腿侧向内收3.2cm。
- 顺接新的侧缝线（除去阴影部分）。

图6　　　　　　　　图7
后 BACK　　　　　　前 FRONT
1.3cm
1.3cm
3.8cm
3.2cm

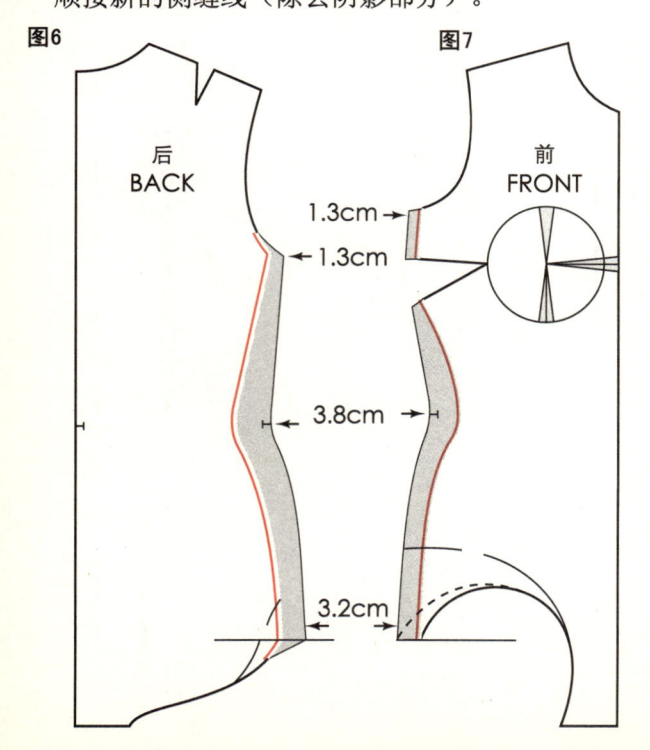

前片裙状的游泳衣
Swimsuit with Skirt Front

设计1的样板制作基于丰满型游泳衣的基本样板，用氨纶面料剪裁。因面料有弹性，所描样板必须按图6、图7的方法修小。注意：样板宽度方向必须与面料最大拉伸方向保持一致。设计2作为实践练习题。

设计分析 Design Analysis

按帝国造型分割线裁剪，胸罩上有横穿胸高点的造型线，用细带在背后系结。胸部使用了胸罩杯，超短的裙子覆盖了裤口线。里子布可采用经编织物或弹性针织面料，横裆部分为（服装面料正面部分）同料衬里。

设计1　　　设计2

第12章 游泳衣

样板设计与制作 Pattern Plot and Manipulation

图1、图2

- 描出修改过的丰满型游泳衣的前、后片样板并标注所有标记。按前面的方法修改与裙子对应的裤口线（参见第278页图4~图7）。
- 按个人尺寸或所提供的尺寸描画轮廓。
- 按图示和相应尺寸画造型线。

    注意：修剪侧缝线时，修剪量等于省量，从而使两部分样板沿帝国造型线缝合时刚好匹配。

- 剪下并分开样板。

注意：松紧带和胸罩杯的设计方法参见第280页、第282页。

图3~图6

胸罩部分 Bra Top

- 分别将胸罩上、下两部分的省合并，并画顺轮廓线（虚线表示原始样板），重描样板（图3）。
- 描出样板，前片在对折的样板纸上裁剪（图4、图5）。

裙子部分样板 Skirt Pattern

- 在对折的样板上描出前片下半部分的样板，并从前中心线的横裆线至侧面画直角线（图6，加缝份时，下摆线加2.5cm，用于放松紧带处加宽2.5cm，其长度与裙子样板上的宽度一致）。

肩带（未作图示）Straps（Not Illustrated）

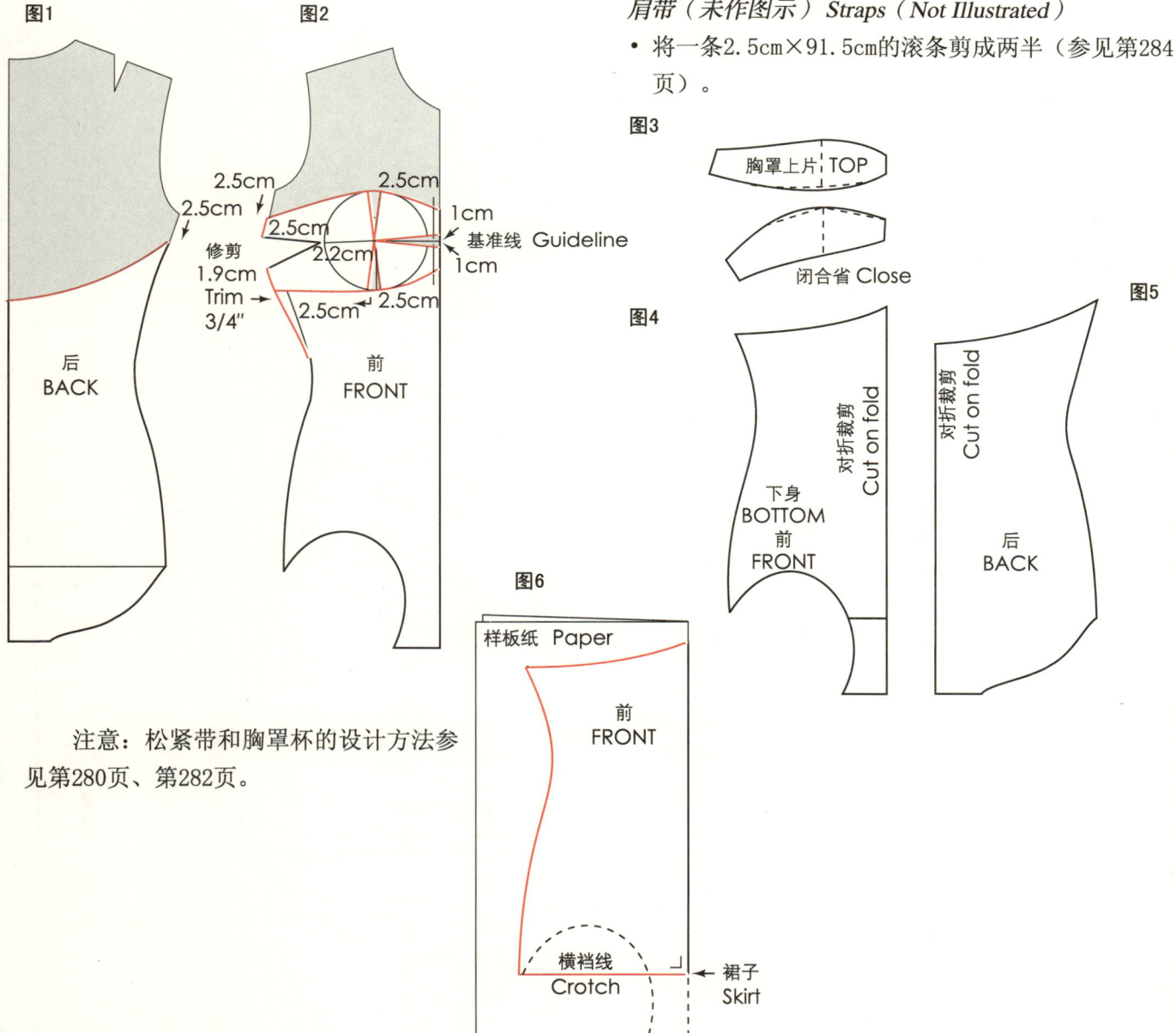

- 将一条2.5cm×91.5cm的滚条剪成两半（参见第284页）。

需求品及特殊信息 Supplies and Special Information

下面介绍的内容，常用于比赛用运动装的样板制作。特别是还包括了有关构造技术方面的内容。

- 针 Needles：圆头针，型号9~11，10~12针/2.5cm。
- 线 Thread：包芯弹力线（尼龙或聚酯纤维）或棉线。
- 胸罩杯 Bra cups：无论是否用有弹性的面料均可使用胸罩杯。
- 弹力针织面料或尼龙经编织物 Power knit or nylon tricot：用于胸罩边、裤裆部或游泳衣的里子。
- 松紧带 Elastic：0.6cm（对初学者来说，1cm更容易做）。在胸罩架处，使用0.6cm的花边松紧带，回弹尺寸可酌情控制在1.3cm。游泳衣前面的底边用2.5cm的松紧带。

松紧带的用法 Use of Elastic

不管是用厚实的还是薄型的针织面料裁剪，松紧带都缝在服装的毛边上。但是，它不能缝在缝份的拼缝处及贴边处。松紧带使服装更贴身，特别是当造型线穿过身体中凹的部位，像在乳房四周、臀下部和腰围处等。它也用在降低腰围线的比基尼上。

松紧带的基准线 Elastic Guidelines

图中松紧带被标为1∶1，是指松紧带在缉缝时没有被拉伸。缝松紧带时，可采用曲形针迹缝纫、包缝或直线缝。松紧带缝在衣服的反面（参见图1、图3的阴影部分），先缝住，折叠过来之后再缝。在缝松紧带时，要均匀拉伸。

松紧带尺寸 Elastic Measurements
图1~图3

- 前领口线 Front neckline：剪一段比领口线短2.5cm的松紧带。
- 后领口线 Back neckline：剪一段1∶1的松紧带。
- 挖剪的袖窿线 Cutout armholes：剪一段比袖窿短1.3cm的松紧带。一般袖窿采用1∶1的松紧带。
- 裤口线 Legline：松紧带比样板中前、后片裤口线短3.8cm（其中1.3cm用于互相重叠）。在后片拉伸松紧带，超过前裤片裆缝3.8cm。其余的前裤腿线采用1∶1的比例。

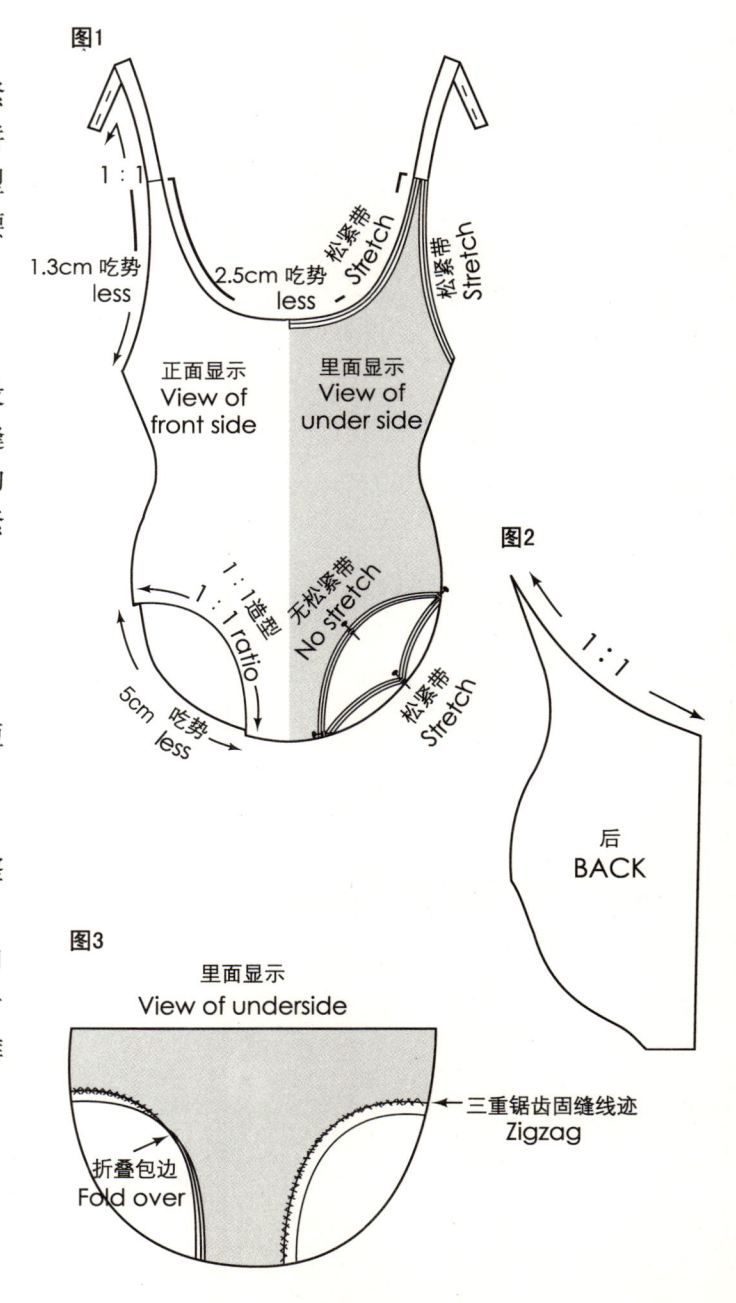

第12章 游泳衣 281

图4
- 挖剪的腰部：松紧带比造型轮廓线短2.6cm，在胸下部拉伸1.3cm，其余部分也同样拉伸1.3cm。
- 肩带：按1:1的比例剪松紧带。

图4

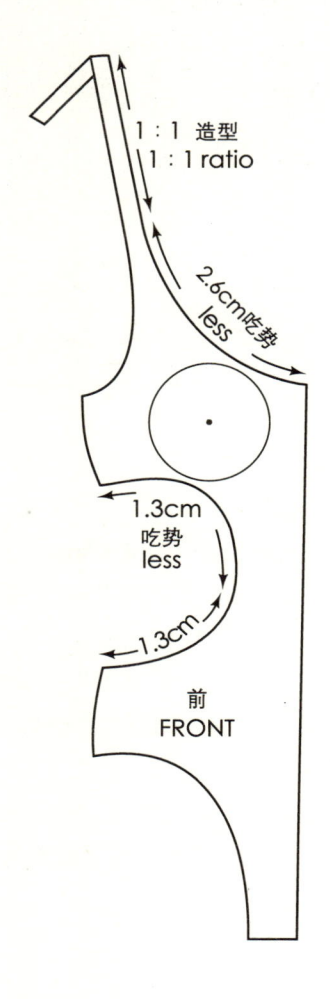

(图示：1:1 造型 1:1 ratio；2.6cm 吃势 less；1.3cm 吃势 less；1.3cm；前 FRONT)

图5
- 比基尼：松紧带比 $\frac{1}{2}$ 腰围短3.8cm。

图5

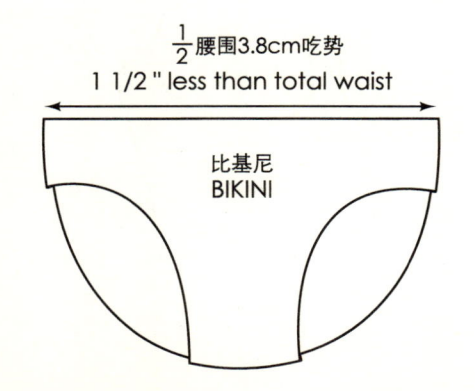

(图示：$\frac{1}{2}$ 腰围3.8cm吃势 1 1/2" less than total waist；比基尼 BIKINI)

肩部和裆部的处理
Finishing Crotch and Shoulder

裆部衬里样板 Crotch Lining Pattern

图1
- 描出前片从裆部向上15.5cm（前后裆长线向上2.5cm）部分的样板。
- 移开样板，按图示画至腿部的曲线。

图2
- 从样板纸上剪下样板，然后放在对折的样板纸上，重描样板（图示为完整的样板）。
- 用相同面料或尼龙经编织物裁剪。
- 放在服装里面，然后与裤口线上的松紧带缝在一起。

图1 (横裆线 Crotch level；15.5cm)

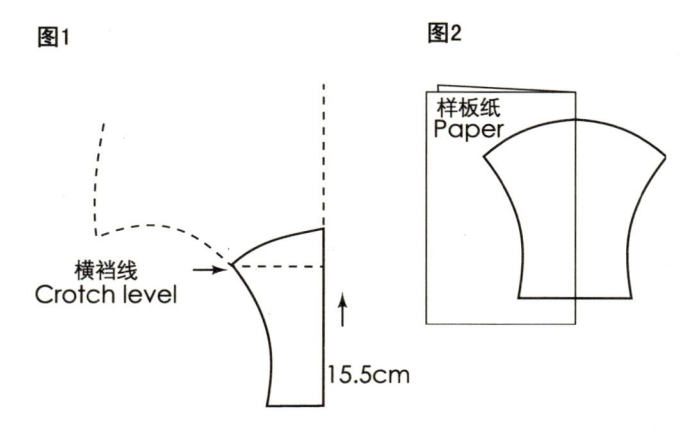

图2 (样板纸 Paper)

肩部牵带 Shoulder Tape

图3
- 剪一条等于样板中肩带长度的带子，缉在紧身衣和低领紧身衣裤的肩缝上，以防止肩部拉伸。

图3 (牵带 Tape)

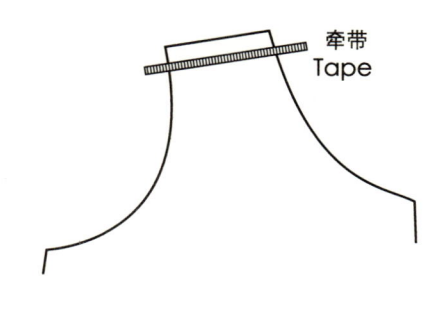

游泳衣的胸罩 Bra Cups for Swimwear

这里介绍两种胸罩样式以及如何缝到服装上去的方法。胸罩样式1适用于胸下无造型线（如帝国造型线）的服装，罩杯装在自然下倾的服装结构上。胸罩样式2适用于胸下有造型线的服装；当然，对于那些自然下倾的胸衣结构上总是可以用的。须先完成胸罩部分，再缝合到衣装上。

胸罩结构1 Bra Frame 1

图1

所需尺寸

（10）半乳峰间距 _____。

- 用弹力针织面料、尼龙经编织物或机织面料裁剪。用量根据样板的长宽而定，其长度为从肩带到胸罩杯下5cm处。
- 用划粉画一条比底边高10cm并过中心线水平基准线。
- 在水平基准线上确定胸高点的位置（中心线两侧）并做标记。
- 把胸罩杯放在面料上，使胸罩杯的胸高点与面料上的胸高点标记重合。用大头针将其固定在面料上，描出轮廓后移开。

图1

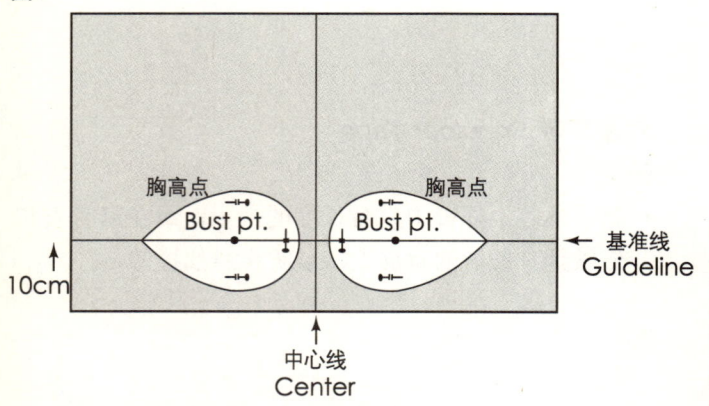

图2

- 把面料翻至另一面，沿着胸罩杯的廓型线向里1.3cm做挖剪。如果需要，放在人体或人体模型上调整胸罩杯的位置。沿胸罩杯的边缘缝合（图2）。

图2

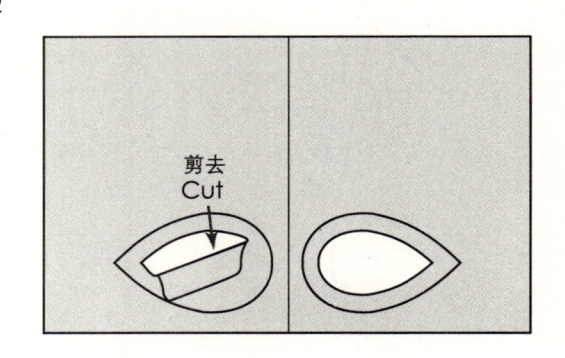

图3 胸罩杯安装指南 Bra Cup Attachment Guidelines

- 在服装里面，将0.6cm宽的花边松紧带缝到胸衣四周的边缝上。
- 剪一段1.3cm宽的松紧带，其长度比样板宽度少1.3cm，沿胸衣的下轮廓线均匀缉缝。剪掉松紧带底边多余的部分。
- 将胸罩杯用大头针固定（或缝）在胸衣的反面。用锯齿型针或直线型针迹将松紧带缝到胸衣上，剪掉多余的部分。

图3

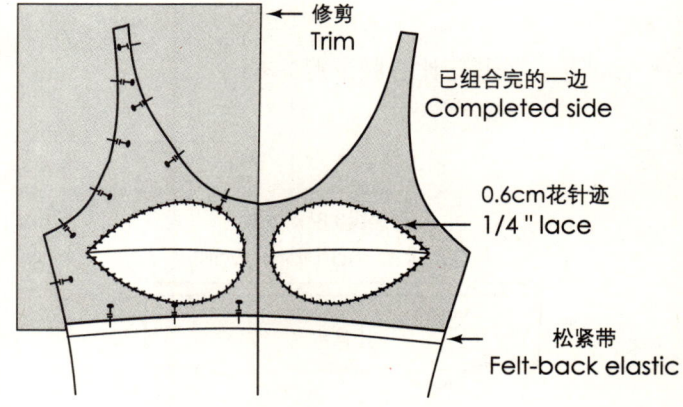

胸罩结构2 Bra Frame 2

图1
- 描出躯干前片样板（装胸罩杯部分）。
- 裁剪面料，缝纫（图例为帝国造型线胸罩）。

图1

图2
- 把缝好的有帝国分割线的胸罩杯放在胸罩裁片或人体模型上。将胸罩杯放在裁片上合适位置，并用大头针固定。
- 用铅笔画出乳罩杯的外轮廓线。
- 从胸罩式上衣上移开乳罩杯，并从人体模型上取下胸罩式上衣。

图2

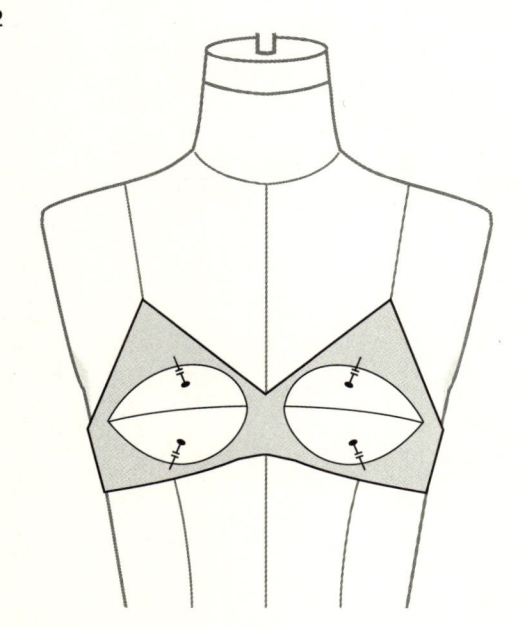

图3
- 去掉胸罩框架上的省道，再在折叠的样板纸上描出样板，并转移铅笔画的胸罩杯轮廓线，留出0.6cm的缝份。然后，从样板纸上剪下样板。
- 用弹力针织面料、尼龙经编织物或同料裁剪。
- 将胸罩框架的底边缝在一起。按胸罩样式1的方法装上乳罩杯。可沿轮廓线缝松紧带，使其更舒适合身。

图3

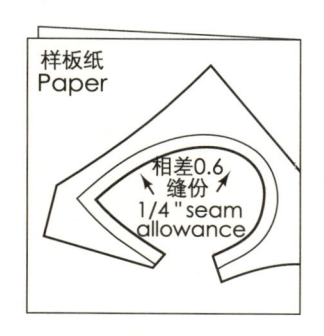

胸罩样式3 Bra Frame 3
胸罩衬里、抹胸式胸衣 Bra Free Hanging Lining

图1
- 按设计描出胸罩上衣的轮廓线。
- 从前中心线过乳圈线下1.3cm处画直角线。
- 按设计要求标明缝份宽度。
- 向外画2.5cm，将下部轮廓线向外延伸。
- 在里子里面的边缘缝松紧带（如果需要松紧带）。
- 在侧缝线处上提2.5cm，并在移进2.5cm处做刀口标记。

图1

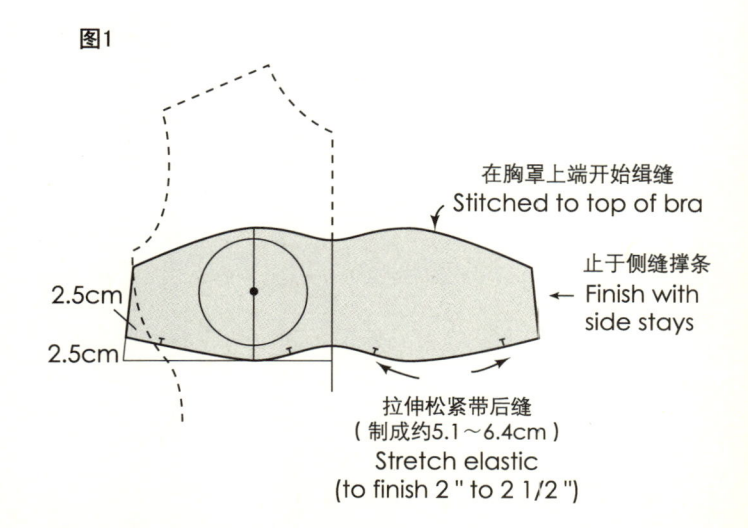

在游泳衣上安装吊带
Attaching Neck Straps to Swimsuit

根据说明将游泳衣和胸罩组合在一起。

图1

- 在游泳衣前、后片肩带端点向内量2.5cm。
- 将松紧带放在上衣背面，然后在标记之间做锯齿形缝纫。胸罩里子也按照此方法一起缝纫。

图2 肩带 Strap

- 正面对折肩带，用1cm的缝份缝住。
- 将其正面翻出（未作图示）。
- 在上衣中缝肩带。
- 翻开胸罩里子，插进肩带，用大头针固定肩带，两边有1cm的缝份。
- 缝住肩带（图2a）。
- 剪掉端点至十字标记处0.3～0.5cm（图2b）。
- 穿肩带，将服装翻到正面。沿肩带拼接处，做缉缝，以增加肩带连接处的牢度和拉力（未作图示）。

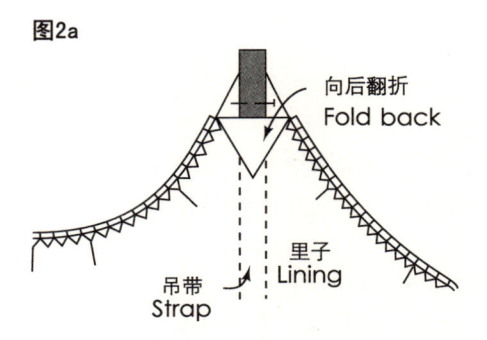

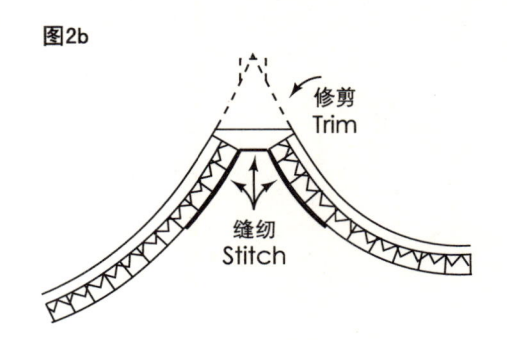

第四篇

第13章

童装引言
Introduction to Childrenswear

概述 INTRODUCTION . . . . 286 　童装的特殊性 Childrenswear Challenges . . . . . 286 　颜色和实用性 　Color and Functional Clothes . . . . 286 　代表人群 Representative Sizes . . . . 286 　号型分类 Size Grouping . . . . 286 　明显的差异 Observable Differences. 286	童装的号型分类 SIZE CATEGORIES FOR CHILDRENSWEAR . . . . 287 号型分类方法 SIZING METHODS . . . . 287 　号型的转换 Alternate Sizing . . . . 288 灵感的来源 SOURCES OF INSPIRATION . . . . 288 　童装书籍参考目录 　Children's Fashion References 288

概述 Introduction

童装的特殊性 Childrenswear Challenges

童装对设计者和制作者都提出了新的挑战。在童装设计和制作中，舒适度比创新更重要。它包括：适体、大小匀称和实用。而对成人来说，他们有时宁愿放弃舒适来换取服装的美观。用这种态度来对待童装设计就完全不妥当了。因为儿童的日常生活就是学习和各种户外运动在内的活动。因此，他们需要穿着不阻碍运动，而且能激发他们去运动、去学习技能和适合完成一些运动的服装。

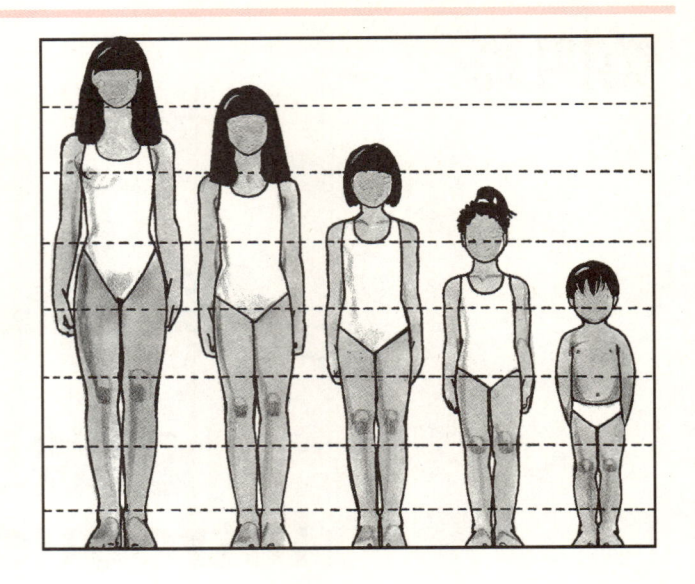

颜色和实用性 Color and Functional Clothing

儿童服装最显著的一个方面，是每个季节都有孩子们最喜欢的颜色。面料的材质也要适应实用性的需要。因为父母们希望服装洗涤方便，不需要太费心去保养。童装面料上的图案，如格子和条纹等，相对于成人和青少年的服装，会按比例缩小。而对于相同功能的服装而言，在对材质类型的选择和要求上，与成人和青少年的服装相比则没有多大差别。

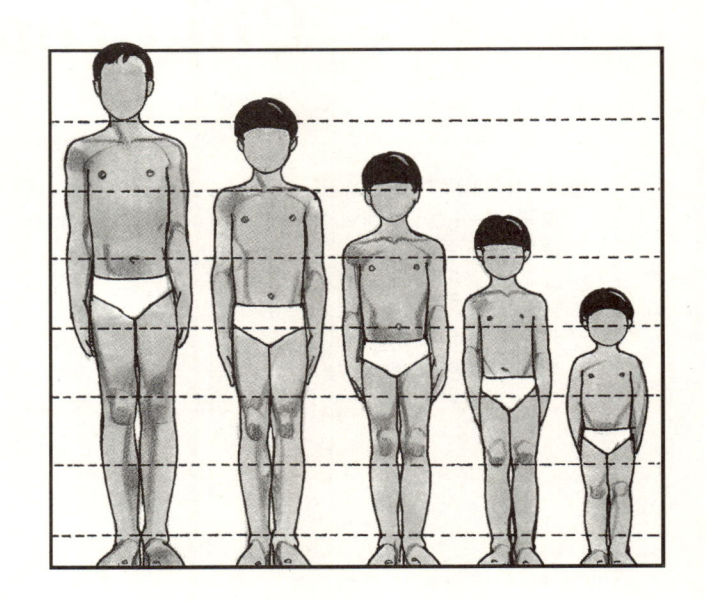

代表人群 Representative Sizes

本教材中所讨论的儿童体型和号型是从婴儿至小学生年龄段。号型在3～6X和7～14男孩、女孩的服装上，儿童体征见图示。

号型分类 Size Grouping

儿童衣服的号型根据体型的高度、围度和比例划分而定。由于身高和身体比例的不同，在号型7～14中，体型较高人的部分尺寸会与小学生的有重叠。同样，刚学会走路的幼童的尺寸也会与大一些的孩子的尺寸有重叠。分类号型中的数据反映了身体的变化，从婴儿（3，9，12，18，24个月）到刚会走路的幼儿（2T，3T，4T）再到孩童（3，4，5，6，6X只用于女孩），以及男女童装（7，8，10，12，14）。号型16只用于较大体型男孩的短裤。（详见下页）

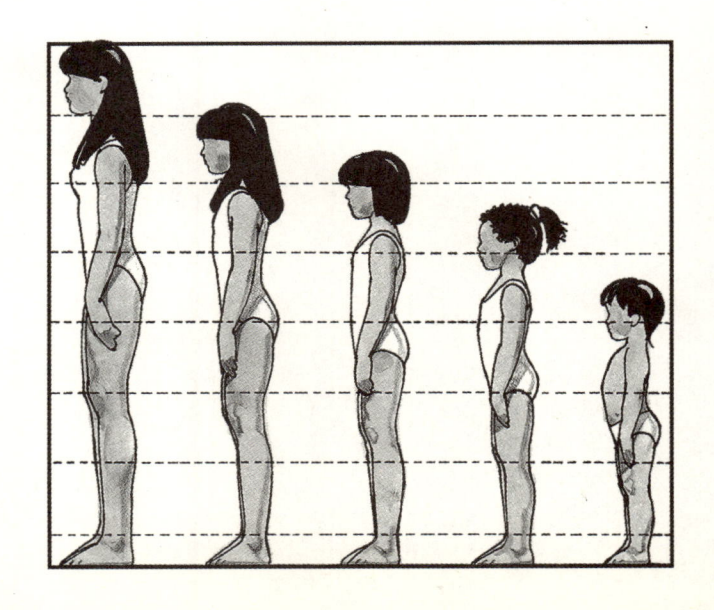

明显的差异 Observable Differences

从婴儿到儿童，男孩和女孩的体型差异不是很明显。但从号型7开始，男孩与女孩的体型差异逐渐显现出来，从号型6～6X的男、女童装，在款式外形和颜色纹样上都表现出了明显的差异性。

童装的号型分类
Size Categories for Childrenswear

婴儿 Infants or Babies

号型：3（月）、6（月）、12（月）、18（月）。也有可能会标成S（小号）、M（中号）、L（大号）、XL（超大号）。

号型标示举例：12月（M）。

体型辨认：从刚出生到开始会爬的婴儿。

幼儿（刚学走路）Toddlers

号型：2T、3T、4T（1T也属于这个范围）。

号型标示举例：3T。

体型辨认：这个阶段的幼儿已经开始学会走路。脑袋像是放在两肩上，脖子还没有发育完全，肩膀还是圆的，基本没有肩宽。最突出的一个特征是肚子向外凸出。在这个号型范围内，男、女幼童服装尺寸没什么区别。除了颜色不同和女孩的连衣裙之外，这个阶段的幼儿服装在款式及材料等方面多是男女皆宜的。

儿童 Children

号型：这个时期儿童服装号型是可以混合使用的。可能是从3~6X（6X表示稍大于6），也可能是4~6X（女孩），4~7（男孩）或标3。

号型标示举例：5。

体型辨认：这个时期的孩子长得很快，身体比例也较以往有很大的变化，腿长得更长了，但是躯干的长度变化较慢，凸出的肚子变小了。这个阶段，男孩和女孩的体型基本一样，腰围还没有定型。从7岁开始，男、女儿童的体型就有所不同了。

男孩、女孩（准青春期，13岁以下）Boys and Girls (Preteen)

号型：7~10。这个时期的服装分类以胸围的测量来划分，7~14（刚上初中的女孩）和8~20（刚上初中的男孩）。

号型标示举例：10。

体型辨认：7岁开始，男女的形体开始有所不同，身体开始有大的变化了，脂肪逐渐被肌肉组织所取代，躯体和四肢开始变得纤细秀长，但是形体的曲线还尚未定型。

少年（像那些"泡泡糖少女"）Young Janiors (Referred to as Bubble Juniors)

号型：10~14

体型辨认：在这个阶段，孩子们的身体会有一个跳跃性的生长，体型也渐渐地成型，躯干较长，自然腰围出现，女孩的胸部和臀部也渐渐成形，男孩的臀部小些。在男孩和女孩的各个生长阶段，此时为体型成熟过渡时期。在这些号型范围中，号型大一些的少男服装有时可能会不合身，而在"男孩"的号型里可能会有更适合的，像少男的短裤，用号型16会更合身。对于少女服装，"苗条型"和"普通型"会分开标记。对于少男短裤也一样，要对"瘦小型"、"普通型"和"高大型"分开标记。这种分开标记的目的，是为了满足一些特殊体型者的需要。

青少年 Juniors

号型：1、3、5、7、9、11和13。

号型标示举例：9。

体型辨认：少女的体型已经基本发育成熟，腰身已定型、圆形的胸部上挺、臀部曲线鲜明。少男在这个阶段体型也基本成形，肌肉线条明显、纤细的臀部线条向上连着腰部。13岁及以上的少年已经可以穿这类号型的服装了。

号型分类方法
Sizing Methods

在第14章中（第295页、296页）有"儿童"3~6X和7~14的服装号型参考表。本书最后的附录部分（第389页）有儿童测量图表，可用来记录从服装号型参考表中获取的数据或者测量模特所得的尺寸。这份空表格可以复印，多次利用。

儿童从6~7岁开始身体会有明显的变化，在相应的号型范围内，尺寸的梯度变化有别于其他阶段的，这些都已反映在第14章的服装号型参考表中。

与许多其他书籍一样，本书也试图为工业制造提供更好、更实用的服务，因而进行了尺寸的号型分类。

对于生产商、款式设计师和样板师而言，很难说哪种尺寸分类法更适合顾客。所以，只能用年龄、身高和体重作为决定样板号型和确定基本样板的标准。

号型的转换 Alternate Sizing

与用数字标示不同的还有另外一种方法，即以字母表示：

XXS对应号型2，3

XS对应号型4，5

S对应号型6，7

M对应号型8

L对应号型10

XL对应号型12

XXL对应号型14

通常会用S（小）、M（中）、L（大）、XL（加大）来标示大号和加大号的外衣、长裤和短裤等。

灵感的来源
Sources of Inspiration

童装设计师总会从很多地方获取灵感，其中也包括那些有着时尚意识的孩子们。

在日常生活中，电视、电影和书籍等影响着孩子们，他们有着自己的幻想，总想扮成自己喜欢的人物形象，穿那样的服装，像电视、电影《芝麻街》、《辛普森一家》、《石头族乐园》、《米老鼠》、《兔宝宝》和《紫色小恐龙班尼》、《超人》还有《侏罗纪公园》等里面的一些角色的服装。所以制造商可以采用各种人物形象（只能在授权范围内使用），当某一卡通形象运用在服饰上时，制造商要付给这个卡通形象的版权拥有者一定的报酬。大一些的孩子们，在仍然喜欢电视和电影中人物形象的同时，开始对"嘻哈文化"场景中的时尚服饰产生了更多的兴趣。

7～14岁的孩子易受到青少年市场时尚潮流的影响。他们想穿得像他们的姐姐哥哥或者同学那样，在心中也有自己崇拜的英雄：足球、棒球、篮球和曲棍球等运动中的明星队员。他们以电影明星、摇滚音乐人等为偶像，希望穿得像他们一样。正是这种迷恋掀起了对时尚的一阵阵狂热追求。例如，受嘻哈文化的影响，穿着宽大的裤子、内衣外穿和邋遢的打扮（穿超大号衣服）等。所以，设计师应该对在学校里的、运动场上的孩子们和对电视、电影里孩子们喜欢的角色做一番研究，这样才能跟得上最新的时尚热潮。

还有其他的一些灵感来源：

- 装饰物（蕾丝花边、荷叶花边、棱纹边、褶裥、镶边、嵌花和蝴蝶结等）。
- 闭合处的特别设计（纽扣、拉链、领带、饰扣、扣钩、金属装饰搭扣、尼龙搭扣和系带等）。
- 面料、色彩的组合以及图案。

设计者的无限创造力，来自于对可以得到的素材的巧妙运用。

精明的设计师还应进入市场去寻求灵感。同时，也要研究竞争对手在做什么。可能的话，设计师应该去欧洲和其他一些时尚中心看看，以获得灵感和了解时尚的发展方向。文学、历史资料和一些民族服饰也经常可以成为设计师的参考内容。儿童时尚杂志也是一个很有价值的时尚信息来源处。下面介绍一些杂志、报业公司和相关历史书籍的目录。

童装书籍参考目录
Children's Fashion References

时尚杂志和提供服务 Fashion Magazines and Services

出版物

- *Bimbi Di Elegantissima*（半年刊）；意大利；内容主要涉及19岁以下少年
- *Earnshaws Infants, Girls and Boyswear Review*（月刊）
- *Kids Fashion*（月刊）；内容主要涉及童装的广告和促销
- *Moda Bimbi*（四月刊）；意大利
- *Childrens Business*（月刊）；Fairchild出版；内容主要涉及儿童服饰，鞋类，玩具
- *seventeen, elle, lei*
- *Teens and Boys*（月刊）；内容主要涉及款式趋势预测
- *Vogue Bambini*（季刊）；意大利；内容主要涉及新款童装
- *Child*；来自国内外设计师的高层次的童装信息资源
- *Young Fashions*（月刊）；内容主要涉及青年时尚服装
- *Childrens Clothing*, Selma Rosen, Fairchild 1983年出版

提供服务

- *fashion illustration for designers*(时装设计师插图); Kathryn Hagen, Prentice Hall(ISBN—13-098383-7)
- *Drawing and Designing Children's and Teenage Fashions*(少年和儿童时装设计及绘制); Patrick John Ireland, John Wiley and Sons, 1979年
- *First View Girls*（第一视觉女装）
- *First View Boy*（第一视觉男装）
- *First View Baby*（第一视觉婴儿装）
- *D3—junior retail report*(3D——少女装零售报告); Patricia公司；电话：（323）650-1222；传真：（323）650-2355
- *The Middlemarck Clipping Service*（剪辑服务）；主要是全国各地的童装图

历史参考资料

- *Complete Book of Fashion Illustration How to Draw Children*(时尚图解全书——如何绘制童装); Tate and Edwards, Prentice Hall(第3版)
- *Inside Fashion Design*(时尚设计内涵); 其中第8章为相关话题。Sharon Tate, Prentice Hall（第5版）
- *History of Children's Costume*(童装历史); Elizabeth Ewing, Charles Scribner's Sons, New York
- *Boys Fashions*, 1885 to 1905(男孩时尚——1885~1905年); Donna H. Felger, Hobby House Press, 1984, Cumberland, Md
- *Children's Clothes*, 1939—1970, *the Adventure of Fashion*（时尚的到来——1939至1970年的儿童服装）; Alice Guppy, Blandford press for the Pasold Research Fund, 1978
- *The Way We Wore:* Fashion Illustrations of Children's Wear, 1870 to 1970 (我们的穿着方式——1870至1970年儿童服装图解); Charles Scribner's Sons, 1978

第14章

制作原型样板
Drafting the Basic Pattern Set

（测量方法与标准尺寸表）
（Measurement Taking and Standard Measurement Charts）

测量人体模型尺寸——儿童，3~6X；女孩，7~14；男孩，7~14 MEASURING THE FORM — CHILDREN, 3 TO 6X; GIRLS, 7 TO 14; AND BOYS, 7 TO 14 292	男孩和女孩的标准尺寸表（3~6X号型）STANDARD MEASUREMENT CHART FOR BOYS AND GIRLS 295
人体模型测量前的准备 Form Preparation . . 292	女孩的标准尺寸表（7~14号型） STANDARD MEASUREMENT CHART FOR GIRLS 296
袖窿深度表 Armhole Depth Chart 292	绘制原型样板 THE BASIC PATTERN SET. 297
测量躯干围度 Torso Circumference Measurements. 292	男孩服装的原型样板 The Basic Pattern for Boyswear 297
垂直测量部位 Vertical Measurements. 293	上衣前片样板草图 Front Bodice Draft 297
水平测量部位 Horizontal Measurements . . . 293	上衣后片样板草图 Back Bodice Draft. 298
测量腿部 Leg Measurements 294	省道和等量省 DARTS AND DART EQUIVALENTS 299
测量手臂 Arm Measurements. 294	裙子原型的样板草图 Basic Skirt Draft . . . 300
	袖子的原型样板 Basic Sleeve 301

测量人体模型尺寸——儿童，3～6X；女孩，7～14；男孩，7～14
Measuring the Form—Children, 3 to 6X; Girls, 7 to 14; and Boys, 7 to 14

为避免服装产生误差及不合身的问题，所有的尺寸必须仔细量取。除身体围度尺寸是用周长数据外，其他尺寸都是从半边人体模型的前、后部位量取的。并且，始终使用被测量的那半边模型的数据，以保持尺寸的统一性。而半围度的测量（图5、图6）只在人体模型的胸、腰和臀等部位进行量取。

量取尺寸，需要把卷尺带有金属头的一端放在模型的一个标记点上，然后拉开卷尺到另一个标记点。在测量的过程中及时将数据记录在"儿童测量图表"中（参见附录）。测量获得的尺寸应编上与表格中一致的号码，以便快速查询。

人体模型测量前的准备 Form Preparation
图1

在模型上用大头针别出必要的标记点：
- 肩端点（Shoulder tip）。
- 前、后袖窿中点（Mid-armhole）（齐模型的袖窿弧线中点）。
- 袖窿深点（Armhole depth）：在侧缝处低于模型袖窿底的位置固定大头针，要低于多少尺寸需据模型的大小而定。
- 侧缝长（Side Length）⑦：从袖窿深点标记处沿侧缝量取至腰围线的下边沿的尺寸（图1）。

袖窿深点参考表 Armhole Depth Chart

儿童（男孩和女孩）

号型	低于袖窿深点的尺寸	号型	低于袖窿深点的尺寸
3	0.3cm	7	1.3cm
4	0.6cm	8	1.6cm
5	1cm	10	1.9cm
6	1.3cm	12	2.2cm
6X	1.6cm	14	2.5cm

测量躯干围度
Torso Circumference Measurements

测量的尺寸没有包括放松量。

图2

胸围（Bust or chest）①从后面绕到前面，经过胸高点量取的整个胸部的围度尺寸。

腰围（Waist）②绕着腰部最细处量取围度尺寸。

臀围（Hip）③围绕臀部最宽处量取围度尺寸。

需注意，量取时要保持卷尺与地面的平行。在侧缝线的各部位别上大头针做标记。

图1

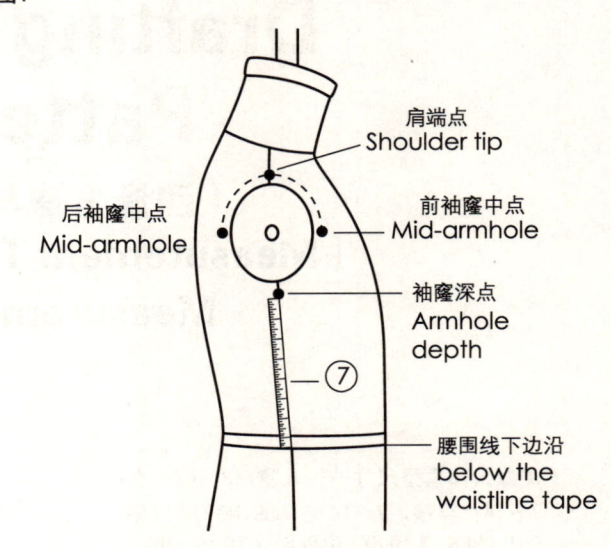

图2

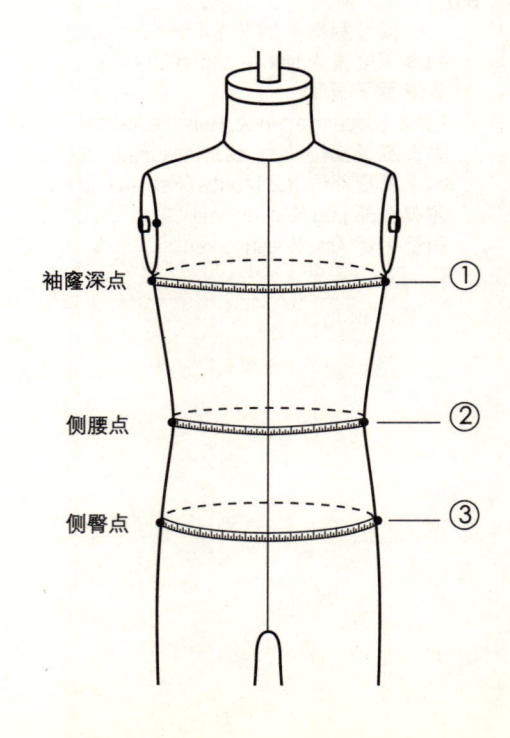

垂直测量部位 Vertical Measurements
前片和后片 Front and Back

图3、图4

腰节长（Center length）④分别从颈前点、颈后点垂直向下量至腰围线的下边沿，如图所示（前、后量取方法相同）。

肩颈至腰长（Full length）⑤从肩颈点垂直向下量至腰围线的下边沿。卷尺须与中心线平行（前、后量取方法一致）。

肩端至腰斜长（Shoulder slope）⑥从肩端点（别针标记处）斜向下量至腰带中点（前、后量取方法一致）。

水平测量部位 Horizontal Measurements
前片 Front

图5

肩斜长⑧从肩颈点量至肩端点的别针标记处。

以下量取的尺寸为人体模型的整长，只需取1/2做记录。保持卷尺与地面平行。

肩宽⑨从一侧肩端点的标记处量至另一侧肩端点的标记处。

胸宽⑩从一侧前袖窿中点标记处量至另一侧前袖窿中点标记处。

半胸围⑪从一侧袖窿深点标记处量至另一侧袖窿深点标记处。

半腰围⑭在腰围线上，从一边侧腰点标记处量至另一边侧腰点标记处。

半臀围⑮在臀围线上，从一边侧臀点标记处量至另一边侧臀点标记处。

后片 Back

图6

肩宽⑨从一侧肩端点标记处如图所示量至另一侧肩端点标记处。

背宽⑫从一侧后袖窿中点标记处量至另一侧后袖窿中点标记处。

半胸围⑬从一侧袖窿深点标记处量至另一侧袖窿深点标记处。

半腰围⑭在腰围线上，从一边侧腰点标记处量至另一边侧腰点标记处。

半臀围⑮在臀围线上，从一边侧臀点标记处量至另一边侧臀点标记处。

腰臀长⑯从后腰中心点向下量至臀围线中点处。

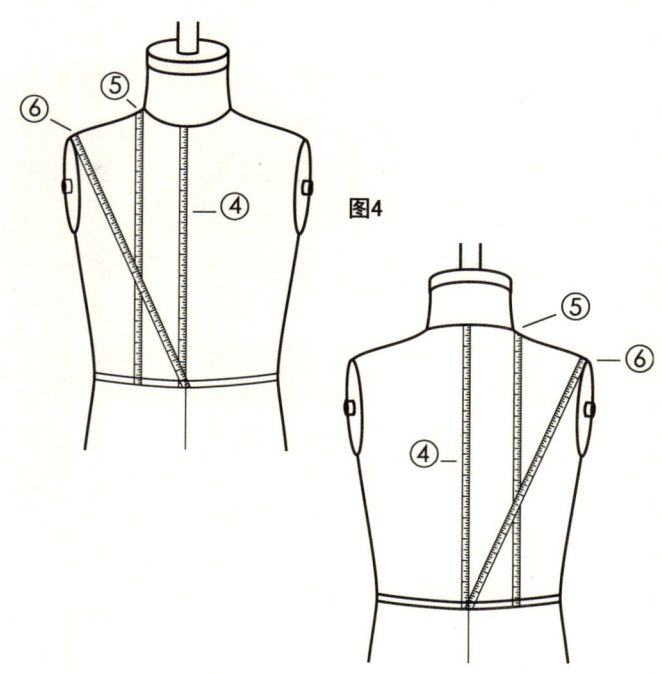

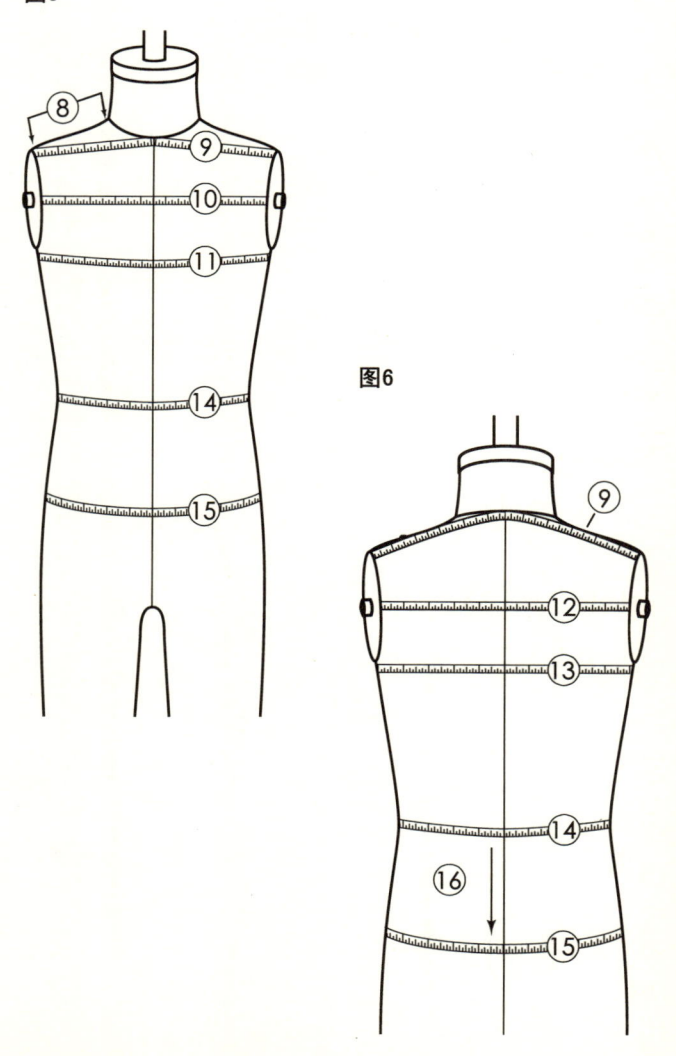

测量腿部 Leg Measurements

图7

如果所用的模型无腿部，可用"服装号型参考表"中⑯～㉗的尺寸代替。

以下的尺寸从腰围线下边沿量取（请参考第156页）。

侧腰臀长⑯从侧腰点沿着侧缝线量至侧臀点标记处。

侧腰膝长⑰从侧腰点沿着侧缝线量至膝围侧点。

侧腰踝长⑱从侧腰点沿着侧缝线量至踝围侧点。

腿外侧长⑲使用侧腰踝长⑱的尺寸，再加长5.7cm。

图8

腿根围⑳绕大腿上部最粗的部位量取。

膝围㉑绕膝盖最鼓的部位量取。

小腿围㉒绕小腿肚最粗的部位量取。

踝围㉓绕踝部最粗的部位量取。

脚口㉔在踝围尺寸上加宽5.7cm。

图9

躯干围㉕从肩颈点向下绕过裆部，再向上，从后面量到肩颈点。

图10

前后裆长㉖从前腰围中点向下穿过裆部，再向上量到后腰围中点。

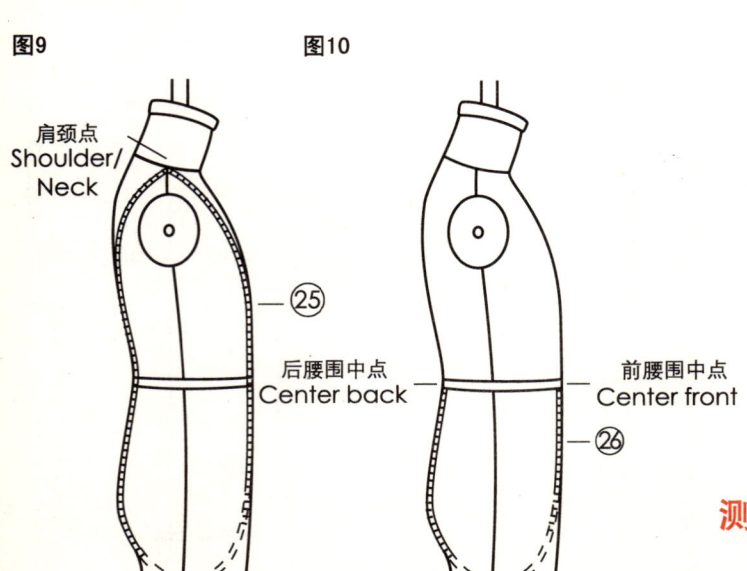

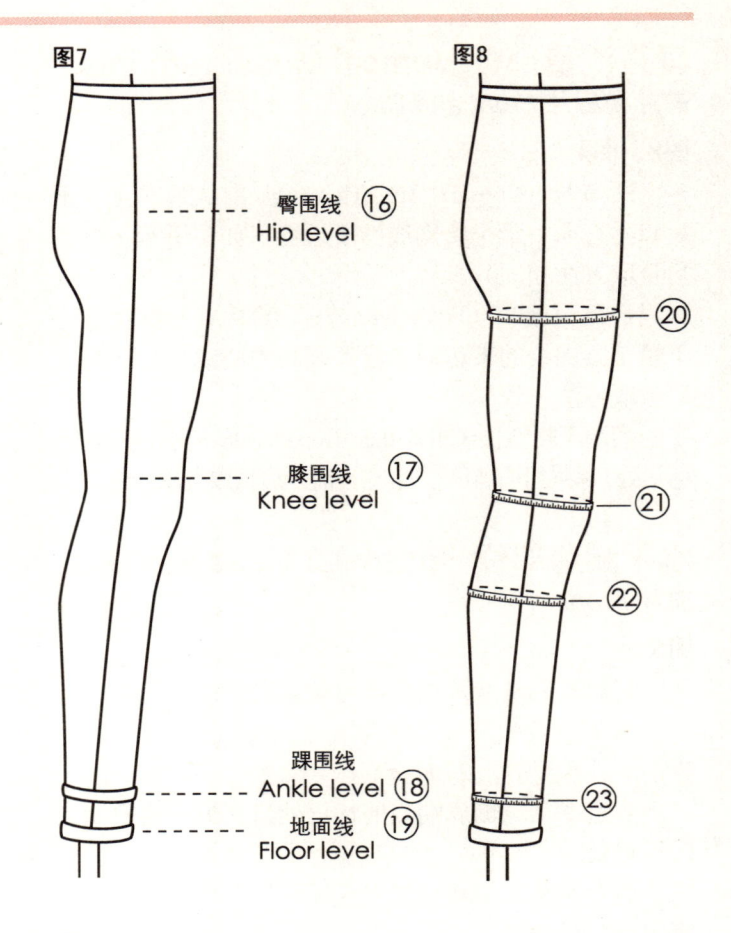

图11

上裆深㉗将直角尺置于模型的两腿间，两尺臂边缘与腹部和裆部相接。量取从腰带线下部至裆部的数据。

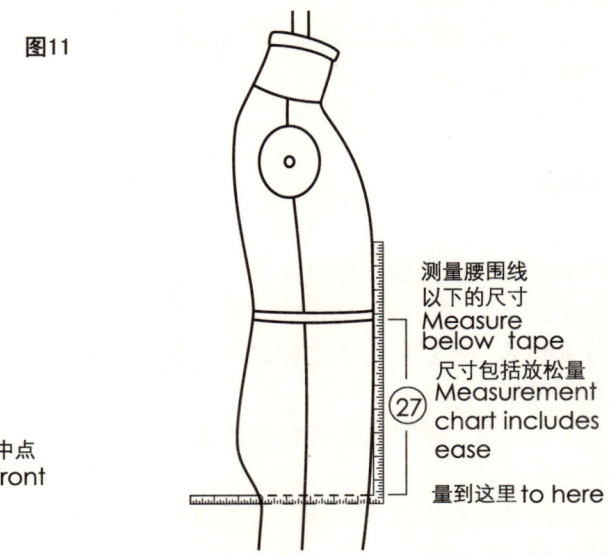

测量手臂 Arm Measurements

用于绘制袖子样板草图的尺寸测量方法，参见第301页。

男孩和女孩的服装号型参考表（3~6x号型）
Standard Measurement Chart for Boys and Girls*

围度尺寸：不包括放松量，单位为cm。袖子尺寸参见第301页。

号型 Sizes（单位：岁）	3	4	5	6	6X
身高 HEIGHT（单位：cm）	91.4~97.8	99.1~105.4	106.7~113.0	114.3~118.1	119.4~123.2
体重 WEIGHT（单位：kg）	4.5~16	16.5~18	18.5~20	20.5~23	23.5~26.5
头围 HEAD CIRCUMFERENCE（单位：cm）	50.2	50.8	51.4	52.0	52.7
(1) 胸围 Bust/chest	57.8	60.3	62.9	65.4	67.9
(2) 腰围 Waist	55.9	58.4	61.0	63.5	66.0
(3) 臀围 Hip	57.8	60.3	62.9	65.4	67.9
(4) 腰节长 Center length					
前 Front	21.0	23.8	24.1	24.4	24.8
后 Back	25.4	25.7	26.0	26.4	26.7
(5) 肩颈至腰长 Full length					
前 Front	27.3	28.1	28.9	29.7	30.5
后 Back	26.7	27.1	27.6	28.1	28.6
(6) 肩端至腰斜长 Shoulder slope					
前 Front	27.0	28.0	28.9	29.8	30.8
后 Back	26.0	27.0	28.0	28.9	29.5
(7) 侧缝长 Side length	10.8	11.1	11.4	11.7	14.6
(8) 肩斜长/2 Shoulder length	8.3	8.6	8.9	9.2	9.5
(9) 肩宽/2 Across shoulder					
前 Front	13.0	13.5	14.0	14.4	14.9
后 Back	13.7	14.1	14.6	15.1	15.6
(10) 胸宽/2 Across chest	11.4	12.1	12.7	13.3	14.0
(11) 背宽/2 Across back	11.4	12.1	12.7	13.3	14.0
胸围/4 Chest arc					
(12) 前 Bust/chest arc	14.9	15.6	16.2	16.8	17.5
(13) 后 Back arc	14.0	14.6	15.2	15.9	16.5
(14) 腰围/4 Waist arc					
前 Front	14.0	14.6	15.2	15.9	16.5
后 Back	12.4	13.0	13.7	14.3	14.9
(15) 臀围/4 Hip arc					
前 Front	14.9	15.6	16.2	16.8	17.5
后 Back	14.0	14.6	15.2	15.9	16.5
(16) 侧腰臀长 Waist to hip	11.7	12.7	13.7	14.6	16.5
(17) 侧腰膝长 Waist to knee	31.8	35.6	39.3	40.6	41.9
(18) 侧腰踝长 Waist to ankle	45.7	51.4	57.1	62.9	66.0
(19) 腿外侧长 Waist to floor	52.1	57.2	62.9	68.6	71.8
(20) 腿根围 Upper thigh	31.1	32.4	33.7	34.9	36.2
(21) 膝围 Knee	23.5	24.4	25.4	26.4	27.3
(22) 小腿围 Calf	22.2	23.2	24.1	25.1	26.0
(23) 踝围 Ankle	16.5	17.1	17.8	18.4	19.1
(24) 入脚口 Foot entry	22.2	22.9	23.5	24.1	24.8
(25) 躯干围 Trunk length	90.8	96.8	103.5	107.0	110.5
(26) 前后裆长 Crotch length	43.5	46.4	49.2	52.1	54.9
(27) 上裆深 Crotch depth	19.1	19.2	20.3	21.0	21.3

测量部位 Circumference Measurement

*有些生产商把号型6和6X放在一起使用，只标出长度差别；还有些生产商将6X和7合并使用（所有尺寸都以2.5cm为梯度）。

女孩的服装号型参考表（7~14号型）
Standard Measurement Chart for Girls*

围度尺寸：不包括放松量，单位为cm。袖子尺寸参见第301页。

号型 Sizes（单位：岁）		7	8	10	12	14
身高 HEIGHT（单位：cm）		121.9~127.0	128.3~133.4	134.6~139.7	141.0~146.1	147.3~175.3
体重 WEIGHT（单位：kg）		23.5~26.5	27~31.5	32~37	37.5~42	42.5~47
头围 HEAD CIRCUMFERENCE（单位：cm）		53.3	54.0	54.6	55.2	55.9
测量部位 Circumference Measurement	(1) 胸围 Bust/chest	76.2	78.7	81.3	83.8	86.3
	(2) 腰围 Waist	61.0	63.5	66.0	68.6	71.1
	(3) 臀围 Hip	76.2	78.7	81.3	83.8	86.3
	(4) 腰节长 Center length					
	前 Front	27.9	28.3	28.6	28.9	29.2
	后 Back	30.8	31.1	31.4	31.8	32.1
	(5) 肩颈至腰长 Full length					
	前 Front	33.0	33.7	34.3	34.9	35.6
	后 Back	32.4	33.0	33.7	34.3	34.9
	(6) 肩端至腰斜长 Shoulder slope					
	前 Front	32.7	33.3	34.0	34.6	35.2
	后 Back	31.4	32.1	32.7	33.3	34.0
	(7) 侧缝长 Side length	13.0	13.3	13.7	14.0	14.3
	(8) 肩斜长/2 Shoulder length	10.2	10.5	10.8	11.4	11.7
	(9) 肩宽/2 Across shoulder					
	前 Front	15.2	15.7	16.2	16.7	17.1
	后 Back	15.6	16.0	16.5	17.0	17.5
	(10) 胸宽/2 Across chest	15.6	15.9	16.2	16.7	17.6
	(11) 背宽/2 Across back	14.3	14.8	15.2	15.7	16.2
	胸围/4 Chest arc					
	(12) 前 Bust/chest arc	19.7	20.3	21.0	21.6	22.2
	(13) 后 Back arc	18.4	19.1	19.7	20.3	21.0
	(14) 腰围/4 Waist arc					
	前 Front	15.9	16.5	17.1	17.8	18.4
	后 Back	14.6	15.2	15.9	16.5	17.1
	(15) 臀围/4 Hip arc					
	前 Front	19.1	19.7	20.3	21.0	21.6
	后 Back	19.1	19.7	20.3	21.0	21.6
	(16) 侧腰臀长 Waist to top	16.5	16.5	17.8	17.8	17.8
	(17) 侧腰膝长 Waist to knee	44.5	47.6	50.8	54.0	56.5
	(18) 侧腰踝长 Waist to ankle	83.2	87.3	88.6	93.0	97.5
	(19) 腿外侧长 Waist to floor	87.0	91.1	95.3	99.7	104.1
	(20) 腿根围 Upper thigh	43.2	44.8	47.0	49.8	50.2
	(21) 膝围 Knee	30.5	31.8	33.0	34.3	35.9
	(22) 小腿围 Calf	28.3	29.2	30.5	31.8	33.7
	(23) 踝围 Ankle	20.3	20.6	21.0	21.3	21.6
	(24) 入脚口 Foot entry	26.0	26.4	26.7	27.0	27.3
	(25) 躯干围 Trunk length	127.0	129.5	132.1	135.9	139.7
	(26) 前后裆长 Crotch length	55.2	58.1	61.0	63.8	66.7
	(27) 上裆深 Crotch depth	21.6	22.9	24.1	25.4	26.7

*有些生产商把号型6X和7放在一起使用，只标出长度差别；还有些生产商则去除了号型7(所有尺寸都以2.5cm为梯度)。

绘制原型样板
The Basic Pattern Set

这里介绍的原型样板和其他样板均无缝份（有经验的样板师可以自行加上）。

如何完成整个样板制作，请参见上册第60页、第61页。

男孩服装的原型样板
The Basic Pattern for Boyswear

按照说明绘制原型样板（前片、后片和袖子）。然后，修改成无省道上衣的基本样板（第328页、第329页）和袖子的原型样板（第301页）。

上衣前片样板草图 Front Bodice Draft

图1

画直角线（如图），在下列位置做标记：

A~B = 肩颈至腰长（5）+0.16cm。
A~C = 肩宽（9）。
从C点向下画一条直角线。
B~D = 前腰节长（4）-1cm。
在D点处向内作一条直角线。
B~E = 胸围/4（11）+2.5cm（对应号型为3~6X），或是+1.3cm（对应号型为7~14）。
B~F = 肩端至腰斜长（6）+0.3cm。
F~G = 肩斜长（8）。
从F~G向下画一条直角线。
B~H = 6.4cm。
H~I = 1.9cm（号型7~14取3.1cm）。
H~J = (H~I)/2，做标记。
从J向上画一条垂直线，平行且等于侧缝线M~E，再减去1.9cm。标记点K。
连接K~H和K~I，画出省线。
E~L = 1.9cm，做标记。从L~I画一条斜线。
L~M = 侧缝长（7），做标记。
在M处向内画一条垂线。
F~N = 5cm。
N~O = 1cm。标记点O。

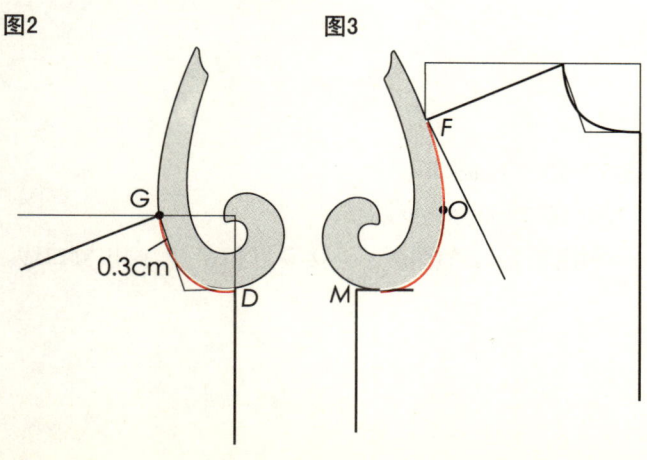

所需尺寸：

- （5）肩颈至腰长 前 _____ 后 _____。
- （9）肩宽/2 前 _____ 后 _____。
- （4）腰节长 前 _____ 后 _____。
- （11）胸围/4 前 _____ 后 _____。
- （6）肩端至腰斜长 前 _____ 后 _____。
- （8）肩斜长 _____。
- （7）侧缝长 _____。
- （13）胸围/4 后 _____。
- （14）腰围/4 前 _____ 后 _____。

图1

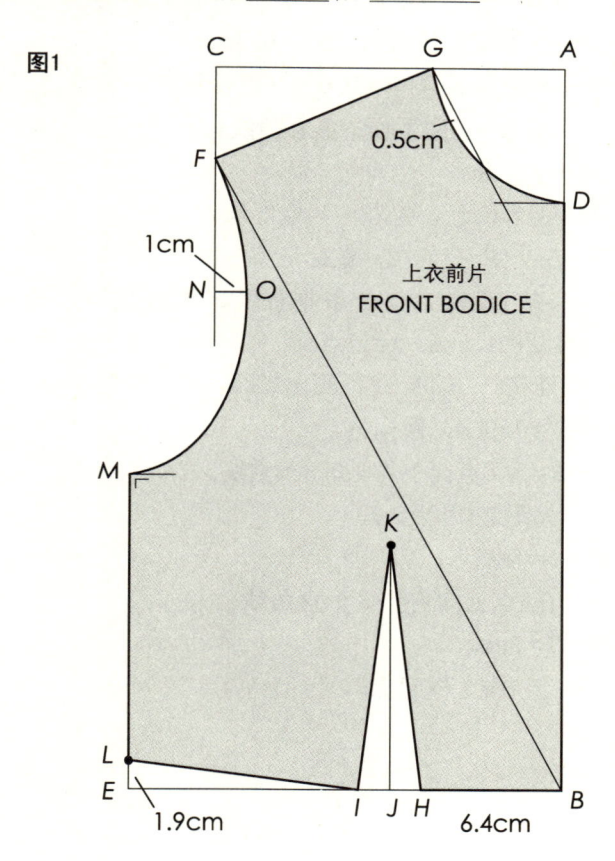

图2　领口线 Neckline

使用曲线尺，连接D点和G点，画出领口线，如图所示凹进0.3cm。

图3　袖窿 Armhole

使用曲线尺，连接F点、O点和M点，画出袖窿弧线。这条曲线可以与过M点的垂线相切。

上衣后片的样板草图 Back Bodice Draft

图4

画直角线，在下列位置做标记：

A~B = 肩颈至腰长（5）+0.16cm。

A~C = 肩宽/2（9）。

从C点向下作一个直角。

B~D = 后腰节长（4）。

在D处向内作一个直角。

B~E = 胸围/4（13）+2.5cm（对应号型3~6X），或是+1.3cm（对应号型7~14）。

B~F = 肩端至腰斜长（6）+0.3cm。

F~G = 肩斜长（8）+0.6cm（放松量）。

从线F~G向下作一条直角线。

B~H = 6.4cm。

H~I = 1.6cm（号型8~14取2.5cm）。

H~J =（H~I）/2，做标记。

从J点向上作一条垂直线，平行且等于线N~E，再减去1.9cm，标记点K。

连接K~H和K~I，画出省线。

E~L = 1.9cm，做标记。

L~M = 从L点向下作长0.3cm垂线。

如图连接M点、I点。

M~N = 侧缝长（7）。

在N点处向内作一个直角线。

F~O = 5cm。

O~P = 1cm。标记点P。

图5

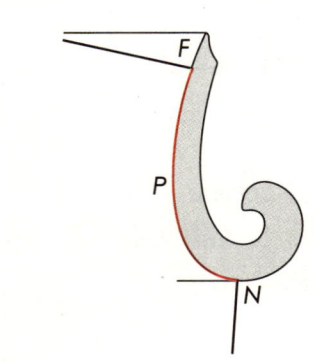

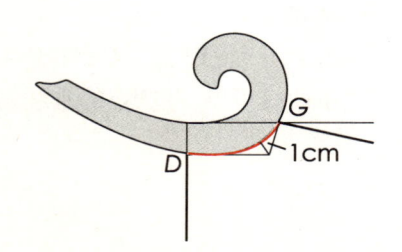

图4

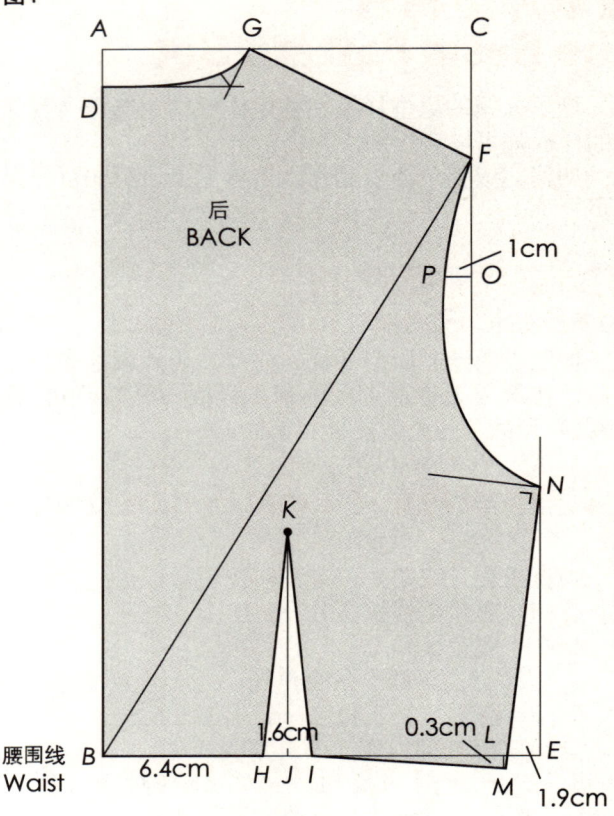

图5 袖窿 Armhole

使用曲线尺，如图连接F点、P点和N点，画出袖窿弧线。

图6 领口 Neckline

- 画一条1cm的角分线。
- 使用曲线尺，如图所示连接D点和G点，画出领口线。

省道和等量省
Darts and Dart Equivalents

在前、后上衣的原型样板中，拥有着能起到合体作用的省。对于号型为3~6X的童装，将原型样板中的省量展开，做成不缝住的省，效果会更好。可以借助松紧带或系带来代替腰省，多余的松量会自然形成碎褶，类同于均匀地设置几个省（即等量省）的效果（设计1和设计2）。

运用育克造型，再加上膨起的袖窿（像帝国式高腰裙），给身体的活动提供了最大的自由空间，并且裙身比例恰当，宽松适度，不需要用省道（如设计3和设计4）。省道主要是用在号型7~14的女童装上，来塑造发育中的女孩服装的胸部造型（设计5）。

设计1

设计2

设计5

设计4

设计3

裙子原型的样板草图 Basic Skirt Draft

裙子原型是基本样板之一。若将它与上衣原型缝合在一起，可作为连身裙的原型样板；若将它加上腰头，可以作为裙子的基本样板使用。

所需尺寸：

- 裙长（按需要确定）_____。
- （15）臀围/4长 前_____，后_____。
- （16）腰臀长_____。
- （14）腰围/4 前_____，后_____。

图1

$A\sim B$ = 裙长。

$A\sim C$ = 腰臀长（25）。

$C\sim D$ = 臀围/2（前+后）（15）+3.8cm（放松量）。（号型7~14，则加2.5cm放松量）。

$A\sim E = C\sim D$。

在B点处作一条垂直线。

直线连接$E\sim F$。

$B\sim F = C\sim D$。

$A\sim G$ =前腰围/2（14）+1cm（放松量），留1.6cm作为省量。

$E\sim H$ = 后腰围/2（14）+1cm（放松量），留2.5cm作为省量。

侧边缝定位 Side Seam Placement

- 标出$H\sim G$的中点I，并向下作垂线交至$B\sim F$线上，标记点J、点K。

省道定位 Dart Placement

- 由A点、E点分别向内量取6.4cm作为前、后片省道的中点位置。
- 前省量取1.6cm，后省量2.5cm。
- 分别标出两个省的中点，并向下作垂线，前省长6.4cm，后省长7.6~10.2cm。
- 分别画出前、后片的省线。

臀围线 Hipline

- 由K点向上画出侧缝线，超过H点和G点0.15cm。
- 画出腰围线，从H点和G点画到省的中点。
- 将裙前、后片腰线与上衣的腰线摆在一起，对齐侧缝，核对是否相对应。如有差别需做调整。
- 剪下画好的样板，打开。

在上述样板的制作中未加缝份，现在可以加上它。测试适合度。腰带样板草图参见上册第236页。

有关拉链和腰带的缝纫指南见上册第235、第237页。

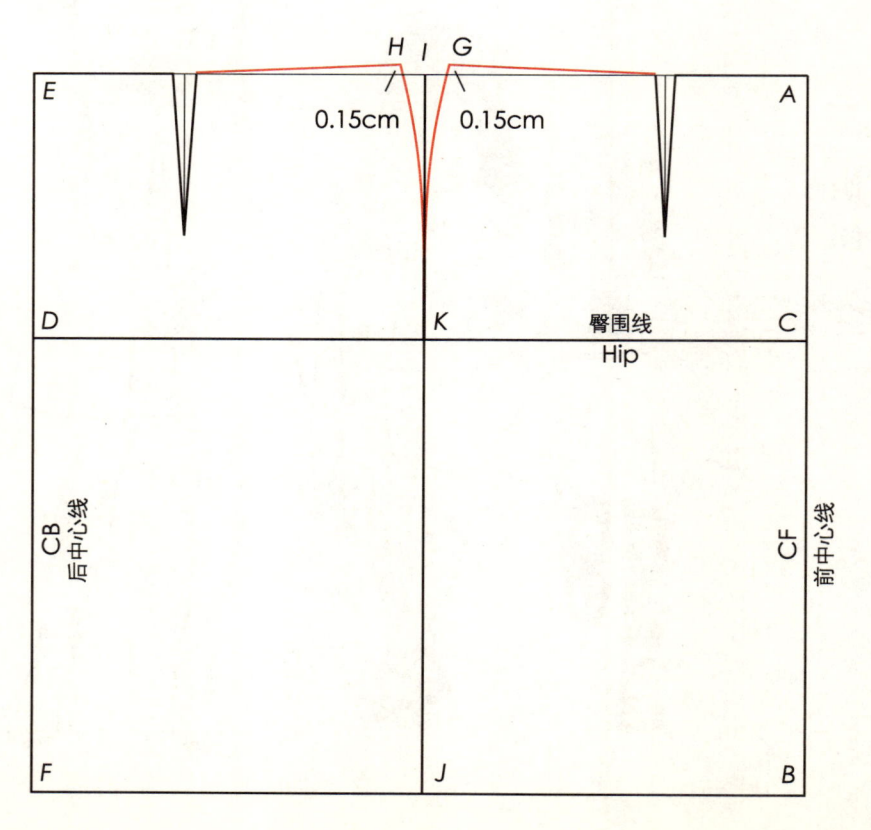

图1

袖子的原型样板 Basic Sleeve

袖山的平均吃势量为2.5～3.8cm。若大于或小于此数，袖山就需要进行调整。袖子原型样板中含有一个肘省。袖口的大小会因款式不同而有多种变化，它可以在原型样板的基础上调整后获得。

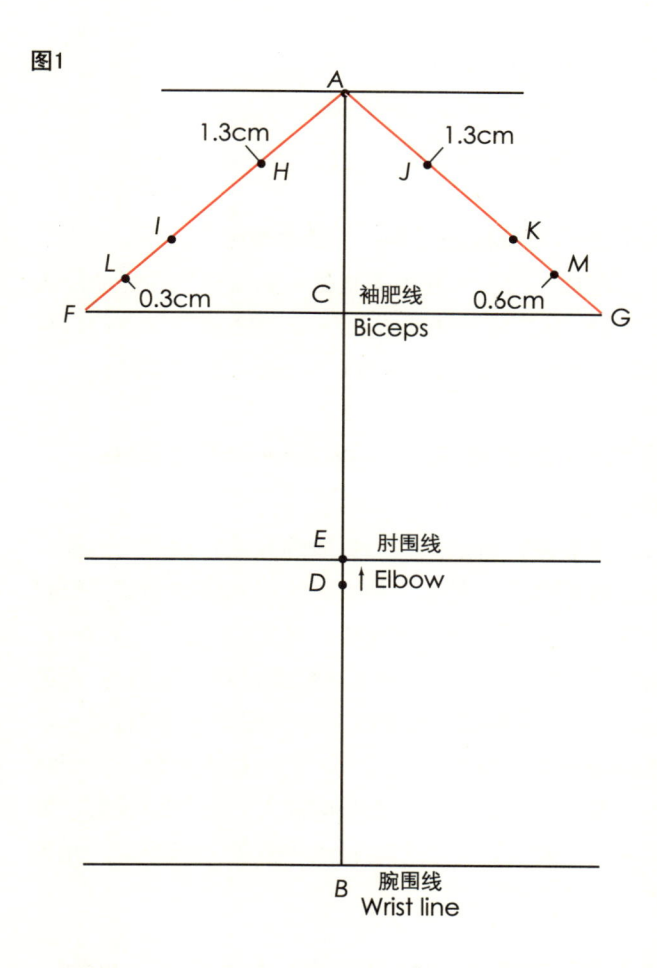

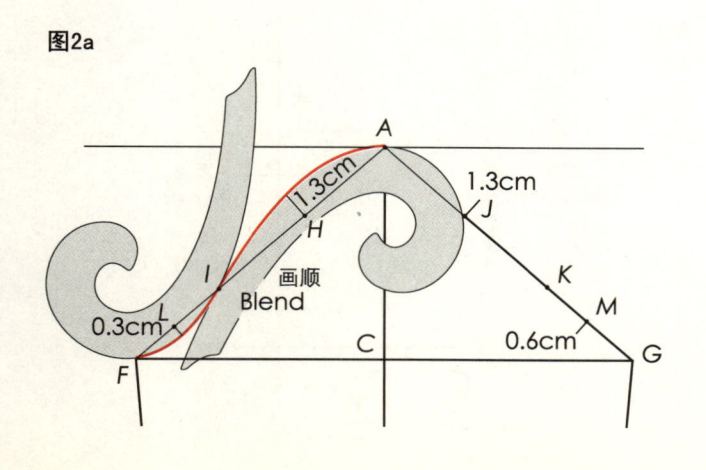

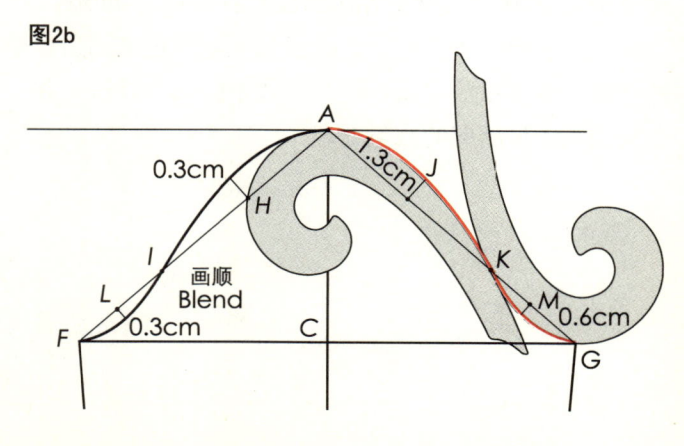

袖子的样板草图 Sleeve Draft

图1

$A\sim B$ = 袖长。

$A\sim C$ = 袖山高（确定臂围线高度）。

$B\sim D$ =（$B\sim C$）/2。

$D\sim E$ = 1.3cm（确定袖山高度）。

$C\sim F$ = 臂根围尺寸/2。

$C\sim G$ = $C\sim F$。

连线$A\sim F$和$A\sim G$。

分别将$A\sim F$、$A\sim G$分成三等份。如图标记点H、点I、点J、点K。

$F\sim L$ =（$F\sim I$）/2。

$G\sim M$ =（$G\sim K$）/2。

在H点处向外作1.3cm的垂线。

在L点处向内作0.3cm的垂线。

在J点处向外作1.3cm的垂线。

在M点处向内作0.6cm的垂线。

袖子样板草图尺寸 Sleeve Draft Measurements

号型	3	4	5	6	6X
（28）袖长	33	34.9	38	41	43.8
（31）袖山高	10.5	10.8	11	11.4	11.8
臂根围（含平均吃势量）	24	24.8	25.4	26	26.8

号型	7	8	10	12	14
袖长	43.8	46.7	49.5	52	55
袖山高	12	12.4	12.7	13	13
臂根围（含平均吃势量）	28	28.9	29.5	30	30.8

图1

图2

如图所示，使用曲线尺画出袖山。

图2a

图2b

图3 袖子下部分的样板草图 Lower Sleeve Draft

B～N =（C～F）-3.8cm。
B～O = B～N。
连接F～N和G～O。
  标记肘围P～Q。
P～R =（P～E）/2。
P～S = 1.9cm。
  画省线，P～R=P～S。
N～T = 1.3cm。
  过T点画线S～U=P～N。
  标记点U。
  过U点画线U～V=N～O。
  直线连接V～Q。

袖子上的刀口标记 Sleeve Notches

在袖子的后片袖山弧线处，如图标出两道间隔为1.3cm的刀口标记（低于I点1.3cm处做第一个刀口标记）。在袖子前片低于K点1.3cm处，做刀口标记。

确定袖山放松量 Determine Sleeve Cap Ease

图4、图5

量取前、后部位袖山弧线的尺寸。量取上衣前、后片袖窿弧线的尺寸。袖山弧线尺寸减去袖窿弧线尺寸获得的差值为袖山的吃势。其平均为2.5～3.8cm。如果不到2.5cm，则需加宽袖肥线尺寸（图4）；而超过3.8cm，则需减少袖肥线尺寸（图5）。按照图示，重新描出袖山线和袖身缝线。从样板纸上剪下袖子样板，将袖山与前、后上衣袖窿的刀口标记做核对。如果中点不对应，可以移动袖山中点的刀口标记，做整体平衡的调整。

关于调整的建议 Other Modification Suggestions

如果在缝合袖山时，无法去除因吃势过多而引起的褶皱，则可以放出前、后片肩线中的部分缝份，并在腰围线上做相应的减量处理。

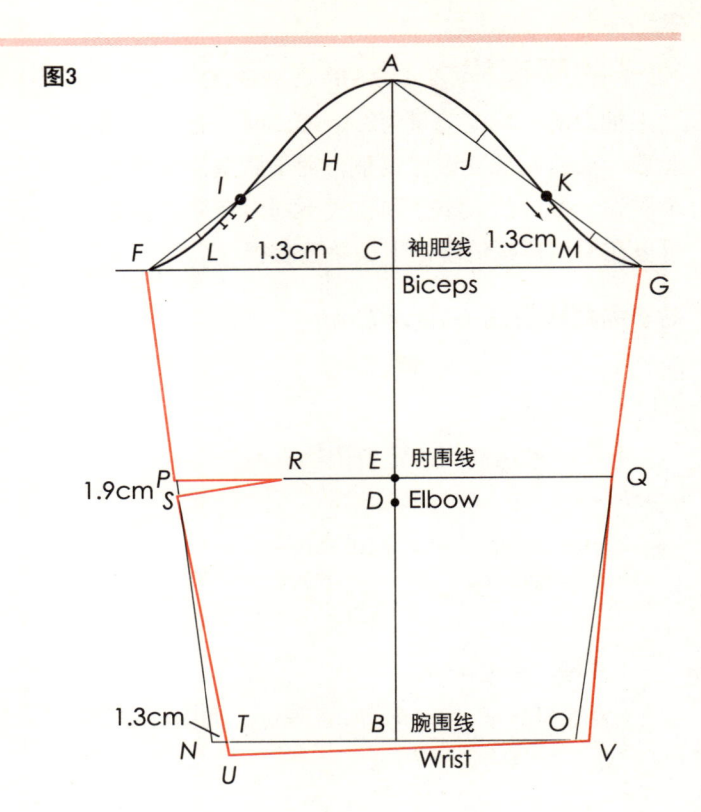

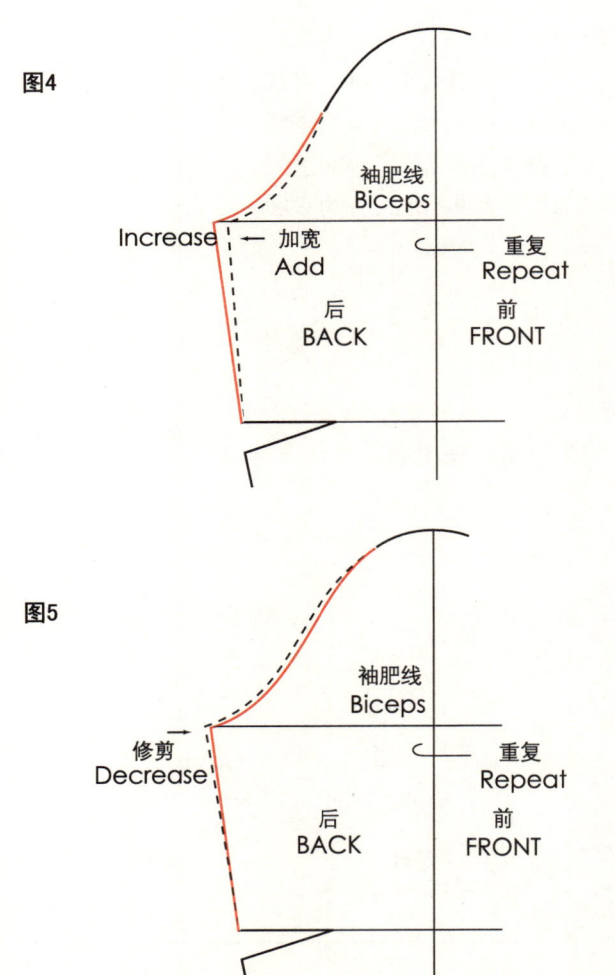

第15章

领，袖，裙
Collars, Sleeves, and Skirts

领 COLLARS 304	荷叶边袖——设计2
领的设计 COLLAR DESIGNS 304	Ruffled Sleeve—Design 2 308
1. 衬衫式睡衣领 Shirt Collar 304	蝶形袖——设计3
2. 海军领 Sailor Collar 304	Saucer Sleeve—Design 3 308
3. 铜盆领 Peter Pan Collar 304	泡泡袖——设计4
4. 有领座的领 Collar and Stand Collar . . . 304	Baby Puff Sleeve—Design 4 308
无省袖的基本样板	抽带袖 Drawstring Sleeve 309
DARTLESS SLEEVE FOUNDATION 305	**裙 SKIRTS** 310
无省袖的样板草图 Dartless Sleeve Draft . . . 305	1. 多层裙 Tiered Skirts 310
袖 SLEEVES 306	2. 瀑布裙 Cascades/Partial Circles 310
1. 泡泡袖 Puff Sleeve 306	3. 多片裙 Gore Skirt 310
2. 羊腿袖 Leg-O-Mutton 306	4. 百褶裙 Pleated Skirt 310
3. 花瓣袖 Petal Sleeve 306	5. 圆裙 Full Circle Skirt 310
4. 钟形袖/喇叭袖 Bell Sleeve 306	喇叭裙 Flared Skirt 311
袖子的设计变化 SLEEVE DESIGN VARIATIONS . . . 307	特色腰带褶裥裙
瓦片袖——设计1 Cap Sleeve—Design 1 . . 307	Gathered Skirt with Stylized Waist Band . . . 312
	育克圆裙 Yoked Circular Skirt 313

领 Collars

有关领的论述、专业术语及其设计变化，在上册第10章中已有涉及。

领的设计 Collar Designs

下面几款领子设计，可以遵循相应的成人服装中领子设计的说明进行样板的设计和制作。

在此标明了每款领型在本套书中的页码，以方便读者快速查阅。

1. 衬衫式睡衣领 Shirt Collar——上册第178页
2. 海军领 Sailor Collar——上册第185页
3. 铜盆领 Peter Pan Collar——上册第182页
4. 有领座的领 Collar and Stand Collar——上册第191页

可以在这些领子样板的基础上发展其他领形。

1.衬衫式睡衣领 Shirt Collar

2.海军领 Sailor Collar

3.铜盆领 Peter Pan Collar

4.有领座的领 Collar and Stand Collar

无省袖的基本样板
Dartless Sleeve Foundation

无省袖是从袖子原型样板的基础上变化而来的。无省袖样板可作为无肘省袖样板的基础。在此列举两款无省袖：无省长袖和半袖。使用无省袖样板做长袖设计样板，其袖管两边的边线与面料的经向丝缕线一致。其用于做半袖的样板也如此。该袖子样板只是在前、后片的袖山弧线上有区别。

无省袖的样板草图 Dartless Sleeve Draft

图1
- 描出袖子原型样板（虚线）。
- 画垂直的经向丝缕线，从袖口线穿过肘围线和袖肥线直至袖山顶（虚线表示原型样板线）。
- 从袖肥线两端向下作垂线（省略了肘省）。

图2
- 按袖口设计需要定其宽度。将袖口、袖山等分（经向丝缕线两侧各平均分成两等份），并做标记等分点。
- 对应地连接各等分点，从袖口线过袖肥线至袖山，把袖子分成四等份。
- 再将袖山中间的两份分成四等份。
- 从样板纸上剪下袖子样板。

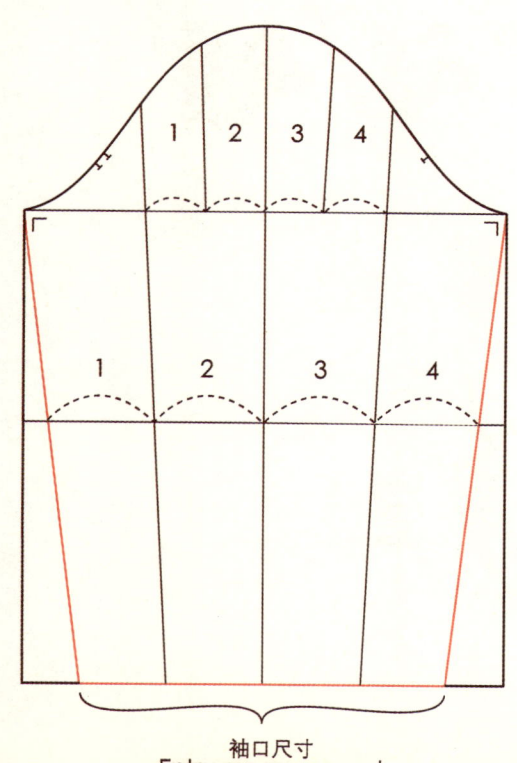

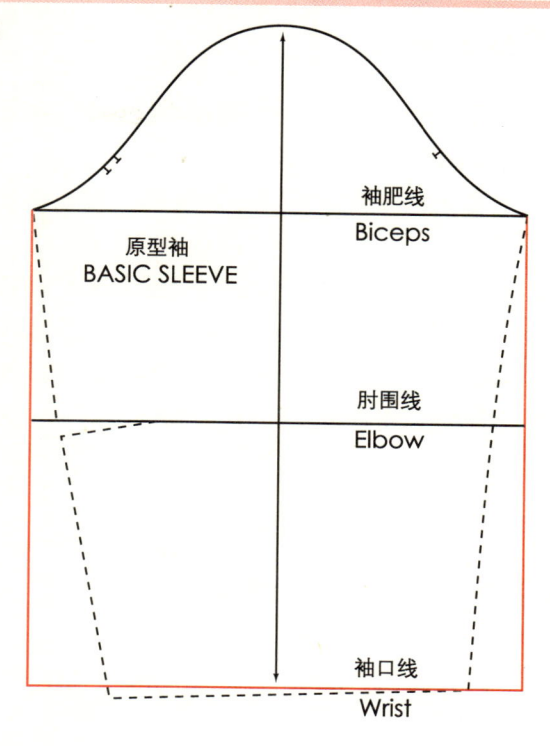

图3 无省半袖 Half Sleeve
- 描出经向丝缕线后半侧袖子的原型样板，包括等分线1和等分线2。
- 标记袖口宽。
- 将前半袖叠到后袖片袖上面。灰色阴影部分表示前、后袖不重合处。

  建议：可以标出袖长尺寸，以方便快速使用。

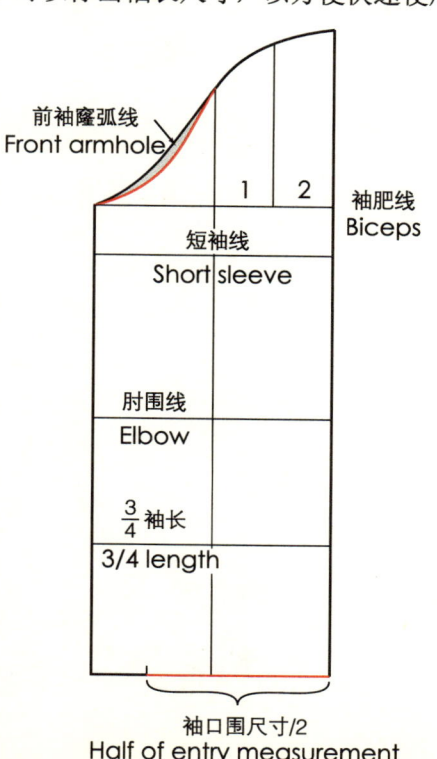

袖 Sleeves

下面几款袖子设计，可以遵循相应的成人袖子的样板设计与制作的说明去做。

标上每个袖型在本套书中的页码，以方便快速查阅。

1. 泡泡袖 Puff sleeves——上册第314～316页
2. 羊腿袖 Leg-o-mutton sleeves——上册第328页
3. 花瓣袖 Petal sleeves——上册第319、第320页
4. 钟形袖/喇叭袖 Bell sleeves——上册第318页

同理可以发展其他袖型设计。

1. 泡泡袖 Puff Sleeve

2. 羊腿袖 Leg-o-Mutton

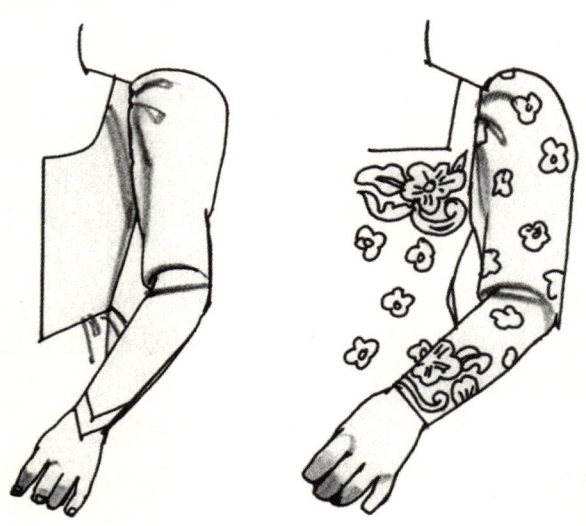

3. 花瓣袖 Petal Sleeve

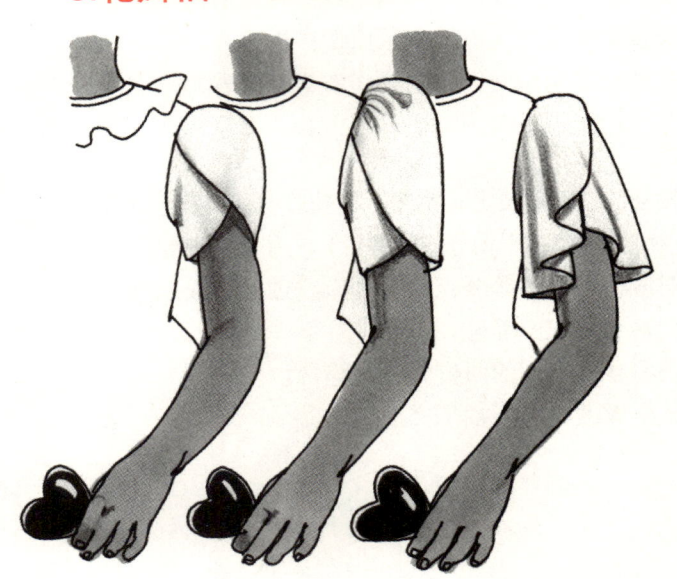

4. 钟形袖/喇叭袖 Bell Sleeve

袖子的设计变化 Sleeve Design Variations

前四款袖子设计均有介绍。第五款礼服袖作为读者的思考题。

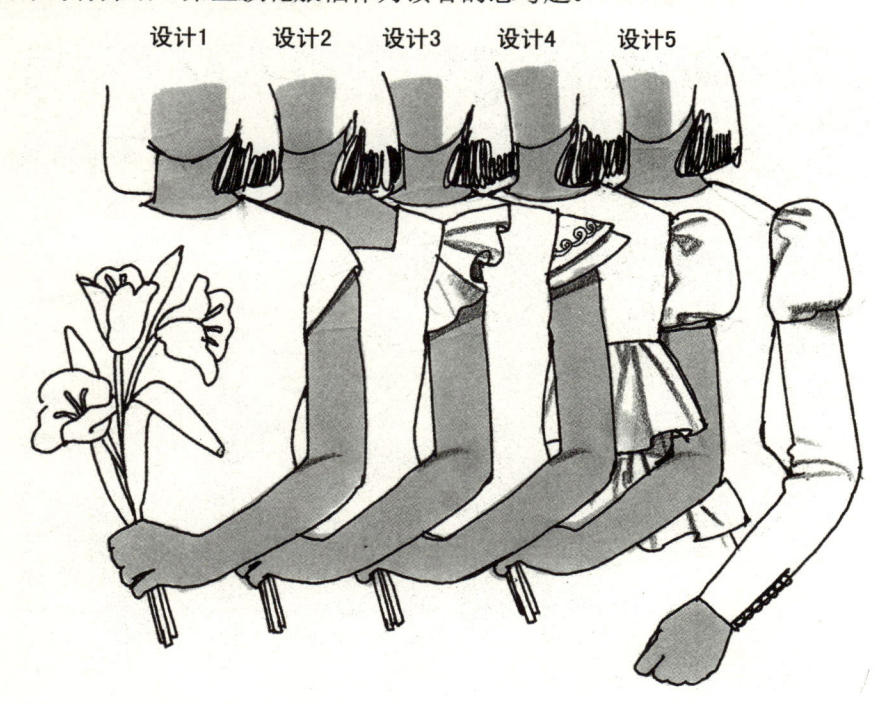

设计1　设计2　设计3　设计4　设计5

瓦片袖——设计1
Cap Sleeve—Design 1

袖山贴合上臂部分，比原型袖更合身。

图1
- 描出无省袖样板的上部。
- 如图所示，画出袖口弧线。
- 标出剪切线。

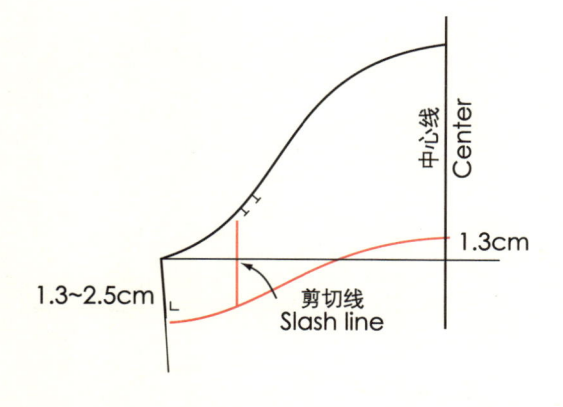

图2
- 从样板纸上剪下样板，剪开切线。并将样板纸放在折叠纸上。
- 重叠剪切线，固定。然后描出袖子轮廓。画顺重叠部分。
- 如图所示，修剪样板。

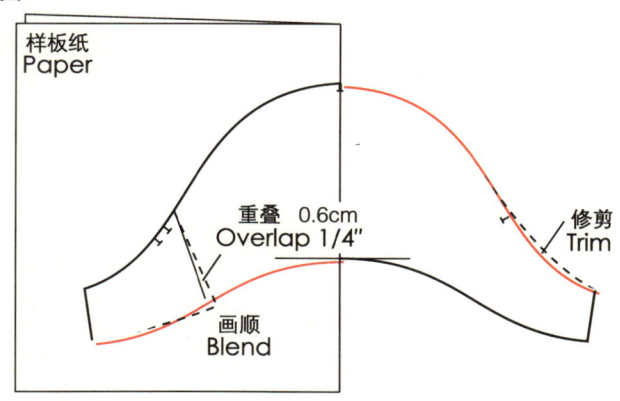

图1

中心线 Center
1.3cm
1.3~2.5cm
剪切线 Slash line

图2

样板纸 Paper
重叠 0.6cm Overlap 1/4"
修剪 Trim
画顺 Blend

荷叶边袖——设计2
Ruffled Sleeve—Design 2

把荷叶边袖山处的刀口标记对着服装上衣袖窿上的刀口标记，然后将它们缝合在一起。袖山抽褶量的确定方法为：测量前、后袖山弧线两刀口标记之间的距离，然后加两倍。如有需要，在绱袖时可以超出袖窿刀口标记的位置。

图1

- 对折样板纸，标出中心线，并向上作一条比袖山高短3.8cm的垂线。
- 在折叠处，从中点量出需要的丰满量。
- 从中点标记处向两边画弧线。
- 完成样板后测试适合度。

图1

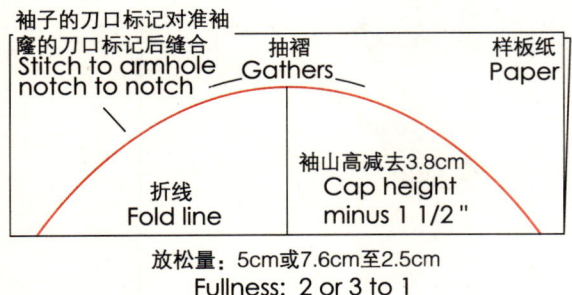

袖子的刀口标记对准袖窿的刀口标记后缝合
Stitch to armhole notch to notch

抽褶 Gathers

样板纸 Paper

折线 Fold line

袖山高减去3.8cm
Cap height minus 1 1/2"

放松量：5cm或7.6cm至2.5cm
Fullness: 2 or 3 to 1

泡泡袖——设计4
Baby Puff Sleeve—Design 4

泡泡袖经过特别的制板方式来获取所需要的丰满量，直至缝到服装上能够达到理想的效果为止。这个袖子适用于号型为3～5的童装。

图1

样板纸 Paper

袖子（转动后）
SLEEVE (when pivoted)

2.5~3.8cm

袖肥线 Biceps

2.5~3.8cm

2.5cm

C A B D

碟形袖——设计3
Saucer Sleeve—Design 3

袖子直接缝在部分袖窿上。还可根据设计需要做多种变化。

图1

- 描出袖山，按照图示，绘制整个样板。
- 从样板纸上剪下样板。

图1

1.9cm

1.3cm   1.3cm

↑3.8cm

图1

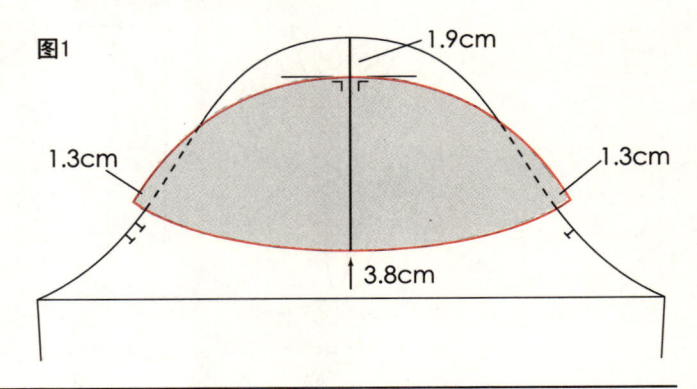

- 在折叠的样板纸上描出原型袖的袖山样板（虚线）。
- 沿袖肥线，作一条垂直于折线的延长线。
- 延长的袖肥线把袖子平移至与原型袖肥相等的地方。
- 在刀口标记处按上图钉。以钉为轴心向下转动到过袖肥延长线2.5cm处。
- 描下此时的袖形（不均匀虚线表示转动后的袖子样板）。
- 移去袖，按照图示画出袖山线和袖口弧线。
- 完成整个样板，并测试适合度。

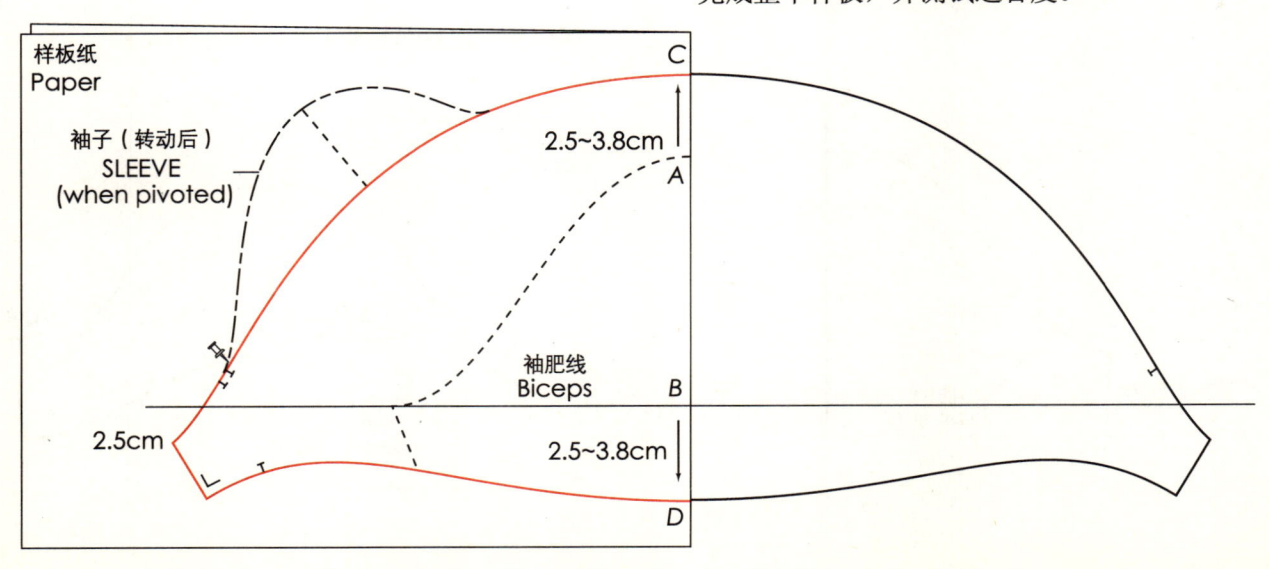

抽带袖 Drawstring Sleeve

该抽带袖样板的制作基于原型袖样板或无省袖样板。

图1

- 描出半个袖子样板并将袖子延长至袖肥线下2.5cm处，标记点X。
- 按设计需要描出袖轮廓。在袖山顶点做标记点A。在中线的原袖肥高处标点C。在A～C的中点标点B。减去约0.6cm的袖山放松量。绘制B～C间的小弧线，使其可以露出胳膊。按图所示，画出分割斜线并剪开它们。剪掉X～C以下的部分。

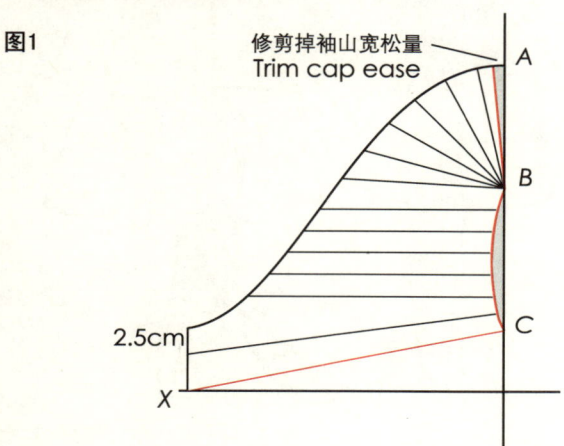

图1
修剪掉袖山宽松量
Trim cap ease

图2

- 画直角线，将剪开的斜线打开，并使其适合垂线。点A、B和C如图所示进行安置。

图2

图3

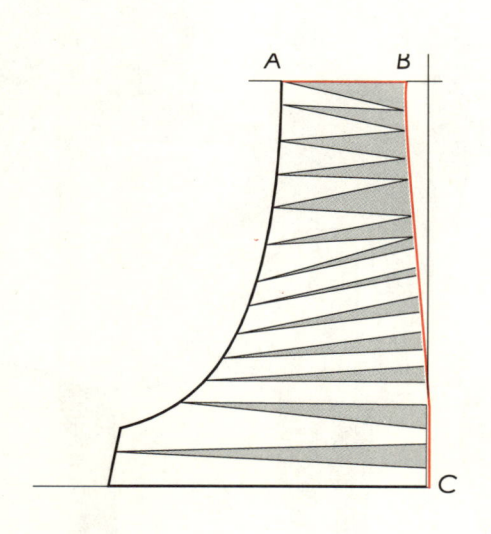

- 加上缝份。
- 描出两份袖子样板并修剪前片袖。标出样板上各点的位置（图1）。
- 完成样板，测试适合度，缝合A～B。

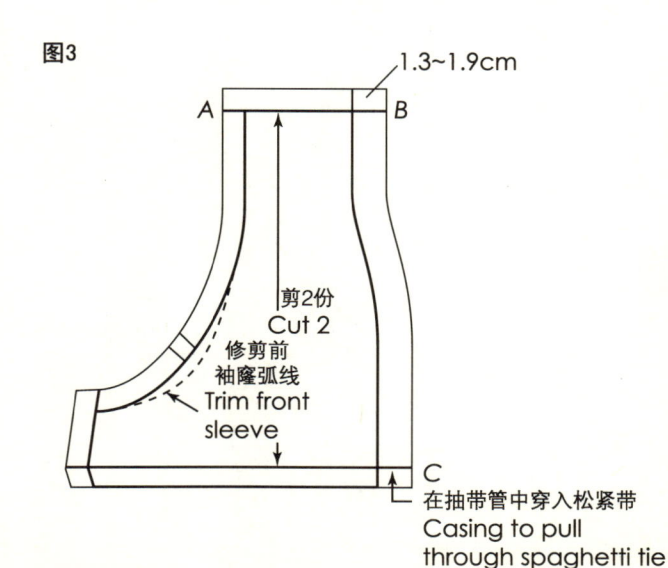

图3

1.3~1.9cm

剪2份
Cut 2

修剪前袖窿弧线
Trim front sleeve

在抽带管中穿入松紧带
Casing to pull through spaghetti tie

裙 Skirts

关于裙子的一些术语、设计和腰带制作可参见第13页。号型3~6X裙子的腰带可以不用松紧带。但一般的裙子会在腰带的后半部位使用松紧带，甚至整个腰带都会安置松紧带。相关内容可参见上册第236页。关于拉链方面的内容可参见上册第235页。

其他裙子设计：

1. 多层裙 Tiered skirts——见上册第272~274页
2. 瀑布裙 Cascades and partial circles——见上册第291页
3. 多片裙 Gored skirts——见上册第250~257页
4. 百褶裙 Pleated skirt——见上册第280、第281页
5. 圆裙 Full circular skirts——见上册第291~299页

1. 多层裙 Tiered Skirts

2. 瀑布裙 Cascades/Partial Circles

3. 多片裙 Gore Skirt

4. 百褶裙 Pleated Skirt

5. 圆裙 Full Circle Skirt

喇叭裙 Flared Skirt

设计分析：设计1和设计2
Design Analysis: Designs 1 and 2

设计1是多片式喇叭裙；设计2是基本的喇叭裙（与设计1相似，但无中缝线）；设计3则是有着特色腰带的打褶裙。这些裙子款式的设计，皆较适合号型为7～14的童装（第312页）。

喇叭裙样板草图 Flared Skirt Draft

图1、图2

- 在图1、图2中合并了的腰省，展开裙摆。侧边缝处加3cm的扩展褶量，使裙子呈A字轮廓。
- 完成样板，测试合身度。可以在前、后片的中间安排拼缝形成鱼尾型。也可以做成基本型式样。在折叠的样板纸上剪出样板。
- 裙子腰带和拉链的制作见上册第235、第236页。

图1

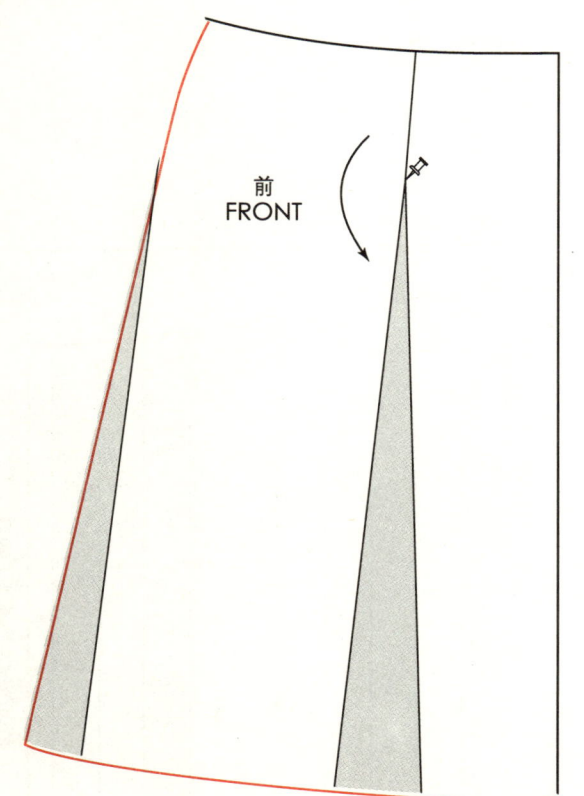

前 FRONT

图2

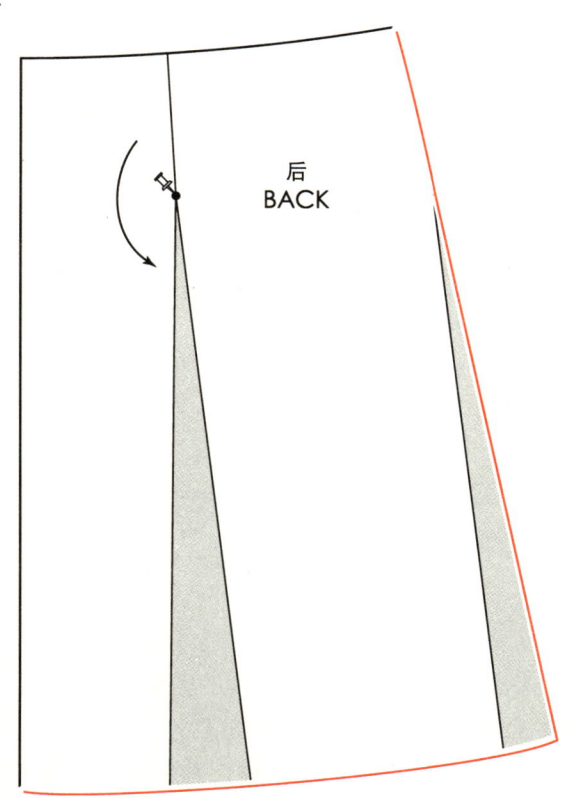

后 BACK

特色腰带褶裥裙
Gathered Skirt with Stylized Waist Band

设计分析：设计3 *Design Analysis: Design 3*

　　该款腰带的设计，部分处于腰围线以下，在造型上需与下面褶裥裙的上腰口线相对应。因此，需先设计好腰带的造型并裁好它。裙子长度仍从腰围线至裙摆线。

裙子的样板草图 Skirt Draft

图1
- 在原型样板上画出该款裙子的腰口造型线，从样板纸上剪下样板。

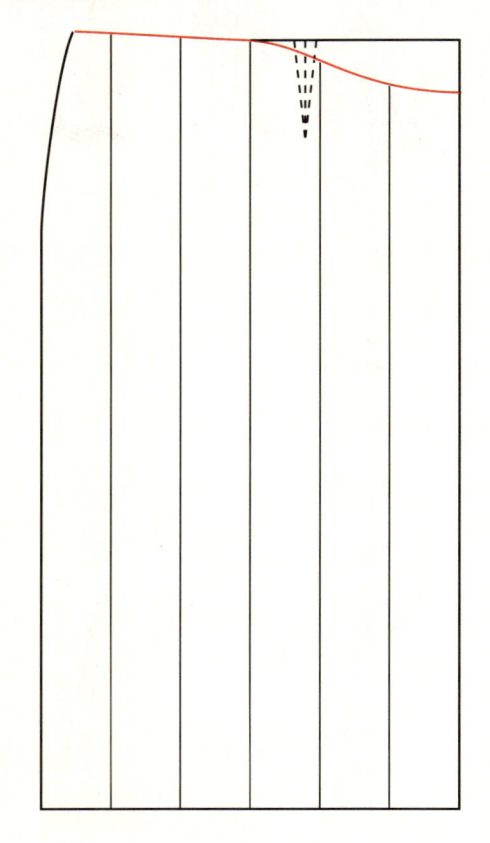

图2
- 在折叠纸上描出腰带和裙子腰口处的弧线。

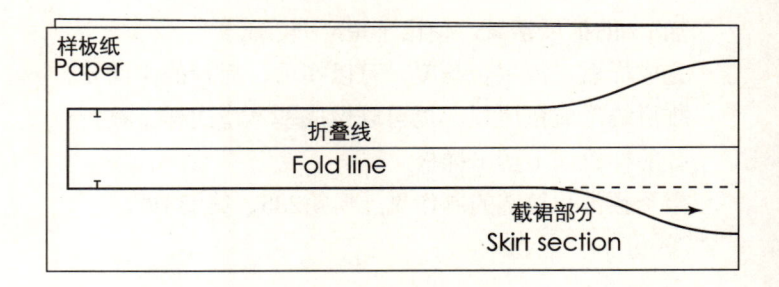

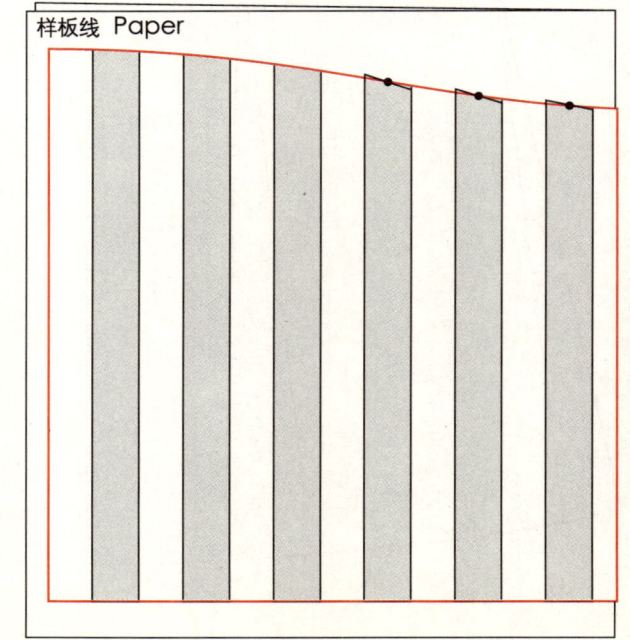

图3
- 剪开切线，并根据裙子丰满度的需要展开切片。从前中心线开始画出裙子的腰口线。
- 裙子后片样板的制作按照裙前片的方法与步骤即可。但是，腰口弧线无需与前片一致。
- 完成样板，测试合适度。

育克圆裙 Yoked Circular Skirt

这是为号型3～6X和7～14设计的裙子。腰带内可以装松紧带。裙腰臀部的省量融入育克中。

设计分析 Design Analysis

设计育克裙，上半部分的样板制作先于下半部分的并分离出来。

腰带和拉链的制作见上册第235、第236页。

育克裙样板草图 Yoked Skirt Draft

图1
- 描出裙子前片的原型样板。
- 按照图示，根据设计和尺寸要求绘制裙子腰臀部育克的造型线和裙子样板中的剪切线，裙长按设计需要确定。

图1

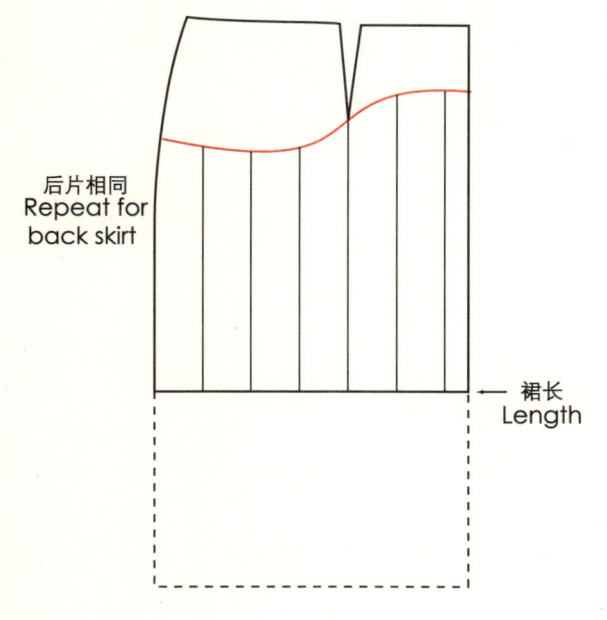

后片相同 Repeat for back skirt

裙长 Length

图2
- 从样板上剪下育克部分，并将它描在折叠的样板纸上，闭合腰省（如果腰带内装松紧带，则不闭合腰省）。

图2

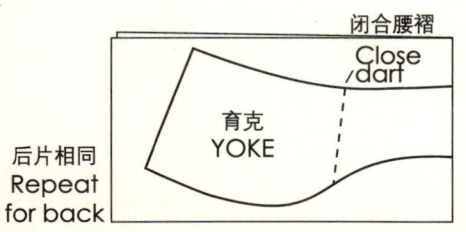

闭合腰褶 Close dart

育克 YOKE

后片相同 Repeat for back

图3
- 把裙子下部分的样板放在折叠的样板纸上，剪开其中的各切线，打开切片至裙摆需要的量，描出样板，加缝份。
- 后片样板的制作重复此操作。
- 完成样板后测试合适度。

图3

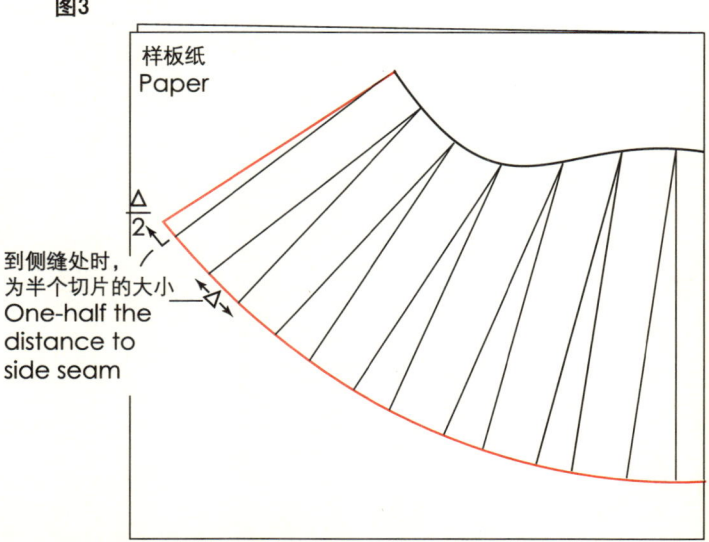

样板纸 Paper

△/2

到侧缝处时，为半个切片的大小 One-half the distance to side seam

第16章

连衣裙和无袖宽松衫
Dresses and Jumpers

半紧身连衣裙的基本样板——号型3~6X, 7~14 **THE SHIFT FOUNDATION—3 TO 6X AND 7 TO 14** ... 316	**帐篷式宽松裙的变化 TENT VARIATIONS** 323
半紧身连衣裙的样板草图 Shift Draft 316	围兜式背带宽松裙 Bib Jumper 323
公主线 Princess Styleline 317	围兜式背带宽松裙的样板草图
公主线服装的样板草图 Princess Draft 317	Bib Jumper Draft 323
半紧身帝国线喇叭裙 Empire with Flare ... 319	贯头式吊带宽松裙 Tank-Top Jumper 324
半紧身帝国线喇叭裙的样板草图	贯头式吊带宽松裙的样板草图
Empire Draft 320	Tank-Top Jumper Draft 324
帐篷式宽松裙的基本样板 TENT FOUNDATION ... 322	背心裙 Torso Jumper 325
帐篷式宽松裙的样板草图 Tent Draft 322	背心裙的样板草图 Torso Jumper Draft 325

半紧身连衣裙的基本样板——号型3~6X，7~14
The Shift Foundation—3 to 6X and 7 to 14

半紧身连衣裙基本样板的绘制，基于服装的原型样板。有了此基本样板，便能方便同类服装样板的设计和制作，如公主线连衣裙、帝国线高腰连衣裙和其他紧身连衣裙等。在此类款式上，裙子常常带有抽褶或褶裥等细节设计。

半紧身连衣裙的样板草图 Shift Draft

图1、图2

- 描出前、后片原型样板并做好所有标记。
- 延长前中心线至衣长所需尺寸，作至袖窿底点的垂直线，再从袖窿底点向下画垂直线至衣长线。
- 在后片袖窿底点，作至后中心线的垂直线，再向下作垂线，与前片等长。
- 画垂直于后中心线的裙长线。
- 在原型侧缝中点向内1.3~1.9cm处，标记点X。
- 裙长线向外延伸3.8~5cm，形成A廓型。如图在侧缝线底点向上0.6cm处做标记，然后由该点向中心线画弧线，即裙摆线。
- 从裙摆线至X点画出侧缝线，再从X点向上画直线至袖窿底点。
- 从样板纸上剪下裙子的连衣裙样板。
- 省道：按图中提供的尺寸延长省中线，画出省线。对于号型为3~6X的服装，省线长度需要减短1.3cm。
- 在完成整个样板之后，测试适合度。
- 加上袖子原型样板后，便完成了整件半紧身连衣裙基本样板的制作（参见第301页）。

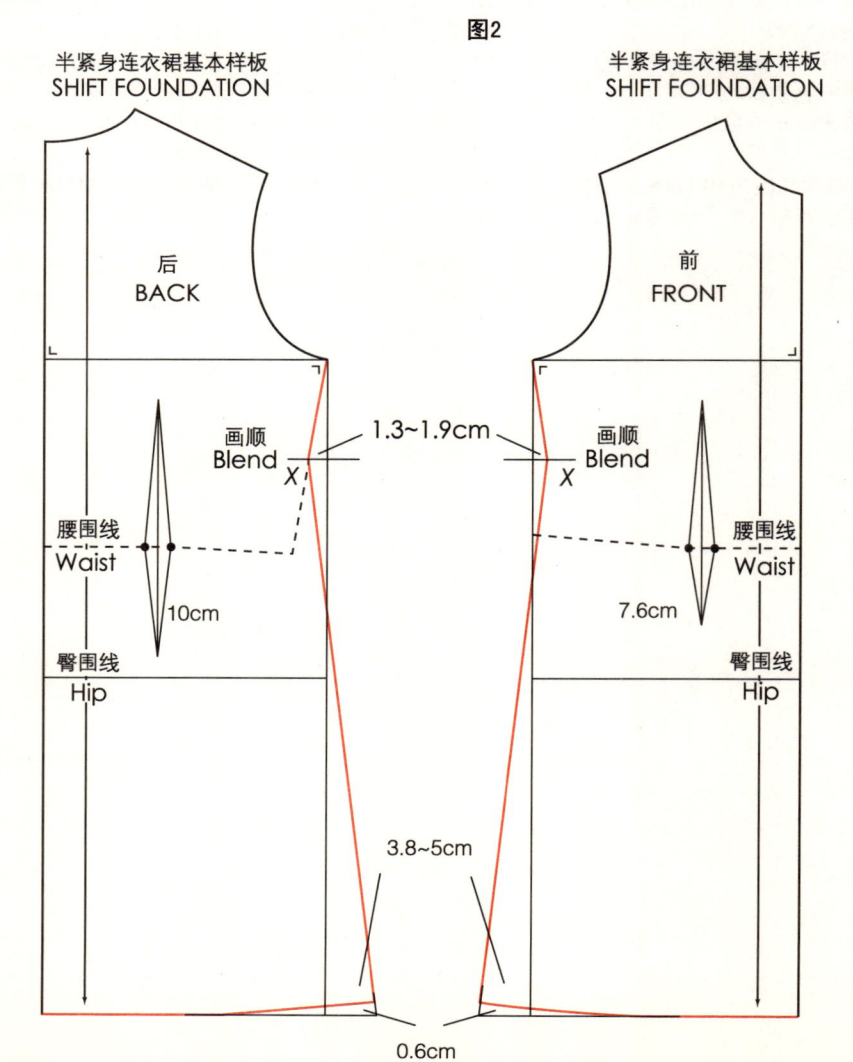

公主线 Princess Styleline

公主线是在号型为3～6X和7～14的服装中被普遍使用的一种造型分割线。

设计分析 Design Analysis

公主线从肩斜长线中点或袖窿弧线中点开始，经过胸高点延伸至裙摆（衣摆）。这种造型分割线被广泛运用于服装中，且变化丰富。例如，在公主分割线上添加扩展褶（从腰围线开始），褶量沿辅助线至设计所需的扩展处（关于加放量的想象力表现，可参见上册第250～257页）；还可以拼加三角形拼片，以扩大裙摆量。这种增加裙摆波浪的方法（参见上册第285、第286页），扩展的喇叭状是裙子样板的一个组成部分，如果设计需要，被扩展的喇叭量也可以加在样板的边缝处。设计1和设计2是从公主线样板中发展出来的众多设计中的两例。

公主线服装的样板草图 Princess Draft

图1、图2
- 描出半紧身连衣裙前、后片样板。
- 画出自肩斜长线中点或中袖窿弧线中点至省尖点的造型线（不匀虚线）。
- 从省点顺省线向下画线至底边，与中心线平行。

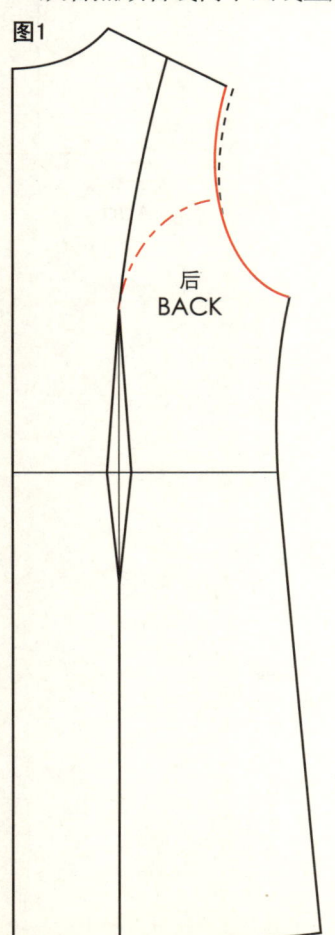

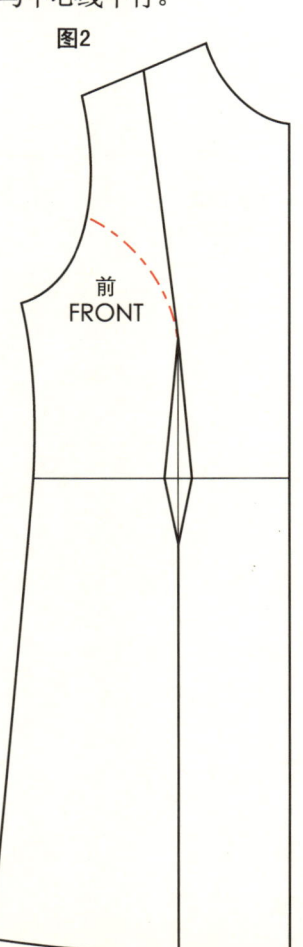

图1　　　　　　　图2

后 BACK　　　　　前 FRONT

设计1　　设计2

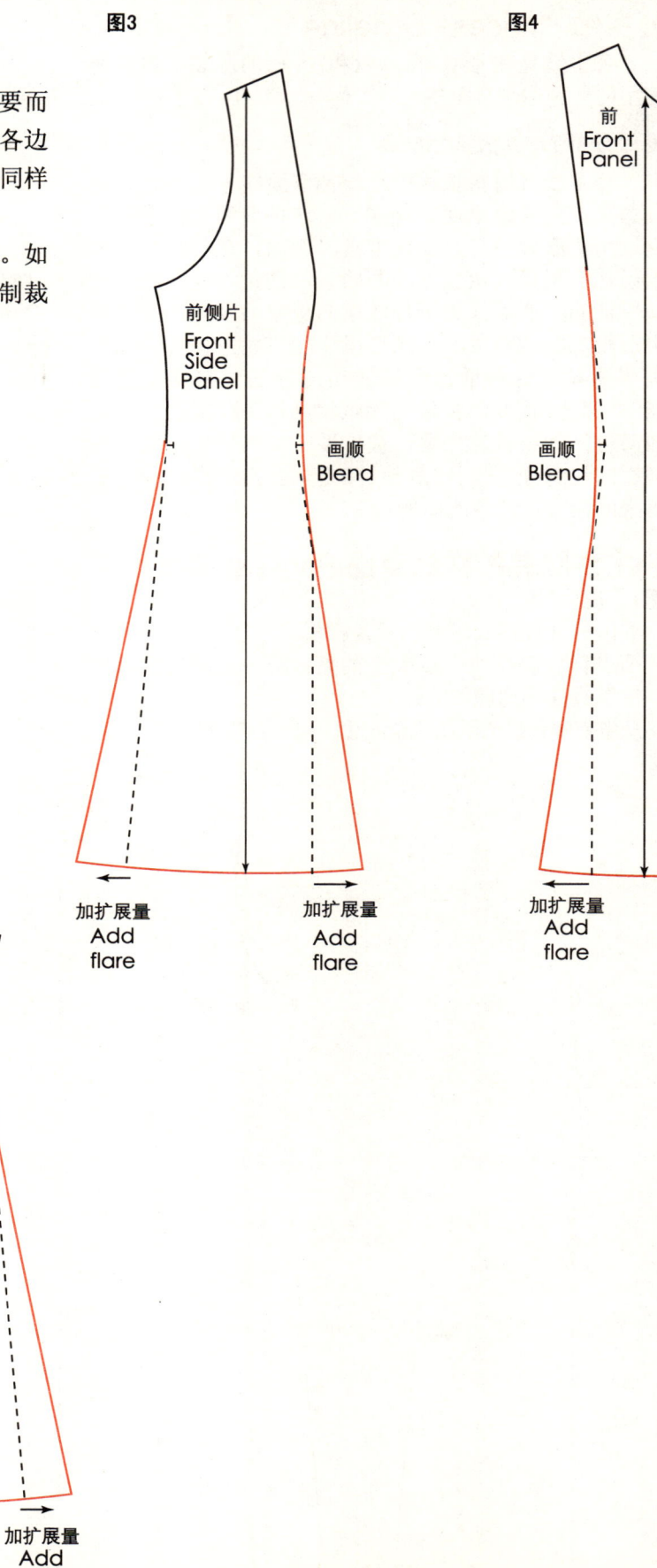

图3～图6

- 沿公主线将样板剪开，同时修正腰省量。
- 在裙摆处加上喇叭扩展褶量（宽度按设计需要而定），描出样板。在前、后片公主造型分割线各边增加等量的扩展褶量。如果需要，在侧缝处也同样增加扩展量，以平衡整个设计。
- 在腰省处的连接线上，可以按需要放出放松量。如果需要有较贴身的效果，则可以沿原省线绘制裁片线。

图3

前侧片 Front Side Panel

画顺 Blend

加扩展量 Add flare

加扩展量 Add flare

图4

前 Front Panel

画顺 Blend

加扩展量 Add flare

图5

后 BACK Panel

画顺 Blend

加扩展量 Add flare

图6

后侧片 Back Side Panel

画顺 Blend

加扩展量 Add flare

加扩展量 Add flare

半紧身帝国线喇叭裙 Empire with Flare

半紧身连衣裙基本样板是帝国线喇叭裙样板设计和制作的基础。帝国线喇叭裙胸围线下设有一条分割造型线，而腰围处没有分割线。号型为3~6X的帝国线喇叭裙不做闭合胸部省道的设计（设计1和设计2）。

设计分析 Design Analysis

设计3：帝国造型线上部设有两个胸省（它用于号型为7~14的服装），以满足合体的需要。该款式在样板下部的裙片上设有多条剪切展开线，添加了所需扩展量。另外，前中心线处还设一个活裥，因此塑造了丰满的喇叭裙。

半紧身帝国线喇叭裙的样板草图
Empire Draft

图1
- 描出半紧身连衣裙前片样板。
- 按照图示，根据设计效果图所提供的模特尺寸和裙长尺寸等数据，画出样板。

帝国造型线 Empire Styleline
- 如图过前片中腰省长中点画一条直角线。
- 如图画出帝国造型线，画顺，做标记点A、点B。
- 侧缝线处缩进0.6～1.3cm。

勾画轮廓线 Contouring
    在胸下帝国造型线处，将省线加长0.6cm，重新画好省线（两省线长相等）。
- 画出剩余省线（虚线）。

图2
- 描出半紧身连衣裙后片样板。
- 按图示画出样板。
- C～D = A～B（前片）。
- 从样板纸上剪下样板，打开。

图1

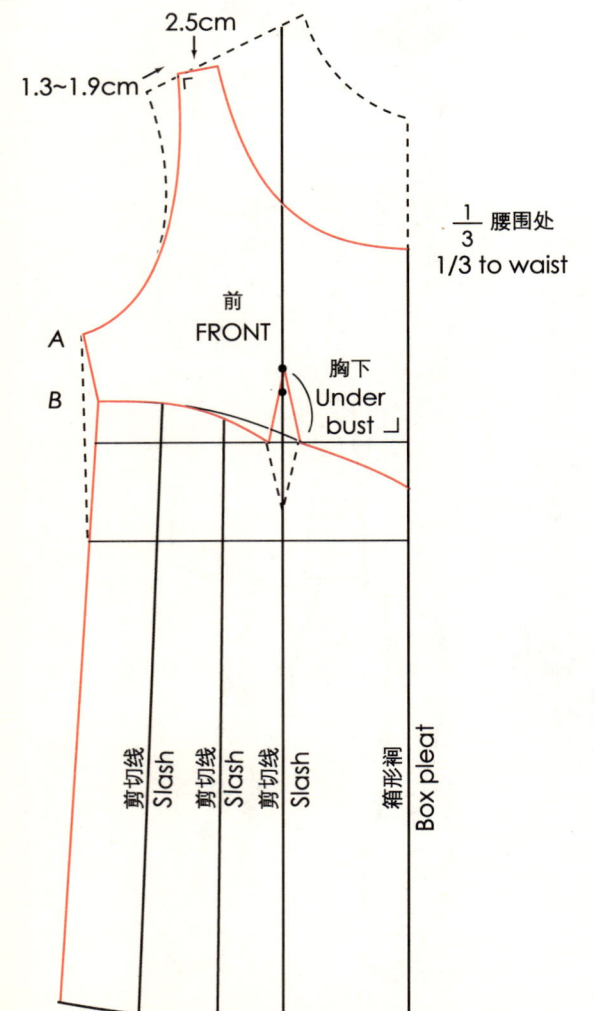

2.5cm
1.3～1.9cm
前 FRONT
1/3 腰围处
1/3 to waist
A
B
胸下 Under bust
剪切线 Slash
箱形裥 Box pleat

图2

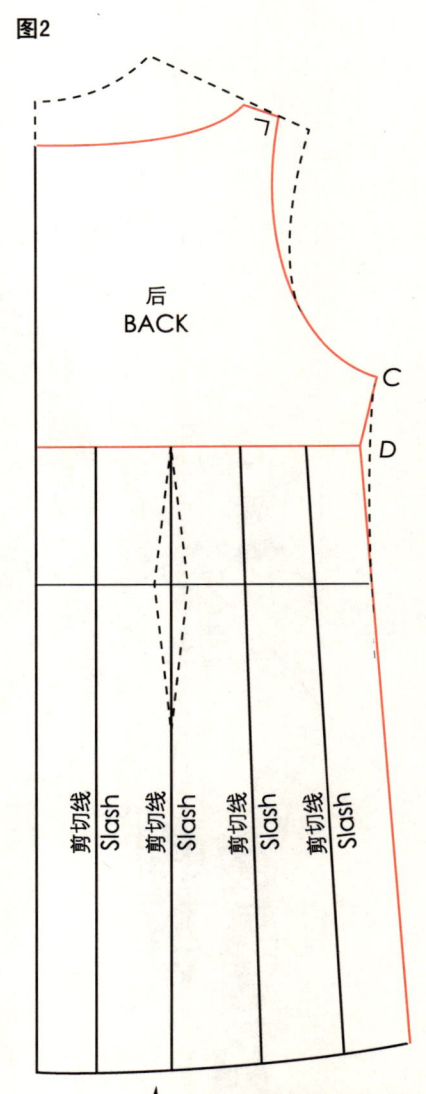

后 BACK
C
D
剪切线 Slash

可用剪切展开或用圆与部分圆弧面（参见上册第291页）进行圆裙的设计变化
Skirt may be slashed and spread or use circle/radius chart (page 291) to develop circular skirt

图3

- 描出前、后片大身样板。
- 后片加宽2.5cm（未作图示）。

图3a

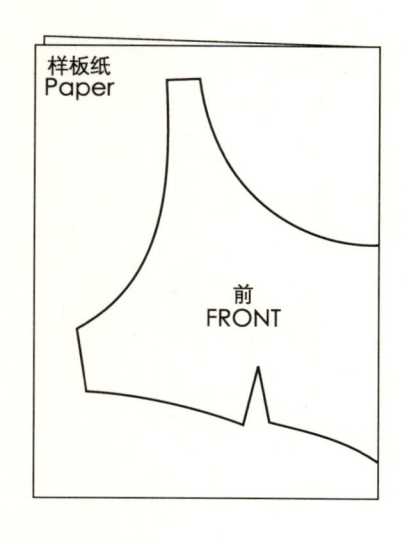

图3b

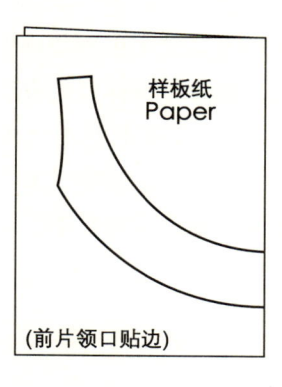

图4

- 在样板纸上折出活裥。
- 将裙子样板放在折叠的纸上，打开切片至所需宽度，留出前中裥的位置。
- 描出整个样板，画顺腰口线。
- 加上缝份后，从样板纸上剪下裙子样板，折出前片中间的活裥。
- 后片下摆弧线与前片下摆弧线等长。后中无褶裥（未作图示）。
- 完成样板后，测试适合度。

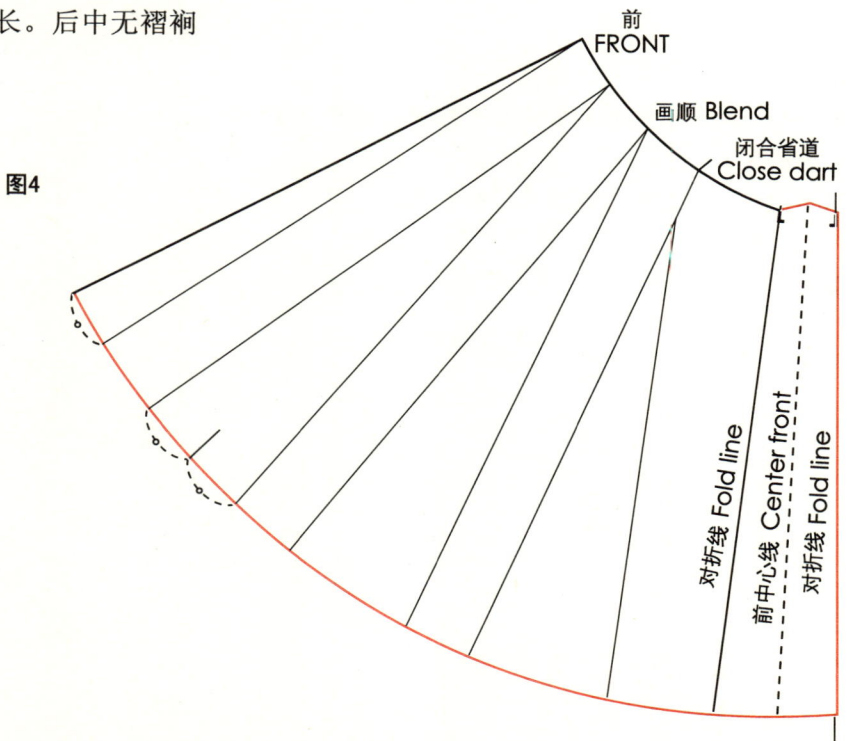

图4

帐篷式宽松裙的基本样板
Tent Foundation

帐篷式宽松裙适用号型为3～6X和7～14。

下面介绍几种帐篷式宽松裙的样板，一般皆以半紧身连衣裙样板为基础进行样板的设计和制作。帐篷式宽松裙A是帐篷式宽松裙的基本样板。帐篷式宽松裙B是依前、后片原型样板为基础而产生的。这里提供的几款设计表明了帐篷式宽松裙在运用基本样板时的灵活性。

帐篷式宽松裙的样板草图 Tent Draft

图1　帐篷式宽松裙A：以连衣裙样板为基础
Tent A: Based on Shift Foundation

- 描出半紧身连衣裙前、后样板。
- 从裙摆线到袖窿弧线画出剪切线。
- 剪开切线，打开7.6～12.7cm。
- 在侧边缝处加扩展量，宽度为切线展开部分的三分之一。画侧缝线，在接近腰围线处与衣身侧缝线重合。
- 消除腰省。
- 后片未作图示。

图2、图3　帐篷式宽松裙B：基于前、后片衣身原型样板 Tent B: Based on Basic Pattern

- 如图示，画出剪切线。
- 剪开切线并打开至需要的宽度。
- 在前中心线领口中心点向外添加扩展量，以增加裙子的丰满量。
- 画出裙摆线，注意需与腰围线平行（图3）。
- 后片未作图示。

图2　帐篷式宽松裙B

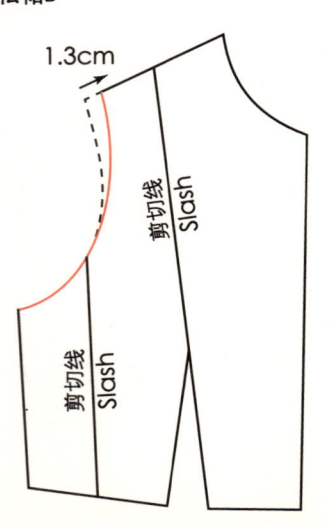

图1　帐篷式宽松裙A

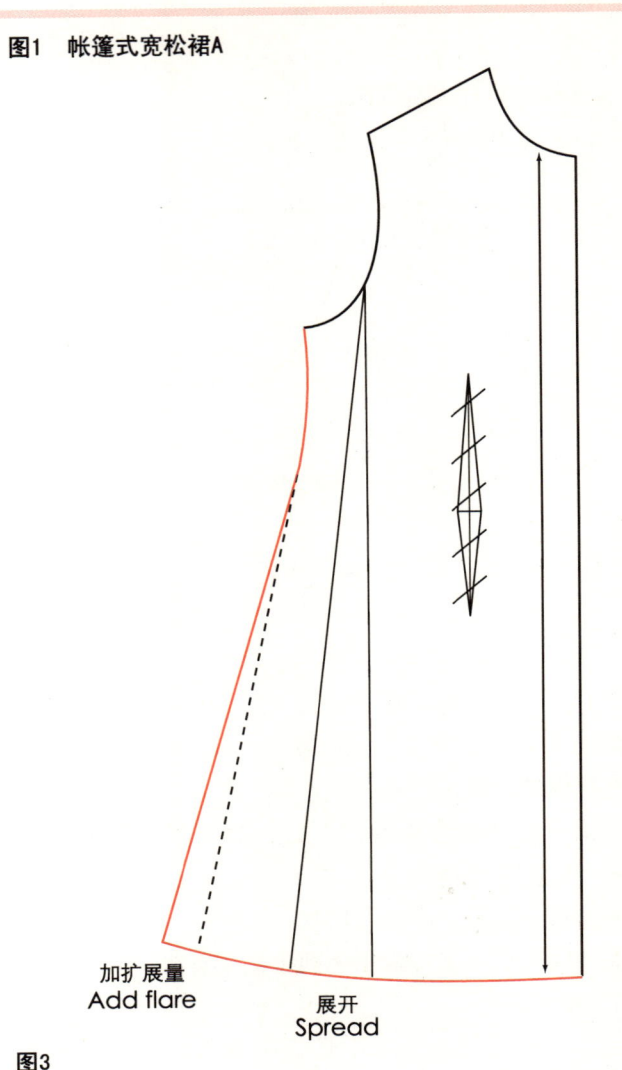

图3

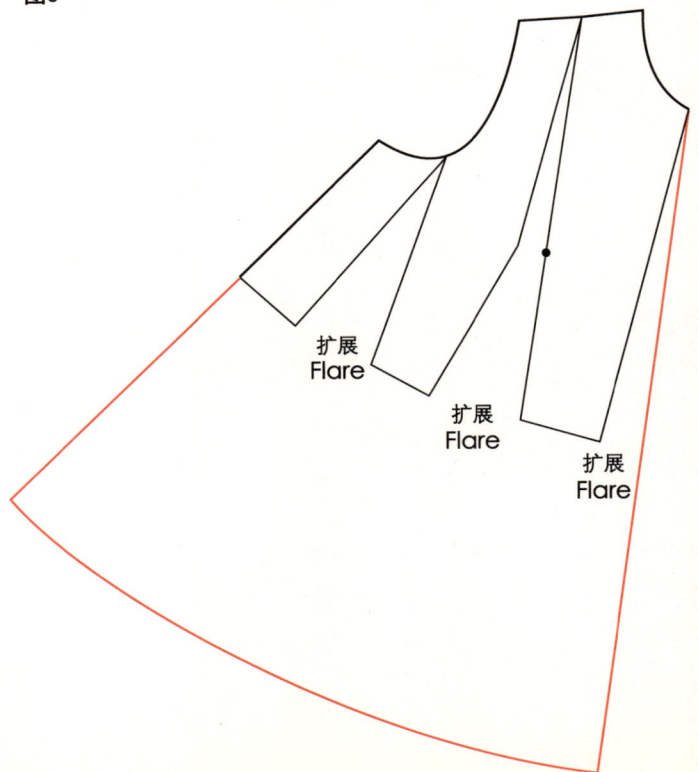

帐篷式宽松裙的变化
Tent Variations

围兜式背带宽松裙 Bib Jumper

设计分析 Design Analysis

该款帐篷式宽松裙在裙子的上部有碎褶和控制碎褶的领口滚边，胸围以下设有抽带管并用抽带进行调节，肩部有吊带。其样板制作以帐篷式宽松裙B的样板为基础。

后片设计与前片相同。如果胸部以下重新做安排，那么后片也需变动。设计2为思考题。

围兜式背带宽松裙的样板草图
Bib Jumper Draft

图1
- 描出帐篷式宽松裙B的样板。
- 参考模特的外形，根据设计、号型尺寸和服装长度画出造型线。胸点用来帮助确定胸下帝国线的位置。按需要画整裙长。

滚边 Binding
- 量取前片上的造型线长度，乘以2。
- 加上前、后片吊带尺寸。

缝合建议 Stitching Suggestion
- 将上部做碎褶至所需尺寸后，再将它与滚条缝在一起。
- 在胸围下面帝国线处缝上一条斜纹抽带管，内穿入松紧带。
- 完成样板，测试适合度。

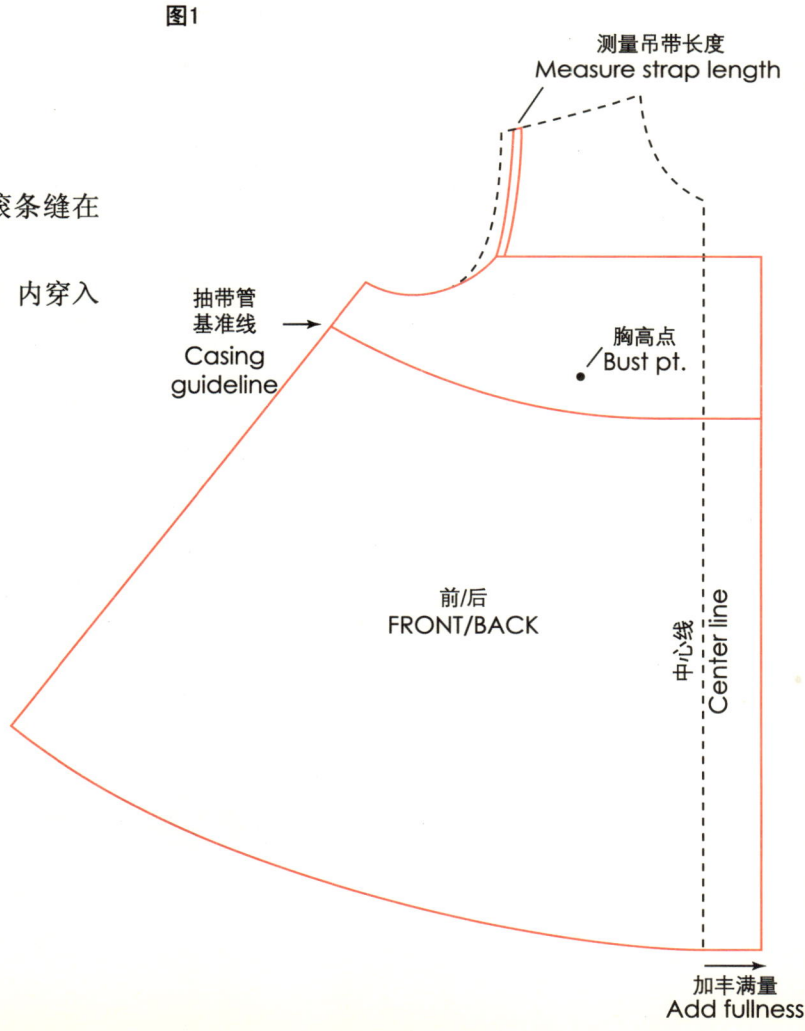

设计1

设计2

图1

测量吊带长度 Measure strap length

抽带管基准线 Casing guideline

胸高点 Bust pt.

前/后 FRONT/BACK

中心线 Center line

加丰满量 Add fullness

贯头式吊带宽松裙 Tank-Top Jumper

贯头式吊带宽松裙适用号型为3～6X和7～14。前、后片设计效果一致,整个服装的领口造型线只需按照前片来裁剪。如果前、后片设计得不一样,则后片需要重新制板。贯头式吊带宽松裙的样本制作以帐篷式宽松裙A或扩大丰满度的帐篷式宽松裙B为基础。

设计分析 Design Analysis

在款式设计1中,将领口和袖窿都挖剪得很低,形成吊带和垂挂特征。为避免吊带滑落,应尽量将吊带安排在靠近领肩处。裙摆可适当减小,使整体效果不显臃肿。

设计1　　　设计2

贯头式吊带宽松裙的样板草图
Tank-Top Jumper Draft

图1
- 描出帐篷式宽松裙的前片样板。
- 画出降低的领口线和袖窿弧线。
- 可以在领口和袖窿部分加装饰边或用明线包缝。

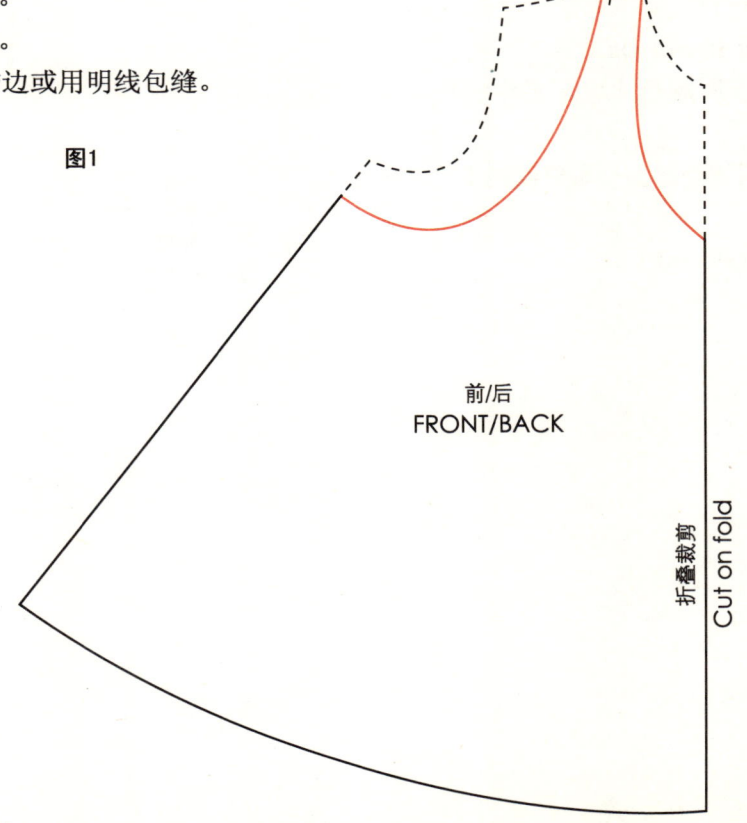

图1

前/后
FRONT/BACK

折叠裁剪
Cut on fold

第16章　连衣裙和无袖宽松衫　　325

背心裙 Torso Jumper

该款连衣裙在腰围下设拼缝，以无省道基本样板为基础，适用号型3~6X和号型7~14。

设计分析 Design Analysis

此款背心裙的领口和袖窿也被挖剪得很低，样板制作基于原型前片样板。如果前、后领口线有变化，则需根据前片设计做出后片样板。

背心裙的样板草图 Torso Jumper Draft

图1
- 描出无省道前片样板。
- 参考模特的外形，根据设计、号型尺寸和裙长，画出整个样板。
- 裙子部分加到需要的宽度，做褶用。
- 剪下样板，并且分成A、B两部分（A为上衣部分，B为裙子部分）。

后片 Back
- 在后片上重新描出上衣样板，将肩带稍稍向肩颈点移动（虚线所示）。
- 完成样板，进行适合度测试。

图1

向肩颈点移动背带
Strap for back patten

前 FRONT

腰围线 Waist

A

加宽口袋上部，描画其样板
Pocket wider at top
Trace from pattern

加1~2倍丰满量
2 to 1 fullness

B

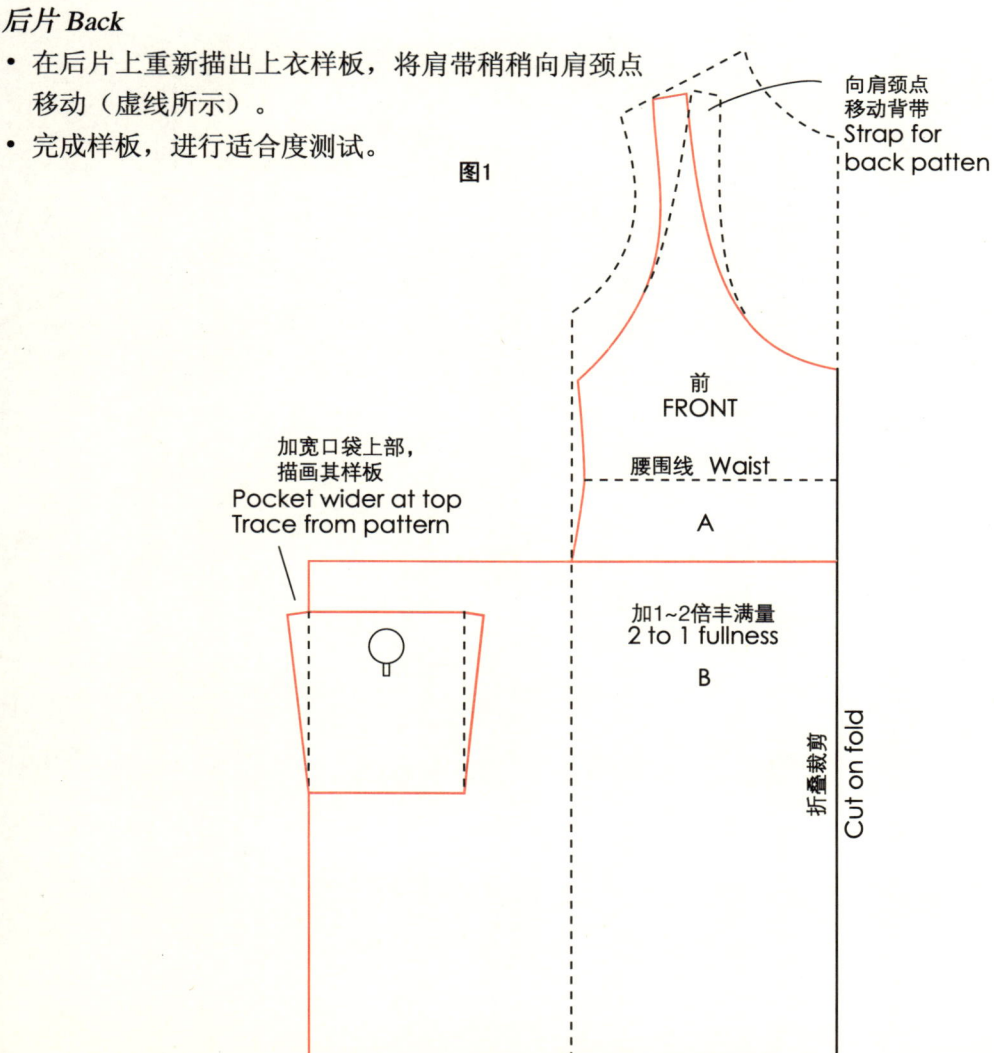

折叠裁剪 Cut on fold

第17章

上衣 Tops

无省道上衣的基本样板
DARTLESS TOP FOUNDATION 328
   无省道上衣的样板草图 The Dartless Draft . . 328

男式女衬衫的基本样板
BASIC SHIRT AND SLEEVE FOUNDATION 330
   男式女衬衫的样板草图 Shirt Draft 330

衬衫袖子 SHIRT SLEEVE 332
   衬衫袖子的样板草图 Shirt Sleeve Draft . . . 332

超大码衬衫及其袖子
OVERSIZED SHIRT AND SLEEVE 334
   超大码衬衫的样板草图
   Oversized Shirt Draft 334
   超大码衬衫袖子的样板草图
   Oversized Shirt Sleeve Draft 335

针织衫及其袖子的基本样板
KNIT FOUNDATION AND SLEEVE 336
   针织衫的样板草图 Knit Draft 336

   针织衫袖子的样板草图 Knit Sleeve Draft . . . 337
   被修改的针织上衣 Modified Knit Top 338
   背心衫 Tank Top 339

插肩袖服装的基本样板 RAGLAN FOUNDATION . . . 340
   插肩袖服装的样板草图 Raglan Draft 340

夹克衫的基本样板 JACKET FOUNDATION 343
   袖子的调整 Sleeve Modification 343
   夹克衫的样板草图 Jacket Draft 343
   驳领/西装领夹克衫
   Jacket with Notched Collar 344
   开襟衫 Cardigan Jacket 346
   背心 Vest 347

外套及其袖子的基本样板
SLEEVE AND COAT FOUNDATION 348
   袖子的样板草图 Sleeve Draft 348
   外套的样板草图 Coat Draft 348

双排纽扣厚呢上衣 NAVY PEA COAT 349

无省道上衣的基本样板 Dartless Top Foundation

无省道上衣基本样板适用号型为3T~6X和7~14的服装,男孩和女孩皆宜。该样板的制作基于前、后片衣身原型样板。

袖窿需经过调整,腰围线与臀围线需垂直于中心线,以此获得协调平衡的样板。后片在肩部留有舒适量,若不需要可将其修剪掉。腰省仍被标出,需要时可用。再配上无省袖或原型袖样板,便完成了一整套上衣样板。

无省道上衣样板作为一套基本样板,对制作夹克衫、外套、衬衫、针织上衣和其他贴身衣服、紧身连衣裤的基本样板制作均起到了重要的作用。

无省道上衣的样板草图
The Dartless Draft

图1 前片 Front
- 在样板纸上画两条交叉的垂线。沿前中心线,把前片放置在高于腰围线0.6cm处的直角线上。
- 描出前片样板,标记出省尖点和胸点。
- 画出省中线,延长至腰围线下5~7.6cm处。
- 向下延长原前中心线至臀围线,横向作50.8cm的垂直线,然后向上画线。

图2 后片 Back
- 把后片置于样板纸上,使侧腰点交至横线上,标记点X(腰围线)和Y(袖窿底点)。
- 描出样板,标出腰省尖点,画出省中线并向下延长10~12.5cm(从横线算起)。

调整袖窿 Equalize Armhole
- 过后片Y点作一条横线,穿过整个样板。在与前片相交处标Z点。
- 从Y处向外量取1.3cm,从Z处向内量取1.3cm。分别从Y和Z向下作垂线至臀围线。
- 从Z点向上画弧线,与原袖窿弧线连接。
- 后片肩斜长线向外0.6cm处做标记,为舒适量,如不需要可修剪掉。

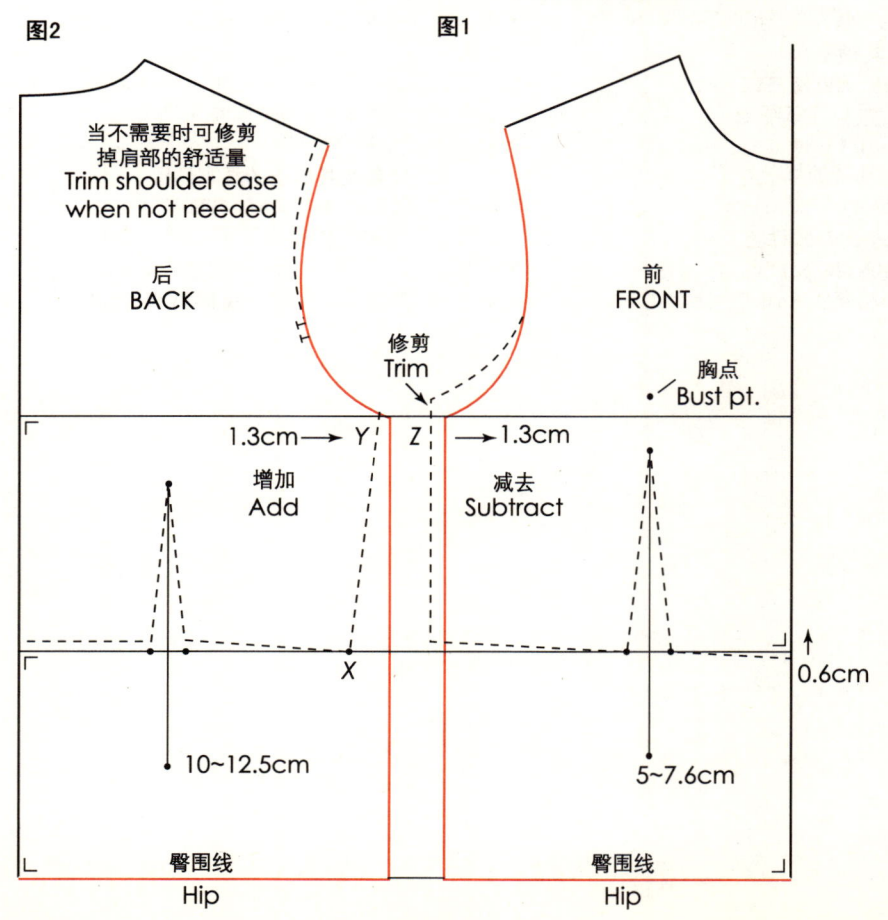

图3 加舒适量 Add Ease

- 需要更宽松一些，可以在侧缝处增加0.6~1.3cm。
- 剪下样板，并测试适合度。

图3a

测量 Measure

无省道上衣基本样板后片
DARTLESS BACK FOUNDATION

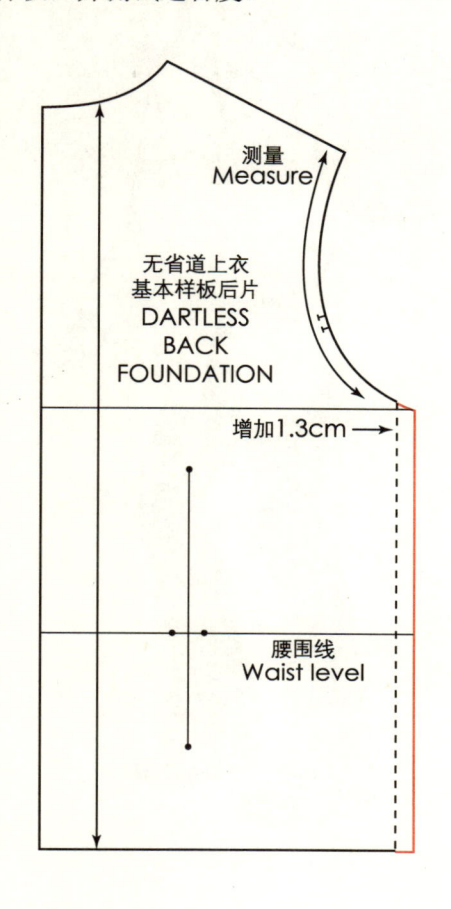

增加1.3cm →

腰围线 Waist level

图3b

测量 Measure

无省道上衣基本样板前片
DARTLESS FRONT FOUNDATION

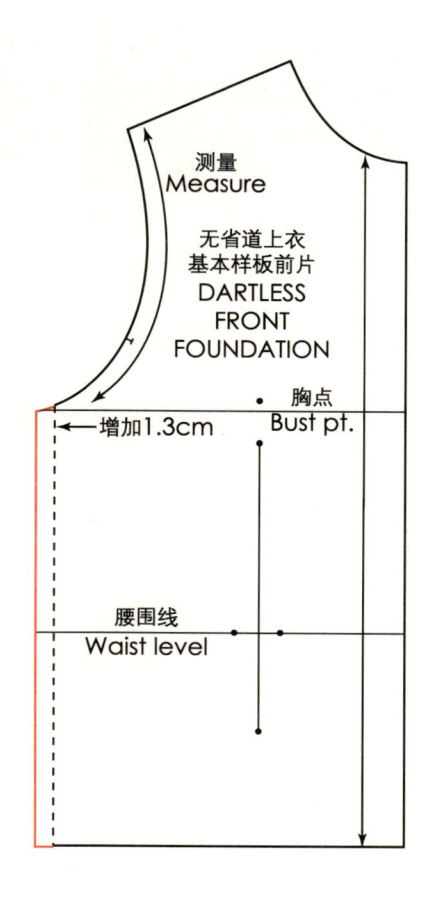

胸点 Bust pt.

← 增加1.3cm

腰围线 Waist level

图4 调整袖子 Sleeve Modification

由于袖窿扩大了，所以袖子样板也需做相应的调整。量取以下尺寸，确定袖山吃势：

- 前、后片袖窿弧线长。记录____。
- 前、后片袖山弧线长。记录____。

相减得到差值。如果袖山吃势大于或是小于1.3cm，则从袖内侧缝处减去或加上相应的调整量。

- 无省袖样板草图，请参见第305页。

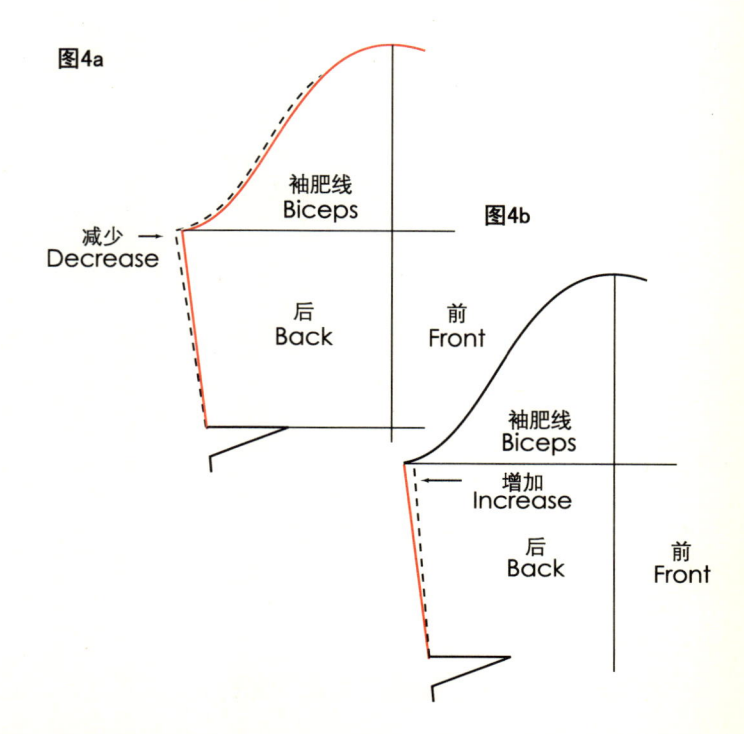

图4a

减少 Decrease

袖肥线 Biceps

后 Back　前 Front

图4b

袖肥线 Biceps

增加 Increase

后 Back　前 Front

男式女衬衫的基本样板
Basic Shirt and Sleeve Foundation

男式女衬衫基本样板的制作以无省道上衣样板为基础。该款衬衫样板适用的服装号型为3～6X与7～14，男孩和女孩皆宜。服装的后部有一个育克。基本领和有立领的衬衫领都可与它相配。并且，还可以设计成多种领型与衬衫的衣身相配。

男式女衬衫的样板草图 Shirt Draft

图1

将样板纸对折，在折叠线向内1.9cm处画一条线。
- 将无省道样板前片的中线置于此线，描出样板。
- 用点线器描出领口线。
- 将样板纸展开，做刀口标记。
- 延长前片的肩斜长线，长度与后片相等。
- 将袖窿降低1.3～2.5cm（或更多）。
- 如设计需要，可以画成弧形衣摆（虚线）。
- 从样板纸上剪下样板。

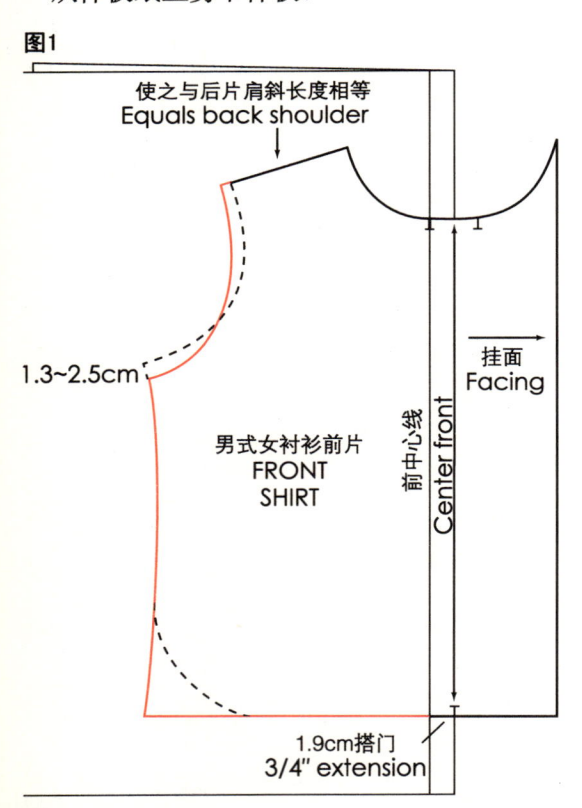

图2
- 描出后片。
- 将袖窿降低至前片袖窿的位置，画顺。

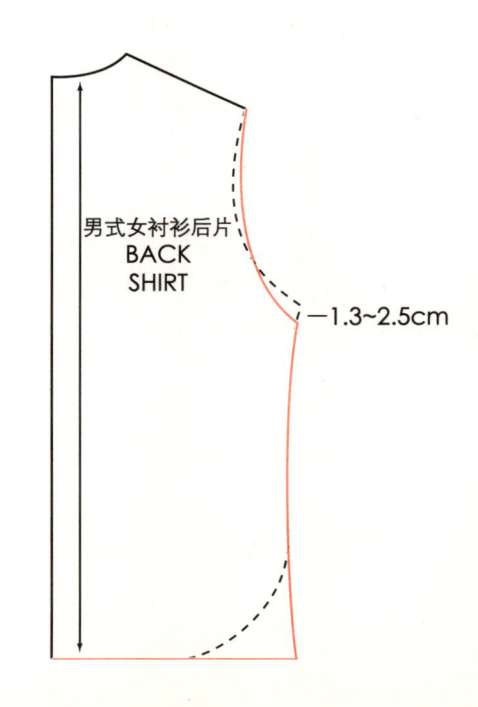

图3　重新确定肩斜长线位置 Relocating Shoulderline

- 将前、后片衬衫在领口线处连接。
- 使前后肩重叠1.9cm，在后片距肩线1.9cm处做刀口标记。

图3

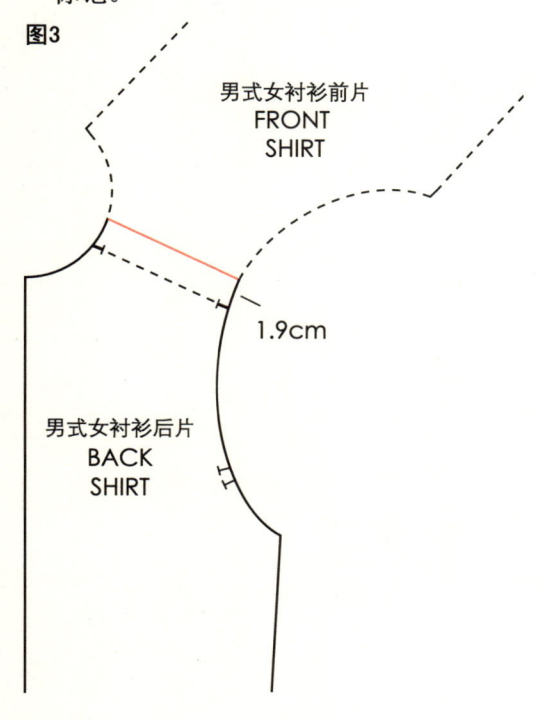

男式女衬衫前片 FRONT SHIRT

1.9cm

男式女衬衫后片 BACK SHIRT

图4

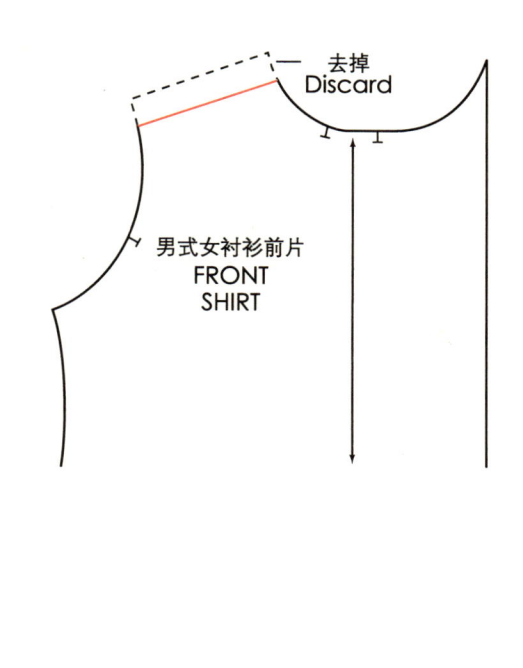

- 将前片肩部减去1.9cm量。

图4

去掉 Discard

男式女衬衫前片 FRONT SHIRT

图5

- 在后片中画一条垂直于后中心线的直线，作为背部育克的位置（可采用后领中心至腰围线 $\frac{1}{4}$ 处的位置）。
- 增加1.3～2.5cm褶量。

图5

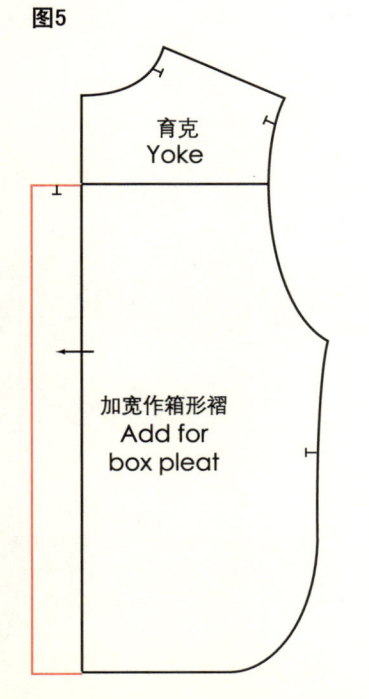

育克 Yoke

加宽作箱形褶 Add for box pleat

图6、图7

- 剪开样板，将育克样板放在折叠样板纸上，描出其外形。
- 完成整个样板，包括男式女衬衫袖（参见第332页）在内，测试适合度。

图6

样板纸 Paper

育克 Yoke

图7

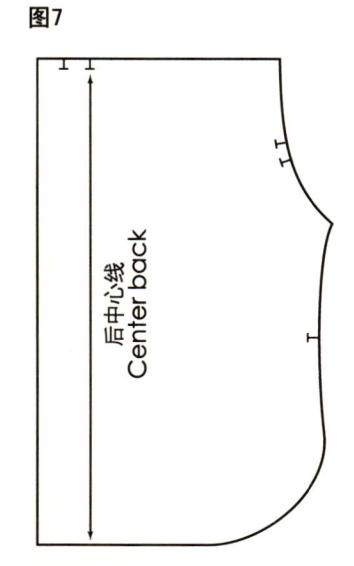

后中心线 Center back

衬衫袖子 Shirt Sleeve

衬衫袖比原型袖更加轻便。因为，袖肥被提高且加宽了，袖内侧缝线也做了外移，使手臂有了更宽松的活动范围。另外，添加了袖口的造型，使袖子与众不同。袖口部位的造型可以做多种变化，如图所示。

衬衫袖子的样板草图 Shirt Sleeve Draft

图1

- 描出原型袖子的样板（虚线）。
- 从袖口线（A）向上量取2.5cm，留出袖口克夫量，标记B点。
- 过B点作横线，与袖中线的交点标记为C。继续画线，穿过样板至D，使C～D=C～B。
- 在袖肥线上部1.3～2.5cm处，画一条平行线。
- 距离袖山顶E点3.8cm处按上图钉。向上转动整个样板（图钉钉住的地方不动），至袖肥线与刚才画的平行线接相交。画出袖山，画顺。
- 同样方法画前半袖。
- 从提高的袖肥线两端画线至前、后袖口底线。

袖口底线 Sleeve Hemline

- 在C～D中点向内侧缝线移动2.5cm，设置开衩缝。
- 向下量取1.3cm，向上量取5cm，画出开衩线。
- 如图所示，画出袖口底部弧线。
- 开衩缝宽0.2cm，上有一个水平小刀口。

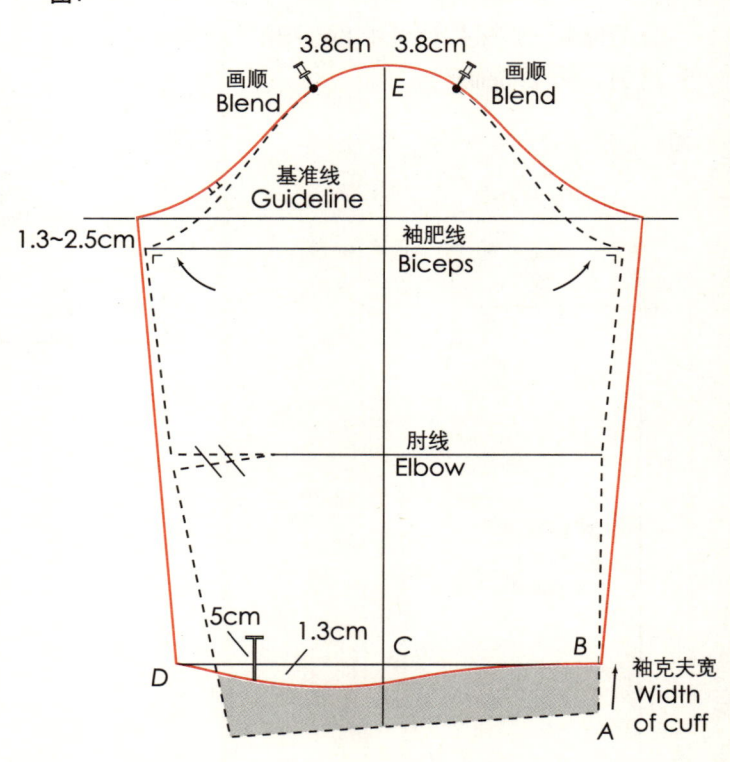

图1

第17章 上衣

图2

下面是绘好的衬衫袖子样板。

关于袖口底线和闭合处的处理，参见第62页、第63页。

图2

男式女衬衫袖
SHIRT SLEEVE

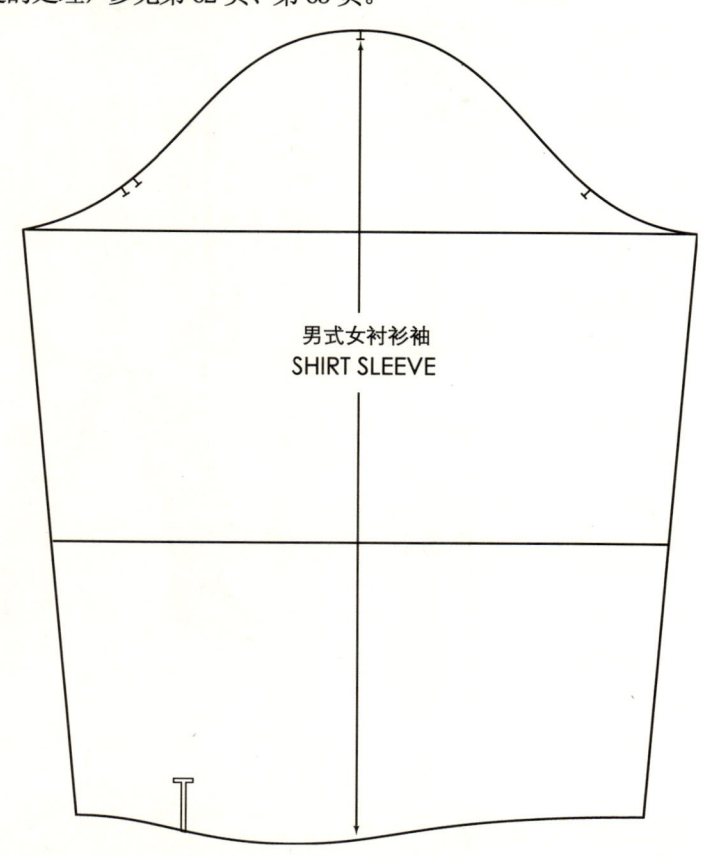

图3　袖克夫 Cuff

- 取袖口尺寸，再加2.5cm的搭门量（袖克夫宽5cm，再加上缝份），制成后袖克夫宽度为2.5cm。

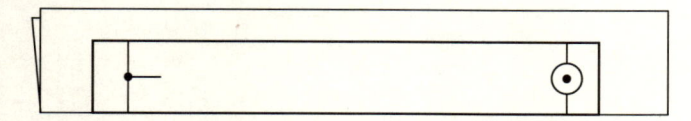

图3

超大码衬衫及其袖子
Oversized Shirt and Sleeve

超大码衬衫的样板制作是以男式女衬衫基本样板或无省上衣样板为基础。它与男式女衬衫基本样板不同之处，主要是在服装的宽度和袖子样板制作方面。

超大码衬衫的样板草图
Oversized Shirt Draft

图1、图2
- 描出男式女衬衫基本样板（参见第330页）。
- 从前、后片的肩部向下将整个样板剪开。
- 在样板纸上画一条水平线。
- 将衣摆线沿水平线放置，展开2.5～3.8cm（也可再宽些）。
- 描出现在的样板，将袖窿降低1.3～2.5cm。
- 将分开两片的肩斜长线画顺，如有必要可修剪后肩。
- 画出口袋位置。
- 量取前、后片袖窿弧线长，尺寸相加后除以2，记录下来，以备绘制袖子样板时用＿＿＿＿（与袖子样板中A～E相对应）。

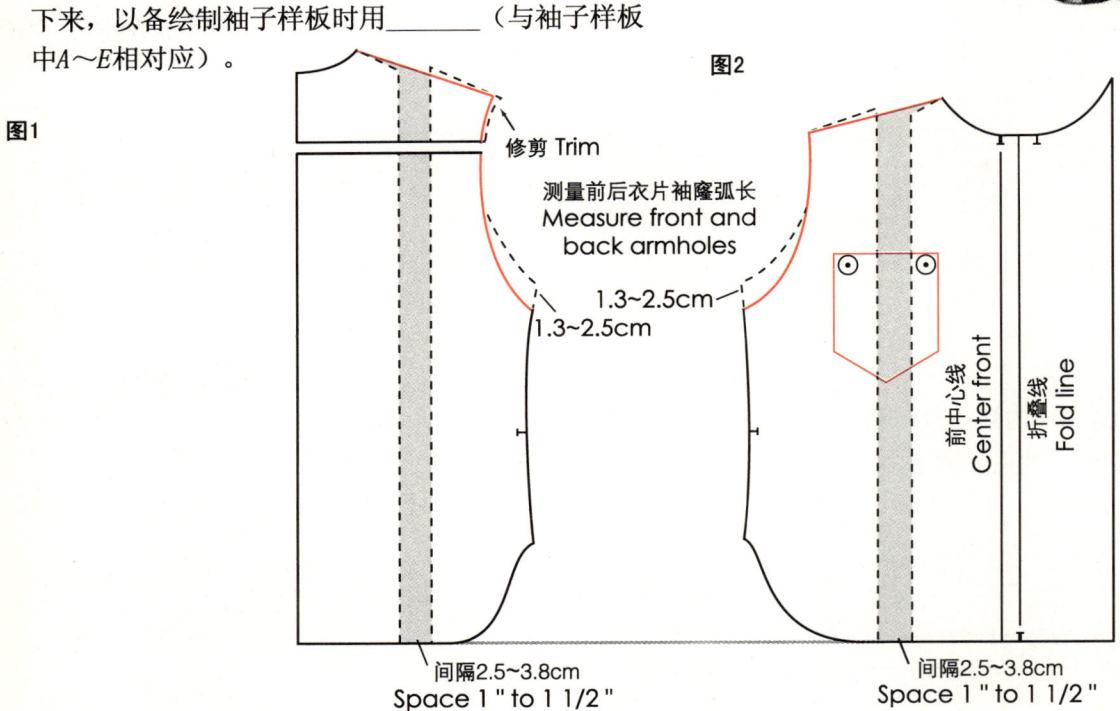

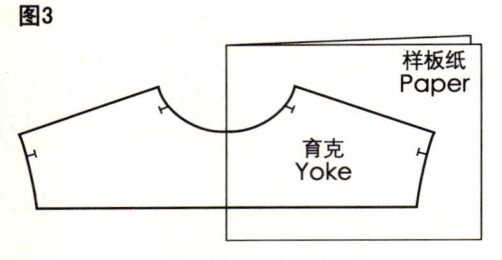

图3
- 描出育克，从样板纸上剪下育克样板。

图4
- 画出口袋，加折边和缝份。
- 完成样板后测试适合度。

超大码衬衫袖子的样板草图 Oversized Shirt Sleeve Draft

超大码衬衫袖子的袖山很低。其高度取决于衬衫肩斜长线的扩展量。例如,衬衫肩斜长线向外扩大了2.5cm,就需要从原来的袖山高上减掉2.5cm。或像图解那样,使用原袖山高一半的尺寸。袖子的长度可以超过腕围和掌围,或是到腕骨的地方(或在这个范围之间)。

图1

$A\sim B$ = 袖长-袖克夫宽。在样板纸上画一条线并对折。

$A\sim C$ = 原始袖山高的一半。

$B\sim D$ = $(B\sim C)/2$ +1.9cm。分别过B点、C点、D点画垂线。

$A\sim E$ = 袖窿尺寸/2(前、后袖窿尺寸相加,除以2;$A\sim E$即是所得结果尺寸)。直线连接$A\sim E$。

- 将$A\sim E$分成四等份。
- 如图,量出0.6cm和0.3cm。
- 用曲线规画出袖山弧线。
- 从E向下作垂直线至腕围线。标记点F。

袖口线的处理可采用多种方式,可选择打褶或不打褶。

- 如设褶,则从F处剪去2.5cm或更多。
- 距下缝线大约3.8cm处标记细开缝的位置。
- 在此标记处向下画1.3cm,再向上取5cm(细开缝)。
- 从样板纸上剪下袖形。
- 打开折叠纸,画顺底边曲线。

刀口标记: *袖山顶点做刀口标记1.3cm深;后袖山有两道刀口标记;前袖山有一道刀口标记。*

在袖窿弧线上做对位刀口标记。

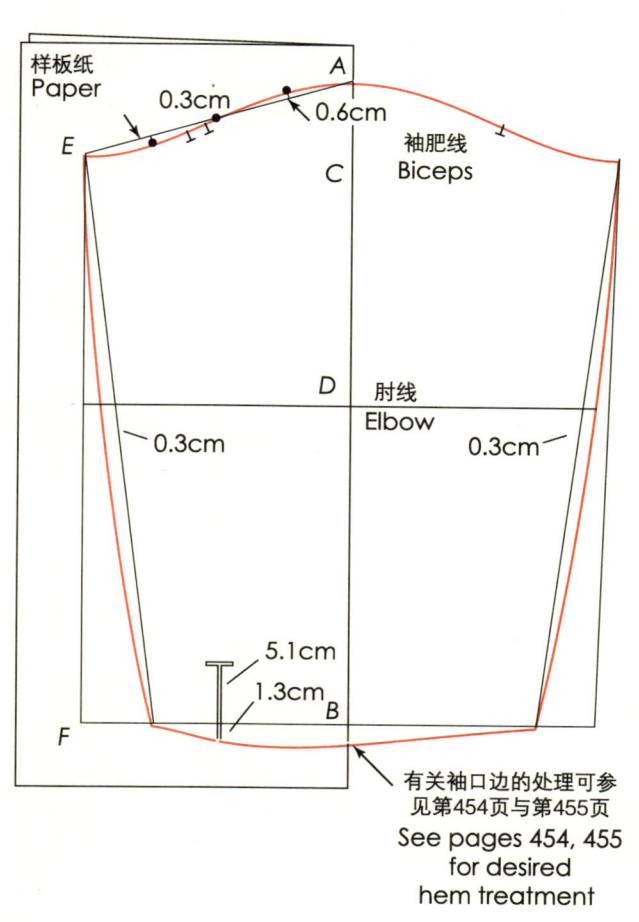

图2 袖克夫 Cuff

- 加入袖克夫尺寸,增宽2.5cm(袖克夫宽5cm,加上缝份)。制成袖克夫宽度为2.5cm。

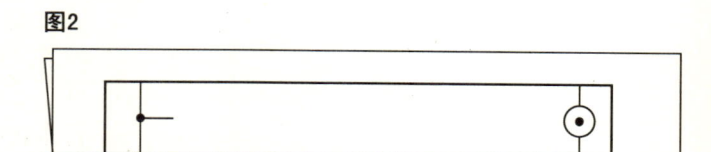

针织衫及其袖子的基本样板
Knit Foundation and Sleeve

针织衫样板制作基于无省道基本样板。此款是按特大号尺寸制作的宽松服饰。如果不需要特大号，就直接采用无省道基本样板即可。与这种类型服装相配的袖子需要做特殊的处理。需注意针织面料的缩水情况（相关信息参见第9章）。

起草样板时，先将前、后片画在一起，完成后再分开。增加1cm的缝份量。

针织衫的样板草图 Knit Draft
图1
- 描出无省道样板的前片。
- 将后片放在前片上，对齐臀围线和肩颈点（如果肩和领对不上，则调整差距并做标记）。
- 描出后中心线和领口线。
- 在侧缝处加宽1.3~2.5cm，或更宽。接着向上作垂直线，与过肩端点的水平线相交，如图标出中点X。
- 直线连接肩颈点与X点，即新的肩斜长线。
- 此步可选做：袖窿降低1.3~2.5cm或更多。画出新的袖窿弧线并测量，记录尺寸_____（与袖子样板中A~E的尺寸对应）。

图1

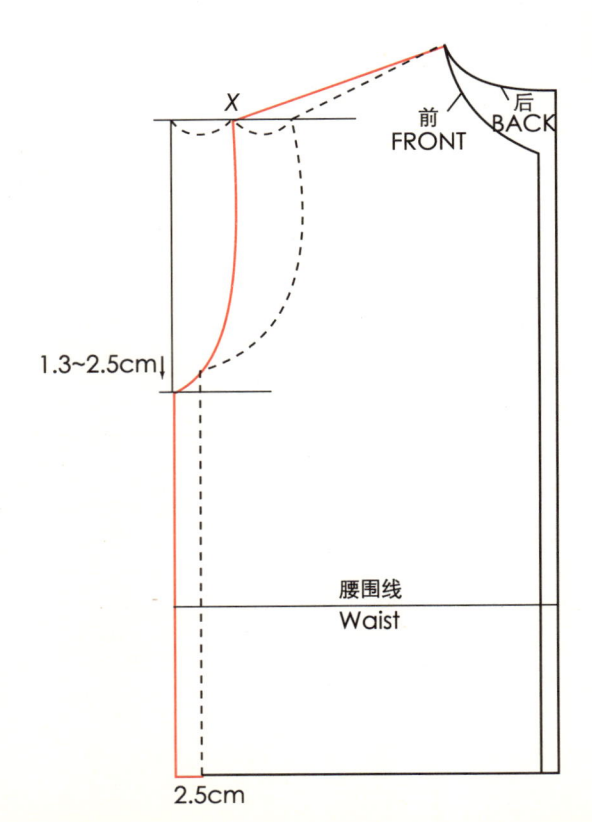

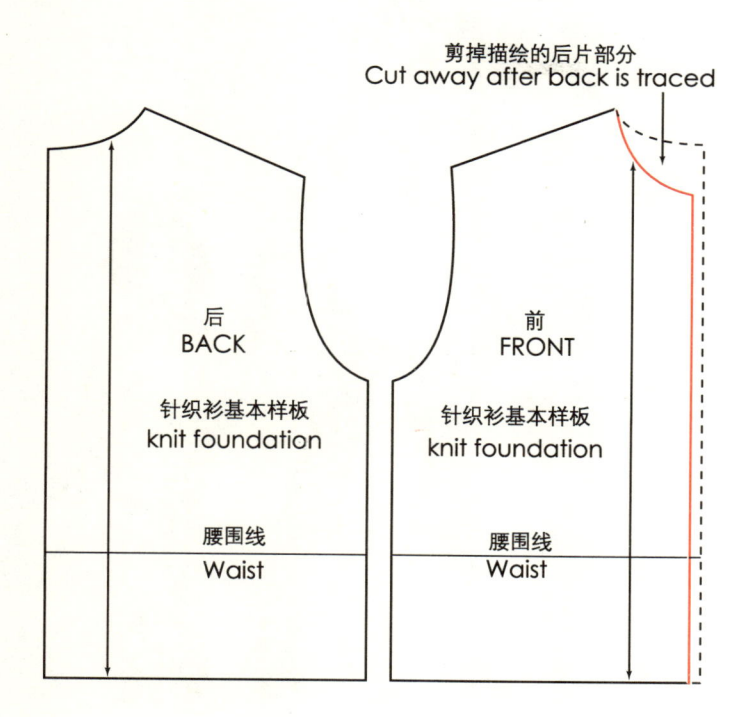

图2 **图3**

剪掉描绘的后片部分
Cut away after back is traced

后 BACK
针织衫基本样板
knit foundation
腰围线 Waist

前 FRONT
针织衫基本样板
knit foundation
腰围线 Waist

图2、图3
- 从样板纸上剪下样板并描出后片。增加1cm作为缝份。
- 剪去前领线和前中心线部分,获得前片样板。

图4 针织罗纹镶边 Ribbing

用针织罗纹镶在服装的领口、衣摆和袖口处,是针织材料用于服装的一个基本特征。在服装样板上剪去针织罗口需要的宽度,罗口长度要比服装相应位置上的尺寸小,缝份为1cm。它需在拉开后与服装拼缝。关于缝纫指导见第228页。

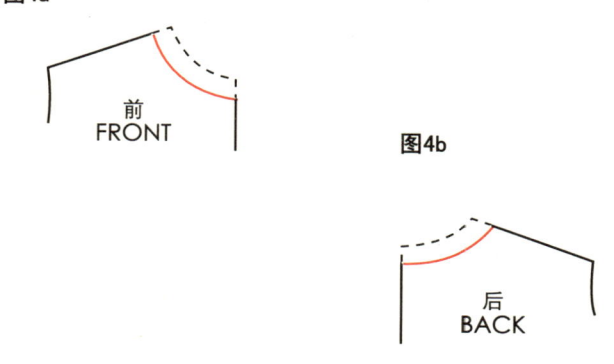

图4a 前 FRONT

图4b 后 BACK

针织衫袖子的样板草图 Knit Sleeve Draft

自取尺寸
- 见尺寸表,第301页。
- 袖长尺寸_____。
- 袖窿尺寸(A~E)_____。
- 袖口尺寸_____。

图1

$A \sim B$ = 袖长。在样板纸的中间画一条线,然后对折。

$A \sim C = 7.6$cm(袖山高)。

如图过C点作垂直线。

$B \sim D = (B \sim C)/2$(肘围线)。

如图过D点作垂直线。

$A \sim E$ = 袖窿尺寸/2。

画线连接袖山直线。

将袖山直线分成四等份。

根据图中提供的尺寸画袖山弧线。

$B \sim G$ = 袖口尺寸/2。

$D \sim F = (B \sim G) + 1.3$cm(或更多)。

直线连接G点、F点,曲线连接F点、E点。

增加1cm的缝份。

完成样板,测试适合度。

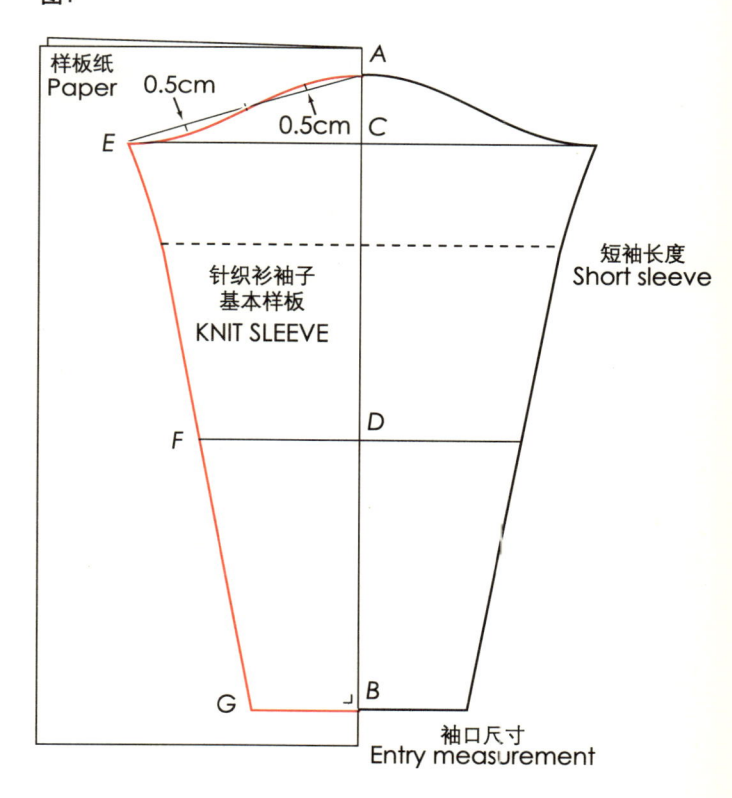

图1

样板纸 Paper 0.5cm 0.5cm
针织衫袖子基本样板
KNIT SLEEVE
短袖长度 Short sleeve
袖口尺寸 Entry measurement

被修改的针织上衣 Modified Knit Top

这些设计表明了如何将无省针织样板进行改进，使前袖窿调整到最小的尺度等。

设计分析 Design Analysis

该针织上衣的样板可作为其他针织服装设计的基础。

调整边缝 Modify the Side Seam

图1

- 描出无省针织样板。
- 根据图示，画出造型线。
- 调整袖窿：将前片袖窿提高1cm。并在侧缝处修剪1cm。顺接袖窿和衣摆弧线。
- 如需要可以沿侧缝修剪0.3cm或更多，以获得更加紧身且适体的板型。
- 加1cm缝份。
- 完成样板，并从样板纸上剪下它。测试适合度。

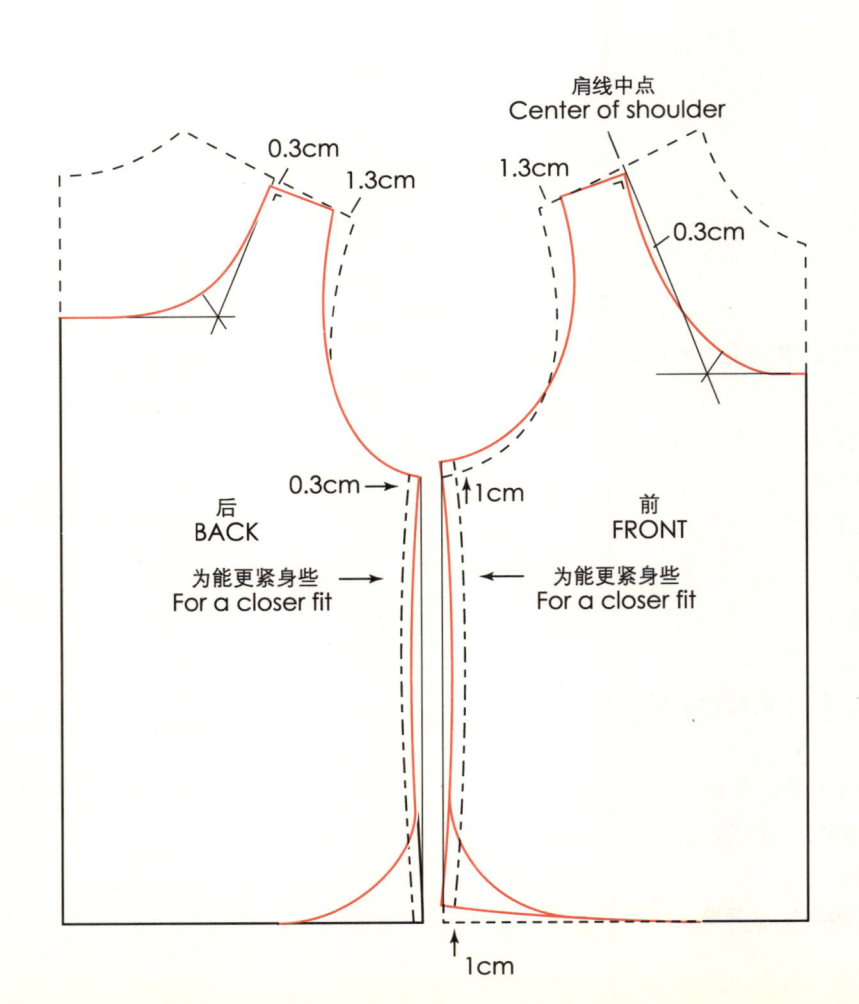

图1

背心衫 Tank Top

背心衫的样板制作基于无省道上衣的样板。

设计分析 Design Analysis

背心衫可设计成多种样式。在此提供一个案例：袖窿和领口都挖剪得很低，衣长至臀围或更长。

背心衫样板草图 Tank Draft

图1、图2

- 描出前、后片无省道上衣样板。
- 根据设计需要及尺寸，并参考模特的外形，画出样板的造型线。
  因前、后片的领口都被修剪得很低，所以后片的肩带置于肩斜长线的中点或再移向肩颈点些，使背带不易从肩上滑落。
- 增加1cm缝份。
- 完成样板，测试适合度。

图1

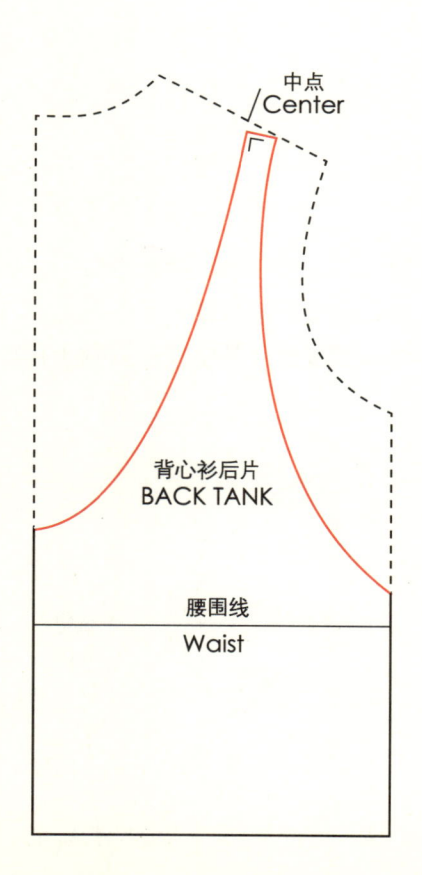

中点 / Center

背心衫后片 BACK TANK

腰围线 Waist

图2

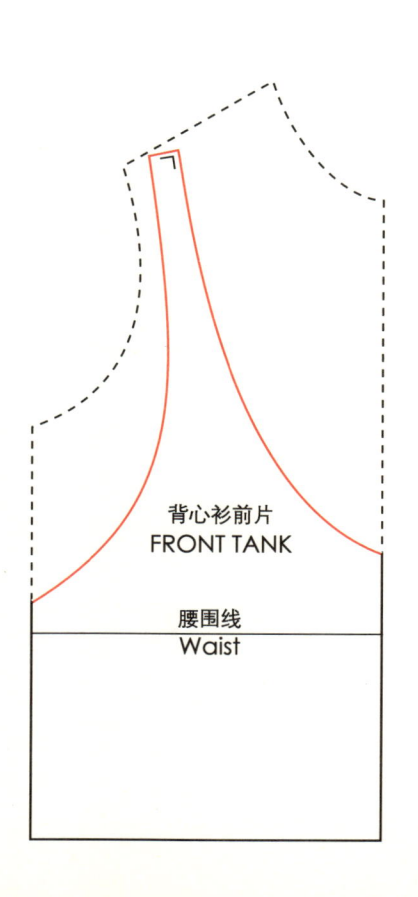

背心衫前片 FRONT TANK

腰围线 Waist

插肩袖服装的基本样板 Raglan Foundation

　　插肩袖的造型线贯穿着大身。它的样板制作可基于下列服装的样板：原型样板、衬衫样板、针织服装样板、无省道上衣基本样板和外套基本样板，以及普遍运用于低袖窿的宽松服装样板。这里例举了采用无省道基本样板制作插肩袖服装样板的方法。

插肩袖服装的样板草图 Raglan Draft

图1
- 描出前、后片无省道上衣基本样板。
- 分别在前、后片袖窿弧线刀口标记向上1.3cm处标记点X。
- 将袖窿降低1.9~3.2cm（或更多），标记点Y。
- 画出新的袖窿弧线Y~X。

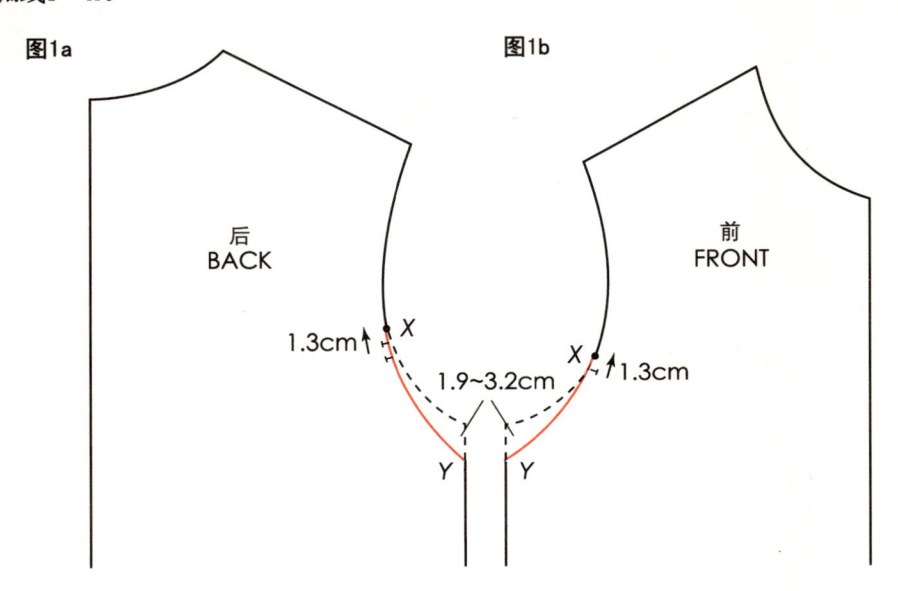

图2
- 描出无省基础袖形。
- 分别在前、后片袖山弧线上的刀口标记向上1.3cm处标记点X。
- 将袖肥线降低1.9~3.2cm，标记点Z。
- 弧线连X~Z，画出新的弧线。
- 沿居中的经向丝缕线（袖中线）将袖子样板剪开，并分离。

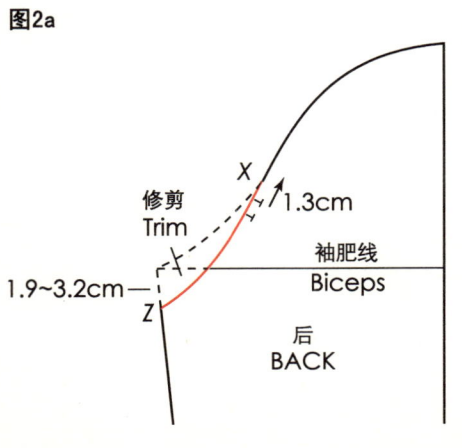

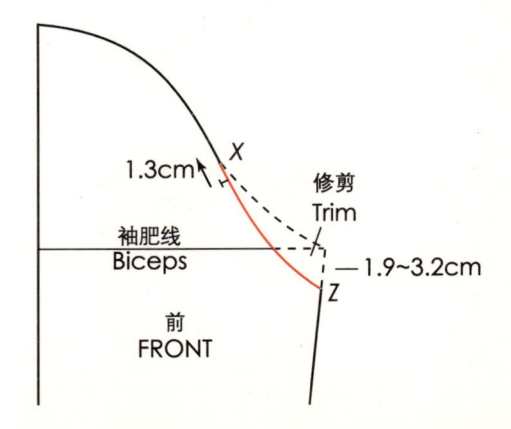

第17章 上衣

图3　插肩袖造型线（前片和后片）
Raglan Yoke Styleline (Front and Back)

- 如图由X点画直线至领口线向下1.9～2.5cm处。
- 标出直线的中点，在中点上方0.6cm处做标记，过此点，画如图所示的弧线（阴影部分）。

图3a　1.9~2.5cm　0.6cm　后 BACK　X　Y

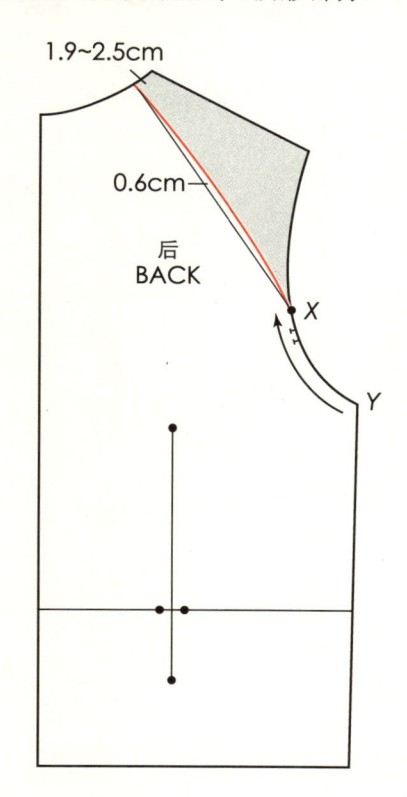

图3b　1.9~2.5cm　0.6cm　前 FRONT　X　Y

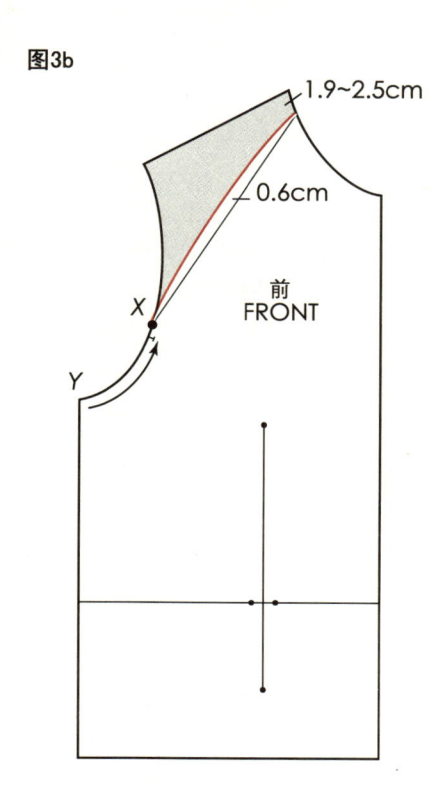

图4

加上缝份，完成下半部分的样板。标出省道位置，以备用。

图4

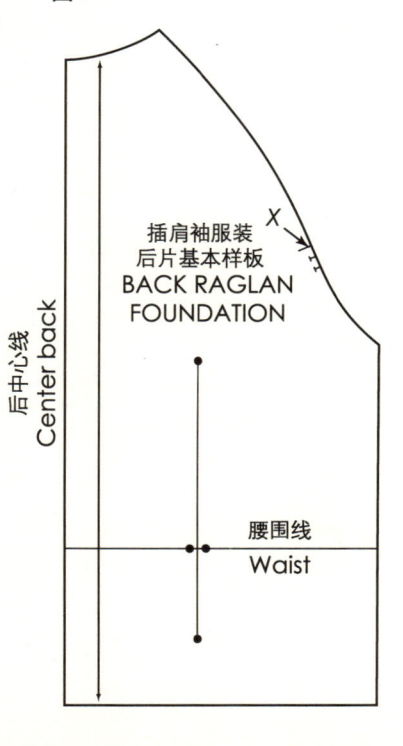

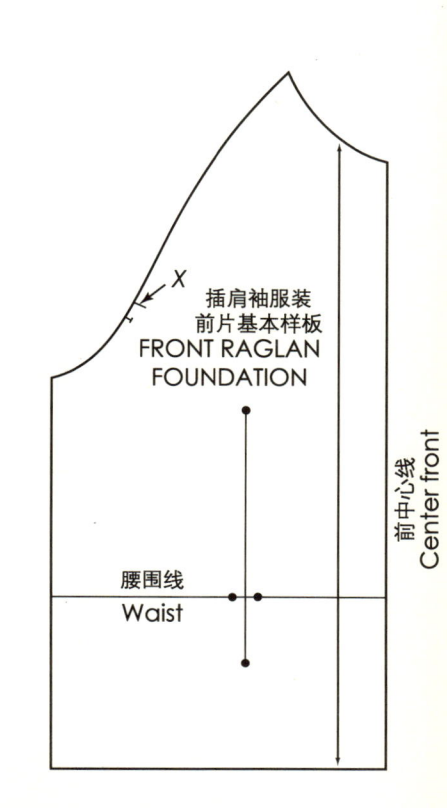

插肩袖服装后片基本样板
BACK RAGLAN FOUNDATION
后中心线 Center back
腰围线 Waist

插肩袖服装前片基本样板
FRONT RAGLAN FOUNDATION
前中心线 Center front
腰围线 Waist

插肩袖 Raglan Sleeve

图5、图6

- 描出插肩袖的前片样板（留足画袖子样板量）。
- 将袖片放上去，其边缘从X点重合至肩头（插肩袖的袖山可能会与服装的袖窿重叠）。从肩头到X处描出弧线。
- 后片重复操作。

图7、图8

- 肩头处按上图钉，转动袖子，使袖山曲线偏离原来位置2.5~3.2cm，提高袖肥线。
- 固定袖片，描出从肘围线到袖口的轮廓。
- 将袖肥线向外延长1.3cm，使袖子变得宽松。并在此画出至原袖口的线（图中不均匀虚线），或进行削剪，使其更贴身。
- 在肩头上方0.6cm处画曲线，连接至肩斜长线中点处。
- 从袖肥线向上画曲线，并完成袖内侧缝线的绘制（图7）。
- 后片重复操作。见图8。

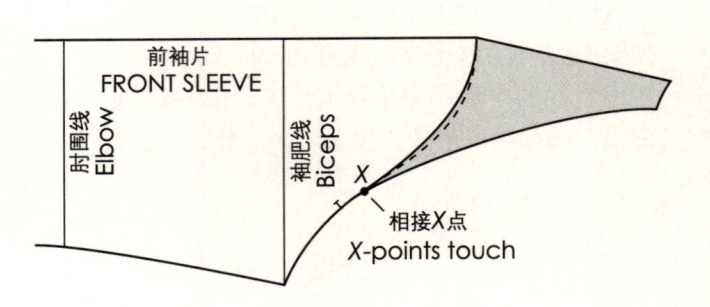

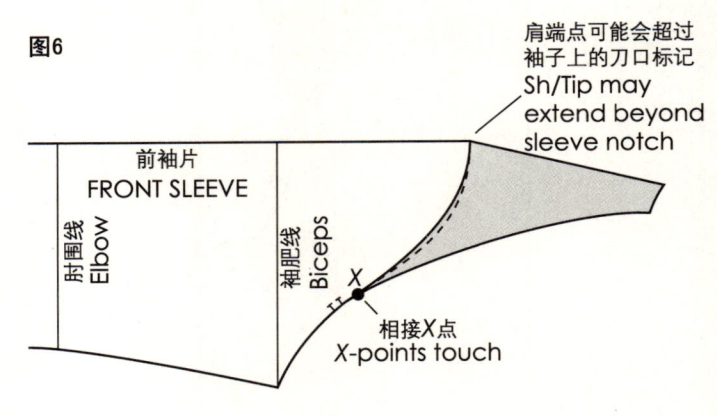

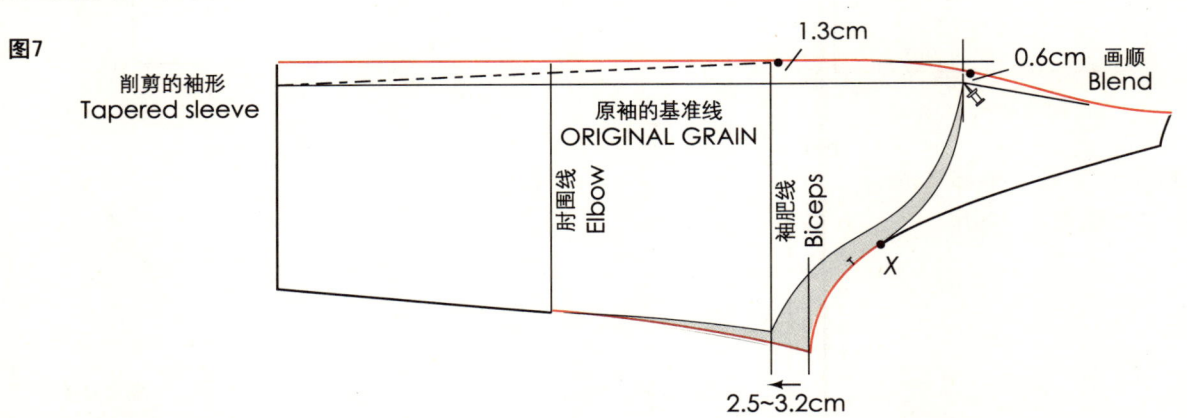

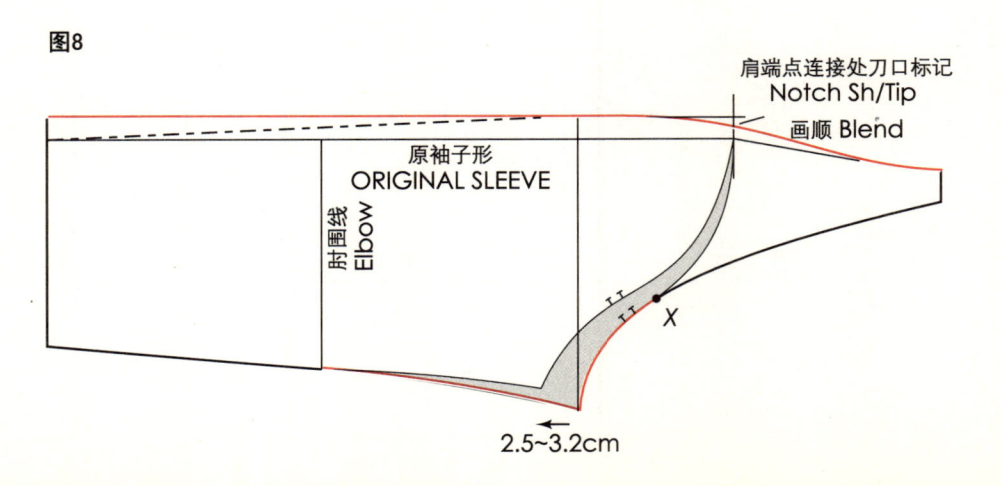

夹克衫的基本样板
Jacket Foundation

夹克衫基本样板适用号型为3～6X和7～14，男孩和女孩皆宜。夹克衫基本样板的制作基于无省道上衣样板（参见第328页）。夹克衫因穿在其他衣服的外面，所以整件尺寸（大身和袖子）都需要加大。在该款夹克衫上可以做多种变化，像换成插肩袖（参见第340页）或作其他样式变化（参见第15章）。夹克衫的基本样板需要标出腰省，以帮助人们去完成其他衍生款的样板制作。例如，公主装样板。

袖子的调整 Sleeve Modification

图1

- 描出袖轮廓，剪切展开后重新描绘袖轮廓。注意，袖山处须画顺（参见第77～79页）。
- 从样板纸上剪下样板。
- 完成样板，测试适合度。将袖子与袖窿核对，如果袖山的吃势量小于2.5cm或大于3.1cm，需通过调整袖肥线进行修正（参见第329页）。

夹克衫的样板草图 Jacket Draft

图2、图3

- 描出前、后片无省道上衣样板。
- 如图所示，画出夹克衫样板草图。袖窿可以降低1.3cm左右（勿忘相应调整袖子的袖肥线）。

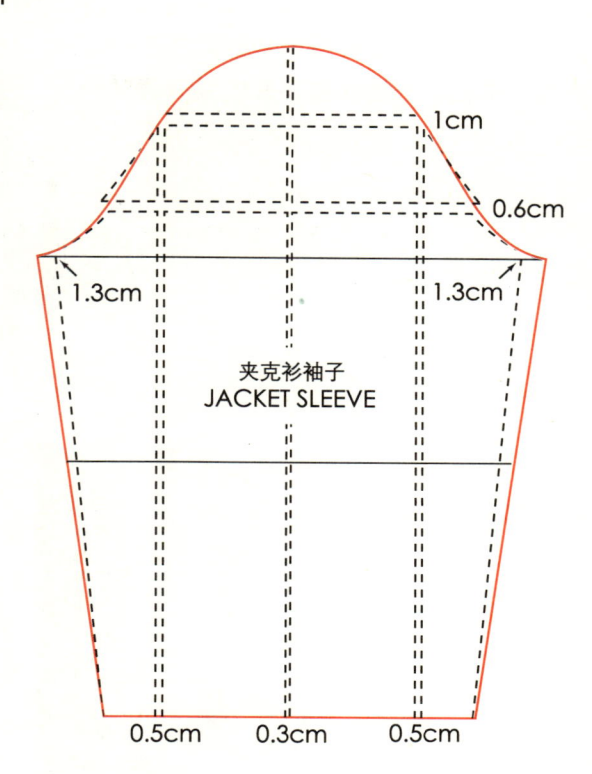

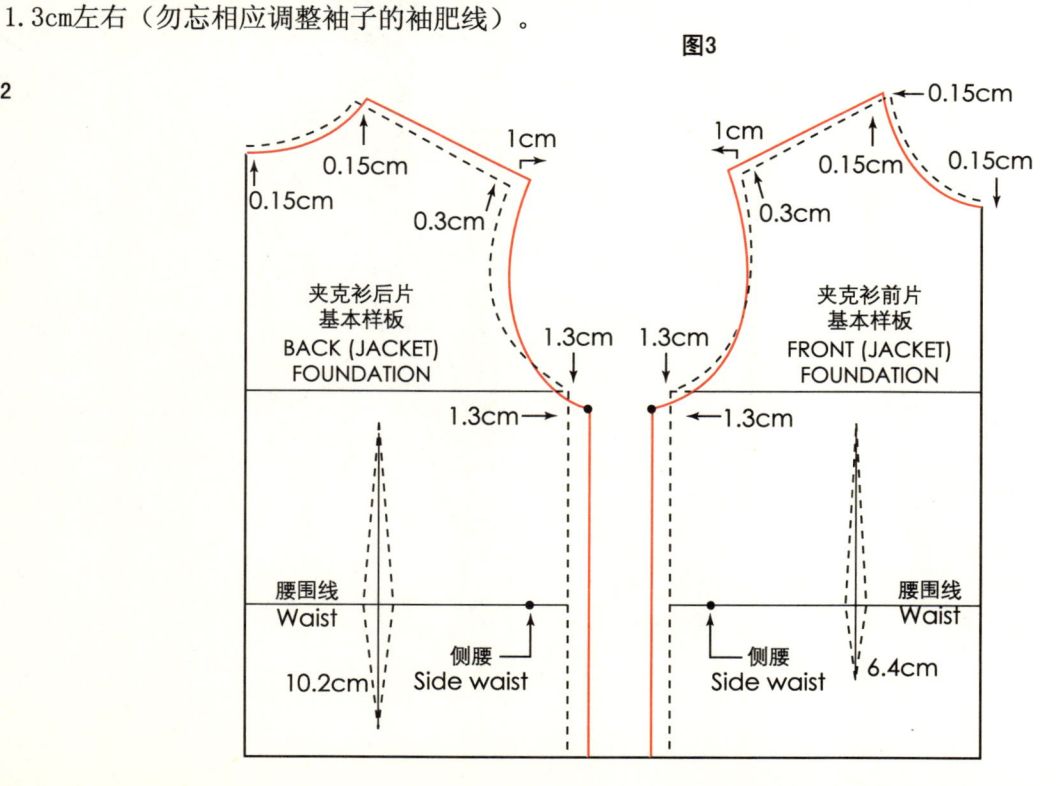

驳领/西装领夹克衫 Jacket with Notched Collar

该款夹克衫的样板适用号型为3～6X和7～14,男孩和女孩皆宜。基本的驳领型夹克衫样板的制作基于夹克衫的基本样板。低翻折驳领和宽横开领的制作,参见第22章。配上夹克衫袖子样板便完成了该款服装的样板制作。

驳领夹克衫样板草图
Notched Collar Jacket Draft

图1　前片 Front
- 描出夹克衫样板，并将袖窿降低0.6cm。
- 前中心线处加宽1.9cm，并画线至袖窿的高度。

驳头 Lapel
- 在前片的领中点向外画一条5cm的线。
- 在前领口中点向外1.3cm处做刀口标记。
- 画一条微凸的弧线（翻领线）至驳点的刀口标记处。再画弧形衣摆线。
- 画出挂面线（距领口侧点3.2cm，至底边距前中心线6.4cm处）。
- 加2.5cm的折边，超过挂面1.9cm。

领子 Collar
- 在肩颈点向外量取0.6cm，做标记点X。
- 从领口中点作直线到X点并延长，以平衡夹克衫的后领尺寸，做标记点Y。
- 从Y点向下量取1.3cm，做标记点Z。
- 从X点至Z点画弧线。
- 由Z点向上作6.4～7cm的垂线，在此点（Z'）做一小直角，如图画出领外口线，即完成领子样板。

图2　后片 Back
- 描出后片样板，按图示画出样板和折边线。

图3、图4
- 描出前片挂面。
- 将后片样板放在折叠的样板纸上，绘制领口贴边。

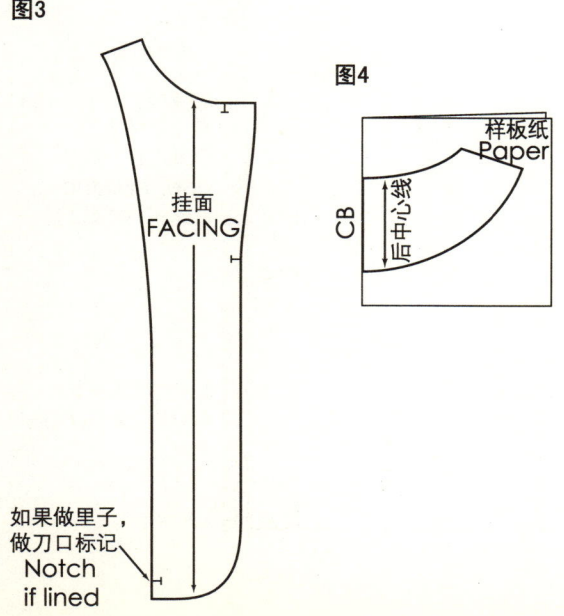

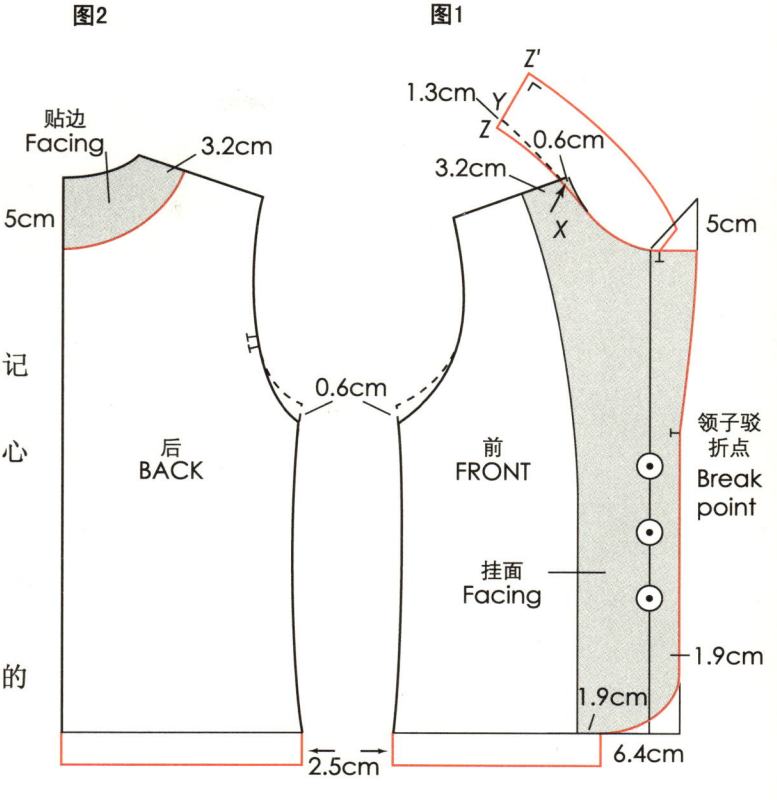

图5
- 在折叠的样板纸上画出领子，并从样板纸上剪下领面样板。

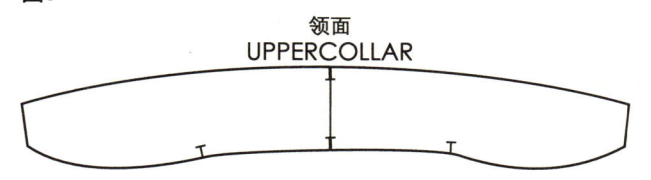

图6
- 描出领面样板，修剪领外口线。
- 在后中心线向里0.6cm，做刀口标记，完成下层领里样板。

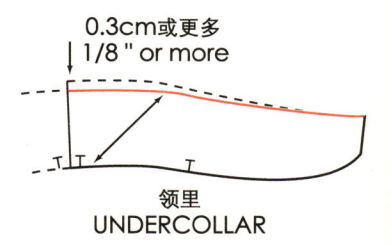

开襟衫 Cardigan Jacket

开襟衫设计适用号型3～6X和7～14，男孩和女孩皆宜。这种无领开襟衫大身样板的制作基于基本夹克衫的大身样板，袖子则直接采用了基本夹克衫的袖子样板。

开襟衫样板草图 Cardigan Draft
图1、图2
- 描出前、后片夹克衫的基本样板。
- 如需要加垫肩，则需减小落肩量。
- 根据尺寸，按图示，画出造型线与折边线，标出纽孔的位置。
- 加衬里和内撑结构，请参见第5章。

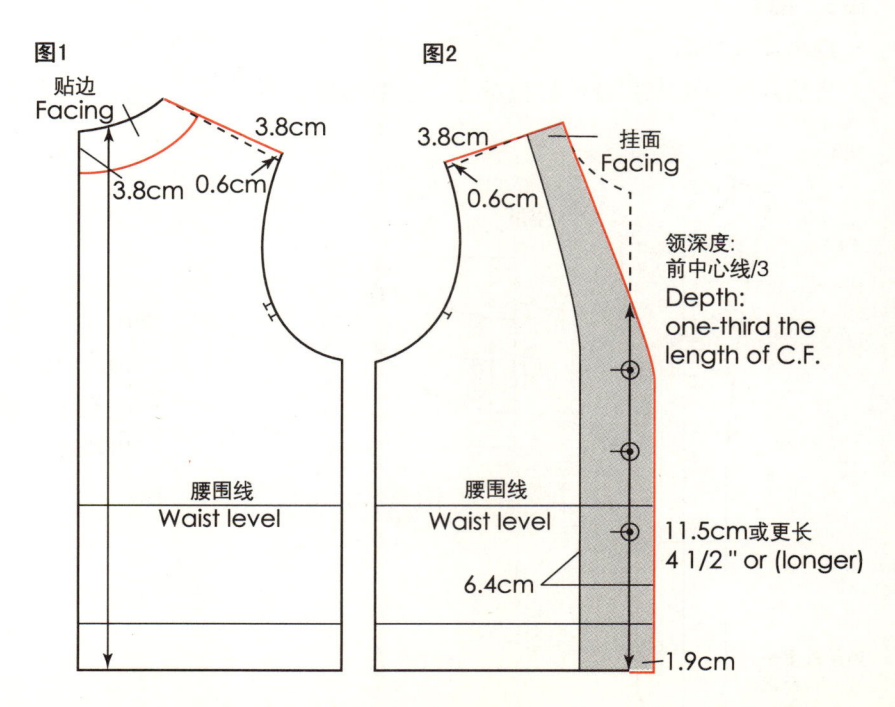

图1

贴边 Facing

3.8cm
0.6cm
3.8cm

腰围线 Waist level

图2

3.8cm
0.6cm

挂面 Facing

领深度：前中心线/3
Depth: one-third the length of C.F.

腰围线 Waist level

6.4cm

11.5cm或更长
4 1/2" or (longer)

1.9cm

背心 Vest

该款背心设计适用号型为3～6X和7～14，男孩和女孩皆宜。它的样板制作可基于下列样板：前、后片躯干原型样板、无省道上衣样板、连衣裙样板或夹克衫样板。这里使用女衬衫样板。

在背心样板中可见，通过在肩部向内或外修剪来改变正常的肩斜长线、袖窿深度的变化，背心长短与款式的造型特点等也可以进行变化。

- 背心可以加上衬里、贴边，或包边做。

图1、图2

- 按照图示画出样板。
- 从样板纸上剪下样板。
- 完成样板，测试适合度。

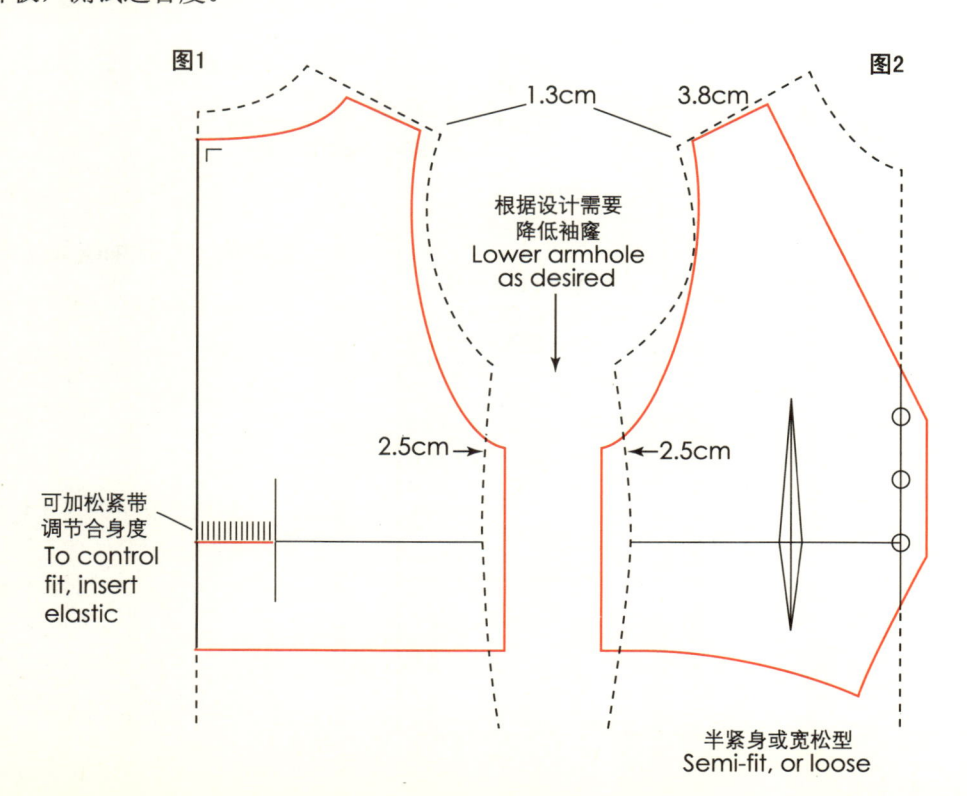

图1　　　　　　　　　1.3cm　　3.8cm　　图2

根据设计需要降低袖窿
Lower armhole as desired

2.5cm　　←2.5cm

可加松紧带调节合身度
To control fit, insert elastic

半紧身或宽松型
Semi-fit, or loose

外套及其袖子的基本样板
Sleeve and Coat Foundation

该款外套设计适用号型为3~6X和7~14，男孩和女孩皆宜。它的样板制作以无省道上衣样板为基础（参见第328页），样板要比夹克衫样板大些（它也是穿在其他衣服外面的服装），而且常选用厚重的面料制作。该基本外套可将袖子换为插肩袖型（参见第340页），并可以此发展成其他的式样（参见第15章）。

袖子的样板草图 Sleeve Draft

图1

将原型袖子进行调整，增加它的宽度或根据图示，剪开袖子，打开各小片，重新描出袖轮廓。袖山画顺。

从样板纸上剪下袖子。如果舒适量小于2.5cm或大于3.1cm，参见第329页进行调整。完成样板，测试适合度。

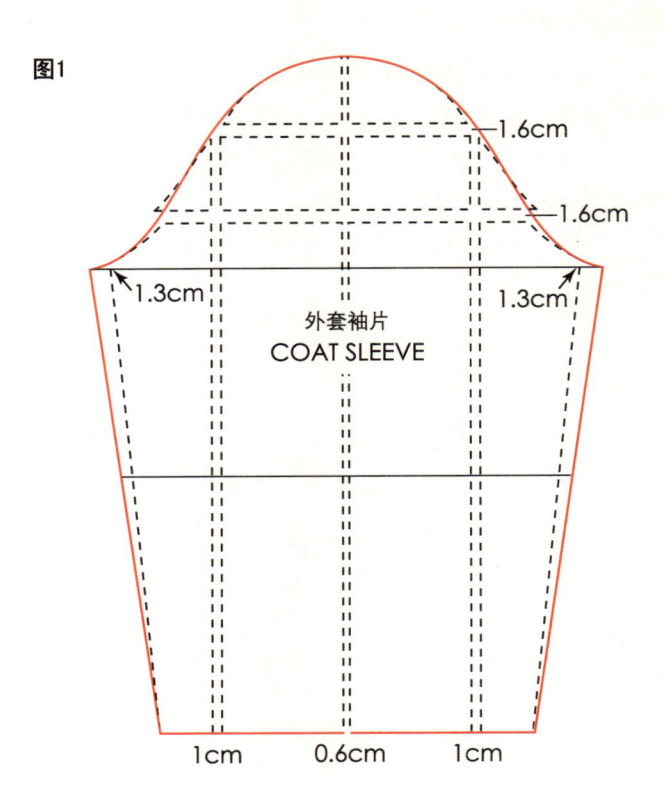

外套的样板草图 Coat Draft

图2、图3

- 描出前、后片无省道上衣样板。
- 按照图示，画出样板（虚线表示原样板）。

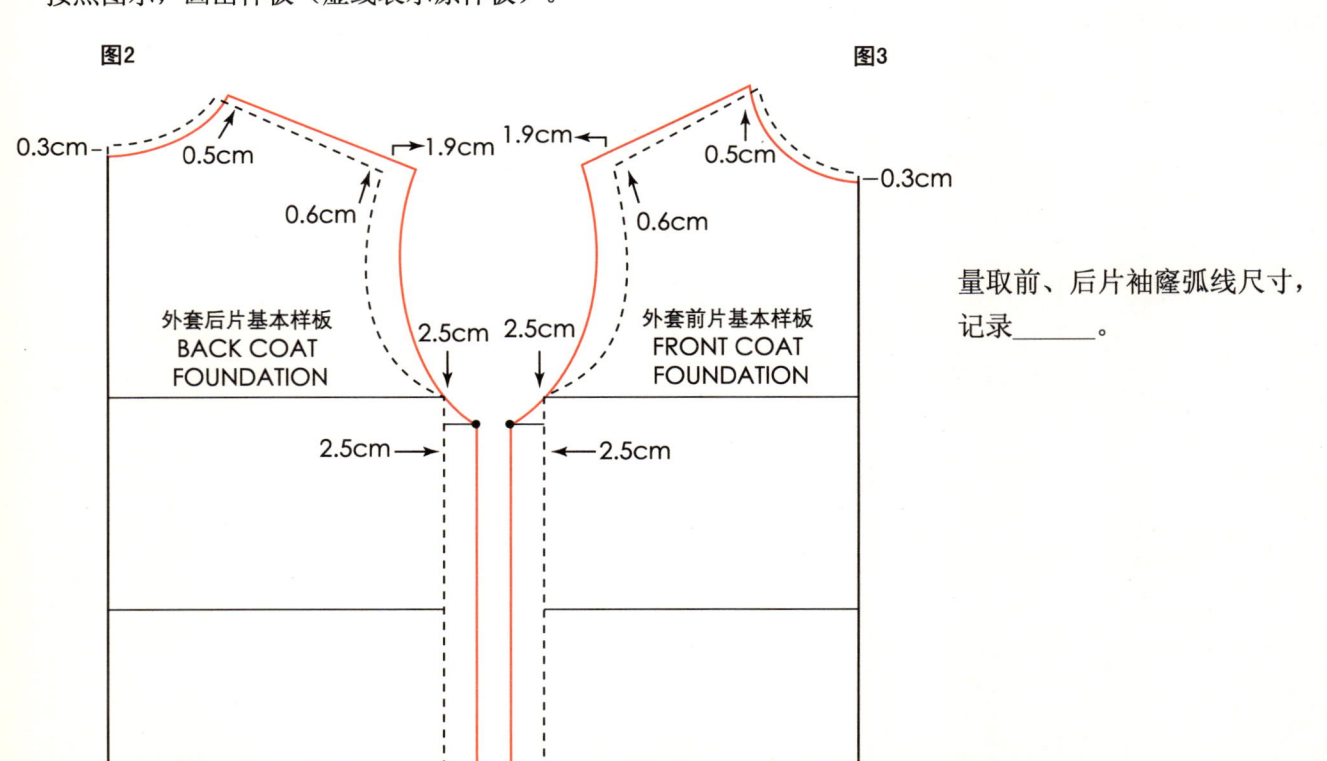

量取前、后片袖窿弧线尺寸，记录_____。

双排纽扣厚呢上衣
Navy Pea Coat

该款服装适用号型3~6X和7~14，男孩和女孩皆宜。它以基本外套样板为基础（外套样板参见第348页）。

设计分析 Design Analysis

这种双排纽扣厚呢上衣，是一种为海军设计的传统外套。男孩的扣子是左搭右，女孩的则是右搭左，也可以左搭右。

双排纽扣厚呢上衣样板草图 Pea Coat Draft

图1 驳头 Lapel

- 描出前、后片外套样板，衣长增加到需要的长度，在领口侧点标记A。
- 前中心线处加宽至需要的尺寸，画线平行于前中心线。
- 从袖窿底点向前中心线处作垂线，并向外延，驳折点标C。
- 将肩斜长线从A点向外延长1.9cm，做标记点B。
- 连接B~C，画出驳口线。
- 在驳口线与领口线相交处标记点X。
- 从X点处将领口线延长2.5cm，做标记点D。
- 将直角尺沿驳口放置，过D点画垂线至驳领宽处。

图1

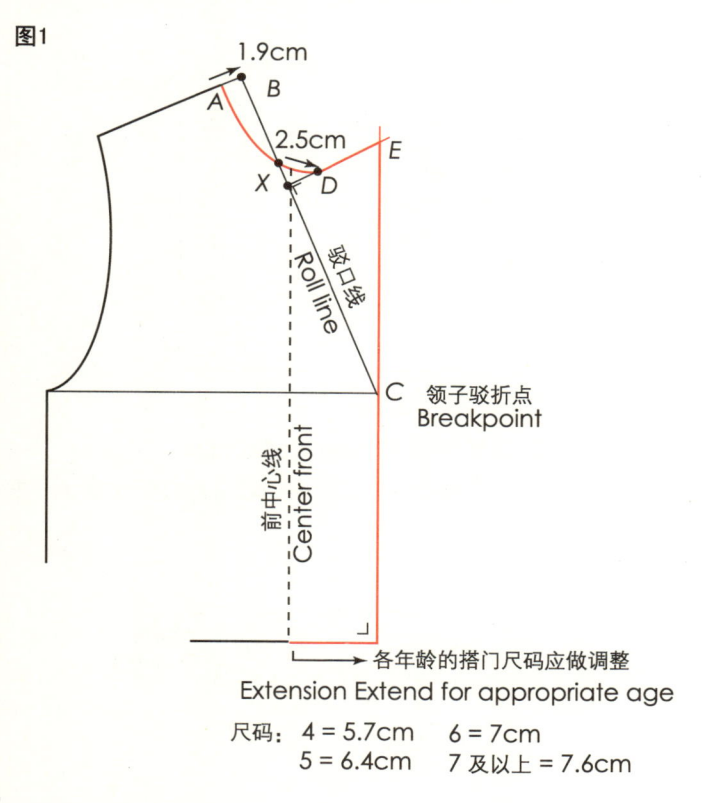

各年龄的搭门尺码应做调整
Extension Extend for appropriate age

尺码： 4 = 5.7cm　　6 = 7cm
　　　 5 = 6.4cm　　7 及以上 = 7.6cm

图2 领子 Collar

A~F = 0.6cm
F~G = 后领口尺寸（+0.3cm）。

将尺边缘沿领口弧线向外放置，过F点，画出直线。标出F~G的中点。

将尺在中点转动1.3cm，至H点，然后向上作垂线至I点，H~I的长度可参考图中数据画出。画出领子与驳头（参见第84页图5）。

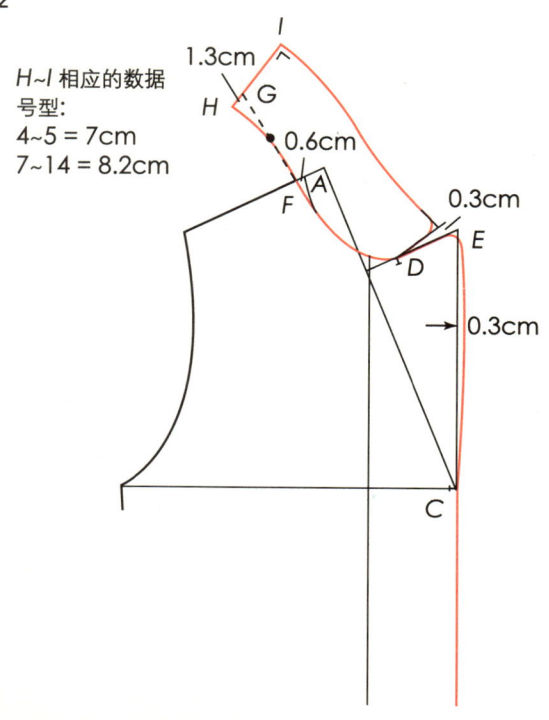

图2

H~I 相应的数据
号型：
4~5 = 7cm
7~14 = 8.2cm

图3
- 画出后领口贴边（图3a）。
- 将折叠的样板纸放在样板草图下面，描出贴边（图3b）。

图3a

样板纸 Paper
贴边3.8cm Facing 1 1/2"
5cm
双排纽扣厚呢上衣后片 BACK PEA COAT

图3b
贴边 FACING

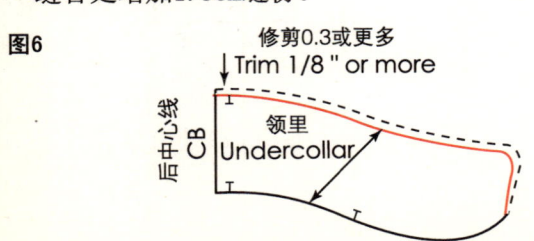

图4 口袋与纽扣的位置 Pocket and Button Placements
- 画出口袋位置以及口袋垫布与袋布。

画领子 Transfer Collar
- 将折叠的样板纸放在前片样板草图下面，描出领子（D→F→H→I→D）。在领子中标上记号。在F点须做刀口标记。

图4

双排纽扣厚呢上衣前片 FRONT PEA COAT

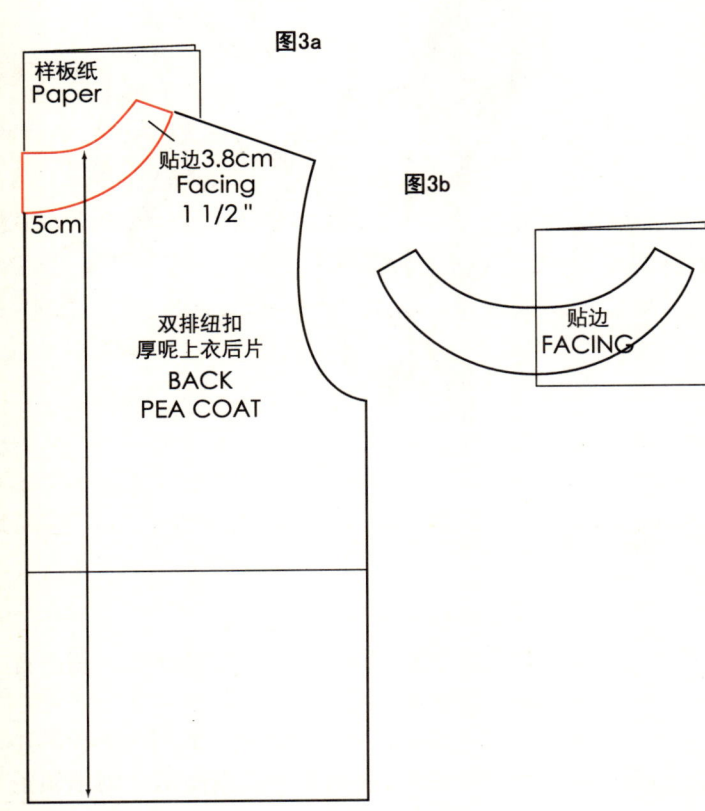

前中心线 Center front
领子驳折点 Breakpoint
1.3cm
1.9~2.5cm
口袋衬里 Pocket lining

样板纸 Paper

图5 领 Collar
- 从样板纸上剪下领子。

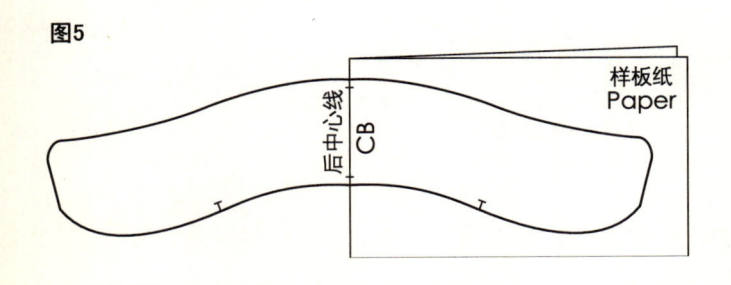

图5

后中心线 CB
样板纸 Paper

图6
- 重新描出领面，经过调整，成为领里。在后中心线缝合处增加1.3cm缝份。

图6

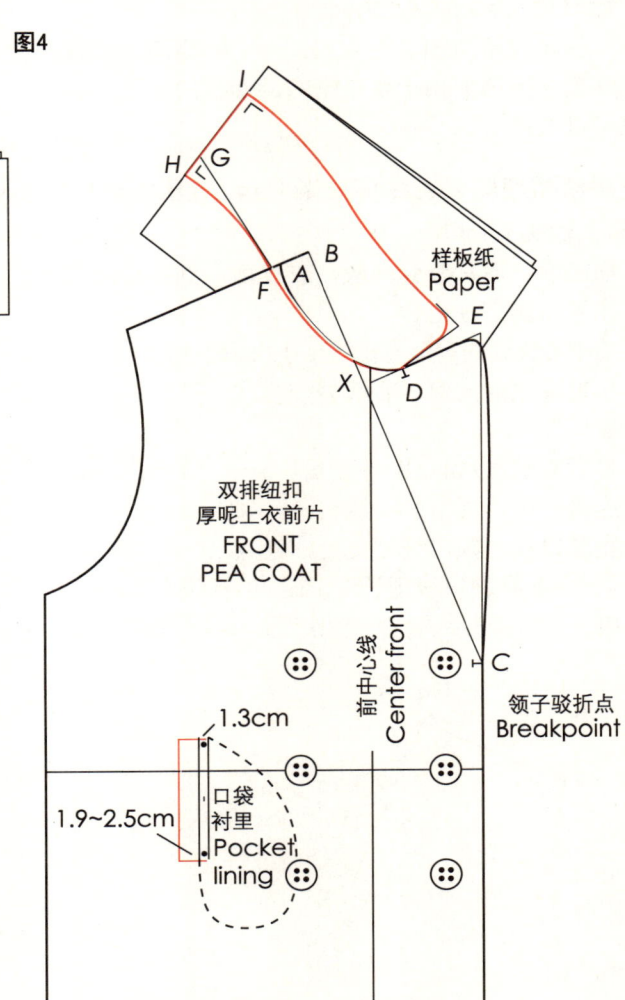

修剪0.3或更多 Trim 1/8" or more
后中心线 CB
领里 Undercollar

图7 领的局部弯曲 Partial Collar Roll
- 如图画出3条剪切线，剪开各切线并打开0.3cm。重新描出领形。

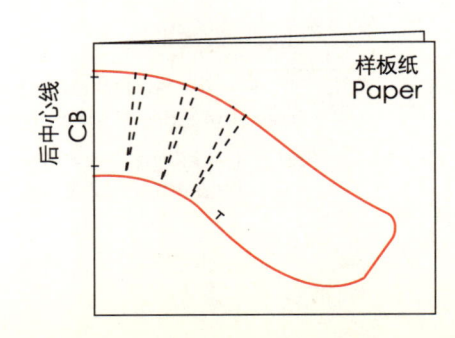

图7

后中心线 CB
样板纸 Paper

图8 挂面与缝份说明
Facing and Seam Allowance Guide

- 画出挂面线（点划线所示）。

  外套样板的底边折边量，由挂面向里2.5cm处开始。

图8

3.8cm

折叠线
Fold line

2.5cm

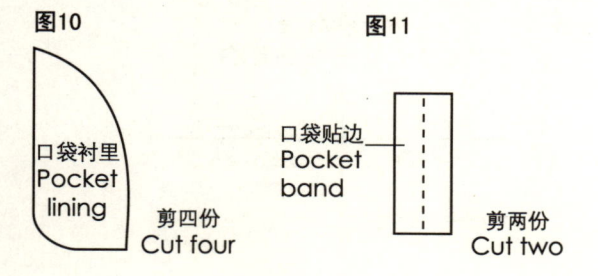

夹克衫从3.1cm处开始（不作挂面）
1 1/4" hemline for jacket (not for facing)

图9 挂面样板 Facing Pattern

- 描出挂面，按图示调整样板，在底边上方1.3cm处，做刀口标记，表示衬里底边折叠处。

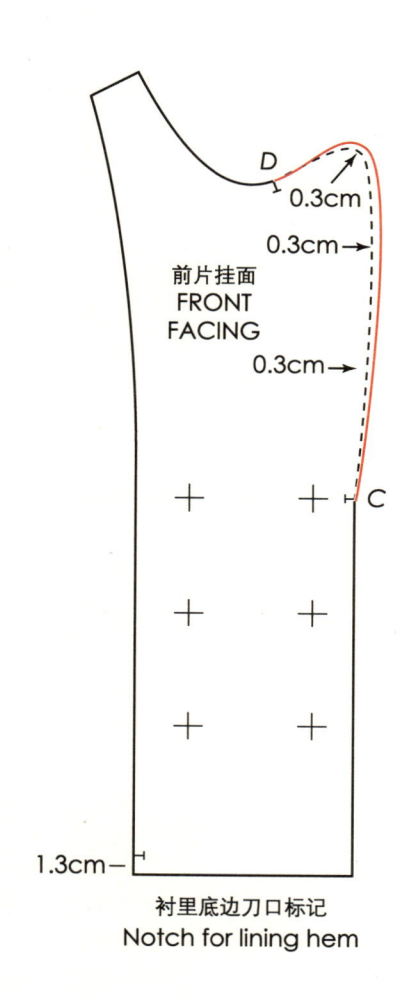

图9

D
0.3cm
0.3cm

前片挂面
FRONT FACING

0.3cm

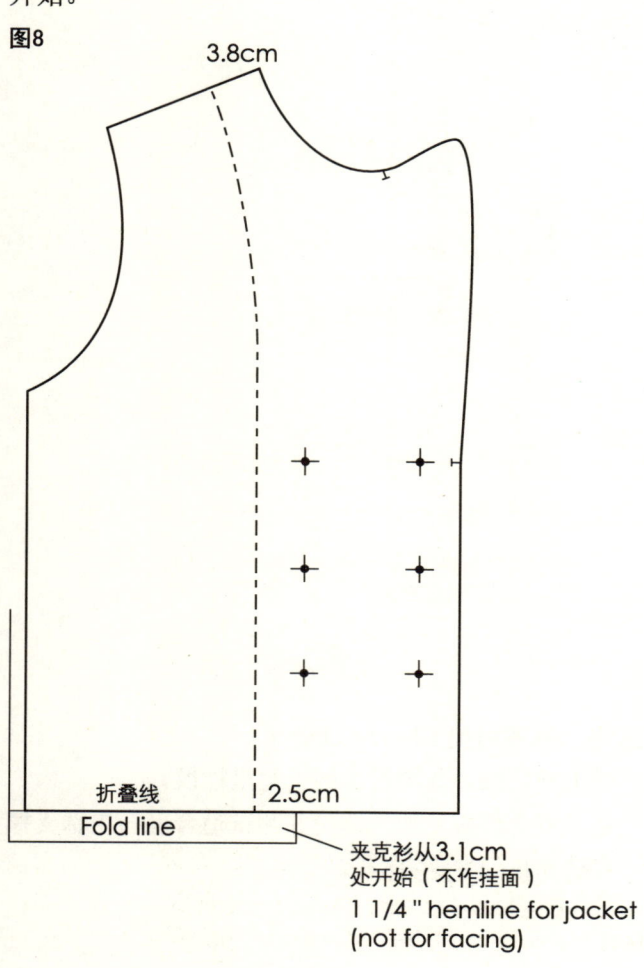

C

1.3cm

衬里底边刀口标记
Notch for lining hem

图10、图11 口袋贴边和衬里
Pocket Welt and Pocket Lining

- 将样板纸放在前片下面，描出口袋布及其贴边。

图10

口袋衬里
Pocket lining

剪四份
Cut four

图11

口袋贴边
Pocket band

剪两份
Cut two

图12、图13 前、后片衬里 Front and Back Lining

- 如图所示画出衬里样板。

图12

图13

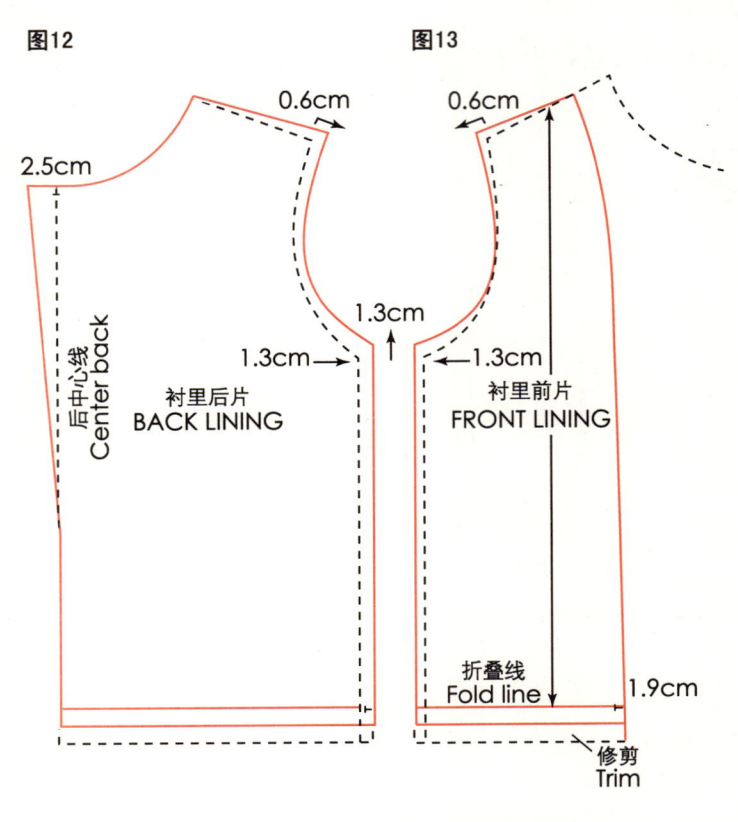

图14 袖子 Sleeve

- 如图所示，画出袖口折边和缝份，完成外套袖片。

图14

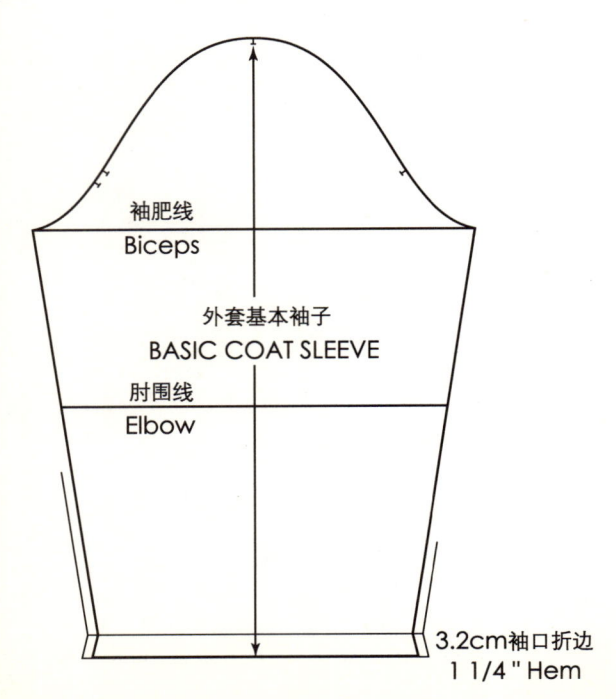

图15 袖子衬里 Sleeve Lining

- 描出袖轮廓，如图所示画出衬里样板。
- 完成所有样板，加上缝份并测试适合度。内部支撑和缝纫指导参见第5章。

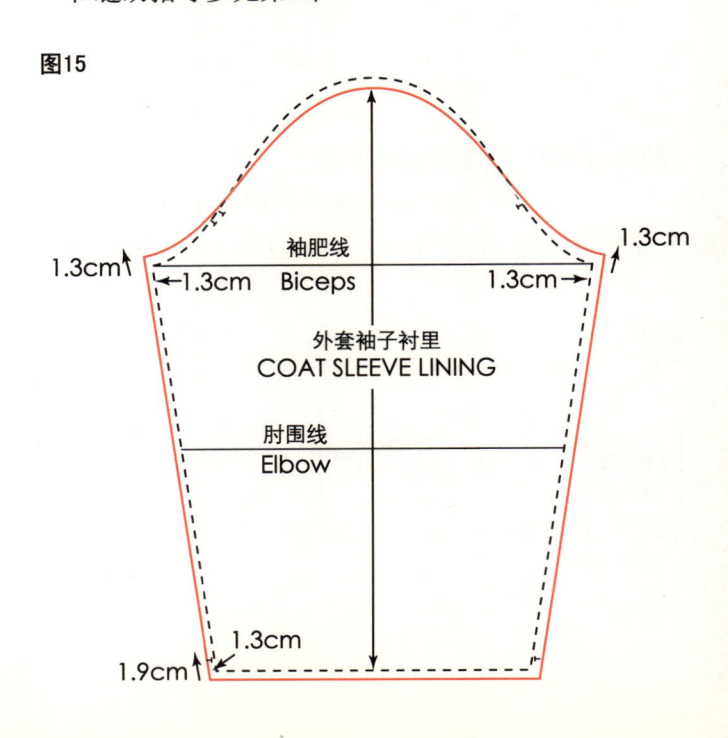

图15

第 18 章

裤子和连衣裤
Pants and Jumpsuits

裤子引言 INTRODUCTION TO PANTS 354	宽松裤 Baggy Pant 362
西装裤的基本样板 TROUSER FOUNDATION 354	西部牛仔裤 Western Jean. 363
西裤的样板草图 Trouser Draft 354	喇叭裤 Bell-Bottom Pants 365
休闲裤的基本样板 SLACK FOUNDATION. 356	裤型衍变标记线
休闲裤的样板草图 Slack Draft. 356	GUIDELINE MARKING FOR PANT DERIVATIVES . . . 367
牛仔裤的基本样板 JEAN FOUNDATION 357	定义 Definitions 367
牛仔裤的样板草图 Jean Draft 357	喇叭形短裤 Flared Shorts 368
关于腰头 WAIST OPTIONS 359	超短裤 Short-Shorts 369
常规腰头的样板草图 Waist Band Draft . . . 359	灯笼裤——Knickers 369
腰头的应用 Waist Band Controls the Waist . . . 359	连衣裤的基本样板 JUMPSUIT FOUNDATION. . . . 370
松紧带式腰头 Elastic Controls the Waist . . . 359	连衣裤的样板草图 Jumpsuit Draft 371
半松紧带式腰头	有宽松上衣的连衣裤
Partial Waist Band and Elastic 360	Jumpsuit with Blousing 372
裤子的变化 PANT VARIATIONS 361	超大码的连衣裤 Oversized Jumpsuit 372
打褶西裤 Pleated Trouser 361	贯头式连衣裤 Tank-Top Jumpsuit. 373
	背带裤 Bib Overall 374

裤子引言
Introduction to Pants

相关裤子的论述、专业术语和裤子的设计变化在第8章中已有所涉及。

本章介绍三款最基本的裤子。在设计制作这些裤子的样板之前，应有包括尺寸、身高和年龄等在内的基本信息。裤子后部的腰带，可以做成无伸缩性的，也可以做成有伸缩性的（装松紧带）或者两者同时运用。就裤子横裆部位的合身度而言，西裤最宽松，其次是休闲裤，最紧身的是牛仔裤。

下列图示了这三种裤子的基本样板草图。它们适用的号型有3~6X和7~14(16)，男孩和女孩皆宜。

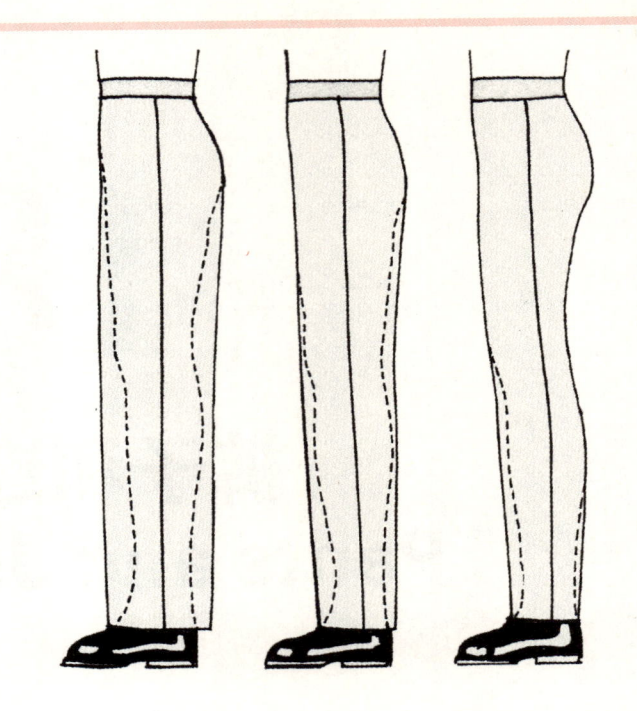

西装裤的基本样板
Trouser Foundation

基本西装裤是一种宽松的裤型，裤子从臀部垂直向下至裤口。若制作打褶的，较宽松类型的裤子样板，均可基于此样板。裤腰带的样板设计参见第359页、第360页。

所需尺寸 Measurements Needed
- （18）侧腰踝长（裤长）_____。
- （27）上裆深_____。
- （15）臀围/4，加1.3cm 前____，后____。
- （14）腰围/4，加1.3cm 前____，后____。
- （20）腿根围_____。
- （24）入脚口_____。

西裤的样板草图 Trouser Draft
图1

A~B=裤长（18）。

A~C=上裆深+1.9cm（27）____。

A~D=(A~C)/2。

B~E=(B~C)/2 +2.5cm，做标记。

  分别过A点、D点、C点、E点和B点作A~B的垂线。

C~F=后臀围/2（15）。

  过F点向上作垂线至腰围线，标G。

F~H=(C~F)/2，做标记。

C~I=前臀围/2（15）。

  过I点向上作垂线至腰围线，标J。

I~K=(C~I)/4，做标记。

图1

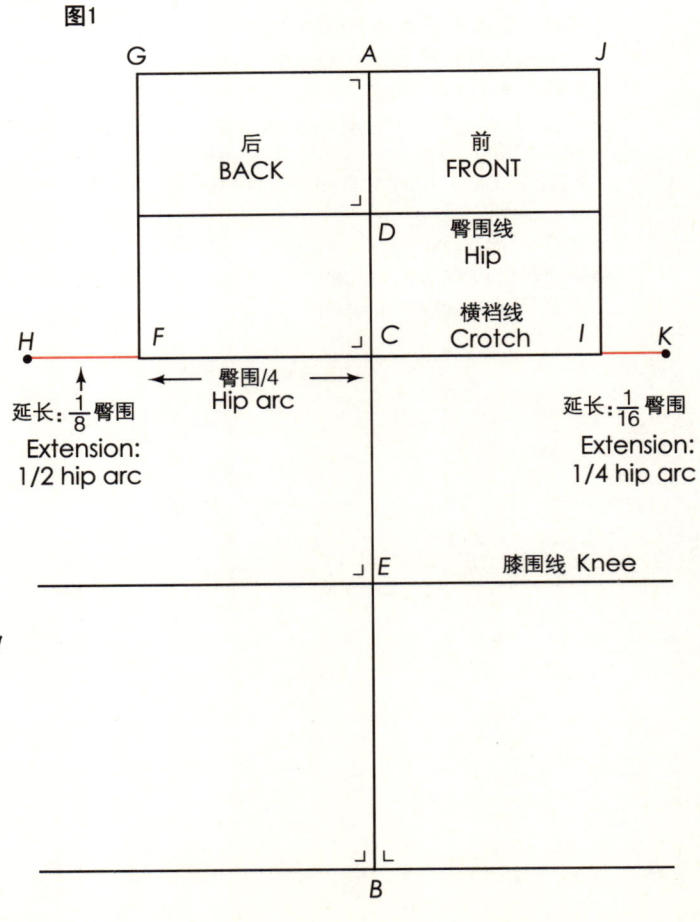

图2

$G\sim F$=水平向内取1.3cm,再垂直向上取0.6cm。

如图,从F点画直角线到横裆线。

分别从H点和K点画弧线至臀围线。

$A\sim L$=0.3cm。

$A\sim M$=1cm。

从腰围向下画臀形线至D上方。

从F点到L点画出裤腰线。

$H\sim N$=$(H\sim C)/2$,做标记。

$K\sim O$=$(K\sim C)/2$,做标记。

分别过N点和O点,画经向丝缕线。

省道的插入 Dart Intake

(如果腰带中采用松紧带,则略去省道。)

- $F\sim L$的长度减去后腰围/2(14),差值即插入的省道量。
- 在距经向丝缕线2.5cm的地方标记省道的位置(省道长19.3~25.9cm)。
- $M\sim J$的长度减去前腰围/2(14),差值即插入的省道量。
- 以经向丝缕线为中心线,平分省量,确定省位(省道长16.3~19.3cm)。
- 在H点和K点分别向内1.3cm,画出内侧缝线的引导线。再分别从H点和K点画弧线到膝围线,即为裤腿造型线。

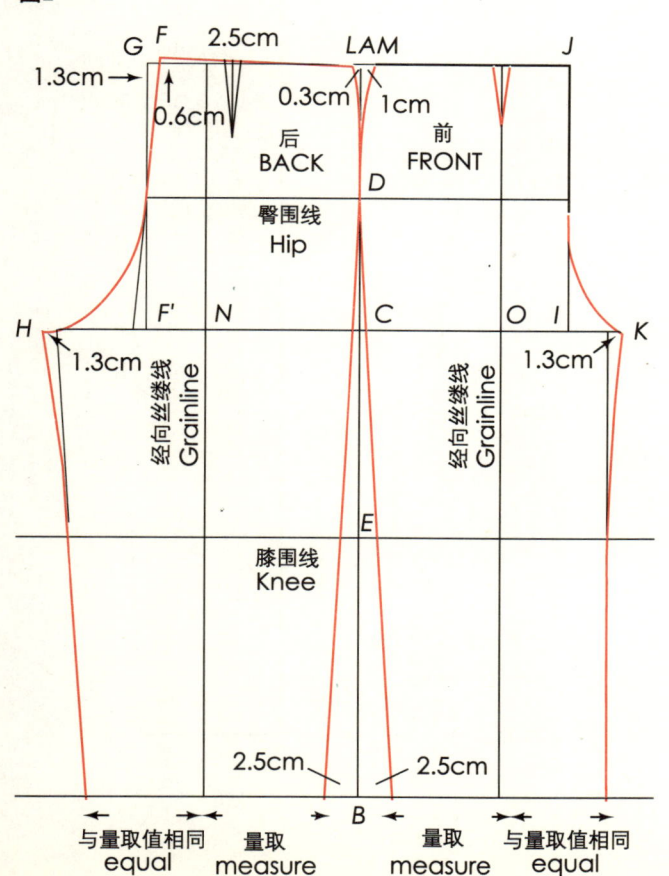

图3

图中表现了完成的样板。在用腰带、松紧带或拉链将腰部固定后,测试适合度。

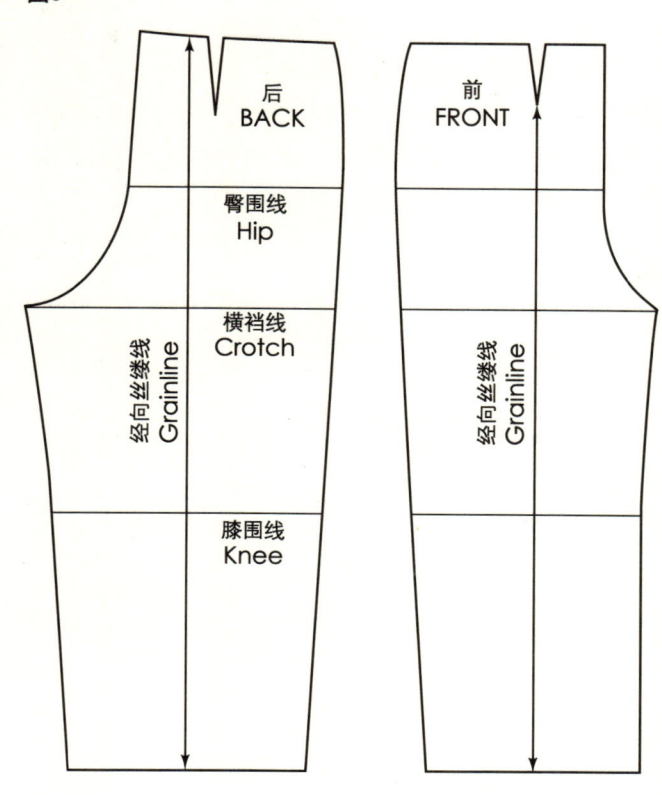

图4、图5

前面的门襟可以与裤子的样板连在一起,也可以分开制作。缝纫指导参见第8章的第179~185页。

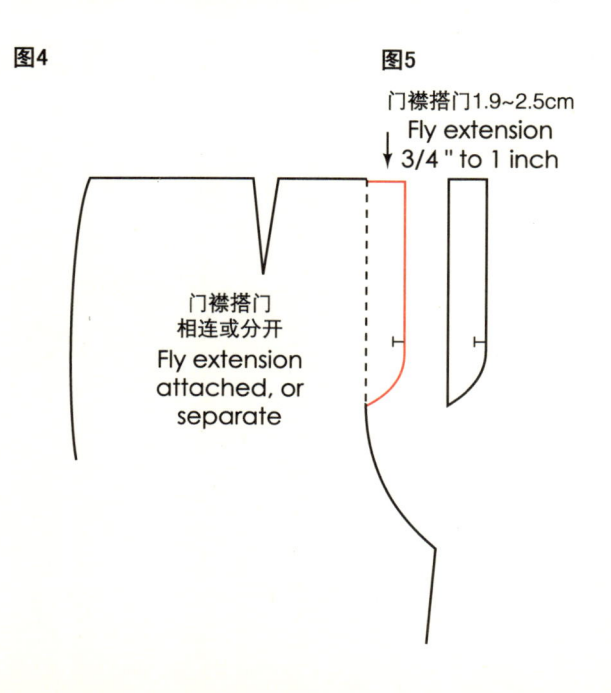

休闲裤的基本样板 Slack Foundation

休闲裤的样板制作基于西裤的样板。它适用的号型有5~6X和7~14，男孩和女孩皆宜。休闲裤要比西裤紧身些。该休闲裤样板可用于发展其他的休闲裤样板，以及衍生出其他的裤子设计。

休闲裤的样板草图 Slack Draft

图1
- 描出西裤的前、后片样板。将横裆线提高1cm，并且修剪裤腿，使裤脚管向下逐渐变窄。

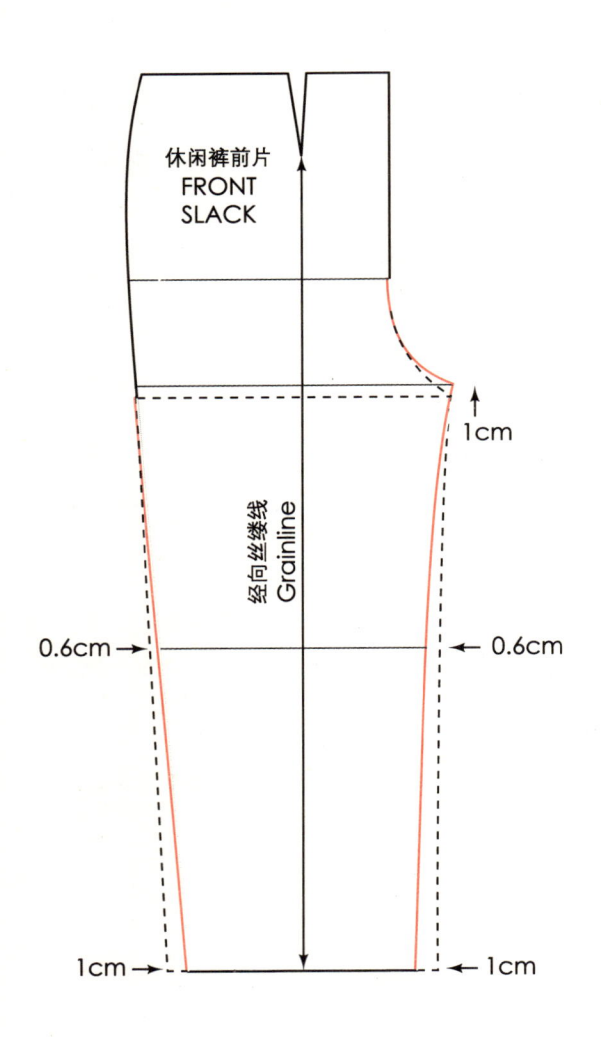

图2
为了使裤子更贴身，需在裤子的后片减短裤横裆线，并且将横裆线提高1cm。调整完毕之后，经向丝缕线的标记线须移至新横裆线的中点，使裤形得到平衡。

$B \sim C = A \sim B$。
$E \sim F = D \sim E$。

- 重新画出裤腿线。
- 完成样板，测试合身度。

  腰头部分的样板可参见第359、第360页。

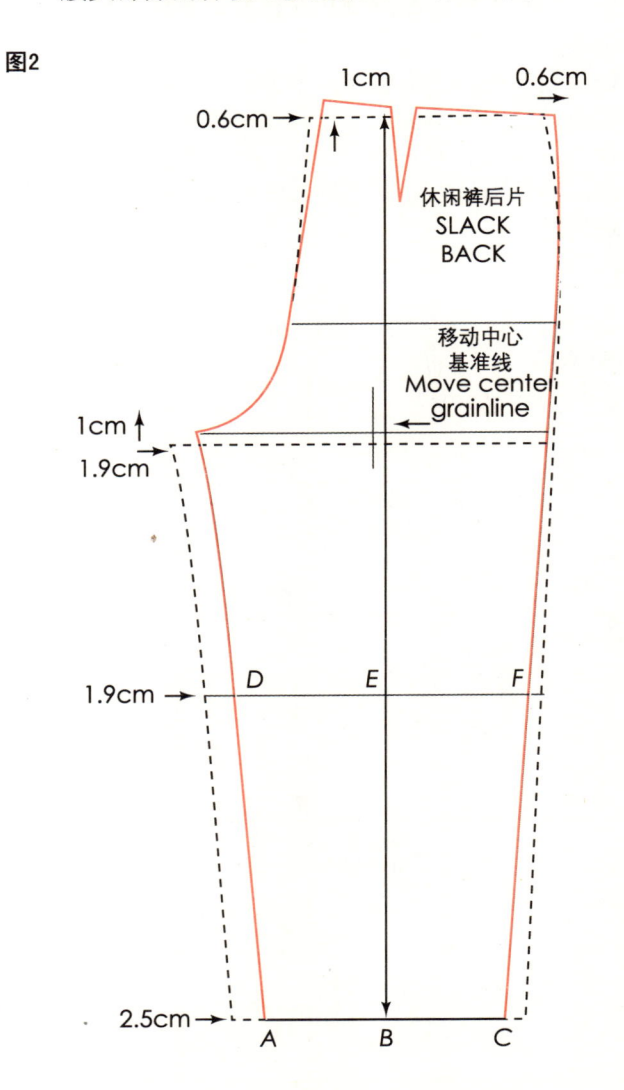

牛仔裤的基本样板
Jean Foundation

牛仔裤的基本样板是较紧身的。其中的造型线也可以运用到像西装裤和休闲裤中（包括门襟）。该样板适用号型有3～6X和7～14，男孩和女孩皆宜。

关于裤子腰头的样板，可参见第359、第360页。

测量所需尺寸 Measurements Needed

- （18）侧腰踝长（裤长）_____。
- （27）上裆深 _____。
- （15）臀围/4，加1.3cm 前 _____，后 _____。
- （14）腰围/4，加1.3cm 前 _____，后 _____。
- （20）腿根围 _____。
- （21）膝围 _____。
- （24）入脚口 _____。

牛仔裤的样板草图 Jean Draft

图1

$A \sim B$ = 裤长（18）。

$A \sim C$ = 上裆深（27）+0.6cm。

$A \sim D = (A \sim C)/2$。

$B \sim E = (B \sim C)/2 + 2.5$cm，做标记。

过A点、D点、C点、E点和B点分别作$A \sim B$的直角线。

$C \sim F$ = 后臀围/2（15）。

从F点向腰围线作垂线，标记点G。

$F \sim H$ = 臀围/16+1.3cm，做标记。

$C \sim I$ = 前臀围/2（15）。

从I点向上作垂线至腰围线上，标记点J。

$I \sim K = (C \sim F)/4$，做标记。

图1

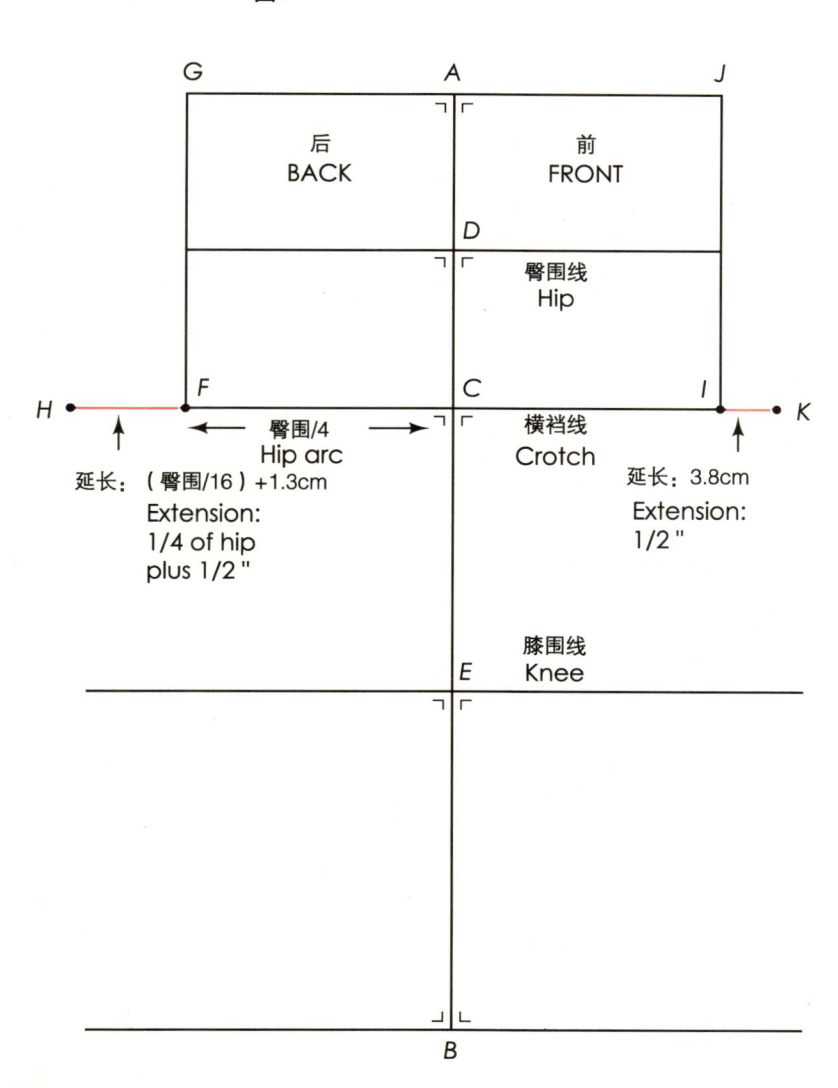

图2

G~L=（号型3～7）水平向内取1.3cm，再垂直向上取1.6cm。

（号型7～14）水平向内取2.5cm，再垂直向上取1.9cm。

从L点画直线到横裆线（过臀围线端点）。

L~M=后腰围/2 +0.6cm。如果M点叠上了A点，则用红笔描出后片。

从L点到M点画出裤腰线。

从M点画臀形弧线到D点。

J~N=水平向内取0.6cm，再垂直向上取0.6cm。

从N点画直线到横裆线（过臀围线端点）。

从K点向上画出前后裆长线到臀围线。

N~O=前腰围/2 +0.6cm。

经向丝缕线 Grainline

- 从C点两侧分别量取0.6cm，做标记点C_1、点C_2。
- 分别标记C_1~H（后）和C_2~K（前）的中点，分别过这两个中点画垂直线即得到经向丝缕线。

裤腿线 Legline

使用图中所给尺寸，按下面指示操作。

- 如图分别画出前、后片的下裆缝线（膝围线上部为内凹的曲线）。
- 如图分别画出前、后片的侧缝线（臀围线上部为外凸弧线，臀围线至膝围线为内凹弧线）。
- 如果M点与O点叠上了，则在前、后片样板剪开之前，用另一张纸放在裤子的样板草图下面，画出前片或后片的裤子样板。

图2

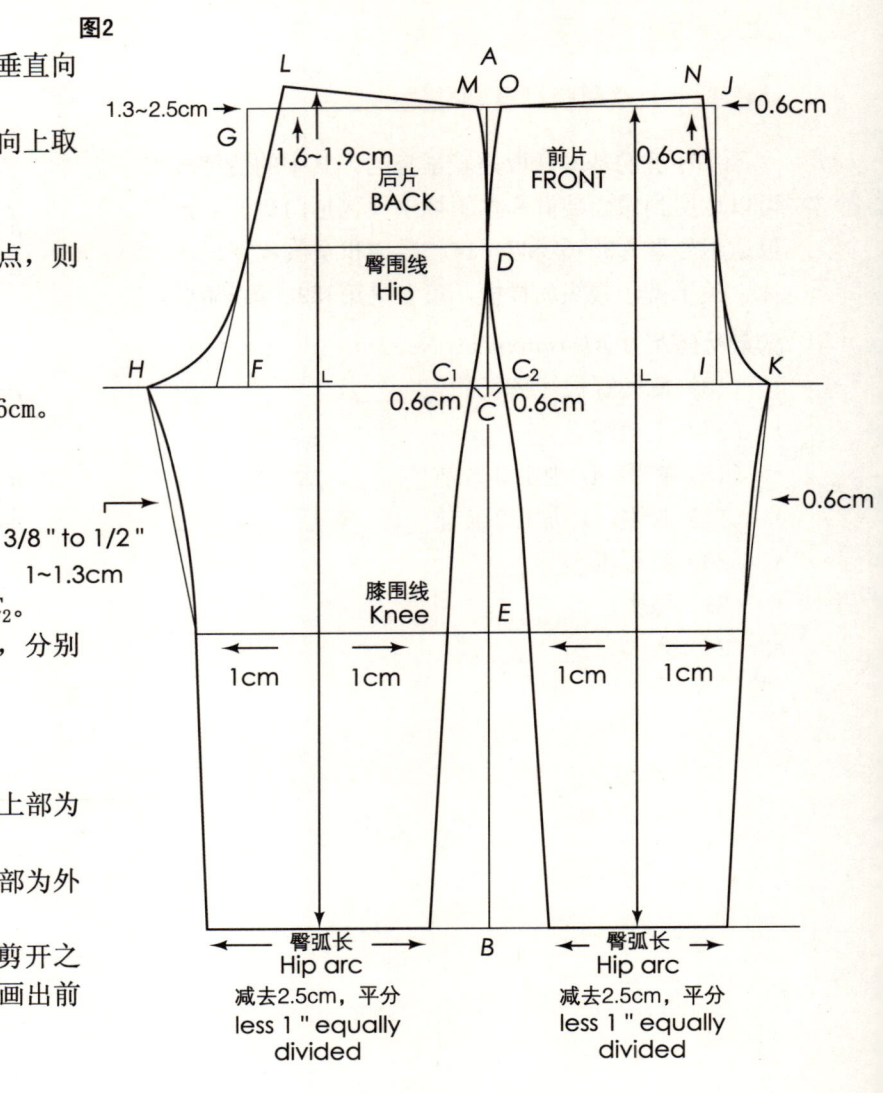

图3　门襟制作说明 Fly Instruction

先要确定裤子门襟加在哪一边（女式裤加右边，男式裤加左边）。门襟可以直接在裤样板上延伸获得，也可以分开制作，再拼缝上去。里襟是门襟宽度的两倍，长度比门襟长2.5cm。

按照缝纫指导缝制门襟、腰带襻（参见第179～185页）和牛仔裤口袋（样板图参见上册第386页）。

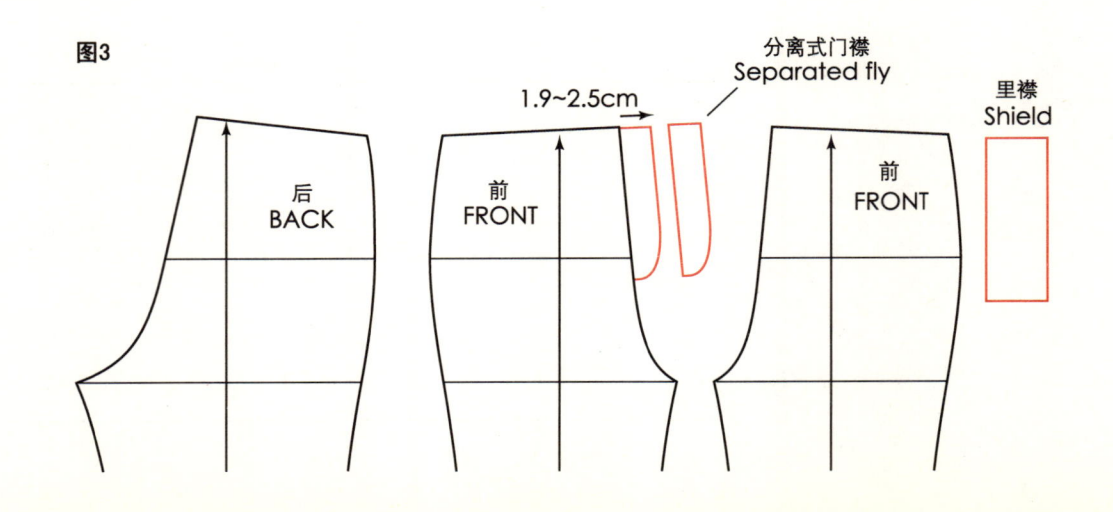

图3

关于腰头 Waist Options

裤子或裙子有四种腰头可以选择，用以固定腰部。当号型是3～6X的裤子或裙子时，腰头常常选用部分或全部内置松紧带的；而在号型为7～17的裤子，一般选择常规的腰头。

常规腰头的样板草图 Waist Band Draft
- 画一条与腰围尺寸等长的直线，加长2.5cm。
- 将样板纸对折，向下作2.5cm的垂线，作为腰头宽。
- 加上缝份，加刀口标记，从样板纸上剪下样板。

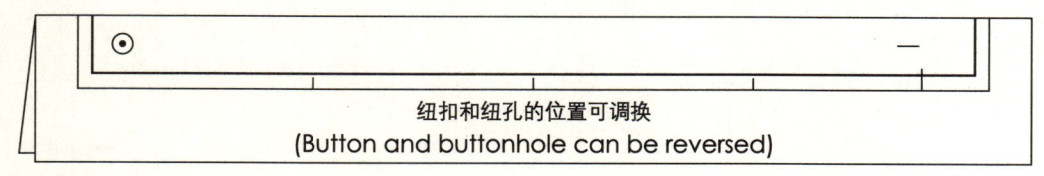

纽扣和纽孔的位置可调换
(Button and buttonhole can be reversed)

腰头的应用
Waist Band Controls the Waist

图1

当下装在腰围线处有省道时，可以用腰头固定。若像牛仔裤那样在腰围线处无省道的下装，也可以使用腰头。参见第357、第358页。

松紧带式腰头
Elastic Controls the Waist

图2

在前、后片腰围线处提高7cm，形成2.5cm宽的松紧带穿带管。取松紧带的长度与模特的腰围尺寸相等，重叠2.5cm，使其变短，能更好地起到固定腰部的作用。

若需要增加一些放松量，可以在前、后片的侧缝处加量，或只加宽后片（图2a）。

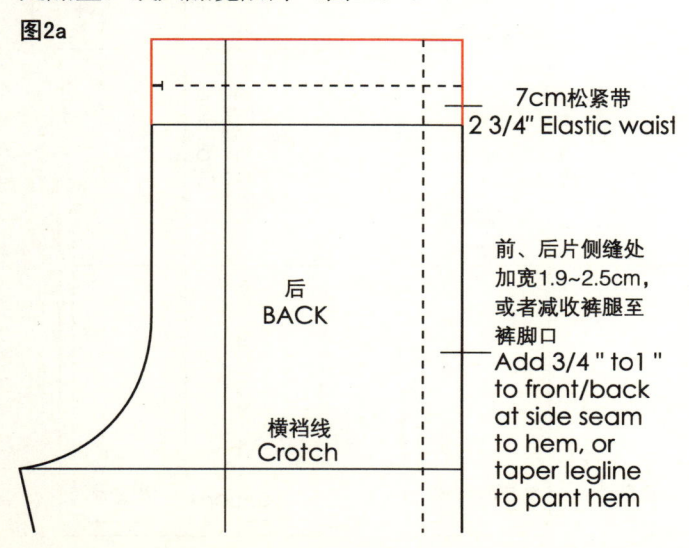

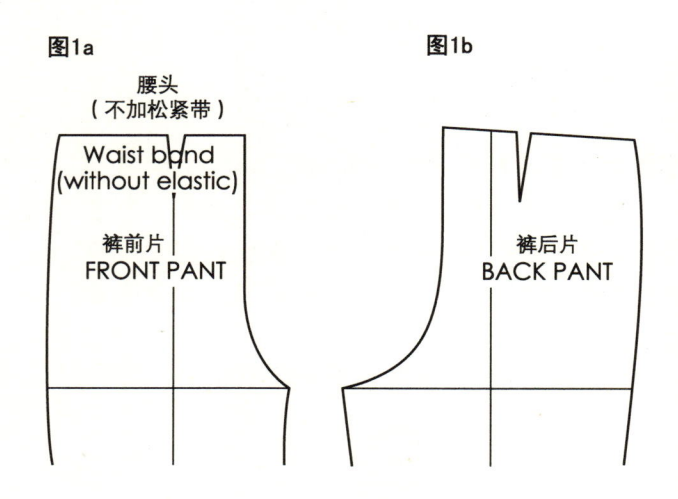

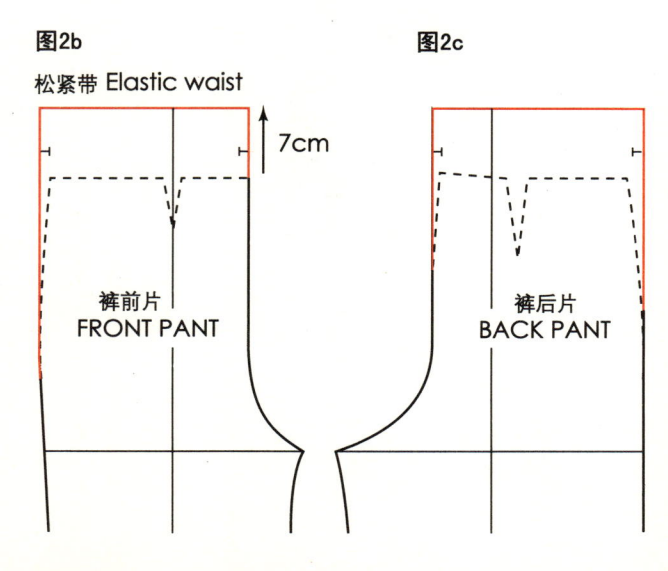

图1a 腰头（不加松紧带） Waist band (without elastic) 裤前片 FRONT PANT

图1b 裤后片 BACK PANT

图2a 7cm松紧带 2 3/4" Elastic waist 后 BACK 横裆线 Crotch 前、后片侧缝处加宽1.9~2.5cm，或者减收裤腿至裤脚口 Add 3/4" to 1" to front/back at side seam to hem, or taper legline to pant hem

图2b 松紧带 Elastic waist 7cm 裤前片 FRONT PANT

图2c 裤后片 BACK PANT

半松紧带式腰头
Partial Waist Band and Elastic

图3

松紧带加在后片的腰头中，而前片仍是常规的腰头。也可以是将松紧带一直加到裤子前片的部分腰头处（如连衣裤）。将后片的腰围线提高7cm，用以形成2.5cm宽的松紧带穿带管。腰头的样板尺寸为前腰围尺寸/2-吃势量（腰部的省道被缝合）。松紧带与腰头在侧缝处相接。要使其更宽松，可在侧缝处加量。

图3a — 有省道，使用腰头 With dart, use waist band — 裤前片 FRONT PANT — 横裆线 Crotch

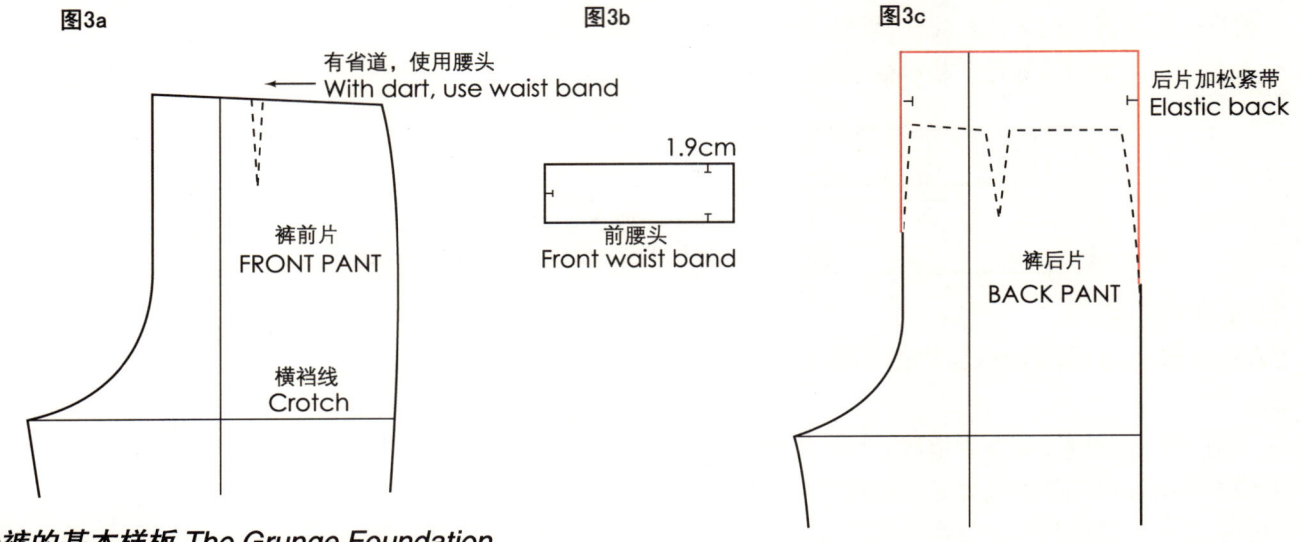

图3b — 1.9cm — 前腰头 Front waist band

图3c — 后片加松紧带 Elastic back — 裤后片 BACK PANT

宽松裤的基本样板 The Grunge Foundation

描出西裤的基本样板，然后将它调整成为宽松裤。宽松裤样板的裆部很低，裤腿较肥大，裤长据设计需要而定。可依此样板为基础来设计其他款式。

按照图示和尺寸制作裤子样板（图1）。

图1

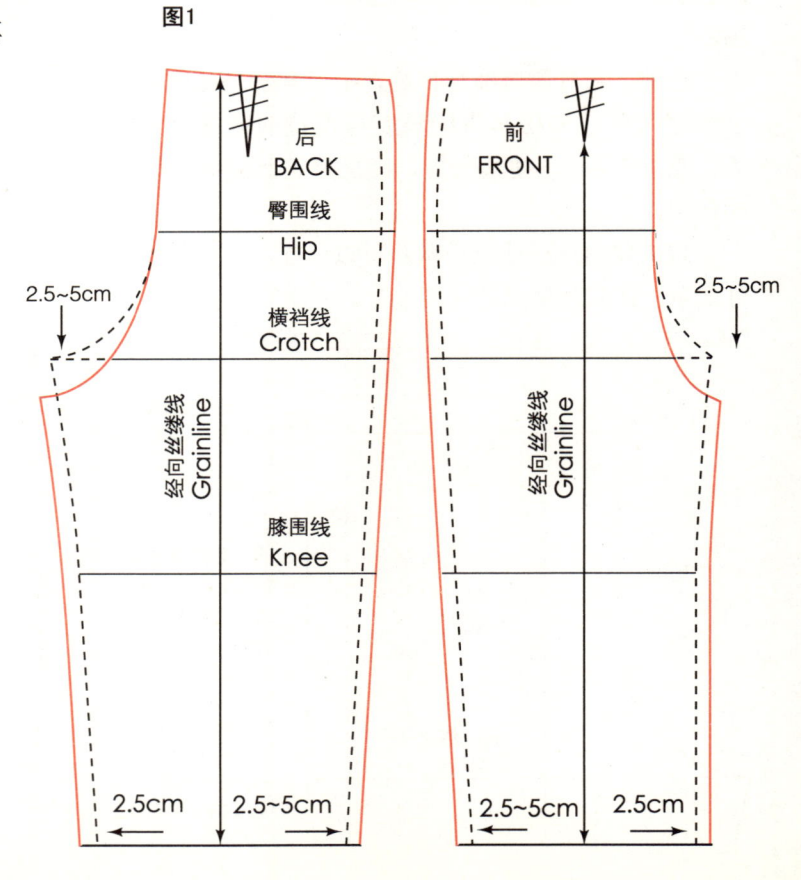

后 BACK — 臀围线 Hip — 横裆线 Crotch — 经向丝缕线 Grainline — 膝围线 Knee — 2.5~5cm — 2.5cm — 2.5~5cm

前 FRONT — 经向丝缕线 Grainline — 2.5~5cm — 2.5~5cm — 2.5cm

裤子的变化 Pant Variations

打褶西裤 Pleated Trouser

打褶西裤的样板制作也同样可以基于休闲裤的样板。图示中的裤子设计适用号型为4~6X和7~14，男孩女孩皆宜。它通过在样板上设计一条以上的剪切线并展开需要的量，来做出1个或几个褶裥。另外，裤脚口可以做成向外翻折的。

设计分析 Design Analysis

在裤子样板上标示了剪切线的位置和展开的效果（图示中只做了一个褶，可以通过加剪切线来增加褶的数量）。门襟可以做在左右前片的任何一边。裤子后片样板仍为基本形。

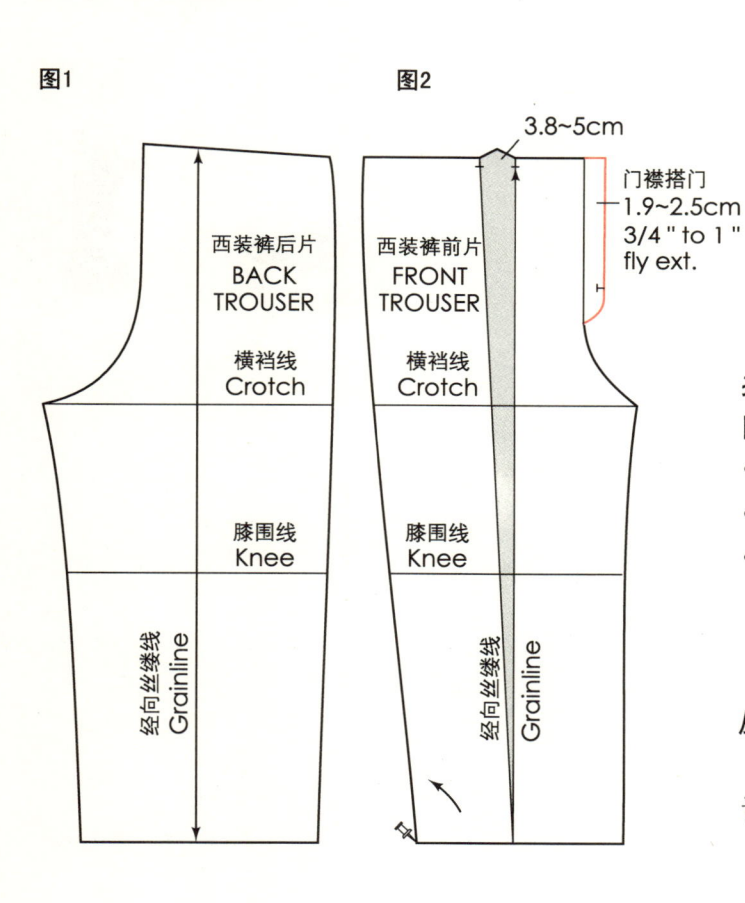

图1　图2

西装裤后片 BACK TROUSER
横裆线 Crotch
膝围线 Knee
经向丝缕线 Grainline

西装裤前片 FRONT TROUSER
横裆线 Crotch
膝围线 Knee
经向丝缕线 Grainline

3.8~5cm

门襟搭门 1.9~2.5cm 3/4" to 1" fly ext.

打褶西裤的样板草图 Pleated Trouser Draft

图1、图2

- 描出西裤前、后片样板。
- 剪开裤子经向丝缕线，分开3.8~5cm，形成褶裥量。
- 门襟制作：在前裤片上加宽1.9~2.5cm（门襟应比拉链至少长2.5cm）；里襟，腰带和其他选项，参见第359页。缝纫指导，参见第185~199页。

腰带选项 Waist Band Options

确定选用腰带的类型，最好地配合、完成裤子的设计。参见第359、第360页。

宽松裤 Baggy Pant

这种非常丰满的宽松裤的样板制作基于西裤的样板。其适用号型为3~6X和7~14，男孩和女孩皆宜。

设计分析 Design Analysis

这是一种很有趣的裤型。其丰满度和长度可据设计需要而定。它主要是通过在裤子样板的侧缝线处加量，使其变宽大的。宽松裤在腰部和裤口底边有细褶，用松紧带固定。设计2为思考题。

宽松裤的样板草图 Hammer Draft

图1

- 描出西裤前、后片样板，并将其分开至需要的宽度。
- 将腰围线处向上扩展7cm，用来安装2.5cm宽的松紧带。
- 取2.5cm宽的松紧带，长度为腰围尺寸，重叠缝合量2.5cm。
- 取1.3cm宽的松紧带，长度为入脚口尺寸加2.5cm重叠缝合量。
- 降低横裆线的位置（可再降低些，以便获得一个更为夸张的裤形）。
- 加长裤子样板，增加蓬松量。
- 渐收裤腿至裤脚口，以调整过大的裤形。
- 完成样板，测试适合度。

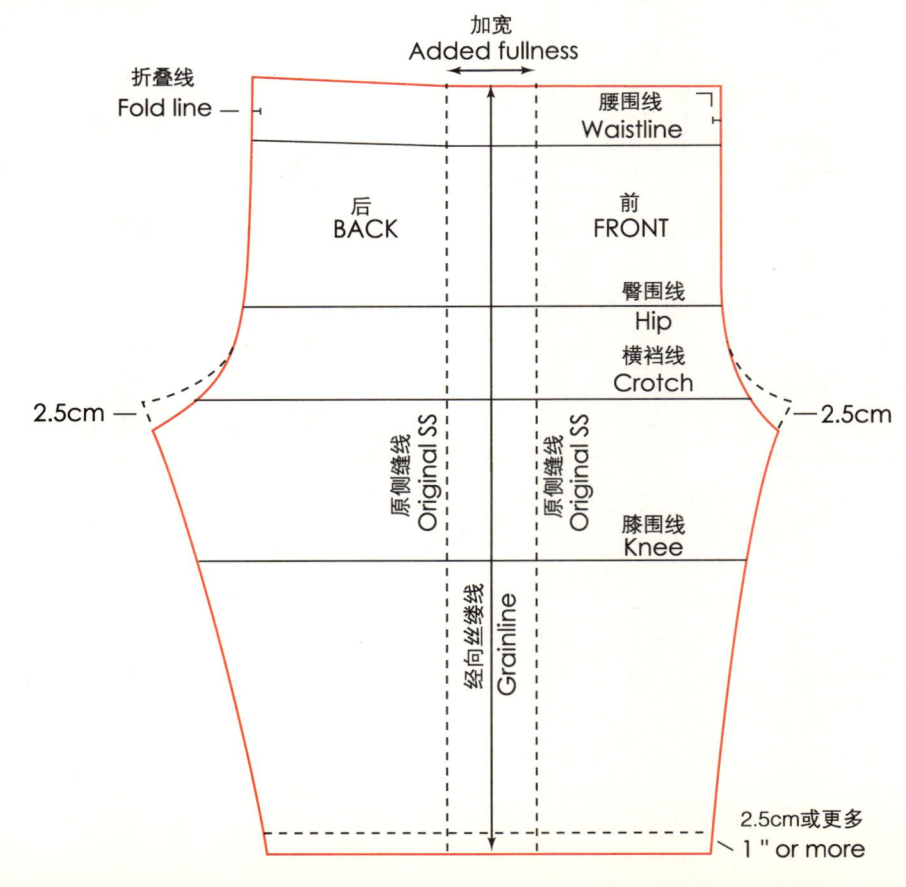

图1

西部牛仔裤 Western Jean

西部牛仔裤的样板制作基于牛仔裤的基本样板。该样板适用号型为3～6X和7～14，男孩与女孩皆宜。女裤的门襟可置于任何一边。

设计分析 Design Analysis

在传统的西部牛仔裤的基础上发展了渐收裤腿的瘦腿裤或靴裤（boot pant）。

确定使用何种腰头类型，以最好地配合设计的需要，参见第359、第360页。

图1、图2

- 描出牛仔裤前、后片样板。
- 按照图示，画出样板。

图1

图2

3.8cm　2.5cm　5.7cm　2.5cm

牛仔裤前片 FRONT JEAN

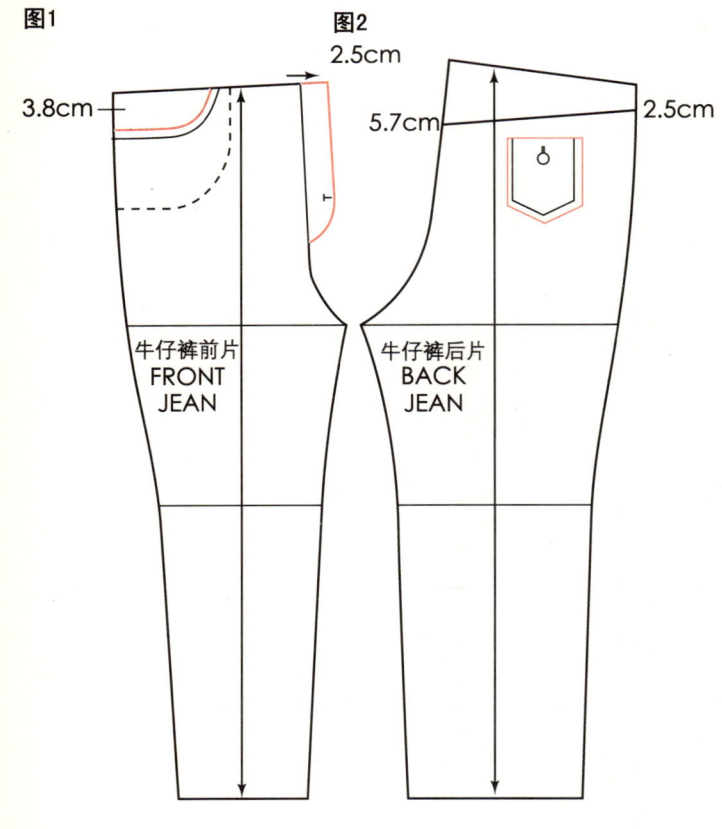

牛仔裤后片 BACK JEAN

图3 前片 Front

- 将样板纸放在口袋样板草图的下面，描出口袋面和背衬的样板。
- 在样板纸上剪出袋口的造型线。

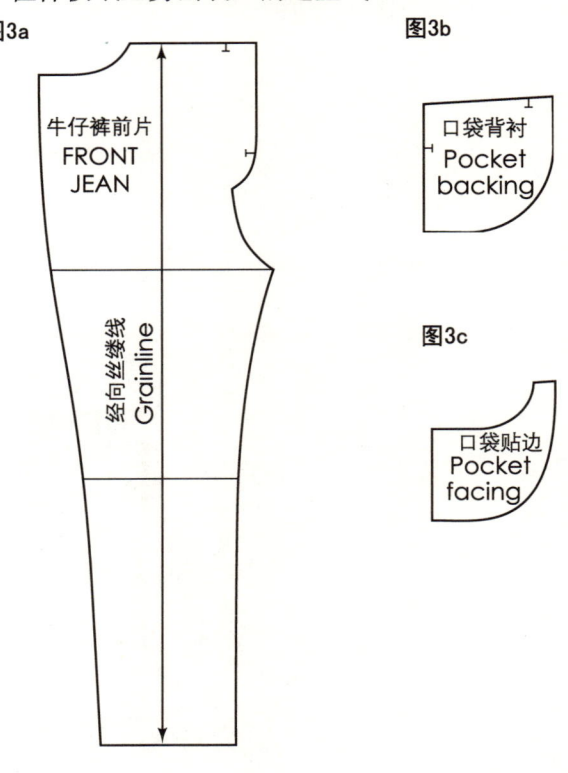

图3a

牛仔裤前片 FRONT JEAN

经向丝缕线 Grainline

图3b

口袋背衬 Pocket backing

图3c

口袋贴边 Pocket facing

图4

- 将样板纸放在育克的样板草图下面，描出后片育克。
- 从裤子样板上描出口袋样板。
- 裤子后片。

图4b

后中心线 CB

育克 YOKE

图4c

后口袋 Back pocket

图4a

牛仔裤后片 BACK JEAN

图5

- 如图示已画出腰头。在折叠纸上剪下腰头样板或分别剪下，成两片。如需在后部安装松紧带，则要在后中心线处增加2.5cm（参见第360页图3）。
- 裤子后片，图5b。

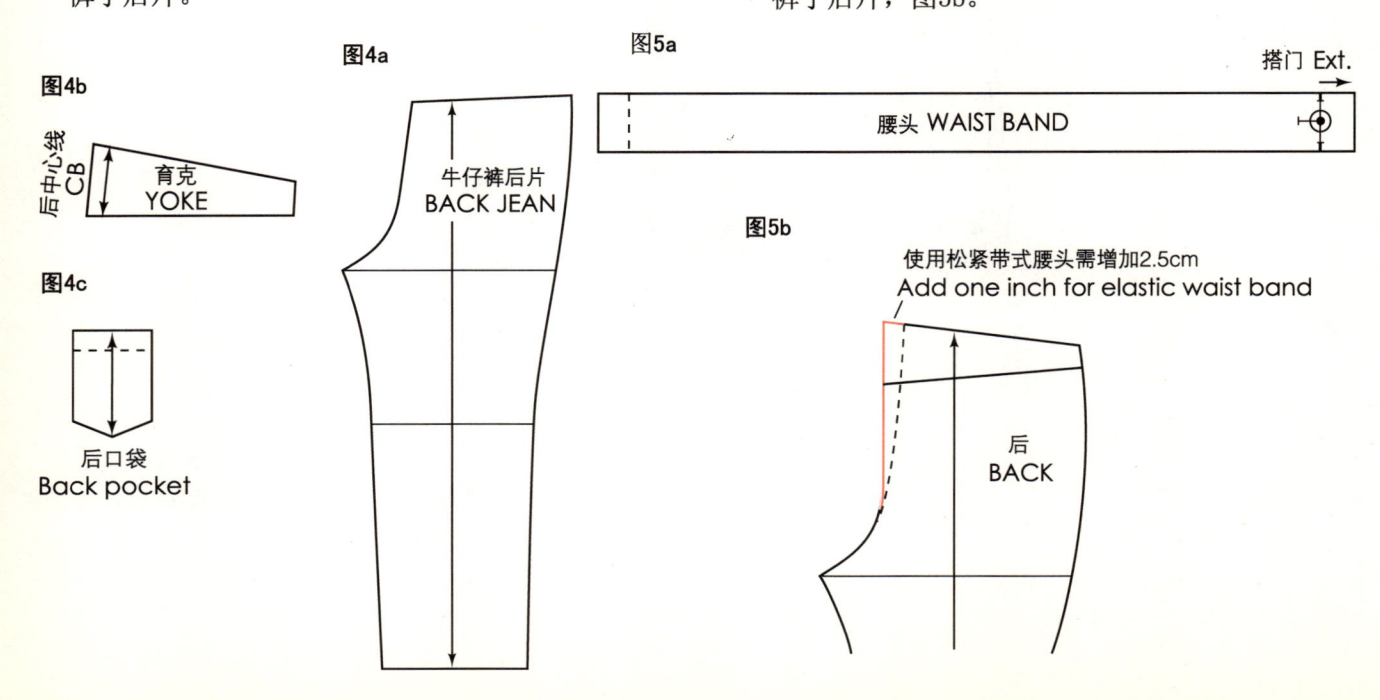

图5a

腰头 WAIST BAND　搭门 Ext.

图5b

使用松紧带式腰头需增加2.5cm
Add one inch for elastic waist band

后 BACK

喇叭裤 Bell-Bottom Pants

喇叭裤的样板制作基于牛仔裤的基本样板，适用号型为3～6X和7～14，男孩和女孩皆宜。

设计分析 Design Analysis

该裤子的特点是具有喇叭形的裤腿线。喇叭裤脚口的大小依设计需要而定，可以从裤腿线的任何一个点开始向外扩展至喇叭形。该款在前腹部的开合处，造型较有特色，使用纽扣束腰。

确定使用何种腰头类型，以最好的配合设计需要，参见第359、第360页。

喇叭形裤腿线 Flared Legline

图1、图2

- 根据图示，发展喇叭裤的样板。

图1 — 牛仔裤前片 FRONT JEAN；B、A；膝围线 Knee；2.5cm；1.9cm；与A~B等长 Equals A B

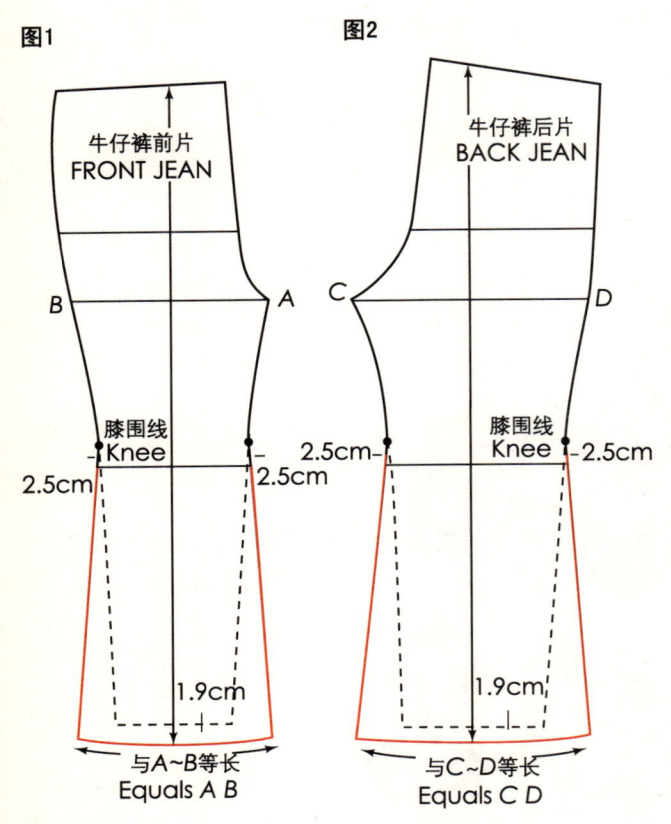

图2 — 牛仔裤后片 BACK JEAN；C、D；2.5cm；膝围线 Knee；2.5cm；1.9cm；与C~D等长 Equals C D

弧形喇叭裤口 Uneven Flared Legline

图3、图4

- 根据图示，画出弧形喇叭裤裤脚口的底边线。

图3 — 裤后片 BACK PANT；1.9cm

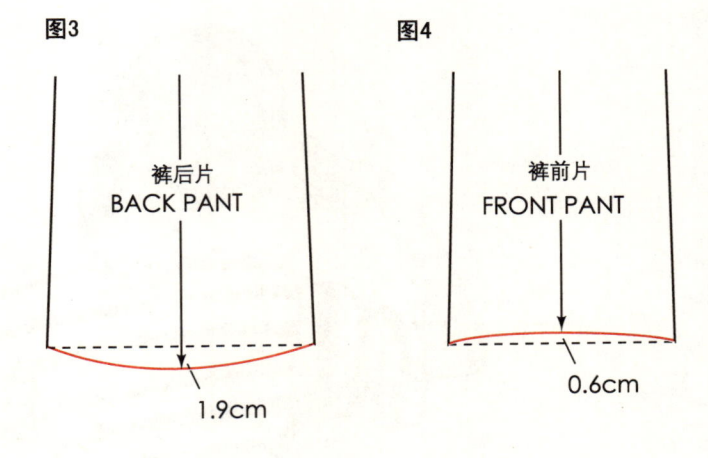

图4 — 裤前片 FRONT PANT；0.6cm

贴边样板 Facing Pattern

- 先描出裤子样板，在此基础上做贴边样板。

图5、图6

- 参考图示，根据设计要求、号型大小和着装对象的高度，做裤子样板。

  建议：描出两份喇叭裤样板。在一份样板的前中心线处向外延伸做双排扣的门襟。另一张则保持原裤形，可用于发展其他款式。

图7

- 选用无伸缩性的腰头。延长腰头的两端，作为搭门的用量。

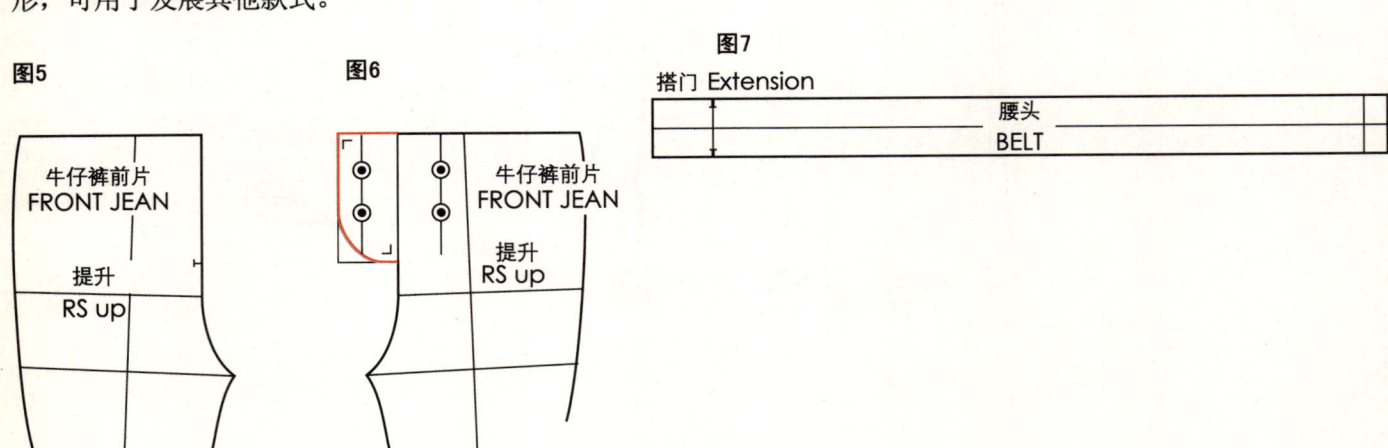

图5 — 牛仔裤前片 FRONT JEAN；提升 RS up

图6 — 牛仔裤前片 FRONT JEAN；提升 RS up

图7 — 搭门 Extension；腰头 BELT

裤型衍变标记线
Guideline Marking for Pant Derivatives

右边图中各衍变裤型的裤口线均短于基本裤子的裤口线。为便于发展其他设计，在基本裤子的样板上标出图中各衍变款的裤口线，以作参考。被削剪的裤腿线因为较紧身，可能需要在裤脚口处做开衩处理。建议在开衩处使用蕾丝、拉链或纽扣。

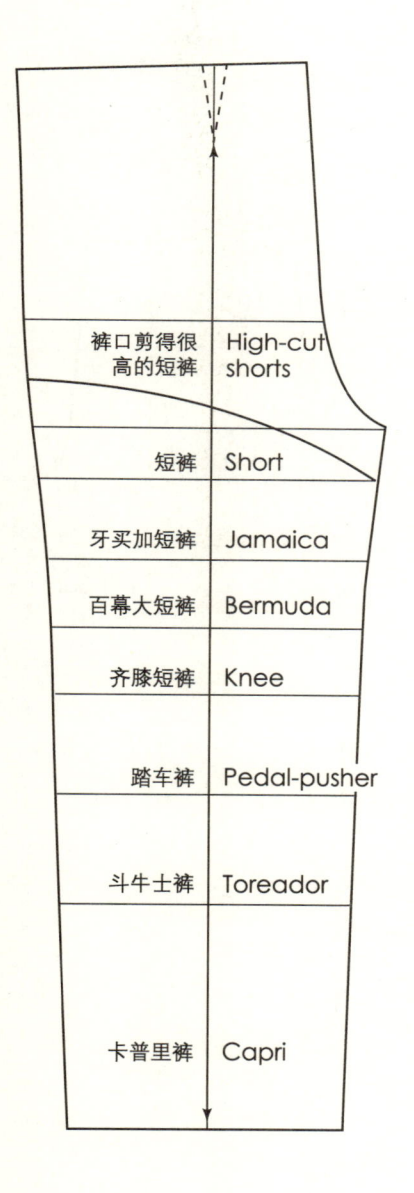

裤口剪得很高的短裤	High-cut shorts
短裤	Short
牙买加短裤	Jamaica
百幕大短裤	Bermuda
齐膝短裤	Knee
踏车裤	Pedal-pusher
斗牛士裤	Toreador
卡普里裤	Capri

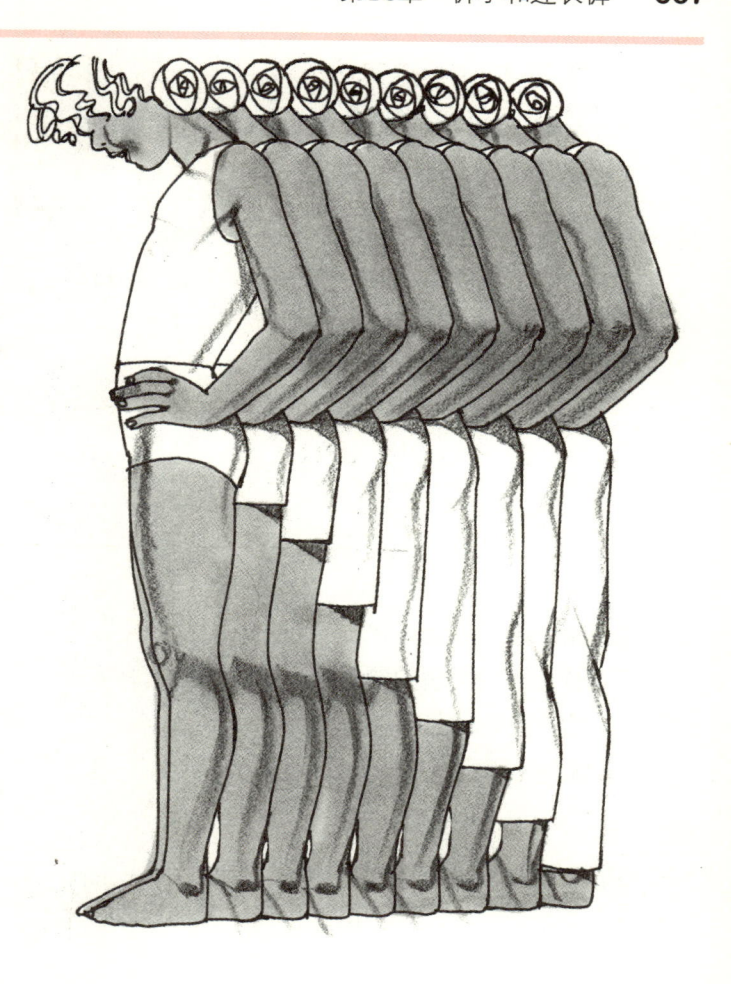

定义 Definitions

超短裤裤口（Short-shorts）位置：在内侧缝处的横裆线一边向下1.9~2.5cm，在外侧缝线处的横裆线一边向上1.9~2.5cm。

短裤裤口（Short）位置：横裆线向下3.2~3.8cm。

牙买加短裤（Jamaica）裤口位置：横裆线到膝围线一半的高度。

百慕大短裤（Bermuda）裤口位置：牙买加裤线到膝围之间的高度。

踏车裤（Pedal-pusher）裤口位置：膝围线向下5cm。

斗牛士裤（女式紧身裤）（Toreador）裤口位置：膝围线与踝围线之间的高度。

卡普里裤（七分裤）（Capri）裤口位置：踝围线向上取1.9cm。

喇叭形短裤 Flared Shorts

喇叭形短裤的样板制作可基于西裤或休闲裤的样板。其适用号型为5～6X和7～14。

设计分析—设计1 Design Analysis—Design 1

这里介绍了两例喇叭形短裤：基本的喇叭形短裤和加了扩展量的喇叭形短裤。加入扩展量的裤片变成了丰满而流畅的弧形样板。

设计1　设计2　设计3

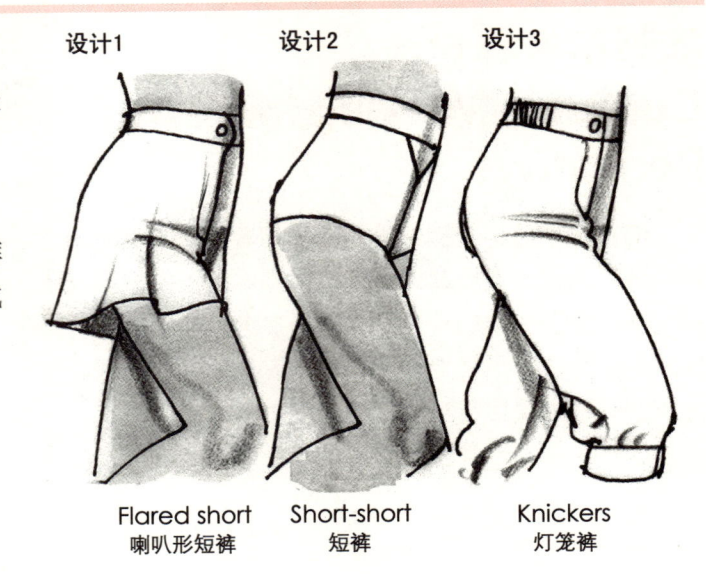

Flared short 喇叭形短裤　Short-short 短裤　Knickers 灯笼裤

腰头 Waistline Options

确定使用何种类型的腰头，以最恰当的选择来配合该设计的需要。参见第359、第360页。

基本的喇叭形短裤 Basic Flared Shorts

图1、图2

- 描出前、后片裤子的样板并标出裤长的位置。
- 从省尖点到裤口边线，画出剪切线。剪开切线，闭合原样板上的省道。
- 在前后裆长线处的剪切线上增加扩展量。

图1　后 BACK　画顺 Blend　1.3~1.9cm

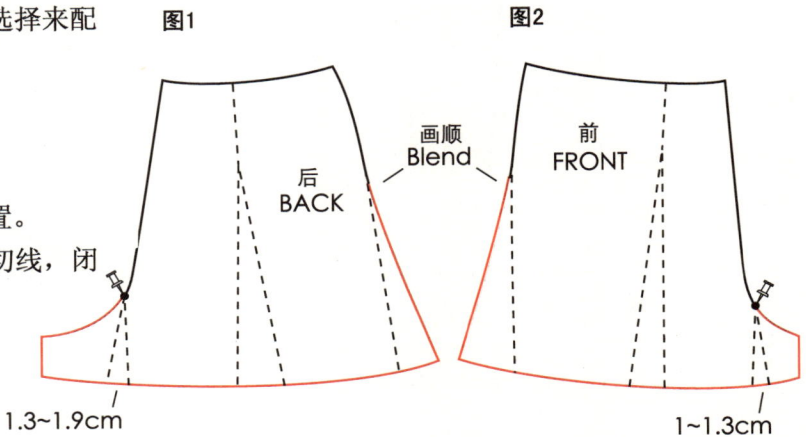

图2　前 FRONT　1~1.3cm

加宽的喇叭形短裤 Shorts with Added Flare

图3、图4

- 过省尖点沿剪切线，将样板剪开到腰围线，打开切片，增加扩展量至需要的宽度。
- 如图在样板的边缝处也增加扩展量。

图3　后 BACK

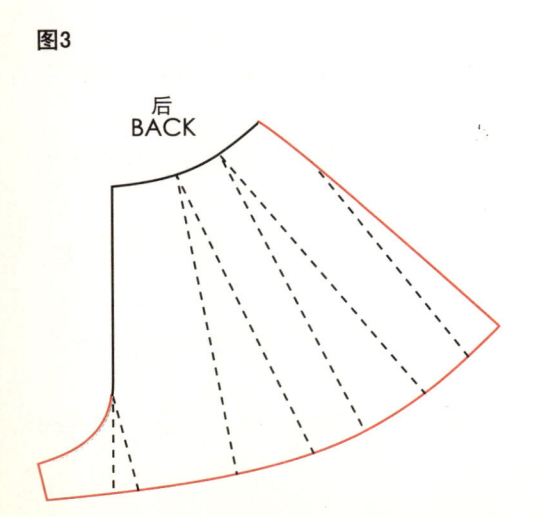

图4　前 FRONT

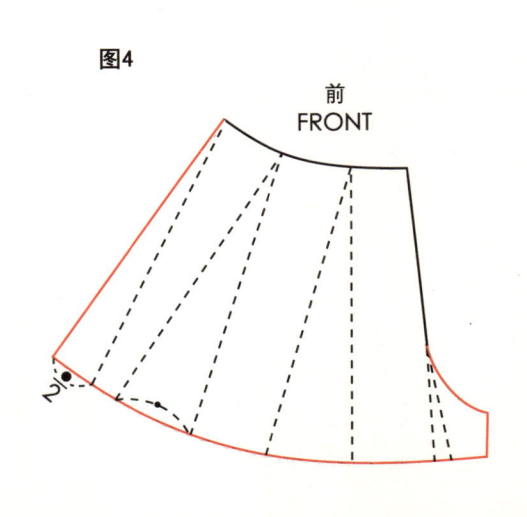

超短裤 Short-Shorts

超短裤的裤口线剪得很高。它适用于号型为7～14的着装对象，样板制作基于休闲裤或牛仔裤的样板。

设计分析——设计2 Design Analysis—Design 2

裤腿线被设计在侧缝处横裆线上方，如图收内裆缝弧线，使裤子在上腿部更加贴身。

腰头 Waistline Options

确定使用何种腰头类型，最好地配合设计的需要。参见第359、第360页。

图1、图2

- 描出前、后片裤子样板。
- 标出剪切线，画出裤口弧线。
- 剪开切线，重叠0.6cm。
- 重新描出样板，连接好裤腿线和横裆线处的弧线。
- 内侧缝线处削剪0.6cm。
- 沿裤口线描出宽2.5～3.2cm的贴边。

灯笼裤 Knickers

灯笼裤又是另一种衍变而来的裤型。其样板制作基于西裤或者休闲裤的样板，适用号型为3～6X和7～14，男孩和女孩皆宜。

设计分析——设计3 Design Analysis—Design 3

通常，灯笼裤的裤口是设计在膝围线以下的，整个裤口部分有细褶，缝在裤口边的带子里，并用纽扣控制它的宽松度。

腰头 Waist Band options

确定使用何种腰头类型，最好地配合设计的需要。参见第359、第360页。

图1、图2

- 描出前、后片裤子的样板。
- 参考图示中的样板，画出设计中裤子款式的样板。

图3

- 制作灯笼裤的裤口带子。使用屈膝时的膝围线尺寸+1.9～2.5cm，裤口带子的宽度根据设计需要而定，一般完成后的宽度为2.5cm。
- 完成样板，测试合适度。

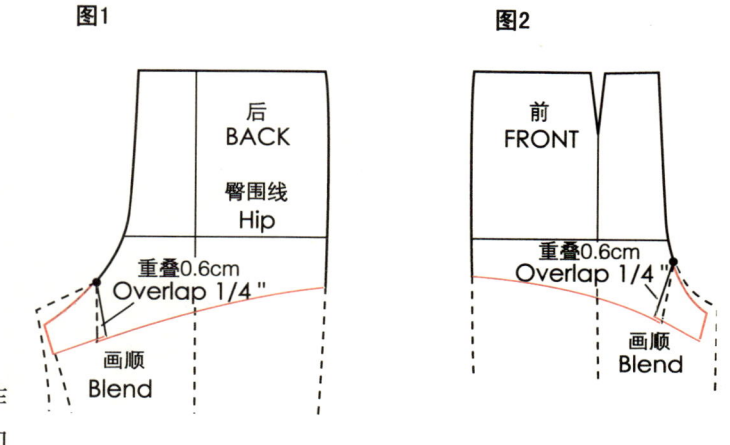

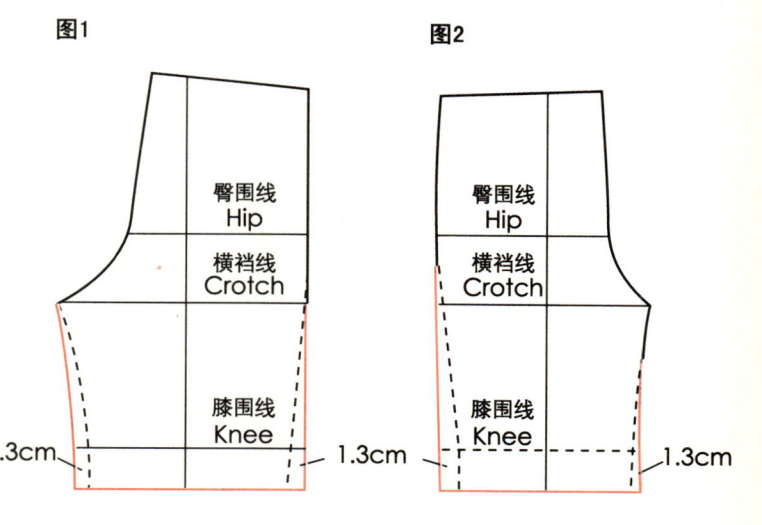

连衣裤的基本样板
Jumpsuit Foundation

连衣裤样板的制作基于基本的前、后片上衣及裤子样板的组合。可以用西裤、休闲裤或者牛仔裤的样板来起草连衣裤样板。但是，如果采用了牛仔裤样板为基础做连衣裤样板，则必须使用有弹性的面料，使穿者感到舒服些。连衣裤可以按下列任何一种方式进行设计：服装在躯干部分上下连成一整片式的；前片躯干部分连成一片，而后片在腰围线处有拼缝；或上衣（躯干部位的或上身其他部位的）在腰围线处与裤子的前、后片相拼缝。

腰围部分可以使用松紧带或者系腰带。有时候，不束腰会显得更时尚些。起草样板允许沿背部向侧前方增加长度。裤子的长度也可以变化。由于一些设计思想的作用，使连衣裤显示出了多功能性。

连衣裤基本样板可以与原型袖、衬衫袖或者其他与袖窿适合的袖子样板相配。袖窿可以适当降低，使其宽松些。

设计1　　设计2　　设计3

连衣裤的样板草图 Jumpsuit Draft

图1

- 描出上衣前片样板。
- 将裤子前片放在样板草图上，在前中心线处与上衣前片连接（如果用的是休闲裤或者牛仔裤的基本样板，则将会在中心线处与上衣前片重叠0.6cm）。
- 描出裤子。

　　注意：裤子的经向丝缕线延长至上衣时必须与上衣前片的中心线平行。

- 从袖窿底点至裤子侧缝线（臀围线）处画出连接线。

图2

- 描出上衣后片样板。
- 将裤子后片放在草图上，使得其边缘的空隙与前片腰部边缘的空隙相等。
- 描出裤子。裤子的经向丝缕线延长至上衣时必须与上衣后片的中心线平行。
- 画出侧缝线和上衣后片中心线。完成样板，测试适合度。

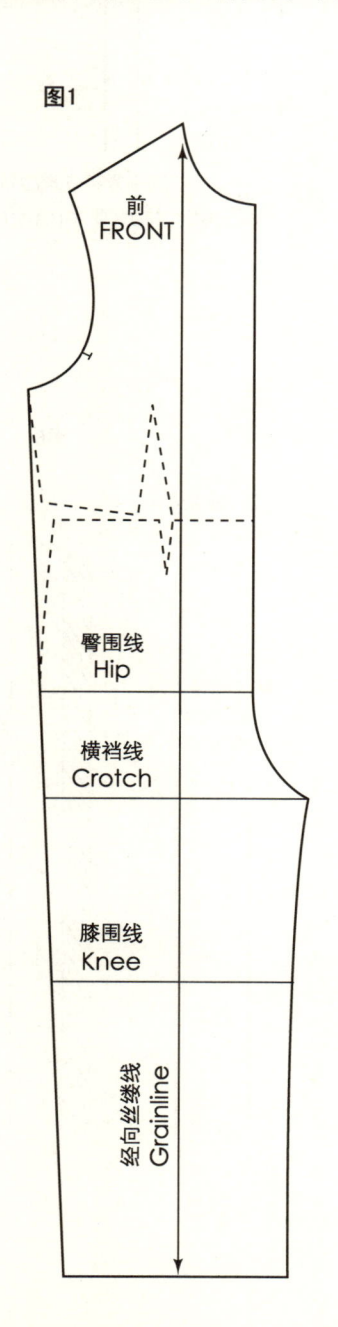

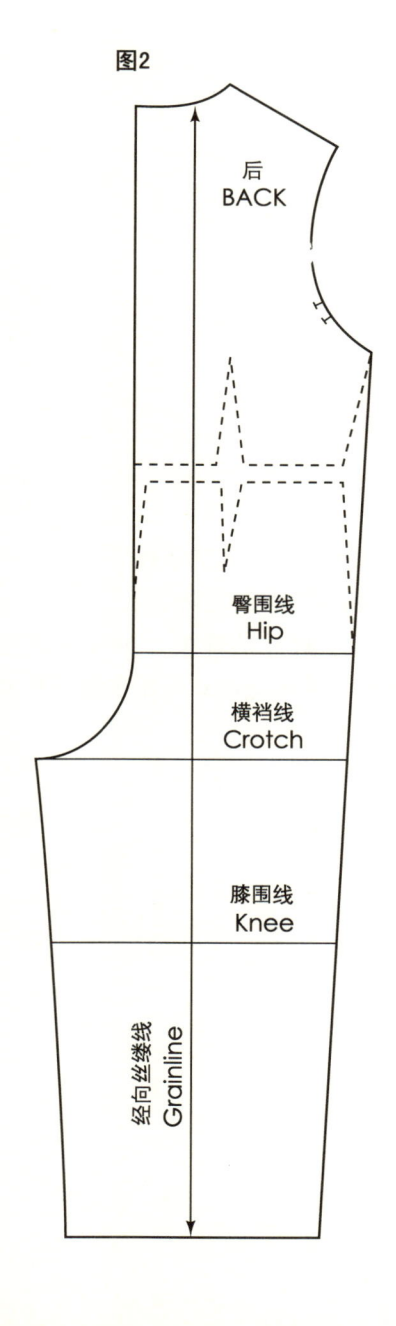

图1

前 FRONT

臀围线 Hip

横裆线 Crotch

膝围线 Knee

经向丝缕线 Grainline

图2

后 BACK

臀围线 Hip

横裆线 Crotch

膝围线 Knee

经向丝缕线 Grainline

有宽松上衣的连衣裤
Jumpsuit with Blousing

图3、图4

在前、后片腰围线处增加蓬松量。

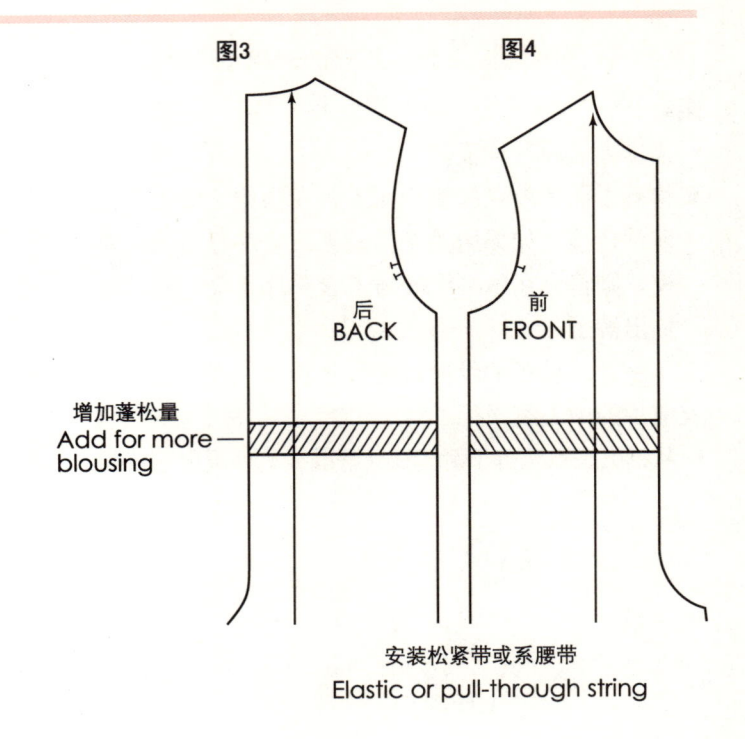

增加蓬松量
Add for more blousing

后 BACK　前 FRONT

安装松紧带或系腰带
Elastic or pull-through string

超大码的连衣裤
Oversized Jumpsuit

图5、图6

在前、后片的肩线中点向下画平行于中心线的剪切线，剪切并展开超大码所需的量。

为平衡加大了尺寸的样板，袖窿底点需适当降低。还需给降低了的袖窿制作匹配的袖子样板，参见第332页。

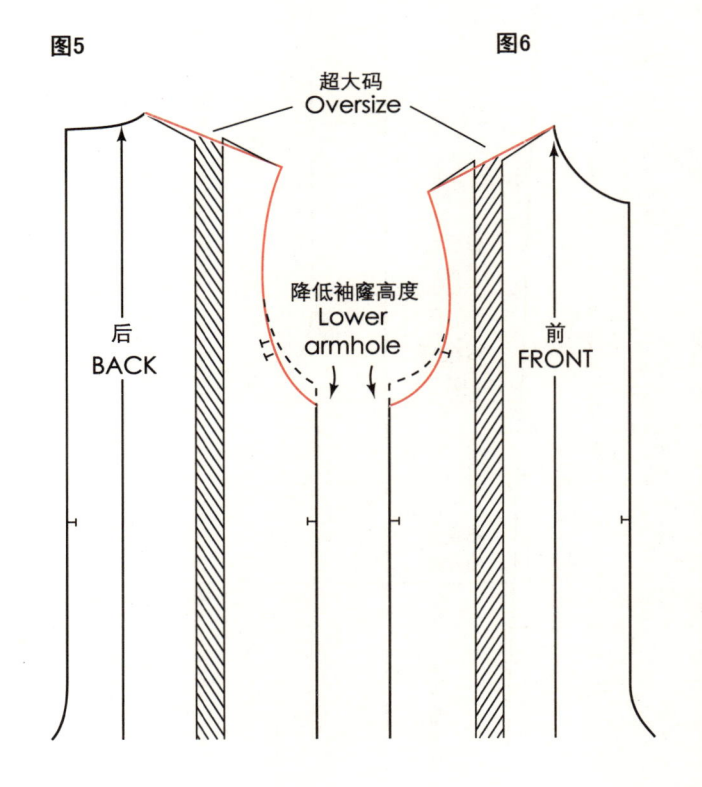

超大码 Oversize

降低袖窿高度 Lower armhole

后 BACK　前 FRONT

贯头式连衣裤
Tank-Top Jumpsuit

贯头式连衣裤以紧身连衣裤基本样板为基础，适用于号型3～6X和7～14。

贯头式连衣裤的样板草图 Tank Draft

图1、图2

- 描出紧身连衣裤的前、后片（紧身连衣裤样板草图参见第371页）。
- 参考图解和设计效果图画出样板。图解为设计1。
- 剪下并分离样板。
- 完成样板，测试合适度。

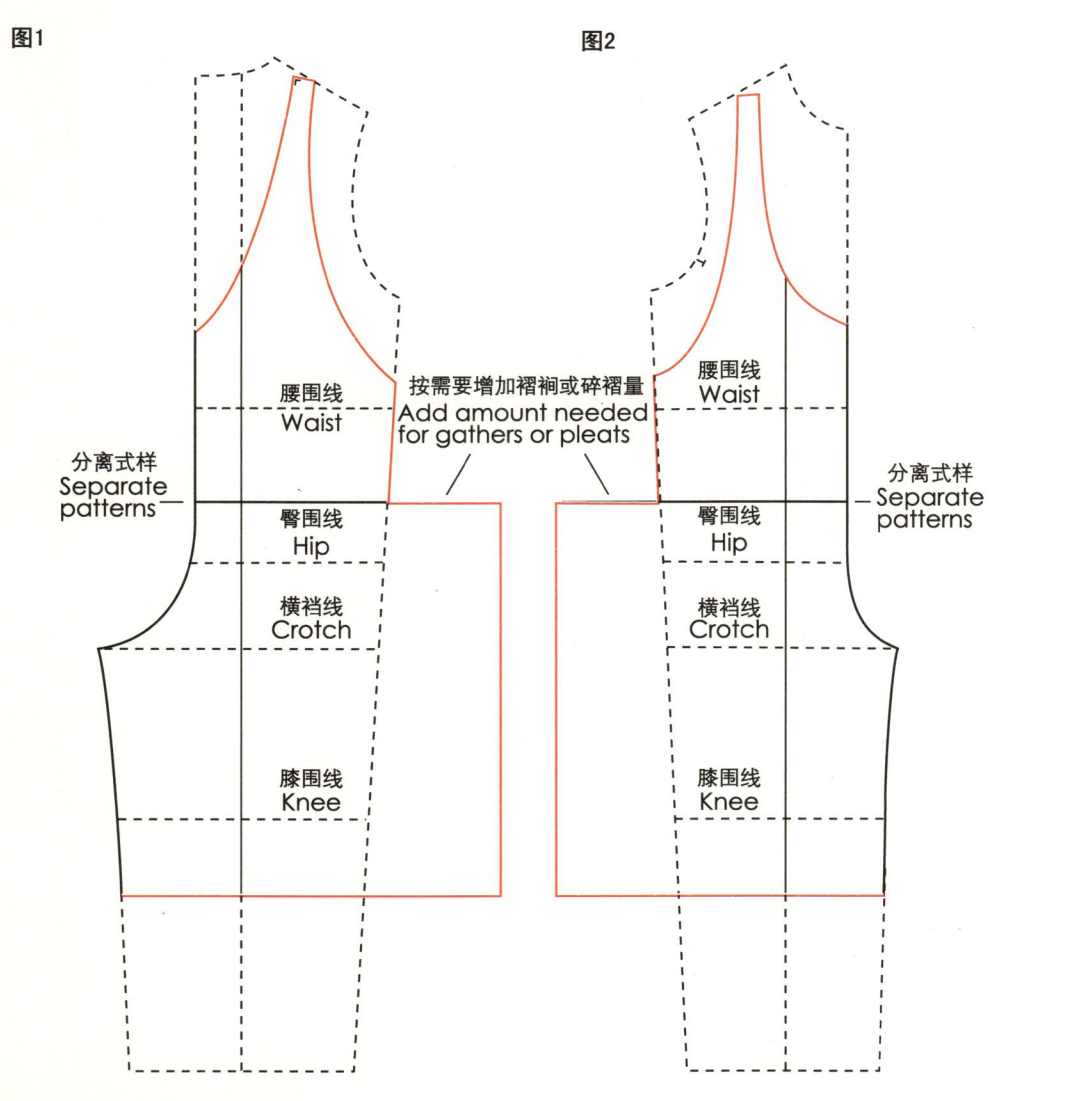

设计1

设计2

图1　　图2

腰围线 Waist
按需要增加褶裥或碎褶量
Add amount needed for gathers or pleats
分离式样 Separate patterns
臀围线 Hip
横裆线 Crotch
膝围线 Knee

背带裤 Bib Overall

背带裤的样板制作以连衣裤的基本样板为基础（参见第371页）。该样板设计适用于号型为3~6X和7~14的男孩和女孩。

设计分析 Design Analysis

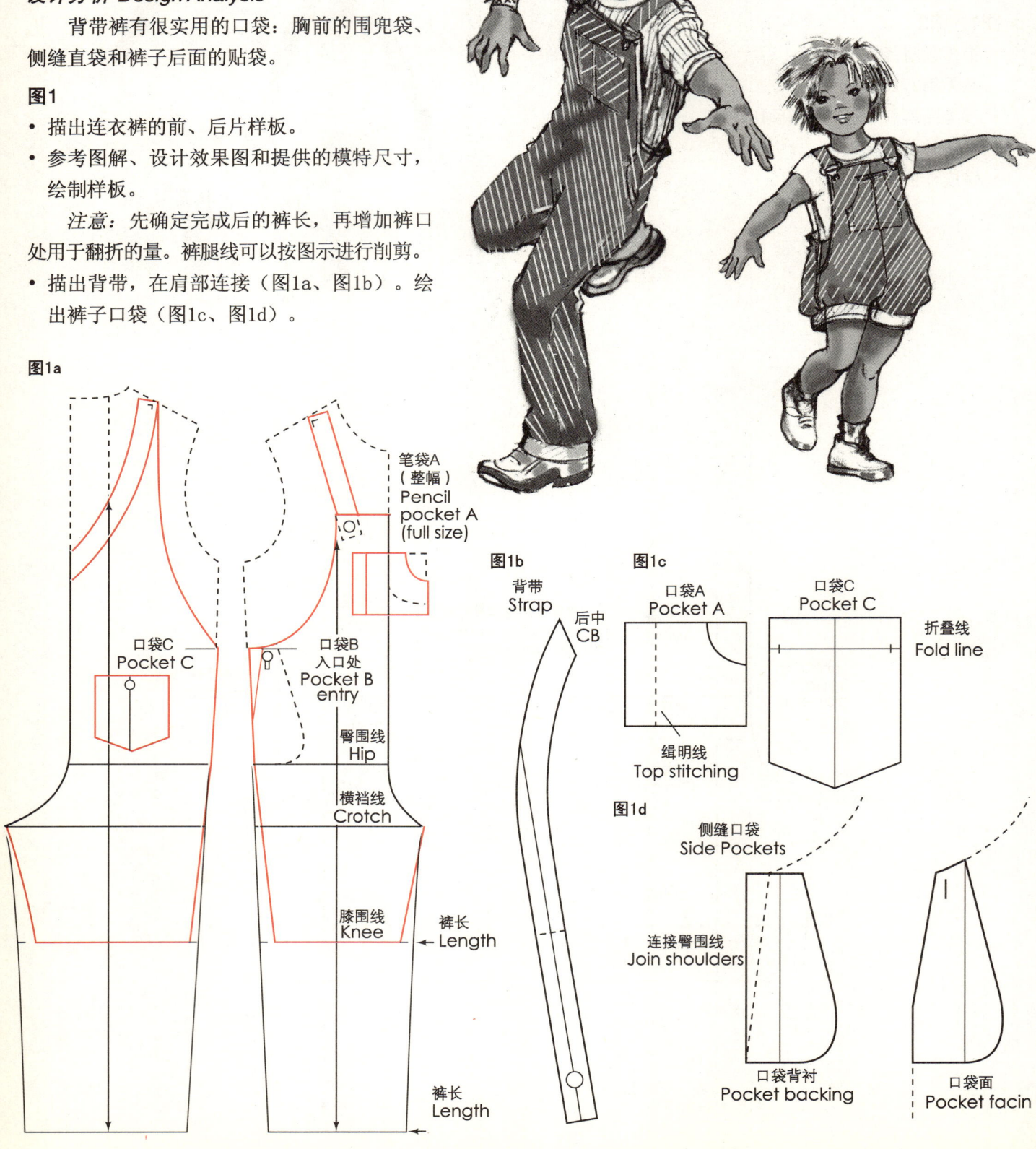

背带裤有很实用的口袋：胸前的围兜袋、侧缝直袋和裤子后面的贴袋。

图1

- 描出连衣裤的前、后片样板。
- 参考图解、设计效果图和提供的模特尺寸，绘制样板。

  注意：先确定完成后的裤长，再增加裤口处用于翻折的量。裤腿线可以按图示进行削剪。

- 描出背带，在肩部连接（图1a、图1b）。绘出裤子口袋（图1c、图1d）。

图1a

笔袋A（整幅） Pencil pocket A (full size)
口袋C Pocket C
口袋B 入口处 Pocket B entry
臀围线 Hip
横裆线 Crotch
膝围线 Knee
裤长 Length
裤长 Length

图1b
背带 Strap
后中 CB

图1c
口袋A Pocket A
口袋C Pocket C
折叠线 Fold line
缉明线 Top stitching

图1d
侧缝口袋 Side Pockets
连接臀围线 Join shoulders
口袋背衬 Pocket backing
口袋面 Pocket facin

第 19 章

紧身连衣裤，连体衣，紧身衣和游泳衣
Bodysuits, Leotards, Maillots, and Swimwear

紧身连衣裤 BODYSUIT 376
   背心式紧身连衣裤的样板草图
   Tank-Top Bodysuit Draft. 377
有袖紧身连衣裤 BODYSUIT WITH SLEEVES 378
   紧身连衣裤的样板草图 Bodysuit Draft. . . . 378
   莱卡针织面料的袖子 Lycra Knit Sleeve. . . . 378
背心式紧身套装 TIGHTS WITH TOP 379
   背心式紧身衣和摆缝
   Top and Bottom Patterns 379

   紧身裤 Tights 379
贯头式连体衣 TANK-TOP LEOTARD 380
   连体衣的样板草图 Leotard Draft 380
有袖连体衣 LEOTARD WITH SLEEVE 381
紧身衣的基本样板 MAILLOT FOUNDATION 382
   紧身衣的样板草图 Maillot Draft 382
比基尼游泳衣 BIKINI SWIMSUIT 383
   比基尼游泳衣的样板草图 Bikini Draft 383

紧身连衣裤 Bodysuit

紧身连衣裤是一种适合在运动时穿着的服装。它采用有双向弹性的莱卡面料制作，使人穿着时备感舒适，运动时也便于动作的灵活发挥。在样板草图中包含了1cm的缝份。

紧身连衣裤样板的制作基于无省道上衣样板。在这里介绍两种紧身连衣裤的样板草图：无袖紧身连衣裤（贯头式）和有袖紧身连衣裤。

织物最大的弹力拉伸方向应是贯穿整件服装长度的方向。第9章中有关于织物的更多的信息介绍。紧身连衣裤的样板在起草时，前、后片是画在一起的，待完成样板绘制后才分开。

测量所需尺寸 Measurements Needed

- （14）前腰围/2 _____。
- （7）侧缝长 _____。
- （15）后臀围/2 _____。
- （27）上裆深 _____。
- （18）侧腰踝长（裤长）_____。
- （21）膝围+1.9cm _____。
- （17）侧腰膝长 _____。
- （23）踝围+1.9cm _____。

背心式紧身连衣裤的样板草图
Tank-Top Bodysuit Draft

特别介绍 Special Instruction

如果使用了紧密而富有弹性的针织面料，则在标有星号"*"的尺寸上减去2.5cm。

裤腿线 Legline

从膝围线至踝围线的距离减去1.3cm。

图1

- 描出前片样板。在前领围线中点标记点A。腰线提高1.3cm，标记点B。

  A~C=(A~B)/3。

  *B~D=前腰围/2 -1.3cm，过点B画垂直线。

  D~E=从D点垂直向上画线，长度为侧缝长（7）的一半。如图所示，画出袖窿和领口弧线。

  *B~F=上裆深（27）-1.3cm，做标记。

  B~G=(B~F)/2，做标记。

  B~H=(B~D)/2，做标记。

  在样板纸上垂直向上及向下画线（对针织面料而言，此线为最大拉伸方向的标示线）。

  H~K=裤长（18）-2.5cm，做标记。

  *G~I=前臀围/2（15）-1.3cm（后片），如图过点G画垂直线。

  F~J=(G~I)/4+1.3cm，如图过点F画垂直线。

  K~M = 膝围+1.3cm，做标记。

- 裤长：在各中心线处画从膝围线至踝围线四分之一距离的垂直线。从踝围线至膝围线画裤腿线，再至臀围线画顺。然后，从J点开始画前后裆长线，并画顺裤腿内侧缝弧线。

图2 紧身连衣裤后片样板 Back Bodysuit

- 从样板纸上剪下样板。
- 描出后片样板。
- 后背带倾向领口线。
- 绘出后片中的领口线。
- 完成样板后，测试合适度。可参见第235页中的相关内容，纠正样板中出现的问题。

  注意：可根据设计需要调整领口和袖窿弧线。

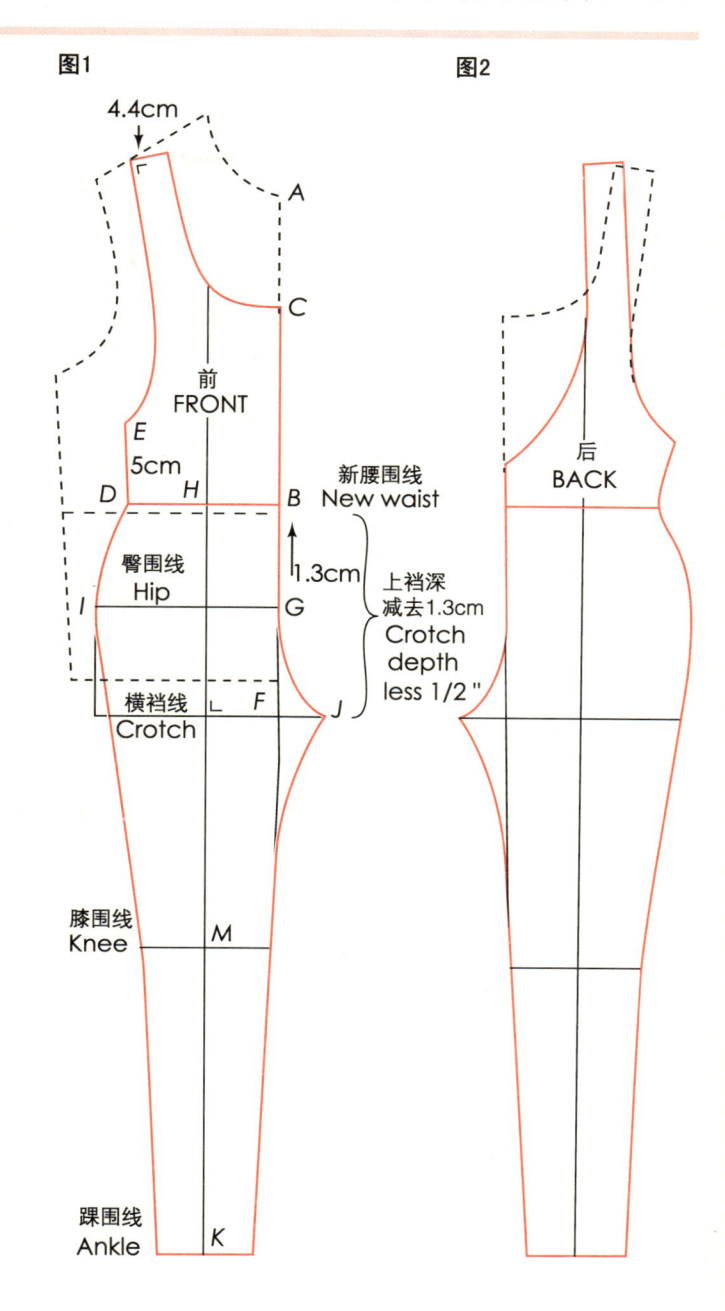

图1

4.4cm
A
C
前 FRONT
E 5cm
D H B 新腰围线 New waist
臀围线 Hip
I G
1.3cm
上裆深减去1.3cm Crotch depth less 1/2"
横裆线 Crotch L F J
膝围线 Knee M
踝围线 Ankle K

图2

后 BACK

缝纫指南 Stitching Guide

- 除了在后中心线处预留12.7cm，便于测试合适度及做修改用以外，其余缝线均被缝合。
- 有关松紧带的安置，可参阅第280页。
- 这些样板适用于所有使用厚型针织面料的服装设计。

刀口标记 Notching Guide（两种用于针织类样板的刀口标记）

- 向内剪的刀口标记，深0.3cm。
- 向外剪的等腰三角形（△），边长0.3cm。

有袖紧身连衣裤
Bodysuit with Sleeves

需要先对无省道样板中的袖窿做调整，以配合带袖紧身连衣裤的袖子样板制作。需测量的尺寸：

袖长（28）_____。

袖山高（31）_____。

腕围（30）_____。

紧身连衣裤的样板草图 Bodysuit Draft

如果使用了紧密型弹性较好的针织面料，则需在标有星号"*"的尺寸上减去2.5cm。

图1、图2

- 描出前片轮廓。前领口线中点标记点A。将腰围线提高1.3cm，标记点B。

A～C=(A～B)/3，做标记。

*B～D=前腰围/2（14）-1.3cm。

过点B作垂直线。

D～E=从点D向上作垂线至超过袖窿高度1.3cm处，再向外作长1.3cm的垂线。

用内凹弧线画出侧缝线。

画出新的袖窿弧线，平行于原袖窿弧线。

按图示画出领口线或按设计需要进行调整。

袖窿 Armhole

- 量取袖窿尺寸，记录下来，在绘制袖子样板时使用_____。

接下去的样板草图见第377页图1，从B点及F点处开始。

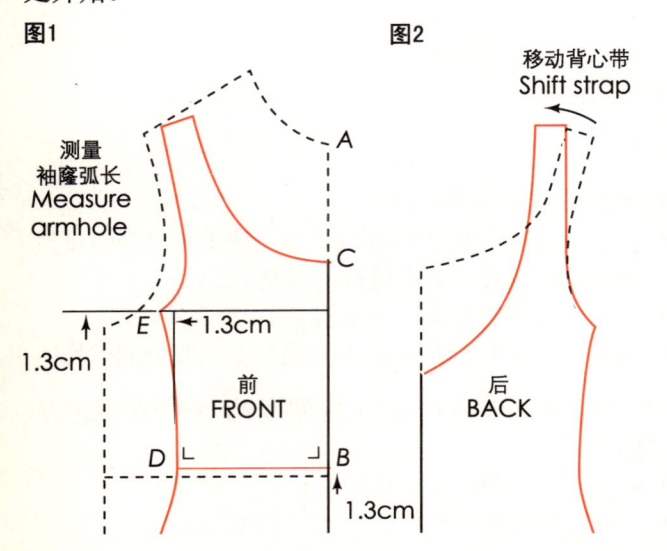

莱卡针织面料的袖子 Lycra Knit Sleeve

此袖子样板只能用于莱卡弹性针织面料。

图1

*A～B=袖长（28）-1.3cm。沿线对折。

A～C=袖山高-2.5cm。从C点向外作垂直线（臂围线）。

B～D=(B～C)/2（肘围线高度）。

A～E=前袖窿尺寸+0.3cm。

直线连接上臂围线。

将直线分成三等份（用点标记）。

用图示中的尺寸画出袖山弧线。

B～G=腕围尺寸（30）/2 +1.9cm。

画出袖口线。

从样板纸上剪下样板。与紧身衣一起试穿。

面料的最大延展方向在手臂围度上。

图1

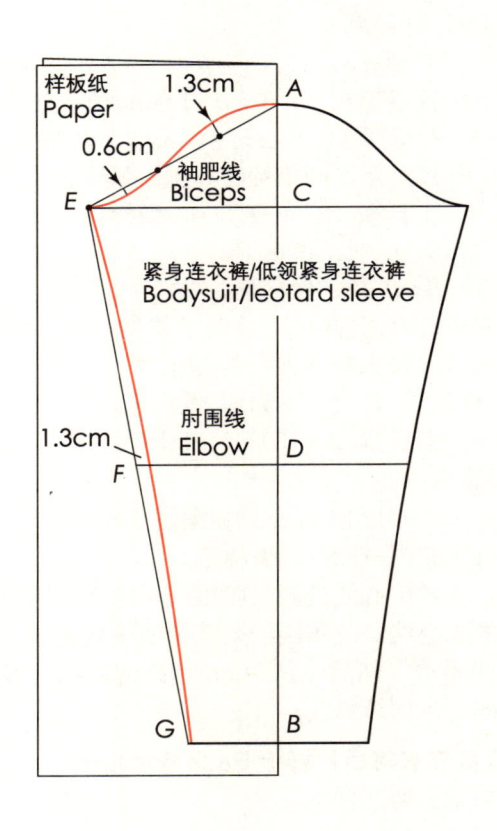

背心式紧身套装
Tights with Top

在制作紧身套装的样板时，要注意将裤腰置于腰围线之上（另需加上穿松紧带的穿带管的尺寸）。紧身衣样板可以做成不露腰的和如图所示的露腰式衣摆。裤腿的长度可以变化，以发展出其他的效果。

图1

图2

为1.3cm宽的松紧带设置1.9cm的穿带管
3/4" allowance for 1/2" elastic

紧身裤 前片和后片
Front and back tights

1.9cm

1.9cm

1.3cm（无松紧带）
(no elastic)

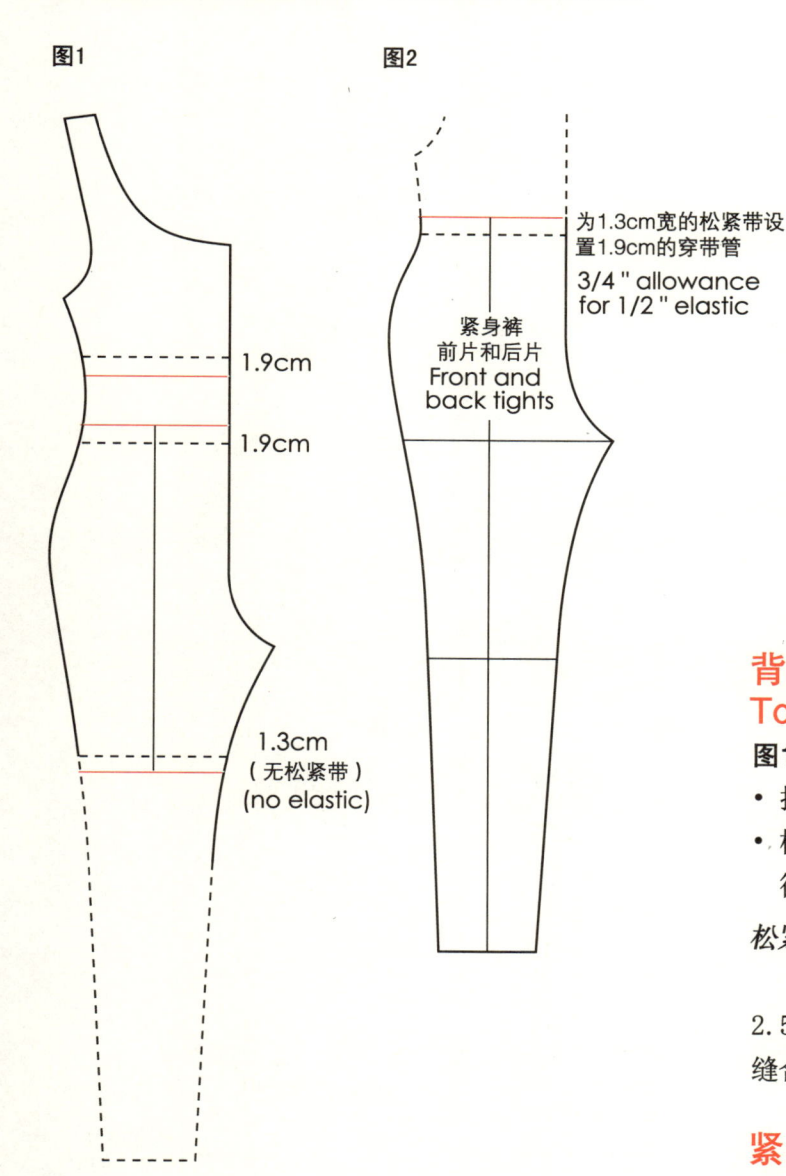

背心式紧身衣和摆缝
Top and Bottom Patterns

图1
- 描出紧身连衣裤的前片样板。
- 根据图示、设计效果图、号型以及模特的外形特征，画出样板的造型线。

松紧带束腰 Elastic Control

松紧带的长度应是腰围尺寸-1.9cm，再加上2.5cm松紧带重叠缝合时需要的量。关于松紧带及其缝合的说明参见第280页。

紧身裤 Tights

图2
- 描出紧身连衣裤的样板，按照图解中的说明、设计效果图和尺寸，画出整个样板。连袜的紧身裤样板制作参见第242页。

贯头式连体衣
Tank-Top Leotard

贯头式连体衣采用有双向弹力的莱卡面料，使穿着更舒服，更便于运动（关于织物的信息，参见第9章）。在样板草图中已包括了1cm的缝份。

贯头式连体衣的样板制作基于无省道的服装样板。下面介绍无袖和有袖的体操服样板。

面料最大的拉伸方向是贯穿整个服装长度的方向。贯头式连体衣的样板在起草时前、后片是画在一起的，在完成样板草图后才分开。

测量尺寸： *Measurements Needed*
- （14）前腰围/2 _____。
- （15）后臀围/2 _____。
- （27）上裆深 _____。
- （26）前后裆长 _____。

连体衣的样板草图 Leotard Draft

如果使用了紧密型弹性针织面料，则在标有星号"*"的尺寸上减去2.5cm。

图1
- 描出无省道样板的前片。将腰围线提高1.3cm并标记点A及点B。

  $A\sim C=(A\sim B)/2$。

  *$B\sim D$=前腰围/2（14）-1.3cm，作过B点的垂线。

  $D\sim E$=5cm，过D点向上作垂线。如图所示，画出肩部背带和领口线。

  *$B\sim F$=前裆长（26）/2 -1.9cm。

  $B\sim G=(B\sim F)/2 -2.5$cm。

  *$G\sim H$=前臀围/2（15）-1.3cm，过G点向上作垂线。

  $F\sim I$=2.9cm，过F点向上作垂线，过I点向上作垂线，标记点J。I点向上5cm处为相交点K。

  从J点向外作一条4.4cm（或更短）的辅助线，如图所示曲线连接H点、K点，画出前裤口线。剪下样板。

图2 连体衣的后片样板 Back Leotard
- 描出连体衣的前片样板。
- 连接裤腿口线两端向里1cm处的M点和L点，画直线。
- 如图所示，画出后片裤口线。
- 如图所示，移动背带的位置（为防止滑落）。

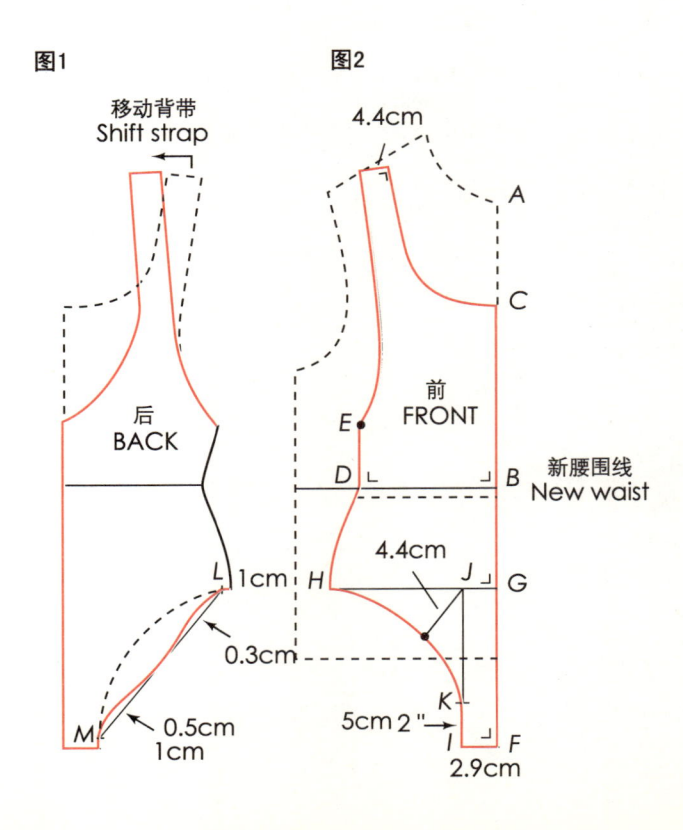

有袖连体衣
Leotard with Sleeve

如果使用了紧密型弹性针织面料，则在标有星号"*"的尺寸上减去2.5cm。

图1、图2

- 描出前片样板，将腰围线提高1.3cm并标记点A和点B。

  A~C=(A~B)/2，做标记。

  *B~D=前腰围/2（14）-1.3cm，过B点作垂直线。

  D~E=侧缝长。从D点向上作垂线至超过袖窿高度1.3cm处，再向外作长为1.3cm的垂线。

  用内凹弧线画出侧缝。

  画出新的袖窿弧线，平行于原袖窿弧线。

  如图所示，画出领口线或按设计需要进行调整。

袖窿 Armhole

- 量取袖窿尺寸，记录下来，制作袖子样板时用 ＿＿＿。

  袖子样板草图，参见第378页。

  下面部分的样板图参见第380页图1，从B点和F点开始。

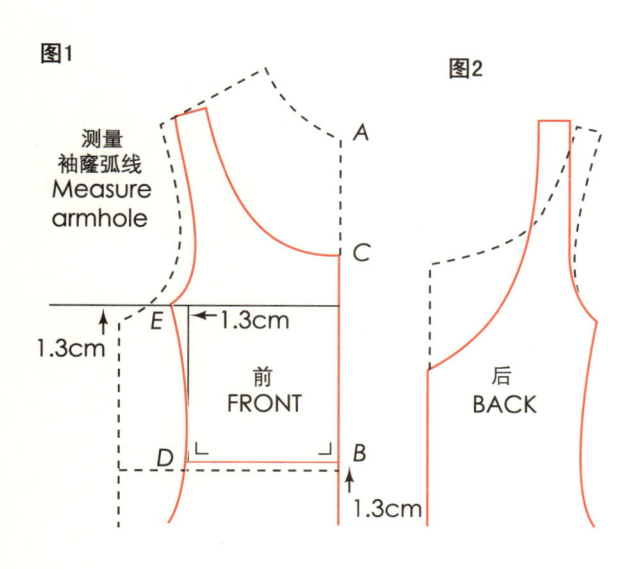

图3、图4

图为完成了的样板（躯干部位）。

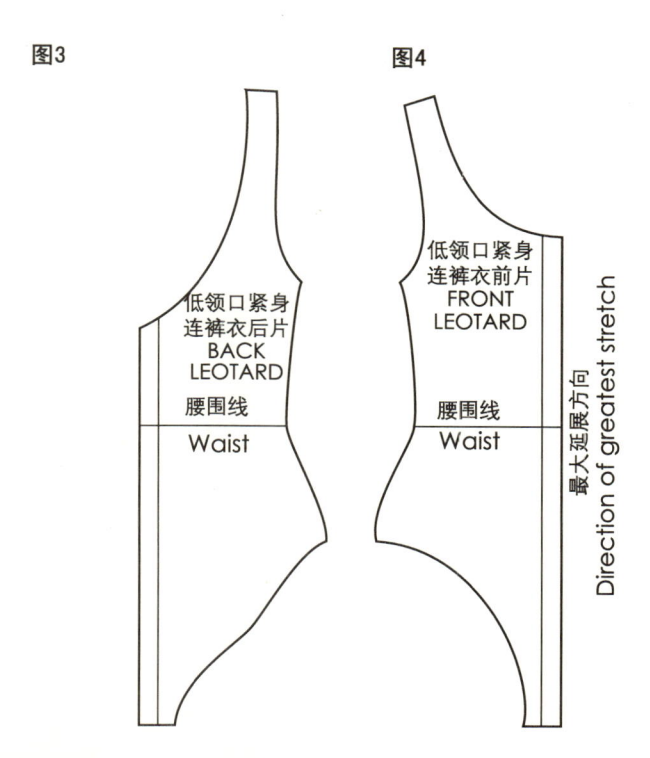

紧身衣的基本样板
Maillot Foundation

该紧身衣的样板制作基于有着基本袖窿的连体衣样板（参见第378页）。在样板中已包括了1cm的缝份。最大延展量恰好包裹了整个躯体。该紧身衣的基本样板是比基尼、胸罩样板设计与制作的基础。

紧身衣的样板草图 Maillot Draft
图1、图2
- 描出紧身衣的前、后片轮廓，按照图示调整样板。图中画出了两条不同于原样板的裤口线。
- 如需要得到一个较高的领口线，则延长中心线到需要的高度，再顺接弧线（松紧带与缝纫指导，参见第280页）。
- 腰围线使用符号△标记，而不用刀口标记。
- 剪下样板，测试合适度。
- 样板调整，参见第235页。

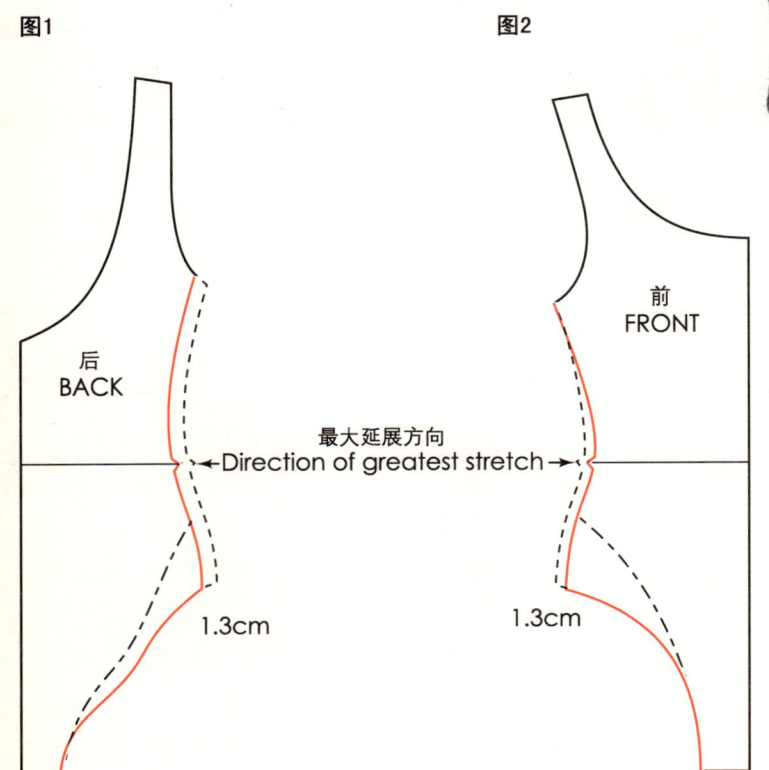

图1

图2

后 BACK

前 FRONT

最大延展方向
←Direction of greatest stretch→

1.3cm

1.3cm

比基尼游泳衣 Bikini Swimsuit

比基尼游泳衣的样板制作基于紧身衣的样板。参见上页中的样板草图。可以在它的基础上做变化。

比基尼游泳衣的样板草图 Bikini Draft

图1、图2
- 描出紧身衣的前、后片样板。
- 根据图示，画出比基尼游泳衣的胸罩上衣和三角裤下装的样板。
- 标出最大延展方向的指示线。
- 从样板纸上剪下样板。

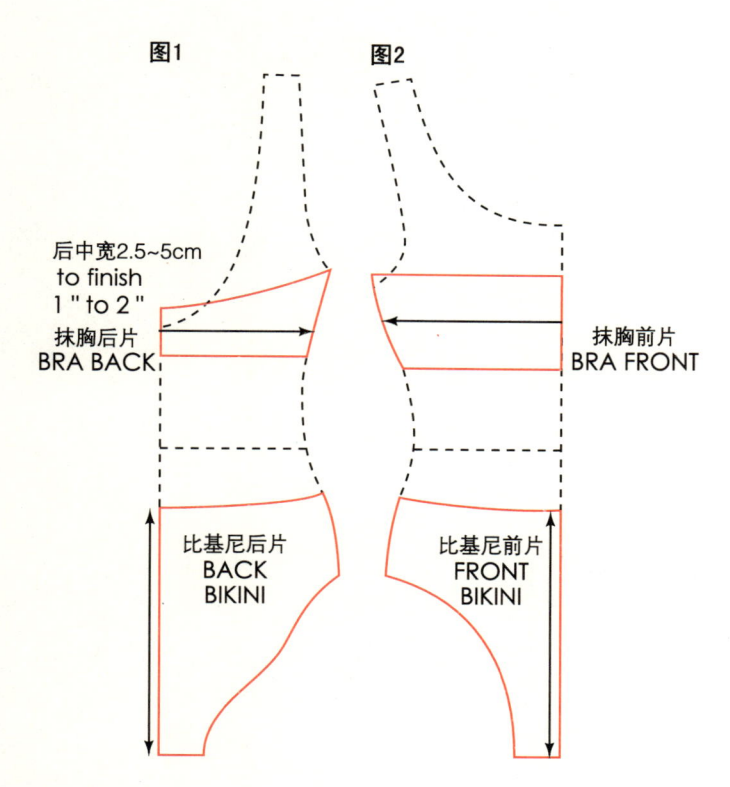

图3
- 在折叠的样板纸上描出胸罩样板。延长1cm作为加松紧带用的穿带管。从样板纸上剪下样板。

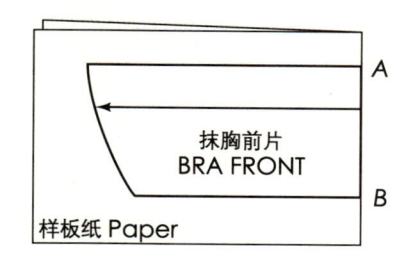

图4
- 小扣环与胸罩等宽（D～C = A～B）。扣环套在胸罩中间，拼缝处在里面。

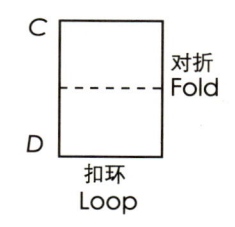

图5
- 从样板纸上剪下样板。连接胸罩前、后片侧缝。可以减小缝份量。

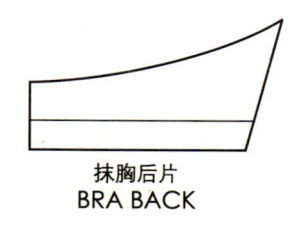

图6、图7

- 从样板纸上剪下比基尼短裤的样板。
- 在折叠纸上剪下比基尼的前、后片。

图6

对折裁剪
Cut on fold

更高的裤口线
For higher legline

图7

对折裁剪
Cut on fold

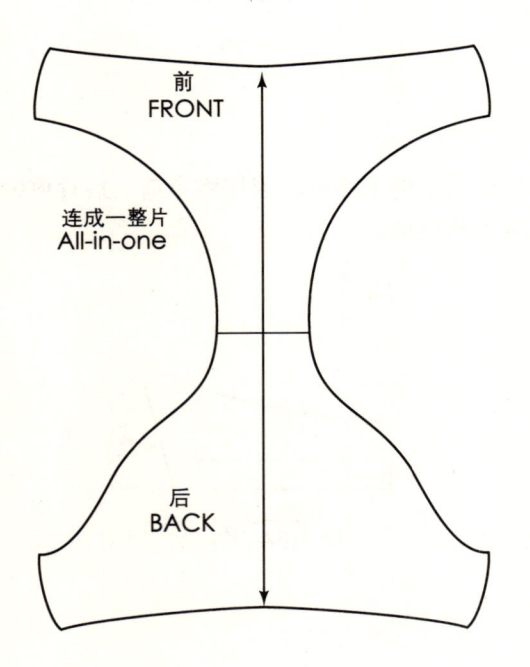

图9

- 在折叠的样板纸上裁剪裆部衬里的样板（按松紧带与缝纫指导，参见第12章，第280页）。
- 完成样式，测试合适度。

图9

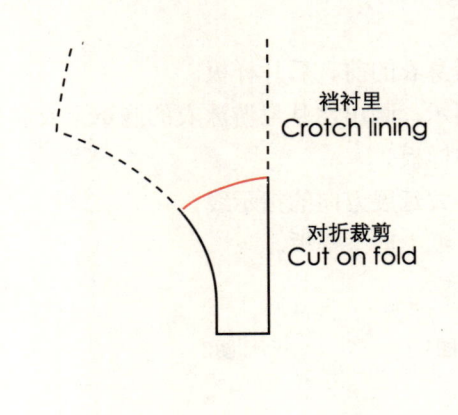

裆衬里
Crotch lining

对折裁剪
Cut on fold

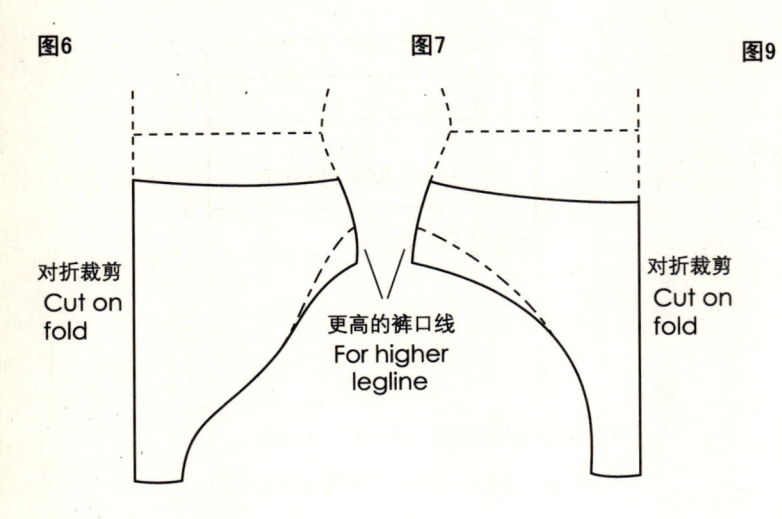

图8

- 可以将比基尼短裤的样板连在一起，剪成一片式的。
- 对齐裆缝处，描出样板。

图8

前
FRONT

连成一整片
All-in-one

后
BACK

附录 Appendix

公制换算表 Metric Conversion Table

1英寸（美国标准）= 2.540005cm。

在最近出版的数十本书中，已有将英寸换成厘米（cm）计量单位了。现在采用厘米计量单位已普遍为大众所接受，事实上已有近半数的人在使用它了。

英寸（INCHES）、厘米（cm）换算表

英寸＼厘米＼英寸	0	1/16	1/8	1/4	3/8	1/2	5/8	3/4	7/8	英寸＼厘米＼英寸
0	0.0	0.2	0.3	0.6	1.0	1.3	1.6	1.9	2.2	0
1	2.5	2.7	2.9	3.2	3.5	3.8	4.1	4.4	4.8	1
2	5.1	5.2	5.4	5.7	6.0	6.4	6.7	7.0	7.3	2
3	7.6	7.8	7.9	8.3	8.6	8.9	9.2	9.5	9.8	3
4	10.2	10.3	10.5	10.8	11.1	11.4	11.7	12.1	12.4	4
5	12.7	12.9	13.0	13.3	13.7	14.0	14.3	14.6	14.9	5
6	15.2	15.4	15.6	15.9	16.2	16.5	16.8	17.1	17.5	6
7	17.8	17.9	18.1	18.4	18.7	19.1	19.4	19.7	20.0	7
8	20.3	20.5	20.6	21.0	21.3	21.6	21.9	22.2	22.5	8
9	22.9	23.0	23.2	23.5	23.8	24.1	24.4	24.8	25.1	9
10	25.4	25.6	25.7	26.0	26.4	26.7	27.0	27.3	27.6	10
11	27.9	28.1	28.3	28.6	28.9	29.2	29.5	29.8	30.2	11
12	30.5	30.6	30.8	31.1	31.4	31.8	32.1	32.4	32.7	12
13	33.0	33.2	33.3	33.7	34.0	34.3	34.6	34.9	35.2	13
14	35.6	35.7	35.9	36.2	36.5	36.8	37.1	37.5	37.8	14
15	38.1	38.3	38.4	38.7	39.1	39.4	39.7	40.0	40.3	15
16	40.6	40.8	41.0	41.3	41.6	41.9	42.2	42.5	42.9	16
17	43.2	43.3	43.5	43.8	44.1	44.4	44.8	45.1	45.4	17
18	45.7	45.9	46.0	46.4	46.7	47.0	47.3	47.6	47.9	18
19	48.3	48.4	48.6	48.9	49.2	49.5	49.8	50.2	50.5	19
20	50.8	51.0	51.1	51.4	51.7	52.1	52.4	52.7	53.0	20
21	53.3	53.5	53.7	54.0	54.3	54.6	54.9	55.2	55.6	21
22	55.9	56.0	56.2	56.5	56.8	57.2	57.5	57.8	58.1	22
23	58.4	58.6	58.7	59.1	59.4	59.7	60.0	60.3	60.6	23
24	61.0	61.1	61.3	61.6	61.9	62.2	62.5	62.9	63.2	24

英寸（INCHES）、厘米（cm）换算表　　　　续表

厘米/英寸	0	1/16	1/8	1/4	3/8	1/2	5/8	3/4	7/8	英寸/厘米
25	63.5	63.7	63.8	64.1	64.5	64.8	65.1	65.4	65.7	25
26	66.0	66.2	66.4	66.7	67.0	67.3	67.6	67.9	68.3	26
27	68.6	68.7	69.0	69.2	69.5	69.9	70.2	70.5	70.8	27
28	71.1	71.3	71.4	71.8	72.1	72.4	72.7	73.0	73.3	28
29	73.7	73.8	74.0	74.3	74.6	74.9	75.2	75.6	75.9	29
30	76.2	76.4	76.5	76.8	77.2	77.5	77.8	78.1	78.4	30
31	78.7	78.9	79.1	79.4	79.7	80.0	80.3	80.6	81.0	31
32	81.3	81.4	81.6	81.9	82.2	82.6	82.9	83.2	83.5	32
33	83.8	84.0	84.1	84.5	84.8	85.1	85.4	85.7	86.0	33
34	86.4	86.5	86.7	87.0	87.3	87.6	87.9	88.3	88.6	34
35	88.9	89.1	89.2	89.5	89.9	90.2	90.5	90.8	91.1	35
36	91.4	91.6	91.8	92.1	92.4	92.7	93.0	93.3	93.7	36
37	94.0	94.1	94.3	94.6	94.9	95.3	95.6	95.9	96.2	37
38	96.5	96.7	96.8	97.2	97.5	97.8	98.1	98.4	98.7	38
39	99.1	99.2	99.4	99.7	100.0	100.3	100.6	101.0	101.3	39
40	101.6	101.8	101.9	102.2	102.6	102.9	103.2	103.5	103.8	40
41	104.1	104.3	104.5	104.8	105.1	105.4	105.7	106.0	106.4	41
42	106.7	106.8	107.0	107.3	107.6	108.0	108.3	108.6	108.9	42
43	109.2	109.4	109.5	109.9	110.2	110.5	110.8	111.1	111.4	43
44	111.8	111.9	112.1	112.4	112.7	113.0	113.3	113.7	114.0	44
45	114.3	114.5	114.6	114.9	115.2	115.6	115.9	116.2	116.5	45
46	116.8	117.0	117.2	117.5	117.8	118.1	118.4	118.7	119.1	46
47	119.4	119.5	119.7	120.0	120.3	120.7	121.0	121.3	121.6	47
48	121.9	122.1	122.2	122.6	122.9	123.2	123.5	123.8	124.1	48
49	124.5	124.6	124.8	125.1	125.4	125.7	126.1	126.4	126.7	49
50	127.0	127.2	127.3	127.6	128.0	128.3	128.6	128.9	129.2	50
51	129.5	129.7	129.9	130.2	130.5	130.8	131.1	131.5	131.8	51
52	132.1	132.2	132.4	132.7	133.0	133.4	133.7	134.0	134.3	52
53	134.6	134.8	134.9	135.3	135.6	135.9	136.2	136.5	136.9	53
54	137.2	137.3	137.5	137.8	138.1	138.4	138.8	139.1	139.4	54
55	139.7	139.9	140.0	140.3	140.7	141.0	141.3	141.6	141.9	55
60	152.4	152.6	152.7	153.0	153.4	153.7	154.0	154.3	154.6	60

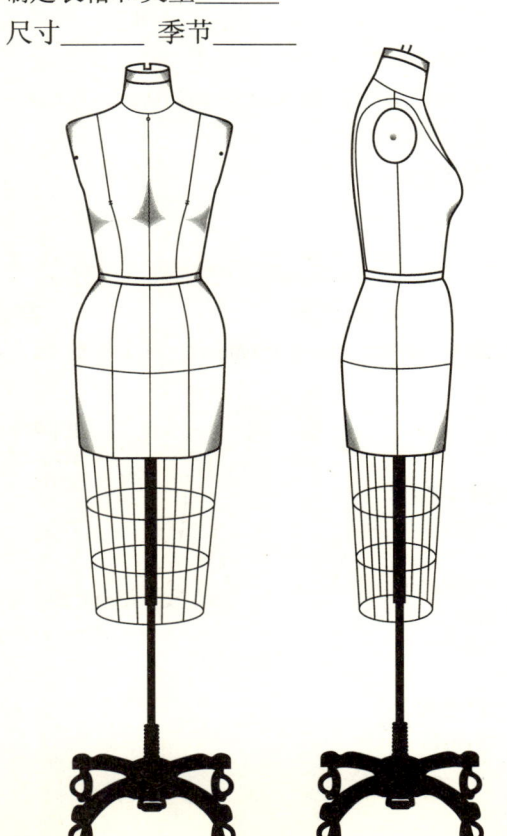

测量图表 Form Measurement Chart

圆周测量 Circumference Measurements

1. 胸围 Bust：____，+5cm（放松量）
2. 腰围 Waist：____，+2.5cm（放松量）
3. 腹围 Abdomen：____
4. 臀围 Hip：____，+5cm（放松量）

上躯干（上半身）Upper Torso(Bodice)

5. 腰节长 Center length：前（F）____，后（B）____
6. 肩颈至腰长 Full length：F____，B____
7. 肩端至腰斜长 Shoulder slope：F____，B____
8. 吊带 Strap：F____，B____
9. 胸高 Bust depth：____，半径 radius____
10. 半乳峰间距 Bust span：____
11. 侧缝长 Side length：____
12. 后颈围/2 Back neck：____
13. 肩斜长 Shoulder length：____
14. 肩宽 Across shoulder：F____，B____
15. 胸宽 Across chest：____
16. 背宽 Across back：____
17. 胸围/4（前）Bust arc：____
18. 胸围/4（后）Back arc：____
19. 腰围/4 Waist arc：F____，B____
20. 省位 Dart placement：F____，B____
21. 可选择省量(not needed)：____

手臂测量（袖子省道）
Arm Measurements(for Sleeve Dart)

测量标准，见上册第50页

特殊信息 Special Information

为设计中需要长度尺寸而设置测量部位：

前腰围中点至地面 C F waist to floor_____
后腰围中点至地面 C B waist to floor_____
颈后点至地面 C B neck to floor_____

下躯干（裙、裤）Lower Torso(Skirt/Pant)

22. 腹围/4 Abdomen arc：F____，B____
23. 臀围/4 Hip arc：F____，B____
24. 上裆深 Crotch depth：____
25. 腰臀长 Hip depth：前腰臀长（CF）____，后腰臀长（CB）____
26. 躯干围 Side hip depth：____
27. 侧腰踝长 Waist to ankle：____
    侧腰膝长 Waist to knee：____
    腿外侧长 Waist to floor：____
28. 前后裆长 Crotch length：____
    纵向躯干围 Vertical trunk：____
29. 腿根围 Upper thigh：____
    大腿围 Mid-thigh：____
30. 膝围 Knee：____
31. 小腿围 Calf：____
32. 踝围 Ankle：____
    入脚口 Foot entry：____

图表 Form

制定表格和类型_____
尺寸_____ 季节_____

个人测量图表 Personal Measurement Chart

圆周测量 Circumference Measurements

1. 胸围 Bust: ____, +5cm（放松量）
2. 腰围 Waist: ____, +2.5cm（放松量）
3. 腹围 Abdomen: ____
4. 臀围 Hip: ____, +5cm（放松量）

上躯干（上半身）Upper Torso(Bodice)

5. 腰节长 Center length: 前（F）____, 后（B）____
6. 肩颈至腰长 Full length: F____, B____
7. 肩端至腰斜长 Shoulder slope: F____, B____
8. 吊带 Strap: F____, B____
9. 胸高 Bust depth ____, 半径 ____
10. 半乳峰间距 Bust span: ____
11. 侧缝长 Side length: ____
12. 后颈围/2 Back neck: ____
13. 肩斜长 Shoulder length: ____
14. 肩宽 Across shoulder: F____, B____
15. 胸宽 Across chest: ____
16. 背宽 Across back: ____
17. 胸围/4（前）Bust arc: ____
18. 胸围/4（后）Back arc: ____
19. 腰围/4 Waist arc: F____, B____
20. 省位 Dart placement: F____, B____
21. 个例省道所需量 Personal Dart Intake:
    前 Front: ____
    后 Back: ____

下躯干（裙、裤）Lower Torso(Skirt/Pant)

22. 腹围/4 Abdomen arc: F____, B____
23. 臀围/4 Hip arc: F____, B____
24. 上裆深 Crotch depth: ____
25. 腰臀长 Hip depth: 前腰臀长（CF）____, 后腰臀长（CB）____
26. 躯干围 Side hip depth: ____
27. 侧腰踝长 Waist to ankle: ____
    侧腰膝长 Waist to knee: ____
    腿外侧长 Waist to floor: ____
28. 前后裆长 Crotch length: ____
    纵向躯干围 Vertical trunk: ____
29. 腿根围 Upper thigh: ____
    大腿围 Mid-thigh: ____
30. 膝围 Knee: ____
31. 小腿围 Calf: ____
32. 踝围 Ankle: ____

个例手臂测量 Personal Arm Measurements

该套样板草图，见上册第50～52页

33. 肩袖长 Overarm length: ____
34. 肘长 Elbow length: ____

周长 Circumference

35. 袖宽 Biceps+5cm: ____
36. 肘围（直臂测量）Elbow, straight: ____
    （弯臂测量）bent: ____
37. 腕围 Wrist: ____
38. 掌围 Around hand: ____
39. 袖山高 Cap height: ____

确定模特的号型，将袖山高的数据记录在（39）中。有一半号型可采用同样的方法测量。
号型18以上的需加0.3cm。

手臂测量 Measuring the Arm

周长测量 Circumference measurement
垂直测量 Vertical measurement

(35)袖根肥（袖肥）Biceps
(36)肘围（直臂测量）Elbow straight
(37)腕围 Wrist
(38)掌围 Around hand
(36)肘围（弯臂测量）Elbow bent
(33)臂长（肩端点至腕骨）Overarm length (shoulder tip to wristbone)
(34)肘长（肩端点至肘骨）Elbow length (elbow bone)
中腕骨 Mid-wrist bone

号型 Size	袖山高 Cap Height
6	14.3cm
8	14.6cm
10	14.9cm
12	15.2cm
14	15.6cm
16	15.9cm
18	16.2cm

儿童测量图表——号型3～6x和7～14
Children's Measurement Recording Chart—3 to 6x and 7 to 14

号型 Size: _____ 高度 Height: _____ 重量 Weight: _____ 头围 Head circumference: _____

圆周测量（不包括放松量）Circumference Measurements(Ease Not Included)

1. 胸围 Bust or chest: ____
2. 腰围 Waist: ____
3. 臀围 Hip: ____
4. 腰节长 Center length: F____, B____
5. 肩颈至腰长 Full length: F____, B____
6. 肩端至腰斜长 Shoulder slope: F____, B____
7. 侧缝长 Side length: ____
8. 肩斜长 Shoulder length: ____
9. 肩宽 Across shoulder: F____, B____
10. 胸宽 Across chest: ____
11. 胸围/4长 Bust or chest arc: ____
12. 背宽 Across back: ____
13. 胸围/4长 Back arc: ____
14. 腰围/4长 Waist arc: F____, B____
15. 臀围/4长 Hip arc: F____, B____
16. 侧腰臀长 Waist to hip: ____
17. 侧腰膝长 Waist to knee: ____
18. 侧腰踝长 Waist to ankle: ____
19. 腿外侧长 Waist to floor: ____
20. 腿根围 Upper thigh: ____
21. 膝围 Knee: ____
22. 小腿围 Calf: ____
23. 踝围 Ankle: ____
24. 入脚口 Foot entry: ____
25. 躯干围 Trunk length: ____
26. 前后裆长 Crotch length: ____
27. 上裆深 Crotch depth: ____
28. 肩袖长度 Overarm sleeve length: ____
29. 袖宽 Biceps: ____
30. 腕围 Wrist: ____
    入手口 Hand entry: ____
31. 袖山高 Cap height: ____

（袖子原型样板图，参见第301、第302页）

成本核算表 Cost Sheet

日期 Date_____ 部门 Division_____ 季节 Season_____ 款式号# Style #_____

面料来源1 Fabric resource 1_____ 纸样号 Pattern_____ 销售 Selling $_____

幅宽 Width_____ 英寸, 价格 Price_____ 质地 Content_____ 颜色 Colors_____ 标记 Markup %_____

船舶周期 Ship weeks_____ 营业员 Salesperson_____ #_____ 输送 Delivery_____

面料来源2 Fabric resource 2_____ 纸样号 Pattern_____ 号型 Sizes_____

幅宽 Width_____ 英寸, 价格 Price_____ 质地 Content_____ 纸样号 Pattern_____ O/P $_____ M/U %_____

船舶周期 Ship weeks_____ 营业员 Salesperson_____ #_____

1.

Ⅰ. 面料 MATERIAL	估计用量 Estimate	实际用量 Actual	单价 Price	估计总额 Est. Total	实际总额 Actual Total
货运 Freight					

设计效果图 SKETCH

面料总价 Total Material Cost_____

2.

Ⅱ. 装饰物 TRIMMINGS	估计用量 Estimate	实际用量 Actual	单价 Price	估计总额 Est. Total	实际总额 Actual Total
纽扣 Buttons					
衬垫 Pads					
刺绣品 Embroidery Belts					
肩带 Belts					
拉链 Zippers					
松紧带 Elastic					
发送 Send out					
%					

样本 SWATCH

装饰物总价 Total Trim Cost_____

3.

Ⅲ. 劳务 LABOR	估计用量 Estimate	实际用量 Actual	单价 Price	估计总额 Est. Total	实际总额 Actual Total
裁剪 Cutting					
标志 Marking					
等级 Grading					
缝纫 Sewing					
袋子/标签 Bag/label					
货运 Trucking					
%					

总价 Total Cost_____

M/U %_____

备注 Remarks_____

样板记录卡 Pattern Record Card

款式号 STYLE#_____

号型范围 SIZE RANGE_____

码数 YARDAGE_____
（注：见下页英寸与码数换算表）

日期 DATE_____

样板明细记录表 PATTERN PIECES SELF

装饰物 TRIM

拉链 ZIPPER

纽扣 BUTTONS

肩带 BELTS

领带 SCARF

外间工作 OUTSIDE WORK

递增标尺 Guide to Reading Ruler Increments

（以 $\frac{1}{8}$ 英寸为基本单位）

$\frac{1}{8}$ 英寸（1英寸中的1个单位）

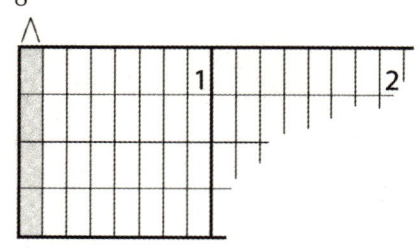

$\frac{2}{8}$ 英寸（1英寸中的2个单位）

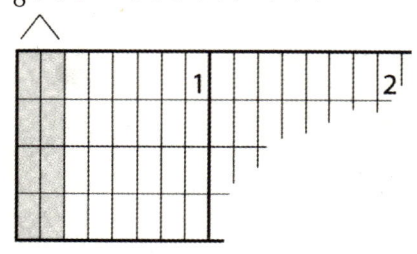

$\frac{3}{8}$ 英寸（1英寸中的3个单位）

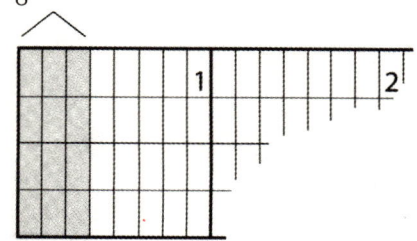

$\frac{4}{8}$ 英寸（1英寸中的4个单位=$\frac{1}{2}$ 英寸）

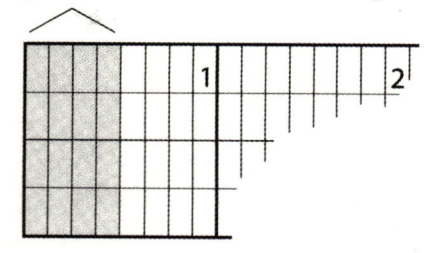

$\frac{5}{8}$ 英寸（1英寸中的5个单位）

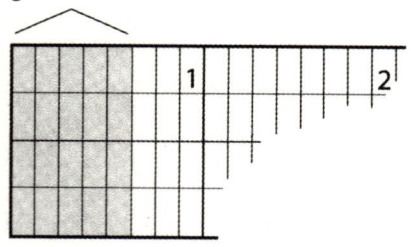

$\frac{6}{8}$ 英寸（1英寸中的6个单位=$\frac{3}{4}$ 英寸）

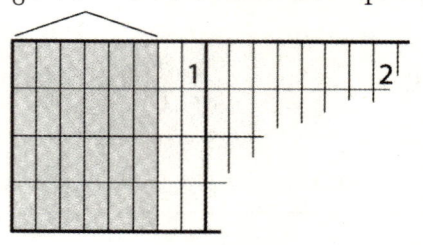

$\frac{8}{8}$ 英寸（1英寸中的8个单位=1英寸）

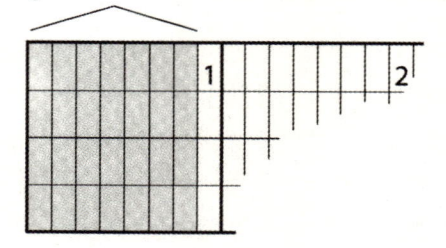

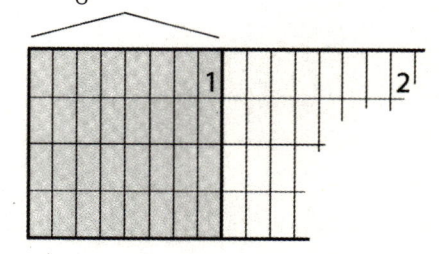

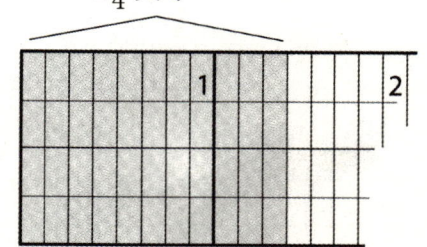

$1\frac{3}{8}$ 英寸

$1\frac{3}{4}$ 英寸

英寸与码数的换算表

9英寸 = $\frac{1}{4}$ 码

12英寸 = $\frac{1}{3}$ 码

18英寸 = $\frac{1}{2}$ 码

24英寸 = $\frac{2}{3}$ 码

36英寸 = 1码

* $\frac{1}{16}$ 英寸 = $\frac{1}{8}$ 英寸的一半

法兰西曲线尺 French Curve

法兰西曲线尺
FRENCH CURVE

二分之一原型样板 Half Pattern

注：本页袖片未画全，请与放在中间的灰色部分相接续画，即为二分之一袖片样板。

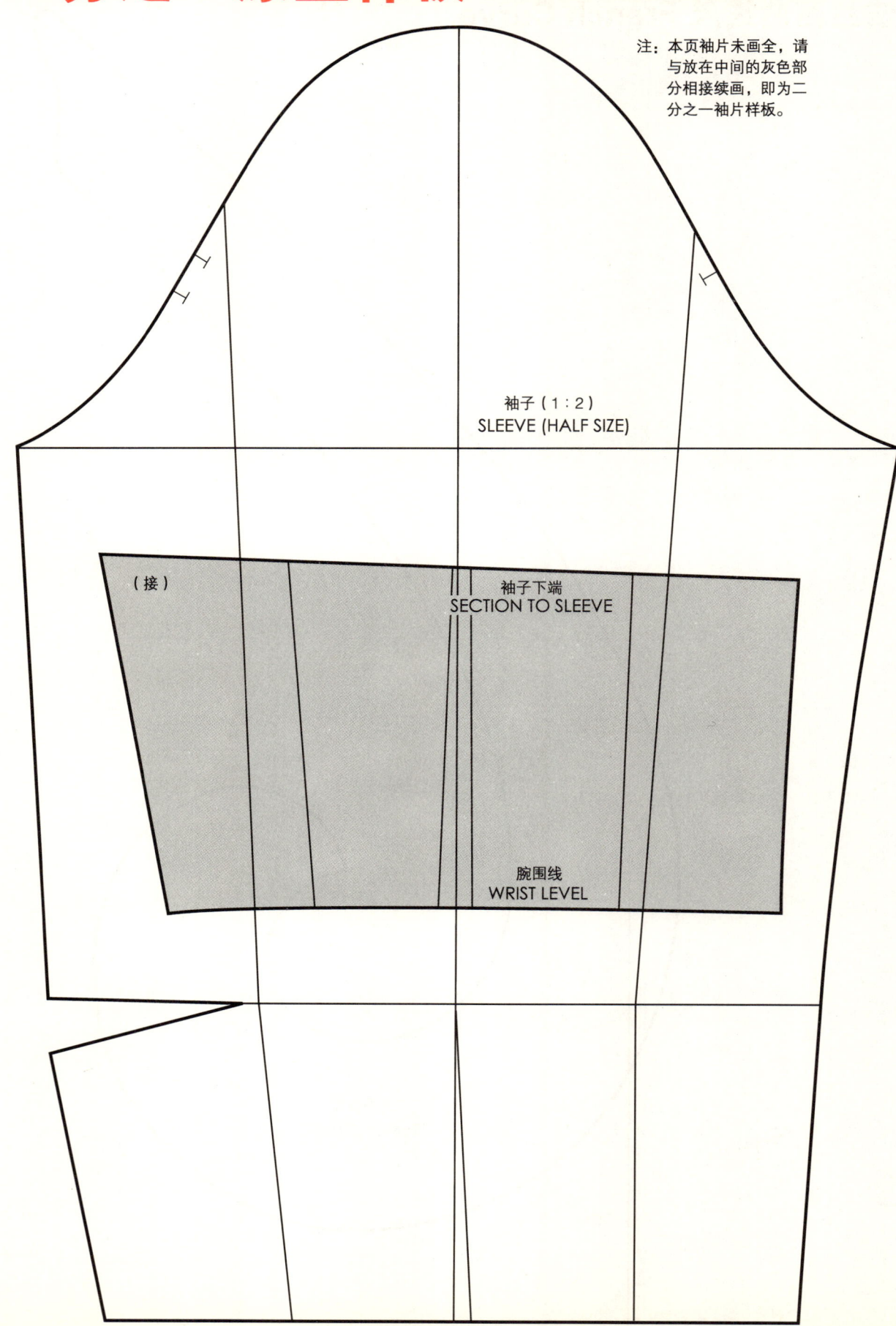

袖子（1:2）
SLEEVE (HALF SIZE)

（接）

袖子下端
SECTION TO SLEEVE

腕围线
WRIST LEVEL

☆ 在此接中间灰色部分

二分之一原型样板 395

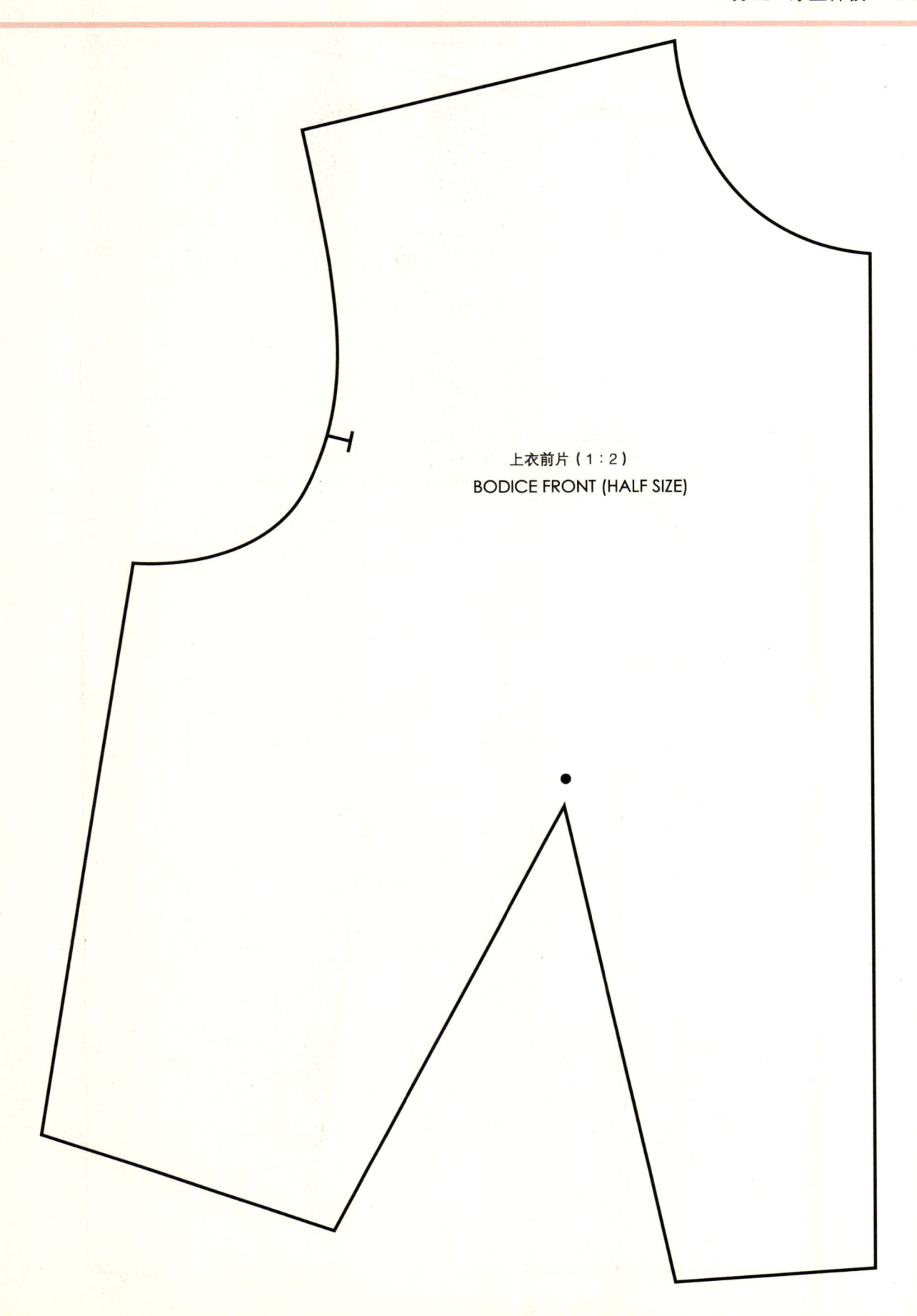

上衣前片（1:2）
BODICE FRONT (HALF SIZE)

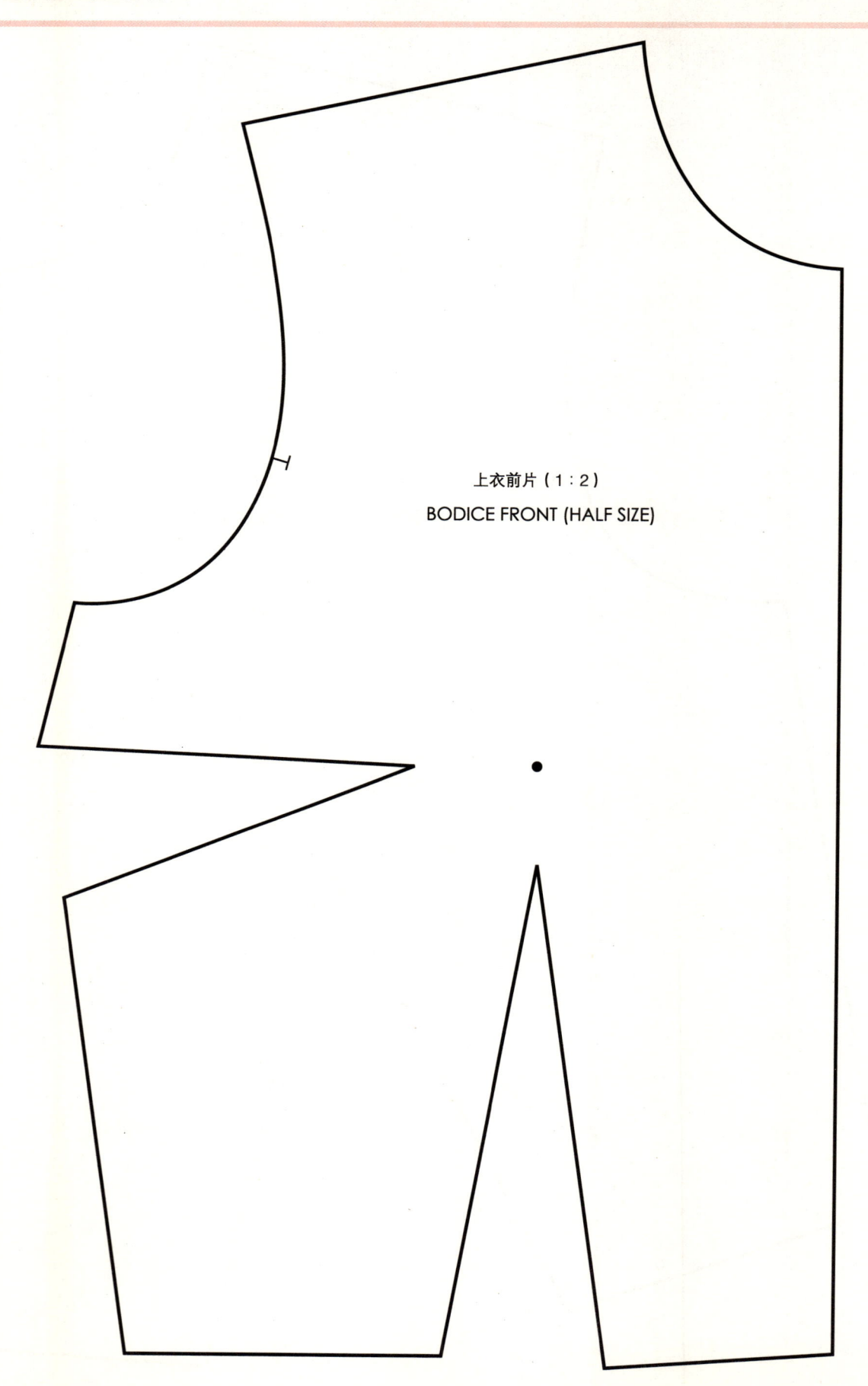

上衣前片（1:2）
BODICE FRONT (HALF SIZE)

二分之一原型样板

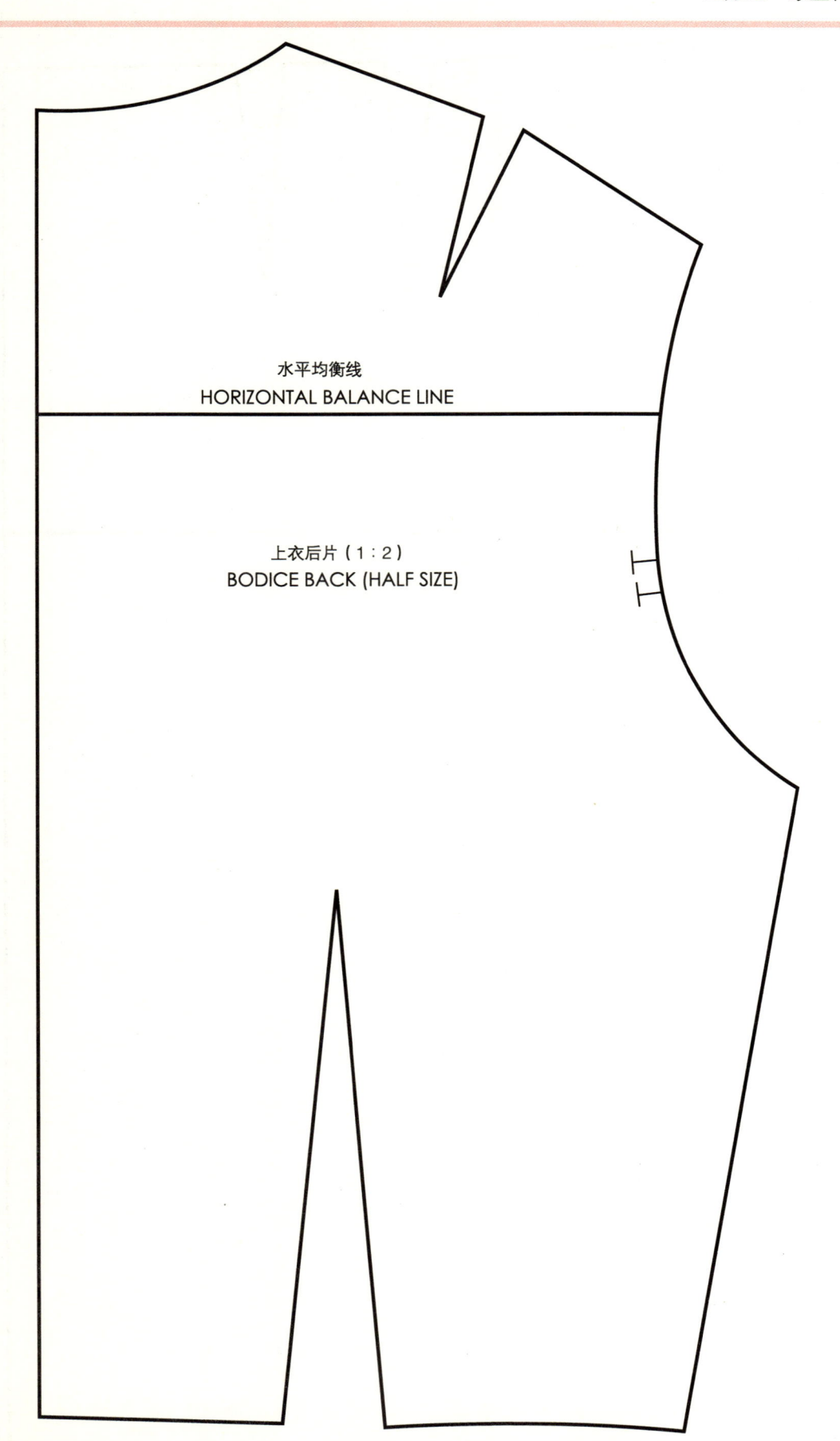

水平均衡线
HORIZONTAL BALANCE LINE

上衣后片（1:2）
BODICE BACK (HALF SIZE)

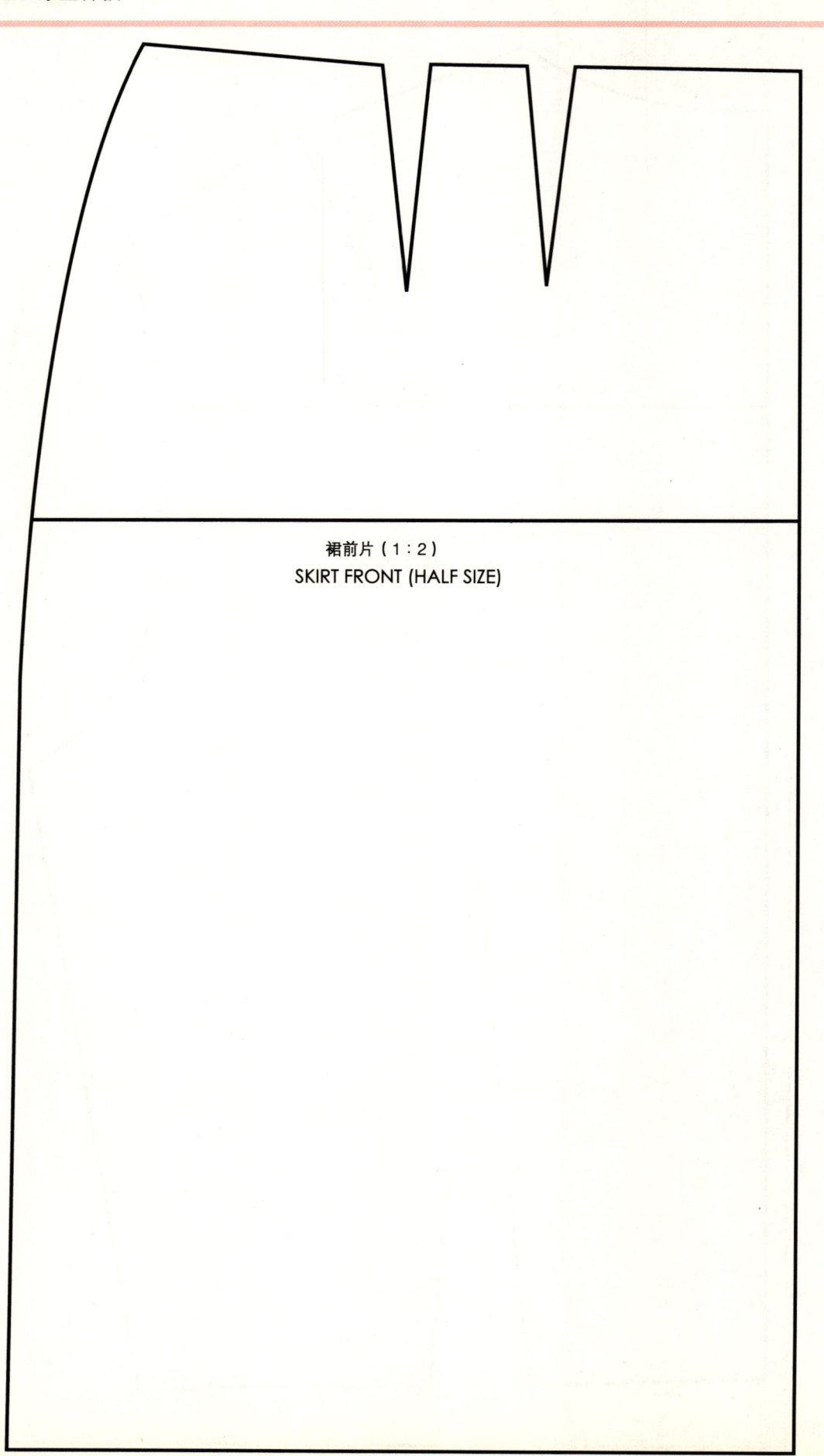

裙前片（1:2）
SKIRT FRONT (HALF SIZE)

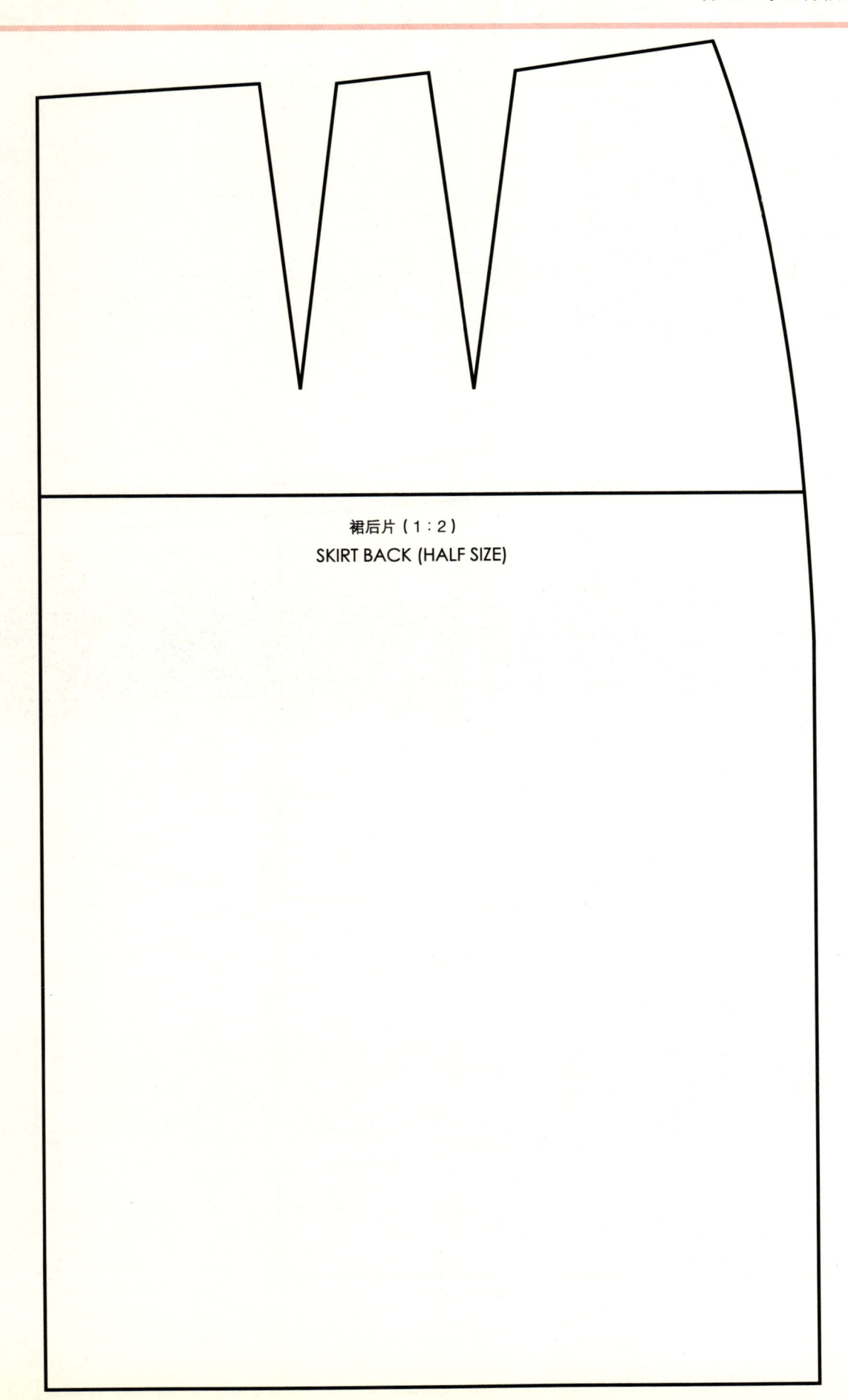

裙后片（1:2）
SKIRT BACK (HALF SIZE)

四分之一原型样板 Quarter Pattern

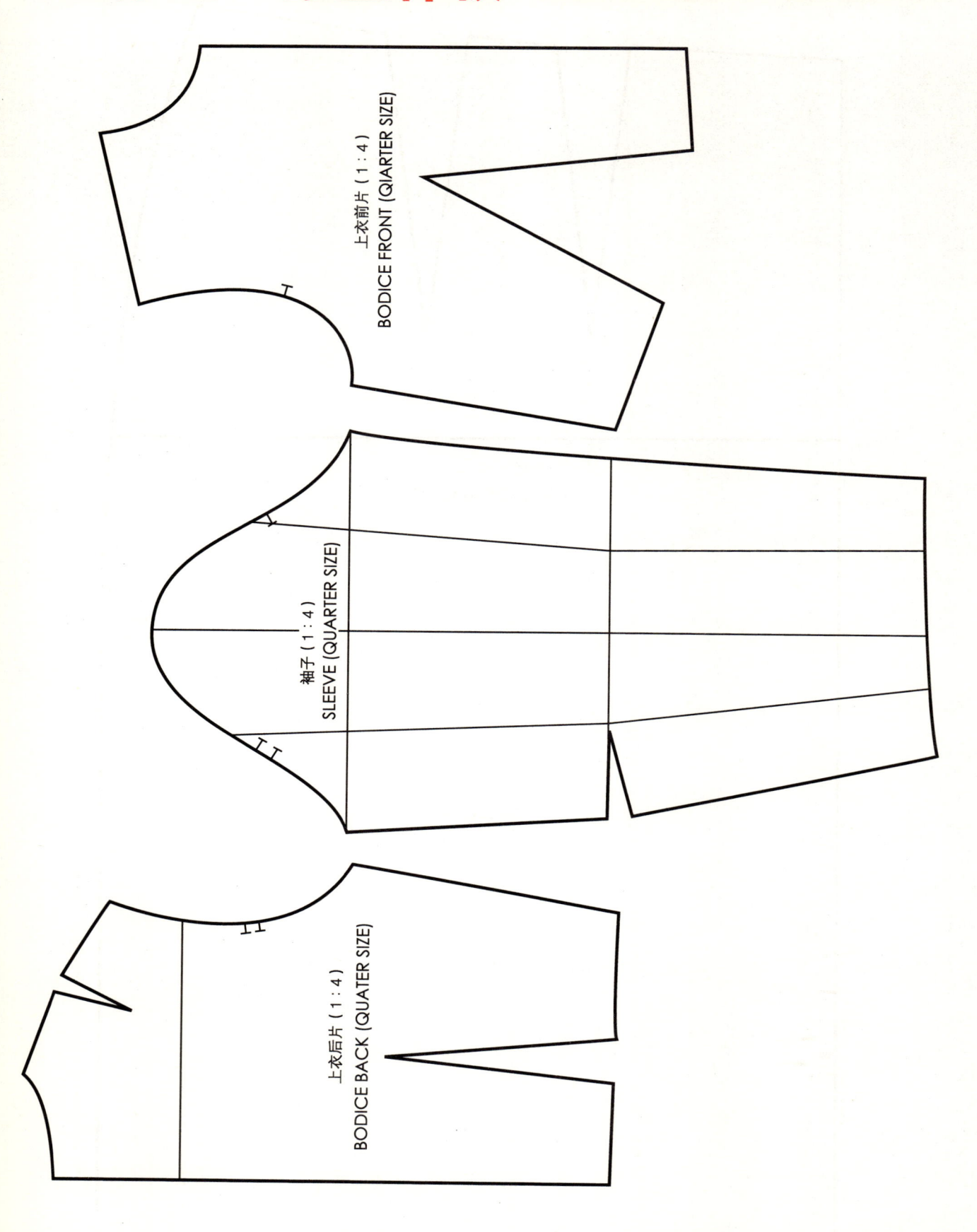

上衣前片 (QIARTER SIZE)
BODICE FRONT (QIARTER SIZE)

袖子 (1:4)
SLEEVE (QUARTER SIZE)

上衣后片 (1:4)
BODICE BACK (QUATER SIZE)

四分之一原型样板 401

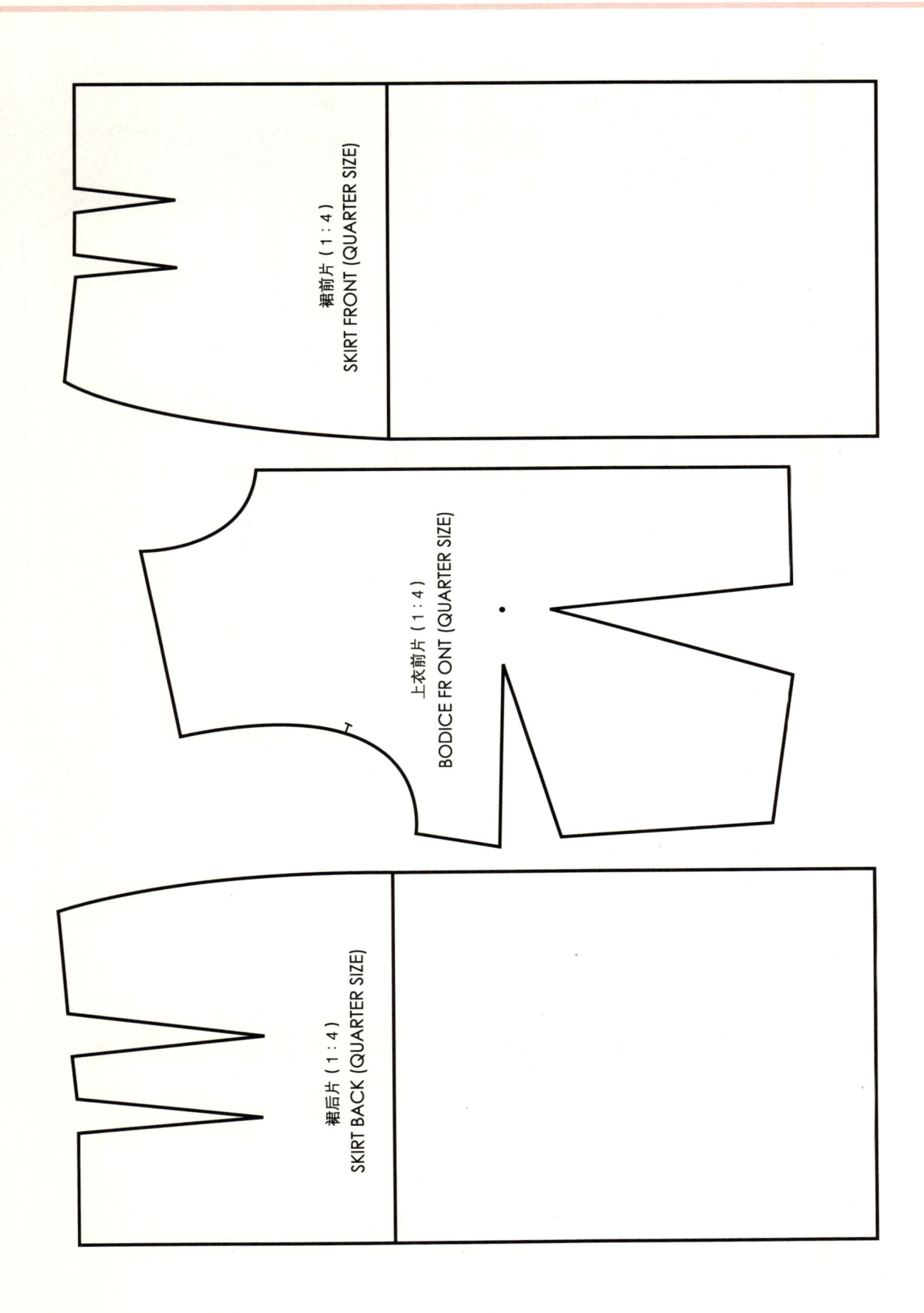

裙前片（1:4）
SKIRT FRONT (QUARTER SIZE)

上衣前片（1:4）
BODICE FRONT (QUARTER SIZE)

裙后片（1:4）
SKIRT BACK (QUARTER SIZE)

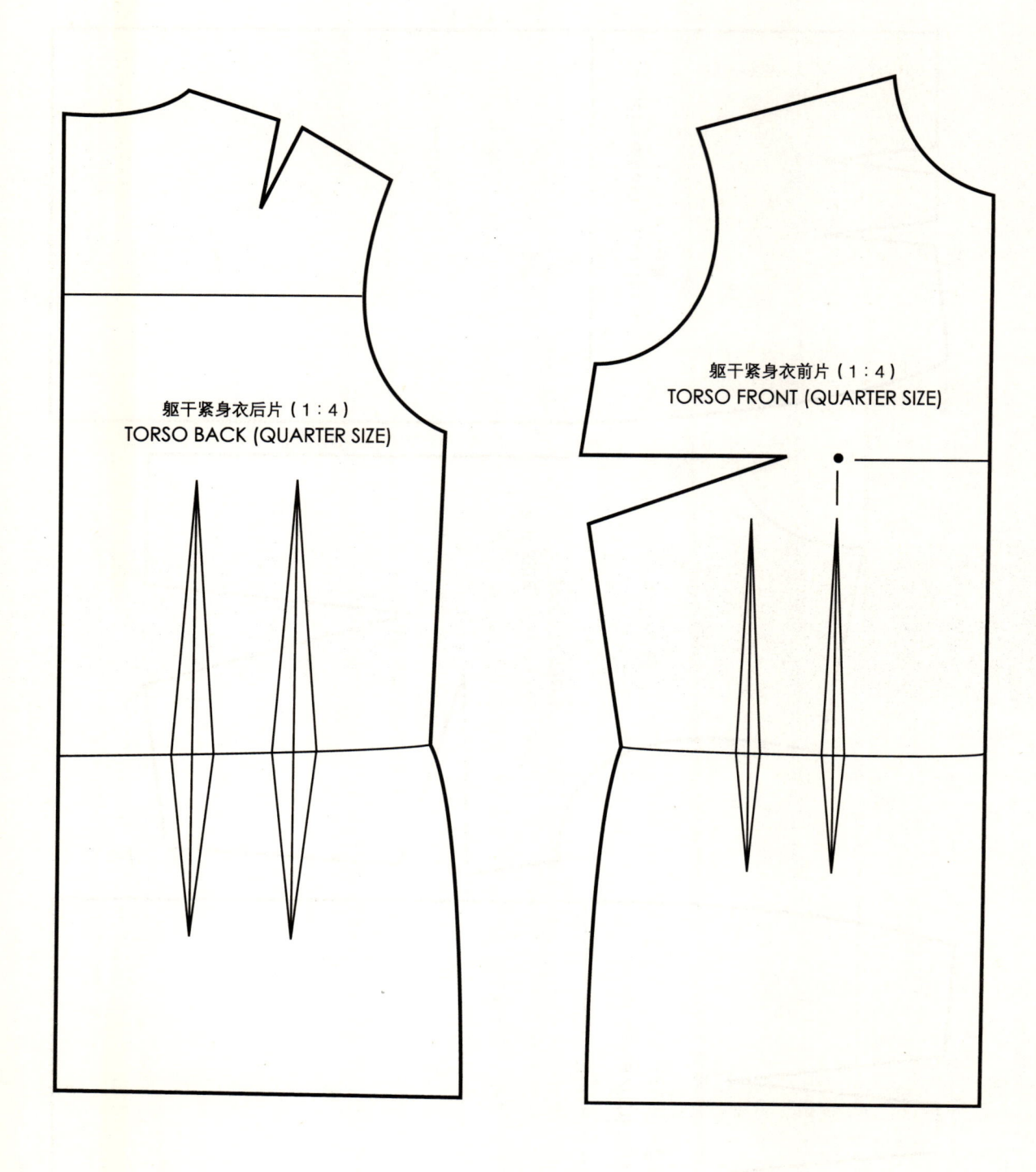

躯干紧身衣后片（1：4）
TORSO BACK (QUARTER SIZE)

躯干紧身衣前片（1：4）
TORSO FRONT (QUARTER SIZE)

轮廓基准线样板后片（1:2）
BACK CONTOUR PATTERN
(HALF SIZE)

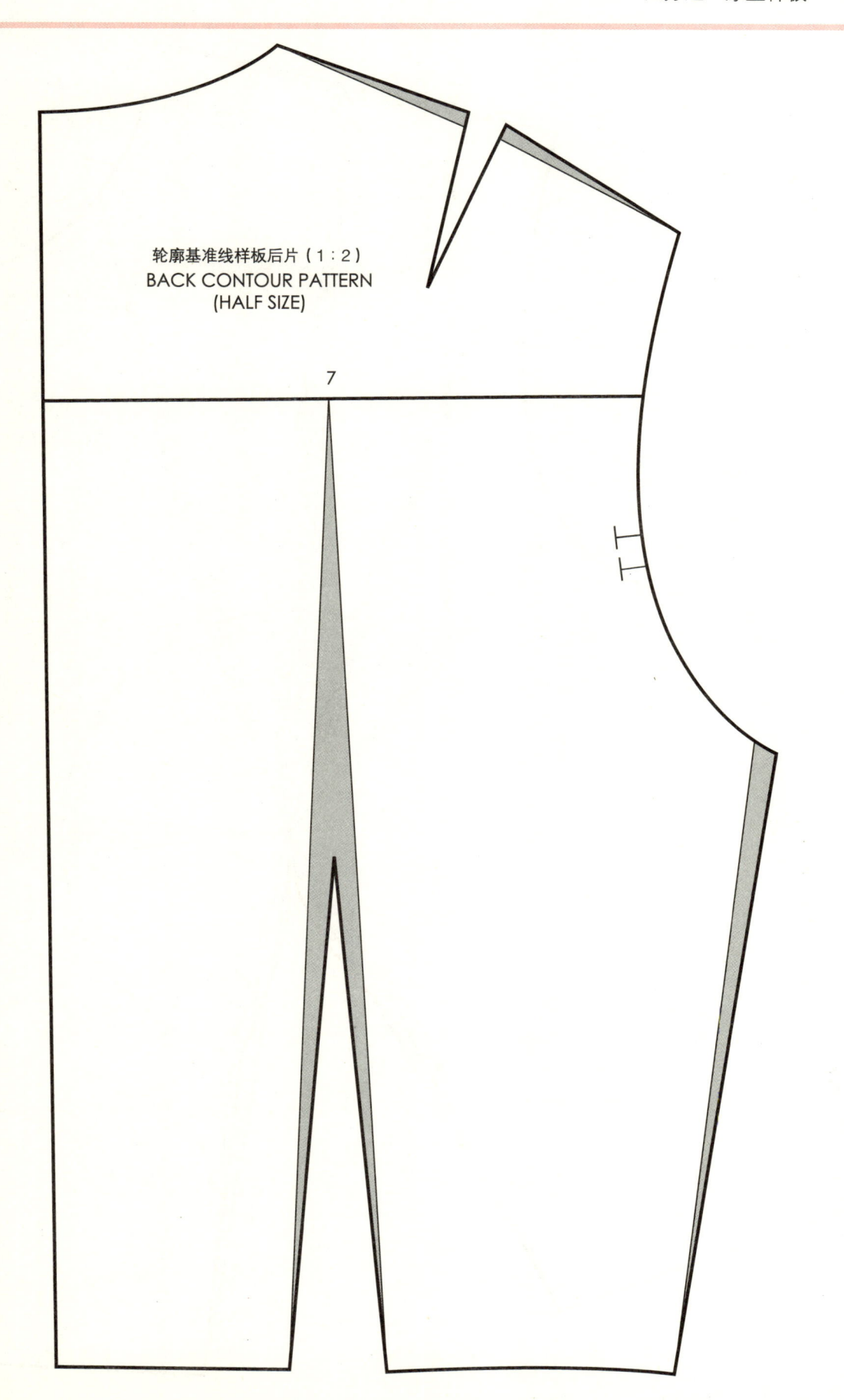

7

轮廓基准样板前片（1:2）
FRONT CONTOUR PATTERN (HALF SIZE)

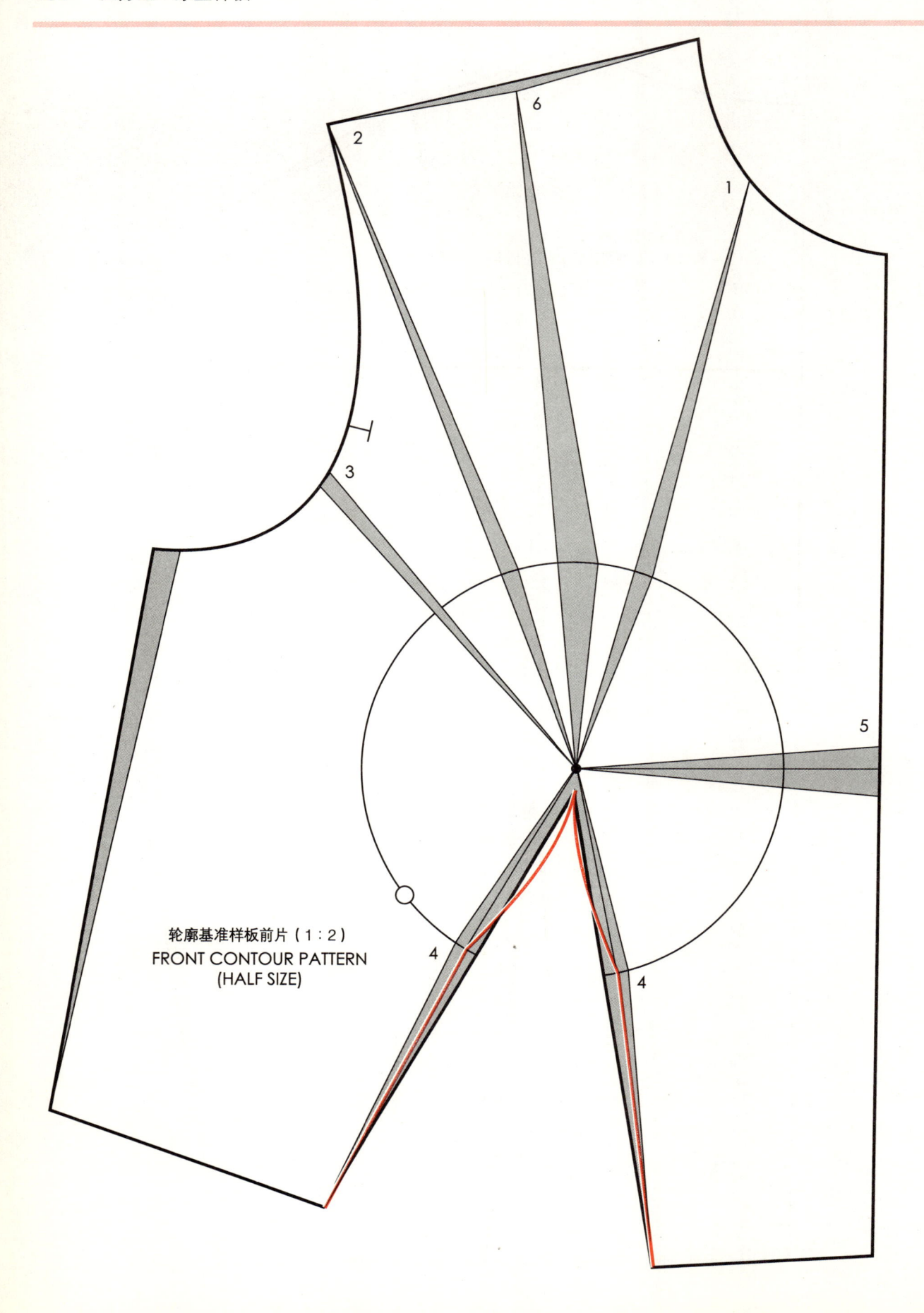

参考书目 Bibliographic Credits

服装行业中的缝纫
Sewing for the Apparel Industry
ISBN 0-321-06284-1
Claire Schaeffer
Prentice Hall, Inc.
Upper Saddle River, New Jersey 07458
1(800) 526-0485

面料缝纫指导（更新版）
Fabric Sewing Guide (updated edition)
Claire Schaeffer
Consignment title (AAT-5)
Fairchild Publication, New York
1(800)932-4724

读者摘要——完成缝纫指南
Reader's Digest Complete Guide to Sewing
The Resder's Digest Association (Canada) LTD
Montreal-Pleasantville, New York
ISBN: 0-88850-247-8
1(800)234-9000

经典剪裁技术
Classic Tailoring Technique
A construction guide for women's wear
Roberto Cabrera/Patricia Flaherty Meyers
Fairchild Publication, New York
Library of Congress Catalog Number 84-80058
ISBN: 1-87005-435-X
GST R 13004424
1(800)932-4724

男装的时装设计基础
Fundamentals of Men's Fashion Design
A guide to casual clothes
Edmund B. Roberts and Cary Onishenko
Fairchild Publication, New York
ISBN: 1-87005-514-3
Library of Congress Catalog Number 85-70375
GST R 133004424
1(800)932-4724

索引 Index

A

Activewear for dance and exercise, 233–252
  bodysuits, 233–243
    in childrenswear, 377–379
    correcting pattern to improve fit, 236
    design variations, 239–243
    foundation, 233–235
    with high-necked halter top, 240–241
    Lycra sleeve draft, 237–238
    no-side-seam, 237
    notching guide, 235
    one-piece, 238
    with scooped neck and cutouts, 239
    separated, 242
    stirrups, 243
    tights, 243
  leotard, 244–252
    all-in-one, 248
    in childrenswear, 381–382
    color-block design for, 248–249
    correcting pattern to improve fit, 247
    design variations, 250–252
    foundation, 244–246
    with raglan sleeve, 250–251
    tank, basic, 252
A-line
  cape, 129–130
  princess dress, 11–12
All-in-one bias dresses, 53–54

B

Baggy pant, 190
  for childrenswear, 307
Bell-bottoms, in childrenswear, 366–367
Belt loops, pants, 185
Bermuda shorts, 202, 204
  in childrenswear, 368
Bias-cut dresses, 43–55
  all-in-one, 53–54
  bias stretch, reducing, 43
  design variations, 55
  fabric
    nature of, 43
    selections for, 43
  introduction, 43
  Madeleine Vionnet, 43
  patternmaking for, 43
  slip dress with slinky skirt, 44–49
    adjusted side seam, 49
Bias-cut dresses, *Continued*
  slip dress with slinky skirt, *Continued*
    cutting, 47
    grainline placement, 46
    test fit, 48
  twist bodice with slinky skirt, 50–52
Bib jumper, in childrenswear, 324
Bib overall, in childrenswear, 375
Bifurcated, definition, 153, 154
Bikini, 255, 265–274. *See also under* Swimwear
  in childrenswear, 384–385
Blouse foundations, 57–58. *See also* Shirts
Bodysuits, 233–243. *See also under* Activewear for dance and exercise
  in childrenswear, 377–379
    with sleeves, 379
    tank-top, 378
Boning, for strapless garments, 36, 39
Box-fitted silhouette dress, 8, 9
Bra cups for swimwear, 283–284
Bra-top empire foundation, 25, 29–30
Breakpoint, 75
Bust, fitting problems and solutions, 33–34
  hidden closures, 68

C

for childrenswear, 308
Capes, 129–132
  A-line, 129–130
  flared, 131–132
Capri pants, 202, 205
  in childrenswear, 368
Center front depth, 75
Childrenswear. *See also under specific entries*
  introduction to, 287–290
    fashion references, 289–290
    inspiration for, 289
    size categories, 288
    sizing methods, 288–289
Clown pant, 201
Coat and sleeve foundation, in childrenswear, 349–353
Coats. *See* Jackets and coats
Collar stand, 75
  for childrenswear, 305
Contour pant with creaseline flare, 199
Coverall, 210
Crop top with muscle sleeve, 230
Crotch, 154
  in swimwear, finishing, 282
Crotch extensions, 155, 156

Culottes, 155, 156, 159–160
  box-pleated, 173–174
  with long, wide-sweeping hemlines, 174

D

in childrenswear, 300–303
Dartless top foundation, in childrenswear, 329–330
  in childrenswear, 300–303
Double knits, 221
Double-breasted jacket, 91
  for childrenswear, 293–303
    basic patterns set, 298–299
    darts and dart equivalents, 300–303
    form, measuring, 293–295
    Standard Measurement Chart for girls, 297
    Standard Measurement Chart for boys and girls, 296
Drawstring sleeve, for childrenswear, 310
Dresses and jumpers in childrenswear, 317–326. *See also* Shift dress; Tent foundations
Dresses without waistline seams, 3–22
  box-fitted silhouette, 8, 9
  dress categories, 8
  empire foundation, 15–16
  jumper, 19
  knit dress designs, 8
  panel dress foundation, 13–14
  patternmaking problems, 20–22
    gathers crossing dart areas, 20
    stylelines crossing dart areas, 21
    stylized one-piece front, 22
  princess-line foundation, 10–12
    A-line, 11–12
  sheath, 8, 9
  shift, 8, 9
  shirtmaker dresses, 8
  tent foundation, 17–18
  torso foundation, 3–7. *See also* Torso foundation

E

Elastic, use of, 281–282
Elastic waist band, in childrenswear, 360–361
Empire foundation, 15–16
Empire dress, in childrenswear, 320–322
"Euclid of fashion," 43

F

Fabric memory, 219, 221
  shirt, 66–67
Farmer's uniform, 187–189

foundation draft, 187
  variation, 188–189
Filling stretch, 221
  cape, 131–132
  pant
    contour pant with creaseline flare, 199
    with flared leg, 200
  in childrenswear, 312
Foundation, of pant, 156
Full-figure swimwear, 255, 278–280. *See also under* Swimwear

G

  in childrenswear, 313
  crossing dart areas, problem of, 20
Gorge, 75
Grunge pant, 191

H

Hammer baggy pants, in childrenswear, 363
High-waist pant, 193
Hoods, 133–139
  contoured, 133–137
  dartless, 136
  loose, 138–139
  measuring for hood draft, 133

I

Inseam, 154
Interfacing, 76, 115
  applying, 117–118
Interlining, 76

J

Jacket and coats, in childrenswear, 344–353. *See also under* Tops, in childrenswear
Jackets and coats, 75–127
  applying interfacing, 117–118
  assembling, 119–126
  construction, 112
  design variations, 92
  double-breasted, 91
  evaluating fit of, 127
  foundations, 75, 77
  lapel designs, 83–90
    basic notch, 83–86
    low-notch, 83, 86–87
    portrait collar, 83, 89–90
  lining seam allowance and, 116
  mannish foundation, 101–110
    collar and lapel styles for, 106–108
    draft, 101
    one-piece, 109–110
    one-piece sleeve, 102–103
    three panel style, 111
    transferring dart to neckline, 109
    two-piece sleeve, 104–105
  shawl foundation, 93–96
    collar variations, 94
    with separated undercollar and facing, 46
    wide collars, 45
  sleeves, 78–82
    grading, 79–80
    tailored two-piece, 81–82
  style jacket, 47–50
  terms and definitions, 75–77
  three panel style, patterns for, 113–115
Jamaica shorts, 202, 204
  in childrenswear, 368
Jeans, 155, 156, 166–170
  in childrenswear, 358–359
    western, 364–365
  dartless, 169
  jumpsuit foundation, 208
  variations of fit, 170
  with V-yoke, 194–198
Jumpers, 19
  in childrenswear, 317–326. *See also* Shift dress; Tent foundations
    bib, 324
    tank-top, 325
    torso, 326
Jumpsuit foundations, 207–210. *See also under* Pants
  in childrenswear, 371–375
    bib overall, 375
    with blousing, 373
    draft, 372
    oversized, 373
    tank-top, 374
  great coverall, 201
  jeans, 208
  styled, 209
  trousers/slacks, 207

K

Knickers, in childrenswear, 370
Knit foundation, in childrenswear, 337–340
Knit top foundations, 225–231
  crop top with muscle sleeve, 230
  dartless firm knit, 227
  dartless stretchy knit, 225–227
  knit top, 231
    oversized, 228–229
  types of, 225
Knits—stretch and shrinkage factors, 219–223
  classification of, 221
    double knit, 221
    moderate-stretch, 221
    nylon tricot, 221
    rib, 221
    stable (firm), 221
    stretchy, 221
    super-stretch, 221
  introduction, 219
  Lastex, 221
  Lycra, 219, 221
  stretch and recovery factor, 219, 223
    gauge, 220
    fabric memory, 219, 221
  two-way stretch, 219
Knock-off copying ready-made designs, 141–151
  introduction, 141
  jackets, 147–151
  methods, 141
  pant types, 144–146
  shirt types, 142–143
  T-tops, 141

L

Lapels, 75
  for jackets and coats, 83–90
    basic notch, 83–86
    low-notch, 87–88
    portrait, 89–90
Lastex, 221
Latex, 224
Legline, 156
Leotards, 244–252. *See also under* Activewear for dance and exercise
  in childrenswear
    with sleeve, 382
    tank-top, 381
Lining, 76, 114, 124–126
Little-boy legline swimwear, 255, 275–277. *See also under* Swimwear
Low-notch lapel, 87–88
Lycra, 219, 221
  knit sleeve, in childrenswear, 379
  sleeve draft, 237–238

M

Maillot, 255, 256–264. *See also under* Swimwear
  in childrenswear, 383
Mannish jacket, 101–111
Measurement taking, children, 293–303

N

Notched collar, 75
Notched collar/lapel, 83–86
Nylon tricot, 221

O

Outseam, 154
Oversized shirt and sleeve, in childrenswear, 335–336

P

Panel dress foundation, 13–14

Pants, 153–216
  belt loops, 185
  bifurcated, meaning of, 153
  in childrenswear, 355–370
    bell-bottoms, 366–367
    derivatives, guide line marking for, 368–370
    hammer baggy pants, 363
    introduction, 355
    jeans, 358–359
    knickers, 370
    pleated trousers, 362
    shorts, 369–370
    slacks, 357
    trousers, 355–356
    variations, 362–367
    waist band options, 360–361
    western jeans, 364–365
  crotch extensions, 155, 156
  derivatives, 202–206
    Bermudas, 202, 204
    capris, 202, 205
    design variations, 206
    developing, 203
    Jamaicas, 202, 204
    names and terms, 202
    pedal-pushers, 202, 205
    shorts, 202, 204
    Toreadors, 202, 205
  designs, 173–176, 190–201
    baggy pant, 190
    box-pleated culotte, 173–174
    clown pant, 201
    contour pant with creaseline flare, 199
    culottes with long, wide-sweeping hemlines, 174
    with curved hemline, 200
    with flared leg, 200
    grunge pant, 191
    high-waist pant, 193
    jean with V-yoke, 194–198
    pleated trousers, 175–186
    pull-on pant with self-casing, 192
  draft, measuring, 157–158
  farmer's uniform, 187–189
    foundation draft, 187
    variation, 188–189
  finishing methods, 180–181
  fit problems/corrections, 211–216
  foundations, analysis of, 155
  jumpsuit foundations, 207–210
    great coverall, 210
    jean, 208
    styled jumpsuit, 209
    trouser/slack, 207
  leg relative to, 154
  pattern, completing, 171–172
  pocket, sewing instructions for, 181–182
  seam allowance, 172
  summary of foundations, 156
    culottes, 155, 156, 159–160
    jeans, 155, 156, 166–170. See also Jeans
    slacks, 155, 156, 165
    trousers, 155, 156, 165
  terminology, 154
  waist band, 186
  walking and trueing, 172
  zipper, attaching, 183–185
  drafting, for childrenswear, 293–303
Patternmaking
  dresses, problems with, 20–22
Pea coat, in childrenswear, 350–353
Peasant blouse, 72–73
Pedal pushers, 202, 205
  in childrenswear, 368
  for childrenswear, 307
  for childrenswear, 305
Pleated trouser, 175–176
  in childrenswear, 362
  draft for trousers, 177
  pants, sewing instructions for, 181–182
Portrait collar and lapel, 89–90
Princess bodice foundation, strapless, 25, 26–28
Princess styleline
  in childrenswear, 318–319
  maillot, 261–262
Princess torso foundation, strapless, 25, 31–32
Princess-line foundation, 10–12
  A-line, 11–12
  for childrenswear, 307
  baby, 309
Pull-on pant with self-casing, 192

R

  in childrenswear, 341–343
  sleeve, leotard with, 250–251
Recovery factor of knits, 219
Reveres, 75
Rise, 154
Roll line, 75
Ruffled sleeve, for childrenswear, 309

S

  for childrenswear, 305
Saucer sleeve, for childrenswear, 309
  for jacket and lining, 116
  in pant patterns, 172
Shawl collar, 75
Shawl collar lapel, 93–96. See also under Jackets and coats
Sheath dress, 8, 9
Shift dress, 8, 9
  in childrenswear, 317–322
    draft, 317
    empire with flare, 320–322
    princess styleline, 318–319
Shirt collars, for childrenswear, 305
Shirt sleeve, in childrenswear, 333–334
Shirtmaker dresses, 8
Shirts, 57–73
  casual shirt and sleeve foundation, 69–71
    draft, 69–70
    oversizing, 71
  in childrenswear, 329–336. See also Tops, in childrenswear
    foundation, basic, 331–332
    oversized, 335–336
  peasant blouse, 72–73
  shirt and blouse foundations, 57–60
    basic, 58
    casual dartless, 58
    oversized dartless, 58
  shirt sleeve foundation, 60
  yoke, 61–68
    button or buttonhole closure, hidden, 68
    closure options, 64
    draft, 61–62
    facing and band variations, 66–67
    one-piece sleeve placket, 65
    sleeve hemline options, 63
Shorts, 202, 203, 204
  in childrenswear, 368, 369, 370
  in swimwear, finishing, 282
Size categories for childrenswear, 288
  for childrenswear, 311–314
    designs, other, 311
    draft, basic, 301
    flared, 312
    gathered, with stylized waist band, 313
    yoked circular, 314
Slacks, 155, 156, 165
  in childrenswear, 357
  jumpsuit foundation, 207
  for childrenswear, 306–310
    baby puff, 309
    bell, 307
    cap, 308
    dartless foundation, 306
    design variations, 308–310
    draft, basic, 302–303
    drawstring, 310
    leg-o-mutton, 307
    oversized, 335–336
    petal, 307
    puff, 307
    ruffled, 309
    saucer, 309
  for jacket and coat, 78–82. See also Jackets and coats

tailored two-piece, 81–82
Lycra, draft, 237–238
raglan, in leotard, 250–251
slip dress with, 44–49
twist bodice with, 50–52
Slip dress with slinky skirt, 44–49
Spandex, 221, 233
 for boys and girls, 296
 for girls, 297
Stirrups, 233
Strapless foundation, 25–40
 bra-top empire, 25, 29–30
 construction support for, 35–40
 boning, types of, 36, 39
 interconstruction: light and heavy weight, 36
 undersupport, patterns for, 37–40
 contour guide pattern, use of, 25
 fitting problems and solutions, 33–34
 introduction, 25
 princess bodice, 25, 26–28
 with gathered panels, 28
 princess torso, 25, 31–32
Stretch factor of knits, 219, 223
Style jacket, 97–100
 crossing dart areas, problem of, 21
Stylized one-piece front, 22
Swimwear, 254–285
 bikini, 255, 265–274
 bandeau top, 274
 bottom variations, 266
 bra top with horizontal styleline, 269
 bra tops, 270–272
 in childrenswear, 384–385
 foundations, 265
 high-cut leg, 266
 princess-line top, 267–268
 strap variations, 268
 string-a-long top, 273
 top variations, 267–274
 bra cups for, 283–284
 in childrenswear, 383–385
 crotch, finishing, 282
 elastic, use of, 281–282
 full-figured, 255, 278–289
 with skirt front, 279–280
 little boy legline, 255, 275–277
 slit legline, 276–277
 variations, 276
 maillot, 255, 256–264
 asymmetric, 264
 with bra lining, 259–260
 in childrenswear, 383
 draft, 256–257
 with inset bra, 263
 princess, 261–262
 tank top, basic, 258
 shoulder, finishing, 282
 straps, attaching, 285
 supplies and special information, 281–285
 types, 255

T

Tank top
 in childrenswear, 340
 bodysuit, 378
 jumpers, 325
 jumpsuit, 374
 leotard, 381–382
 leotard design, 252
 in childrenswear, 381–382
Tent foundation, 17–18
 in childrenswear, 323–326
 bib jumper, 324
 draft, 323
 tank-top jumper, 325
 torso jumper, 326
 variations, 324
Tights, 243
 with top, in childrenswear, 380
Tops, in childrenswear, 329–353
 dartless foundation, 329–330
 jacket foundation, 344–348
 cardigan, 347
 draft, 344
 with notched collar, 345
 sleeve modification, 344
 vest, 348
 knit foundation and sleeve, 337–340
 modified, 339
 tank top, 340
 Navy pea coat, 350–353
 oversized shirt and sleeve, 335–336
 raglan foundation, 341–343
 shirt and sleeve foundation, basic, 331–332
 shirt sleeve, 333–334
 sleeve and coat foundation, 349
 tights with, 380
Toreador pants, 202, 205
 in childrenswear, 368
Torso foundation, 3–7
 contour guidelines, 7
 draft, 3–5
 versions of, 5–6
Torso jumper, in childrenswear, 326
Trousers, 155, 156, 161–164
 in childrenswear, 355–356
 pleated, 362
 cutting patterns for, 178–180
 jumpsuit foundation, 207
 pleated, 175–176
 pocket draft for, 177
 of pant patterns, 171
T-tops, 141
Twist bodice with slinky skirt, 50–52
Two-way stretch, 221

U

Underlining, 76
 for strapless garments, 37–40

V

Vests, in childrenswear, 348
Vionnet, Madeleine, 43
V-yoke, jeans with, 194–198

W

Waist band, pants, 186
Warp stretch, 221
Western jeans, in childrenswear, 364–365

Y

Yoke shirts, 61–68. *See also under* Shirts
Yoked circular skirt, in childrenswear, 314

Z

Zipper
 pants, attaching, 183–185

中国纺织出版社图书推介： 服装设计

《时装设计元素：款式与造型》
作者： 西蒙·卓沃斯-斯宾塞
瑟瑞达·瑟蒙 著
董雪丹 译
定价：49.80元

《时装设计元素：拓展系列设计》
作者： 【英】艾丽诺·伦弗鲁
【英】科林·伦弗鲁 著
袁燕 张雅毅 译
定价：49.80元

《时装设计元素：结构与工艺》
作者：【英】安妮特·费舍尔 著
刘莉 译
定价：49.80元

《时装设计元素：调研与设计》
作者： 森马·塞维瑞特 著
袁燕 肖红 译
定价：49.80元

《时装设计元素：时装画》
作者： 约翰·霍普金斯 著
沈琳琳 崔荣荣 译
定价：49.80元

《时装设计元素：面料与设计》
作者： 杰妮·阿黛尔 著
朱方龙 译
定价：49.80元

《时装·品牌·设计师-从服装设计到品牌运营》
作者：【英】托比·迈德斯 著
杜冰冰 译
定价：42.00元

《时装设计元素》
作者： 理查德·索格（Richard Sorger）
杰妮·阿黛尔（Jenny Udale）
袁燕 刘驰 译
定价：48.00元

《时装设计》
作者： 索恩·詹凯恩·琼斯 著
张翎 译
定价：58.00元

"国际服装丛书·设计"丛书涵盖时装设计的主要元素。被英国曼彻斯特大学、英国皇家学院在内多家服装学院定为专业教材，获国内外多家服装院校师生及专家好评。

《法国新锐时装绘画-从速写到创作》
作者：【法】多米尼克·萨瓦尔 著
定价：49.80元

本书是一本时尚插图的教学书，作者的写作灵感缘起于二十多年来在夏尔东·萨瓦尔（Chardon Savard）画室上素描、观察和插图课的经验，他总结的独特教学法旨在开发学生的创作能力，而这种教学法又同时基于两种思想：口述的和解析的、感官的和直观的。

《张肇达时装效果图》（附盘）
作者： 张肇达 著
定价：68.00元

以不同系列、不同风格、不同主题的精美时装效果图做为全书的核心内容，并以或飘洒或奔放的水墨画与油画穿插其间。既展示了作者张肇达大师自身深厚的艺术功底与丰富的艺术感觉，又带给读者完美的视觉享受与难得的艺术熏陶。

《时尚映像：速写顶级时装大师》
作者：【法】弗里德里克·莫里 著
定价：68.00元

一幅幅彩色速写图和设计手稿、一张张请柬所勾勒出的就是一位时尚痴迷者的心路历程。从20世纪70年代的成衣先驱（让-夏尔·德卡斯特巴加、丹尼尔·赫施特以及让·布甘）到今天的新兴才俊（约翰·加里亚诺、马克·雅各布斯、阿贝尔·艾尔巴兹和尼古拉·盖斯基耶），弗里德里克·莫里罗织的都是最伟大的时尚创造者。

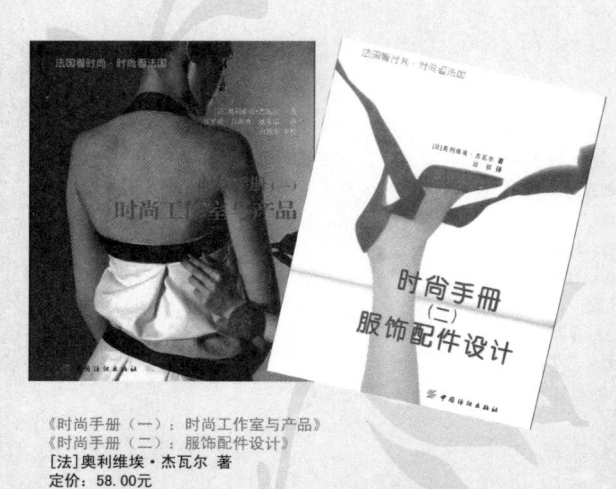

《时尚手册（一）：时尚工作室与产品》
《时尚手册（二）：服饰配件设计》
[法]奥利维埃·杰瓦尔 著
定价：58.00元

《实现设计：服装造型工艺》
作者： 周少华 著
定价：48.00元

本书通过文字说明、图片与案例分析，对实现设计——服装造型工艺操作流程进行了专业的讲解。通过实例对设计创作中的主体思维转换、面料选择、工艺细节处理、方法实施及拓展逐步进行分析。